Bosch Fachinformation Automobil

BOSCH Fachinformation Automobil enthält das Basiswissen des weltweit größten Automobilzulieferers aus erster Hand. Anwendungsbezogene Darstellungen sind das Kennzeichen dieser Buchreihe. Ganz auf den Bedarf an praxisnahem Hintergrundwissen zugeschnitten, findet der Auto-Fachmann ausführliche Angaben, die zum Verständnis moderner Fahrzeuge benötigt werden. Sie eignet sich damit hervorragend für den Alltag des Entwicklungsingenieurs, für die berufliche Weiterbildung, für Lehrgänge, zum Selbststudium oder zum Nachschlagen in der Werkstatt. Alle Informationen sind so gestaltet, dass sich auch ein Leser zurechtfindet, für den das Thema neu ist. Die bedarfsgerechte Angebotspalette beginnt beim Kraftfahrtechnischen Taschenbuch, das als handliches Nachschlagewerk den kompakten Einblick in die aktuelle Fahrzeugtechnik bietet. Einen umfassenden Einblick in größere, zusammenhängende Themengebiete bieten die ausführlichen Fachbücher im gebundenen Hardcover-Umschlag. Anschauliche Detailinformationen mit deutlich reduziertem Umfang werden, im flexiblen Einband, zu konkreten Aufgabenstellungen erklärt. Kleinere Lernhefte zu thematisch abgegrenzten Wissensgebieten stehen in den Lernordnern „Automobilelektronik lernen“ und „Motorsteuerung lernen“ bereit.

Konrad Reif
Herausgeber

Ottomotor-Management

Steuerung, Regelung und Überwachung

4., vollständig neubearbeitete Auflage

Springer Vieweg

Herausgeber

Prof. Dr.-Ing. Konrad Reif
Duale Hochschule Baden-Württemberg
Ravensburg, Campus Friedrichshafen
Friedrichshafen, Deutschland
reif@dhbw-ravensburg.de

ISBN 978-3-8348-1416-6 ISBN 978-3-8348-2102-7 (eBook)
DOI 10.1007/978-3-8348-2102-7

Die Deutsche Nationalbibliothek verzeichnet diese Publikation in der Deutschen Nationalbibliografie; detaillierte bibliografische Daten sind im Internet über http://dnb.d-nb.de abrufbar.

Springer Vieweg

Gedruckt auf säurefreiem und chlorfrei gebleichtem Papier.

Springer Fachmedien Wiesbaden GmbH ist Teil der Fachverlagsgruppe Springer Science+Business Media (www.springer.com)

Vorwort

Ottomotor-Management enthält eine umfassende Darstellung der Steuerung und Regelung von Ottomotoren. Neben einem kurzen Abriss der Geschichte inklusive der Motorsteuerungssysteme in der Vergangenheit werden die Grundlagen des Ottomotors und die für die Steuerung und Regelung zentralen Themen ausführlich dargestellt. Dies sind zum einen die klassischen Themen Kraftstoffversorgung, Füllungssteuerung, Einspritzung, Zündung und Abgasnachbehandlung. Zum anderen sind aber auch die typischen Elektronik-Themen Sensoren, elektronische Steuerung und Regelung, Steuergerät und Diagnose sehr wichtig. Die übergreifenden Themen Abgasgesetzgebung, alternative Kraftstoffe und Hybridantriebe runden das Buch ab.

Diese 4. Auflage ist eine grundlegende Neubearbeitung des Buches. Sowohl die inhaltliche Struktur des Buches als auch die Inhalte der einzelnen Kapitel sind neu. Alle Kapitel des Buches wurden entweder völlig neu geschrieben oder stark überarbeitet, erweitert und ergänzt. Dabei wurde jedoch Wert darauf gelegt, den wesentlichen Charakter des Buches beizubehalten. Dies betrifft insbesondere die fundierte, praxisbezogene und anschauliche Darstellung sowie die aussagekräftigen und übersichtlichen Bilder. Dies ist dadurch möglich, dass die Inhalte von Fachleuten verfasst wurden, die in der Regel bei Bosch und in einzelnen Ausnahmefällen bei anderen Fahrzeug- und Zulieferfirmen an genau den dargestellten Fachgebieten arbeiten. Soweit trotz der Vielzahl der Autoren möglich, wurde eine einheitliche Darstellungsweise und eine durchgängige Systematik und Nomenklatur des Buches angestrebt.

Ohne die außerordentliche Unterstützung Vieler hätte diese 4. Auflage nicht entstehen können. Zuallererst gilt der Dank den Verfassern der einzelnen Beiträge, die mit großer Sorgfalt und Geduld selbst sehr umfangreiche und anspruchsvolle Kapitel termingerecht fertiggestellt haben. Alle sind im Autorenverzeichnis aufgeführt. An dieser Stelle sind besonders Herr Dr.-Ing. Klaus Benninger und Herr Dr.-Ing. Andreas Kufferath zu nennen, die dieses Buchprojekt mit unermüdlichem Einsatz unterstützt haben. Für fachliche Diskussion und Unterstützung, vor allem während der Endphase der Bucherstellung danke ich Frau Dipl.-Ing. Amira Horozovic und Herrn Prof. Dr. Stephan Engelking. Ferner danke ich auch allen Lesern, die mir wertvolle Hinweise zur Korrektur gegeben haben.

Friedrichshafen, im Dezember 2014

Konrad Reif

Inhalt

Autoren

Geschichte des Automobils
Dipl.-Ing. Dietrich Kuhlgatz,
Prof. Dr.-Ing. Konrad Reif,
Duale Hochschule Baden-Württemberg.

Grundlagen des Ottomotors
Dr.-Ing. David Lejsek,
Dr.-Ing. Andreas Kufferath,
Dr.-Ing. André Kulzer,
Dr. Ing. h.c. F. Porsche AG,
Prof. Dr.-Ing. Konrad Reif,
Duale Hochschule Baden-Württemberg.

Kraftstoffversorgung
Dipl.-Ing. Andreas Posselt,
Dr.-Ing. Jens Wolber,
Ing.-grad. Peter Schelhas,
Dipl.-Ing. Manfred Franz,
Dipl.-Ing. (FH) Horst Kirschner,
Dipl.-Ing. Andreas Pape,
Dr. rer. nat. Winfried Langer,
Dipl.-Ing. Peter Kolb,
Dr. rer. nat. Jörg Ullmann,
Günther Straub,
Prof. Dr.-Ing. Konrad Reif,
Duale Hochschule Baden-Württemberg.

Füllungssteuerung
Dr.-Ing. Martin Brandt,
Dr.-Ing. Alex Grossmann,
Dipl.-Ing. Markus Deissler,
Prof. Dr.-Ing. Kurt Kirsten, IDK GmbH,
Dipl.-Ing. Michael Bäuerle,
Dipl.-Ing. Martin Rauscher,
Dr.-Ing. Jochen Müller, Bosch Mahle Turbo Systems GmbH & Co. KG,
Dr.-Ing. Wolfgang Samenfink,
Prof. Dr.-Ing. Konrad Reif,
Duale Hochschule Baden-Württemberg.

Einspritzung
Dipl.-Ing. Andreas Posselt,
Dipl.-Ing. Markus Gesk,
Dipl.-Ing. Anja Melsheimer,
Dipl.-Ing. (BA) Ferdinand Reiter,
Dipl.-Ing. (FH) Klaus Joos,
Dipl.-Ing. Peter Schenk,
Dr.-Ing. Andreas Kufferath,
Dr.-Ing. Wolfgang Samenfink,
Dipl.-Ing. Andreas Glaser,
Dr.-Ing. Tilo Landenfeld,
Dipl.-Ing. Uwe Mueller,
Prof. Dr.-Ing. Konrad Reif,
Duale Hochschule Baden-Württemberg.

Zündung
Dipl.-Ing. Walter Gollin,
Dipl.-Ing. (FH) Klaus Lerchenmüller,
Dr.-Ing. Grit Vogt,
Prof. Dr.-Ing. Konrad Reif,
Duale Hochschule Baden-Württemberg.

Abgasnachbehandlung
Dipl.-Ing. Klaus Winkler,
Dr.-Ing. Wilfried Müller,
Umicore AG & Co. KG,
Prof. Dr.-Ing. Konrad Reif,
Duale Hochschule Baden-Württemberg.

Sensoren
Dr.-Ing. Manfred Strohrmann,
Dr.-Ing. Berndt Cramer,
Prof. Dr.-Ing. Konrad Reif,
Duale Hochschule Baden-Württemberg.

Elektronische Steuerung und Regelung
Dipl.-Ing. Stefan Schneider,
Dipl.-Ing. Andreas Blumenstock,
Dipl.-Ing. Oliver Pertler,
Prof. Dr.-Ing. Konrad Reif,
Duale Hochschule Baden-Württemberg.

Steuergerät
Dipl.-Ing. Hans-Walter Schmitt,
Dipl.-Ing. Hans-Peter Ströbele,
Dipl.-Ing. Axel Aue,
Dipl.-Ing. Norbert Jeggle,
Dipl.-Ing. Andreas Müller,

Dipl.-Ing. Wolfgang Löwl,
Dipl.-Ing. Jochen Schneider,
Dipl.-Ing. Jörg Gebers,
Prof. Dr.-Ing. Konrad Reif,
Duale Hochschule Baden-Württemberg.

Motorsteuerungssysteme in der Vergangenheit

Dipl.-Ing. (FH) Klaus Lerchenmüller,
Dipl.-Ing. Otto Glöckler,
Dr.-Ing. Klaus Benninger,
Prof. Dr.-Ing. Konrad Reif,
Duale Hochschule Baden-Württemberg.

Emissionsgesetzgebung

Dr. rer. nat. Matthias Tappe,
Dipl.-Phys. Martin-Andreas Drühe,
Prof. Dr.-Ing. Konrad Reif,
Duale Hochschule Baden-Württemberg.

Diagnose

Dr.-Ing. Markus Willimowski,
Dipl.-Ing. Jens Leideck,
Prof. Dr.-Ing. Konrad Reif,
Duale Hochschule Baden-Württemberg.

Alternative Kraftstoffe

Dipl.-Ing. Andreas Posselt,
Dr. rer. nat. Winfried Langer,
Dipl.-Ing. Peter Kolb,
Dr. rer. nat. Jörg Ullmann,
Prof. Dr.-Ing. Konrad Reif,
Duale Hochschule Baden-Württemberg.

Hybridantriebe

Dipl.-Ing. Thomas Huber,
Dr.-Ing. Jan Lichtermann,
Prof. Dr.-Ing. Konrad Reif,
Duale Hochschule Baden-Württemberg.

Soweit nicht anders angegeben, handelt es sich um Mitarbeiter der Robert Bosch GmbH.

Geschichte des Automobils

Die Mobilität spielt für die Menschen seit jeher eine große Rolle. In fast jeder Epoche versuchte man Mittel zu finden, die Menschen über längere Strecken mit größtmöglicher Geschwindigkeit zu tragen vermochten. Mit der Entwicklung von zuverlässigen Verbrennungsmotoren, die mit flüssigen Kraftstoffen betrieben werden konnten, wurde der Traum des selbstfahrenden Automobils Wirklichkeit.

Entwicklungsgeschichte

Für die Entstehung eines Gefährtes, das in unserem Zeitalter nicht mehr wegzudenken ist, waren viele Voraussetzungen nötig, ohne die ein solches Projekt nicht hätte umgesetzt werden können. Einige Daten sind an dieser Stelle vorangestellt, die einen wesentlichen Beitrag zur Entwicklung des Automobils beitrugen:

- Circa 3500 v. Chr.
  Entwicklung des Rades in Mittel- und Osteuropa sowie in Mesopotamien
- Circa 1300
  Weiterentwicklung der Kutsche mit Elementen wie Lenkung, Radaufhängung und Federung
- 1769
  Dampfwagen von Joseph Cugnot
- 1858
  Gasmotor von Étienne Lenoir
- 1860
  Viertakt-Verbrennungsmotor von Christian Reithmann, sowie später davon unabhängig von Alphonse Beau de Rochas und Nikolaus Otto

Viele heute noch zum Einsatz kommende Details im Verbrennungsmotor mit Fremdzündung wurden von Nikolaus Otto entwickelt, z. B. die Niederspannungszündung.

Carl Benz konstruierte den „Benz Patent-Motorwagen Nummer 1" (Bild 1), auf den ihm 1886 das Patent erteilt wurde. Dieser Patent-Motorwagen Nummer 1 gilt als erstes praxistaugliches Kraftfahrzeug der Welt. Mit seinem Patent beginnt die rasante Entwicklung des Automobils mit Verbrennungsmotor. Die öffentliche Meinung war jedoch damals noch gespalten. Die Verfechter des neuen Zeitalters rühmten das Automobil als Inbegriff des Fortschritts, während der Großteil der Bevölkerung gegen die zunehmende Belästigung durch Staub, Lärm, Unfallgefahr und rücksichtslose Autofahrer protestierte. Dennoch war das Automobil

1

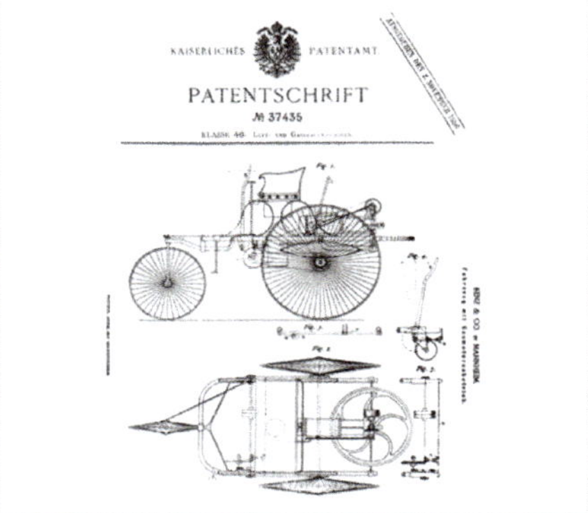

Bild 1
Das Patent für den „Benz Patent-Motorwagen Nummer 1", das Benz am 29. Januar 1886 erteilt wurde, basierte nicht auf einer umgebauten Kutsche, sondern stellte eine eigenständige ganzheitliche Konstruktion dar (Daimler)

2 Daimler Motor-Kutsche von 1894 (Daimler)

3 Das T-Modell, „Tin Lizzie“ genannt, wurde mehr als 15 Millionen Mal gebaut (Ford).

4 Mercedes-Benz 500 K Cabriolet C, Baujahr 1934 (Daimler)

nicht mehr aufzuhalten.

In den Anfängen stellte der Kauf eines Automobils eine Herausforderung dar. Es gab praktisch kein Straßennetz, an Reparaturwerkstätten war nicht zu denken, Treibstoff erwarb man in der Apotheke und Ersatzteile ließ man vor Ort schmieden. Umso erwähnenswerter ist die erste Fernfahrt von Bertha Benz im Jahr 1888. Sie war der erste Mensch am Steuer eines motorisierten Fahrzeugs, der sich über kürzere Versuchs- und Probefahrten hinauswagte. Die Bewältigung der damals enormen Distanz über 100 km von Mannheim nach Pforzheim bekräftigte die Zuverlässigkeit des Automobils.

Am Anfang konzentrierten sich – außer Benz – in Deutschland jedoch wenige Unternehmer auf die weltweite Bedeutung der motorgetriebenen Fahrzeuge. Die Franzosen sollten das Automobil groß machen. Panhard & Levassor nutzten Lizenzen für Daimler-Motoren zum Bau eigener Automobile. Panhard sind Konstruktionsmerkmale wie Lenkrad, geneigte Lenksäule, Kupplungspedal, Luftreifen und Röhrenkühler zu verdanken. In den folgenden Jahren entstanden Firmen wie Peugeot, Citroën, Renault, Fiat, Ford, Rolls-Royce, Austin und andere. Gottlieb Daimler, der seine Motoren nahezu weltweit vertrieb, hatte hierauf einen nicht unerheblichen Einfluss.

Die anfangs am Kutschenbau orientierten Wagen wurden sehr schnell zu Automobilen im heutigen Sinne weiterentwickelt. Allerdings wurde jedes Automobil einzeln in Handarbeit gefertigt. Das änderte sich grundlegend im Jahr 1913 mit der Einführung des Fließbandes durch Henry Ford. Mit dem T-Modell revolutionierte er die Automobilbranche in Amerika. Das Auto war ab diesem Zeitpunkt kein Luxusgut mehr. Höhere Stückzahlen machten eine rapide Senkung der Preise möglich, womit das Automobil den Massen zugänglich wurde. Citroën und Opel waren eine der ersten, die das Fließband nach Europa brachten, doch erst Mitte der 1920er-Jahre setzte es sich durch.

Die Automobilhersteller erkannten schnell, dass sie sich auf die Wünsche der Kunden einstellen mussten, um am Markt erfolgreich zu sein. Man nutzte Rennerfolge zu Werbemaßnahmen. Professionelle Fahrer prägten sich und ihre Automarke mit einem Geschwindigkeitsrekord in die Köpfe der Zuschauer ein. Weiterhin bemühte man sich um eine breitere Produktpalette. So entstand über die Jahrzehnte hinweg eine Vielfalt an Autoformen, die sich jeweils am Zeitgeist sowie den wirtschaftlichen und politischen Einflüssen orientierten. Zum Beispiel setzten sich Stromlinienfahrzeuge vor dem Zweiten Weltkrieg nicht durch; repräsentative Autos waren gefragt. Exklusivste Fahrzeuge wie der Mercedes-Benz 500 K, Rolls-Royce Phantom III, 855 Horch

5 VW-Käfer aus den 70er-Jahren

oder Bugatti Royale wurden entwickelt.

Der Zweite Weltkrieg hatte einen erheblichen Einfluss auf die Entwicklung von Kleinwagen. Der heute als Käfer bekannte Volkswagen wurde von Ferdinand Porsche konstruiert und in Wolfsburg produziert. Nach Ende des Krieges waren vor allem kleine, erschwingliche Wagen gefragt. Die Hersteller reagierten auf diese Nachfrage: So entstanden die Autos Goliath GP 700, Lloyd 300, Citroën 2CV, Trabant, Isetta oder Fiat 500 C. Autos wurden nun nach neuen Standards gebaut; man legte mehr Wert auf Technik, integriertes Zubehör und vor allem ein vernünftiges Preis-Leistungs-Verhältnis.

Heute wird ein hoher Standard der Insassensicherheit gewährt; Airbag, ABS, ESP und „intelligente" Sensoren sind wegen der steigenden Anzahl von Verkehrsteilnehmern und der im Vergleich zu früher hohen Geschwindigkeiten unerlässlich. Das Auto wurde durch die Arbeit der Automobilindustrie aufgrund der gestiegenen Marktanforderungen stetig weiterentwickelt. Es gibt jedoch Gebiete, die auch für die Zukunft eine Herausforderung darstellen. Ein Beispiel ist die weitere Reduzierung der Umweltbelastungen und alternative Energiequellen.

Eines wird sich in naher Zukunft wohl nicht ändern – der Begriff, für den das Auto seit mehr als 100 Jahren steht und schon dessen Urväter begeisterte: die individuelle Mobilität.

Pioniere der Kfz-Technik

Aufgrund der Vielzahl an Personen, die sich mit der Entwicklung des Automobils beschäftigt haben, stellt diese Auflistung keinen Anspruch auf Vollständigkeit.

6 Nikolaus August Otto (Deutz)

Nikolaus August Otto (1832–1891), gebürtig aus Holzhausen, entwickelte schon früh sein Interesse für Technik. Neben seiner Anstellung als Reisender für Lebensmittelgroßhandlungen beschäftigte er sich mit der Funktion von Gasmotoren.

Ab 1862 spezialisierte sich Otto vollends auf den Motorenbau. Es gelang ihm, einen Viertakt-Gasmotor zu entwickeln. Dafür erhielt er 1867 auf der Pariser Weltausstellung die Goldmedaille. 1884 erfand er die Niederspannungszündung, womit Motoren mit Benzin betrieben werden konnten. Diese Neuheit stellte die Grundlage für das spätere Lebenswerk von Robert Bosch dar. Ottos Verdienst liegt darin, dass er als Erster den Viertakt-Verbrennungsmotor gebaut und dessen Überlegenheit über alle Vorläufer demonstriert hat.

7 Gottlieb Daimler (Daimler)

8 Wilhelm Maybach (MTU Friedrichshafen GmbH)

Gottlieb Daimler (1834–1900) stammte aus Schorndorf und studierte Maschinenbau am Polytechnikum in Stuttgart. 1865 lernte er den hoch begabten Ingenieur Wilhelm Maybach kennen. Beide sollte fortan eine dauernde Zusammenarbeit verbinden. Neben der Erfindung des ersten Motorrads beschäftigte sich Daimler vor allem mit der Entwicklung eines für den Einsatz in Fahrzeugen geeigneten Ottomotors. 1889 stellten Daimler und Maybach in Paris den ersten „Stahlradwagen" mit Zwei-Zylinder-V-Motor vor.

Schon ein Jahr später pflegte Daimler internationale Beziehungen mit der Vermarktung des schnell laufenden Daimler-Motors. So ließ 1891 Armand Peugeot einen von ihm konstruierten Wagen bei der Rad-Fernfahrt Paris – Brest – Paris erfolgreich mitfahren und stellte sowohl seine Konstruktion als auch die Zuverlässigkeit des verwendeten Daimler-Motors unter Beweis. Daimlers Verdienst resultiert aus der stetigen Weiterentwicklung des Ottomotors und dem Vertrieb in andere Länder.

Wilhelm Maybach (1846–1929), geboren in Heilbronn, absolvierte eine Ausbildung zum Technischen Zeichner. Bald darauf war er als Detailkonstrukteur unter anderem bei der Firma Gasmotoren Deutz AG (von Otto gegründet) tätig.

Maybach überarbeitete den Ottomotor und brachte ihn zur Serienreife. Er entwickelte unter anderem auch die Wasserkühlung, den Spritzdüsenvergaser und die Doppelzündung. Im Jahr 1900 konstruierte Maybach unter Verwendung von Leichtmetall einen revolutionären Rennwagen. Auf Anregung des österreichischen Geschäftsmannes Jellinek wurde dieses Fahrzeug entwickelt. Er bestellte 36 Wagen mit der Bedingung, das Modell nach seiner Tochter „Mercedes" zu benennen.

9 Carl Friedrich Benz (Daimler)

10 Cäcilie Bertha Benz, geborene Ringer, um 1871 (Daimler)

Carl Friedrich Benz (1844–1929), geboren in Karlsruhe, studierte Maschinenbau am Polytechnikum in Karlsruhe. 1871 gründete er seine erste Fabrik für Eisengießerei und Industriebauteile in Mannheim.

Unabhängig von Daimler und Maybach beschäftigte er sich ebenfalls mit dem Einbau von Motoren in Fahrzeugen. Nachdem die wichtigsten Ansprüche aus Ottos Viertaktpatent für nichtig erklärt worden waren, entwickelte Benz neben einem eigenen Viertaktmotor auch einen Oberflächenvergaser, die elektrische Zündung, die Kupplung, die Wasserkühlung sowie eine Gangschaltung. 1886 meldete er sein Patent an und stellte der Öffentlichkeit seinen Motorwagen vor. Er gründete die Benz & Cie. Rheinische Gasmotorenfabrik in Mannheim. In dieser Firma wurde in der Zeit von 1894 bis 1901 das „Velo" gefertigt, das mit einer produzierten Gesamtstückzahl von ca. 1 200 Exemplaren als erstes Großserien-Automobil bezeichnet werden kann. Diese Firma fusionierte 1926 mit der Daimler-Motoren-Gesellschaft zur „Daimler-Benz AG". Carl Benz stellte das erste Automobil vor und schuf die Voraussetzungen für die industrielle Fertigung von Serienfahrzeugen.

Cäcilie Bertha Benz (geborene Ringer; geboren am 3. Mai 1849 in Pforzheim; gestorben am 5. Mai 1944 in Ladenburg) war wesentlich daran beteiligt, das Automobil als allgemeines Fortbewegungsmittel zu etablieren. Sie ließ sich vorzeitig ihre Mitgift auszahlen, um mit diesem Kapital ihrem Ehemann Carl Benz die Weiterführung seines Unternehmens zu ermöglichen. Sie unternahm die erste erfolgreiche Fernfahrt mit einem Automobil von Mannheim nach Pforzheim. Sie war damit der erste Mensch, der sich über kürzere Versuchs- und Probefahrten hinauswagte. Ihre Fernfahrt trug wesentlich dazu bei, die noch bestehenden Vorbehalte der Kunden gegen das Fahrzeug zu zerstreuen, und ermöglichte in der Folge den wirtschaftlichen Erfolg der Firma.

11 Henry Ford (Ford)

12 Rudolf Christian Karl Diesel (MAN AG)

Henry Ford (1863–1947) stammte aus Dearborn, Michigan (USA). Ford erarbeitete sich 1891 als Ingenieur bei der Edison Illuminating Company eine sichere Position, widmete sich aber persönlich der Weiterentwicklung des Ottomotors.

Die Gebrüder Duryea bauten 1893 das erste Automobil in Amerika. Ford konnte 1896 mit seinem Wagen, dem „Quadricycle Runabout", nachziehen, der die Ausgangsbasis für zahlreiche Konstruktionen werden sollte. 1908 brachte Ford das „Model T" heraus, das ab 1913 am Fließband gefertigt wurde. Ford dominierte ab dem Jahr 1921 den Automarkt der USA mit einem Anteil von 55 % der gesamten Industrieproduktion. Der Name Henry Ford steht für die Motorisierung Amerikas. Dank seiner Ideen wurde das Automobil einer breiten Bevölkerungsschicht zugänglich.

Rudolf Christian Karl Diesel (1858–1913), gebürtig aus Paris, fasste mit 14 Jahren den Entschluss, Ingenieur zu werden. Er schloss sein Examen am Polytechnikum München mit der besten Leistung seit Bestehen der Anstalt ab.

1892 erhielt Diesel das Patent für den später nach ihm benannten „Diesel-Motor", der schnell seine Verbreitung als stationärer Motor und als Schiffsmotor fand. 1908 fuhr der erste Lastwagen mit einem Dieselmotor. Sein Einzug in die Pkw-Welt dauerte jedoch Jahrzehnte. Erst im Jahr 1936 wurde er im Mercedes 260 D in Serie eingebaut. Heute ist der Dieselmotor so weit entwickelt, dass er in vielen Ländern ebenso verbreitet ist wie der Ottomotor. Rudolf Diesel hat mit seiner Erfindung wesentlich zu einer wirtschaftlicheren Nutzung des Verbrennungsmotors beigetragen. Mit Lizenzvergaben konnte Diesel international tätig werden, erntete aber zu Lebzeiten nicht mehr die gebührende Anerkennung.

13 Robert Bosch

Das Lebenswerk von Robert Bosch

Robert Bosch, geboren am 23. September 1861 in Albeck bei Ulm, entstammte einer wohlhabenden Bauernfamilie. Nach seiner Ausbildung zum Feinmechaniker arbeitete er zeitweise in verschiedenen Unternehmen, wobei er seine technischen sowie kaufmännischen Fähigkeiten und Erfahrungen weiter ausbaute. Nach einem halben Jahr als Gasthörer im Fach Elektrotechnik an der TH Stuttgart reiste er in die USA um bei „Edison Illuminating“ zu arbeiten. Später war er bei „Siemens Brothers“ in England beschäftigt.

1886 entschloss er sich, eine „Werkstätte für Feinmechanik und Elektrotechnik“ in einem Hinterhaus im Stuttgarter Westen zu eröffnen. Er beschäftigte einen weiteren Mechaniker sowie einen Lehrling. Am Anfang lag sein Arbeitsgebiet in der Installation und Reparatur von Telefonen, Telegrafen, Blitzableitern und anderen feinmechanischen Tätigkeiten. Sein Engagement in der schnellen Bearbeitung neuer Problemstellungen sollte ihm auch später stets einen Vorsprung verschaffen.

14 Erste Anzeige in der Stuttgarter Tageszeitung „Der Beobachter“, 1887

Die von Bosch entwickelte Niederspannungs-Magnetzündung im Jahr 1897 stellte – im Gegensatz zu den unzuverlässigen Vorläufern – den Durchbruch für die Automobilindustrie dar. Dieses Produkt war der Ausgangspunkt für die rasche Expansion des Unternehmens von Robert Bosch. Er verstand es immer, die Zweckbestimmtheit der technisch-wirtschaftlichen Welt mit den humanen Erfordernissen in Einklang zu bringen. Auf sozialem Gebiet galt Bosch als Vorreiter.

Technische Pionierarbeit hat Bosch mit der Entwicklung und Ausreifung folgender Produkte geleistet:

- Niederspannungs-Magnetzünder,
- Hochspannungs-Magnetzünder für höhere Drehzahlen (konstruiert von seinem Mitarbeiter Gottlob Honold),
- Zündkerze,
- Zündverteiler,
- Batterie für Pkw und Motorrad,
- Anlasser (Starter),
- Lichtmaschine (Generator),
- Bosch-Licht, elektrische Beleuchtung für Pkw,
- Diesel-Einspritzpumpen,
- Autoradio (gefertigt bei den „Ideal-Werken“, ab 1938 „Blaupunkt“),
- erste Lichtanlage für das Fahrrad,
- Bosch-Horn (elektrische Hupe),
- Batteriezündung,
- Bosch-Winker (damals als typisch für den deutschen Organisationsgeist belächelt – heute als Blinker unverzichtbar).

Viele weitere Entwicklungen, auch im gesellschaftlichen Bereich, könnte man hier aufzählen. Sie zeigen, dass Bosch seiner Zeit voraus war. Sein vorwärts strebender Geist hat die Automobilentwicklung stark vorangetrieben. Mit der steigenden Zahl der selbstfahrenden „Automobilisten" wuchs das Bedürfnis nach Werkstätten rasch an. In den 1920er-Jahren begann Robert Bosch mit dem systematischen Aufbau einer flächendeckenden Kundendienstorganisation. 1926 erhielten diese Werkstätten den einheitlichen, als Markenzeichen angemeldeten Namen „Bosch-Dienst".

Einen ebenso hohen Anspruch hatte Bosch an die Umsetzung sozialer Ziele. Er führte 1906 den 8-Stunden-Tag ein und gewährte den Arbeitern hohe Löhne. 1910 stiftete er eine Million Mark zur Förderung der technischen Bildung. Die Fertigstellung des 500 000. Magnetzünders nahm er zum Anlass, den arbeitsfreien Samstagnachmittag einzuführen. Weitere Verbesserungen waren z. B. die Altersversorgung, Arbeitsplätze für Schwerbehinderte und die Urlaubsregelung. Boschs Aussage, „Beruf und Lehrpraxis sind ein kundigerer Erzieher als bloße Theorie" führte 1913 zur Einrichtung einer Lehrwerkstatt, die 104 Lehrlingen Platz bot.

Mitte 1914 war der Name Bosch schon weltweit vertreten. Der Umsatzanteil der ins Ausland gelieferten Erzeugnisse stieg stetig und erreichte im Jahre 1913 88,7 %. Bosch konnte durch die großen Heereslieferungen weiterhin expandieren, doch missfielen ihm die Gewinne in Anbetracht der Gräuel dieser Jahre. Er spendete daraufhin im Jahre 1916 20 Mio. RM (Reichsmark) für soziale Zwecke.

Nach dem Ersten Weltkrieg war es schwer, im Ausland wieder Fuß zu fassen. Beispielsweise wurden in den USA die Bosch-Fabriken, Verkaufsniederlassungen sowie die Wort- und Bildmarke konfisziert und an ein US-Unternehmen verkauft. Das bedeutete unter anderem, dass Produkte unter dem Namen „Bosch" erschienen, die nicht von ihm produziert waren. Erst Ende der 1920er-Jahre hatte Bosch alle Rechte zurückerworben und konnte sich wieder in den USA etablieren. Boschs unbeugsame Entschlossenheit, Schwierigkeiten zu meistern, brachte die Firma wieder auf den Weltmarkt und prägte den Mitarbeitern die internationale Bedeutung der Firma Bosch ins Bewusstsein ein.

15 Erstes Geschäftshaus in der Londoner Store Street

Zwei beispielhafte Daten stellen noch einmal den sozialen Einsatz Boschs heraus:

1936 stiftete er Mittel zum Bau eines Krankenhauses, das 1940 eingeweiht wurde. In der Eröffnungsrede hob Bosch sein Engagement für eine soziale Zusammenarbeit hervor: „Jede Arbeit ist wichtig, auch die kleinste. Es soll sich keiner einbilden, seine Arbeit sei über die seines Mitarbeiters erhaben."

1942 starb mit Robert Bosch ein Unternehmer, der sowohl auf dem technisch-elektrischen als auch auf sozialem Gebiet ein Pionier war. Noch heute gilt er als Vorbild für vorandrängenden Zeitgeist, unermüdlichen Fleiß, soziale Verbesserungen, Unternehmensgeist und Bildungsförderung.

1964 wurde die Robert Bosch Stiftung GmbH gegründet, zu deren Aufgaben die Gesundheitspflege, Wohlfahrtspflege, Bildung, Erziehung, Förderung der Kunst, Kultur sowie Geistes- und Sozialwissenschaften zählen. Durch sie werden die Ideale von Robert Bosch bis in die heutige Zeit gepflegt.

Grundlagen des Ottomotors

Der Ottomotor ist eine Verbrennungskraftmaschine mit Fremdzündung, die ein Luft-Kraftstoff-Gemisch verbrennt und damit die im Kraftstoff gebundene chemische Energie freisetzt und in mechanische Arbeit umwandelt. Hierbei wurde in der Vergangenheit das brennfähige Arbeitsgemisch durch einen Vergaser im Saugrohr gebildet. Die Emissionsgesetzgebung bewirkte die Entwicklung der Saugrohreinspritzung (SRE), welche die Gemischbildung übernahm. Weitere Steigerungen von Wirkungsgrad und Leistung erfolgten durch die Einführung der Benzin-Direkteinspritzung (BDE). Bei dieser Technologie wird der Kraftstoff zum richtigen Zeitpunkt in den Zylinder eingespritzt, sodass die Gemischbildung im Brennraum erfolgt.

Arbeitsweise

Im Arbeitszylinder eines Ottomotors wird periodisch Luft oder Luft-Kraftstoff-Gemisch angesaugt und verdichtet. Anschließend wird die Entzündung und Verbrennung des Gemisches eingeleitet, um durch die Expansion des Arbeitsmediums (bei einer Kolbenmaschine) den Kolben zu bewegen. Aufgrund der periodischen, linearen Kolbenbewegung stellt der Ottomotor einen Hubkolbenmotor dar. Das Pleuel setzt dabei die Hubbewegung des Kolbens in eine Rotationsbewegung der Kurbelwelle um (Bild 1).

Viertakt-Verfahren

Die meisten in Kraftfahrzeugen eingesetzten Verbrennungsmotoren arbeiten nach dem Viertakt-Prinzip (Bild 1). Bei diesem Verfahren steuern Gaswechselventile den Ladungswechsel. Sie öffnen und schließen die Ein- und Auslasskanäle des Zylinders und steuern so die Zufuhr von Frischluft oder -gemisch und das Ausstoßen der Abgase.

Das verbrennungsmotorische Arbeitsspiel stellt sich aus dem Ladungswechsel (Ausschiebetakt und Ansaugtakt), Verdichtung,

1 Das Arbeitsspiel des Viertakt-Ottomotors (am Beispiel eines Motors mit Saugrohreinspritzung und getrennter Ein- und Auslassnockenwelle)

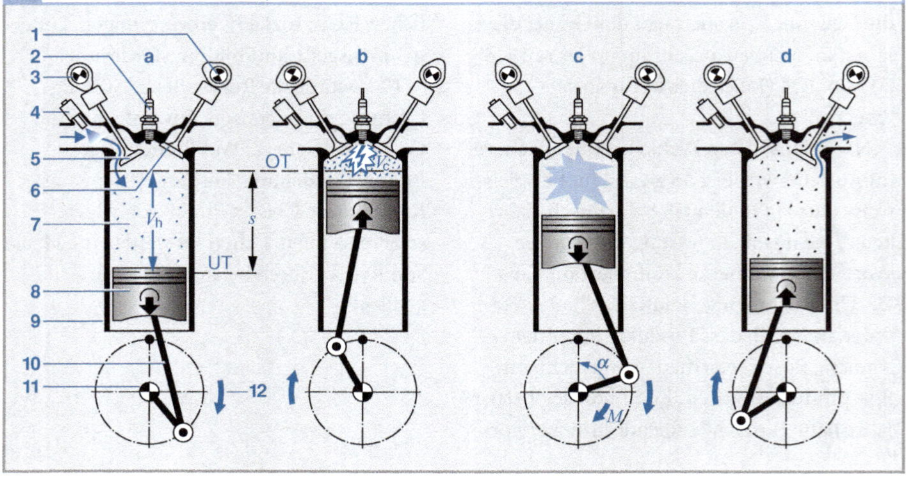

Bild 1
- a Ansaugtakt
- b Verdichtungstakt
- c Arbeitstakt
- d Ausstoßtakt

- 1 Auslassnockenwelle
- 2 Zündkerze
- 3 Einlassnockenwelle
- 4 Einspritzventil
- 5 Einlassventil
- 6 Auslassventil
- 7 Brennraum
- 8 Kolben
- 9 Zylinder
- 10 Pleuelstange
- 11 Kurbelwelle
- 12 Drehrichtung
- M Drehmoment
- α Kurbelwinkel
- s Kolbenhub
- V_h Hubvolumen
- V_c Kompressionsvolumen

Verbrennung und Expansion zusammen. Nach der Expansion im Arbeitstakt öffnen die Auslassventile kurz vor Erreichen des unteren Totpunkts, um die unter Druck stehenden heißen Abgase aus dem Zylinder strömen zu lassen. Der sich nach dem Durchschreiten des unteren Totpunkts aufwärts zum oberen Totpunkt bewegende Kolben stößt die restlichen Abgase aus.

Danach bewegt sich der Kolben vom oberen Totpunkt (OT) abwärts in Richtung unteren Totpunkt (UT). Dadurch strömt Luft (bei der Benzin-Direkteinspritzung) bzw. Luft-Kraftstoffgemisch (bei Saugrohreinspritzung) über die geöffneten Einlassventile in den Brennraum. Über eine externe Abgasrückführung kann der im Saugrohr befindlichen Luft ein Anteil an Abgas zugemischt werden. Das Ansaugen der Frischladung wird maßgeblich von der Gestalt der Ventilhubkurven der Gaswechselventile, der Phasenstellung der Nockenwellen und dem Saugrohrdruck bestimmt.

Nach Schließen der Einlassventile wird die Verdichtung eingeleitet. Der Kolben bewegt sich in Richtung des oberen Totpunkts (OT) und reduziert somit das Brennraumvolumen. Bei homogener Betriebsart befindet sich das Luft-Kraftstoff-Gemisch bereits zum Ende des Ansaugtaktes im Brennraum und wird verdichtet. Bei der geschichteten Betriebsart, nur möglich bei Benzin-Direkteinspritzung, wird erst gegen Ende des Verdichtungstaktes der Kraftstoff eingespritzt und somit lediglich die Frischladung (Luft und Restgas) komprimiert. Bereits vor Erreichen des oberen Totpunkts leitet die Zündkerze zu einem gegebenen Zeitpunkt (durch Fremdzündung) die Verbrennung ein. Um den höchstmöglichen Wirkungsgrad zu erreichen, sollte die Verbrennung kurz nach dem oberen Totpunkt abgelaufen sein. Die im Kraftstoff chemisch gebundene Energie wird durch die Verbrennung freigesetzt und erhöht den Druck und die Temperatur der Brennraumladung, was den Kolben abwärts treibt. Nach zwei Kurbelwellenumdrehungen beginnt ein neues Arbeitsspiel.

Arbeitsprozess: Ladungswechsel und Verbrennung

Der Ladungswechsel wird üblicherweise durch Nockenwellen gesteuert, welche die Ein- und Auslassventile öffnen und schließen. Dabei werden bei der Auslegung der Steuerzeiten (Bild 2) die Druckschwingungen in den Saugkanälen zum besseren Füllen und Entleeren des Brennraums berücksichtigt. Die Kurbelwelle treibt die Nockenwelle über einen Zahnriemen, eine Kette oder Zahnräder an. Da ein durch die Nockenwellen zu steuerndes Viertakt-Arbeitsspiel zwei Kurbelwellenumdrehungen andauert, dreht sich die Nockenwelle nur halb so schnell wie die Kurbelwelle.

Ein wichtiger Auslegungsparameter für den Hochdruckprozess und die Verbrennung beim Ottomotor ist das Verdichtungsverhältnis ε, welches durch das Hubvolumen V_h und Kompressionsvolumen V_c folgendermaßen definiert ist:

$$\varepsilon = \frac{V_h + V_c}{V_c}. \tag{1}$$

Dieses hat einen entscheidenden Einfluss auf den idealen thermischen Wirkungsgrad η_{th}, da für diesen gilt:

$$\eta_{th} = 1 - \frac{1}{\varepsilon^{\kappa-1}}, \tag{2}$$

wobei κ der Adiabatenexponent ist [4]. Des Weiteren hat das Verdichtungsverhältnis Einfluss auf das maximale Drehmoment, die maximale Leistung, die Klopfneigung und die Schadstoffemissionen. Typische Werte beim Ottomotor in Abhängigkeit der Füllungssteuerung (Saugmotor, aufgeladener Motor) und der Einspritzart (Saugrohreinspritzung, Direkteinspritzung) liegen bei ca. 8 bis 13. Beim Dieselmotor liegen die Werte zwischen 14 und 22. Das Hauptsteuerelement der Verbrennung ist das Zündsignal, welches elektronisch in Abhängigkeit vom Betriebspunkt gesteuert werden kann.

Unterschiedliche Brennverfahren können auf Basis des ottomotorischen Prinzips dargestellt werden. Bei der Fremdzündung sind homogene Brennverfahren mit oder ohne Variabilitäten im Ventiltrieb (von Phase und Hub) möglich. Mit variablem Ventiltrieb wird eine Reduktion von Ladungswechselverlusten und Vorteile im Verdichtungs- und Arbeitstakt erzielt. Dies erfolgt durch erhöhte Verdünnung der Zylinderladung mit Abgas, welches mittels interner (oder auch externer) Rückführung in die Brennkammer gelangt. Diese Vorteile werden noch weiter durch das geschichtete Brennverfahren ausgenutzt. Ähnliche Potentiale kann die so genannte homogene Selbstzündung beim Ottomotor erreichen, aber mit erhöhtem Regelungsaufwand, da die Verbrennung durch reaktionskinetisch relevante Bedingungen (thermischer Zustand, Zusammensetzung) und nicht durch einen direkt steuerbaren Zündfunken initiiert wird. Hierfür werden Steuerelemente wie die Ventilsteuerung und die Benzin-Direkteinspritzung herangezogen.

Darüber hinaus werden Ottomotoren je nach Zufuhr der Frischladung in Saugmotoren- und aufgeladene Motoren unterschieden. Bei letzteren wird die maximale Luftdichte, welche zur Erreichung des maximalen Drehmomentes benötigt wird, z. B. durch eine Strömungsmaschine erhöht.

2 Steuerung im Ladungswechsel

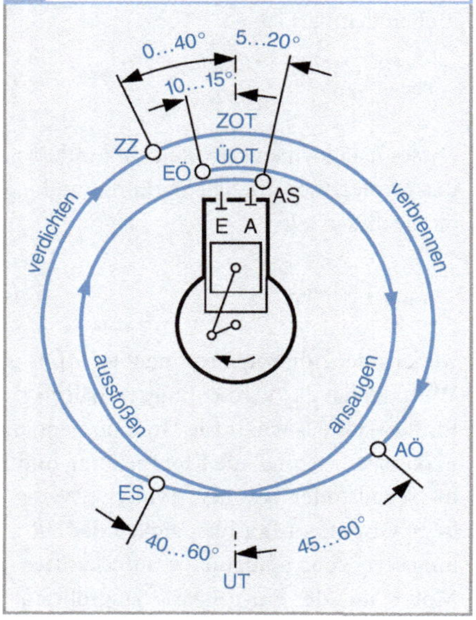

Bild 2
Im Ventilsteuerzeiten-Diagramm sind die Öffnungs- und Schließzeiten der Ein- und Auslassventile aufgetragen.

- E Einlassventil
- EÖ Einlassventil öffnet
- ES Einlassventil schließt
- A Auslassventil
- AÖ Auslassventil öffnet
- AS Auslassventil schließt
- OT oberer Totpunkt
- ÜOT Überschneidungs-OT
- ZOT Zünd-OT
- UT unterer Totpunkt
- ZZ Zündzeitpunkt

Luftverhältnis und Abgasemissionen

Setzt man die pro Arbeitsspiel angesaugte Luftmenge m_L ins Verhältnis zur pro Arbeitsspiel eingespritzten Kraftstoffmasse m_K, so erhält man mit m_L/m_K eine Größe zur Unterscheidung von Luftüberschuss (großes m_L/m_K) und Luftmangel (kleines m_L/m_K). Der genau passende Wert von m_L/m_K für eine stöchiometrische Verbrennung hängt jedoch vom verwendeten Kraftstoff ab. Um eine kraftstoffunabhängige Größe zu erhalten, berechnet man das Luftverhältnis λ als Quotient aus der aktuellen pro Arbeitsspiel angesaugten Luftmasse m_L und der für eine stöchiometrische Verbrennung des Kraftstoffs erforderliche Luftmasse m_{Ls}, also

$$\lambda = \frac{m_L}{m_{Ls}}. \tag{3}$$

Für eine sichere Entflammung homogener Gemische muss das Luftverhältnis in engen Grenzen eingehalten werden. Des Weiteren nimmt die Flammengeschwindigkeit stark mit dem Luftverhältnis ab, so dass Ottomotoren mit homogener Gemischbildung nur in einem Bereich von $0{,}8 < \lambda < 1{,}4$ betrieben werden können, wobei der beste Wirkungs-

3 Leistung und Verbrauch in Abhängigkeit des Luftverhältnisses

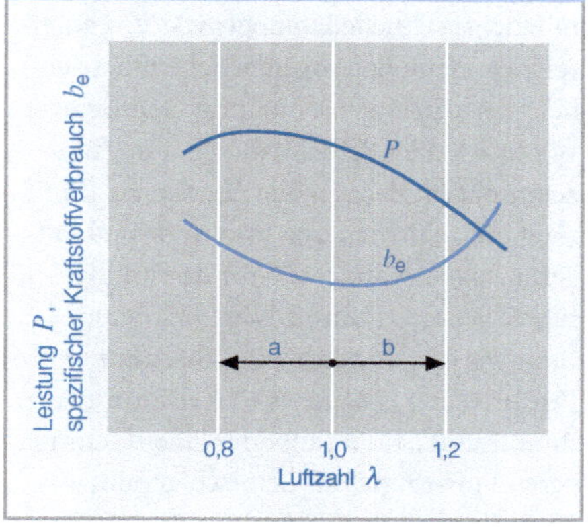

4 Emissionen in Abhängigkeit des Luftverhältnisses

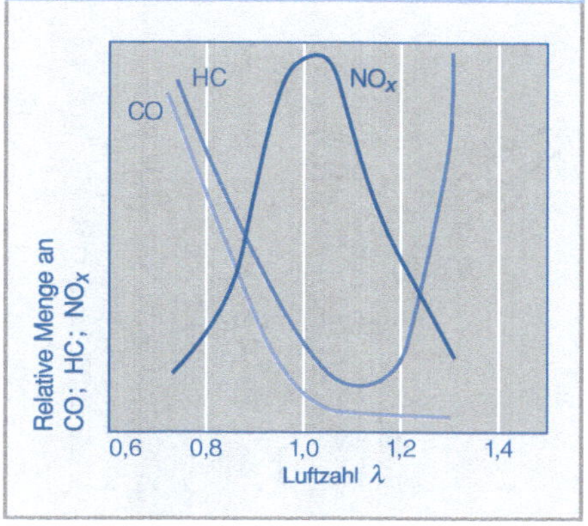

Bild 3
a fettes Gemisch (Luftmangel)
b mageres Gemisch (Luftüberschuss)

grad im homogen mageren Bereich liegt ($1{,}3 < \lambda < 1{,}4$). Für das Erreichen der maximalen Last liegt andererseits das Luftverhältnis im fetten Bereich ($0{,}9 < \lambda < 0{,}95$), welches die beste Homogenisierung und Sauerstoffoxidation erlaubt, und dadurch die schnellste Verbrennung ermöglicht (Bild 3).

Wird der Emissionsausstoß in Abhängigkeit des Luft-Kraftstoff-Verhältnisses betrachtet (Bild 4), so ist erkennbar, dass im fetten Bereich hohe Rückstände an HC und CO verbleiben. Im mageren Bereich sind HC-Rückstände aus der langsameren Verbrennung und der erhöhten Verdünnung erkennbar, sowie ein hoher NO_x-Anteil, der sein Maximum bei $1 < \lambda < 1{,}05$ erreicht. Zur Erfüllung der Emissionsgesetzgebung beim Ottomotor wird ein Dreiwegekatalysator eingesetzt, welcher die HC- und CO-Emissionen oxidiert und die NO_x-Emissionen reduziert. Hierfür ist ein Luft-Kraftstoff-Verhältnis von $\lambda \approx 1$ notwendig, das durch eine entsprechende Gemischregelung eingestellt wird.

Weitere Vorteile können aus dem Hochdruckprozess im mageren Bereich ($\lambda > 1$) nur mit einem geschichteten Brennverfahren (→ **Grundlagen Ottomotor** → Turbulente vorgemischte teildiffusive Verbrennung) gewonnen werden. Hierbei werden weiterhin HC- und CO-Emissionen im Dreiwegekatalysator oxidiert. Die NO_x-Emissionen müssen über einen gesonderten NO_x-Speicherkatalysator gespeichert und nachträglich durch Fett-Phasen reduziert oder über einen kontinuierlich reduzierenden Katalysator mittels zusätzlichem Reduktionsmittel (durch selektive katalytische Reduktion) konvertiert werden.

Gemischbildung

Ein Ottomotor kann eine äußere (mit Saugrohreinspritzung) oder eine innere Gemischbildung (mit Direkteinspritzung) aufweisen (Bild 5). Bei Motoren mit Saugrohreinspritzung liegt das Luft-Kraftstoff-Gemisch im gesamten Brennraum homogen verteilt mit dem gleichen Luftverhältnis λ vor (Bild 5a). Dabei erfolgt üblicherweise die Einspritzung ins Saugrohr oder in den Einlasskanal schon vor dem Öffnen der Einlassventile.

Neben der Gemischhomogenisierung muss das Gemischbildungssystem geringe Abweichungen von Zylinder zu Zylinder sowie von Arbeitsspiel zu Arbeitsspiel garantieren. Bei Motoren mit Direkteinspritzung sind sowohl eine homogene als auch eine heterogene Betriebsart möglich. Beim

5 Gemischbildung

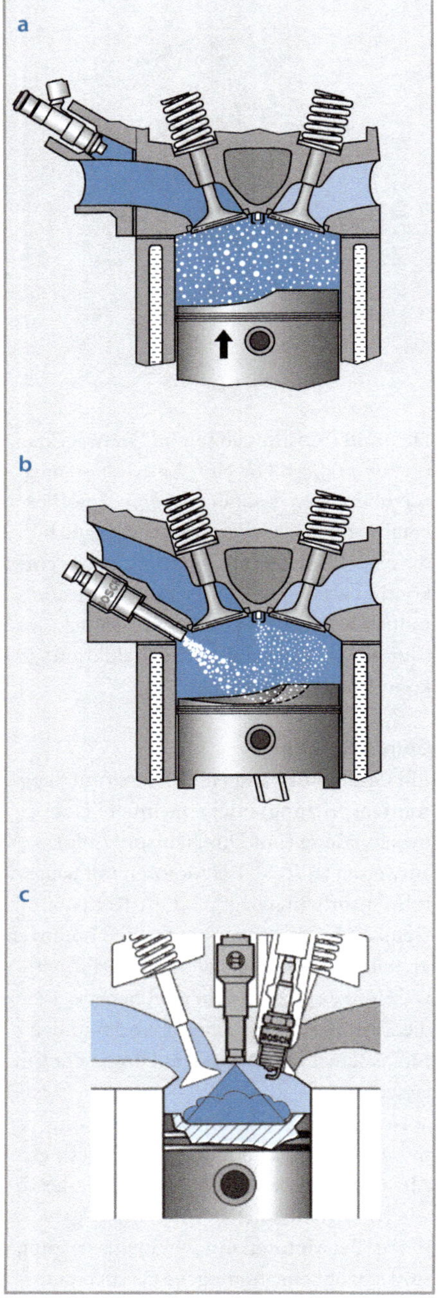

Bild 5
a homogene Gemischverteilung (mit Saugrohreinspritzung)
b Schichtladung, wand- und luftgeführtes Brennverfahren
c Schichtladung, strahlgeführtes Brennverfahren

Die homogene Gemischverteilung kann sowohl mit der Saugrohreinspritzung (Bildteil a) als auch mit der Direkteinspritzung (Bildteil c) realisiert werden.

homogenen Betrieb wird eine saughubsynchrone Einspritzung durchgeführt, um eine möglichst schnelle Homogenisierung zu erreichen. Beim heterogenen Schichtbetrieb befindet sich eine brennfähige Gemischwolke mit $\lambda \approx 1$ als Schichtladung zum Zündzeitpunkt im Bereich der Zündkerze. Bild 5 zeigt die Schichtladung für wand- und luftgeführte (Bild 5b) sowie für das strahlgeführte Brennverfahren (Bild 5c). Diese Brennverfahren werden im Abschnitt → **Einspritzung** genauer erklärt. Der restliche Brennraum ist mit Luft oder einem sehr mageren Luft-Kraftstoff-Gemisch gefüllt, was über den gesamten Zylinder gemittelt ein mageres Luftverhältnis ergibt. Der Ottomotor kann dann ungedrosselt betrieben werden. Infolge der Innenkühlung durch die direkte Einspritzung können solche Motoren höher verdichten. Die Entdrosselung und das höhere Verdichtungsverhältnis führen zu höheren Wirkungsgraden.

Zündung und Entflammung

Das Zündsystem einschließlich der Zündkerze entzündet das Gemisch durch eine Funkenentladung zu einem vorgegebenen Zeitpunkt. Die Entflammung muss auch bei instationären Betriebszuständen hinsichtlich wechselnder Strömungseigenschaften und lokaler Zusammensetzung gewährleistet werden. Durch die Anordnung der Zündkerze kann die sichere Entflammung insbesondere bei geschichteter Ladung oder im mageren Bereich optimiert werden.

Die notwendige Zündenergie ist grundsätzlich vom Luft-Kraftstoff-Verhältnis abhängig. Im stöchiometrischen Bereich wird die geringste Zündenergie benötigt, dagegen erfordern fette und magere Gemische eine deutlich höhere Energie für eine sichere Entflammung. Der sich einstellende Zündspannungsbedarf ist hauptsächlich von der im Brennraum herrschenden Gasdichte abhängig und steigt nahezu linear mit ihr an. Der Energieeintrag des durch den Zündfunken entflammten Gemisches muss ausreichend groß sein, um die angrenzenden Bereiche entflammen zu können und somit eine Flammenausbreitung zu ermöglichen.

Der Zündwinkelbereich liegt in der Teillast bei einem Kurbelwinkel von ca. 50 bis 40 ° vor ZOT (vgl. Bild 2) und bei Saugmotoren in der Volllast bei ca. 20 bis 10 ° vor ZOT. Bei aufgeladenen Motoren im Volllastbetrieb liegt der Zündwinkel wegen erhöhter Klopfneigung bei ca. 10 ° vor ZOT bis 10 ° nach ZOT. Üblicherweise werden im Motorsteuergerät die positiven Zündwinkel als Winkel vor ZOT definiert.

Zylinderfüllung

Eine wichtige Phase des Arbeitspiels wird von der Verbrennung gebildet. Für den Verbrennungsvorgang im Zylinder ist ein Luft-Kraftstoff-Gemisch erforderlich. Das Gasgemisch, das sich nach dem Schließen der Einlassventile im Zylinder befindet, wird als Zylinderfüllung bezeichnet. Sie besteht aus der zugeführten Frischladung (Luft und gegebenenfalls Kraftstoff) und dem Restgas (Bild 6).

Bestandteile

Die Frischladung besteht aus Luft, und bei Ottomotoren mit Saugrohreinspritzung (SRE) dem dampfförmigen oder flüssigen Kraftstoff. Bei Ottomotoren mit Benzindirekteinspritzung (BDE) wird der für das Arbeitsspiel benötigte Kraftstoff direkt in den Zylinder eingespritzt, entweder während des Ansaugtaktes für das homogene Verfahren oder – bei einer Schichtladung – im Verlauf der Kompression.

Der wesentliche Anteil an Frischluft wird über die Drosselklappe angesaugt. Zusätzliches Frischgas kann über das Kraftstoffverdunstungs-Rückhaltesystem angesaugt werden. Die nach dem Schließen der Einlassventile im Zylinder befindliche Luftmasse ist eine entscheidende Größe für die während der Verbrennung am Kolben verrichtete Arbeit und damit für das vom Motor abgegebene Drehmoment. Maßnahmen zur Steigerung des maximalen Drehmomentes und der maximalen Leistung des Motors bedingen eine Erhöhung der maximal möglichen Füllung. Die theoretische Maximalfüllung ist durch den Hubraum, die Ladungswechselaggregate und ihre Variabilität begrenzt. Bei aufgeladenen Motoren markiert der erzielbare Ladedruck zusätzlich die Drehmomentausbeute.

Aufgrund des Totvolumens verbleibt stets zu einem kleinen Teil Restgas aus dem letzten Arbeitszyklus (internes Restgas) im Brennraum. Das Restgas besteht aus Inertgas und bei Verbrennung mit Luftüberschuss (Magerbetrieb) aus unverbrannter Luft. Wichtig für die Prozessführung ist der Anteil des Inertgases am Restgas, da dieses keinen Sauerstoff mehr enthält und an der Verbrennung des folgenden Arbeitsspiels nicht teilnimmt.

6 Zylinderfüllung im Ottomotor

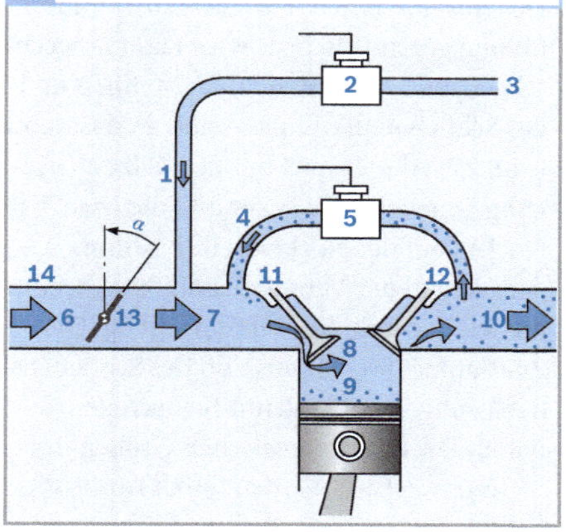

Bild 6
1 Luft- und Kraftstoffdämpfe (aus Kraftstoffverdunstungs-Rückhaltesystem)
2 Regenerierventil mit variablem Ventilöffnungsquerschnitt
3 Verbindung zum Kraftstoffverdunstungs-Rückhaltesystem
4 rückgeführtes Abgas
5 Abgasrückführventil (AGR-Ventil) mit variablem Ventilöffnungsquerschnitt
6 Luftmassenstrom (mit Umgebungsdruck p_u)
7 Luftmassenstrom (mit Saugrohrdruck p_s)
8 Frischgasfüllung (mit Brennraumdruck p_B)
9 Restgasfüllung (mit Brennraumdruck p_B)
10 Abgas (mit Abgasgegendruck p_A)
11 Einlassventil
12 Auslassventil
13 Drosselklappe
14 Ansaugrohr
α Drosselklappenwinkel

Ladungswechsel

Der Austausch der verbrauchten Zylinderfüllung gegen Frischgas wird Ladungswechsel genannt. Er wird durch das Öffnen und das Schließen der Einlass- und Auslassventile im Zusammenspiel mit der Kolbenbewegung gesteuert. Die Form und die Lage der Nocken auf der Nockenwelle bestimmen den Verlauf der Ventilerhebung und beeinflussen dadurch die Zylinderfüllung. Die Zeitpunkte des Öffnens und des Schließens der Ventile werden Ventil-Steuerzeiten genannt. Die charakteristischen Größen des Ladungswechsels werden durch Auslass-Öffnen (AÖ), Einlass-Öffnen (EÖ), Auslass-Schließen (AS), Einlass-Schließen (ES) sowie durch den maximalen Ventilhub gekennzeichnet. Realisiert werden Ottomotoren sowohl mit festen als auch mit variablem Steuerzeiten und Ventilhüben (→ **Füllungsteuerung**).

Die Qualität des Ladungswechsels wird mit den Größen Luftaufwand, Liefergrad und Fanggrad beschrieben. Zur Definition dieser Kennzahlen wird die Frischladung herangezogen. Bei Systemen mit Saugrohreinspritzung entspricht diese dem frisch eintretenden Luft-Kraftstoff-Gemisch, bei Ottomotoren mit Benzindirekteinspritzung und Einspritzung in den Verdichtungstakt (nach ES) wird die Frischladung lediglich durch die angesaugte Luftmasse bestimmt. Der Luftaufwand beschreibt die gesamte während des Ladungswechsels durchgesetzte Frischladung bezogen auf die durch das Hubvolumen maximal mögliche Zylinderladung. Im Luftaufwand kann somit zusätzlich jene Masse an Frischladung enthalten sein, welche während einer Ventilüberschneidung direkt in den Abgastrakt überströmt. Der Liefergrad hingegen stellt das Verhältnis der im Zylinder tatsächlich verbliebenen Frischladung nach Einlass-Schließen zur theoretisch maximal möglichen Ladung dar. Der Fangrad, definiert als das Verhältnis von Liefergrad zum Luftaufwand, gibt den Anteil der durchgesetzten Frischladung an, welcher nach Abschluss des Ladungswechsels im Zylinder eingeschlossen wird. Zusätzlich ist als weitere wichtige Größe für die Beschreibung der Zylinderladung der Restgasanteil als das Verhältnis aus der sich zum Einlassschluss im Zylinder befindlichen Restgasmasse zur gesamt eingeschlossenen Masse an Zylinderladung definiert.

Um im Ladungswechsel das Abgas durch das Frischgas zu ersetzen, ist ein Arbeitsaufwand notwendig. Dieser wird als Ladungswechsel- oder auch Pumpverlust bezeichnet. Die Ladungswechselverluste verbrauchen einen Teil der umgewandelten mechanischen Energie und senken daher den effektiven Wirkungsgrad des Motors. In der Ansaugphase, also während der Abwärtsbewegung des Kolbens, ist im gedrosselten Betrieb der Saugrohrdruck kleiner als der Umgebungsdruck und insbesondere kleiner als der Druck im Kurbelgehäuse (Kolbenrückraum). Zum Ausgleich dieser Druckdifferenz wird Energie benötigt (Drosselverluste). Insbesondere bei hohen Drehzahlen und Lasten (im entdrosselten Betrieb) tritt beim Ausstoßen des verbrannten Gases während der Aufwärtsbewegung des Kolbens ein Staudruck im Brennraum auf, was wiederum zu zusätzlichen Energieverlusten führt, welche Ausschiebeverluste genannt werden.

Steuerung der Luftfüllung

Der Motor saugt die Luft über den Luftfilter und den Ansaugtrakt an (Bilder 7 und 8), wobei die Drosselklappe aufgrund ihrer Verstellbarkeit für eine dosierte Luftzufuhr sorgt und somit das wichtigste Stellglied für den Betrieb des Ottomotors darstellt. Im weiteren Verlauf des Ansaugtraktes erfährt der angesaugte Luftstrom die Beimischung von Kraftstoffdampf aus dem Kraftstoffverdunstungs-Rückhaltesystem sowie von rückgeführtem Abgas (AGR). Mit diesem kann zur Entdrosselung des Arbeitsprozesses – und damit einer Wirkungsgradsteigerung im Teillastbereich – der Anteil des Restgases an der Zylinderfüllung erhöht werden. Die äußere Abgasrückführung führt das ausgestoßene Restgas vom Abgassystem zurück in den Saugkanal. Dabei kann ein zusätzlich installierter AGR-Kühler das rückgeführte Abgas vor dem Eintritt in das Saugrohr auf ein niedrigeres Temperaturniveau kühlen und damit die Dichte der Frischladung erhöhen. Zur Dosierung der äußeren Abgasrückführung wird ein Stellventil verwendet.

Der Restgasanteil der Zylinderladung kann jedoch im großen Maße ebenfalls durch die Menge der im Zylinder verbleibenden Restgasmasse geändert werden. Zu deren Steuerung können Variabilitäten im Ventiltrieb eingesetzt werden. Zu nennen sind hier insbesondere Phasensteller der Nockenwellen, durch deren Anwendung die Steuerzeiten im breiten Bereich beeinflusst werden können und dadurch das Einbehalten einer gewünschten Restgasmasse ermöglichen. Durch eine Ventilüberschneidung kann beispielsweise der Restgasanteil für das folgende Arbeitsspiel wesentlich beeinflusst werden. Während der Ventilüberschneidung sind Ein- und Auslassventil gleichzeitig geöffnet, d. h., das Einlassventil öffnet, bevor das Auslassventil schließt. Ist in der Überschneidungsphase der Druck im Saugrohr niedriger als im Abgastrakt, so tritt eine Rückströmung des Restgases in das Saugrohr auf. Da das so ins Saugrohr gelangte Restgas nach dem Auslass-Schließen wieder angesaugt wird, führt dies zu einer Erhöhung des Restgasgehalts.

Der Einsatz von variablen Ventiltrieben ermöglicht darüber hinaus eine Vielzahl an Verfahren, mit welchen sich die spezifische Leistung und der Wirkungsgrad des Ottomotors weiter steigern lassen. So ermöglicht eine verstellbare Einlassnockenwelle beispielsweise die Anpassung der Steuerzeit für die Einlassventile an die sich mit der Drehzahl veränderliche Gasdynamik des Saugtraktes, um in Volllastbetrieb die optimale Füllung der Zylinder zu ermöglichen.

Zur Wirkungsgradsteigerung im gedrosselten Betrieb bei Teillast ist zudem die Anwendung vom späten oder frühen Schließen der Einlassventile möglich. Beim Atkinson-Verfahren wird durch spätes Schließen der Einlassventile ein Teil der angesaugten Ladung wieder aus dem Zylinder in das Saugrohr verdrängt. Um die Ladungsmasse der Standardsteuerzeit im Zylinder einzuschließen, wird der Motor weiter entdrosselt und damit der Wirkungsgrad erhöht. Aufgrund der langen Öffnungsdauer der Einlassventile beim Atkinson-Verfahren können insbesondere bei Saugmotoren zudem gasdynamische Effekte ausgenutzt werden.

Das Miller-Verfahren hingegen beschreibt ein frühes Schließen der Einlassventile. Dadurch wird die im Zylinder eingeschlossene Ladung im Fortgang der Abwärtsbewegung des Kolbens (Saugtakt) expandiert. Verglichen mit der Standard-Steuerzeit erfolgt die darauf folgende Kompression auf einem niedrigeren Druck- und Temperaturniveau. Um das gleiche Moment zu erzeugen und hierfür die gleiche Masse an Frischladung im Zylinder einzuschließen, muss der Arbeitsprozess (wie auch beim Atkinson-Verfahren) entdrosselt werden, was den Wirkungsgrad erhöht. Aufgrund der weitgehenden Bremsung der Ladungsbewegung während der Expansion vor dem Verdichtungstakt wird allerdings die Verbrennung verlangsamt und das theoretische Wirkungsgradpotential daher zum großen Teil wieder kompensiert. Da beide Verfahren die Temperatur der Zylinderladung während der Kompression senken, können sie insbesondere bei aufgelade-

7 Strukturbild eines Ottomotors mit Saugrohreinspritzung ohne Aufladung einschließlich Komponenten für die elektronische Steuerung und Regelung

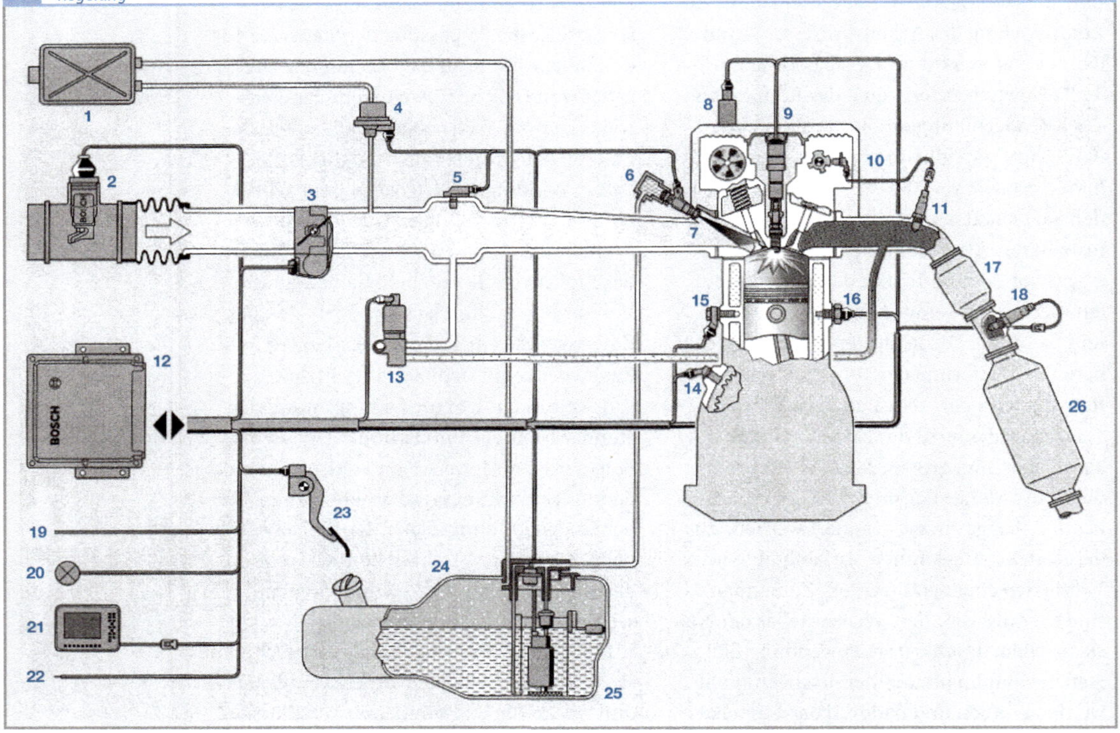

Bild 7

1 Aktivkohlebehälter
2 Heißfilm-Luftmassenmesser (HFM) mit integriertem Temperatursensor
3 Drosselvorrichtung (EGAS)
4 Tankentlüftungsventil
5 Saugrohrdrucksensor
6 Kraftstoffverteilerstück
7 Einspritzventil
8 Aktoren und Sensoren für variable Nockenwellensteuerung
9 Zündkerze mit aufgesteckter Zündspule
10 Nockenwellen-Phasensensor
11 λ-Sonde vor dem Vorkatalysator
12 Motorsteuergerät
13 Abgasrückführventil
14 Drehzahlsensor
15 Klopfsensor
16 Motortemperatursensor
17 Vorkatalysator (Dreiwegekatalysator)
18 λ-Sonde nach dem Vorkatalysator
19 CAN-Schnittstelle
20 Motorkontrollleuchte
21 Diagnoseschnittstelle
22 Schnittstelle zur Wegfahrsperre
23 Fahrpedalmodul mit Pedalwegsensor
24 Kraftstoffbehälter
25 Tankeinbaueinheit mit Elektrokraftstoffpumpe, Kraftstofffilter und Kraftstoffregler
26 Hauptkatalysator (Dreiwegekatalysator)

Der in Bild 7 dargestellte Systemumfang bezüglich der On-Board-Diagnose entspricht den Anforderungen der EOBD.

nen Ottomotoren an der Volllast ebenfalls zur Senkung der Klopfneigung und damit zur Steigerung der spezifischen Leistung verwendet werden.

Die Anwendung variabler Ventihubverfahren ermöglicht durch die Darstellung von Teilhüben der Einlassventile ebenfalls eine Entdrosselung des Motors an der Drosselklappe und damit eine Wirkungsgradsteigerung. Zudem kann durch unterschiedliche Hubverläufe der Einlassventile eines Zylinders die Ladungsbewegung deutlich erhöht werden, was insbesondere im Bereich niedriger Lasten die Verbrennung deutlich stabilisiert und damit die Anwendung hoher Restgasraten erleichtert. Eine weitere Möglichkeit zur Steuerung der Ladungsbewegung bilden Ladungsbewegungsklappen,

8 Strukturbild eines aufgeladenen Ottomotors mit Direkteinspritzung einschließlich Komponenten für die elektronische Steuerung und Regelung

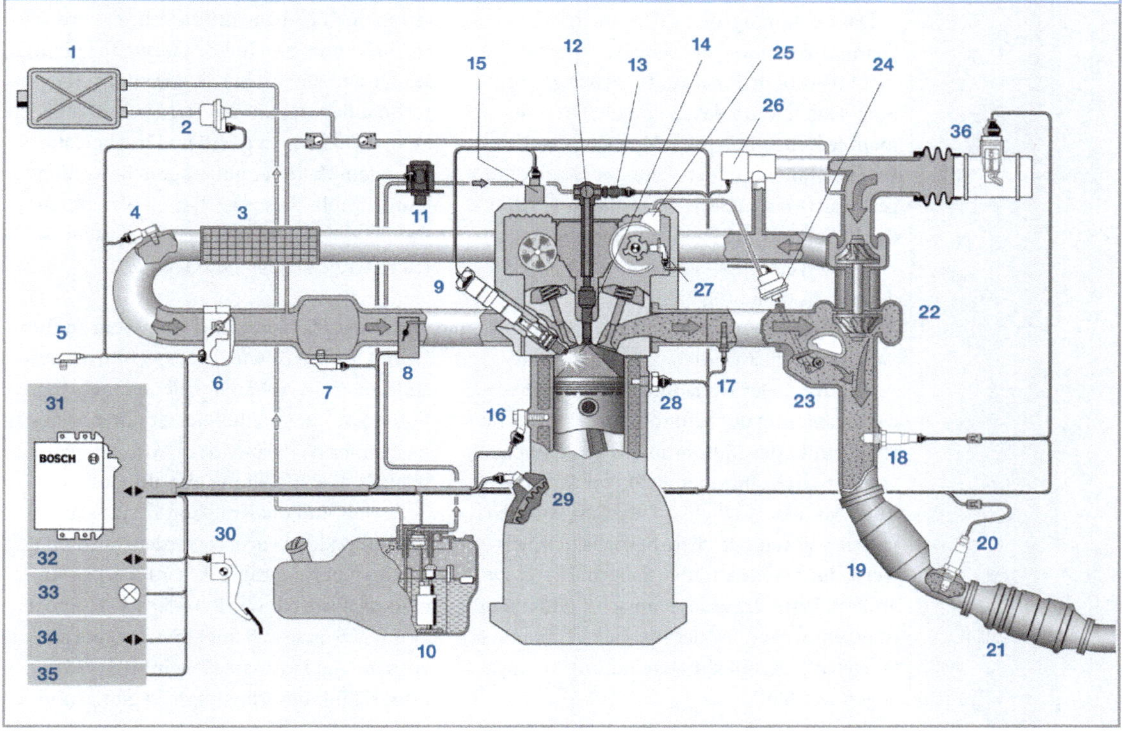

welche durch ihre Stellung im Saugkanal des Zylinderkopfs die Strömungsbewegung beeinflussen. Allerdings ergibt sich hier aufgrund der höheren Strömungsverluste auch eine Steigerung der Ladungswechselarbeit.

Insgesamt lassen sich durch die Anwendung variabler Ventiltriebe, welche eine Kombination aus Steuerzeit- und Ventilhubverstellung bis hin zu voll-variablen Systemen umfassen, beträchtliche Steigerungen der spezifischen Leistung sowie des Wirkungsgrades erreichen. Auch die Anwendung eines geschichteten Brennverfahrens (→ **Grundlagen Ottomotor** → Turbulente vorgemischte teildiffusive Verbrennung) erlaubt aufgrund des hohen Luftüberschusses einen weitgehend ungedrosselten Betrieb, welcher insbesondere in der Teillast des Ot-

Bild 8

1 Aktivkohlebehälter
2 Tankentlüftungsventil
3 Heißfilm-Luftmassenmesser
4 kombinierter Ladedruck- und Ansauglufttemperatursensor
5 Umgebungsdrucksensor
6 Drosselvorrichtung (EGAS)
7 Saugrohrdurcksensor
8 Ladungsbewegungsklappe
9 Zündspule mit Zündkerze
10 Kraftstofffördermodul mit Elektrokraftstoffpumpe
11 Hochdruckpumpe
12 Kraftstoff-Verteilerrohr
13 Hochdrucksensor
14 Hochdruck-Einspritzventil
15 Nockenwellenversteller
16 Klopfsensor
17 Abgastemperatursensor
18 λ-Sonde
19 Vorkatalysator
20 λ-Sonde
21 Hauptkatalysator
22 Abgasturbolader
23 Waste-Gate
24 Waste-Gate-Steller
25 Vakuumpumpe
26 Schub-Umluftventil
27 Nockenwellen-Phasensensor
28 Motortemperatursensor
29 Drehzahlsensor
30 Fahrpedalmodul
31 Motorsteuergerät
32 CAN-Schnittstelle
33 Motorkontrollleuchte
34 Diagnoseschnittstelle
35 Schnittstelle zur Wegfahrsperre

tomotors zur einer erheblichen Steigerung des effektiven Wirkungsgrades führt.

Das bei homogener, stöchiometrischer Gemischverteilung erreichbare Drehmoment ist proportional zu der Frischgasfüllung. Daher kann das maximale Drehmoment lediglich durch die Verdichtung der Luft vor Eintritt in den Zylinder (Aufladung) gesteigert werden. Mit der Aufladung kann der Liefergrad, bezogen auf Normbedingungen, auf Werte größer als eins erhöht werden. Eine Aufladung kann bereits allein durch Nutzung gasdynamischer Effekte im Saugrohr erzielt werden (gasdynamische Aufladung). Der Aufladungsgrad hängt von der Gestaltung des Saugrohrs sowie vom Betriebspunkt des Motors ab, im Wesentlichen von der Drehzahl, aber auch von der Füllung. Mit der Möglichkeit, die Saugrohrgeometrie während des Fahrbetriebs beispielsweise durch eine variable Saugrohrlänge zu ändern, kann die gasdynamische Aufladung in einem weiten Betriebsbereich für eine Steigerung der maximalen Füllung herangezogen werden.

Eine weitere Erhöhung der Luftdichte erzielen mechanisch angetriebene Verdichter bei der mechanischen Aufladung, welche von der Kurbelwelle des Motors angetrieben werden. Die komprimierte Luft wird dabei durch das Ansaugsystem, welches dann zugunsten eines schnellen Ansprechverhaltens des Motors mit kleinem Sammlervolumen und kurzen Saugrohrlängen ausgeführt wird, in die Zylinder gepumpt.

Bei der Abgasturboaufladung wird im Unterschied zur mechanischen Aufladung der Verdichter des Abgasturboladers nicht von der Kurbelwelle angetrieben, sondern von einer Abgasturbine, welche sich im Abgastrakt befindet und die Enthalpie des Abgases ausnutzt. Die Enthalpie des Abgases kann zusätzlich erhöht werden, in dem durch die Anwendung einer Ventilüberschneidung ein Teil der Frischladung durch die Zylinder gespült (Scavenging) und damit der Massenstrom an der Abgasturbine erhöht wird. Zusätzlich sorgt eine hohe Spülrate für niedrige Restgasanteile. Da bei Motoren mit Abgasturboaufladung im unteren Drehzahlbereich an der Volllast ein positives Druckgefälle über dem Zylinder gut eingestellt werden kann, erhöht dieses Verfahren wesentlich das maximale Drehmoment in diesem Betriebsbereich (Low-End-Torque).

Füllungserfassung und Gemischregelung

Beim Ottomotor wird die zugeführte Kraftstoffmenge in Abhängigkeit der angesaugten Luftmasse eingestellt. Dies ist nötig, weil sich nach einer Änderung des Drosselklappenwinkels die Luftfüllung erst allmählich ändert, während die Kraftstoffmenge arbeitsspielindividuell variiert werden kann. In der Motorsteuerung muss daher für jedes Arbeitsspiel je nach der Betriebsart (Homogen, Homogen-mager, Schichtbetrieb) die aktuell vorhandene Luftmasse bestimmt werden (durch Füllungserfassung). Es gibt grundsätzlich drei Verfahren, mit welchen dies erfolgen kann. Das erste Verfahren arbeitet folgendermaßen: Über ein Kennfeld wird in Abhängigkeit von Drosselklappenwinkel α und Drehzahl n der Volumenstrom bestimmt, der über geeignete Korrekturen in einem Luftmassenstrom umgerechnet wird. Die auf diesem Prinzip arbeitenden Systeme heißen α-n-Systeme.

Beim zweiten Verfahren wird über ein Modell (Drosselklappenmodell) aus der Temperatur vor der Drosselklappe, dem Druck vor und nach der Drosselklappe sowie der Drosselklappenstellung (Winkel α) der Luftmassenstrom berechnet. Als Erweiterung dieses Modells kann zusätzlich aus der Motordrehzahl n, dem Druck p im Saugrohr (vor dem Einlassventil), der Temperatur im Einlasskanal und weiteren Einflüssen

(Nockenwellen- und Ventilhubverstellung, Saugrohrumschaltung, Position der Ladungsbewegungsklappe) die vom Zylinder angesaugte Frischluft berechnet werden. Nach diesem Prinzip arbeitende Systeme werden *p*-*n*-Systeme genannt. Je nach Komplexität des Motors, insbesondere die Variabilitäten des Ventiltriebs betreffend, können hierfür aufwendige Modelle notwendig sein. Das dritte Verfahren besteht darin, dass ein Heißfilm-Luftmassenmesser (HFM) direkt den in das Saugrohr einströmenden Luftmassenstrom misst. Weil mittels eines Heißfilm-Luftmassenmessers oder eines Drosselklappenmodells nur der in das Saugrohr einfließende Massenstrom bestimmt werden kann, liefern diese beiden Systeme nur im stationären Motorbetrieb einen gültigen Wert für die Zylinderfüllung. Ein stationärer Betrieb setzt die Annahme eines konstanten Saugrohrdrucks voraus, so dass die dem Saugrohr zufließenden und den Motor verlassenden Luftmassenströme identisch sind.

Die Anwendung sowohl des Heißfilm-Luftmassenmessers als auch des Drosselklappenmodells liefert bei einem plötzlichen Lastwechsel (d. h. bei einer plötzlichen Änderung des Drosselklappenwinkels) eine augenblickliche Änderung des dem Saugrohr zufließenden Massenstroms, während sich der in den Zylinder eintretende Massenstrom und damit die Zylinderfüllung erst ändern, wenn sich der Saugrohrdruck erhöht oder erniedrigt hat. Daher muss für die richtige Abbildung transienter Vorgänge entweder das *p*-*n*-System verwendet oder eine zusätzliche Modellierung des Speicherverhaltens im Saugrohr (Saugrohrmodell) erfolgen.

Kraftstoffe

Für den ottomotorischen Betrieb werden Kraftstoffe benötigt, welche aufgrund ihrer Zusammensetzung eine niedrige Neigung zur Selbstzündung (hohe Klopffestigkeit) aufweisen. Andernfalls kann die während

Tabelle 1
Eigenschaftswerte flüssiger Kraftstoffe. Die Viskosität bei 20 °C liegt für Benzin bei etwa 0,6 mm^2/s, für Methanol bei etwa 0,75 mm^2/s, für Ethanol bei etwa 1,5 mm^2/s.

Stoff	Dichte in kg/*l*	Hauptbestandteile in Gewichtsprozent	Siedetemperatur in °C	Spezifische Verdampfungswärme in kJ/kg	Spezifischer Heizwert in MJ/kg	Zündtemperatur in °C	Luftbedarf, stöchiometrisch in kg/kg	Zündgrenze untere (in Volumenprozent Gas in Luft)	Zündgrenze obere (in Volumenprozent Gas in Luft)
Ottokraftstoff									
Normal	0,720...0,775	86 C, 14 H	25...210	380...500	41,2...41,9	≈ 300	14,8	≈ 0,6	≈ 8
Super	0,720...0,775	86 C, 14 H	25...210	–	40,1...41,6	≈ 400	14,7	–	–
Flugbenzin	0,720	85 C, 15 H	40...180	–	43,5	≈ 500	–	≈ 0,7	≈ 8
Kerosin	0,77...0,83	87 C, 13 H	170...260	–	43	≈ 250	14,5	≈ 0,6	≈ 7,5
Dieselkraftstoff	0,820...0,845	86 C, 14 H	180...360	≈ 250	42,9...43,1	≈ 250	14,5	≈ 0,6	≈ 7,5
Ethanol C_2H_5OH	0,79	52 C, 13 H, 35 O	78	904	26,8	420	9	3,5	15
Methanol CH_3OH	0,79	38 C, 12 H, 50 O	65	1 110	19,7	450	6,4	5,5	26
Rapsöl	0,92	78 C, 12 H, 10 O	–	–	38	≈ 300	12,4	–	–
Rapsölmethylester (Biodiesel)	0,88	77 C, 12 H, 11 O	320...360	–	36,5	283	12,8	–	–

Stoff	Dichte bei 0 °C und 1 013 mbar in kg/m³	Hauptbestandteile in Gewichtsprozent	Siedetemperatur bei 1 013 mbar in °C	Spezifischer Heizwert		Zündtemperatur in °C	Luftbedarf, stöchiometrisch in kg/kg	Zündgrenze	
				Kraftstoff in MJ/kg	Luft-Kraftstoff-Gemisch in MJ/m³			untere	obere
								in Volumenprozent Gas in Luft	
Flüssiggas (Autogas)	2,25	C_3H_8, C_4H_{10}	–30	46,1	3,39	≈ 400	15,5	1,5	15
Erdgas H (Nordsee)	0,83	87 CH_4, 8 C_2H_6, 2 C_3H_8, 2 CO_2, 1 N_2	–162 (CH_4)	46,7	–	584	16,1	4,0	15,8
Erdgas H (Russland)	0,73	98 CH_4, 1 C_2H_6, 1 N_2	–162 (CH_4)	49,1	3,4	619	16,9	4,3	16,2
Erdgas L	0,83	83 CH_4, 4 C_2H_6, 1 C_3H_8, 2 CO_2, 10 N_2	–162 (CH_4)	40,3	3,3	≈ 600	14,0	4,6	16,0

Tabelle 2
Eigenschaftswerte gasförmiger Kraftstoffe. Das als Flüssiggas bezeichnete Gasgemisch ist bei 0 °C und 1 013 mbar gasförmig; in flüssiger Form hat es eine Dichte von 0,54 kg/l.

der Kompression nach einer Selbstzündung erfolgte, schlagartige Umsetzung der Zylinderladung zu mechanischen Schäden des Ottomotors bis hin zu seinem Totalausfall führen. Die Klopffestigkeit eines Ottokraftstoffes wird durch die Oktanzahl beschrieben. Die Höhe der Oktanzahl bestimmt die spezifische Leistung des Ottomotors. An der Volllast wird aufgrund der Gefahr von Motorschäden die Lage der Verbrennung durch das Motorsteuergerät über einen Zündwinkeleingriff (durch die Klopfregelung) so eingestellt, dass – durch Senkung der Verbrennungstemperatur durch eine späte Lage der Verbrennung – keine Selbstzündung der Frischladung erfolgt. Dies begrenzt jedoch das nutzbare Drehmoment des Motors. Je höher die verwendete Oktanzahl ist, desto höher fällt, bei einer entsprechenden Bedatung des Motorsteuergeräts, die spezifische Leistung aus.

In den Tabellen 1 und 2 sind die Stoffwerte der wichtigsten Kraftstoffe zusammengefasst. Verwendung findet meist Benzin, welches durch Destillation aus Rohöl gewonnen und zur Steigerung der Klopffestigkeit mit geeigneten Komponenten versetzt wird. So wird bei Benzinkraftstoffen in Deutschland zwischen Super und Super-Plus unterschieden, einige Anbieter haben ihre Super-Plus-Kraftstoffe durch 100-Oktan-Benzine ersetzt. Seit Januar 2011 enthält der Super-Kraftstoff bis zu 10 Volumenprozent Ethanol (E10), alle anderen Sorten sind mit max. 5 Volumenprozent Ethanol (E5) versetzt. Die Abkürzung E10 bezeichnet dabei einen Ottokraftstoff mit einem Anteil von 90 Volumenprozent Benzin und 10 Volumenprozent Ethanol. Die ottomotorische Verwendung von reinen Alkoholen (Methanol M100, Ethanol E100) ist bei Verwendung geeigneter Kraftstoffsysteme und speziell adaptierter Motoren möglich, da aufgrund des höheren Sauerstoffgehalts ihre Oktanzahl die des Benzins übersteigt.

Auch der Betrieb mit gasförmigen Kraftstoffen ist beim Ottomotor möglich. Verwendung findet als serienmäßige Ausstattung (in bivalenten Systemen mit Benzin- und Gasbetrieb) in Europa meist Erdgas

(Compressed Natural Gas CNG), welches hauptsächlich aus Methan besteht. Aufgrund des höheren Wasserstoff-Kohlenstoff-Verhältnisses entsteht bei der Verbrennung von Erdgas weniger CO_2 und mehr Wasser als bei Verbrennung von Benzin. Ein auf Erdgas eingestellter Ottomotor erzeugt bereits ohne weitere Optimierung ca. 25 % weniger CO_2-Emissionen als beim Einsatz von Benzin. Durch die sehr hohe Oktanzahl (ROZ 130) eignet sich der mit Erdgas betriebene Ottomotor ideal zur Aufladung und lässt zudem eine Erhöhung des Verdichtungsverhältnisses zu. Durch den monovalenten Gaseinsatz in Verbindung mit einer Hubraumverkleinerung (Downsizing) kann der effektive Wirkungsgrad des Ottomotors erhöht und seine CO_2-Emission gegenüber dem konventionellen Benzin-Betrieb maßgeblich verringert werden.

Häufig, insbesondere in Anlagen zur Nachrüstung, wird Flüssiggas (Liquid Petroleum Gas LPG), auch Autogas genannt, eingesetzt. Das verflüssigte Gasgemisch besteht aus Propan und Butan. Die Oktanzahl von Flüssiggas liegt mit ROZ 120 deutlich über dem Niveau von Super-Kraftstoffen, bei seiner Verbrennung entstehen ca. 10 % weniger CO_2-Emissionen als im Benzinbetrieb.

Auch die ottomotorische Verbrennung von reinem Wasserstoff ist möglich. Aufgrund des Fehlens an Kohlenstoff entsteht bei der Verbrennung von Wasserstoff kein Kohlendioxid, als „CO_2-frei“ darf dieser Kraftstoff dennoch nicht gelten, wenn bei seiner Herstellung CO_2 anfällt. Aufgrund seiner sehr hohen Zündwilligkeit ermöglicht der Betrieb mit Wasserstoff eine starke Abmagerung und damit eine Steigerung des effektiven Wirkungsgrades des Ottomotors.

9 Hemisphärische Flammenausbreitung im Brennraum bei der turbulenten vorgemischten Verbrennung

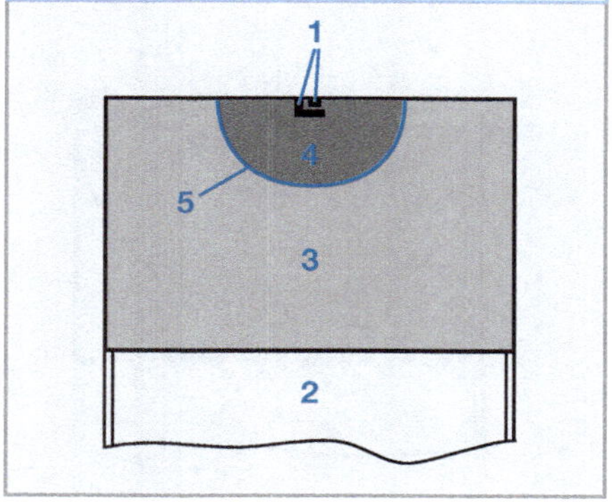

Bild 9
1 Elektroden der Zündkerze
2 Kolben
3 Gemisch mit λ_g
4 Verbranntes Gas mit $\lambda_v \approx \lambda_g$
5 Flammenfront

λ bezeichnet die Luftzahl.

Verbrennung

Turbulente vorgemischte Verbrennung

Das homogene Brennverfahren stellt die Referenz bei der ottomotorischen Verbrennung dar. Dabei wird ein stöchiometrisches, homogenes Gemisch während der Verdichtungsphase durch einen Zündfunken entflammt. Der daraus entstehende Flammkern geht in eine turbulente, vorgemischte Verbrennung mit sich nahezu hemisphärisch (halbkugelförmig) ausbreitender Flammenfront über (Bild 9).

Hierzu wird eine zunächst laminare Flammenfront, deren Fortschrittgeschwindigkeit von Druck, Temperatur und Zusammensetzung des Unverbrannten abhängt, durch viele kleine, turbulente Wirbel zerklüftet. Dadurch vergrößert sich die Flammenoberfläche deutlich. Das wiederum erlaubt einen erhöhten Frischladungseintrag in die Reaktionszone und somit eine deutliche Erhöhung der Flammenfortschrittsgeschwindigkeit. Hieraus ist ersichtlich, dass die Turbulenz der Zylinderladung einen sehr relevanten Faktor zur Verbrennungsoptimierung darstellt.

10 Hemisphärische Flammenausbreitung im Brennraum bei der turbulenten vorgemischten teildiffusiven Verbrennung

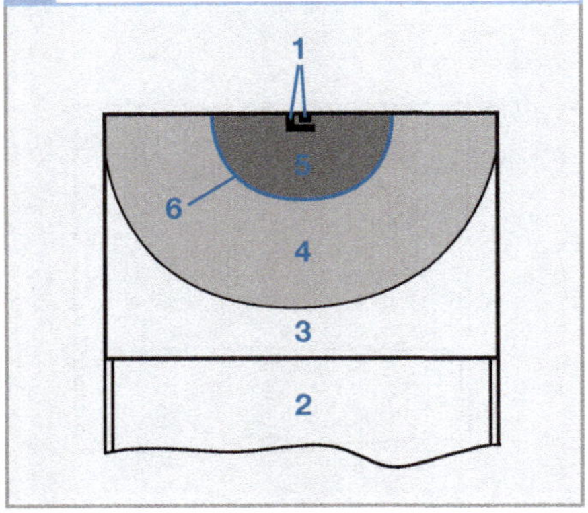

Bild 10
1 Elektroden der Zündkerze
2 Kolben
3 Luft (und Restgas) mit $\lambda \rightarrow \infty$
4 Gemisch mit $\lambda_g \approx 1$
5 Verbranntes Gas mit $\lambda_v \approx 1$
6 Flammenfront

Über den gesamten Brennraum gemittelt ergibt sich eine Luftzahl über eins.

Turbulente vorgemischte teildiffusive Verbrennung

Zur Senkung des Kraftstoffverbrauchs und somit der CO_2-Emission ist das Verfahren der geschichteten Fremdzündung beim Ottomotor, auch Schichtbetrieb genannt, ein vielversprechender Ansatz.

Bei der geschichteten Fremdzündung wird im Extremfall lediglich die Frischluft verdichtet und erst in Nähe des oberen Totpunkts der Kraftstoff eingespritzt sowie zeitnah von der Zündkerze gezündet. Dabei entsteht eine geschichtete Ladung, welche idealerweise in der Nähe der Zündkerze ein Luft-Kraftstoff-Verhältnis von $\lambda \approx 1$ besitzt, um die optimalen Bedingungen für die Entflammung und Verbrennung zu ermöglichen (Bild 10). In der Realität jedoch ergeben sich aufgrund der stochastischen Art der Zylinderinnenströmung sowohl fette als auch magere Gemisch-Zonen in der Nähe der Zündkerze. Dies erfordert eine höhere geometrische Genauigkeit in der Abstimmung der idealen Injektor- und Zündkerzenposition, um die Entflammungsrobustheit sicher zu stellen.

Nach erfolgter Zündung stellt sich eine überwiegend turbulente, vorgemischte Verbrennung ein, und zwar dort, wo der Kraftstoff schon verdampft innerhalb eines Luft-Kraftstoff-Gemisches vorliegt. Des Weiteren verläuft die Umsetzung eines Teils des Kraftstoffs an der Luft-Kraftstoff-Grenze verdampfender Tropfen als diffusive Verbrennung. Ein weiterer wichtiger Effekt liegt beim Verbrennungsende. Hierbei erreicht die Flamme sehr magere Bereiche, die früher ins Quenching führen, d. h. in den Zustand, bei welchem die thermodynamischen Bedingungen wie Temperatur und Gemischqualität nicht mehr ausreichen, die Flamme weiter fortschreiten zu lassen. Hieraus können sich erhöhte HC- und CO-Emissionen ergeben. Die NO_x-Bildung ist für dieses entdrosselte und verdünnte Brennverfahren im Vergleich zur homogenen stöchiometrischen Verbrennung relativ gering. Der Dreiwegekatalysator ist jedoch wegen des mageren Abgases nicht in der Lage, selbst die geringe NO_x-Emission zu reduzieren. Dies macht eine spezifische Nachbehandlung der Abgase erforderlich, z. B. durch den Einsatz eines NO_x-Speicherkatalysators oder durch die Anwendung der selektiven katalytischen Reduktion unter Verwendung eines geeigneten Reduktionsmittels.

Homogene Selbstzündung

Vor dem Hintergrund einer verschärften Abgasgesetzgebung bei gleichzeitiger Forderung nach geringem Kraftstoffverbrauch ist das Verfahren der homogenen Selbstzündung beim Ottomotor, auch HCCI (Homogeneous Charge Compression Ignition) genannt, eine weitere interessante Alternative. Bei diesem Brennverfahren wird ein stark mit Luft oder Abgas verdünntes Kraftstoffdampf-Luft-Gemisch im Zylinder bis zur Selbstzündung verdichtet. Die Verbrennung erfolgt als Volumenreaktion ohne Ausbildung einer turbulenten Flammenfront oder einer Diffusionsverbrennung (Bild 11).

Die thermodynamische Analyse des Arbeitsprozesses verdeutlicht die Vorteile des HCCI-Verfahrens gegenüber der Anwendung anderer ottomotorischer Brennverfahren mit konventioneller Fremdzündung: Die Entdrosselung (hoher Massenanteil, der am thermodynamischen Prozess teilnimmt und drastische Reduktion der Ladungswechselverluste), kalorische Vorteile bedingt durch die Niedrigtemperatur-Umsetzung und die schnelle Wärmefreisetzung führen zu einer Annäherung an den idealen Gleichraumprozess und somit zur Steigerung des thermischen Wirkungsgrades. Da die Selbstzündung und die Verbrennung an unterschiedlichen Orten im Brennraum gleichzeitig beginnen, ist die Flammenausbreitung im Gegensatz zum fremdgezündeten Betrieb nicht von lokalen Randbedingungen abhängig, so dass geringere Zyklusschwankungen auftreten.

Die kontrollierte Selbstzündung bietet die Möglichkeit, den Wirkungsgrad des Arbeitsprozesses unter Beibehaltung des klassischen Dreiwegekatalysators ohne zusätzliche Abgasnachbehandlung zu steigern. Die überwiegend magere Niedrigtemperatur-Wärmefreisetzung bedingt einen sehr niedrigen NO_x-Ausstoß bei ähnlichen HC-Emissionen und reduzierter CO-Bildung im Vergleich zum konventionellen fremdgezündeten Betrieb.

Irreguläre Verbrennung

Unter irregulärer Verbrennung beim Ottomotor versteht man Phänomene wie die klopfende Verbrennung, Glühzündung oder andere Vorentflammungserscheinungen. Eine klopfende Verbrennung äußert sich im Allgemeinen durch ein deutlich hörbares, metallisches Geräusch (Klingeln, Klopfen). Die schädigende Wirkung eines dauerhaften Klopfens kann zum völligen Ausfall des Motors führen. In heutigen Serienmotoren dient eine Klopfregelung dazu, den Motor bei Volllast gefahrlos an der Klopfgrenze zu betreiben. Hierzu wird die klopfende Verbrennung durch einen Sensor detektiert und der Zündwinkel vom Steuergerät entsprechend angepasst. Durch die Anwendung der Klopfregelung ergeben sich weitere Vorteile, insbesondere die Reduktion des Kraftstoffverbrauchs, die Erhöhung des Drehmoments sowie die Darstellung des Motorbetriebs in einem vergrößerten Oktanzahlbereich. Eine Klopfregelung ist allerdings nur dann anwendbar, wenn das Klopfen ein reproduzierbares und wiederkehrendes Phänomen ist.

Der Unterschied zwischen einer regulären und einer klopfenden Verbrennung ist in (Bild 12) dargestellt. Aus dieser wird deutlich, dass der Zylinderdruck bereits vor Klopfbeginn infolge hochfrequenter Druckwellen, welche durch den Brennraum pulsieren, im Vergleich zum nicht klopfenden Arbeitsspiel deutlich ansteigt. Bereits die frühe Phase der klopfenden Verbrennung zeichnet sich also gegenüber dem mittleren Arbeitsspiel (in Bild 12 als reguläre Verbrennung gekennzeichnet) durch einen schnelleren Massenumsatz aus. Beim Klopfen kommt es

11 Volumenreaktion im Brennraum bei der homogenen Selbstzündung

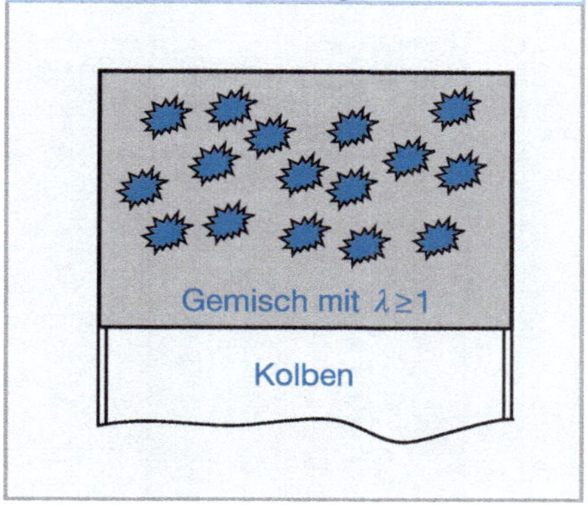

12 Druckverläufe von Verbrennungen (Mitteldruck 20 bar, Drehzahl 2 000 min^{-1})

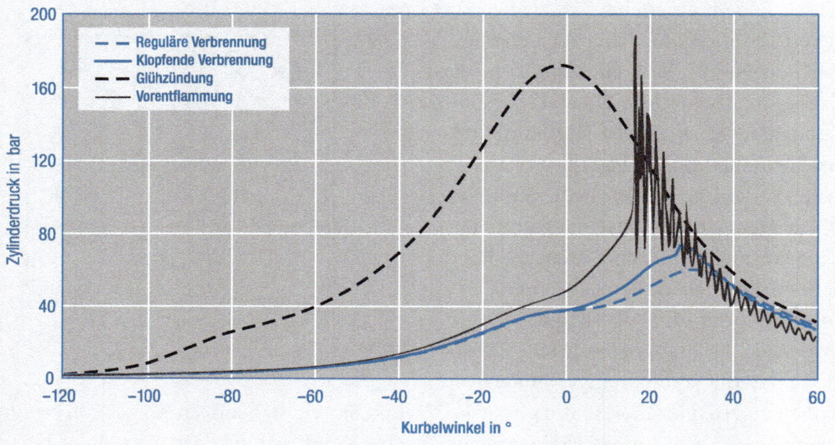

Bild 12
Der Kurbelwinkel ist auf den oberen Totpunkt in der Kompressionsphase (ZOT) bezogen.

zur Selbstzündung in den noch nicht von der Flamme erfassten Endgaszonen. Die stehenden Wellen, die anschließend durch den Brennraum fortschreiten, verursachen das hörbare, klingelnde Geräusch. Im Motorbetrieb wird das Eintreten von Klopfen durch eine Spätverstellung des Zündwinkels vermieden. Dies führt, je nach resultierender Schwerpunktslage der Verbrennung, zu einem nicht unerheblichen Wirkungsgradverlust.

Die Glühzündung führt gewöhnlich zu einer sehr hohen mechanischen Belastung des Motors. Die Entflammung des Frischgemischs erfolgt hierbei teilweise deutlich vor dem regulären Auslösen des Zündfunkens. Häufig kommt es zu einem sogenannten Run-on, wobei nach starkem Klopfen der Zeitpunkt der Entzündung mit jedem weiteren Arbeitsspiel früher erfolgt. Dabei wird ein Großteil des Frischgemisches bereits deutlich vor dem oberen Totpunkt in der Kompressionsphase umgesetzt (**Bild 12**). Druck und Temperatur im Brennraum steigen dabei aufgrund der noch ablaufenden Kompression stark an. Hat sich die Glühzündung erst eingestellt, kommt es im Gegensatz zur klopfenden Verbrennung zu keinem wahrnehmbaren Geräusch, da die pulsierenden Druckwellen im Brennraum ausbleiben. Solch eine extrem frühe Glühzündung führt meistens zum sofortigen Ausfall des Motors. Bevorzugte Stellen, an denen eine Oberflächenzündung beginnen kann, sind überhitzte Ventile oder Zündkerzen, glühende Verbrennungsrückstände oder sehr heiße Stellen im Brennraum wie beispielsweise Kanten von Kolbenmulden. Eine Oberflächenzündung kann durch entsprechende Auslegung der Kühlkanäle im Bereich des Zylinderkopfs und der Laufbuchse in den meisten Fällen vermieden werden.

Eine Vorentflammung zeichnet sich durch eine unkontrollierte und sporadisch auftretende Selbstentflammung aus, welche vor allem bei kleinen Drehzahlen und hohen Lasten auftritt. Der Zeitpunkt der Selbstentflammung kann dabei von deutlich vor bis zum Zeitpunkt der Zündeinleitung selbst variieren. Betroffen von diesem Phänomen sind generell hoch aufgeladene Motoren mit hohen Mitteldrücken im unteren Drehzahlbereich (Low-End-Torque). Hier entfällt bis heute die Möglichkeit zur effektiven Regelung, die dem Auftreten der Vorentflammung entgegenwirken könnte, da die Ereignisse meist einzeln auftreten und nur selten unmittelbar in mehreren Arbeitsspielen aufeinander folgen. Als Reaktion wird bei Serienmotoren nach heutigem Stand zunächst der Ladedruck reduziert. Tritt weiterhin ein Vorentflammungsereignis auf, wird als letzte Maßnahme die Einspritzung ausgeblendet. Die Folge einer Vorentflammung ist eine schlagartige Umsetzung der verbliebenen Zylinderladung mit extremen Druckgradienten und sehr hohen Spitzendrücken, die teilweise 300 bar erreichen. Im Allgemeinen führt ein Vorentflammungsereignis daraufhin immer zu extremem Klopfen und gleicht vom Ablauf her einer Verbrennung, wie sie sich bei extrem früher Zündeinleitung (Überzündung) darstellt. Die Ursache hierfür ist noch nicht vollends geklärt. Vielmehr existieren auch hier mehrere Erklärungsversuche. Die Direkteinspritzung spielt hier eine relevante Rolle, da zündwillige Tropfen und zündwilliger Kraftstoffdampf in den Brennraum gelangen können. Unter anderem stehen Ablagerungen (Partikel, Ruß usw.) im Verdacht, da sie sich von der Brennraumwand lösen und als Initiator in Betracht kommen. Ein weiterer Erklärungsversuch geht davon aus, dass Fremdmedien (z. B. Öl) in den Brennraum gelangen, welche eine kürzere Zündverzugszeit aufweisen als übliche Kohlenwasserstoff-Bestandteile im Ottokraftstoff und damit das Reaktionsniveau entsprechend herabsetzen. Die Vielfalt des Phänomens ist stark motorabhängig und lässt sich kaum auf eine allgemeine Ursache zurückführen.

Drehmoment, Leistung und Verbrauch

Drehmomente am Antriebsstrang

Die von einem Ottomotor abgegebene Leistung P wird durch das verfügbare Kupplungsmoment M_k und die Motordrehzahl n bestimmt. Das an der Kupplung verfügbare Moment (Bild 13) ergibt sich aus dem durch den Verbrennungsprozess erzeugten Drehmoment, abzüglich der Ladungswechselverluste, der Reibung und dem Anteil zum Betrieb der Nebenaggregate. Das Antriebsmoment ergibt sich aus dem Kupplungsmoment abzüglich der an der Kupplung und im Getriebe auftretenden Verluste.

Das aus dem Verbrennungsprozess erzeugte Drehmoment wird im Arbeitstakt (Verbrennung und Expansion) erzeugt und ist bei Ottomotoren hauptsächlich abhängig von:

- der Luftmasse, die nach dem Schließen der Einlassventile für die Verbrennung zur Verfügung steht – bei homogenen Brennverfahren ist die Luft die Führungsgröße,
- die Kraftstoffmasse im Zylinder – bei geschichteten Brennverfahren ist die Kraftstoffmasse die Führungsgröße,
- dem Zündzeitpunkt, zu welchem der Zündfunke die Entflammung und Verbrennung des Luft-Kraftstoff-Gemisches einleitet.

Definition von Kenngrößen

Das instationäre innere Drehmoment M_i im Verbrennungsmotor ergibt sich aus dem Produkt von resultierender tangentialer Kraft F_T und Hebelarm r an der Kurbelwelle:

$$M_i = F_T\, r. \tag{4}$$

Die am Kurbelradius r wirkende Tangentialkraft F_T (Bild 14) resultiert aus der Kolbenkraft des Zylinders F_z, dem Kurbelwinkel φ und dem Pleuelschwenkwinkel β zu:

13 Drehmomente am Antriebsstrang

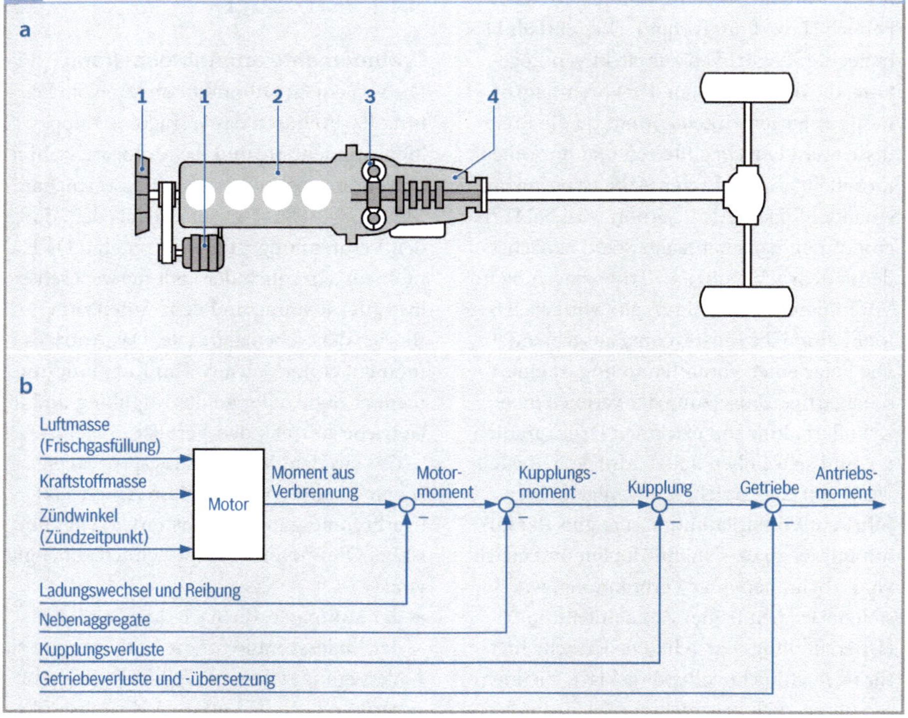

Bild 13
- a schematische Anordnung der Komponenten
- b Drehmomente am Antriebsstrang

- 1 Nebenaggregate (Generator, Klimakompressor usw.)
- 2 Motor
- 3 Kupplung
- 4 Getriebe

14 Kräfte an Pleuel und Kurbelwelle

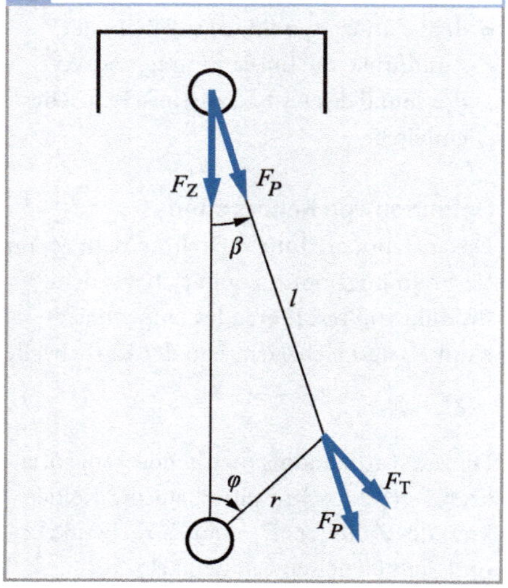

Bild 14
- l Pleuellänge
- r Kurbelradius
- φ Kurbelwinkel
- β Pleuelschwenkwinkel
- F_Z Kolbenkraft
- F_p Pleuelstangenkraft
- F_T Tagentialkraft

$$F_T = F_z \frac{\sin(\varphi+\beta)}{\cos\beta}\,. \tag{5}$$

Mit

$$r\sin\varphi = l\sin\beta \tag{6}$$

und der Einführung des Schubstangenverhältnisses λ_l

$$\lambda_l = \frac{r}{l} \tag{7}$$

ergibt sich für die Tangentialkraft:

$$F_T = F_z\left(\sin\varphi + \lambda_l\,\frac{\sin\varphi\cos\varphi}{\sqrt{1-\lambda_l^{\,2}\sin^2\varphi}}\right). \tag{8}$$

Die Kolbenkraft F_z ist ihrerseits bestimmt durch das Produkt aus der lichten Kolbenfläche A, die sich aus dem Kolbenradius r_K zu

$$A_K = r_K^2 \pi \tag{9}$$

ergibt und dem Differenzdruck am Kolben, welcher durch den Brennraumdruck p_Z und dem Druck p_K im Kurbelgehäuse gegeben ist:

$$F_Z = A_K(p_Z - p_K) = r_K^2 \pi (p_Z - p_K). \tag{10}$$

Für das instationäre innere Drehmoment M_i ergibt sich schließlich in Abhängigkeit der Stellung der Kurbelwelle:

$$M_i = r_K^2 \pi (p_Z - p_K) \left(\sin\varphi + \lambda_l \frac{\sin\varphi \cos\varphi}{\sqrt{1-\lambda_l^2 \sin^2\varphi}} \right) r. \tag{11}$$

Für die Hubfunktion s, welche die Bewegung des Kolbens bei einem nicht geschränktem Kurbeltrieb beschreibt, folgt aus der Beziehung

$$s = r(1-\cos\varphi) + l(1-\cos\beta) \tag{12}$$

der Ausdruck:

$$s = \left(1 + \frac{1}{\lambda_l} - \cos\varphi - \sqrt{\frac{1}{\lambda_l^2} - \sin^2\varphi} \right) r. \tag{13}$$

Damit ist die augenblickliche Stellung des Kolbens durch den Kurbelwinkel φ, durch den Kurbelradius r und durch das Schubstangenverhältnis λ_l beschrieben. Das momentane Zylindervolumen V ergibt sich aus der Summe von Kompressionsendvolumen V_K und dem Volumen, welches sich über die Kolbenbewegung s mit der lichten Kolbenfläche A_K ergibt:

$$V = V_K + A_K s = V_K + r_K^2 \pi \left(1 + \frac{1}{\lambda_l} - \cos\varphi - \sqrt{\frac{1}{\lambda_l^2} - \sin^2\varphi} \right) r. \tag{14}$$

15 Typische Leistungs- und Drehmomentkurven eines Ottomotors mit vier Zylindern

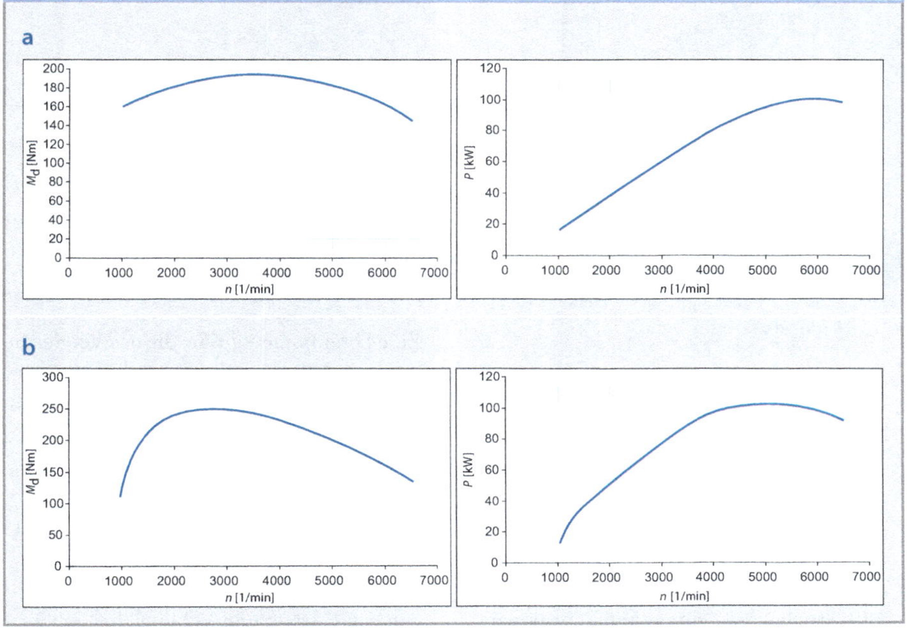

Bild 15
- a 1,9 *l* Hubraum ohne Aufladung
- b 1,4 *l* Hubraum mit Aufladung
- *n* Drehzahl
- M_d Drehmoment
- *P* Leistung

16 Verbrauchskennfeld eines Ottomotors ohne Aufladung

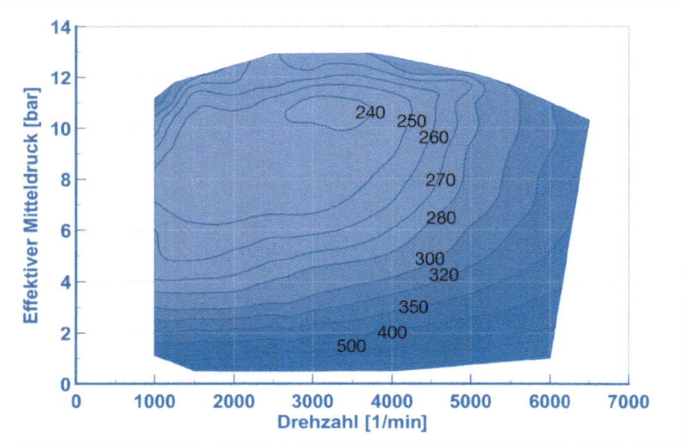

Bild 16
Die Zahlen geben den Wert für b_e in g/kWh an.

17 Verbrauchskennfeld eines aufgeladenen Ottomotors

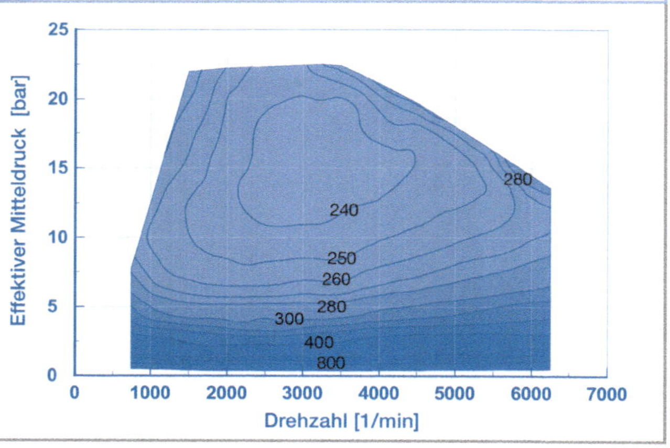

Bild 17
Die Zahlen geben den spezifischen Kraftstoffverbrauch b_e in g/kWh an.

Das am Kurbeltrieb erzeugte Drehmoment kann in Abhängigkeit des Fahrerwunsches durch Einstellen von Qualität und Quantität des Luft-Kraftstoff-Gemisches sowie des Zündwinkels geregelt werden. Das maximal erreichbare Drehmoment wird durch die maximale Füllung und die Konstruktion des Kurbeltriebs und Zylinderkopfes begrenzt.

Das effektive Drehmoment an der Kurbelwelle M_d entspricht der inneren technischen Arbeit abzüglich aller Reibungs- und Aggregateverluste. Üblicherweise erfolgt die Auslegung des maximalen Drehmomentes für niedrige Drehzahlen ($n \approx 2\,000\ \text{min}^{-1}$), da in diesem Bereich der höchste Wirkungsgrad des Motors erreicht wird.

Die innere technische Arbeit W_i kann direkt aus dem Druck im Zylinder und der Volumenänderung während eines Arbeitsspiels in Abhängigkeit der Taktzahl n_T berechnet werden:

$$W_i = \int_{0°}^{\varphi_T} p \frac{dV}{d\varphi} d\varphi, \qquad (15)$$

wobei

$$\varphi_T = n_T \cdot 180° \qquad (16)$$

beträgt.

Unter Verwendung des an der Kurbelwelle des Motors abgegebenen Drehmomentes M_d und der Taktzahl n_T ergibt sich für die effektive Arbeit:

$$W_e = 2\pi \frac{n_T}{2} M_d. \qquad (17)$$

Die auftretenden Verluste durch Reibung und Nebenaggregate können als Differenz zwischen der inneren Arbeit W_i und der effektiven Nutzarbeit W_e als Reibarbeit W_R angegeben werden:

$$W_R = W_i - W_e. \qquad (18)$$

Eine Drehmomentgröße, die das Vergleichen der Last unterschiedlicher Motoren erlaubt, ist die spezifische effektive Arbeit w_e, welche die effektive Arbeit W_e auf das Hubvolumen des Motors bezieht:

$$w_e = \frac{W_e}{V_H}. \qquad (19)$$

Da es sich bei dieser Größe um den Quotienten aus Arbeit und Volumen handelt, wird diese oft als effektiver Mitteldruck p_{me} bezeichnet.

Die effektiv vom Motor abgegebene Leistung P resultiert aus dem erreichten Drehmoment M_d und der Motordrehzahl n zu:

$$P = 2\pi M_d n. \qquad (20)$$

Die Motorleistung steigt bis zur Nenndrehzahl. Bei höheren Drehzahlen nimmt die Leistung wieder ab, da in diesem Bereich das Drehmoment stark abfällt.

Verläufe

Typische Leistungs- und Drehmomentkurven je eines Motors ohne und mit Aufladung, beide mit einer Leistung von 100 kW, werden in Bild 15 dargestellt.

Spezifischer Kraftstoffverbrauch

Der spezifische Kraftstoffverbrauch b_e stellt den Zusammenhang zwischen dem Kraftstoffaufwand und der abgegebenen Leistung des Motors dar. Er entspricht damit der Kraftstoffmenge pro erbrachte Arbeitseinheit und wird in g/kWh angegeben. Die Bilder 16 und 17 zeigen typische Werte des spezifischen Kraftstoffverbrauchs im homogenen, fremdgezündeten Betriebskennfeld eines Ottomotors ohne und mit Aufladung.

Thermodynamische Grundlagen: Analyse und Simulation

Systembetrachtung und Definition

Zur thermodynamischen Beschreibung der innermotorischen Vorgänge [8] ist die Definition eines Systems notwendig. Zweckmäßigerweise wird hierzu der Brennraum herangezogen, die Systemgrenze bilden die den Brennraum umgebenden Wände (Bild 18). Das System kann in Abhängigkeit der betrachteten Teilprozesse thermodynamisch offen oder geschlossen sein.

Energiebilanz

Zur Analyse des Arbeitsprozesses wird auf das System Brennraum der 1. Hauptsatz der Thermodynamik in seiner differentiellen Form angewandt. Die Änderungen beziehen sich dabei auf ein Inkrement des Kurbelwinkels φ:

$$\frac{dQ_B}{d\varphi} + \frac{dQ_W}{d\varphi} - p\frac{dV}{d\varphi} + \frac{dH}{d\varphi} = \frac{dU}{d\varphi}. \qquad (21)$$

Dabei ist U die Energie der Zylinderladung, Q_B die der Zylinderladung über die Verbrennung zugeführte Wärme, die Brennwärme, Q_W die über die Zylinderwände abtransportierte Wärme, die Wandwärme, und $-p\,dV$ die Volumenänderungsarbeit (vgl. Bild 18).

18 Das System Brennraum mit relevanten physikalischen Größen

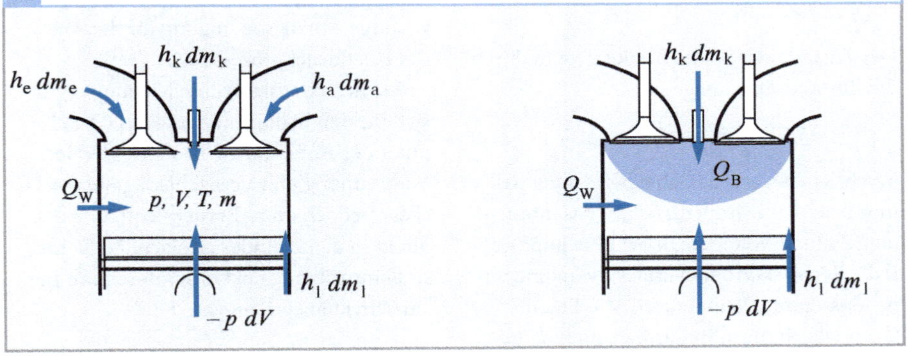

Bild 18
- h_e spezifische Enthalpie des Frischgasmassenstroms
- h_a spezifische Enthalpie des Abgasmassenstroms
- h_K spezifische Enthalpie des Kraftstoffdampfs bei Direkteinspritzung
- h_l spezifische Enthalpie des Leckage-Massenstroms
- dm_e differentielle Masse des Frischgasstroms
- dm_k differentielle Masse des Kraftstoffdampfs bei Direkteinspritzung
- dm_a differentielle Masse des Abgasmassenstroms
- dm_l differentielle Masse des Leckage-Massenstroms
- p momentaner Druck im Zylinder
- V momentanes Zylindervolumen
- T momentane Temperatur der Zylinderladung
- m Masse der Zylinderladung
- Q_B Brennwärme
- Q_W Wandwärme
- $-p\,dV$ Volumenänderungsarbeit

Beim Ladungswechsel erfolgt eine Zu- und Abfuhr von Masse der Zylinderladung. Die entsprechende Änderung der Energie wird über die über die Systemgrenze strömende Enthalpie H berücksichtigt (siehe z. B. [1, 2, 7]). Sie ergibt sich zu:

$$\frac{dH}{d\varphi} = h_{\mathrm{e}} \frac{dm_{\mathrm{e}}}{d\varphi} + h_{\mathrm{a}} \frac{dm_{\mathrm{a}}}{d\varphi} + h_{\mathrm{l}} \frac{dm_{\mathrm{l}}}{d\varphi} + h_{\mathrm{K}} \frac{dm_{\mathrm{K}}}{d\varphi}. \quad (22)$$

Bei der Bestimmung der Enthalpieströme werden die Änderungen der Systemmasse über die Ein- und Auslassventile dm_{e} bzw. dm_{a} sowie die auftretende Leckage an den Kolbenringen dm_{l} mit ihren jeweiligen spezifischen Enthalpien h_{e}, h_{a}, h_{l}, h_{K} berücksichtigt. Bei Ottomotoren mit Benzin-Direkteinspritzung ist bei der Aufstellung der Energiebilanz darüber hinaus die Einspritzung der Kraftstoffmasse dm_{K} mit einzubeziehen. Dabei ist aufgrund des sehr kleinen Volumenanteils der Flüssigphase lediglich der Kraftstoffdampf thermodynamisch relevant.

Die Änderung der Systemmasse während des Arbeitsprozesses ergibt sich aus den Massenströmen über die Ein- und Auslassventile, dem Leckagemassenstrom sowie der Berücksichtigung der Einspritzrate des eingespritzten Kraftstoffs und resultiert in der Massenbilanz:

$$\frac{dm}{d\varphi} = \frac{dm_{\mathrm{e}}}{d\varphi} + \frac{dm_{\mathrm{a}}}{d\varphi} + \frac{dm_{\mathrm{l}}}{d\varphi} + \frac{dm_{\mathrm{K}}}{d\varphi}. \quad (23)$$

Der Zustand der Zylinderladung kann durch die Zustandsgleichung

$$pV = mRT \quad (24)$$

beschrieben werden. Dabei bezeichnet p den momentanen Zylinderdruck, V das momentane Zylindervolumen, m die Systemmasse, R die Realgaskonstante und T die momentane Massenmitteltemperatur. Mit diesen Grundgleichungen ist das thermodynamische System „Brennraum" mathematisch bestimmt. Zu deren Lösung werden neben den kalorischen Daten des Arbeitsmediums je nach Anwendung Messdaten, Annahmen und geeignete Ansätze für die jeweiligen Verlustterme benötigt. Hierbei finden sowohl physikalisch basierte als auch empirische Modelle Anwendung.

Druckverlaufsanalyse

Bei der Druckverlaufsanalyse werden gemessene Druckverläufe für die Analyse des Prozesses herangezogen. Hierbei wird der Gesamtprozess in den Niederdruckprozess und den Hochdruckprozess unterteilt. Der Niederdruckprozess wird auch Ladungswechsel genannt und besteht im Wesentlichen aus dem Ein- und dem Auslasstakt. Der Hochdruckprozess heißt auch Verbrennungsprozess und umfasst im Wesentlichen den Kompressions- und den Expansionstakt.

Bei der Analyse des Ladungswechsels steht die Beurteilung seines Erfolges im Vordergrund und damit vornehmlich die Berechnung des Liefergrades und des Restgasgehalts; also die Bestimmung von Größen, welche messtechnisch lediglich unter sehr hohem Aufwand erfassbar sind. Darüber hinaus liefert die Berechnung den thermischen Zustand (Druck, Temperatur) und die Zusammensetzung (Luft, Kraftstoff, Restgas) der Zylinderladung zum Zeitpunkt „Einlass schließt" (Beginn der Kompression) als wichtige Anfangsbedingung für die Analyse des Hochdruckprozesses.

Die Berechnungsgrundgleichung ergibt sich für den Ladungswechsel aus Gl. (21) unter der Annahme nicht stattfindender Verbrennung und Vernachlässigung der Leckage, jedoch unter Berücksichtigung der direkt in den Zylinder erfolgenden Kraftstoffeinspritzung bei Ottomotoren mit Benzin-Direkteinspritzung:

19 Ladungswechselanalyse

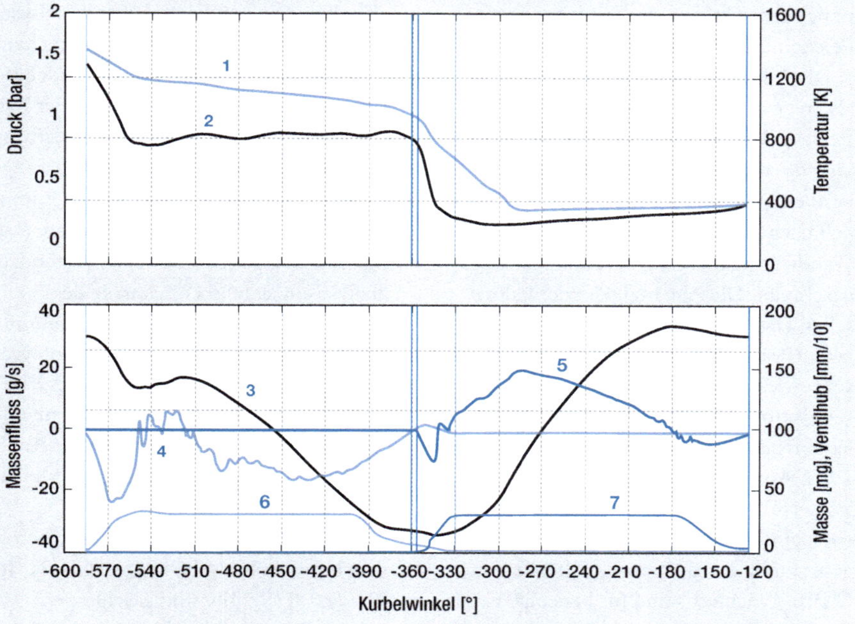

Bild 19
1 Temperatur der Zylinderladung
2 Druck der Zylinderladung
3 Masse der Zylinderladung
4 Massenfluss durch das Auslassventil
5 Massenfluss durch das Einlassventil
6 Ventilhub des Auslassventils
7 Ventilhub des Einlassventils

$$\frac{dU}{d\varphi}=\frac{dQ_W}{d\varphi}-p\frac{dV}{d\varphi}+h_a\frac{dm_a}{d\varphi}+h_e\frac{dm_e}{d\varphi}$$

$$+h_K\frac{dm_K}{d\varphi}. \quad (25)$$

Handelt es sich bei der Analyse um ein System mit Saugrohreinspritzung, so wird der Kraftstoff der Frischladung zugeschlagen. Zur Berechnung werden des Weiteren die bereits erwähnte Massenbilanz (23) und die thermische Zustandsgleichung (24) verwendet. Die über die Ein- und Auslassventile strömenden Massen werden unter Annahme einer adiabaten, isentropen Strömung mit Hilfe der Drosselgleichung [8] bestimmt. Der hierzu benötigte wirksame Strömungsquerschnitt der Ventilöffnung wird zumeist in einem „Strömungsversuch" ermittelt. Dabei wird die sich ergebende effektive Strömungsfläche als Funktion des Ventilhubs bestimmt und auf ein festes Maß (z. B. Kolbenquerschnitt) bezogen. Dieser „Durchflussbeiwert" wird in der Berechnung entsprechend dem Ventilhub herangezogen, um den Massenstrom für das jeweilige Ventil zu ermitteln. Zur Bestimmung des Druckgefälles über den Ventilen kann vornehmlich eine Messung des Druckes in den Ein- und Auslasskanälen des Zylinderkopfes dienen. Ist diese nicht verfügbar, so kann die Analyse des Ladungswechsels unter Annahme eines konstanten Druckniveaus an den Ventilen idealisiert angestellt werden. Die Einspritzung des Kraftstoffes bei Motoren mit Direkteinspritzung, sofern diese im Ladungswechsel erfolgt (beim homogenen Brennverfahren), wird mit Hilfe von halbempirischen Verdampfungsmodellen anhand der Einspritzrate berücksichtigt, da der

Kraftstoff thermodynamisch aufgrund des sehr kleinen Volumenanteils der Flüssigphase nennenswert erst in der Dampfphase in Erscheinung tritt.

Die Änderung des Brennraumvolumens als Folge der Kurbelwellendrehung ergibt sich aus der Hubfunktion (13). Zur Ermittlung des auftretenden Wandwärmestromes wird ein phänomenologisch basiertes Modell nach [10] herangezogen, welches den Wandwärmeübergang im Ladungswechsel beschreibt. Die Abhängigkeit der kalorischen Daten (spezifische Wärmekapazität, reale Gaskonstante) der Luft, des Rauchgases sowie des Kraftstoffdampfes von den Zustandsgrößen und der Zusammensetzung kann tabellarischen Werken oder polynomischen Ansätzen entnommen werden [8]. Weiterführende Arbeiten [2] bestimmen ebenfalls die kalorischen Größen des Rauchgases direkt aus dem entsprechenden Gleichgewichtszustand für beliebige Kraftstoffe. Die Ermittlung der Größen für die gesamte Zylinderladung (Mischung aus Luft, Kraftstoffdampf, Restgas) erfolgt nach der Mischungsregel [8] unter Berücksichtigung der jeweiligen Massenanteile.

Bild 19 zeigt als Beispiel die Ergebnisse einer Ladungswechselanalyse unter Verwendung gemessener Druckverläufe im Ein- und Auslasskanal. Als Funktion des Kurbelwinkels können die Verläufe der ein- und austretenden Massenströme, der Gesamtmasse oder der durch das System gespülten Frischladung und die momentanen Werte der Zustandgrößen betrachtet werden. Als zylinderspezifische Ergebnisse resultieren neben der für den Ladungswechsel aufzuwendenden Arbeit wichtige Kenngrößen zu dessen Beurteilung (z. B. Liefergrad, Spülgrad) sowie die Zusammensetzung der Ladung und deren thermischer Zustand zu Beginn des Verdichtungstaktes. Zweck der Analyse des Hochdruckprozesses ist neben der Bestimmung der erzielten technischen Arbeit die Ermittlung des Brennverlaufs, also des zeitlichen Fortschritts der Umsetzung der im Kraftstoff gebundenen chemischen Energie in Wärme. Dazu findet die Berechnung der Zustandsgrößen der Zylinderladung statt, die als Randbedingung zur Bestimmung der thermischen Belastung von Bauteilen oder zur Abschätzung der im Prozess anfallenden Emissionen dienen. Darüber hinaus ergeben sich bei der Hochdruckanalyse einzelne Energieanteile des Arbeitsprozesses, welche zusammen mit den Ergebnissen der Ladungswechselanalyse die Durchführung einer Verlustteilung erlauben und somit eine effiziente Optimierung des Gesamtprozesses ermöglichen. Die Analyse des Hochdruckprozesses setzt die Messung des Brennkammerdrucks voraus. Die Grundgleichung zur Analyse des Hochdruckprozesses ergibt sich aus Gl. (21) für $dH/d\varphi = 0$ (Ventile sind geschlossen):

$$\frac{dQ_\mathrm{b}}{d\varphi} = \frac{dU}{d\varphi} - \frac{dQ_\mathrm{W}}{d\varphi} + p\,\frac{dV}{d\varphi} - h_\mathrm{l}\,\frac{dm_\mathrm{l}}{d\varphi} - h_\mathrm{K}\,\frac{dm_\mathrm{K}}{d\varphi}. \tag{26}$$

Ergänzt wird die Gleichung durch die entsprechende Massenbilanz und die Anwendung von Gl. (24). Sowohl die Berechnung der Volumenfunktion gemäß Gl. (14) als auch die Ermittlung der kalorischen Daten der Zylinderladung erfolgt analog zu der Ladungswechselanalyse, ebenso die Berücksichtigung der Kraftstoffeinspritzung, wenn diese im Verdichtungstakt erfolgt (beim Schichtbetrieb). Die Berechnung des auftretenden Leckagemassenstroms erfolgt mit Hilfe der Drosselgleichung (adiabate, isentrope Strömung, [8]) unter Verwendung eines empirischen Modells zur Ermittlung des effektiven Strömungsquerschnittes an den Kolbenringen [6]. Für die Bestimmung des anfallenden Wandwärmestromes im Hochdruckteil sind mehrere Ansätze bekannt, welche entweder phänomenologisch oder physikalisch (mit hohem Rechenaufwand) basiert und für den ottomotorischen Einsatz verifiziert sind [8].

In Bild 20 sind beispielhaft die Ergebnisse einer Hochdruckanalyse dargestellt. Neben der Ermittlung zeitlicher Verläufe der Zustandsgrößen sowie zylinderspezifischer Werte erlaubt insbesondere der Brennverlauf eine Interpretation der Wärmefreisetzung hinsichtlich ihrer Lage (Umsatzschwerpunkt) und Charakteristik (max. Umsatzrate, Dauer). Eine solche Brennverlaufsanalyse liefert wertvolle Informationen zur Beurteilung der Verbrennung und damit der Optimierung des Hochdruckprozesses. Die mit der Brennverlaufsanalyse ermittelte, gesamte umgesetzte Brennwärme lässt sich mit der Energie des eingespritzten Kraftstoffs vergleichen. Diese Bilanzierung erlaubt zusätzlich eine Aussage über die Güte der Analyse.

Die Druckverlaufsanalyse des Arbeitsprozesses ist bei entsprechend durchgeführter, zeitlich aufgelöster Messung der Druckverläufe auch transient auf Zeitbasis durchführbar. Insbesondere bei sich stark ändernder Drehzahl innerhalb des Arbeitsspiels, wie dies beispielsweise beim Start des Verbrennungsmotors der Fall ist, stellt erst eine transiente Betrachtung die Vergleichbarkeit der erhaltenen Ergebnisse sicher. Je nach Anwendung werden für die zeitlich basierte Analyse zur Bestimmung der Verlustterme Wandwärme und Leckage entsprechend modifizierte Modelle [5] verwendet.

Arbeitsprozessrechnung

Die in Abschnitt → **Grundlagen des Ottomotors** → Energiebilanz aufgestellten Bestimmungsgleichungen können umgekehrt unter Vorgabe entsprechender Randbedingungen (Motorgeometrie, Ansaug-, Auslassbedingung) und Annahme einer Brennrate (Ersatzbrennverlauf) zur Berechnung der Prozessgrößen verwendet werden. Diese so genannte Arbeitsprozessrechnung (0D-Simulation) erlaubt die Vorhersage von Leistungsdaten und Wirkungsgrad eines Motors unter den gegebenen Randbedingungen. Ebenfalls möglich sind, auch basierend auf bestehenden Systemen, Parametervariationen unter Separierung externer Einflüsse, welche eine Potentialabschätzung neuer Konzepte erlauben.

Für die Rechnung werden sowohl für den Ladungswechsel als auch für den Hochdruckteil die in Abschnitt → **Grundlagen des Ottomotors** → Energiebilanz vorgestellten Bestimmungsgleichungen verwandt. Die Berechnung des Wandwärmestroms, der Leckage oder die Ermittlung der kalorischen Daten der Zylinderladung erfolgt analog zu den Ansätzen, welche bei der Druckverlaufsanalyse (→ **Grundlagen des Ottomotors** → Druckverlaufsanalyse) Anwendung finden. Zur Vorgabe einer Brennrate hat sich der Ersatzbrennverlauf nach Vibe [9], nicht zuletzt wegen seiner Parametrierbarkeit und einfachen Anwendung, etabliert. Für die Darstellung der Wärmefreisetzung neuer

20 Analyse des Hochdruckteils

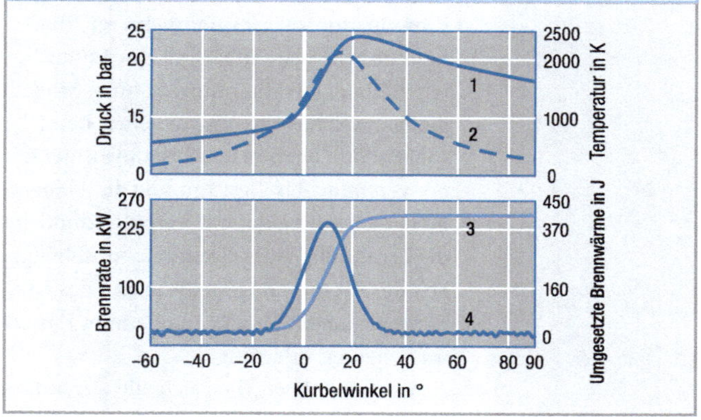

Bild 20
1 Temperatur
2 Druck
3 umgesetzte Brennwärme
4 Brennrate

Verbrennungskonzepte (Schichtbetrieb, homogene Selbstzündung, ...) ist auch eine Kombination zweier oder mehrerer Vibe-Funktionen verwendbar [8]. Zur Vorausberechnung der Verbrennung können Modelle dienen, welche basierend auf einer hemisphärischen Flammenausbreitung unter einer vereinfachten Bestimmung der Flammengeschwindigkeit mit Turbulenzmodellen die Ermittlung einer Brennrate in Abhängigkeit der Brennraumgeometrie und des Ladungszustands (Druck, Temperatur, Zusammensetzung) erlauben.

Als Resultate ergeben sich alle wesentlichen Größen des Arbeitsprozesses. Neben der Berechnung von Zustandsgrößen und zylinderspezifischen Kennwerten ist innerhalb der Arbeitsprozessrechnung ebenfalls die Aufstellung einer Verlustteilung möglich. Unter Verwendung von Klopfmodellen wird eine Aussage über das Volllastverhalten des Ottomotors möglich.

Aufgrund der zeitlichen, jedoch nicht örtlichen Auflösung (im Sinne einer 0D-Simulation) des Systems Brennkammer (→ **Grundlagen des Ottomotors** → Energiebilanz) sind insbesondere integrale Ergebnisse der Arbeitsprozessrechnung belastbar und für weiterführende Simulationen geeignet (Kennfelderstellung, Fahrzyklusrechnung).

1D-Simulation

Ebenso wie die Betrachtung der Vorgänge in der Brennkammer eines Verbrennungsmotors ist für dessen Entwicklung die Auslegung der Luft- und Abgaspfade notwendig, denn diese bestimmen maßgeblich den Ladungswechsel und damit die Leistungscharakteristik des Motors.

Um insbesondere die gasdynamischen Vorgänge in den Luft und Abgas führenden Strecken vorherzusagen, ist zumindest eine eindimensionale Betrachtung dieser Systeme notwendig. Dazu werden die Pfade aus Rohren, Verzweigungen und Verbindungen entsprechend ihrer Abmessungen modellhaft zusammengesetzt. Innerhalb der Elemente werden eindimensionale Transportgleichungen der Kontinuität, Impuls- sowie Energieerhaltung (Navier-Stokes-Gleichungen) aufgestellt und für das Gesamtsystem unter Einsatz numerischer Lösungsalgorithmen zeitbasiert gelöst.

Sowohl für die Bestimmung der auftretenden Wandreibung als auch zur Berechnung des gasseitigen Wärmeübergangs in den modellierten Strecken werden zumeist parametrierbare Modelle verwendet. Das Verhalten von Drosseln oder Ventilen kann durch entsprechende Kennlinien und Beiwerte erfasst werden.

Der aus der 1D-Gasdynamik bestimmte Zustand der Strömung bildet die Niederdruck-Randbedingung zur rechnerischen Abbildung der Brennkammer, welche analog zu der im vorhergehenden Abschnitt dargestellten 0D-Simulation erfolgt und damit keine räumliche Auflösung des Brennraums aufweist. Strömungsmaschinen wie Turbinen oder Verdichter werden durch Interpolation entsprechender Kennfelder (Look-up Tables) abgebildet. Diese entstammen zumeist Messungen an Prüfständen mit konstanten Randbedingungen und vermögen damit die Leistungsdaten solcher Maschinen lediglich unter stationären Bedingungen des Systems exakt darzustellen.

Die 1D-Simulation kann sowohl zur Vorausberechnung kompletter Systeme und damit zu einer idealisierten Leistungsanalyse noch nicht bestehender Motoren dienen, als auch, nach entsprechendem Modellabgleich mit Messdaten, zur Potentialabschätzung von zusätzlichen Komponenten oder Verfahren herangezogen werden. Hieraus ergeben sich typische Anwendungen der eindimensionalen Simulation, welche neben der Leistungs- und Wirtschaftlichkeitsanalyse (bezüglich Kraftstoffverbrauch) folgende Bereiche umfassen: die Auslegung und Optimierung von Saugrohren, Sammlern, Ventilerhebungskurven- und Steuerzeiten auf der Frischladungsseite sowie die Turbolader- und Bypassoptimierung oder die Auslegung und Bewertung von Strecken der Abgasrückführung verbunden mit thermischer Analyse im Bereich des Abgassystems. Auch kann eine akustische Untersuchung der Schallemission des Ansaug- und des Abgastraktes angestellt werden. Zudem bieten die meisten Simulationsumgebungen zusätzlich die Möglichkeit des Aufbaus von Regelstrecken, womit die motorische 1D-Simulation ebenfalls zum Reglerentwurf genutzt werden kann.

Neben den vielen Vorteilen, insbesondere des geringen Aufwands zur Modellerstellung und der kurzen Rechenzeit gegenüber der 3D-Simulation, stößt die verbrennungsmotorische 1D-Simulation allerdings auch an die Grenzen ihrer Anwendung. So führt ein starker 3D-Einfluss ohne erweiterte Modellierung (Kopplung mit 3D-CFD, Computational Fluid Dynamics) zu falschen Aussagen. Bei unzureichender Kalibrierung motornaher, thermodynamischer Parameter liefern Potentialabschätzungen keine Absolutaussagen, lediglich „relative" Bewertungen sind dann möglich. Auch ist das Überschreiten der Grenzen von hinterlegten Kennfeldern stets kritisch zu überprüfen. Insbesondere bei Strömungsmaschinen führt eine unsachgemäße Extrapolation in den seltensten Fällen zu verwertbaren Ergebnissen.

3D-Simulation

Ausgangspunkt für die 3D-Simulation (CFD, Computational Fluid Dynamics) ist die numerische Lösung der strömungsmechanischen Transportgleichungen für Masse, Impuls und Energie (häufig bezeichnet als Navier-Stokes-Gleichungen mit entsprechenden Erweiterungen für reaktive Strömungen), mittels leistungsfähiger Rechner. Dabei wird neben dem verallgemeinerten thermodynamischen Zustand auch der mechanische Bewegungszustand berechnet, was die vollständige kontinuumsmechanische Charakterisierung der Vorgänge im Zylinder erlaubt. Diese Simulation kann bei der Untersuchung beliebiger, technisch relevanter Strömungsvorgänge eingesetzt werden; so z. B. auch für die Berechnung der Einspritzdüseninnenströmung, zur Gestaltung der Saugrohre, zur Auslegung der Turbolader, zur Motorkühlung und natürlich auch für die Klimatisierung und Aerodynamik des Fahrzeuges.

21 Typisches Strömungsvolumen für die CFD-Berechnung

Von größter Bedeutung ist die Festlegung des zu berechnenden Strömungsvolumens und, damit eng verknüpft, die Spezifikation der Randbedingungen an den Strömungsvolumengrenzen. Beim Ottomotor erfolgt üblicherweise eine räumliche Diskretisierung des Zylinders mit Teilen des Saug- und des Abgasrohres (vgl. Bild 21), wobei diese zeitabhängig (an die Arbeitstakte) angepasst wird. Weitergehende Symmetrieannahmen, die die Reduktion des Rechengebietes auf eine Zylinderhälfte oder ein Zylindersegment erlauben würden, sind beim Ottomo-

22 Berechnungsgitter für den Ladungswechsel und die Einspritzung

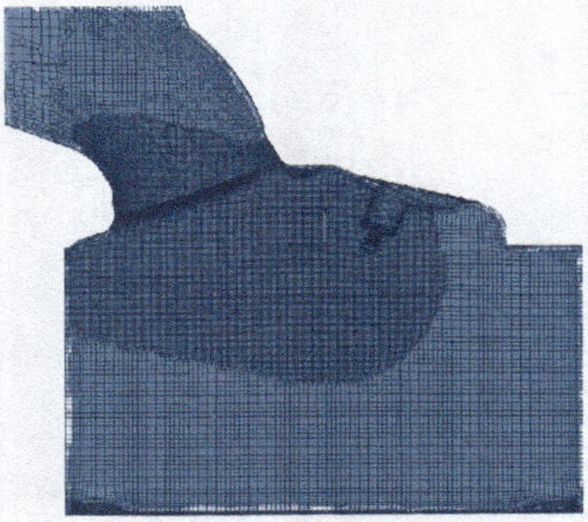

tor meist nicht zutreffend. Falls Ladungsbewegungsklappen im Saugrohr integriert sind, müssen diese auch bei der Vernetzung berücksichtigt werden. Die Strömungsvolumengrenzen müssen so gewählt werden, dass die Strömung dort zuverlässig als Randbedingung und, falls notwendig, auch zeitabhängig spezifiziert werden kann.

Bei der Diskretisierung des Strömungsgebietes wird das Volumen in kleine Untervolumina, sogenannte Zellen, unterteilt. Diese Zellen können unterschiedliche geometrische Formen haben (typischerweise Tetraeder, Hexaeder, Prismen und Pyramiden) und werden bei der Gittergenerierung nach Vorgabe durch den Benutzer erzeugt. Ein Beispiel eines solchen Berechnungsgitters ist in Bild 22 dargestellt. Die Kraftstoffeinspritzung, aber auch die Auflösung kleiner Spalte (z. B. an den Einlassventilen oder zwischen den Zündkerzenelektroden) und der Grenzschichtcharakter der Strömung an den Wänden erfordern zahlreiche Modifikationen. Das Ergebnis der Gittergenerierung stellt häufig einen Kompromiss zwischen den Anforderungen der Strömungsphysik, dem numerischen Lösungsverfahren (Genauigkeit und Stabilität) und den vorhandenen Rechenressourcen dar.

Typische Netze für den Ladungswechsel bestehen aus einigen Millionen Zellen. In jeder einzelnen Zelle können mit Hilfe von Approximationen (die prinzipiell umso besser zutreffen, je kleiner die Zelle ist) die strömungsmechanischen Transportgleichungen in ihrer integralen Form als algebraische Gleichungen umformuliert werden. Diese Vorgehensweise wird auch als Finite-Volumen-Methode bezeichnet und ist die vorherrschende Diskretisierungsmethode in der technischen Anwendung der numerischen Strömungsmechanik. Das Ergebnis der Diskretisierung ist ein nichtlineares algebraisches Gleichungssystem mit sehr großer und schwachbesetzter Matrix, das mit Hilfe von Rechnern gelöst werden muss. Wegen der enormen Größe können solche Gleichungssysteme nur noch durch Parallelisierung effizient gelöst werden.

Während des kompletten Arbeitsspiels von 720 ° Kurbelwinkel müssen im Zylinder zahlreiche physikalisch-chemische Phänomene berücksichtigt werden: Turbulenz, Kraftstoffzerstäubung und Sprayausbreitung, Aufwärmung und Verdunstung der Kraftstofftropfen, Wandfilmdynamik, Zündung, Verbrennung und Emissionsbildung. Diese Phänomene sind auf Grund der extrem unterschiedlichen Zeit- und Längenskalen sowie ihrer extremen Komplexität nicht in einer CFD-Simulation des Innenzylinders direkt berechenbar und deren Einfluss muss mit Hilfe geeigneter Modelle in der CFD-Simulation approximiert werden. Viele dieser dabei benutzten Modelle sind nicht allgemeingültig oder befinden sich noch in der Entwicklung. Eine Kontrolle der Rechenergebnisse durch Plausibilisierung, Verifizierung und Validierung der Simulationsresultate sollte fester Bestandteil des Entwicklungsprozesses sein.

Die Rechnung liefert lokal in jeder Zelle Werte für die charakteristischen Strömungs-

23 Ergebnisse der CFD-Berechnung

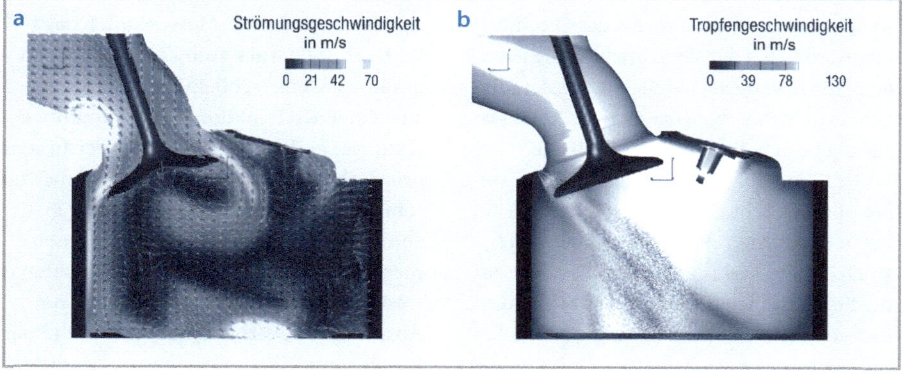

Bild 23
a Innenströmung
b Einspritzung im Zylinder

variablen wie Druck, Temperatur, Dichte, Geschwindigkeit und Stoffkonzentrationen, außerdem charakteristische Turbulenzgrößen wie z. B. die turbulente kinetische Energie und deren Dissipation. Zwei Beispiele sind in Bild 23 zu sehen. Bild 23a zeigt die Verteilung des Geschwindigkeitsbetrages in einer Symmetrieebene des Einlassventils. Die Strömungsrichtung wird mit Hilfe von Vektorpfeilen verdeutlicht. In Bild 23b ist die Spraywolke des eingespritzten Kraftstoffes erkennbar, wobei die Farbcodierung der einzelnen Tropfen die aktuelle Tropfengeschwindigkeit repräsentiert.

Das Vorliegen der zeitlich und räumlich vergleichsweise hoch aufgelösten Strömungsfelder erlaubt detaillierte Analysen der Zylinderströmung und der Gemischbildungsvorgänge, die entscheidenden Einfluss auch auf die anschließende Verbrennung haben. Solche Analysen der zeitlichen Entwicklung lokaler Strömungs- und Gemischbildungsphänomene sind jedoch relativ aufwendig im Vergleich zu einer Druckverlaufsanalyse oder der 1D-Simulation.

Aus den lokalen zeitlichen und räumlichen Ergebnissen können durch entsprechende Prozeduren auch Mittelwerte berechnet werden. So lässt sich durch räumliche Mittelung über das Innenzylindervolumen ein auf den ganzen Zylinder bezogener, nur noch zeitlich variabler Wert ermittelt werden, der mit den Daten aus der Druckverlaufsanalyse (oder der 1D-Simulation) verglichen werden kann und mit diesen Daten konsistent sein sollte. Der generelle Aufwand bei der Anwendung der 3D-Simulation für die Analyse motorischer Vorgänge ist im Vergleich zu den 0D- und 1D-Entwicklungswerkzeugen überproportional hoch und nur für die Beschreibung räumlich hoch aufgelöster Phänomene zu rechtfertigen.

Wirkungsgrad

Der Verbrennungsmotor setzt nur einen Teil der gesamten im Kraftstoff chemisch gebundenen Energie in mechanische Arbeit um. Ein Teil der Energie geht verloren. Die Verluste aus dem thermischen Hochdruckprozess, dem Ladungswechsel und der Reibung werden anhand der thermodynamischen Verlustteilung beschrieben. Zweckmäßig hierfür ist die Darstellung des Arbeitsprozesses im Druck-Volumen-Diagramm (p-V-Diagramm), auch Arbeitsdiagramm genannt.

Idealer Vergleichsprozess und Verlustteilung

Ausgehend vom Idealprozess des Ottomotors werden bei der Verlustteilung die jeweiligen Einzelverluste, welche die theoretisch erzielbare Arbeit verringern, berechnet. Daraus ergibt sich die Wirkungsgradkette.

Die Reihenfolge, in der die einzelnen Verluste berücksichtigt werden, hat Einfluss auf deren errechneten Wert. Es empfiehlt sich zunächst alle Verluste zu betrachten, die auf die Prozessführung zurückzuführen sind, und erst dann die Verluste aufgrund der kalorischen Daten des Arbeitsgases. Grund für diese Vorgehensweise sind die ungünstigen, nicht realistischen kalorischen Eigenschaften des Zylinderinhalts beim Idealprozess, die sich zwangsläufig bei einer Berücksichtigung der Stoffwerte bei extrem hohen Temperaturen ergeben würden.

Idealer Vergleichsprozess

Als allgemeiner Idealprozess wird wegen seiner allgemeinen Gültigkeit für alle ottomotorischen Brennverfahren der Gleichraumprozess herangezogen. **Bild 24a** zeigt diesen Prozess im Druck-Volumen-Diagramm. Der thermische Wirkungsgrad η_{th} für den Gleichraumprozess ist lediglich abhängig vom Verdichtungsverhältnis ε und vom Isentropenexponent κ, wobei für den hier angeführten Idealprozess für κ der konstante Wert $\kappa = 1{,}4$ für reine Luft anzusetzen ist (siehe z. B. [2]):

$$\eta_{th} = 1 - \frac{1}{\varepsilon^{\kappa - 1}}.$$

Reale Ladung

Nächster Schritt in der Verlustteilung ist der vollkommene Motor mit realer Ladung (**Bild 24b**). Dieser orientiert sich bereits sehr stark am zu analysierenden Motor und am betrachtetem Betriebspunkt, berücksichtigt also, ob ein Volllast- oder ein Teillast-Betriebspunkt betrachtet wird. Dabei gelten folgende Randbedingungen: geometrisch gleicher Motor; reale Masse (Luft, Kraftstoff, Restgas) und Druck zum Zeitpunkt, wenn das Einlassventil schließt; Stoffwerte sind ausschließlich Funktionen der Zusammensetzung. Des Weiteren wird der Gleichraumprozess beim oberen Totpunkt und eine vollständige, vollkommene Verbrennung bis zum chemischen Gleichgewicht angenommen. Zusätzlich werden ein idealer Ladungswechsel im unteren Totpunkt (isochorer Austausch der Verbrennungsgase mit reiner Frischladung), keine Wandwärmeverluste (adiabate Prozessführung), isentrope Kompression und Expansion vorausgesetzt sowie die Leckageverluste vernachlässigt.

Verbrennungsschwerpunkt

An dieser Stelle wird der Gleichraumprozess mit Wärmefreisetzung im Verbrennungsschwerpunkt berechnet. Dieser neue Vergleichsprozess kann durch Definition eines modifizierten Verdichtungsverhältnisses ε^* anschaulich dargestellt werden, in dem in (**Bild 24c**) der obere Totpunkt von OT zu einem fiktiven oberen Totpunkt OT* verschoben wird.

Unvollständige, unvollkommene Verbrennung

Beim Ottomotor enthält die Zylinderladung aufgrund von Quenching-Effekten (Flammenauslöschung) an der Wand und unvollständiger Umsetzung am Ende der Verbrennung unverbrannte Kohlenwasserstoff- und Kohlenmonoxid-Anteile. Die diesen Emissionen entsprechende, dem Prozess entgangene Energie wird berechnet und bei der Bildung der Wirkungsgradkette berücksichtigt.

Reale Verbrennung

Im nächsten Schritt muss der sich aus dem realen Brennverlauf ergebende Verlust berechnet werden (**Bild 24d**). Das heißt, dass hier der Dauer und der Form des realen Brennverlaufs Rechnung getragen wird. Der resultierende Verlust aus der nicht optimalen Verbrennungsschwerpunktslage wurde bereits oben berücksichtigt (Verbrennungslage). Würde die gesamte Wärme im Schwerpunkt freigesetzt werden, ergäbe sich hier ein Verlust von Null.

Reales Arbeitsgas
Anschließend ist der Verlust durch das Realgasverhalten zu berücksichtigen (**Bild 24e**). Bei diesem Schritt werden die kalorischen Eigenschaften des Zylinderinhalts (Luft, Restgas, Kraftstoff) in Abhängigkeit von Druck, Temperatur und Zusammensetzung berücksichtigt.

Wandwärmeverluste
Die Wirkungsgradverluste aufgrund der Wärmeabfuhr an die Zylinderwände des Motors (**Bild 24f**) werden nach dem Newtonschen Wärmeübergangsansatz [8] berechnet. Bei der Wirkungsgradberechnung kommt es wesentlich auf den Zeitpunkt der Wärmeübertragung an die Zylinderwand an. Dieser Zusammenhang wird deutlich, wenn man analog zum Gleichraumgrad der Verbrennung (siehe oben) den Gleichraumgrad der Wandwärmeverluste berechnet. Ein hoher Gleichraumgrad der Wandwärmeverluste, also eine OT-nahe Verbrennung, bedeutet einen hohen Wirkungsgradverlust aufgrund von Wandwärme und wirkt dem Wirkungsgradgewinn mit einem hohen Gleichraumgrad der Verbrennung entgegen. Das Optimum dieses gegenläufigen Sachverhalts liegt bei kompakten Brennräumen bei einem Brennverlaufsschwerpunkt von 6 bis 8 ° Kurbelwinkel nach ZOT.

Expansionsverlust
Alle bisherigen Berechnungen erfolgen von UT bis UT, ohne Berücksichtigung realer Steuerzeiten der Ein- und Auslassventile. Der Expansionsverlust berücksichtigt das normalerweise vor UT stattfindende Öffnen der Auslassventile und den damit verbundenen Verlust durch nicht vollständiges Ausnutzen der Expansion bis UT.

Kompressionsverlust
Mit diesem Verlust wird berücksichtigt, dass die Einlassventile nach UT schließen und damit ein gegenüber UT verspäteter Beginn der Kompression erfolgt.

Ladungswechselverluste
Der ideale Ladungswechsel wird nur aus den gemittelten Ein- und Auslassdrücken berechnet (**Bild 24g**). Ein- und auslassseitige Druckschwingungen werden hier nicht berücksichtigt. Der ideale Ladungswechselverlust gibt an, welche Ladungswechselarbeit prinzipbedingt anfällt, z. B. beim Vergleich eines gedrosselten zu einem ungedrosselten Betrieb des Motors. Beim realen Ladungswechsel werden darüber hinaus Druckschwingungen berücksichtigt (**Bild 24h**).

Bei Zusammenfassung von Expansions-, Kompressions- und realem Ladungswechselverlust – und dem Vergleich mit den idealen Ladungswechselverlusten – können die aus Strömungsvorgängen und nicht idealen Steuerzeiten resultierenden Verluste von den prozessbedingten Verlusten getrennt werden.

Mechanischer Verlust
Der mechanische Verlust aufgrund von Reibung an den Kolbenringen, an den Lagern, am Ventiltrieb sowie in den Nebenaggregaten wird aus dem durch Messung ermittelten indizierten Mitteldruck und dem aus dem abgegebenen Drehmoment bestimmten effektiven Mitteldruck berechnet.

Weitere Verluste, wie z. B. durch die Leckage an den Kolbenringen (Blow-by), werden aufgrund ihres geringen Anteils und des hohen Erfassungsaufwandes meist vernachlässigt.

24 Schrittweise Darstellung der einzelnen Vergleichsprozesse

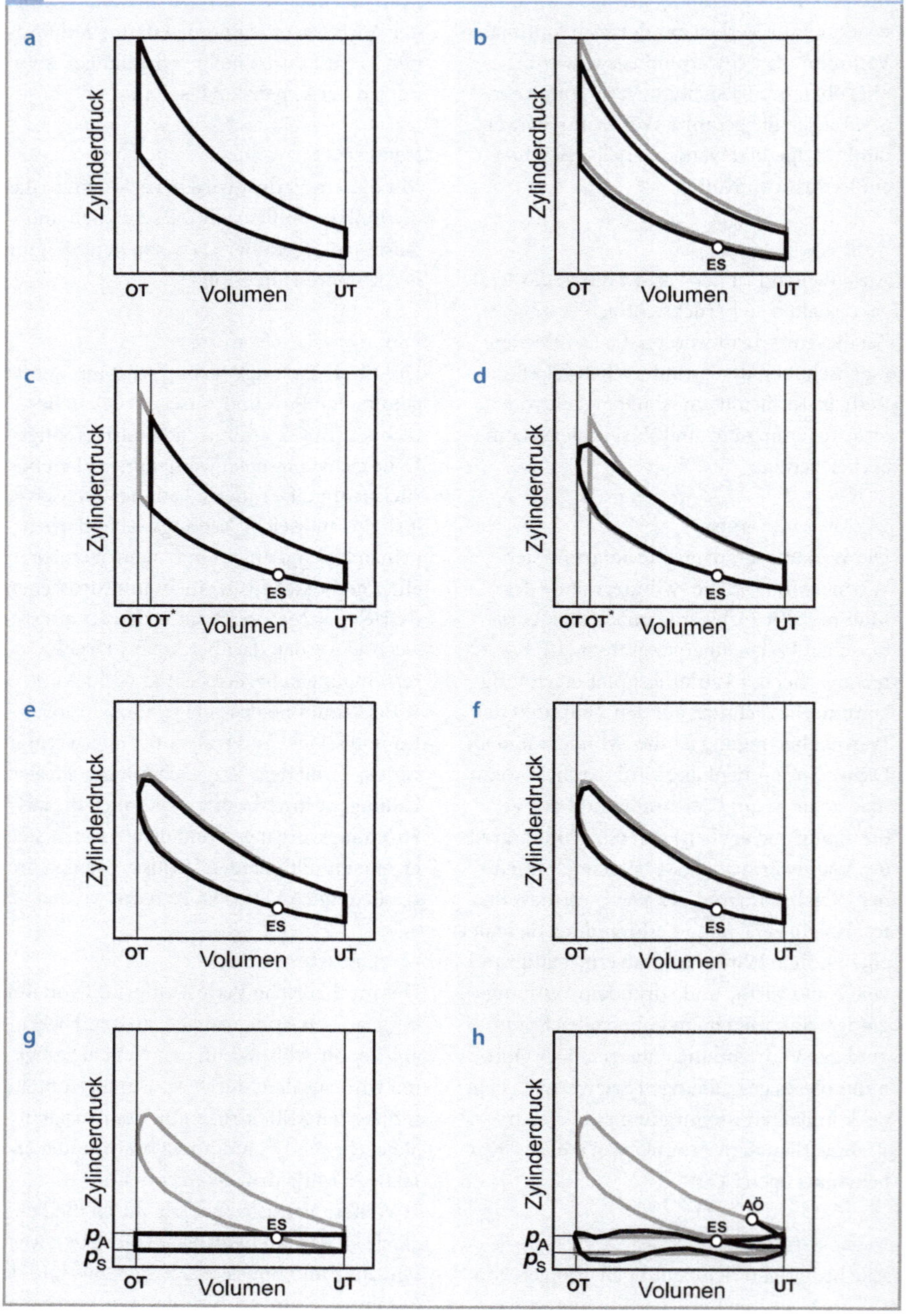

Bild 24
Die Beschriftung (a–h) betrifft jeweils die schwarze Kurve. Die graue Kurve bezieht sich auf das jeweils vorhergehende Diagramm.

- a Idealer Vergleichsprozess
- b Reale Ladung
- c Verbrennungsschwerpunkt
- d Reale Verbrennung
- e Reales Arbeitsgas
- f Wandwärmeverluste
- g Idealer Ladungswechsel
- h Realer Ladungswechsel

ES Einlass schließt
AÖ Auslass öffnet
OT oberer Totpunkt
OT* fiktiver, verschobener oberer Totpunkt entsprechend des modifizierten Verdichtungsverhältnisse ε^* (siehe Text)
UT unterer Totpunkt
p_A Abgasgegendruck
p_S Saugrohrdruck

25 Wirkungsgradkette von verschiedenen ottomotorischen Brennverfahren und dem Dieselverfahren

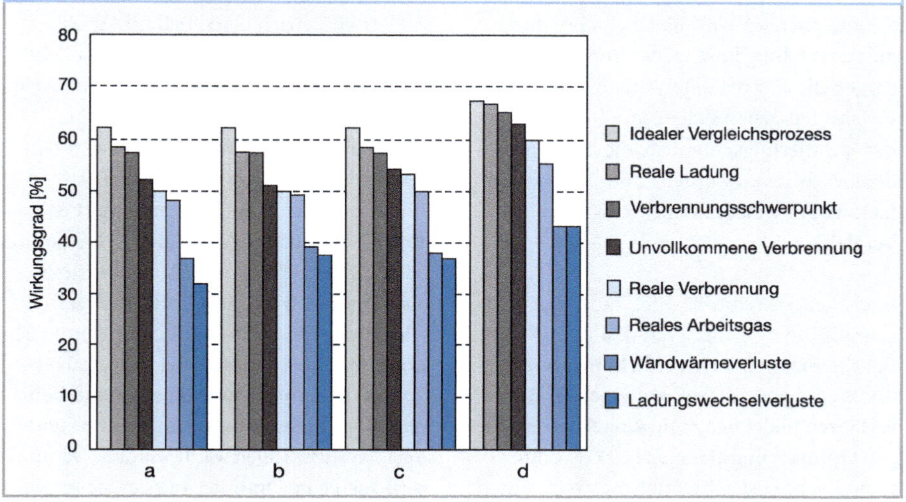

Bild 25
Die Legende bezeichnet jeweils die Verluste oder deren Ursache, die zur Reduzierung des Wirkungsgrades auf den im Diagramm eingetragenen Wert führen.

a Ottomotor mit Saugrohreinspritzung
b Ottomotor mit Benzin-Direkteinspritzung
c Ottomotor mit homogener Selbstzündung
d Dieselmotor

Beispielhaft für den Einsatz der thermodynamischen Verlustteilung zeigt Bild 25 vergleichend die Wirkungsgradkette von verschiedenen ottomotorischen Brennverfahren sowie dem Dieselverfahren mit Direkteinspritzung im gleichen Betriebspunkt von 2 000 min^{-1} und 3 bar indizierten Mitteldruck.

Technologien zur Wirkungsgradoptimierung

In Anbetracht der weltweiten Anstrengungen, den CO_2-Ausstoß zu reduzieren, ist die Wirkungsgraderhöhung bei Ottomotoren einer der Hauptentwicklungsschwerpunkte. Verbesserte und neue Brennverfahren haben Vorteile beim Wirkungsgrad und Emissionsausstoß beispielsweise durch variable Ventiltriebe in Kombination mit einer Erhöhung der Robustheit gegenüber der Rückführung hoher interner Restgasanteile mit den sich daraus ergebenden Vorteilen durch Reduktion der Prozess- und Verbrennungstemperatur.

Das homogene entdrosselte Brennverfahren der homogenen Selbstzündung (→ **Grundlagen des Ottomotors** → Homogene Selbstzündung) erlaubt eine magere homogene Niedertemperaturverbrennung mit Wirkungsgradvorteilen unter Beibehaltung niedriger Emissionen. Der Schichtbetrieb stellt weiterhin die Referenz im Arbeitsprozess dar. Durch die Entdrosselung des Ladungswechsels und die sehr hohe Gemischverdünnung mit Frischluft kommt dieses Brennverfahren dem idealen Gleichraumprozess etwas näher als alle anderen. Als Nachteile bleiben allerdings die Entflammungsrobustheit der geschichteten Ladung sowie die NO_x-Emission, die wegen des mageren Gemisches nicht im Dreiwegekatalysator reduziert werden kann und erst mit einem NO_x-Speicherkatalysator oder einem SCR-Katalysator den Emissionsvorschriften gerecht wird.

Sowohl das Brennverfahren mit Selbstzündung als auch der Schichtbetrieb sind sogenannte Teillast-Brennverfahren, da diese nur in einem Teillastbereich einen Vorteil bieten oder realisierbar sind. Der restliche Kennfeldbereich wird üblicherweise durch die Anwendung homogener Fremdzündung dargestellt. Für die unterschiedlichen Brennverfahren ergeben sich Technologie-bezogene Optimierungspotentiale die im Folgenden beschrieben werden. Bild 26 zeigt hierzu die Verläufe der Prozessgrößen im Vergleich.

Homogenes Brennverfahren mit Saugrohreinspritzung und Fremdzündung

Bei einem gegebenen Verdichtungsverhältnis und fremdgezündetem, homogenem Brennverfahren bildet der Zündwinkel den einzigen Optimierungsparameter. Die Verbrennung zeichnet sich hier üblicherweise durch eine fast symmetrische Wärmefreisetzung aus (Bild 26b, Kurve 1).

Homogenes Brennverfahren mit Direkteinspritzung und Fremdzündung

Durch die Einspritzung von Benzin direkt in den Brennraum wird eine Gemischkühlung bewirkt. Diese ermöglicht eine Verdichtungserhöhung, die wiederum in einem höheren thermischen Wirkungsgrad resultiert (Bild 26e, Säule 2). Zusätzlich werden höhere Druck- und Temperatur-Bedingungen für die Flammenausbreitung geschaffen (Bild 26a, c, jeweils Kurve 2), was weitere Vorteile in Bezug auf Brenngeschwindigkeit bringen kann. Hierbei sind nicht nur der Zündwinkel, sondern auch der Einspritzzeitpunkt wesentliche Optimierungsparameter hinsichtlich Verbrauch und Emissionen.

Homogenes Brennverfahren mit variablem Ventiltrieb und Fremdzündung

Der Einsatz variabler Ventiltriebe erlaubt die Steuerung der für eine bestimmte Last benötigten Luftmenge über die Ladungswechselventile statt über die Drosselung im Ansaugsystem. Dies reduziert die Ladungswechselverluste erheblich.

Für den Betrieb eines Teillastbetriebspunktes sind zwei Steuerstrategien üblich: entweder frühes Einlass schließen oder spätes Einlass schließen. Diese können beispielsweise über ein verkürztes bzw. verlängertes Einlassnockenprofil, welches z. B. in einem 2-Punkt-Hubsystem integriert ist, realisiert werden. Die Anwendung eines kontinuierlich verstellbaren Einlasshubsystems oder eines vollvariablen elektrohydraulischen oder elektromechanischen Ventiltriebs sind alternative Ansätze. Bei vollvariablen Systemen können sowohl die Ventilhubkurven als auch die Steuerzeiten der Ein- und Auslassventile frei gewählt werden. Damit wird auch eine Optimierung der Steuerung der Auslassnockenwelle möglich, z. B. des Zeitpunkts „Auslassventil öffnen", um eine Maximierung der Drehmomentausbeute im Expansionstakt zu erreichen.

Des Weiteren erlaubt ein variabler Ventiltrieb eine gezielte Rückführung oder Rückhaltung von Abgas im Brennraum. Dies wird prinzipiell durch eine große Ventilüberschneidung im Ladungswechsel-OT ermöglicht. Der erhöhte Restgasanteil erhöht wiederum den Druck und das Temperaturniveau im Brennraum. Dies bewirkt Verbesserungen bei der Kraftstoffverdampfung und Gemischbildung. Für die Verbrennung sind die erhöhten Prozessgrößen Druck und Temperatur grundsätzlich von Vorteil. Der hohe Restgasanteil führt jedoch zu einer starken Reduktion der laminaren Brenngeschwindigkeit, was den Wirkungsgradvorteil wiederum schmälert. Zum Teil lässt sich dieser Effekt durch eine Frühverstellung der Zündung kompensieren. Die Vorteile hoher Restgasanteile im Hochdruckprozess resultieren aber nicht direkt aus der Verbrennung, sondern vielmehr aus der erhöhten Verdünnung des Arbeitsgases. Diese Ver-

26 Physikalische Größen und wichtige Eigenschaften eines Ottomotors bei verschiedenen Brennverfahren

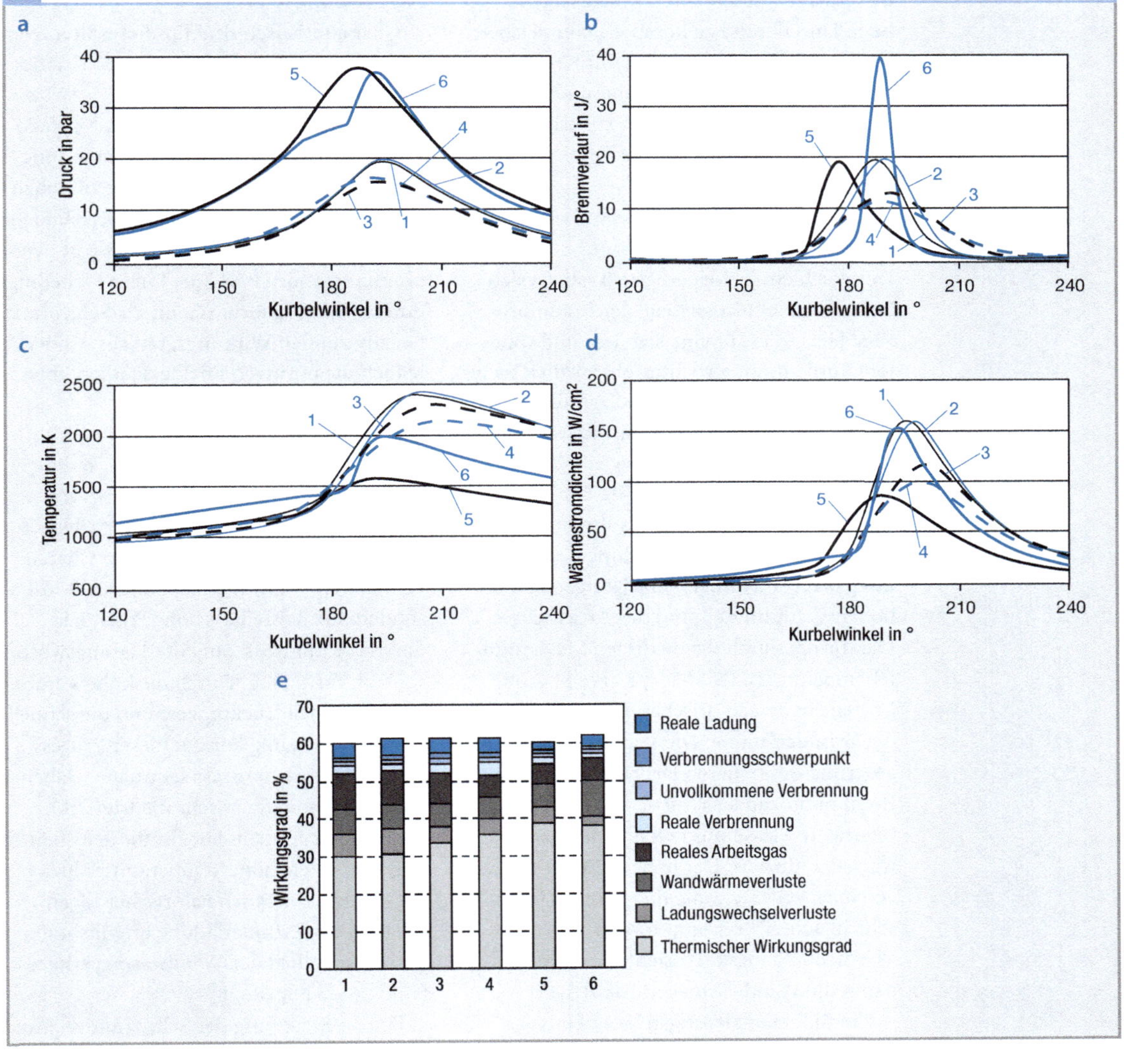

dünnung führt zu niedrigeren Verbrennungstemperaturen und bringt somit Vorteile bei den kalorischen Eigenschaften des Arbeitsgases und den Wandwärmeverlusten (Bild 26d, Kurven 3 und 4). Die Verbrennung verläuft in diesem Fall etwas verzögert (Bild 26b, Kurven 3 und 4), insbesondere wenn keine zusätzlichen Maßnahmen zur

Bild 26
1 Saugrohreinspritzung
2 Direkteinspritzung im homogenen Betrieb
3 variabler Ventiltrieb mit Verstellung der Steuerzeiten
4 vollvariabler Ventiltrieb mit Verstellung der Steuerzeiten und der Ventilhubkurven
5 Direkteinspritzung im Schichtbetrieb
6 Selbstzündung

a Druck
b Brennverlauf
c Temperatur
d Wandwärmestromdichte, jeweils als Funktion des Kurbelwinkels
e Wirkungsgradkette

Die Legende bezeichnet jeweils die Verluste oder deren Ursachen, die zur eingezeichneten Reduzierung des Wirkungsgrades führen. Die volle Höhe ist der Wirkungsgrad des idealen Vergleichsprozesses.

Turbulenzerhöhung angewendet werden, um den Nachteil des höheren Restgasanteils beim Durchbrand zu kompensieren. Dabei wird durch die Verdünnung mit Restgas die Massenmitteltemperatur insbesondere während der Verbrennung und Expansion gesenkt (Bild 26c, Kurven 3 und 4).

Geschichtetes Brennverfahren mit Direkteinspritzung und Fremdzündung

Der geschichtete Magerbetrieb nähert sich bereits dem entdrosselten Gleichraumprozess. Hier ist es für eine stabilere und robustere Entflammung wichtig, eine örtlich nahe Anordnung von Injektor und Zündkerze zu gewährleisten. Dies kann beispielsweise durch eine zentrale Einbaulage des Injektors im Zylinderkopf erfolgen (Bild 5c).

Die großen Vorteile dieses Brennverfahrens liegen in der Entdrosselung des Ladungswechsels und, noch wichtiger, in dem hohen Verdünnungsgrad des Arbeitsgases. Dies bringt durch die niedrigen Massenmitteltemperaturen (Bild 26c, Kurve 5) große Vorteile in den kalorischen Eigenschaften der Zylinderladung. Die Wandwärme wird aufgrund des höheren Druckniveaus im Brennraum zunächst nicht, wie durch die niedrigere Massenmitteltemperatur zu erwarten, reduziert. Der hohe Zylinderdruck verringert vielmehr die thermische Grenzschicht an der Brennraumwand, was den Wärmeübergangskoeffizienten erhöht und damit die Wandwärmeverluste steigert.

Um die zertifizierungsrelevanten NO_x-Emissionen zu reduzieren, wird zusätzlich eine externe Abgasrückführung eingesetzt. Dabei werden, durch Zufügen von Restgas, die kalorischen Eigenschaften des Arbeitsgases verschlechtert, da hierbei Frischluft verdrängt wird, so dass die Verdichtung leicht niedrigere Drücke erreicht und somit auch während der Verbrennung niedrigere Temperaturen entstehen. Damit wird ebenfalls die Temperatur- und Sauerstoff-sensitive NO_x-Bildung reduziert.

Charakteristisch sind für dieses Brennverfahren der entdrosselte Prozess, d.h. hohe Drücke (Bild 26a, Kurve 5), niedrige Massenmitteltemperaturen (Bild 26c, Kurve 5) und eine zu Beginn schnelle Verbrennung (Bild 26a, b, jeweils Kurve 5), die zu hohen Wirkungsgraden führen (Bild 26e, Säule 5). Im Gegenzug wirkt sich das verzögerte Verbrennungsende (Bild 26b, Kurve 5), bedingt durch eine nichtideale Gemisch-Schichtung, negativ auf den Wirkungsgrad aus, wobei jedoch die positiven Effekte deutlich überwiegen.

Brennverfahren mit kontrollierter homogener Selbstzündung und Direkteinspritzung

Die ottomotorische kontrollierte Selbstzündung, auch HCCI (Homogeneous Charge Compression Ignition) genannt, stellt insbesondere für die Teillast hohe Potentiale durch die Entdrosselung des Ladungswechsels zur Verfügung. Durch die hohe Verdünnung im Hochdruckprozess und die schnelle Wärmefreisetzung kommt dieser Prozess dem Gleichraumprozess sehr nahe. Dabei werden insbesondere sehr niedrige NO_x-Emissionen erreicht. Die für die Selbstzündung benötigte hohe Temperatur reduziert die Vorteile bezüglich kalorischer Eigenschaften der Zylinderladung und insbesondere hinsichtlich der Wandwärmeverluste (Bild 26e, Säule 6).

Für die Steuerung der Selbstzündung sind variable Ventiltriebe notwendig, die eine präzise Restgaszumessung erlauben. Hierzu sind unterschiedliche Ventiltriebstrategien möglich, um eine gezielte Temperaturmodulation zu erreichen. Auch die Kombination mit externer Abgasrückführung stellt eine weitere Variabilität hinsichtlich niedrigerer Restgastemperaturen dar.

Zusätzlich spielt die Direkteinspritzung

eine weitere wichtige Rolle, indem durch den Einspritzzeitpunkt und Mehrfacheinspritzung die thermodynamischen Eigenschaften des Arbeitsgases und die Reaktionskinetik beeinflusst werden können. Somit sind schon die zwei Hauptparameter identifiziert, die den klassischen Zündwinkel bei diesem Brennverfahren als Steuergröße zur Regelung des Motors ersetzen.

Aufgrund hoher benötigter Restgasgehalte wird der Zuwachs eines Flammkernes nach einer Fremdzündung deutlich verlangsamt und hat dadurch üblicherweise keine messbare Wirkung. Die Fremdzündung hat jedoch bei höheren Lasten und bei der damit einhergehenden Abnahme des Restgasanteiles eine stabilisierende Wirkung.

Die sehr schnelle Wärmefreisetzung, die reaktionskinetisch gesteuert wird, muss verlangsamt werden, damit keine zu hohen mechanischen Belastungen und Verbrennungsgeräusche auftreten. Dazu spielt die Verdünnung mit Inertgas über die Ventilsteuerung sowie die Steuerung des Temperaturverlaufs und das Zusammenspiel von Restgasanteil und Einspritzstrategie eine sehr wichtige Rolle.

Hierbei sind nicht nur die Entdrosselung, welche durch hohe Brennraumdrücke charakterisiert wird, sondern auch die sehr schnelle Wärmefreisetzung besondere Merkmale (Bild 26a, b, jeweils Kurve 6). Die Massenmitteltemperatur liegt hier aufgrund der hohen internen Abgasrückführraten höher als jene des geschichteten Brennverfahrens (Bild 26c).

Messtechnik an Verbrennungsmotoren

Messtechnik

Der Zylinderdruckdruckverlauf bildet die Grundlage zur thermodynamischen Analyse der Vorgänge im Inneren des Zylinders. Diese Größe (Bild 26a) ist einerseits als Funktion des Kurbelwinkels zu erfassen, wird jedoch örtlich konstant innerhalb der Brennkammer angenommen. Zur Durchführung einer verlässlichen Analyse des Ladungswechsels ist es zudem sinnvoll (→ **Grundlagen Ottomotor** → Druckverlaufsanalyse), ebenfalls den zeitlichen Verlauf des Druckes im Saugrohr und im Abgastrakt eines jeden Zylinders zu erfassen.

Die zeitliche Aufnahme motorspezifischer Größen wird Indizierung genannt. In der Regel werden zur Indizierung Transient-Recorder verwendet, welche mit Hilfe von Kurbelwinkelgebern jeweils auf eine Winkelposition der Kurbelwelle getriggert werden. Kurbelwinkelgeber werden auf das freie Ende der Kurbelwelle angebracht und liefern neben den winkelaufgelösten Trigger-Marken (meist 1 ° oder 0,5 ° Auflösung) ein definiertes Signal pro Umdrehung der Kurbelwelle. Damit ist eine exakte Lage-Erkennung der Kurbelwelle möglich. Zu jedem Trigger-Ereignis speichert der Transient-Recorder die Werte angeschlossener Signale. Auf diese Weise ist eine kurbelwinkelsynchrone Erfassung beispielsweise des Verlaufs des Zylinderdruckes möglich.

Druckindizierung

Für die Erfassung der Niederdruckwerte (im Saugrohr oder für das Abgas) werden zumeist piezoresistive Druckaufnehmer verwendet, welche den Absolutdruck an der Messstelle liefern. Zum thermischen Schutz des Drucksensors im Abgastrakt wird dieser mittels Umschaltadapter, die mit Druckluft betrieben werden, lediglich während einer Messaufnahme dem heißen Abgas ausgesetzt.

Bei der Hochdruckindizierung finden hingegen piezoelektrische Druckaufnehmer Anwendung, welche als Messgröße eine relative Änderung des Zylinderdruckes angeben. Sie werden meist aktiv durch ein Kühlkreislauf, welcher durch eine Konditioniereinrichtung bereit gestellt wird, gekühlt. Piezoelektrische Druckaufnehmer weisen einen großen Messbereich auf und eignen sich deshalb für die Messung des sich während des Arbeitsspiels stark ändernden Brennraumdruckes. Sie liefern als Messgröße eine elektrische Ladung, welche mit Hilfe von Ladungsverstärkern und Wandlern als digitalisiertes Signal am Transientrecorder gemessen werden kann. Aufgrund des relativen Messwertes muss der mit piezoelektrischen Druckaufnehmern gemessene Zylinderdruckverlauf durch geeignete Verfahren (Bezug auf ein absolutes Messsignal, z. B. den Saugrohrdruck, thermodynamische Nulllinienfindung) auf ein Absolutniveau hin korrigiert werden.

Literatur

[1] Czichos, H. (Herausgeber); Hennecke, M. (Herausgeber). Hütte. Das Ingenieurwesen. 33. Aufl. Springer 2007.

[2] Grill, M.: Objektorientierte Prozessrechnung von Verbrennungsmotoren. Diss. Universität Stuttgart, 2006

[3] Grote, K.-H. (Herausgeber); Feldhusen, J. (Herausgeber). Dubel: Taschenbuch für den Maschinenbau. 23. Aufl., Springer 2012

[4] Hahne, E.: Technische Thermodynamik, 2. überarbeitete Auflage, Addison-Wesley, 1993, ISBN 3-89319-663-3

[5] Lejsek, D.: Berechnung des instationären Wandwärmeübergangs im Hochlauf von Ottomotoren mit Benzin-Direkteinspritzung. Diss. Technische Universität Darmstadt, 2009

[6] Merzbach, G.: Bestimmung der Leckage an einem 1-Zylinderversuchsmotor. Diplomarbeit, TH Darmstadt, 1988

[7] Mollenhauer, K. (Herausgeber); Tschöke, H. (Herausgeber). Handbuch Dieselmotoren (VDI-Buch). 3., neu bearbeitete Aufl. Springer 2007

[8] Pischinger, R.; Klell, M.; Sams, Th.: Thermodynamik der Verbrennungskraftmaschine. 2. überarbeitete Auflage, Springer, Wien, New York, 2002, ISBN 3-211-83679-9

[9] Vibe, I. I.: Brennverlauf und Kreisprozess von Verbrennungsmotoren. VEB Verlag Technik, Berlin, 1970

[10] Woschni, G.: Beitrag zum Problem des Wandwärmeüberganges im Verbrennungsmotor. MTZ 26, 1965

Kraftstoffverbrauch in der Praxis

Die Kraftfahrzeughersteller sind verpflichtet, den Kraftstoffverbrauch der Fahrzeuge anzugeben. Dieser Wert wird beim Abgastest aus den Abgasemissionen ermittelt. Beim Abgastest wird ein definiertes Streckenprofil (Testzyklus) gefahren. Damit sind die Verbrauchswerte für alle Fahrzeuge vergleichbar.

Einen wesentlichen Beitrag zur Reduzierung des Kraftstoffverbrauchs leistet der einzelne Autofahrer selbst u. a. durch seine Fahrweise. Die Minderung des Kraftstoffverbrauchs, den er mit seinem Fahrzeug erzielen kann, hängt von einer Vielzahl von Faktoren ab. Mit den unten aufgeführten Maßnahmen kann der Kraftstoffverbrauch eines „sparsamen" Fahrers gegenüber dem „Durchschnittsfahrer" im Alltagsbetrieb um 20 ... 30 % reduziert werden. Die erreichbare Reduzierung des Kraftstoffverbrauchs durch die einzelnen Maßnahmen hängt von vielen Faktoren, u. a. wesentlich vom Streckenprofil (Stadtfahrt, Überlandfahrt) und von den Verkehrsbedingungen ab. Deshalb ist es nicht immer sinnvoll, Werte für die Kraftstoffeinsparung anzugeben.

Positive Einflüsse auf den Kraftstoffverbrauch

- Reifendruck: erhöhte Werte für voll beladenes Fahrzeug beachten (Ersparnis: ca. 5 %)
- Beschleunigen bei hoher Last und niedriger Drehzahl, Hochschalten bei 2000 min^{-1}
- Fahren im größtmöglichen Gang: auch bei Drehzahlen unter 2000 min^{-1} kann mit Volllast gefahren werden
- Vermeiden von Bremsen und wieder Beschleunigen durch vorausschauendes Fahren
- Ausnutzen der Schubabschaltung
- Motorstopp bei längeren Haltephasen, z. B. an Verkehrsampeln mit langen Rotphasen oder geschlossenen Bahnschranken (3 Minuten Leerlauf verbraucht so viel Kraftstoff wie 1 km Fahrt)
- Einsatz von Leichtlauf-Motorölen (Ersparnis ca. 2% laut Herstellerangaben)

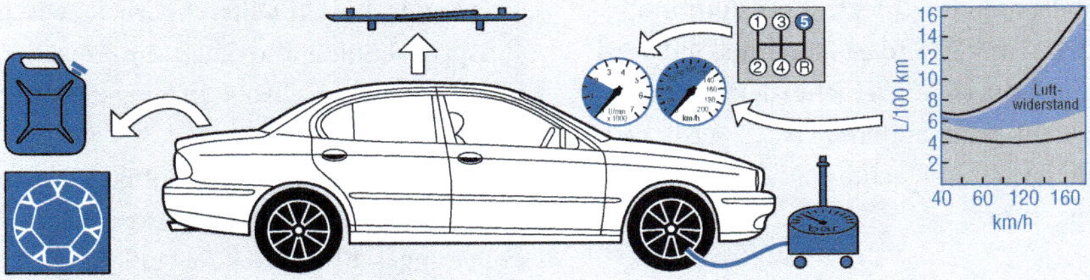

Negative Einflüsse auf den Kraftstoffverbrauch

- Erhöhtes Fahrzeuggewicht durch Ballast z. B. im Kofferraum (zusätzlich ca. 0,3 l/100 km)
- hohe Fahrgeschwindigkeit
- erhöhter Luftwiderstand durch Dachaufbauten
- zusätzliche elektrische Verbraucher, z. B. Heckscheibenheizung, Nebelscheinwerfer (ca. 1 l/1 kW)
- verschmutzter Luftfilter und abgebrannte Zündkerzen (Wechselintervalle beachten)

Kraftstoffversorgung

Einführung und Überblick

Aufgabe des Kraftstoffversorgungssystems ist es, den Kraftstoff vom Tank in definierter Menge mit einem spezifizierten Druck zum Verbrennungsmotor im Motorraum zu fördern. Die jeweilige Schnittstelle bildet beim Motor mit Saugrohreinspritzung (SRE) der Kraftstoffverteiler mit den Saugrohr-Einspritzventilen und beim Motor mit Benzin-Direkteinspritzung (BDE) die Hochdruckpumpe.

Der grundsätzliche Aufbau der Kraftstoffversorgungssysteme ist für beide Einspritzarten ähnlich: der Kraftstoff wird aus dem Tank (dem Kraftstoffspeicher) mittels einer Elektrokraftstoffpumpe durch Kraftstoffleitungen aus Stahl oder Kunststoff zum Motor gefördert. Unterschiedliche Anforderungen führen aber zum Teil zu abweichenden Systemauslegungen und einer Vielfalt an Varianten.

Bei der Saugrohreinspritzung fördert eine Elektrokraftstoffpumpe den Kraftstoff aus dem Tank über die Leitungen und den Kraftstoffverteiler (auch Kraftstoff-Rail genannt) direkt zu den Einspritzventilen. Bei der Benzin-Direkteinspritzung wird der Kraftstoff ebenfalls mit einer Elektrokraftstoffpumpe aus dem Tank gefördert, anschließend wird er jedoch durch eine Hochdruckpumpe zunächst auf einen höheren Druck verdichtet und danach den Hochdruck-Einspritzventilen zugeführt.

Kraftstoffförderung bei Saugrohreinspritzung

Eine Elektrokraftstoffpumpe (EKP) fördert den Kraftstoff und erzeugt den Einspritzdruck, der bei der Saugrohreinspritzung typischerweise etwa 0,3...0,4 MPa (3...4 bar) beträgt. Der aufgebaute Kraftstoffdruck verhindert weitgehend die Bildung von Dampfblasen im Kraftstoffsystem. Ein in die Pumpe integriertes Rückschlagventil unterbindet das Rückströmen von Kraftstoff durch die Pumpe zurück zum Kraftstoffbehälter und erhält so den Systemdruck abhängig vom Abkühlverlauf des Kraftstoffsystems und von internen Leckagen auch nach Abschalten der Elektrokraftstoffpumpe noch einige Zeit aufrecht. So wird die Bildung von Dampfblasen im Kraftstoffsystem bei erhöhten Kraftstofftemperaturen auch nach Abstellen des Motors verhindert.

Es existieren unterschiedliche Arten von Kraftstoffversorgungssystemen. Prinzipiell unterscheidet man vollfördernde und bedarfsgeregelte Systeme. Bei den vollfördernden Systemen wird zwischen Systemen mit Rücklauf vom Motor und rücklauffreien Systemen unterschieden.

System mit Rücklauf

Der Kraftstoff wird von der Kraftstoffpumpe (**Bild 1**, Pos. 2) aus dem Kraftstoffbehälter (1) angesaugt und durch den Kraftstofffilter (3) und die Druckleitung (4) zum am Motor montierten Kraftstoffverteiler (5) gefördert. Über den Kraftstoffverteiler werden die Einspritzventile (7) mit Kraftstoff versorgt. Ein am Rail angebrachter mechanischer Druckregler (6) hält durch seine direkte Referenz zum Saugrohr den Differenzdruck zwischen Einspritzventilen und Saugrohr konstant – unabhängig vom absoluten Saugrohrdruck, d.h. von der Motorlast.

Der vom Motor nicht benötigte Kraftstoff strömt durch das Rail über eine am Druckregler angeschlossene Rücklaufleitung (8) zurück in den Kraftstoffbehälter. Der überschüssige, im Motorraum erwärmte Kraftstoff führt zu einem Anstieg der Kraftstofftemperatur im Tank. Abhängig von dieser Temperatur entstehen Kraftstoffdämpfe. Diese werden umweltschonend über ein Tankentlüftungssystem in einem Aktivkohlefilter zwischengespeichert und über das Saugrohr der angesaugten Luft und somit dem Motor zugeführt. Das gesamte Kraft-

1 Vollförderndes Kraftstoffsystem mit Rücklauf

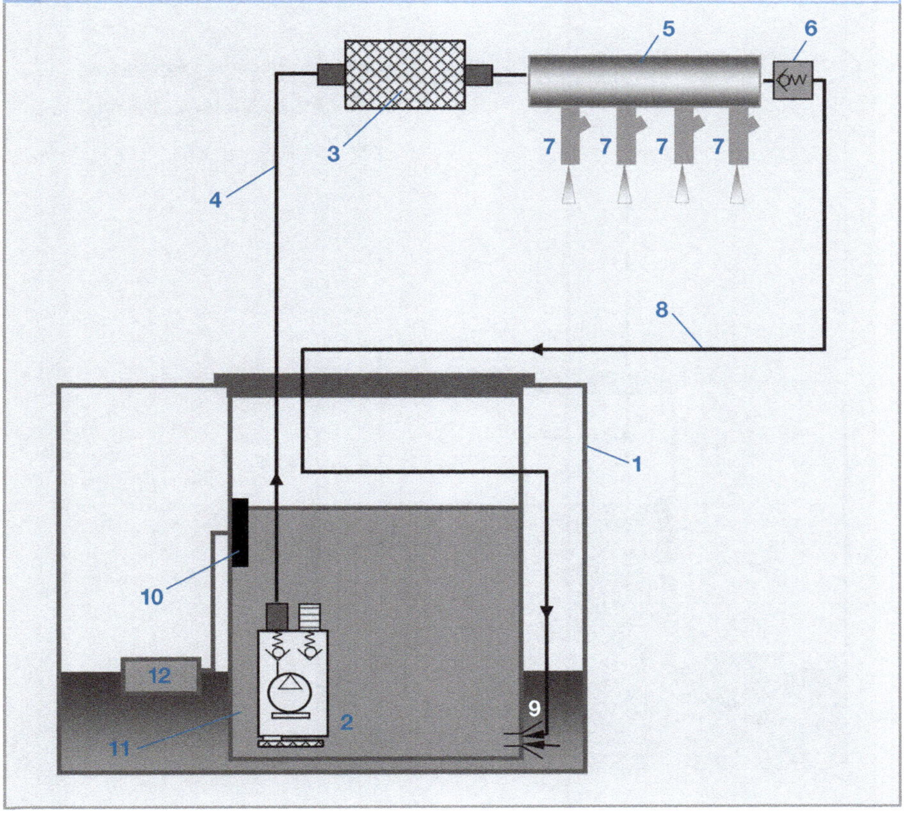

Bild 1
1 Kraftstoffbehälter
2 Elektrokraftstoffpumpe
3 Kraftstofffilter
4 Kraftstoffleitung
5 Kraftstoffverteiler
6 Druckregler
7 Einspritzventile
8 Rücklaufleitung
9 Saugstrahlpumpe
10 Tankfüllstandsgeber
11 Reservoir
12 Schwimmer

stoffverdunstungs-Rückhaltesystem wird in Abschnitt → **Kraftstoffversorgung** → Rückhaltesysteme für Kraftstoffdämpfe, Tankentlüftung ausführlich behandelt. Mit dem vom motornahen Druckregler (6) zurückströmenden Kraftstoff wird am Tankeinbaumodul eine Saugstrahlpumpe (9, auch Saugstrahl-Düse genannt) angetrieben, mit deren Treibmenge ein Kraftstoff-Förderstrom in ein Reservoir gefördert wird, um der Elektrokraftstoffpumpe (2) unter allen Bedingungen immer ein sicheres Ansaugen zu ermöglichen.

Rücklauffreies System

Beim rücklauffreien Kraftstoffversorgungssystem (Bild 2) befindet sich der Druckregler (6) im Kraftstoffbehälter und ist Bestandteil des Tankeinbaumoduls. Dadurch entfällt die Rücklaufleitung vom Motor zum Kraftstoffbehälter. Da der Druckregler aufgrund seines Anbauorts keine Referenz zum Saugrohrdruck hat, hängt der relative Einspritzdruck, der über dem Einspritzventil abfällt, hier von der Motorlast ab. Dies wird bei der Berechnung der Einspritzzeit im Motorsteuergerät berücksichtigt.

Dem Kraftstoffverteiler (5) wird nur die Kraftstoffmenge zugeführt, die auch einge-

2 Vollförderndes rücklauffreies Kraftstoffsystem

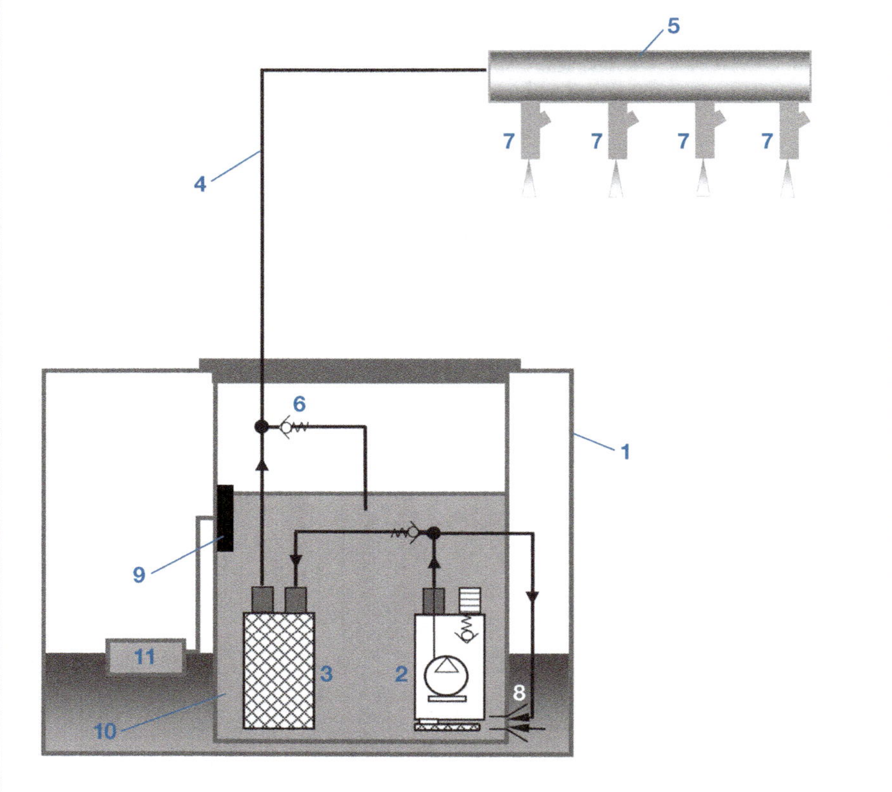

Bild 2
1 Kraftstoffbehälter
2 Elektrokraftstoffpumpe
3 Kraftstofffilter
4 Kraftstoffleitung
5 Kraftstoffverteiler (Rail)
6 Druckregler
7 Einspritzventile
8 Saugstrahlpumpe
9 Tankfüllstandsgeber
10 Reservoir
11 Schwimmer

spritzt wird. Die von der vollfördernden Elektrokraftstoffpumpe (2) geförderte Mehrmenge wird direkt vom tanknahen Druckregler (6) in den Kraftstoffbehälter geleitet, ohne den Umweg über den Motorraum zu nehmen. Daher ist die Erwärmung des Kraftstoffs im Kraftstoffbehälter und damit auch die Kraftstoffverdunstung deutlich geringer als beim System mit Rücklauf. Aufgrund dieser Vorteile werden heute überwiegend rücklauffreie Systeme eingesetzt. Die Saugstrahlpumpe (8) wird in diesem System direkt im Fördermodul aus dem Vorlauf der Elektrokraftstoffpumpe betrieben.

Bedarfsgeregeltes System

Beim bedarfsgeregelten System (Bild 3) wird von der Kraftstoffpumpe nur die aktuell vom Motor verbrauchte und zur Einstellung des gewünschten Drucks notwendige Kraftstoffmenge gefördert. Die Druckeinstellung erfolgt über eine modellbasierte Vorsteuerung und einen geschlossenen Regelkreis, wobei der aktuelle Kraftstoffdruck über einen Niederdrucksensor erfasst wird. Der mechanische Druckregler entfällt und wird durch ein Druckbegrenzungsventil ersetzt (Pressure Relief Valve PRV), damit sich auch bei Schubabschaltung oder nach Abstellen des Motors kein zu hoher Druck aufbauen kann.

3 Bedarfsgeregeltes Niederdruck-System für Benzin-Saugrohrspritzung

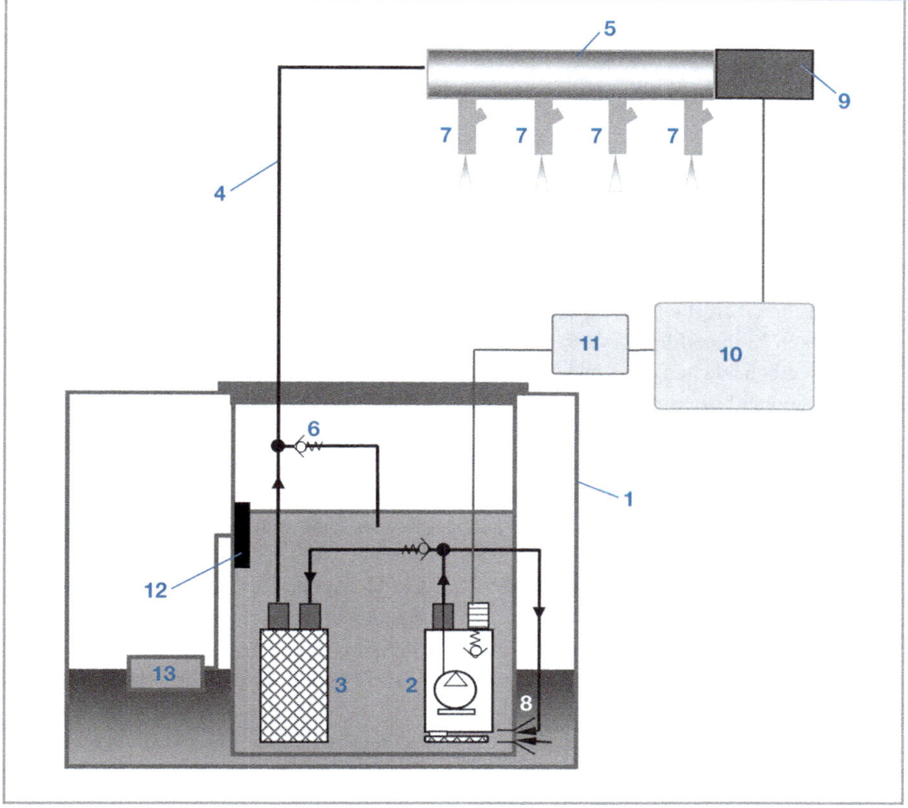

Bild 3
1 Kraftstoffbehälter
2 Elektrokraftstoffpumpe
3 Kraftstofffilter
4 Kraftstoffleitung
5 Kraftstoffverteiler
6 Druckbegrenzungsventil
7 Einspritzventile
8 Saugstrahlpumpe
9 Kraftstoff-Drucksensor (für Niederdruck)
10 Motorsteuergerät
11 Pumpenelektronikmodul
12 Tankfüllstandsgeber
13 Schwimmer

Zur Einstellung der Fördermenge wird die Betriebsspannung der Kraftstoffpumpe über ein vom Motorsteuergerät angesteuertes Pumpelektronikmodul eingestellt. Der Druck variiert in diesem System zwischen 250 und 600 kPa relativ zur Umgebung, kann aber auch auf einen konstanten Wert eingestellt werden.

Aufgrund der Bedarfsregelung wird kein überschüssiger Kraftstoff komprimiert und somit die Pumpenleistung auf das gerade erforderliche Maß minimiert. Dies führt gegenüber Systemen mit vollfördernder Pumpe zu einer Senkung des Kraftstoffverbrauchs. So kann auch die Kraftstofftemperatur im Tank gegenüber dem rücklauffreien System noch weiter reduziert werden.

Weitere Vorteile des bedarfsgeregelten Systems ergeben sich aus dem variabel einstellbaren Kraftstoffdruck. Zum einen kann der Druck beim Heißstart erhöht werden, um die Bildung von Dampfblasen zu vermeiden. Zum anderen kann vor allem bei Turbomotoren der Zumessbereich der Einspritzventile erweitert werden (durch Einspritzmengenspreizung), indem bei Volllast eine Druckanhebung und bei sehr kleinen Lasten eine Druckabsenkung realisiert wird. Eine zunehmend genutzte Möglichkeit besteht auch darin, den Einspritzdruck beim

Einspritzart	Saugrohreinspritzung		Benzindirekteinspritzung
Variante	Konstanter Druck	Variabler Druck	Variabler Druck
Druck in kPa	≈350	250 ... 600	200 ... 600
Vorteile gegenüber konstanter Fördermenge		– Erweiterter Zumessbereich – Bessere Gemischaufbereitung im Kaltstart	Besserer Heißstart

Tabelle 1
Eigenschaften bedarfsgeregelter Kraftstoffsysteme

Kaltstart zu erhöhen, um damit die Zerstäubung und Gemischaufbereitung der Einspritzventile zu verbessern.

Des Weiteren ergeben sich mithilfe des gemessenen Kraftstoffdrucks verbesserte Diagnosemöglichkeiten des Kraftstoffsystems gegenüber bisherigen Systemen. Darüber hinaus führt die Berücksichtigung des aktuellen Kraftstoffdrucks bei der Berechnung der Einspritzzeit zu einer präziseren Kraftstoffzumessung.

Kraftstoffförderung bei Benzin-Direkteinspritzung

Bei der direkten Einspritzung von Kraftstoff in den Brennraum steht im Vergleich zur Einspritzung in das Saugrohr nur ein verkürztes Zeitfenster zur Verfügung. Auch kommt der Gemischaufbereitung eine erhöhte Bedeutung zu. Daher muss der Kraftstoff bei der Direkteinspritzung mit deutlich höherem Druck eingespritzt werden als bei der Saugrohreinspritzung. Das Kraftstoffsystem unterteilt sich in Niederdruckkreislauf und Hochdruckkreislauf. Bezüglich der Einzelheiten des Hochdruckkreislaufes wird auf den Abschnitt → **Einspritzung** → Benzin-Direkteinspritzung verwiesen.

Niederdruckkreis

Für den Niederdruckkreislauf eines Systems zur Benzin-Direkteinspritzung kommen im Prinzip die aus der Saugrohreinspritzung bekannten Kraftstoffsysteme und Komponenten zum Einsatz. Da die im Hochdruckkreislauf eingesetzten Hochdruckpumpen zur Vermeidung von Dampfblasenbildung im Heißstart und Heißbetrieb einen erhöhten Vorförderdruck (Vordruck) benötigen, ist es vorteilhaft, Systeme mit variablem Niederdruck einzusetzen. Bedarfsgeregelte Niederdrucksysteme eignen sich hier besonders gut, da sich für jeden Betriebszustand des Motors der jeweils optimale Vordruck für die Hochdruckpumpe einstellen lässt. Die entsprechenden Anforderungen sind in Tabelle 1 dargestellt, eine Realisierung in Bild 4.

Es kommen aber auch noch rücklauffreie Systeme mit umschaltbarem Vordruck – gesteuert über ein Absperrventil – oder Systeme mit konstant hohem Vordruck zum Einsatz, die aber energetisch als nicht optimal zu bewerten sind.

4 Bedarfsgeregeltes Niederdruck-System für Benzin-Direkteinspritzung

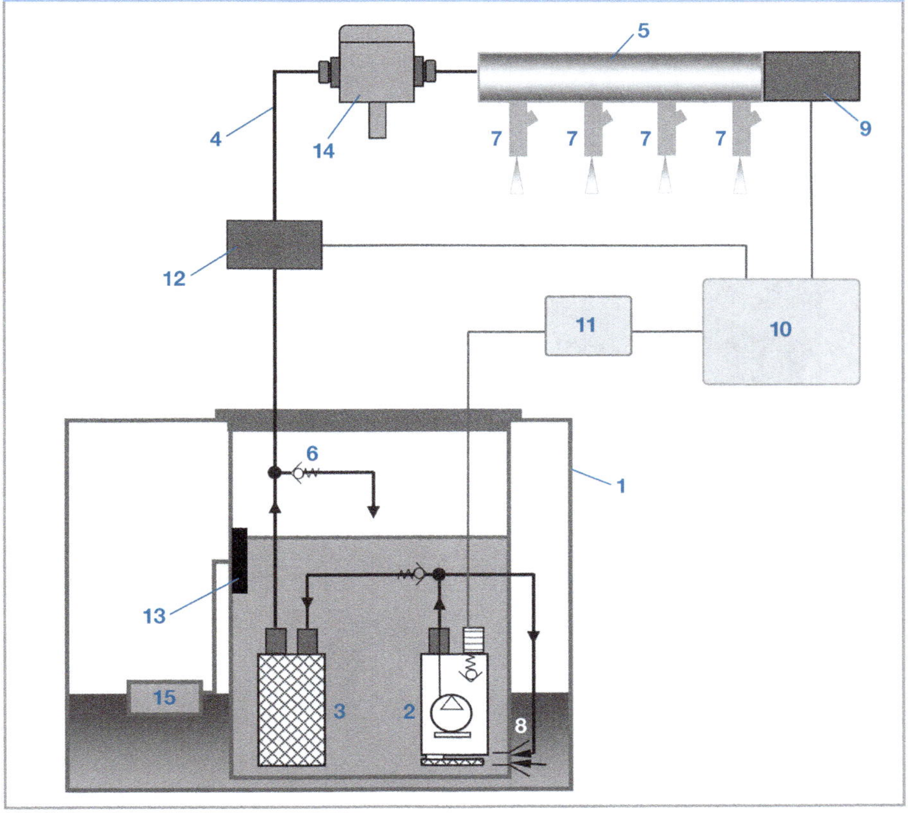

Bild 4
1 Kraftstoffbehälter
2 Elektrokraftstoffpumpe
3 Kraftstofffilter (intern)
4 Kraftstoffleitung
5 Kraftstoffverteiler (Rail)
6 Druckbegrenzungsventil
7 Hochdruck-Einspritzventile
8 Saugstrahlpumpe
9 Drucksensor (für Hochdruck)
10 Motorsteuergerät
11 Pumpenelektronikmodul
12 Drucksensor (für Niederdruck)
13 Tankfüllstandsgeber
14 Hochdruckpumpe
15 Schwimmer

Komponenten der Kraftstoffförderung

Elektrokraftstoffpumpe

Aufgabe

Die Elektrokraftstoffpumpe muss dem Motor in allen Betriebszuständen ausreichend Kraftstoff mit dem zum Einspritzen nötigen Druck zuführen. Die wesentlichen Anforderungen sind:

- Fördermenge zwischen 60 und 300 *l*/h bei Nennspannung,
- Druck im Kraftstoffsystem zwischen 250 und 600 kPa relativ zur Umgebung,
- Aufbau des Kraftstoffdruckes ab 50...60 % der Nennspannung; bestimmend hierfür ist der Betrieb bei Kaltstart.

Außerdem dient die Elektrokraftstoffpumpe zunehmend als Vorförderpumpe für moderne Direkteinspritzsysteme sowohl für Benzin- als auch für Dieselmotoren. Für die Benzin-Direkteinspritzung sind beim Heißförderbetrieb zumindest zeitweise Drücke bis 650 kPa bereitzustellen.

5 Aufbau der Elektrokraftstoffpumpe am Beispiel einer Strömungspumpe

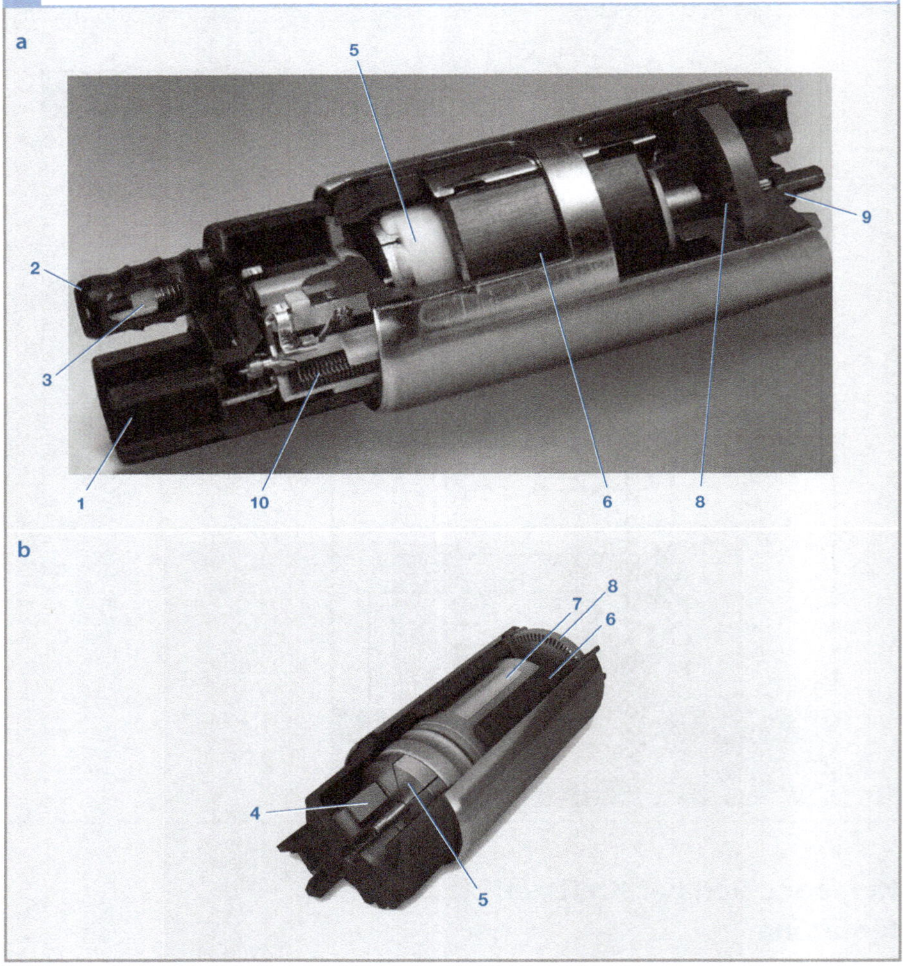

Bild 5
a, b verschiedene Varianten
1 elektrischer Anschluss
2 hydraulischer Anschluss (Kraftstoffauslass)
3 Rückschlagventil
4 Kohlebürsten
5 Kommutator
6 Ständer mit Permanentmagnet
7 Läufer
8 Laufrad der Strömungspumpe
9 hydraulischer Anschluss (Kraftstoffzufluss)
10 Drosselspule

Aufbau

Die Elektrokraftstoffpumpe wird von einem Elektromotor angetrieben (Bild 5). Standard bei diesem Motor sind ein Ständer mit Permanentmagneten und ein Läufer mit Kupferkommutator. Für hohe Leistungen, Sonderanwendungen und Dieselsysteme werden auch zunehmend Kohlekommutatoren eingesetzt. Bei neuen Fahrzeugen am Markt werden auch zunehmend elektronische Kommutierungssysteme ohne Kommutator und Kohlebürsten verwendet. Das Pumpenteil ist als Verdränger- oder als Strömungspumpe ausgeführt. Weitere Bestandteile sind der Anschlussdeckel mit elektrischen Anschlüssen, das Rückschlagventil (gegen Auslaufen des Kraftstoffsystems), bei Bedarf ein Druckbegrenzungsventil sowie der hydraulische Ausgang. Der Anschlussdeckel enthält üblicherweise auch die Kohlebürsten für den Betrieb des Kommutator-Antriebsmotors und Elemente für die Funkentstörung (Drosselspulen und ggf. Kondensatoren).

Verdrängerpumpe

In einer Verdrängerpumpe werden grundsätzlich Flüssigkeitsvolumina angesaugt und in einem (abgesehen von Undichtheiten) abgeschlossenen Raum durch die Rotation des Pumpelements zur Hochdruckseite transportiert. Für die Elektrokraftstoffpumpe kommen hauptsächlich die *Rollenzellenpumpe* (Bild 6a)und die *Innenzahnradpumpe* (Bild 6b) zur Anwendung. Verdrängerpumpen sind vorteilhaft für Niederdrucksysteme mit hohen Systemdrücken (450 kPa und mehr) und haben ein gutes Niederspannungsverhalten, d. h. eine relativ „flache" Förderleistungskennlinie über der Betriebsspannung. Der Wirkungsgrad kann bis zu 25 % betragen. Je nach Detailausführung und Einbausituation können die unvermeidlichen Druckpulsationen Geräusche verursachen.

Während für die klassische Funktion der Elektrokraftstoffpumpe in elektronischen Benzineinspritzsystemen die Verdrängerpumpe von der Peripheralpumpe weitgehend abgelöst wurde, ergibt sich für die Verdrängerpumpe ein neues Anwendungsfeld bei der Vorförderung für Direkteinspritzsysteme (Benzin und Diesel) mit ihren wesentlich erweiterten Druckbedarf und Viskositätsbereich.

Peripheralpumpe

Für Niederdrucksysteme bis 600 kPa haben sich Peripheralpumpen (Bild 6c) durchgesetzt. Die Peripheralpumpe ist eine Strömungspumpe. Ein mit zahlreichen Schaufeln (6) im Bereich des Umfangs versehenes Laufrad dreht sich in einer aus zwei feststehenden Gehäuseteilen bestehenden Kammer. Diese Gehäuseteile weisen im Bereich der Laufradschaufeln jeweils einen Kanal (7) auf. Die Kanäle beginnen in Höhe der Saugöffnung (9) und enden dort, wo der Kraftstoff das Pumpenteil mit Systemdruck verlässt (10). Zur Verbesserung der Heißfördereigenschaften befindet sich in einem gewissen Winkelabstand von der Ansaugöffnung eine kleine Entgasungsbohrung, die (unter Inkaufnahme einer minimalen Leckage) den Austritt eventueller Gasblasen ermöglicht. Der Druck baut sich längs des Kanals durch den Impulsaustausch zwischen den Laufradschaufeln und der Flüssigkeit auf. Die Folge davon ist eine spiralförmige Rotation des im Laufrad und in den Kanälen befindlichen Flüssigkeitsvolumens. Peripheralpumpen sind geräuscharm, da der Druckaufbau kontinuierlich und nahezu

6 Funktionsprinzipien von Kraftstoffpumpen

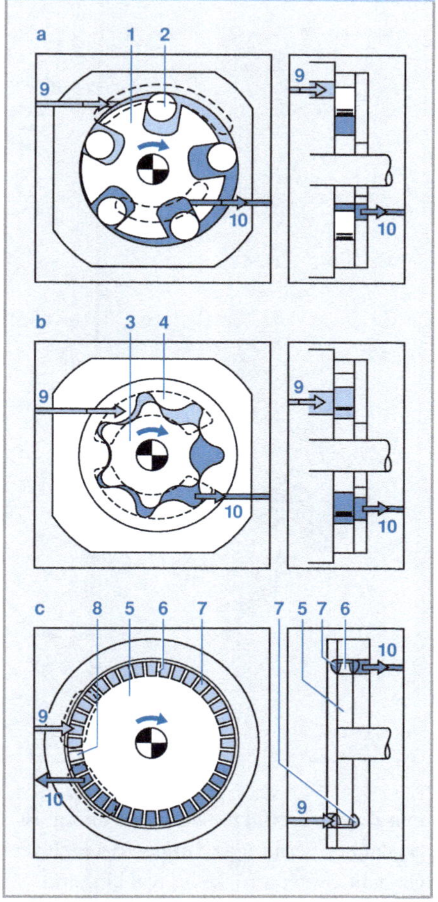

Bild 6
a Rollenzellenpumpe (RZP)
b Innenzahnrad-pumpe (IZP)
c Peripheralpumpe (PP)

1 Nutscheibe (exzentrisch)
2 Rolle
3 inneres Antriebsrad
4 Läufer (exzentrisch)
5 Laufrad
6 Laufradschaufeln
7 Kanal
8 „Unterbrecher"
9 Saugöffnung
10 Auslass

7 Kraftstofffördermodul (Tankeinbaumodul)

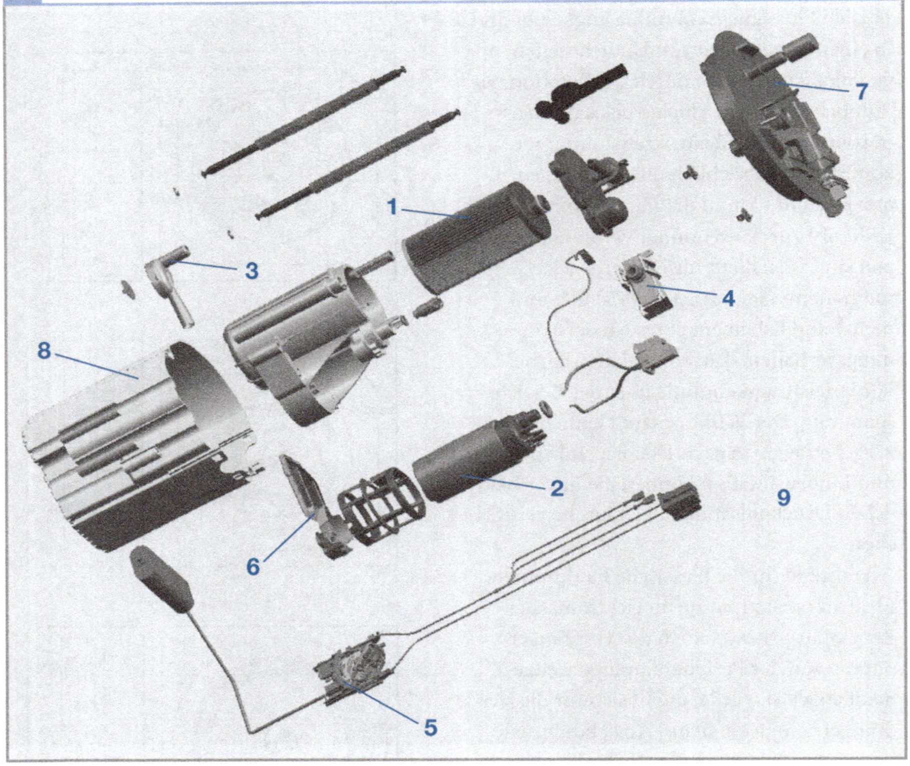

Bild 7
1 Kraftstofffilter
2 Elektrokraftstoffpumpe
3 Strahlpumpe (geregelt)
4 Kraftstoffdruckregler
5 Tankfüllstandssensor
6 Vorfilter
7 Modulflansch
8 Reservoir

pulsationsfrei erfolgt. Die Konstruktion ist gegenüber Verdrängerpumpen deutlich vereinfacht. Systemdrücke bis 650 kPa sind auch mit einstufigen Pumpen erreichbar. Der Wirkungsgrad dieser Pumpen beträgt bis zu 26 %.

Ausblick

Die Kraftstoffversorgung vieler moderner Fahrzeuge erfolgt durch bedarfsgesteuerte Kraftstofffördersysteme. In diesen Systemen treibt ein Elektronikmodul die Pumpe in Abhängigkeit vom erforderlichen Druck an, der durch einen Kraftstoffdrucksensor gemessen wird. Die Vorteile solcher Systeme sind:

- geringerer Stromverbrauch,
- reduzierter Wärmeeintrag durch den Elektromotor,
- reduziertes Pumpengeräusch,
- Einstellmöglichkeit variabler Drücke im Kraftstoffsystem.

Bei zukünftigen Systemen wird die reine Pumpenregelung um weitere Funktionen erweitert, z. B. um die Tankleckdiagnose und die Auswertung des Tankfüllstandsensorsignals. Um den steigenden Anforderungen bezüglich Druck und Lebensdauer sowie den weltweit unterschiedlichen Kraftstoffqualitäten gerecht zu werden, werden bürstenlose Motoren mit elektronischer Kommutierung in Zukunft eine bedeutendere Rolle spielen.

Kraftstofffördermodule

Während in den Anfängen der elektronischen Benzineinspritzung die Elektrokraftstoffpumpe ausschließlich außerhalb des Tanks angeordnet war, überwiegt heute der Tankeinbau der Elektrokraftstoffpumpe (Bild 7). Dabei ist die Elektrokraftstoffpumpe (2) Bestandteil eines Kraftstofffördermoduls, das weitere Elemente umfassen kann:

- einen Topf (8) als Kraftstoffreservoir für die Kurvenfahrt (meist aktiv befüllt durch eine Saugstrahlpumpe (3) oder passiv durch ein Klappensystem, Umschaltventil o. Ä.),
- einen Tankfüllstandsensor (5),
- einen Druckregler (4) bei rücklauffreien Systemen (RLFS),
- einen Vorfilter (6) zum Schutz der Pumpe,
- einen druckseitigen Kraftstofffilter (1), der über die gesamte Fahrzeuglebensdauer nicht gewechselt werden muss,
- elektrische und hydraulische Anschlüsse im Modulflansch (7).

Darüber hinaus können Tankdrucksensoren (zur Tankleckagediagnose), Kraftstoffdrucksensoren (für bedarfsgeregelte Systeme) sowie Ventile integriert werden.

Benzinfilter

Aufgabe des Benzinfilters ist die Aufnahme und die dauerhafte Speicherung von Schmutzpartikeln aus dem Kraftstoff, um das Einspritzsystem vor Verschleiß durch Partikelerosion zu schützen.

Aufbau

Kraftstofffilter für Ottomotoren werden druckseitig hinter der Kraftstoffpumpe angeordnet. Bei neueren Fahrzeugen werden bevorzugt Intank-Filter eingesetzt, d. h., der Filter ist in den Kraftstoffbehälter integriert. Er ist in diesem Fall immer als Lifetime-Filter (Lebensdauerfilter) ausgelegt, der während der Lebensdauer des Fahrzeugs nicht gewechselt werden muss. Daneben werden weiterhin Inline-Filter (Leitungseinbaufilter) eingesetzt, die in die Kraftstoffleitung eingebaut werden. Diese können als Wechselteil oder als Lebensdauerbauteil ausgelegt sein. Das Filtergehäuse ist aus Stahl, Aluminium

8 Benzinfilter mit Sterneinsatz

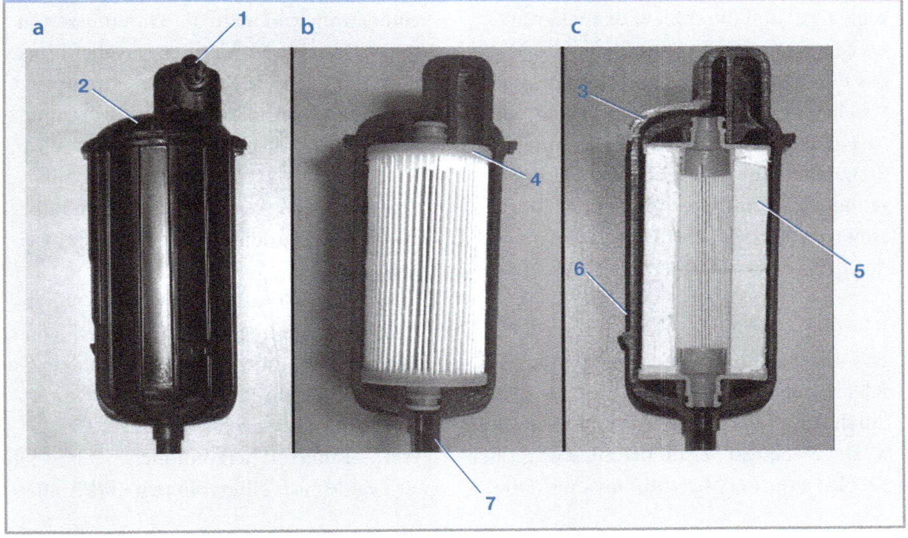

Bild 8
a Filtergehäuse
b Filterelement
c Querschnitt

1 Kraftstoffaustritt
2 Filterdeckel
3 innenverschweißte Kante
4 Stützscheibe
5 Filtermedium
6 Filtergehäuse
7 Kraftstoffeintritt

oder Kunststoff gefertigt. Es wird durch einen Gewinde-, einen Schlauch- oder einen einrastenden Schnellanschluss (sog. Quick-Connector) mit der Kraftstoffzuleitung verbunden. In dem Gehäuse befindet sich der Filtereinsatz, der die Schmutzpartikel aus dem Kraftstoff herausfiltert. Der Filtereinsatz ist so in den Kraftstoffkreislauf integriert, dass die gesamte Oberfläche des Filtermediums möglichst mit gleicher Fließgeschwindigkeit von Kraftstoff durchströmt wird.

Filtermedium

Als Filtermedium werden spezielle Mikrofaserpapiere mit Harzimprägnierung eingesetzt, die bei höheren Anforderungen zusätzlich mit einer Kunstfaserschicht (Meltblown) verbunden sind. Dieser Verbund muss eine hohe mechanische, thermische und chemische Stabilität gewährleisten. Die Papierporosität und die Porenverteilung des Filterpapiers bestimmen den Schmutzabscheidegrad und den Durchflusswiderstand des Filters.

Filter für Benzinmotoren werden in Wickel- oder Sternausführung gefertigt. Beim Wickelfilter wird ein geprägtes Filterpapier um ein Stützrohr gewickelt. Der verunreinigte Kraftstoff durchfließt den Filter in Längsrichtung. Beim Sternfilter (**Bild 8**) wird das Filterpapier gefaltet und sternförmig ins Gehäuse eingelegt. Kunststoff-, Harz- oder Metallendscheiben sowie ggf. ein innerer Stützmantel sorgen für Stabilität. Der verunreinigte Kraftstoff durchfließt den Filter von außen nach innen, die Schmutzpartikel werden dabei vom Filtermedium abgeschieden.

Filtrationseffekte

Das Abscheiden fester Schmutzpartikel erfolgt sowohl durch den Siebeffekt als auch durch Aufprall-, Diffusions- und Sperreffekte. Der Siebeffekt beruht darauf, dass größere Partikel aufgrund ihrer Abmessungen die Poren des Filters nicht passieren können. Kleinere Partikel hingegen bleiben, wenn sie auf Fasern des Filtermediums stoßen, an ihnen haften. Dabei unterscheidet man drei Mechanismen: Beim Sperreffekt werden die Partikel mit der Kraftstoffströmung um die Faser gespült, berühren diese jedoch am Rand und werden durch intermolekulare Kräfte dort gehalten. Schwerere Partikel folgen aufgrund ihrer Massenträgheit nicht dem Kraftstoffstrom um die Filterfaser, sondern stoßen frontal auf sie (Aufpralleffekt). Beim Diffusionseffekt berühren sehr kleine Partikel aufgrund ihrer Eigenbewegung (Brownsche Molekularbewegung) zufällig eine Filterfaser, an der sie haften bleiben. Die Abscheidegüte der einzelnen Effekte hängt von der Größe, dem Material und der Durchflussgeschwindigkeit der Teilchen ab.

Anforderungen

Die erforderliche Filterfeinheit hängt vom Einspritzsystem ab. Für Systeme mit Saugrohreinspritzung hat der Filtereinsatz eine mittlere Porenweite von ca. 10 µm. Für die Benzin-Direkteinspritzung ist eine feinere Filtrierung erforderlich. Die mittlere Porenweite liegt im Bereich von 5 µm. Partikel mit einer Größe von mehr als 5 µm müssen zu 85 % abgeschieden werden. Darüber hinaus muss ein Filter für Benzin-Direkteinspritzung im Neuzustand folgende Restschmutzforderung erfüllen: Metall-, Mineral- und Kunststoffpartikel sowie Glasfasern mit Durchmessern von mehr als 200 µm müssen zuverlässig aus dem Kraftstoff gefiltert werden.

Die Filterwirkung hängt von der Durchströmungsrichtung ab. Beim Wechsel von Inline-Filtern muss deshalb die auf dem Gehäuse mit einem Pfeil angegebene Durchflussrichtung eingehalten werden. Das Wechselintervall herkömmlicher Inline-Filter liegt je nach Filtervolumen und Kraftstoffverschmutzung normalerweise zwischen 30 000 km und 90 000 km. Intank-Filter erreichen in der Regel Wechselintervalle von mindestens 160 000 km. Für Systeme mit Benzin-Direkteinspritzung gibt es Filter (Intank und Inline) mit einer Standzeit von über 250 000 km.

Kraftstoffdruckregler

Aufgabe

Bei der Saugrohreinspritzung ist die vom Einspritzventil eingespritzte Kraftstoffmenge abhängig von der Einspritzzeit und von der Druckdifferenz zwischen Kraftstoffdruck im Kraftstoffverteiler und Gegendruck im Saugrohr. Bei Systemen mit Rücklauf wird der Druckeinfluss kompensiert, indem ein Druckregler die Differenz zwischen Kraftstoffdruck und Saugrohrdruck konstant hält. Dieser Druckregler lässt gerade so viel Kraftstoff zum Kraftstoffbehälter zurückfließen, dass das Druckgefälle an den Einspritzventilen konstant bleibt. Zur vollständigen Durchspülung des Kraftstoffverteilers ist der Kraftstoffdruckregler normalerweise an dessen Ende montiert. Bei rücklauffreien Systemen sitzt der Druckregler in der Tankeinbaueinheit im Kraftstoffbehälter. Der Kraftstoffdruck im Kraftstoffverteilerrohr wird auf einen konstanten Wert gegenüber dem Umgebungsdruck geregelt. Die Druckdifferenz zum Saugrohrdruck ist daher nicht konstant und wird bei der Berechnung der Einspritzdauer berücksichtigt.

Aufbau und Arbeitsweise

Der Kraftstoffdruckregler ist als membrangesteuerter Überströmdruckregler ausgebildet (Bild 9). Eine Gummigewebemembran (4) teilt den Kraftstoffdruckregler in eine Kraftstoffkammer und in eine Federkammer. Die Feder (2) presst über den in die Membran integrierten Ventilträger (3) eine beweglich gelagerte Ventilplatte auf einen Ventilsitz. Wenn die durch den Kraftstoffdruck auf die Membran ausgeübte Kraft die Federkraft überschreitet, öffnet das Ventil und lässt gerade so viel Kraftstoff zum Kraftstoffbehälter fließen, dass sich an der Membran ein Kräftegleichgewicht einstellt. Die Federkammer ist pneumatisch mit dem Sammelsaugrohr hinter der Drosselklappe verbunden. Der Saugrohrunterdruck wirkt dadurch auch in der Federkammer. An der Membran steht damit das gleiche Druckverhältnis an wie an den Einspritzventilen. Das Druckgefälle an den Einspritzventilen hängt deshalb allein von der Federkraft und der Membranfläche ab und bleibt folglich konstant.

9 Kraftstoffdruckregler

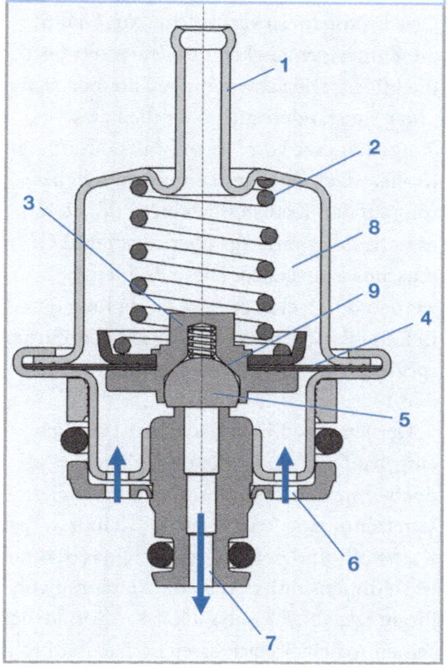

Bild 9
1 Saugrohranschluss
2 Feder
3 Ventilträger
4 Membran
5 Ventil
6 Kraftstoffzulauf
7 Kraftstoffrücklauf
8 Federkammer
9 Ventilsitz

Kraftstoffdruckdämpfer

Das Takten der Einspritzventile und das periodische Ausschieben von Kraftstoff bei Elektrokraftstoffpumpen nach dem Verdrängerprinzip führt zu Schwingungen des Kraftstoffdrucks. Diese Schwingungen können Druckresonanzen verursachen und damit die Zumessgenauigkeit des Kraftstoffs beeinträchtigen. Die Schwingungen können sich unter Umständen auch über die Befestigungselemente von Elektrokraftstoffpumpe, Kraftstoffleitungen und Kraftstoffverteilerrohr auf den Kraftstoffbehälter und die Karosserie des Fahrzeugs übertragen und Geräusche verursachen. Diese Probleme werden durch eine gezielte Gestaltung der Befestigungselemente und durch den Einsatz spezieller Kraftstoffdruckdämpfer vermieden.

Der Kraftstoffdruckdämpfer ist ähnlich aufgebaut wie der Kraftstoffdruckregler, jedoch ohne den Überströmpfad. Wie bei diesem trennt eine federbelastete Membran den Kraftstoff- und den Luftraum. Die Federkraft ist so dimensioniert, dass die Membran von ihrem Sitz abhebt, sobald der Kraftstoffdruck seinen Arbeitsbereich erreicht. Der dadurch variable Kraftstoffraum kann beim Auftreten von Druckspitzen Kraftstoff aufnehmen und beim Absinken des Drucks wieder Kraftstoff abgeben. Um bei saugrohrbedingter Schwankung des Kraftstoffabsolutdrucks stets im günstigsten Betriebsbereich zu arbeiten, kann die Federkammer mit einem Saugrohranschluss versehen sein. Wie der Kraftstoffdruckregler kann auch der Kraftstoffdruckdämpfer am Kraftstoffverteilerstück oder in der Kraftstoffleitung sitzen. Bei der Benzin-Direkteinspritzung ergibt sich als zusätzlicher Anbauort die Hochdruckpumpe.

10 Kraftstoffverdunstungs-Rückhaltesystem

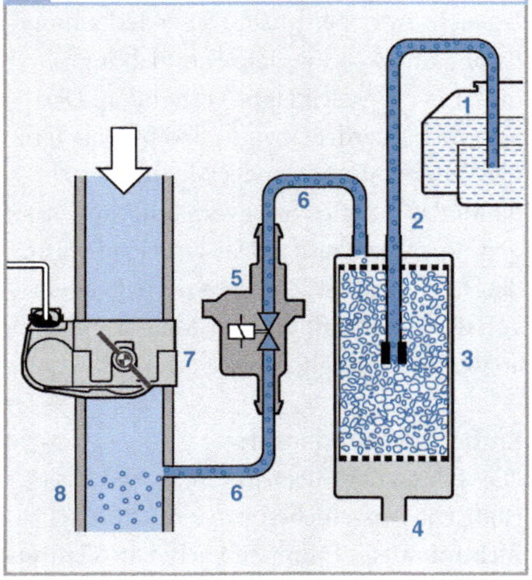

Bild 10
1 Kraftstoffbehälter
2 Entlüftungsleitung des Kraftstoffbehälters
3 Aktivkohlebehälter
4 Frischluft
5 Regenerierventil
6 Leitung zum Saugrohr
7 Drosselklappe
8 Saugrohr

Rückhaltesysteme für Kraftstoffdämpfe, Tankentlüftung

Fahrzeuge mit Ottomotor sind mit einem Kraftstoffdampf-Rückhaltesystem (Tankentlüftungssystem) ausgestattet, um zu verhindern, dass der im Kraftstoffbehälter ausdampfende Kraftstoff in die Umgebung gelangt. Die maximal zulässigen Verdunstungsemissionen von Kohlenwasserstoffen sind in der Abgasgesetzgebung festgelegt.

Entstehung von Kraftstoffdämpfen

Vermehrte Ausdampfung von Kraftstoff aus dem Kraftstoffbehälter entsteht durch Erwärmung des Kraftstoffs im Kraftstoffbehälter aufgrund erhöhter Umgebungstemperatur, durch benachbarte heiße Bauteile (z. B. Abgasanlage) oder durch den Rücklauf von erwärmtem Kraftstoff in den Tank, und durch Abnahme des Umgebungsdrucks, z. B. bei einer Fahrt bergauf.

Aufbau und Arbeitsweise

Der Kraftstoffdampf wird über eine Entlüftungsleitung (Bild 10, Pos. 2) vom Kraftstoffbehälter (1) zum Aktivkohlebehälter (3) geleitet. Die Aktivkohle absorbiert den im Kraftstoffdampf enthaltenen Kraftstoff und lässt die Luft über die Öffnung der Frischluftzufuhr (4) ins Freie entweichen. Damit der Aktivkohlefilter für neu ausdampfenden

Kraftstoff aufnahmefähig bleibt, muss er regelmäßig regeneriert werden. Dazu ist der Aktivkohlebehälter über ein Regenerierventil (5) mit dem Saugrohr (8) verbunden. Zur Regenerierung wird das Regenerierventil von der Motorsteuerung angesteuert und gibt die Leitung zwischen dem Aktivkohlebehälter und dem Saugrohr frei. Aufgrund des im Saugrohr herrschenden Unterdrucks wird Frischluft (4) durch die Aktivkohle angesaugt. Die Frischluft nimmt den absorbierten Kraftstoff aus dem Aktivkohlefilter auf und führt ihn dem Saugrohr zu. Von dort gelangt er mit der vom Motor angesaugten Luft in den Brennraum. Damit dort die richtige Kraftstoffmenge zur Verfügung steht, wird gleichzeitig die Einspritzmenge reduziert. Die durch den Aktivkohlefilter angesaugte Kraftstoffmenge wird über die Luftzahl λ berechnet und auf einen Sollwert geregelt.

Die zulässige Regeneriergasmenge, d. h. der über das Regenerierventil einströmende Luft-Kraftstoff-Strom, wird wegen möglicher Schwankungen der Kraftstoffkonzentration begrenzt; denn je größer der Anteil des über das Ventil zugeführten Kraftstoffs ist, desto schneller und stärker muss das System die Einspritzmenge korrigieren. Die Korrektur erfolgt über die λ-Regelung, wobei Konzentrationsschwankungen mit einer zeitlichen Verzögerung ausgeglichen werden. Damit Abgaswerte und Fahrbarkeit nicht beeinträchtigt werden, müssen Schwankungen der Luftzahl durch eine Begrenzung der Regeneriergasmenge beschränkt werden.

Besonderheiten bei Turboaufladung und Benzin-Direkteinspritzung

Die Wirkung der Regenerierung ist bei Systemen mit Benzin-Direkteinspritzung im aufgeladenen Betrieb und bei Magersystemen im Schichtbetrieb begrenzt, da aufgrund der weitgehenden Entdrosselung ein geringerer oder gar kein Saugrohrunterdruck verfügbar ist. Das hat einen gegenüber dem Homogenbetrieb verminderten Regeneriergasstrom zur Folge. Reicht dieser – beispielsweise bei hoher Ausgasung des Kraftstoffs – nicht aus, wird der Motor so lange im Homogenbetrieb gefahren, bis die zunächst hohe Kraftstoffkonzentration im Regeneriergasstrom gesunken ist. Dies lässt sich über die λ-Sonde feststellen. Für aufgeladene Systeme gibt es zusätzlich oder alternativ die Möglichkeit, eine zweite Einleitstelle mit einer Venturi-Düse vor dem Turbolader in das System zu integrieren.

Erweiterte Anforderungen

Die optimale Regenerierung des Rückhaltesystems bedingt einerseits den verbrennungsmotorischen Betrieb an sich und andererseits ein möglichst hohes (treibendes) Druckgefälle zwischen dem Saugmodul und der Umgebung. Durch immer stärkeres Motor-Downsizing und damit verbundene höhere Aufladegrade (bei Turbomotoren) wird das verfügbare Druckgefälle über die normale Aufladung hinaus weiter reduziert. Zusätzlich schränken neue Systeme zur weiteren Verbrauchseinsparung (Start-Stopp-Systeme, Hybride) die Verfügbarkeit des verbrennungsmotorischen Betriebs stärker ein. Beide Trends erfordern in der Summe erweiterte Maßnahmen in der Tankentlüftung wie beispielsweise den Einsatz von Drucktanks zur Reduzierung der Ausgasung (der Tankinnendruck steigt dabei bis zu 30...40 kPa über den Umgebungsdruck an) oder von aktiven Spülpumpen zur Unterstützung der Regenerierung des Aktivkohlebehälters.

11 Molekülstrukturen von Kraftstoffkomponenten

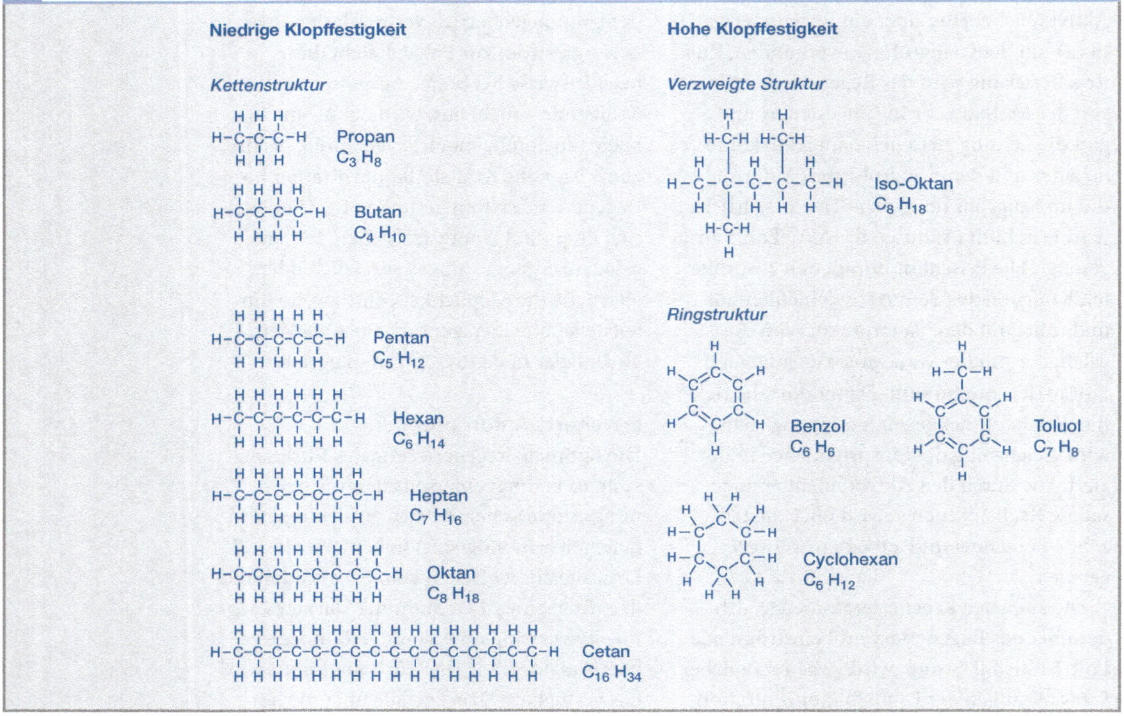

Ottokraftstoffe

Überblick

Seit der Erfindung des Ottomotors haben sich die Anforderungen an Ottokraftstoffe, die umgangssprachlich auch als Benzin bezeichnet werden, erheblich geändert. Die kontinuierliche Weiterentwicklung der Motorentechnik und der Schutz der Umwelt erfordern qualitativ hochwertige Kraftstoffe, damit ein störungsfreier Fahrbetrieb und niedrige Abgasemissionen gewährleistet sind. Anforderungen an die Zusammensetzung und die Eigenschaften des Kraftstoffs sind in Kraftstoffspezifikationen festgelegt, auf die bei der Gesetzgebung referenziert werden kann.

Historische Entwicklung

Die ersten Raffinerien, die im 19. Jahrhundert entstanden, stellten aus Erdöl durch Destillation Petroleum her, welches als Lampenöl Verwendung fand. Ein Abfallprodukt war dabei eine Flüssigkeit, die sich schon bei relativ niedrigen Temperaturen verflüchtigte. Diese Flüssigkeit war in Deutschland unter dem Namen Benzin bekannt. Ebenfalls zu den Benzinen zählt Ligroin, welches bei der Leuchtgasgewinnung durch Kohlevergasung entsteht. Es wurde früher als Waschbenzin eingesetzt.

Der erste Viertakt-Ottomotor aus dem Jahr 1876 lief noch mit Leuchtgas und war bei geringer Leistung relativ schwer. Die in der Folgezeit entwickelten kleinen, schnell laufenden Viertakter für den Einsatz im Automobil wurden für flüssige Kraftstoffe entwickelt und mit Leichtbenzin, z. B. dem oben genannten Ligroin, betrieben. Erhältlich war Ligroin in der Apotheke. Mit Einführung des Spritzdüsenvergasers war man auch in der Lage, die Motoren mit schwerflüchtigerem Benzin zu betreiben, was die Verfügbarkeit von geeigneten Kraftstoffen bedeutend verbesserte.

Erste Raffinerien speziell für Benzin entstanden ab 1913. Zur Ausbeuteverbesserung bei der Benzinerzeugung wurden chemische Verfahren entwickelt, welche die chemische Zusammensetzung und Eigenschaften des Benzins veränderten. Bereits zu dieser Zeit wurden auch die ersten Additive oder „Qualitätsverbesserer" eingeführt. In den folgenden Jahrzehnten wurden weitere Nachbearbeitungsverfahren zur Erhöhung der Benzinausbeute und der Kraftstoffqualität entwickelt, um den Anforderungen der Umweltgesetzgebung und der Weiterentwicklung der Ottomotoren Rechnung zu tragen.

Kraftstoffsorten und Zusammensetzung

In Deutschland werden zwei Super-Kraftstoffe mit 95 Oktan angeboten, die sich im Ethanolgehalt unterscheiden und maximal 5 Volumenprozent Ethanol (für Super) beziehungsweise 10 Volumenprozent Ethanol (für Super E10) enthalten dürfen. Außerdem ist ein Super-Plus-Kraftstoff mit 98 Oktan erhältlich. Einzelne Anbieter haben ihre Super-Plus-Kraftstoffe durch 100-Oktan-Kraftstoffe (V-Power 100, Ultimate 100, Super 100) ersetzt, die in Grundqualität und durch Zusatz von Additiven verändert sind. Additive sind Wirksubstanzen, die zur Verbesserung von Fahrverhalten und Verbrennung zugesetzt werden.

In den USA wird zwischen Regular (92 Oktan), Premium (94 Oktan) und Premium Plus (98 Oktan) unterschieden; die Kraftstoffe in den USA enthalten in der Regel 10 Volumenprozent Ethanol. Durch den Zusatz sauerstoffhaltiger Komponenten wird die Oktanzahl erhöht und den Anforderungen moderner, immer höher verdichtender Motoren nach besserer Klopffestigkeit Rechnung getragen.

Ottokraftstoffe bestehen zum Großteil aus Paraffinen und Aromaten (Bild 11). Paraffine mit einem rein kettenförmigen Aufbau (n-Paraffine) zeigen zwar eine sehr gute Zündwilligkeit, allerdings auch eine geringe

12 Herstellpfade fossiler und regenerativer Kraftstoffe

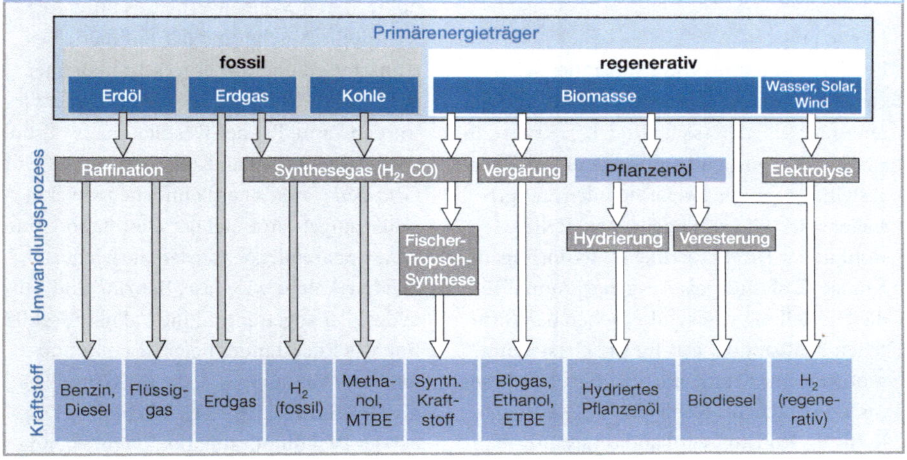

Bild 12
ETBE Ethyltertiärbutylether
MTBE Methyltertiärbutylether

Klopffestigkeit. Iso-Paraffine und Aromaten sind Kraftstoffkomponenten mit hoher Klopffestigkeit. Die meisten Ottokraftstoffe, die heute angeboten werden, enthalten sauerstoffhaltige Komponenten (Oxygenates). Dabei ist insbesondere Ethanol von Bedeutung, da die „EU-Biofuels Directive“ Mindestgehalte an erneuerbaren Kraftstoffen vorgibt, die in vielen Staaten mit Bioethanol realisiert werden. Länder wie China, die vorhaben, ihren hohen Kraftstoffbedarf aus Kohle zu decken, werden zukünftig verstärkt auf Methanol setzen. Aber auch die aus Methanol oder Ethanol herstellbaren Ether MTBE (Methyltertiärbutylether) bzw. ETBE (Ethyltertiärbutylether) werden eingesetzt, von denen in Europa derzeit bis zu 22 Volumenprozent zugegeben werden dürfen.

Reformulated Gasoline bezeichnet Ottokraftstoff, der durch eine veränderte Zusammensetzung niedrigere Verdampfungs- und Schadstoffemissionen verursacht als herkömmliches Benzin. Die Anforderungen an Reformulated Gasoline sind in den USA im Clean Air Act von 1990 festgelegt. Es sind z. B. niedrigere Grenzwerte für Dampfdruck, Aromaten- und Benzolgehalt sowie für das Siedeende vorgegeben. Die Zugabe von Additiven zur Reinhaltung des Einlasssystems ist ebenfalls vorgeschrieben.

Herstellung

Bei der Produktion von Kraftstoffen wird zwischen fossilen und regenerativen Verfahren unterschieden (siehe Bild 12). Kraftstoffe werden überwiegend aus fossilem Erdöl hergestellt. Erdgas als zweiter fossiler Energieträger spielt eine untergeordnete Rolle – sowohl in der Direktnutzung als gasförmiger Kraftstoff, als auch als Ausgangsprodukt für die Herstellung von synthetischen paraffinischen Kraftstoffen. Das für die Herstellung synthetischer Kraftstoffe benötigte Synthesegas kann auch aus Kohle erzeugt werden. Kohle als Rohstoff wird allerdings nur unter besonderen politischen und regionalen Randbedingungen eingesetzt. Die Verwendung von Biomasse zur Synthesegaserzeugung befindet sich noch im Versuchsstadium. Aus dem Synthesegas werden an Katalysatoren in der Fischer-Tropsch-Synthese paraffinische Kohlenwasserstoffmoleküle verschiedener Kettenlänge aufgebaut, die für die Zumischung zu Kraftstoffen oder für den direkten motorischen Einsatz chemisch noch weiter modifiziert werden müssen.

Die Herstellung von Biokraftstoffen gewinnt zunehmend an Bedeutung, wobei im Wesentlichen drei Verfahren genutzt werden. Die direkte Vergärung von Biomasse führt zu Biogas. Bioethanol erhält man durch Vergärung zucker- oder stärkehaltiger Agrarfrüchte. Pflanzliche Öle oder tierische Fette können entweder zu Biodiesel umgeestert oder durch Hydrierung in paraffinische Kraftstoffe (hydriertes Pflanzenöl, Hydro-Treated Vegetable Oil HVO) umgewandelt werden.

Konventionelle Kraftstoffe

Erdöl ist ein Gemisch aus einer Vielzahl von Kohlenwasserstoffen und wird in Raffinerien verarbeitet. Benzin, Kerosin, Dieselkraftstoff und Schweröle sind typische Raffinerieprodukte, deren Mengenverhältnis durch die technische Ausstattung der Raffinerie bestimmt wird und nur eingeschränkt einer sich ändernden Marktnachfrage angepasst werden kann. Bei der Destillation des Erdöls wird das Gemisch an Kohlenwasserstoffen in Gruppen (Fraktionen) ähnlicher Molekülgröße aufgetrennt. Bei der Destillation unter Atmosphärendruck werden die leicht siedenden Anteile wie Gase, Benzine und Mitteldestillat abgetrennt. Eine Vakuumdestillation des Rückstandes liefert leichtes und schweres Vakuumgasöl, die die Grundlage für Diesel und leichtes Heizöl bilden. Der bei der „Vakuumdestillation“ verbleibende

Anforderungen	Einheit	Spezifikationswert	
Klopffestigkeit		**Minimalwert**	**Maximalwert**
Research-Oktanzahl Super Motor-Oktanzahl Super	– –	95 85	– –
Research-Oktanzahl Super Plus (für Deutschland) Motor-Oktanzahl Super Plus (für Deutschland)	– –	98 88	– –
Dichte (bei 15 °C)	kg/m³	720	775
Ethanolgehalt für E5 Ethanolgehalt für E10	Volumenprozent Volumenprozent	– –	5,0 10,0
Methanolgehalt	Volumenprozent	–	3,0
Sauerstoffgehalt für E5 Sauerstoffgehalt für E10	Massenprozent Massenprozent	– –	2,7 3,7
Benzol	Volumenprozent	–	1,0
Schwefelgehalt	mg/kg	–	10,0
Blei	mg/*l*	–	5,0
Mangangehalt bis 2013 Mangangehalt ab 2014	mg/*l* mg/*l*	– –	6,0 2,0
Flüchtigkeit			
Dampfdruck im Sommer	kPa	45	60
Dampfdruck im Winter (für Deutschland)	kPa	60	90
Verdampfte Menge bei 70 °C im Sommer	Volumenprozent	20 (22 für E10)	48 (50 für E10)
Verdampfte Menge bei 70 °C im Winter	Volumenprozent	22 (24 für E10)	50 (52 für E10)
Verdampfte Menge bei 100 °C	Volumenprozent	46	71 (72 für E10)
Verdampfte Menge bei 150 °C	Volumenprozent	75	–
Siedeende	°C	–	210

Tabelle 2
Ausgewählte Anforderungen an Ottokraftstoffe gemäß DIN EN 228

Rückstand wird zu schwerem Heizöl und Bitumen verarbeitet.

Die aus der Destillation hervorgehenden Mengen an unterschiedlichen Produktfraktionen entsprechen weder den Markterfordernissen, noch wird die erforderliche Produktqualität erreicht. Größere Kohlenwasserstoffmoleküle können durch Cracken mit Wasserstoff (Hydrocracken) oder in Gegenwart von Katalysatoren weiter aufgespalten werden. Bei Umwandlungen im Reformer entstehen aus linearen Kohlenwasserstoffen verzweigte Moleküle, die bei Ottokraftstoffen zur Erhöhung der Oktanzahl beitragen. Bei der Raffination im Hydrofiner wird im Wesentlichen der Schwefel entfernt. Alkohole und viele Additive werden dem Kraftstoff erst am Ende der Raffinerieprozesse zugesetzt.

Alkohole und Ether

Herstellung aus Zucker und Stärke

Bioethanol kann aus allen zucker- und stärkehaltigen Produkten gewonnen werden und ist der weltweit am meisten produzierte Biokraftstoff. Zuckerhaltige Pflanzen (Zuckerrohr, Zuckerrüben) werden mit Hefe fermentiert, der Zucker wird dabei zu Ethanol vergoren. Bei der Bioethanolgewinnung aus Stärke werden Getreide wie Mais, Weizen oder Roggen mit Enzymen vorbehandelt, um die langkettigen Stärkemoleküle teilzuspalten. Bei der anschließenden Verzuckerung erfolgt eine Spaltung in Dextrosemoleküle mit Hilfe von Glucoamylase. Durch Fermentation mit Hefe wird in einem weiteren Prozessschritt Bioethanol erzeugt.

Herstellung aus Lignocellulose
Die Verfahren, die Bioethanol aus Lignocellulose herstellen, stehen großtechnisch noch nicht zur Verfügung, haben aber den Vorteil, dass die ganze Pflanze verwendet werden kann und nicht nur der zucker- oder stärkehaltige Anteil. Lignocellulose, die das Strukturgerüst der pflanzlichen Zellwand bildet und als Hauptbestandteile Lignin, Hemicellulosen und Cellulose enthält, muss chemisch oder enzymatisch aufgespalten werden. Wegen des neuartigen Ansatzes spricht man auch von Bioethanol der 2. Generation.

Herstellung aus Synthesegas
Methanol wird in katalytischen Verfahren aus Synthesegas, einem Gemisch von Kohlenmonoxid und Wasserstoff, hergestellt. Das zur Produktion erforderliche Synthesegas wird im Wesentlichen nicht regenerativ, sondern aus fossilen Energieträgern wie Kohle und Erdgas erzeugt und leistet keinen Beitrag zur Reduzierung der CO_2-Emissionen. Wird Synthesegas hingegen aus Biomasse gewonnen, kann daraus „Biomethanol“ hergestellt werden.

Herstellung der Ether
Methyltertiärbutylether (MTBE) und Ethyltertiärbutylether (ETBE) werden durch säurekatalysierte Addition von Methanol bzw. Ethanol an Isobuten hergestellt. Die Ether, die einen niedrigeren Dampfdruck, einen höheren Heizwert und eine höhere Oktanzahl als Ethanol haben, sind chemisch stabile Komponenten mit guter Materialverträglichkeit. Sie haben daher sowohl aus logistischer als auch motorischer Sicht Vorteile gegenüber der Verwendung von Alkoholen als Blendkomponente. Aus Gründen der Nachhaltigkeit wird überwiegend ETBE aus Bioethanol eingesetzt.

Normung
Die europäische Norm EN 228 (Tabelle 2) definiert die Anforderungen für bleifreies Benzin zur Verwendung in Ottomotoren. In den nationalen Anhängen sind weitere, länderspezifische Kennwerte festgelegt. Verbleite Ottokraftstoffe sind in Europa nicht zugelassen. In den USA sind Ottokraftstoffe in der Norm ASTM D 4814 (American Society for Testing and Materials) spezifiziert.

Bioethanol ist aufgrund seiner Eigenschaften sehr gut zur Beimischung in Ottokraftstoffen geeignet, insbesondere, um die Oktanzahl von reinem mineralölbasiertem Ottokraftstoff anzuheben.

Nachdem der Ethanolgehalt in der europäischen Ottokraftstoffnorm EN 228 lange auf 5 Volumenprozent (E5) begrenzt war, enthält die Ausgabe von 2013 an erster Stelle eine Spezifikation für 10 Volumenprozent Ethanol (E10). Im europäischen Markt sind derzeit noch nicht alle Fahrzeuge mit Materialien ausgerüstet, die einen Betrieb mit E10 erlauben. Als zweite Qualität wird deshalb eine Bestandschutzsorte mit einem maximalen Ethanolgehalt von 5 Volumenprozent beibehalten.

Nahezu alle Ottokraftstoffnormen erlauben die Zugabe von Ethanol als Blendkomponente. In den USA enthält der überwiegende Anteil der Ottokraftstoffe 10 Volumenprozent Ethanol (E10).

Bioethanol kann in Ottomotoren von Flexible-Fuel-Fahrzeugen (FFV, Flexible Fuel Vehicles) auch als Reinkraftstoff (z. B. in Brasilien) verwendet werden. Diese Fahrzeuge können sowohl mit Ottokraftstoff als auch mit jeder Mischung aus Ottokraftstoff und Ethanol betrieben werden. Um einen Kaltstart bei tiefen Temperaturen zu gewährleisten, wird die maximale Ethanolkonzentration (von 85 % im Sommer) im Winter entsprechend der Anforderungen auf 50–85 % reduziert. Die Qualität von E85 ist für Europa in der technischen Spezifikation CEN/TS 15293 und in den USA in der ASTM D 5798 definiert.

In Brasilien werden Ottokraftstoffe grundsätzlich nur als Ethanolkraftstoffe angeboten, überwiegend mit einem Ethanolanteil von 18...26 Volumenprozent, aber auch als reines Ethanol (E100, das etwa 7 % Wasser enthält). In China kommt neben E10 auch Methanol-Kraftstoff zum Einsatz. Für konventionelle Ottomotoren liegt die Obergrenze bei 15 % Methanol (M15). Aufgrund negativer Erfahrungen mit Methanolkraftstoffen während der Ölkrise 1973 und auch wegen der Toxizität ist man in Deutschland von der Verwendung von Methanol als Blendkomponente wieder abgekommen. Weltweit betrachtet werden derzeit nur vereinzelt Methanolbeimengungen durchgeführt, dann meist mit einem Anteil von maximal 3 % (M3).

Physikalisch-chemische Eigenschaften

Schwefelgehalt

Zur Minderung der SO_2-Emissionen und zum Schutz der Katalysatoren zur Abgasnachbehandlung wurde der Schwefelgehalt von Ottokraftstoffen ab 2009 europaweit auf 10 mg/kg begrenzt. Kraftstoffe, die diesen Grenzwert einhalten, werden als „schwefelfreie Kraftstoffe“ bezeichnet. Damit ist die letzte Stufe der Entschwefelung von Kraftstoffen erreicht. Vor 2009 war in Europa nur noch schwefelarmer Kraftstoff (Schwefelgehalt unter 50 mg/kg) zugelassen, der Anfang 2005 eingeführt wurde. Deutschland hat bei der Entschwefelung eine Vorreiterrolle übernommen und bereits 2003 durch steuerliche Maßnahmen schwefelfreie Kraftstoffe etabliert. In den USA liegt seit 2006 der Grenzwert für den Schwefelgehalt von kommerziell für den Endverbraucher erhältlichen Ottokraftstoffen bei max. 80 mg/kg, wobei zusätzlich ein Durchschnittswert von 30 mg/kg für die Gesamtmenge des verkauften und importierten Kraftstoffs nicht überschritten werden darf. Einzelne Bundesstaaten, z. B. Kalifornien, haben niedrigere Grenzwerte festgelegt.

Heizwert

Für den Energieinhalt von Kraftstoffen wird üblicherweise der spezifische Heizwert H_u (früher als unterer Heizwert bezeichnet) angegeben; er entspricht der bei vollständiger Verbrennung freigesetzten nutzbaren Wärmemenge. Der spezifische Brennwert H_o (früher als oberer Heizwertbezeichnet) hingegen gibt die gesamte freigesetzte Reaktionswärme an und umfasst damit neben der nutzbaren Wärme auch die im entstehenden Wasserdampf gebundene Wärme (latente Wärme). Dieser Anteil wird jedoch im Fahrzeug nicht genutzt. Der spezifische Heizwert H_u von Ottokraftstoff beträgt 40,1...41,8 MJ/kg. Sauerstoffhaltige Kraftstoffe oder Kraftstoffkomponenten (Oxygenates) wie Alkohole und Ether haben einen geringeren Heizwert als reine Kohlenwasserstoffe, weil der in ihnen gebundene Sauerstoff nicht an der Verbrennung teilnimmt. Eine mit üblichen Kraftstoffen vergleichbare Motorleistung führt daher zu einem höheren Kraftstoffverbrauch.

Gemischheizwert

Der Heizwert des brennbaren Luft-Kraftstoff-Gemischs bestimmt die Leistung des Motors. Der Gemischheizwert liegt bei stöchiometrischem Luft-Kraftstoff-Verhältnis für alle flüssigen Kraftstoffe und Flüssiggase bei ca. 3,5...3,7 MJ/m^3.

Dichte

Die Dichte von Ottokraftstoffen ist in der Norm EN 228 auf 720...775 kg/m^3 begrenzt.

Klopffestigkeit

Die Oktanzahl kennzeichnet die Klopffestigkeit eines Ottokraftstoffs. Je höher die Oktanzahl ist, desto klopffester ist der Kraftstoff. Dem sehr klopffesten Iso-Oktan (Trimethylpentan) wird die Oktanzahl 100, dem sehr klopffreudigen n-Heptan die Oktanzahl 0 zugeordnet. Die Oktanzahl eines Kraftstoffs wird in einem genormten Prüfmotor bestimmt: Der Zahlenwert entspricht dem Anteil (in Volumenprozent) an Iso-Oktan in einem Gemisch aus Iso-Oktan und n-Heptan mit dem gleichen Klopfverhalten wie der zu prüfende Kraftstoff.

Die Research-Oktanzahl (ROZ) nennt man die nach der Research-Methode [3] bestimmte Oktanzahl. Sie kann als maßgeblich für das Beschleunigungsklopfen angesehen werden. Die Motor-Oktanzahl (MOZ) nennt man die nach der Motor-Methode [2] bestimmte Oktanzahl. Sie beschreibt vorwiegend die Eigenschaften hinsichtlich des Hochgeschwindigkeitsklopfens. Die Motor-Methode unterscheidet sich von der Research-Methode durch Gemischvorwärmung, höhere Drehzahl und variable Zündzeitpunkteinstellung, wodurch sich eine höhere thermische Beanspruchung des zu untersuchenden Kraftstoffs ergibt. Die MOZ-Werte sind niedriger als die ROZ-Werte.

Erhöhen der Klopffestigkeit

Normales Destillat-Benzin hat eine niedrige Klopffestigkeit. Erst durch Vermischen mit verschiedenen klopffesten Raffineriekomponenten (katalytische Reformate, Isomerisate) ergeben sich für moderne Motoren geeignete Kraftstoffe mit hoher Oktanzahl. Durch Zusatz von sauerstoffhaltigen Komponenten wie Alkoholen und Ethern kann die Klopffestigkeit erhöht werden. Metallhaltige Additve zur Erhöhung der Oktanzahl, z. B. MMT (Methylcyclopentadienyl Mangan Tricarbonyl) bilden Asche während der Verbrennung. Die Zugabe von MMT wird deshalb in der EN 228 durch einen Grenzwert für Mangan im Spurenbereich ausgeschlossen.

Flüchtigkeit

Die Flüchtigkeit von Ottokraftstoff ist nach oben und nach unten begrenzt. Auf der einen Seite sollen genügend leichtflüchtige Komponenten enthalten sein, um einen sicheren Kaltstart zu gewährleisten. Auf der anderen Seite darf die Flüchtigkeit nicht so hoch sein, dass es bei höheren Temperaturen zur Unterbrechung der Kraftstoffzufuhr durch Gasblasenbildung (Vapour-Lock) und in der Folge zu Problemen beim Fahren oder beim Heißstart kommt. Darüber hinaus sollen die Verdampfungsverluste zum Schutz der Umwelt gering gehalten werden.

Die Flüchtigkeit des Kraftstoffs wird durch verschiedene Kenngrößen beschrieben. In der Norm EN 228 sind für E5 und E10 jeweils zehn verschiedene Flüchtigkeitsklassen spezifiziert, die sich in Siedeverlauf, Dampfdruck und dem Vapour-Lock-Index (VLI) unterscheiden. Die einzelnen Nationen können, je nach den spezifischen klimatischen Gegebenheiten, einzelne dieser Klassen in ihren nationalen Anhang übernehmen. Für Sommer und Winter werden unterschiedliche Werte in der Norm festgelegt.

Siedeverlauf

Für die Beurteilung des Kraftstoffs im Fahrzeugbetrieb sind die einzelnen Bereiche der Siedekurve getrennt zu betrachten. In der Norm EN 228 sind deshalb Grenzwerte für den verdampften Anteil bei 70 °C, bei 100 °C und bei 150 °C festgelegt. Der bis 70 °C verdampfte Kraftstoff muss einen Mindestanteil erreichen, um ein leichtes Starten des kalten

Motors zu gewährleisten (das war vor allem früher wichtig für Vergaserfahrzeuge). Der verdampfte Anteil darf aber auch nicht zu groß sein, weil es sonst im heißen Zustand zu Dampfblasenbildung kommen kann. Der bei 100 °C verdampfte Kraftstoffanteil bestimmt neben dem Anwärmverhalten v. a. Betriebsbereitschaft und Beschleunigungsverhalten des warmen Motors. Das bis 150 °C verdampfte Volumen soll nicht zu niedrig liegen, um eine Motorölverdünnung zu vermeiden. Besonders bei kaltem Motor verdampfen die schwerflüchtigen Komponenten des Ottokraftstoffs schlecht und können aus dem Brennraum über die Zylinderwände ins Motoröl gelangen.

Dampfdruck

Der bei 37,8 °C (100 °F) nach EN 13016-1 gemessene Dampfdruck von Kraftstoffen ist in erster Linie eine Kenngröße, mit der die sicherheitstechnischen Anforderungen im Fahrzeugtank definiert werden. Der Dampfdruck wird in allen Spezifikationen nach unten und oben limitiert. Er beträgt z. B. für Deutschland im Sommer maximal 60 kPa und im Winter maximal 90 kPa. Für die Auslegung einer Einspritzanlage ist die Kenntnis des Dampfdrucks auch bei höheren Temperaturen (80...100 °C) wichtig, da sich ein Anstieg des Dampfdrucks durch Alkoholzumischung insbesondere bei höheren Temperaturen zeigt. Steigt der Dampfdruck des Kraftstoffs z. B. während des Fahrzeugbetriebs durch Einfluss der Motortemperatur über den Systemdruck der Einspritzanlage, kann es zu Funktionsstörungen durch Dampfblasenbildung kommen.

Dampf-Flüssigkeits-Verhältnis

Das Dampf-Flüssigkeits-Verhältnis (DFV) ist ein Maß für die Neigung eines Kraftstoffs zur Dampfbildung. Als Dampf-Flüssigkeits-Verhältnis wird das aus einer Kraftstoffeinheit entstandene Dampfvolumen bei definiertem Gegendruck und definierter Temperatur bezeichnet. Sinkt der Gegendruck (z. B. bei Bergfahrten) oder erhöht sich die Temperatur, so steigt das Dampf-Flüssigkeits-Verhältnis, wodurch Fahrstörungen verursacht werden können. In der Norm ASTM D 4814 wird z. B. für jede Flüchtigkeitsklasse eine Temperatur definiert, bei der ein Dampf-Flüssigkeits-Verhältnis von 20 nicht überschritten werden darf.

Vapor-Lock-Index

Der Vapour-Lock-Index (VLI) ist die rechnerisch ermittelte Summe des zehnfachen Dampfdrucks (in kPa bei 37,8 °C) und der siebenfachen Menge des bis 70 °C verdampften Volumenanteils des Kraftstoffs. Mit diesem zusätzlichen Grenzwert kann die Flüchtigkeit des Kraftstoffes weiter eingeschränkt werden, mit der Folge, dass bei dessen Herstellung nicht beide Maximalwerte von Dampfdruck und Siedekennwerten gleichzeitig realisiert werden können.

Besonderheiten bei Alkoholkraftstoffen

Der Zusatz von Alkoholen ist mit einer Erhöhung der Flüchtigkeit insbesondere bei höheren Temperaturen verbunden. Außerdem kann Alkohol Materialien im Kraftstoffsystem schädigen, z. B. zu Elastomerquellung führen und Alkoholatkorrosion an Aluminiumteilen auslösen. In Abhängigkeit vom Alkoholgehalt und von der Temperatur kann es selbst bei Zutritt von nur geringen Mengen an Wasser zur Entmischung kommen. Bei der Phasentrennung geht Alkohol aus dem Kraftstoff in eine zweite wässrige Alkoholphase über. Das Problem der Entmischung besteht bei den Ethern nicht.

Additive

Additive können zur Verbesserung der Kraftstoffqualität zugesetzt werden, um Verschlechterungen im Fahrverhalten und in der Abgaszusammensetzung während des Fahrzeugbetriebs entgegenzuwirken. Eingesetzt werden meist Pakete aus Einzelkomponenten mit verschiedenen Wirkungen. Sie müssen in ihrer Zusammensetzung und Konzentration sorgfältig abgestimmt und erprobt sein und dürfen keine negativen Nebenwirkungen haben.

In der Raffinerie erfolgt eine Basisadditivierung zum Schutz der Anlagen und zur Sicherstellung einer Mindestqualität der Kraftstoffe. An den Abfüllstationen der Raffinerie können beim Befüllen der Tankwagen markenspezifische Multifunktionsadditive zur weiteren Qualitätsverbesserung zugegeben werden (Endpunktdosierung). Eine nachträgliche Zugabe von Additiven in den Fahrzeugtank birgt bei Unverträglichkeit das Risiko von technischen Störungen.

Detergentien

Die Reinhaltung des gesamten Einlasssystems (Einspritzventile, Einlassventile) ist eine wichtige Voraussetzung für den Erhalt der im Neuzustand optimierten Gemischeinstellung und -aufbereitung und somit grundlegend für einen störungsfreien Fahrbetrieb und die Schadstoffminimierung im Abgas. Aus diesem Grund sollten dem Kraftstoff wirksame Reinigungsadditive (Detergentien) zugesetzt sein.

Korrosionsinhibitoren

Der Eintrag von Wasser kann zu Korrosion im Kraftstoffsystem führen. Durch den Zusatz von Korrosionsinhibitoren, die sich als dünner Film auf der Metalloberfläche anlagern, kann Korrosion wirksam unterbunden werden.

Oxidationsstabilisatoren

Die den Kraftstoffen zugesetzten Alterungsschutzmittel (Antioxidantien) erhöhen die Lagerstabilität. Sie verhindern eine rasche Oxidation durch Luftsauerstoff.

Metalldesaktivatoren

Einzelne Additive haben auch die Eigenschaft, durch Bildung stabiler Komplexe die katalytische Wirkung von Metallionen zu deaktivieren.

Gasförmige Kraftstoffe

Erdgas

Der Hauptbestandteil von Erdgas ist Methan (CH_4) mit einem Mindestanteil von 80 %. Weitere Bestandteile sind Inertgase wie Kohlendioxid oder Stickstoff und kurzkettige Kohlenwasserstoffe. Auch Sauerstoff und Wasserstoff sind enthalten. Erdgas ist weltweit verfügbar und erfordert nach der Förderung nur einen relativ geringen Aufwand zur Aufbereitung. Je nach Herkunft variiert jedoch die Zusammensetzung des Erdgases, wodurch sich Schwankungen bei Dichte, Heizwert und Klopffestigkeit ergeben. Die Eigenschaften von Erdgas als Kraftstoff sind für Deutschland in der Norm DIN 51624 festgelegt. Ein europäischer Standard für Erdgas, der auch die Qualitätsanforderungen an Biomethan berücksichtigt, ist in Bearbeitung.

Biomethan lässt sich aus Biomasse, z. B. aus Jauche, Grünschnitt oder Abfällen gewinnen und weist bei der Verbrennung im Vergleich zu fossilem Erdgas deutlich reduzierte CO_2-Gesamtemissionen auf. Für die Erzeugung von Methan durch Elektrolyse von Wasser mit Strom aus erneuerbaren Energien und Umsetzung des erzeugten Wasserstoffs H_2 mit Kohlendioxid CO_2 gibt es erste Pilotanlagen.

Erdgas wird entweder gasförmig komprimiert (CNG, Compressed Natural Gas) bei einem Druck von 200 bar gespeichert oder es befindet sich als verflüssigtes Gas (LNG, Liquid Natural Gas) bei −162 °C in einem kältefesten Tank. Verflüssigtes Gas benötigt nur ein Drittel des Speichervolumens von komprimiertem Erdgas, die Speicherung erfordert jedoch einen hohen Energieaufwand zur Verflüssigung. Deshalb wird Erdgas an den Erdgas-Tankstellen in Deutschland fast ausschließlich in komprimierter Form angeboten. Erdgasfahrzeuge zeichnen sich durch niedrige CO_2-Emissionen aus, bedingt durch den geringeren Kohlenstoffanteil des Erdgases im Vergleich zum flüssigen Ottokraftstoff. Das Wasserstoff-Kohlenstoff-Verhältnis von Erdgas beträgt ca. 4 : 1, das von Benzin hingegen 2,3 : 1. Bedingt durch den geringeren Kohlenstoffanteil des Erdgases entsteht bei seiner Verbrennung weniger CO_2 und mehr H_2O als bei Benzin. Ein auf Erdgas eingestellter Ottomotor erzeugt schon ohne weitere Optimierung ca. 25 % weniger CO_2-Emissionen als ein Benzinmotor (bei vergleichbarer Leistung). Durch die sehr hohe Klopffestigkeit des Erdgases von bis zu 130 ROZ (im Vergleich dazu liegt Benzin bei 91...100 ROZ) eignet sich der Erdgasmotor ideal zur Turboaufladung und lässt eine Erhöhung des Verdichtungsverhältnisses zu.

Flüssiggas

Flüssiggas (LPG, Liquid Petroleum Gas, auch als Autogas bezeichnet) fällt bei der Gewinnung von Rohöl an und entsteht bei verschiedenen Raffinerieprozessen. Es ist ein Gemisch aus den Hauptkomponenten Propan und Butan. Es lässt sich bei Raumtemperatur unter vergleichsweise niedrigem Druck verflüssigen. Durch den geringeren Kohlenstoffanteil gegenüber Benzin entstehen bei der Verbrennung ca. 10 % weniger CO_2. Die Oktanzahl beträgt ca. 100...110 ROZ. Die Anforderungen an Flüssiggas für den Einsatz in Kraftfahrzeugen sind in der europäischen Norm EN 589 festgelegt.

Wasserstoff

Wasserstoff kann durch chemische Verfahren aus Erdgas, Kohle, Erdöl oder aus Biomasse sowie durch Elektrolyse von Wasser erzeugt werden. Heute wird Wasserstoff überwiegend großindustriell durch Dampfreformierung aus Erdgas gewonnen. Bei diesem Verfahren wird CO_2 freigesetzt, sodass sich insgesamt nicht zwangsläufig ein CO_2-Vorteil gegenüber Benzin, Diesel oder der direkten Verwendung von Erdgas im Verbrennungsmotor ergibt. Eine Verringerung der CO_2-Emissionen ergibt sich dann, wenn der Wasserstoff regenerativ aus Biomasse oder durch Elektrolyse aus Wasser hergestellt wird, sofern dafür regenerativ erzeugter Strom eingesetzt wird. Lokal treten bei der Verbrennung von Wasserstoff im Motor keine CO_2-Emissionen auf.

Speicherung

Wasserstoff hat zwar eine sehr hohe gewichtsbezogene Energiedichte (ca. 120 MJ/kg, sie ist damit fast dreimal so hoch wie die von Benzin), die volumenbezogene Energiedichte ist jedoch wegen der geringen spezifischen Dichte sehr gering. Für die Speicherung bedeutet dies, dass der Wasserstoff entweder unter Druck (bei 350...700 bar) oder durch Verflüssigung (Kryogenspeicherung bei −253 °C) komprimiert werden muss, um ein akzeptables Tankvolumen zu erzielen. Eine weitere Möglichkeit ist die Speicherung als Hydrid.

Einsatz im Kfz

Wasserstoff kann sowohl in Brennstoffzellenantrieben als auch direkt in Verbrennungsmotoren eingesetzt werden. Langfristig wird der Schwerpunkt bei der Nutzung in Brennstoffzellen erwartet. Hier wird ein besserer Wirkungsgrad als beim H_2-Verbrennungsmotor erreicht.

Literatur

[1] DIN EN 228: Januar 2013, Unverbleite Ottokraftstoffe – Anforderungen und Prüfverfahren

[2] EN ISO 5163:2005, Bestimmung der Klopffestigkeit von Otto und Flugkraftstoffen – Motor-Verfahren

[3] EN ISO 5164:2005, Bestimmung der Klopffestigkeit von Ottokraftstoffen – Research-Verfahren

Füllungssteuerung

Bei einem mit definiertem Luft-Kraftstoff-Verhältnis λ homogen betriebenen Ottomotor werden Drehmoment und Leistung von der zugeführten Luftmasse bestimmt. Damit λ genau eingehalten werden kann, wird die zugeführte Luftmasse exakt gemessen, die zu λ passende Einspritzmenge Kraftstoff berechnet und zugemessen.

Elektronische Motorleistungssteuerung

Für die Verbrennung des Kraftstoffs ist Sauerstoff erforderlich, den der Motor aus der angesaugten Luft bezieht. Bei Motoren mit äußerer Gemischbildung (Saugrohreinspritzung) und auch bei Motoren mit Benzin-Direkteinspritzung im Homogenbetrieb ist das abgegebene Motordrehmoment direkt abhängig von der angesaugten Luftmasse. Zur Einstellung einer definierten Luftfüllung muss die Luftzufuhr zum Motor gedrosselt werden.

Aufgabe und Arbeitsweise

Das vom Fahrer geforderte Drehmoment ergibt sich aus der Stellung des Fahrpedals. Bei Einsatz einer elektronischen Motorleistungssteuerung und einem elektronischen Gaspedal (EGAS-System) erfasst ein Positionssensor im Fahrpedalmodul (Bild 1, Pos. 1) diese Größe. Weitere Drehmomentanforderungen ergeben sich aus funktionalen Anforderungen wie z. B. ein zusätzliches Drehmoment bei eingeschalteter Klimaanlage oder eine Drehmomentreduzierung beim Schaltvorgang.

Das Motorsteuergerät (2) – z. B. ME-Motronic für Systeme mit Saugrohreinspritzung oder DI-Motronic für Benzin-Direkteinspritzung – berechnet aus dem einzustellenden Drehmoment die notwendige Luftmasse und erzeugt die Ansteuersignale für die elektrisch betätigte Drosselklappe (5). Dadurch wird der Öffnungsquerschnitt und damit der vom Ottomotor angesaugte Luftmassenstrom eingestellt. Der Drosselklappenwinkelsensor (3) liefert eine Rückmeldung der aktuellen Stellung der Drosselklappe und ermöglicht somit das exakte Einhalten der gewünschten Drosselklappenposition.

Mit dem EGAS-System kann auf einfache Weise auch eine Fahrgeschwindigkeitsregelung (FGR) integriert werden. Das Steuergerät stellt das Drehmoment so ein, dass die über das Bedienelement der Fahrgeschwindigkeitsregelung vorgewählte Geschwindigkeit eingehalten wird. Ein Betätigen des Fahrpedals ist dabei nicht erforderlich.

Elektrische Drosselvorrichtung des EGAS-Systems

Die elektrische Drosselvorrichtung (Bild 2) dient zur Steuerung der Luftzufuhr zum Verbrennungsmotor. Sie besteht aus dem Pneumatikgehäuse (1) und der Drosselklappe (3), dem Antrieb mit einem Gleichstrommotor (5), aus den Sensoren zur Messung der Klappenstellung und dem Stecker (4) zum Anschluss an das Steuergerät. Darüber hinaus gibt es Drosselvorrichtungen mit Anschlüssen an den Kühlwasserkreislauf des Motors zur Vermeidung einer Klappenvereisung oder mit einem Unterdruckanschluss für den Bremskraftverstärker.

Der Drosselklappensteller ist typischerweise modular aufgebaut, wodurch eine einfache Anpassung an unterschiedliche Klappendurchmesser, Flanschgeometrien oder Steckergeometrien möglich ist. Die Drosselklappe ist über die Drosselklappenwelle im Gehäuse drehbar gelagert. Durch die mittige Anordnung der Welle werden Momente durch den Druckabfall über der Klappe vermieden. Je nach Motorhubraum kommen Klappendurchmesser von 32 mm bis 82 mm zum Einsatz. Der Druckabfall über der Klap-

1 Elektronische Motorleistungssteuerung (EGAS-System)

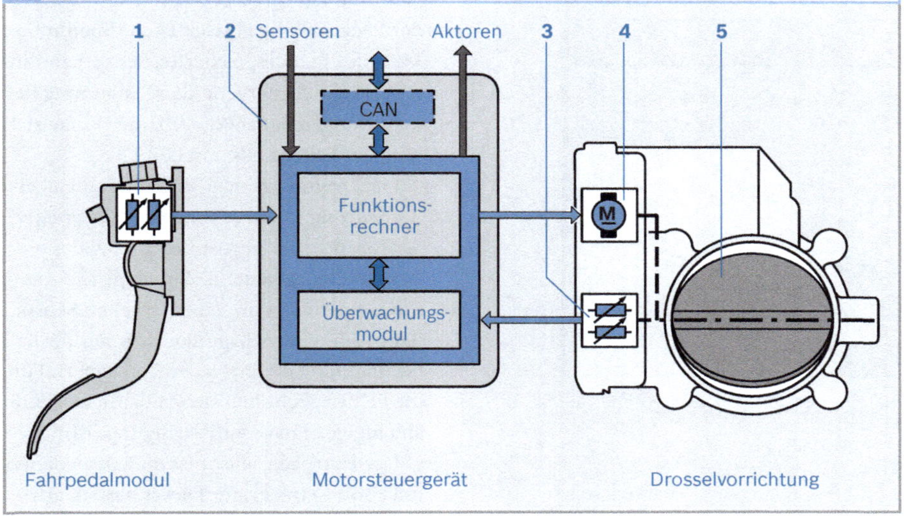

Bild 1
1 Fahrpedalsensor
2 Motorsteuergerät
3 Drosselklappenwinkelsensor
4 Drosselklappenantrieb
5 Drosselklappe

pe kann bei Turbomotoren bis zu 4 bar betragen.

Der Antrieb der Drosselklappenwelle erfolgt über einen Gleichstrommotor und ein zweistufiges Getriebe mit einer typischen Übersetzung von ca. 1:20. Der Motor wird vom Steuergerät mit einer pulsweitenmodulierten Rechteckspannung von ca. 2 kHz angesteuert. Die typische Öffnungs- und Schließzeit der Klappe liegt unter 100 ms. Ein in das Gehäuse integriertes Federsystem bringt die Klappe bei fehlender Ansteuerung in eine Stellung, die einen Betrieb des Fahrzeugs mit erhöhter Leerlaufdrehzahl (im Notbetrieb) ermöglicht. Sensoren erfassen die Stellung der Drosselklappe und geben eine zur Drosselklappenstellung (zum Winkel) proportionale Gleichspannung aus. Berührende Sensoren (Potentiometer) werden zunehmend durch berührungslose Sensoren (Induktiv- oder Hallsensoren) ersetzt. Die Sensoren sind redundant ausgelegt. Das Steuergerät erkennt mögliche Fehler in der Signalerfassung, indem es die beiden (redundanten) Sensorsignale ständig vergleicht oder Spannungen außerhalb des normalen Bereiches feststellt. Neuerdings gibt es auch Sensoren, die über eine digitale Schnittstelle mit dem Steuergerät kommunizieren. Der Steckverbinder der Drosselvorrichtung ist 6-polig ausgelegt mit zwei Anschlüssen für den Motor und vier Anschlüssen für Sensorversorgung, Sensormasse und die beiden Sensorsignale.

Bild 2
1 Pneumatikgehäuse
2 Getriebegehäuse
3 Drosselklappe
4 Stecker
5 Gleichstrommotor

2 Elektrische Drosselvorrichtung

3 Kennlinien der beiden Potentiometer eines Fahrpedalsensors

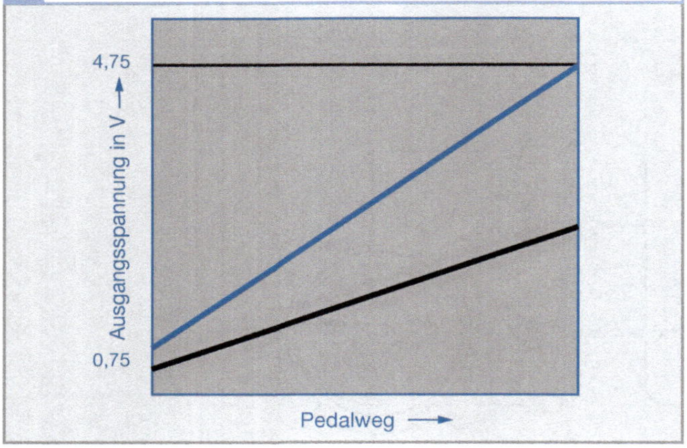

Bild 3
Der Pedalweg beträgt etwa 25 mm.

4 Explosionsdarstellung eines Fahrpedalmoduls

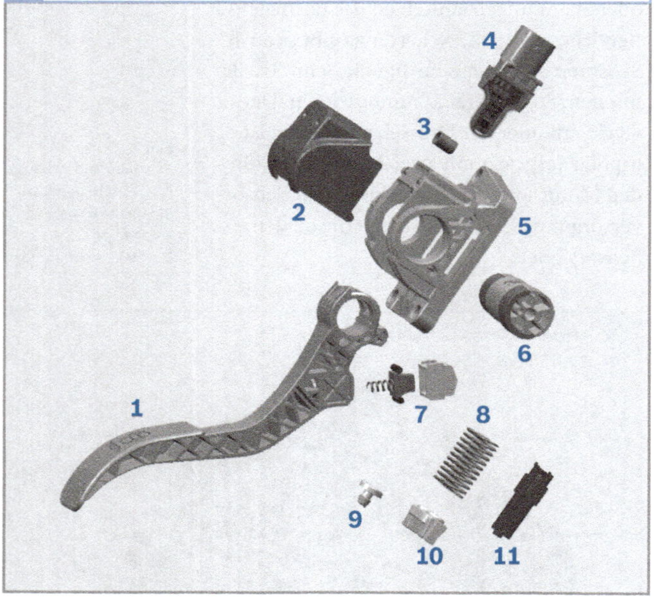

Bild 4
1 Pedal
2 Deckel
3 Abstandshülse
4 Sensorblock mit Gehäuse und Stecker
5 Lagerblock
6 Welle mit zwei Magneten und Hystereseelementen (runde Magnete nicht sichtbar)
7 Kickdown (optional)
8 zwei Federn
9 Anschlagsdämpfer
10 Druckstück
11 Bodendeckel

Fahrpedalmodul

Das Motorsteuergerät erhält den Messwert der Pedalstellung als elektrische Spannung. Mithilfe einer gespeicherten Sensorkennlinie rechnet das Steuergerät diese Spannung in den relativen Pedalweg, d. h. die Winkelstellung des Fahrpedals, um (Bild 3).

Für Diagnosezwecke und für den Fall einer Störung ist ein redundanter (doppelter) Sensor integriert. Er ist Bestandteil des Überwachungssystems. Eine typische Ausführung arbeitet mit einem zweiten Sensor, der in allen Betriebspunkten immer die halbe Spannung des ersten Sensors liefert. Für die Fehlererkennung stehen damit zwei unabhängige Signale zur Verfügung (Bild 3).

Der Fahrpedalsensor ist im Fahrpedalmodul (Bild 4) integriert. Dieses besteht aus dem eigentlichen Pedal (1), einem Federsystem (8) welches das Pedal in die Ruhestellung zurückführt und den Gehäuseelementen Deckel (2), Lagerblock (5) sowie Bodendeckel (11). Die Bewegung des Pedals wird in eine Drehbewegung der Welle (6) und der darauf aufgebrachten Magneten übertragen, welche durch den im Sensorblock (4) verbauten Hall-Winkelsensor in ein elektrisches Signal umgesetzt wird (siehe z. B. [2]). Optional kann bei Fahrzeugen mit automatischem Getriebe ein Schalter (7) im Bereich des Anschlags ein elektrisches Kickdown-Signal erzeugen.

Überwachungskonzept der elektronischen Motorleistungssteuerung

Die elektronische Motorleistungssteuerung (EGAS-System) gehört zu den sicherheitsrelevanten Systemen. Das Motormanagement beinhaltet deshalb eine Diagnose der Einzelkomponenten. Eingangsinformationen, die den leistungsbestimmenden Fahrerwunsch (Stellung des Fahrpedals) oder den Motorzustand (Stellung der Drosselklappe) darstellen, werden dem Steuergerät durch eine redundante Sensorik zugeführt. Die beiden Sensoren im Fahrpedalmodul sowie die beiden Sensoren in der Drosselvorrichtung liefern jeweils voneinander unabhängige Signale, sodass bei Ausfall des einen Signals das andere einen gültigen Wert liefert. Unterschiedliche Kennlinien stellen sicher, dass ein Kurzschluss zwischen den beiden Signalen erkannt wird.

Dynamische Aufladung

Das erreichbare Motordrehmoment ist näherungsweise proportional zum Frischgasanteil der Zylinderfüllung. Das maximale Drehmoment kann daher in gewissen Grenzen gesteigert werden, indem die Luft vor Eintritt in den Zylinder verdichtet wird. Die Ladungswechselvorgänge werden nicht nur durch die Steuerzeiten der Gaswechselventile, sondern auch durch die Saug- und Abgasleitung beeinflusst. Die Saugrohranlage besteht aus einer Kombination von Schwingrohren und Volumina.

In Bild 5 ist der prinzipielle Aufbau einer Ansauganlage eines Verbrennungsmotors dargestellt. Zwischen den Zylindern (1) und den Schwingrohren (2) befinden sich die periodisch öffnenden Einlassventile des Motors. Angeregt durch die Saugarbeit des Kolbens löst das öffnende Einlassventil eine zurücklaufende Unterdruckwelle aus. Am offenen Ende des Saugrohrs trifft die Druckwelle auf ruhende Umgebungsluft (Sammler (3) oder Luftfilter) oder auf die Drosselklappe (4), und wird dort teilweise als Überdruckwelle reflektiert und läuft wieder zurück in Richtung Einlassventil. Die dadurch entstehenden Druckschwankungen am Einlassventil sind phasen- und frequenzabhängig und können ausgenutzt werden, um die Frischgasfüllung zu vergrößern und damit ein höchstmögliches Drehmoment zu erreichen.

5 Prinzip der Schwingsaugrohraufladung

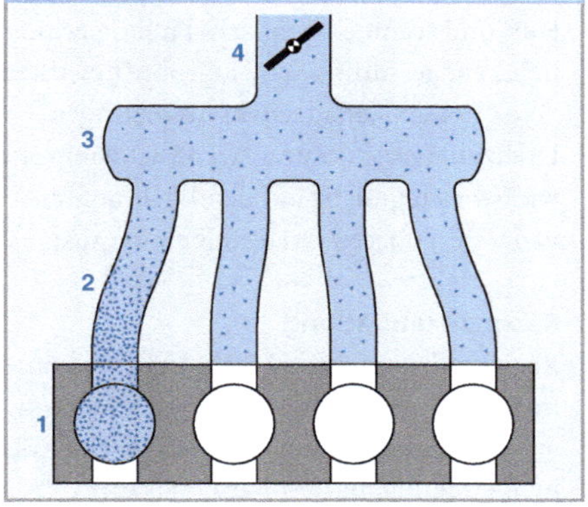

Bild 5
1 Zylinder
2 Einzelschwingrohr
3 Sammelbehälter
4 Drosselklappe

Dieser Aufladeeffekt beruht also auf der Ausnutzung der Dynamik der angesaugten Luft. Die dynamischen Effekte im Saugrohr hängen von den geometrischen Verhältnissen im Saugrohr, aber auch von der Motordrehzahl ab. Es kann daher durch eine geeignete Abstimmung eine Erhöhung der Zylinderfüllung in bestimmten Drehzahlbereichen erzielt werden.

Schwingsaugrohraufladung

Saugrohre für Einzeleinspritzanlagen bestehen aus den Einzelschwingrohren und Sammelbehälter (Sammler). Bei der Schwingsaugrohraufladung (Bild 5) hat jeder Zylinder ein gesondertes Einzelschwingrohr (2) bestimmter Länge, das meist an einen Sammelbehälter (3) angeschlossen ist. In diesen Schwingrohren können sich die Druckwellen, welche durch die periodisch öffnenden Einlassventile erzeugt werden, unabhängig voneinander ausbreiten.

Der Aufladeeffekt ist abhängig von der Saugrohrgeometrie und der Motordrehzahl. Länge und Durchmesser der Einzelschwingrohre werden deshalb so auf die Ventilsteuerzeiten abgestimmt, dass im gewünschten Drehzahlbereich eine am Ende des Schwingrohrs (an der Drosselklappe oder am Luftfilter) teilweise reflektierte Druckwelle durch das geöffnete Einlassventil des Zylinders (1) läuft und somit eine bessere Füllung ermöglicht. Lange, dünne Schwingrohre bewirken einen hohen Aufladeeffekt im niedrigen Drehzahlbereich. Kurze, weite Schwingrohre wirken sich günstig auf den Drehmomentverlauf im oberen Drehzahlbereich aus.

Resonanzaufladung

Bei einer bestimmten Motordrehzahl kommen die Gasschwingungen in der Saugrohranlage, angeregt durch die periodische Kolbenbewegung, in Resonanz. Das führt zu einer Drucksteigerung und zu einem zusätzlichen Aufladeeffekt.

Bei Resonanzsaugrohrsystemen (Bild 6) werden Gruppen von Zylindern (1) mit gleichen Zündabständen über kurze Saugrohre (2) an jeweils einen Resonanzbehälter (3) angeschlossen. Diese sind über Resonanzsaugrohre (4) mit der Atmosphäre oder einem Sammelbehälter (5) verbunden und wirken als Resonatoren. Die Auftrennung in zwei Zylindergruppen mit zwei Resonanzsaugrohren verhindert eine Überschneidung der Strömungsvorgänge von zwei in der Zündfolge benachbarten Zylindern. Der Drehzahlbereich, bei dem der Aufladeeffekt durch die entstehende Resonanz groß sein soll, bestimmt die Länge der Resonanzsaugrohre und die Größe der Resonanzbehälter. Die teilweise benötigten großen Volumina der Saugrohranlage können aber durch ihre Speicherwirkung bei schnellen Laständerungen Dynamikfehler zur Folge haben.

Variable Saugrohrgeometrie

Die zusätzliche Füllung durch die dynamische Aufladung hängt vom Betriebspunkt des Motors ab. Die beiden zuvor genannten Systeme erhöhen die erzielbare maximale Füllung (den Liefergrad) im gewünschten Drehzahlband (Bild 7). Einen nahezu idealen Drehmomentverlauf ermöglicht eine variable Saugrohrgeometrie (z. B. Schalt-Ansaugsysteme), bei der zum Beispiel über Klappen in Abhängigkeit vom Motorbetriebspunkt verschiedene Verstellungen möglich sind:

- Verstellen der Schwingsaugrohrlänge,
- Umschalten zwischen verschiedenen Schwingsaugrohrlängen oder unterschiedlichen Durchmessern von Schwingsaugrohren,
- wahlweises Abschalten eines Einzelrohrs je Zylinder bei Mehrfachschwingsaugrohren,
- Umschalten auf unterschiedliche Sammlervolumen.

6 Prinzip der Resonanzaufladung

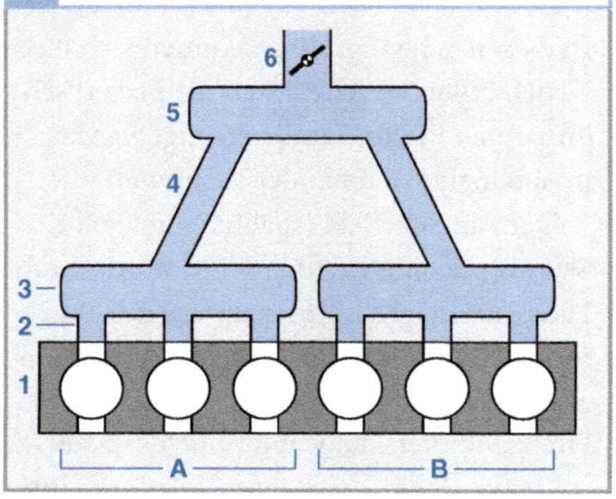

Bild 6
1 Zylinder
2 kurzes Saugrohr
3 Resonanzbehälter
4 Resonanzsaugrohr
5 Sammelbehälter
6 Drosselklappe

A und B bezeichnen Zylindergruppen mit gleichen Zündabständen.

7 Verlauf des normierten Drehmoments über der Motordrehzahl für 8-Zylinder-Motoren [1]

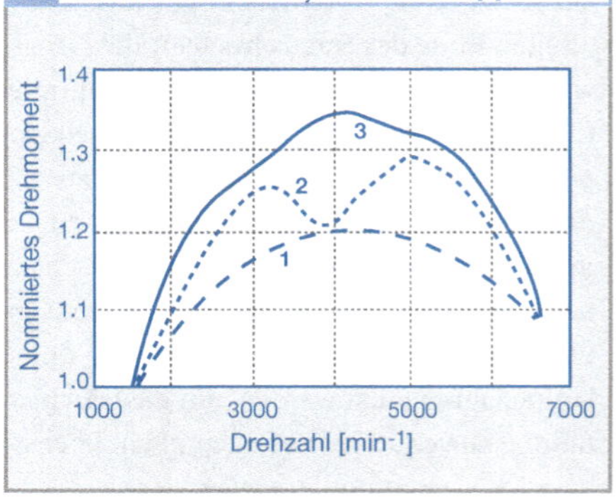

Bild 7
1 Standard
2 optimiertes Schaltsystem
3 optimiertes Schaltsystem mit variablem Ventiltrieb

Zum Umschalten der Schalt-Ansaugsysteme dienen zum Beispiel elektrisch oder elektropneumatisch betätigte Klappen.

Schwingsaugrohrsysteme

Bei dem in Bild 8 dargestellten Saugrohrsystem kann zwischen zwei verschiedenen Schwingsaugrohren umgeschaltet werden. Im unteren Drehzahlbereich ist die Umschaltklappe (1) geschlossen und die angesaugte Luft strömt durch das lange Schwingsaugrohr (3) zu den Zylindern. Bei hohen Drehzahlen und geöffneter Umschaltklappe nimmt die angesaugte Luft den Weg durch das kurze, weite Saugrohr (4). Damit ist eine bessere Zylinderfüllung bei hohen Drehzahlen möglich.

Resonanzsaugrohrsysteme

Mit Öffnen einer Resonanzklappe wird ein zweites Resonanzrohr zugeschaltet (Bild 9). Die veränderte Geometrie dieser Anordnung beeinflusst die Eigenfrequenz der Sauganlage. Das größere wirksame Volumen bei zugeschaltetem zusätzlichen Resonanzrohr verbessert die Füllung im unteren Drehzahlbereich.

Kombiniertes Resonanz- und Schwingsaugrohrsystem

Eine Kombination von Resonanz- und Schwingsaugrohrsystem ist gegeben, wenn die geöffnete Umschaltklappe (Bild 9, Pos. 7) die beiden Resonanzbehälter (3) zu einem einzigen Volumen verbinden kann. Es entsteht dann ein Luftsammler für die kurzen Schwingsaugrohre (2) mit hoher Eigenfrequenz. Bei niedrigen und mittleren Drehzahlen ist die Umschaltklappe geschlossen. Das System wirkt als Resonanzsaugrohrsystem (wie in Bild 6). Die niedrige Eigenfrequenz ist dann durch das lange Resonanzsaugrohr (4) festgelegt.

8 Schwingsaugrohrsystem

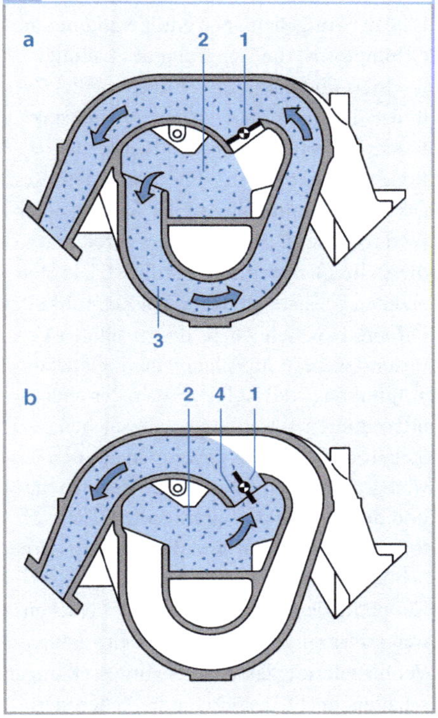

Bild 8
- a Saugrohrgeometrie bei geschlossener Umschaltklappe
- b Saugrohrgeometrie bei geöffneter Umschaltklappe
- 1 Umschaltklappe
- 2 Sammelbehälter
- 3 langes, dünnes Schwingsaugrohr bei geschlossener Umschaltklappe
- 4 kurzes, weites Schwingsaugrohr bei geöffneter Umschaltklappe

9 Kombiniertes Resonanz- und Schwingsaugrohrsystem

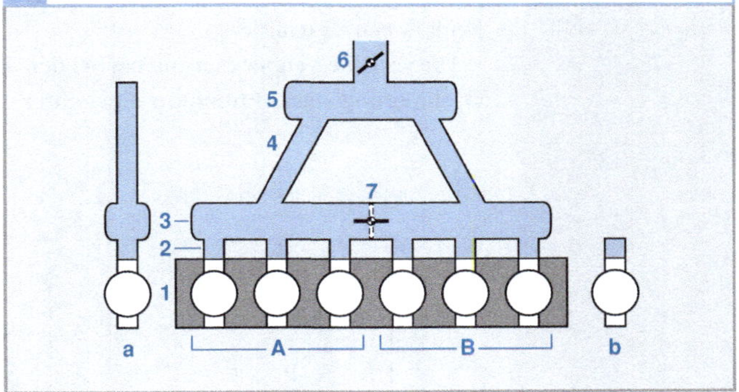

Bild 9
- 1 Zylinder
- 2 Schwingsaugrohr (kurzes Saugrohr)
- 3 Resonanzbehälter
- 4 Resonanzsaugrohr
- 5 Sammelbehälter
- 6 Drosselklappe
- 7 Umschaltklappe
- A, B Zylindergruppen mit gleichen Zündabständen
- a äquivalente Saugrohrverhältnisse bei geschlossener Umschaltklappe
- b äquivalente Saugrohrverhältnisse bei geöffneter Umschaltklappe

Variable Ventilsteuerung

Eine der Aufgaben der Ventilbetätigung im Ottomotor ist die Steuerung des Ladungswechsels und damit die Zumessung der Zylinderfüllung für den nächsten Arbeitstakt. Die Zylinderfüllung besteht hierbei aus Frischgas oder Frischgemisch und dem Restgasanteil. Dominant wird der Ladungswechsel durch die sogenannten Steuerzeiten und die Steuerquerschnitte beeinflusst. Die Steuerzeiten bezeichnen dabei den Zeitpunkt des Öffnens bzw. Schließens des jeweiligen Ventils und werden im Allgemeinen relativ zur Totpunktlage des Kolbens (d. h. der oberen oder unteren Totpunktlage) angegeben. Die Steuerquerschnitte ergeben sich aus den jeweiligen Querschnitten in der Ventilebene und den Durchflusseigenschaften. Beim Motor ohne Variabilität sind die Öffnungs- und Schließzeiten der Ventile durch die feste Kopplung der Kurbelwelle mit der Nockenwelle starr vorgeben. Durch eine variable Ventilsteuerung lassen sich Voraussetzungen schaffen, die Steuerzeiten und Steuerquerschnitte variabel zu gestalten und damit neue Brennverfahren mit deutlich besseren Wirkungsgraden und reduzierten Schadstoffemissionen zu realisieren.

Die variable Ventilsteuerung hat bei der Optimierung eines Ottomotors einen direkten Einfluss auf die Reduktion der Ladungswechselarbeit, die Art der Ladungsbewegung im Zylinder, die Dosierung des Restgasanteils speziell in der Teillast, die Steuerung der Temperatur bei Verdichtungsbeginn, z. B. durch Rückhalten von heißem Restgas und die Zumessung der Frischgasmasse zur Erzeugung des gewünschten Drehmoments. Insofern ist die variable Ventilsteuerung in der Lage, eine verlustarme Drehmomentsteuerung beim Ottomotor sicherzustellen.

Betrachtungen zur Ventilvariabilität

Bild 10 und Tabelle 1 beinhalten eine systematische Darstellung der Ventiltriebsvariabilitäten aufgeführt. Neben der Phasenlage wird der Hub und die Öffnungsdauer des Ventils verstellt.

Bei der Phasenverstellung hat sich die kontinuierliche Verstellung mit hydraulischer Verstellereinrichtung durchgesetzt. Die elektromechanisch betriebenen Versteller sind in ersten Anwendungen im Einsatz. Verstellbereich, Verriegelungslage, Verstellgeschwindigkeit und Verstellgenauigkeit sind die wesentlichen Kennwertparameter.

Der Ventilhub und die Öffnungsdauer werden zumeist gemeinsam durch denselben Mechanismus verstellt. Die Ventilhubsvariabilität lässt sich in zwei grundsätzliche Bereiche unterscheiden. Zum einen gibt es die

10 Prinzipielle Ventiltriebsvariabilitäten

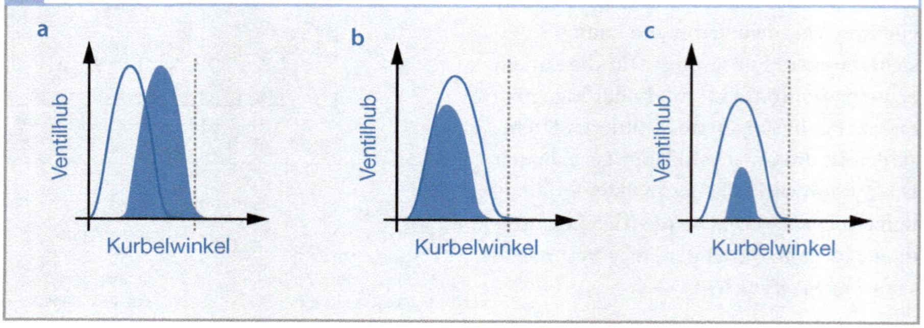

Bild 10
a variable Phasenlage
b variable Öffnungsdauer
c variabler Hub

diskreten, d. h. schaltbaren Versionen, die sich in zwei- und dreistufige Varianten gliedern. Zum anderen gibt es die vollvariablen, die später näher beschrieben werden sollen. Die Schaltfunktionalität kann wahlweise in den nachfolgend beschriebenen Bauteilen untergebracht werden.

Schaltbarer Tassenstößel

Die Schalttasse, auch schaltbarer Tassenstößel genannt, ist ein elektrohydraulisch betätigter Nockenfolger und bietet die Möglichkeit der Hubumschaltung, der Ventilabschaltung und der Zylinderabschaltung. Charakterisiert ist die Schalttasse (Bild 11) durch die koaxiale Anordnung zweier Tassen, die mit einem Verriegelungsmechanismus miteinander verbunden werden können. Ein Dreifachnocken ist in Kontakt mit der Tasse. Der innere Nocken realisiert den kleinen Hub oder den Nullhub über die Innentasse. Die beiden äußeren Nocken übertragen im verriegelten Zustand den großen Hub über die Außentasse. Konzeptbedingt gibt es bei der Schalttasse Einschränkungen bei der Gestaltung der Ventilerhebungskurven. Die kleine Ventilerhebungskurve muss immer innerhalb der großen Ventilerhebungskurve liegen. Ein Schneiden der beiden Ventilerhebungskurven ist nicht möglich. Die Schalttasse ist eine bewährte Technologie und stellt nach wie vor die beste Lösung zur Realisierung der Hubvariabilität in einem Tassenventiltrieb dar. In Kombination

Phasenverstellung	Ventilhub (und Öffnungsdauer)	
kontinuierlich	diskret (schaltbar)	kontinuierlich
hydraulisch elektromechanisch	zweistufig – Schalttasse – Abstützelement – Hebel – Schiebenocken – Rollenstößel dreistufig – Hebel – Schiebenocken	elektrisch mechanisch hydraulisch

Tabelle 1
Variabilitäten im Ventilbetrieb

11 Schaltbarer Tassenstößel (Schaeffler)

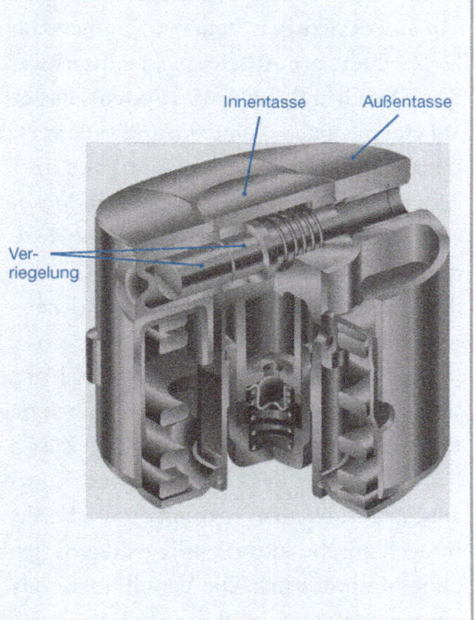

12 Schaltbares Abstützelement (Schaeffler)

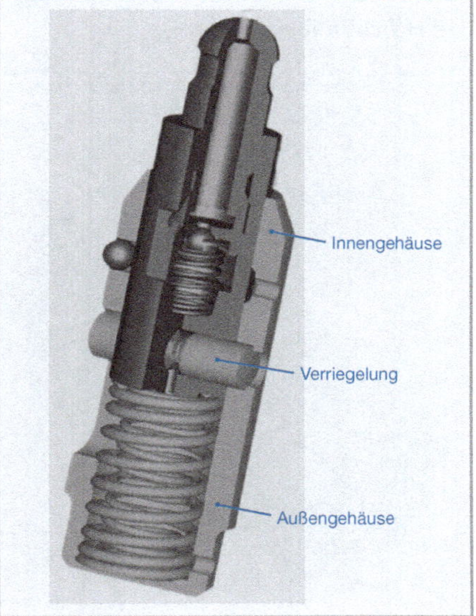

mit einer Oberflächenbeschichtung können zusätzliche Reibleistungspotentiale erschlossen werden.

Schaltbares Abstützelement

Das schaltbare Abstützelement (Bild 12) – ebenfalls elektrohydraulisch betätigt – eignet sich sehr gut zur Ventil- oder Zylinderabschaltung bei Schlepphebelventiltrieben. Im verriegelten Zustand arbeitet das schaltbare Abstützelement wie ein konventionelles Element. Im entriegelten Zustand ermöglicht dieses System eine Leerhubbewegung.

Es bewegt sich in diesem Fall das Innengehäuse des Elementes und das Motorventil bleibt durch die Kraft der Motorventilfeder geschlossen. Eine Hubumschaltung, d. h. die Realisierung verschiedener Ventilhübe, lässt sich mit dem schaltbaren Abstützelement nicht darstellen. Den erforderlichen Bauraum vorausgesetzt, erfordert das schaltbare Abstützelement einen geringen Änderungsaufwand. So stellt dieses System ein kostengünstiges Verhältnis von Aufwand zu Nutzen bei der Ventil- oder Zylinderabschaltung bei Hebelventiltrieben dar.

13 Schaltbarer Schlepphebel zur Ventilhubumschaltung oder -abschaltung (Schaeffler)

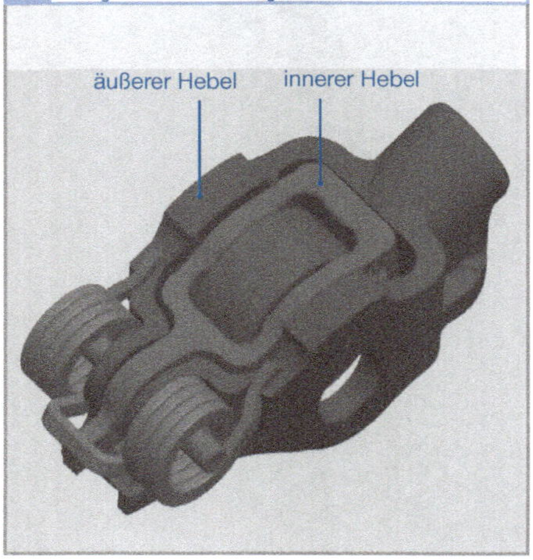

Schaltbarer Schlepphebel

Der schaltbare Hebel kann in einem Schlepphebeltrieb zur Realisierung von Hubumschaltung, Ventil- und Zylinderabschaltung eingesetzt werden (Bild 13). Der Schalthebel besteht analog zur Schalttasse aus zwei ineinander angeordneten Hebeln, die mit einem Verriegelungsmechanismus gekoppelt werden können. Es wird ein Dreifachnocken verwendet. Generell gibt es hier viele verschiedene Ausführungskonzepte. So kann der mittlere Nocken den großen Hub über Rollenkontakt und die beiden äußeren Nocken den kleinen Hub mittels Gleitkontakt realisieren. Der schaltbare Hebel wird elektrohydraulisch betätigt. Es gelten ähnliche Einschränkungen wie beim zuvor beschriebenen Tassenstößel hinsichtlich der Freizügigkeit der Wahl der Ventilerhebungskurve bei der Ventilhubumschaltung.

Schiebenockensystem

Das Schiebenockensystem ermöglicht die Realisierung von Hubumschaltung, Ventil- und Zylinderabschaltung. Das System kann zweistufig und dreistufig ausgeführt werden. Mit einer speziellen Steuernut können auch Doppelhübe pro Arbeitsspiel realisiert werden. Das Grundprinzip des Systems basiert auf einem axial auf einer Grundwelle verschiebbaren Nockenstück (Bild 14). Ein Aktor-Pin fährt in eine entsprechende Steuernut und verschiebt so zwangsgeführt durch die definierte Steigung der Steuernut das Nockenstück innerhalb einer Nockenwellenumdrehung.

Das System wird elektromechanisch angesteuert. Somit ist das System auch noch bei tieferen Temperaturen einsatzfähig. Zusätzlich kann dieses System zylinderindividuell angesteuert werden. Bedingt durch die elektromechanische Aktorik arbeitet das System ohne Motoröldruck. Die Ventilhubkurven können völlig frei im Rahmen der geltenden Grenzen unabhängig vom benachbarten

Nocken gestaltet werden. Somit ist auch ein Schneiden der beiden Hubkurven benachbarter Nocken zulässig. Lediglich eine genügend große gemeinsame Grundkreisphase zum Verschieben des Nockenstücks ist erforderlich.

Phasensteller

Ein weiterer Freiheitsgrad der Ventilvariabilitäten ist die Phasenverstellung zwischen Kurbelwelle und Nockenwelle. Hierdurch wird der Öffnungs- und Schließzeitpunkt der Ventile verändert, während die Ventilerhebung und die Öffnungsdauer konstant bleiben. Je nach Betriebspunkt kann hierdurch die Leistungs- und Drehmomentcharakteristik, die Leerlaufstabilität, der Restgasanteil oder das Startverhalten beeinflusst werden.

In einem konstanten Betriebspunkt ist die Genauigkeit der Einstellung der gewünschten Steuerzeit von großer Bedeutung. Insbesondere zukünftige Brennverfahren wie homogene oder teilhomogene Selbstzündungsverfahren stellen sehr hohe Anforderungen an die Genauigkeit. Im transienten Betrieb, beim Wechsel auf einen anderen Betriebspunkt im Kennfeld, ist die Verstellgeschwindigkeit zum Einstellen der neuen Steuerzeit wichtig. Dadurch wird z. B. die Qualität des Aufbaus des Motordrehmomentes beeinflusst. Zu geringe Verstellgeschwindigkeiten müssen bei der Motorapplikation durch Anpassung von Zündung und Einspritzung ausgeglichen werden. Das kann zu Nachteilen beim Verbrauch führen. Eine weitere wichtige Funktion ist der Freiheitsgrad bei der Wahl der Steuerzeit für den Start des Verbrennungsmotors. Im Motorbetrieb werden zum Teil Steuerzeiten eingestellt, die für den Motorstart ungeeignet sind, deshalb sollen die gewünschten Steuerzeiten während des Anlassvorgangs möglichst stabil gehalten werden können. In Zukunft könnten darüber hinaus unterschiedliche Steuerzeiten für verschiedene Startbedingungen (z. B. heißer und kalter Motor) wünschenswert sein.

14 Schiebenockenanordnung (Schaeffler)

Bild 14
1 Schiebenocken
2 Aktor
3 Aktor-Pin
4 Grundwelle

Vollvariable Ventiltriebe

Bei den vollvariablen Ventiltrieben, d. h. solchen mit kontinuierlicher Hub-, Öffnungsdauer- und Phasenlageverstellung, lassen sich drei wesentliche Kategorien unterscheiden. Neben den rein mechanischen vollvariablen Trieben gibt es die elektromagnetischen und die elektrohydraulischen. Die nockenwellenlose elektromagnetische Variante gibt es bis heute nicht in einer Serienausführung. Es haben es sich bisher in Serie nur Varianten mit Nockenwellenantrieb durchgesetzt.

Bild 15 zeigt eine Schnittdarstellung des Systems mit elektrohydraulischer Steuerung. Von der Nockenwelle wird ein Rollenschlepphebel betätigt, der in einem Pumpenraum Öldruck erzeugt. Der Hochdruckraum überträgt diesen Öldruck in Form einer „hydrau-

15 Schnittdarstellung eines elektrohydraulischen vollvariablen Ventiltriebs (Schaeffler)

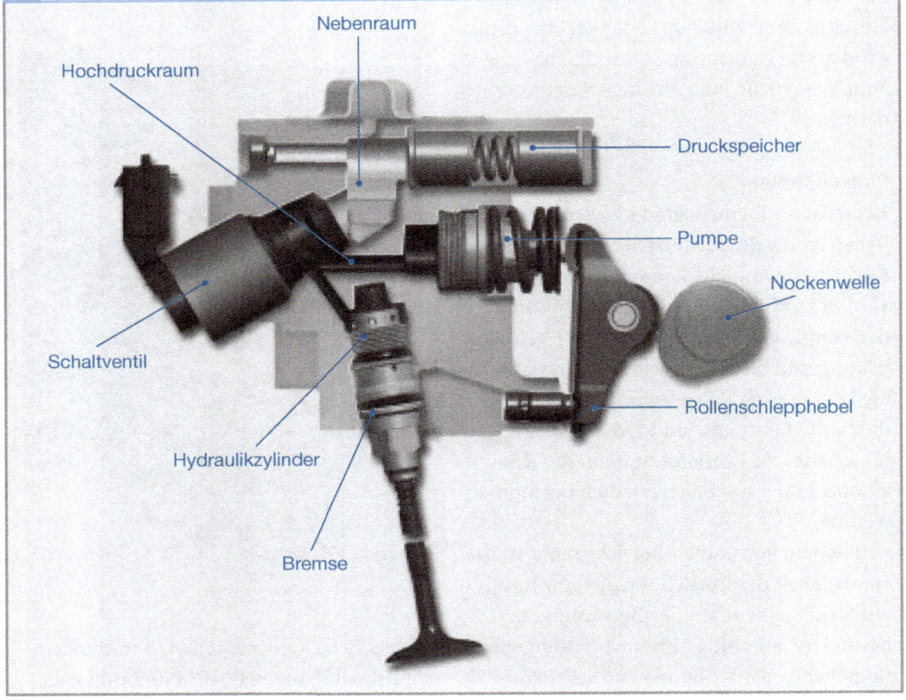

lischen Stoßstange“ auf einen Hydraulikzylinder oberhalb des Motorventils. Solange das angeordnete Schaltventil geschlossen ist folgt die Motorventilbewegung dem Nockenprofil. In dem Moment, in dem das Schaltventil öffnet, kann der Öldruck in einen befederten Nebenraum ausweichen. Die Feder des Motorventils schließt das Motorventil und verschiebt das Öl in den Zwischenraum. Kurz vor Aufsetzen des Motorventils verhindert eine weggesteuerte Bremsvorrichtung das unkontrollierte Aufsetzen des Ventils. Auf der rücklaufenden Flanke des Nockenprofils verschiebt die Feder im Druckspeicher das Ölvolumen in den Pumpenraum und gibt die noch gespeicherte Energie wieder an die Nockenwelle ab. Gleichzeitig füllt sich der Pumpenraum mit Öl zur Vorbereitung für den nächsten Arbeitshub.

Durch die phasengenaue Ansteuerung des Schnellschaltventils sind innerhalb der Vorgabe der Ventilhubkurve des Nockenprofils verschiedene Ventilhubeinstellungen möglich. Durch vorzeitiges Absteuern ist ein frühes Schließen und ein kleiner Hub möglich. Durch zweimaliges Ansteuern des Schnellschaltventils sind auch Doppelhübe des Motorventils während eines Ladungswechsels möglich.

Ein weiteres vollvariables Ventiltriebssystem wird durch eine Abstützwelle in Verbindung mit einem Zwischenhebel realisiert. Die Abstützwelle ist drehbar gelagert und besitzt eine Kontur, auf der sich der Zwischenhebel abstützt. Durch das Verdrehen der Abstützwelle verändert sich der Auflagepunkt des Zwischenhebels und damit ändert sich das Übersetzungsverhältnis zwischen

Nockenwelle und Motorventil. Es ist stufenlos zwischen dem Minimalwert und der Vollerhebung des Motorventils einstellbar.

Zusammenfassend kann festgehalten werden, dass sich die variable Ventilsteuerung bei modernen Ottomotoren immer mehr durchsetzt. Da die Turboaufladung beim Ottomotor verstärkt eingesetzt wird, finden sich variable Ventiltriebssysteme vermehrt auch auf der Auslassseite.

Aufladung

Da Drehmoment und Leistung eines Verbrennungsmotors bei steigendem Saugrohrdruck (bis zu einer gewissen Grenze) stetig ansteigen, ist es sinnvoll, Saugrohrdrücke mit einem Ladedruck oberhalb des atmosphärischen Luftdruckes bereitzustellen. Dies eröffnet die Basis, ohne Leistungseinbuße gegenüber einem Saugmotor mit kleinerem Hubraum auszukommen. Zur Realisierung entsprechender Ladedrücke ist ein Aufladesystem erforderlich, welches grundlegend unterschiedlich aufgebaut sein kann. In den folgenden Abschnitten werden die Aufladeverfahren, ihre Vorteile und Nachteile ausgeführt.

Mechanische Aufladung

Bei der mechanischen Aufladung wird ein Verdichter direkt vom Verbrennungsmotor angetrieben. Bild 16 zeigt den Aufbau eines modernen Roots-Kompressors mit den beiden gegeneinander drehenden Rotoren (1). In der Regel sind Motor- und Verdichterdrehzahl z. B. über einen Keilrippenriemenantrieb (2) fest miteinander gekoppelt. Zum Abschalten des mechanischen Laders bei niedriger Motorlast wird i.A. noch eine elektromechanische Kupplung (nicht dargestellt) eingesetzt.

Der Ladedruck kann beim mechanischen Lader über einen Bypass gesteuert werden.

16 Rootslader (Eaton)

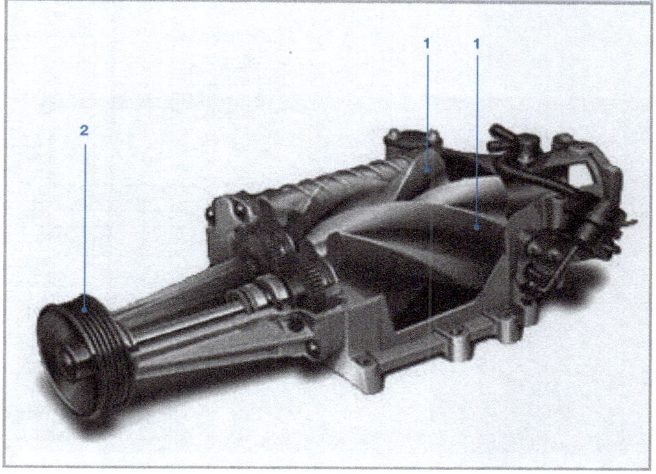

Bild 16
1 Rotoren
2 Riemenscheibe

Ein Teil des verdichteten Luftmassenstroms gelangt in die Zylinder und bestimmt die Füllung, der andere Teil strömt über den Bypass zurück zur Ansaugseite. Die Ansteuerung des Bypassventils übernimmt die Motorsteuerung.

Die Vorteile des mechanischen Laders sind ein spontanes Ansprechverhalten und ein gleichmäßiger Drehmomentverlauf. Allerdings belastet die Antriebsleistung den Motor und es sind Geräuschdämpfungsmaßnahmen sowie ein vergleichsweise großer Bauraum erforderlich.

Druckwellenaufladung

Bei der Druckwellenaufladung werden im Hochdruckprozess heiße, unter Druck stehende Abgase kurzzeitig mit atmosphärischer Ansaugluft in Zellen eines Rotors in Kontakt gebracht (Bild 17). Dabei entwickelt sich von der Abgasseite ausgehend eine Druckwelle, welche die Ansaugluft verdichtet und auf der Ladeluftseite des Druckwellenladers ausstößt. Kurz vor Eintreffen der Abgas-Luft-Trennzone auf der Ladeluftseite wird die betreffende Zelle ladeluftseitig durch Weiterdrehen des Zellenrotors ver-

17 Elektrisch angetriebener Druckwellenlader

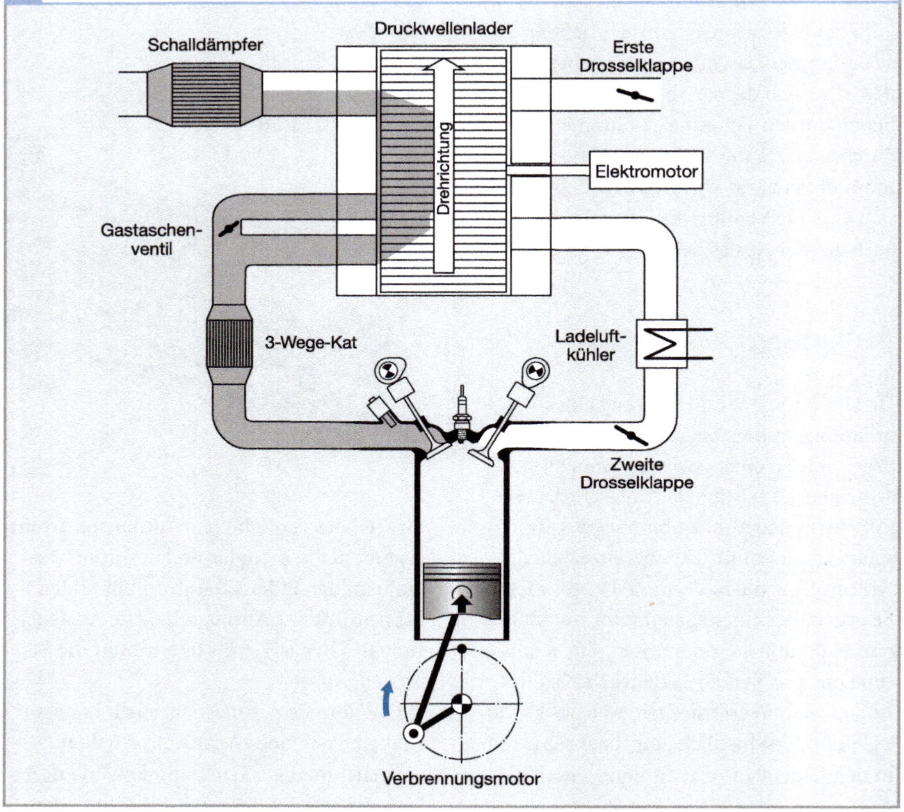

schlossen. Durch den geringen Einzel-Kanalquerschnitt wird eine Vermischung von Frisch- und Abgas in der Trennzone weitgehend reduziert.

Im anschließenden Niederdruckprozess läuft die nun gedämpfte Druckwelle in die Gegenrichtung und verdichtet mit geringer Restenergie das in die Zelle zuvor eingetretene Abgas und stößt dieses durch die zwischenzeitlich erfolgte Öffnung auf der Abgasseite in die Abgasanlage. Gleichzeitig erfolgt auf der gegenüberliegenden Seite derselben Zelle bedingt durch dynamischen Unterdruck ein Ansaugvorgang von atmosphärischer Luft. Unmittelbar vor Erreichen der neuen Trennzone zwischen Ansaugluft und Abgas erfolgt durch kontinuierliches Weiterdrehen des Rotors ein Verschließen der Abgasseite, so dass ein unkontrolliertes Überströmen von Ansaugluft in den Abgasanlage vermieden wird.

Zur Erzielung günstigerer Einbauverhältnisse und zur besseren Regelung bietet es sich an, den Riementrieb durch einen elektrischen Antrieb zu ersetzen. Die Antriebsleistung ergibt sich im Wesentlichen auf Basis der Rotorträgheit und der Drehzahldynamik des Verbrennungsmotors und begrenzt sich damit auf dynamische Situationen. Zur Prozessoptimierung kann optional eine Verschiebung (Verdrehung) der Steuerquerschnitte auf der Luftseite vorgesehen werden, um den unterschiedlichen Gaslaufzeiten Rechnung tragen zu können. Die Leistung zur Verdichtung der Ladeluft wird ausschließlich vom Abgas generiert.

Zur Ladedruckregelung wird ein Gastaschenventil (siehe Bild 17) eingesetzt, welches bei voller Ladedruckanforderung im geschlossenen Zustand das Abgas vollständig in den Hochdruckprozess einleitet und mit sinkender Ladedruckanforderung bei zunehmender Öffnung zunehmend mehr Abgas in den Niederdruckprozess überführt.

Eine erste Drosselklappe stromauf des Druckwellenladers steuert das effektive Druckverhältnis im Niederdruckprozess, so dass weder kritische Mengen an Frischluft ins Abgas gelangen noch kritische Mengen an Abgas in die Frischluft überströmen können. Analog zu Ottomotoren ohne Aufladung wird eine zweite Drosselklappe zur Steuerung des Saugrohrdruckes verwendet.

Die Vorteile des Druckwellenladers sind ein hohes Druckverhältnis über einen breiten Drehzahlbereich und eine hohe Dynamik, daher zeigt er keine Anfahrschwäche. Außerdem zeigt er einen hohen Wirkungsgrad über einen weiten Drehzahlbereich.

Er zeigt jedoch eine sehr hohe Empfindlichkeit bezüglich des Abgasgegendrucks (z. B. aufgrund einer Abgasnachbehandlung stromabwärts des Druckwellenladers) und bezüglich des Druckverlusts der Sauganlage (z. B. ist ein beladenes oder nasses Luftfilterelement sehr kritisch). Außerdem heizt die Abgaswärme zunächst hauptsächlich den Zellenrotor und steht dabei dem Verdichtungsprozess nur ungenügend zur Verfügung, was zu einer Anfahrschwäche mit kaltem Zellenrotor führt. Ferner ist die Geräuschdämpfung kritisch. In den 70er- und 80er-Jahren entwickelte die Fa. BBC (CH-Baden) einen Druckwellenlader unter dem Namen Comprex, welcher in den Folgejahren zum Hyprex weiterentwickelt wurde.

Abgasturboaufladung

Von den bekannten Verfahren zur Aufladung von Verbrennungsmotoren findet die Abgasturboaufladung heute die breiteste Anwendung. Sie ermöglicht bereits bei Motoren mit kleinem Hubraum hohe Drehmomente und Leistungen bei guten Motorwirkungsgraden. Vor wenigen Jahren wurde die Abgasturboaufladung noch vorwiegend zur Leistungssteigerung bestehender Motoren eingesetzt. Aufgrund stetig wachsender Anforderungen an eine CO_2-Minderung, gleichzusetzen mit einer Kraftstoffverbrauchsminderung des Fahrzeuges, hat sich dieser Trend in Richtung innovativer Downsizing-Konzepte gewandelt. Hierbei wird der Hubraum sowie die Zylinderanzahl des Verbrennungsmotors verringert, um die mechanische Reibung des Aggregats zu minimieren und der einhergehende Leistungsverlust mittels Aufladung kompensiert.

Aufbau und Arbeitsweise

Der Abgasturbolader (ATL, Bild 18) setzt sich in seinen Hauptbestandteilen aus einer Abgasturbine, einem Verdichter sowie einer Lagerung zusammen. Die Abgasturbine besteht aus dem Turbinenrad (8) und dem Turbinengehäuse (9), der Verdichter aus dem Verdichterrad (3) und dem Verdichtergehäuse (2), die Lagerung aus der Welle (6), der Radiallagerung (5, 7), der Axiallagerung (4) und dem Lagergehäuse (11).

Die Abgasturbine sitzt im Abgastrakt, üblicherweise direkt hinter dem Abgaskrümmer und vor dem Katalysator. Aufgrund der hohen Abgastemperaturen müssen Turbinenrad und -gehäuse aus hitzebeständigen Werkstoffen gefertigt sein.

Zum Antrieb der Turbine wird die Energie genutzt, die im heißen und unter Druck ste-

18 Abgasturbolader mit elektrisch betätigtem Wastegate und Schubumluftventil

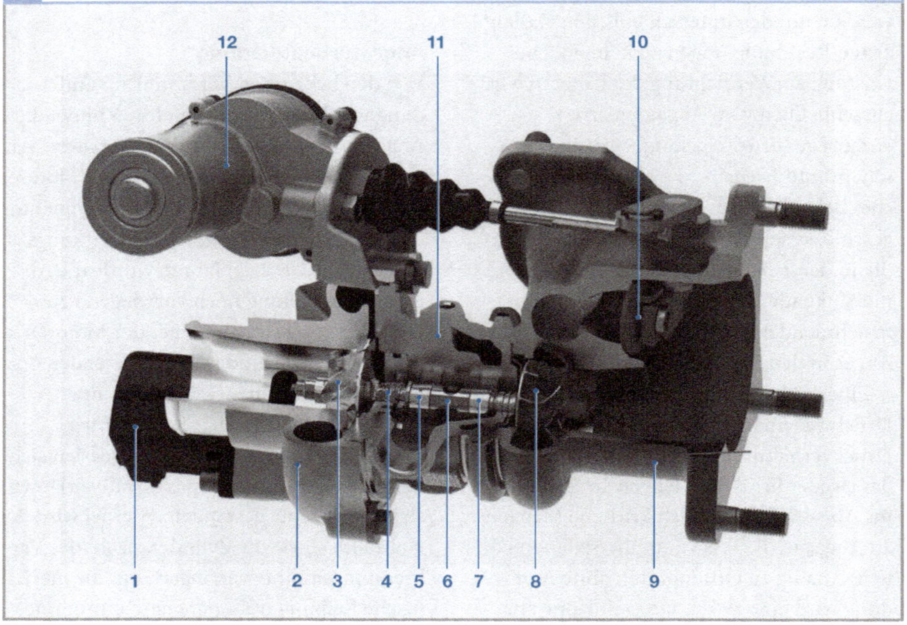

Bild 18
1 Schubumluftventil
2 Verdichtergehäuse
3 Verdichterrad
4 Axiallagerung
5 Radiallagerung
6 Welle
7 Radiallagerung
8 Turbinenrad
9 Turbinengehäuse
10 Wastegate
11 Lagergehäuse
12 elektrischer Wastegateaktor

henden Abgas enthalten ist. Das heiße Abgas strömt durch das Turbinengehäuse ein, in welchem es durch eine kontinuierliche Querschnittsverengung beschleunigt wird, bevor es schließlich näherungsweise tangential auf das Turbinenrad auftrifft. Anschließend wird der Abgasstrom im Laufrad umgelenkt und verlässt das Turbinenrad in axialer Richtung. Der Impulsaustausch durch die Umlenkung treibt das Turbinenrad an und versetzt es in eine schnelle Drehbewegung (je nach Raddurchmesser bis zu 350 000 min^{-1}).

Über die Welle wird die Rotationsleistung auf das Verdichterrad übertragen, welches sich bezüglich der Strömungsverhältnisse genau umgekehrt zum Turbinenrad verhält. Die Frischluft tritt axial in das Verdichterrad ein und wird von den Schaufeln radial nach außen geleitet, dabei stark beschleunigt und je nach Bauart auch bereits leicht verdichtet. Der hauptsächliche Druckaufbau findet nach Austritt aus dem Rad im Diffusor statt, wo die kinetische Energie des Gases in Druck umgesetzt wird.

Hierdurch wird eine Erhöhung der Ladungsdichte im Zylinder und damit eine größere Zylindermasse bei gleichem Hubvolumen erzielt, welche sich durch entsprechende Kraftstoffzugabe in einer annähernd proportional höheren Motorleistung widerspiegelt.

Durch die Komprimierung der Luft kommt es neben der Druckerhöhung jedoch auch zu einem Temperaturanstieg der Luft, welcher sich kontraproduktiv auf die Erhöhung der Dichte auswirkt. Um diesem Effekt entgegen zu wirken, wird die Luft nach Austritt aus dem Verdichtergehäuse vor Eintritt in den Motor in einem Ladeluftkühler wieder heruntergekühlt.
Damit nutzt der Abgasturbolader Abgasenergie, die sonst ungenutzt den Motor verlassen

19 Exemplarisches Kennfeld des Verdichters eines Abgas-Turboladers

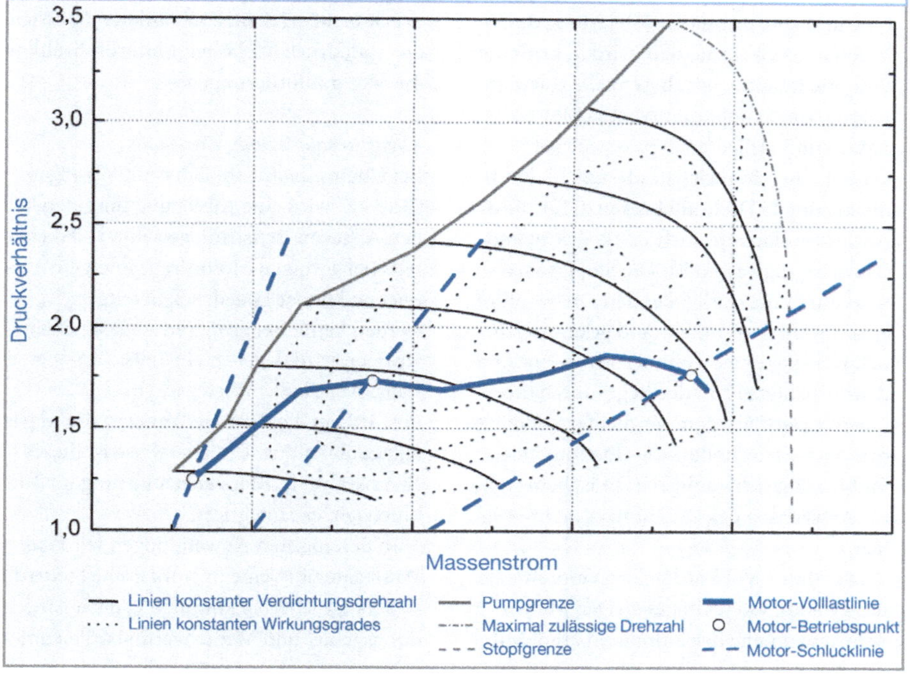

würde. Andererseits muss Energie aufgewendet werden, um das Abgas im Ausschiebetakt des Motors auf den mit Turbolader höheren Abgasdruck aufzustauen. Dies erhöht die Ladungswechselarbeit des Verbrennungsmotors.

In Bild 19 ist exemplarisch ein Verdichterkennfeld mit einer typischen Volllast-Betriebslinie eines Ottomotors dargestellt. Aufgetragen ist das Druckverhältnis (Verhältnis des Austrittsdrucks zum Eintrittsdruck) über dem Massenstrom. Die Drehzahl des Verdichters steigt mit dem Durchsatz und dem Druckverhältnis an. Die Linien konstanten Wirkungsgrades haben eine Muschelform, wobei der maximale Wirkungsgrad in etwa in der Mitte des Kennfeldes liegt und bei typischen Pkw-Verdichtern je nach Größe Werte zwischen etwa 70 und 75 % erreicht. Begrenzt wird das Kennfeld links durch die Pump-, rechts durch die Stopf- und oben durch die maximale Drehzahlgrenze.

Links von der Pumpgrenze im Bereich niedriger Durchsätze und hoher Druckverhältnisse ist kein stabiler Betrieb des Verdichters möglich. Hier kommt es zu einer Ablösung der Strömung von der Verdichterschaufel, was zu Verwirbelungen und schließlich einem Abfall des Druckes führt. Durch die sich einstellenden Druckverhältnisse kommt es zu einem kurzzeitigen Rückströmen bis sich schließlich der Druck hinter dem Verdichter wieder aufbaut. Dieser sich wiederholende Prozess wird als „Verdichterpumpen" bezeichnet und ist durch Schwingungen großer Amplitude im Ladedruck im Bereich von 5...10 Hz, abhängig von der Geometrie der Leitungsführung vor und hinter dem Verdichter, erkennbar.

Um das Verdichterpumpen und die damit einhergehende, störende Geräuschentwicklung und eine unzulässige Belastung des Verdichters zu vermeiden, wird in kritischen Betriebssituationen (z. B. schnelle Gaswegnahme) das Schubumluftventil (Bild 18, Pos. 1) im Verdichter-Bypass geöffnet.

Nach oben hin wird das Kennfeld durch die maximale Drehzahl begrenzt, für die der Abgasturbolader je nach Lastkollektiv und Bauweise zugelassen ist. Die Stopfgrenze wird durch die stark fallenden Drehzahllinien am rechten Kennfeldrand gekennzeichnet. Der maximale Volumenstrom eines Radialverdichters ist in der Regel durch die Querschnittsfläche am Verdichterradeintritt begrenzt. Erreicht dort die einströmende Luft Schallgeschwindigkeit, so ist kein weiteres Anwachsen des Durchsatzes mehr möglich.

Die Motor-Volllastlinie des Verbrennungsmotors steigt bei niedrigen Motordrehzahlen nahe der Pumpgrenze an. Mit zunehmender Motordrehzahl, zunehmender Motorleistung und zunehmender Abgasenthalpie steigt auch die verrichtete Arbeit an der Turbine. Die feste Kopplung zwischen Turbine und Verdichter führt schließlich zu einem höheren Ladedruck. Sobald das maximale Drehmoment des Motors erreicht wird, muss mittels eines Stellglieds die Turbinenleistung und damit der Ladedruck begrenzt werden. Nachfolgend werden verschiedene Bauarten vorgestellt, die dies auf unterschiedliche Weise realisieren.

Abgasturbolader-Bauarten

Eine hinsichtlich Fahrbarkeit angenehme Motorauslegung weist ein hohes Motordrehmoment bei niedrigen Motordrehzahlen auf. Die Charakteristik des Abgasturboladers weist jedoch entgegen diesem Auslegungskriterium einen exponentiell steigenden Ladedruck mit zunehmendem Massenstrom auf. Hierdurch wird zum einen bei niedrigen Motordrehzahlen der erforderliche Ladedruck nicht erreicht, zum anderen übersteigt der Ladedruck bei hohen Motordrehzahlen die Motoranforderungen.

Abgasturbolader mit Wastegate

Bei einem Abgasturbolader mit Wastegate (Bild 18) wird eine Auslegung für einen kleinen Abgasmassenstrom gewählt, sodass bereits bei geringen Motordrehzahlen ein ausreichend hoher Ladedruck bereitgestellt werden kann. Bei größeren Abgasmassenströmen wird dagegen ein Teilstrom über ein Bypassventil, das Wastegate (Bild 18, Pos. 10), an der Turbine vorbei in die Abgasanlage abgeführt. Üblicherweise ist dieses Bypassventil in Klappenausführung im Turbinengehäuse integriert.

In den meisten Anwendungen wird das Wastegate über eine pneumatische Steuerdose betätigt. Hierbei kommen je nach Anwendungsgebiet und Medienverfügbarkeit am Fahrzeug Unter- oder Überdruckdosen zum Einsatz. Die einfachste Variante stellt hier die Verwendung des Ladedruckes als Steuerdruck dar. Mittels eines Taktventils zwischen Druckversorgung und Aktor kann über das Motorsteuergerät der Druck und damit der Weg am Aktor eingestellt werden. Eine Weiterentwicklung stellen Druckdosen mit integriertem Wegsensor dar, was die Genauigkeit der Positionseinstellung erhöht und damit den Einregelvorgang des Ladedruckes beschleunigt.

Bild 18 zeigt ein Wastegate mit elektrischem Aktor (Pos. 12). Die Vorteile liegen hier bei höheren Zuhaltekräften des Wastegates, was zu geringeren Leckageströmen und damit zu einem besseren Ansprechverhalten führt sowie zu einer flexiblen Ansteuerung des Wastegates im gesamten Motorbetriebskennfeldes, unabhängig vom verfügbaren Systemdruck.

20 Abgasturbolader mit zweiflutiger Turbine

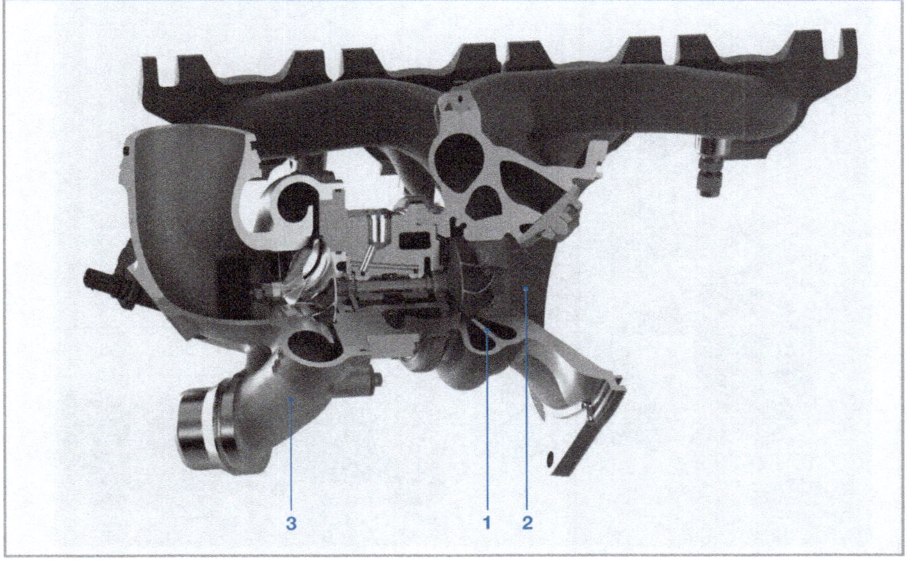

Bild 20
1 zweiflutige Turbinenvolute
2 Turbinengehäuse
3 Verdichtergehäuse

Abgasturbolader mit zweiflutiger Turbine
Bei Motoren mit vier oder mehr Zylindern kann es für den Ladungswechsel des Motors von Vorteil sein, die abgasseitige Leitungsführung der hintereinander zündenden Zylinder voneinander zu trennen (Bild 20), um ein Übersprechen des ersten Druckpulses nach Öffnen des Ventils (Vorauslassstoß) auf den Zylinder, dessen Auslassventil gerade schließt, zu vermeiden. Dies würde zu einem Anstieg der im Zylinder verbleibenden Restgasmasse und damit zu einer schlechteren Füllung sowie zu einer schlechteren Klopfempfindlichkeit führen.

Die Trennung der Abgasleitungen (die Flutentrennung) erfolgt bei der zweiflutigen Turbine bis kurz vor das Turbinenrad. Dabei werden die Zylinder voneinander separiert, welche direkt hintereinander ausschieben. Ein weiterer Vorteil dieses Prinzips ist die sogenannte Stoßaufladung. Durch das verringerte Volumen zwischen ausstoßendem Zylinder und Turbine kann noch ein Großteil der kinetischen Energie des Druckpulses zur Beschleunigung des Turbinenrades beitragen, was sich in einem besseren Ansprechverhalten sowie einem höheren Motordrehmoment bei niedrigen Motordrehzahlen (Low-End-Torque) äußert. Befindet sich dagegen ein großes Volumen zur Dämpfung der Druckpulse zwischen den Auslasskanälen und der Turbine, spricht man von einer Stauaufladung. Diese weist zwar Nachteile im Ansprechverhalten und im Low-End-Torque auf, erreicht jedoch bei optimierter Auslegung durch eine konstante Druckbeaufschlagung höhere thermodynamische Wirkungsgrade.

Abgasturbolader mit verstellbarer Turbinengeometrie
Verstellbare Turbinen-Geometrien (Variable Turbinen-Geometrie VTG) bieten eine weitere Möglichkeit, den Ladedruck bei hoher Motordrehzahl zu begrenzen. Der VTG-Abgasturbolader ist bei Dieselmotoren Stand

21 Abgasturbolader mit verstellbarer Turbinengeometrie

Bild 21
1 verstellbare Leitschaufeln
2 Turbinenvolute
3 Turbinengehäuse
4 Verdichtergehäuse

der Technik (siehe z. B. [3]). Bei Ottomotoren wird er ebenfalls eingesetzt, konnte sich jedoch u. a. wegen der hohen thermischen Belastung durch die heißeren Abgase nicht auf breiter Front durchsetzen.

Die verstellbaren Leitschaufeln (Bild 21) passen den Strömungsquerschnitt zwischen der turbinenseitigen Volute und dem Eintritt in das Turbinenrad durch Variation des Schaufelwinkels an. Bei niedrigem Abgasmassenstrom, also bei geringer Motordrehzahl, geben sie einen kleinen Strömungsquerschnitt frei, sodass der Abgasmassenstrom am Austritt der Leitschaufeln eine hohe Geschwindigkeit erreicht und damit die Abgasturbine auf eine hohe Drehzahl beschleunigt. Bei steigender Motordrehzahl werden dagegen die Leitschaufeln geöffnet. Dadurch wird ein größerer Strömungsquerschnitt freigegeben, was den Aufstaudruck und damit die Drehzahl nicht weiter ansteigen lässt. Über die kontinuierliche Verstellung der Leitschaufeln ist es damit möglich, in allen Betriebsbereichen den gewünschten Ladedruck einzustellen, ohne Abgas an der Turbine vorbeizuleiten.

Zur Steuerung des Strömungsquerschnitts wird der Anstellwinkel der Leitschaufeln verstellt. Hierzu werden die Leitschaufeln über einzelne an ihnen befestigte Verstellhebel, die mittels eines Verstellrings angesteuert werden, auf den gewünschten Winkel eingestellt. Die Verstellung geschieht pneumatisch über eine Verstelldose oder mit Hilfe eines elektrischen Aktors. Die Vorteile der Abgasturboaufladung sind hohe Ladedrücke, eine kostengünstige Realisierung und kompakte Abmessungen. Nachteilig wirken sich die begrenzte Kennfeldbreite und die Anfahrschwäche, insbesondere bei Hochaufladung aus. Zur Vermeidung der oben beschriebenen Nachteile werden verschiedene Aufladesysteme kombiniert.

Kombinierte Aufladesysteme

Neben dem Einsatz eines einzelnen Abgasturboladers mit verschiedensten Verstellmechanismen gibt es auch eine Vielzahl von Anwendungen mit einer Kombination aus mehreren Aufladeaggregaten. Hierbei werden mehrere Abgasturbolader in unterschiedlichen Anordnungen miteinander gekoppelt, um den Leistungs- und Betriebsbereich des Motors zu erweitern. Zudem gibt es auch Kombinationen aus mechanischen Aufladeaggregaten und Abgasturboladern. Im Nachfolgenden wird auf die bekanntesten kombinierten Aufladesysteme kurz eingegangen.

Je ein Turbolader pro Zylinderbank

Dabei wird ein großer Turbolader durch zwei identische kleine Turbolader ersetzt, welche jeweils von einer Zylinderbank mit Abgas versorgt werden. Luftseitig werden die Ausgänge der beiden Verdichter vor dem Saugrohr zusammengeführt.

Registeraufladung

Im Gegensatz dazu wird bei der Registeraufladung ein großer Turbolader durch zwei unterschiedlich dimensionierte Turbolader ersetzt. Für geringe Massendurchsätze, d. h. im Teillastbetrieb oder im Vollastbetrieb bei niedrigen Motordrehzahlen wird nur ein kleiner Turbolader verwendet und der zweite Turbolader wird abgeschaltet. Bei hohen Massendurchsätzen stößt der kleine Turbolader an seine Grenzen und der zweite Turbolader wird dazugeschaltet.

Kombination aus mechanischer Aufladung und Abgasturboaufladung

Bei einer Reihenschaltung eines mechanischen Rootskompressors und eines Abgasturboladers wird der Vorteil des mechanischen Laders genutzt, bereits bei niedrigen Motordrehzahlen einen hohen Ladedruck und damit ein hohes Anfahrdrehmoment zur Verfügung zu stellen. Bei höheren Betriebspunkten und damit bei größeren Abgasmassenströmen wird der Kompressor abgekuppelt und der Abgasturbolader übernimmt die Aufgabe des effizienten Befüllens der Zylinder. In transienten Fahrvorgängen kann es selbst bei mittleren Motordrehzahlen zu einem kurzzeitigen Zuschalten des Kompressors kommen, um die Längsdynamik des Fahrzeuges zu unterstützen.

Motorische Optimierung der Aufladung

Neben der Optimierung des Drehmomentverhaltens mit Hilfe kombinierter Aufladesysteme gibt es auch Möglichkeiten zur motorischen Optimierung.

Spülluft

Zur Erhöhung des Drehmomentes bei geringen Motordrehzahlen kann Spülen, üblicherweise bekannt unter dem englischen Begriff „Scavenging" einen wesentlichen Beitrag leisten. Ein- und Auslassventile werden so eingestellt, dass eine Ventilüberschneidung entsteht. Durch das Druckgefälle zwischen Luft- und Abgastrakt wird der Brennraum mit Frischluft gefüllt und gleichzeitig das von der letzten Verbrennung im Brennraum verbliebene Restgas ausgespült. Die bessere Füllung des Zylinders mit Frischluft ermöglicht ein höheres Drehmoment, da zum einen eine größere Kraftstoffmenge verbrannt werden kann und zum anderen der geringe Restgasanteil das Klopfverhalten des Motors verbessert. Der dadurch höhere Massenstrom über die Turbine führt zu einem höheren Aufstau und damit zu einer höheren Turbinenleistung und zu einem höheren Ladedruck. Der höhere Ladedruck kann wiederum zur Steigerung des Drehmomentes genutzt werden, womit sich diese Funktion selbst verstärkt. Die durch die Verdünnung mit Frischluft sinkende Abgastemperatur begrenzt bei hohen Spülraten die Wirksamkeit

22 Drehmomentverlauf mit und ohne Spülluft

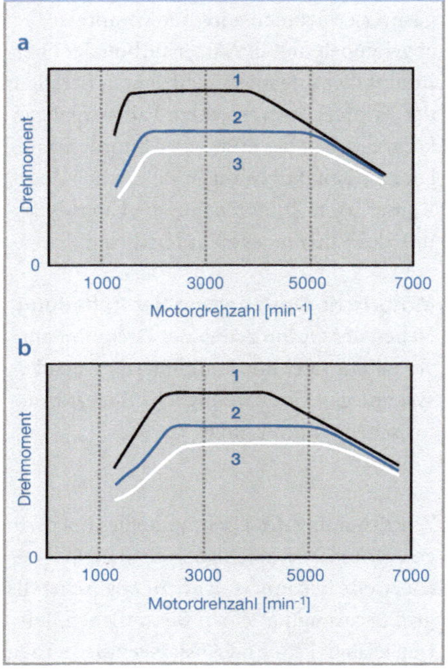

Bild 22
- a stationärer Motorbetrieb
- b eine Sekunde nach dem Lastsprung

1. Direkteinspritzung mit Spülluft
2. Direkteinspritzung ohne Spülluft
3. Saugrohreinspritzung

der Funktion. Außerdem ist die maximale Spülluftmenge zu begrenzen, um die Abgasnachbehandlung nicht zu stören.

Vier-Zylinder-Motoren mit einflutiger Turbine erfordern kurze Öffnungsdauern der Auslassventile, um Druckpulse durch Öffnen der Auslassventile von den Spülphasen der Nachbarzylinder zeitlich zu entkoppeln. Damit wird ein treibendes Spüldruckverhältnis von Frischluft zur Abgasseite während der Ventilüberschneidungsphase machbar. Bei 3-Zylinder-Motoren dagegen sind die Öffnungsdauern der Auslassventile nicht limitierend. Alternativ zur kurzen Auslassphase sind auch zweiflutige Turbinen (Bild 20) möglich. In allen Konfigurationen ist eine Direkteinspritzung in den Brennraum hilfreich, um Kraftstoffspülverluste während der Ventilüberschneidungsphase zu vermeiden.

Bild 22a zeigt den Verlauf des stationären Motordrehmomentes. Gegenüber den Vorgängerkonzepten ergibt sich bei unverändertem Abgasturbolader eine signifikante Drehmomentsteigerung. Das maximale Drehmoment wird bereits bei $1500/min^{-1}$ statt bei etwa $1900/min^{-1}$ erreicht.

Für das vom Fahrer subjektiv empfundene Zugkraftverhalten ist jedoch das instationäre Drehmoment relevant (Bild 22b). Der Durchschnittsfahrer erwartet typischerweise spätestens nach einer Sekunde ab dem Durchtreten des Fahrpedals eine adäquate Umsetzung seines Fahrerwunsches bezüglich Drehmoment und damit Zugkraft. Daher zeigt Bild 22b das eine Sekunde nach Durchtreten des Fahrpedals bei konstanter Motordrehzahl erreichte Drehmoment. Auch in dieser Betrachtung zeigt sich ein vergleichbarer Fortschritt gegenüber den Vorgängerkonzepten. Damit wird Downsizing praxistauglich realisierbar, ohne problematische Anfahrschwächen in Kauf nehmen zu müssen.

Ladeluftkühlung

Während des Verdichtens wird die Luft im Lader erwärmt. Ein Ladeluftkühler kühlt die verdichtete und erwärmte Luft wieder ab (Bild 23). Da die gekühlte Luft eine höhere Dichte aufweist als warme Luft, bewirkt dies eine Erhöhung der Zylinderfüllung gegenüber aufgeladenen Motoren ohne Ladeluftkühlung. Damit ist entweder eine Erhöhung des Drehmoments und der Leistung möglich oder alternativ die Absenkung des notwendigen Ladedrucks.

Die niedrigere Temperatur der Ladeluft führt auch zu niedrigeren Temperaturen der im Verdichtungstakt komprimierten Zylinderfüllung und damit zu einer geringeren Klopfneigung bei der Verbrennung. Diese kann wiederum genutzt werden, um den Zündzeitpunkt in Richtung früh zu verschie-

23 Strukturbild eines Ottomotors mit Aufladung und Direkteinspritzung einschließlich Komponenten für die Steuerung und Regelung

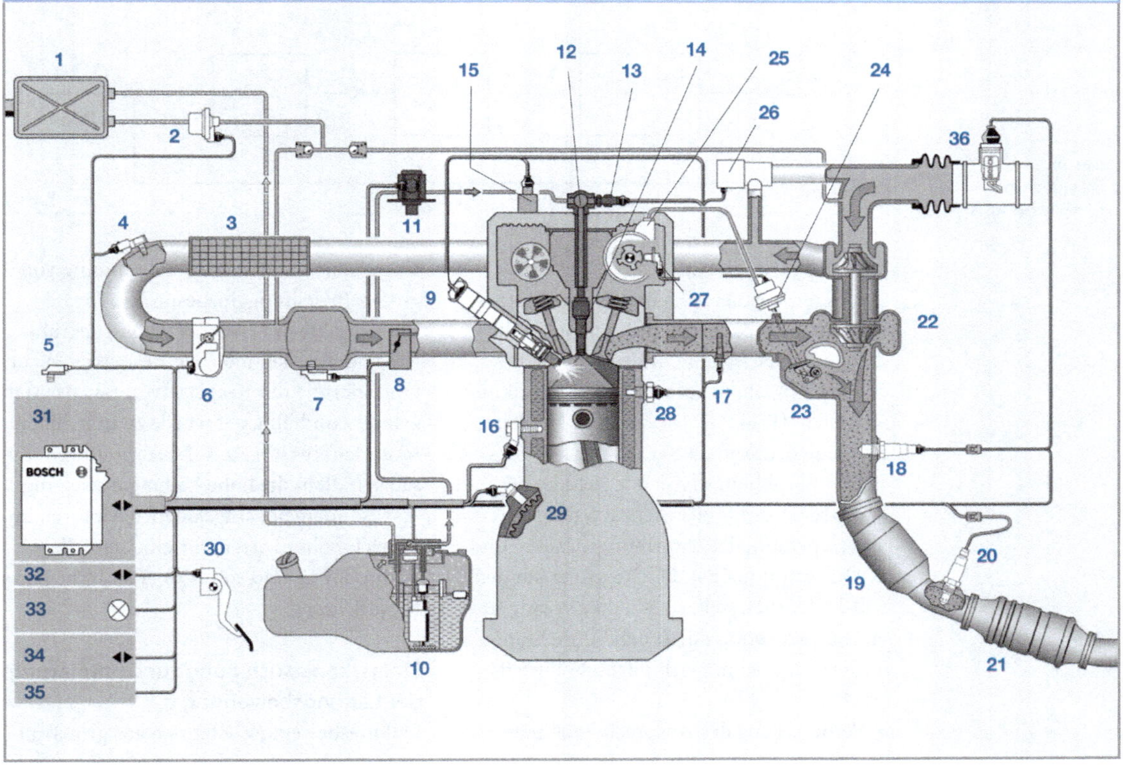

ben und damit den thermischen Wirkungsgrad des Motors zu verbessern und gleichzeitig die Abgastemperatur abzusenken. Dadurch verringert sich die thermische Belastung des Motors.

Bild 23
1 Aktivkohlebehälter
2 Tankentlüftungsventil
3 Ladeluftkühler
4 kombinierter Ladedruck- und Ansauglufttemperatursensor
5 Umgebungssensor
6 Drosselvorrichtung (EGAS)
7 Saugrohrdrucksensor
8 Ladungsbewegungsklappe
9 Zündspule mit Zündkerze
10 Kraftstofffördermodul mit Elektrokraftstoffpumpe
11 Hochdruckpumpe
12 Kraftstoff-Verteilerrohr
13 Hochdrucksensor
14 Hochdruck-Einspritzventil
15 Nockenwellenversteller
16 Klopfsensor
17 Abgastemperatursensor
18 λ-Sonde
19 Vorkatalysator
20 λ-Sonde
21 Hauptkatalysator
22 Abgasturbolader
23 Waste-Gate
24 Waste-Gate-Steller
25 Vakuumpumpe
26 Schubumluftventil
27 Nockenwellen-Phasensensor
28 Motortemperatursensor
29 Drehzahlsensor
30 Fahrpedalmodul
31 Motorsteuergerät
32 CAN-Schnittstelle
33 Motorkontrollleuchte
34 Diagnoseschnittstelle
35 Schnittstelle zum Immobilizer-Steuergerät (Wegfahrsperre)
36 Heißfilm-Luftmassenmesser

24 Ladedruck-Regelung

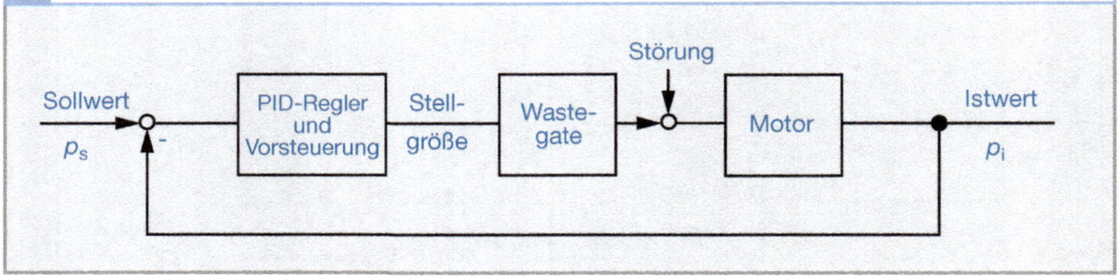

Bild 24
p_i Ladedruck
p_s Soll-Ladedruck

Ladedruckregelung

Im oberen Lastbereich eines Turbo-Motors wird im Saugrohr der Luftdruck oberhalb des atmosphärischen Luftdruckes (Ladedruck p_i) in einem geschlossenen Regelkreis eingestellt (Bild 24). Die Vorgabe für den Soll-Ladedruck p_s erfolgt aus der Füllungssteuerung, abhängig von der Stellung des Fahrpedals, der Motordrehzahl, der Ladelufttemperatur, des Umgebungsdruckes und der Kraftstoffqualität. Die Regelung auf den Soll-Ladedruck stellt sicher, dass gerade so viel Luft wie nötig durch den Verdichter gefördert wird, womit sich folgende Vorteile ergeben:

- Verbesserung des Ansprechverhaltens (Reduzierung des Turboloches),
- Erhöhung des Drehmomentes im unteren Drehzahlbereich (Low End Torque),
- Verbesserung des Wirkungsgrades durch Reduzierung der Drosselverluste im Aufladebereich.

Ladungsbewegung

Für eine gute Gemischaufbereitung spielen die Strömungsverhältnisse im Saugrohr und im Zylinder eine wesentliche Rolle. Eine hohe Ladungsbewegung sorgt für eine gute Durchmischung des Luft-Kraftstoff-Gemischs und damit für eine gute, schadstoffarme Verbrennung.

Bei Teillast ist eine ausreichende Ladungsbewegung für die Gemischbildung und für eine stabile und robuste Verbrennung von großer Bedeutung, insbesondere für Betriebspunkte mit externer Abgasrückführung oder hohen internen Restgasraten zur Optimierung des Kraftstoffverbrauchs. Mangelnde Zündfähigkeit würde zu unruhigem Motorlauf bis hin zu Aussetzern führen. Zusätzlich dient die hohe Ladungsbewegung, insbesondere bei aufgeladenen Motoren im Bereich hoher Lasten, für eine schnellere Verbrennung und somit zu einer reduzierten Klopfneigung.

Einlasskanalauslegung zur Optimierung der Ladungsbewegung

Ladungsbewegung setzt sich aus großskaligen wirbel- und kreisförmigen Strömungen mit einem Durchmesser ähnlich zu den charakteristischen Größen des Brennraums zusammen. Diese Ladungsbewegung zerfällt während des Kompressionshubs in kleinskalige Turbulenz, welche maßgeblich zur Flammenausbreitung beiträgt. Dadurch wirkt sich die Ladungsbewegung positiv auf Kraftstoffverbrauch und Laufruhe des Motors aus.

Die Auslegung des Einlasskanals führt zu einem Kompromiss hinsichtlich optimalem Durchfluss und hoher Ladungsbewegung. Zur Erreichung der Volllastziele ist der Saugrohr- und Ventilspaltdurchfluss entscheidend. Dabei muss aber auch auf die notwendige Ladungsbewegung und Turbulenz zur Erreichung hoher Brenngeschwindigkeiten geachtet werden. Bei Teillast spielt die Ladungsbewegung und die zum Verbrennungszeitpunkt entstehende Turbulenz zum Erhalt einer guten Verbrennungsstabilität eine entscheidende Rolle, da im Brennraum sehr niedrige Drücke und Temperaturen vorliegen und dadurch die Reaktionsgeschwindigkeiten gering sind.

Ladungsbewegungsklappe

Zusätzlich zur Saugrohrauslegung werden zur aktiven Steuerung der Ladungsbewegung Ladungsbewegungsklappen eingesetzt. Bei Systemen mit Benzin-Direkteinspritzung kann entweder eine kontinuierlich geregelte oder eine geschaltete Ladungsbewegungsklappe mit zwei Stellungen eingesetzt werden, um eine hohe Ladungsbewegung zu erzeugen. Das Saugrohr ist typischerweise im Bereich des Einlassventils in zwei Kanäle getrennt, wobei sich ein Kanal durch eine Klappe verschließen lässt (**Bild 25**). Durch diese Ladungsbewegungsklappe wird in Verbindung mit der Geometrie des Einlassbereichs eine walzen- oder eine drallförmige Bewegung des Gemischs im Brennraum erreicht (**Bild 26**). Für die walzenförmige Bewegung wird auch häufig der Begriff Tumble verwendet, für die drallförmige Bewegung ist der Begriff Swirl üblich. Über eine Ladungsbewegungsklappe kann die Intensität der Ladungsbewegung beeinflusst werden. Diese erzwungene Strömung stellt beim wandgeführten Schichtbrennverfahren den Gemischtransport zur Zündkerze sicher und unterstützt die Gemischaufbereitung.

Im Homogenbetrieb ist die Ladungsbewegungsklappe in der Regel bei niedrigen Drehmomenten und Drehzahlen geschlossen. Bei hohen Drehmomenten und Drehzahlen muss die Ladungsbewegungsklappe geöffnet werden. Sonst ist es nicht möglich, die für die hohe Leistung benötigte Luft in den Brennraum anzusaugen, da die Ladungsbewegungsklappe einen Teil des Strömungsquerschnitts verschließen würde. Durch die frühe Einspritzung des Kraftstoffs in den Brennraum, die bereits im Ansaugtakt erfolgt, sowie durch das hohe Tempera-

25 Gesteuerte Ladungsbewegung

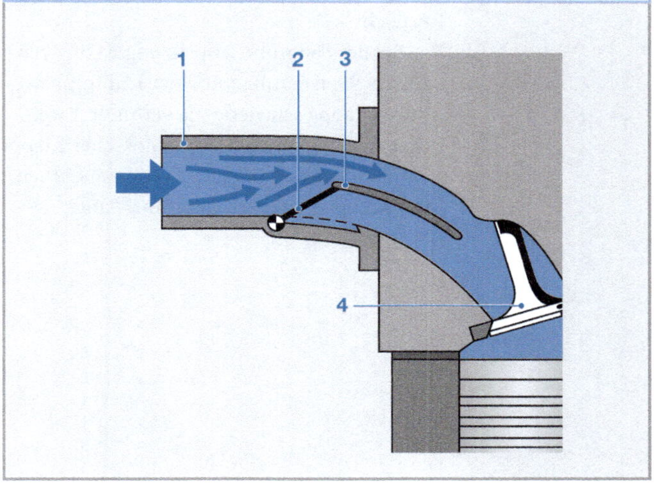

Bild 25
1 Saugrohr
2 Ladungsbewegungsklappe
3 Trennsteg
4 Einlassventil

26 Strömungen im Brennraum

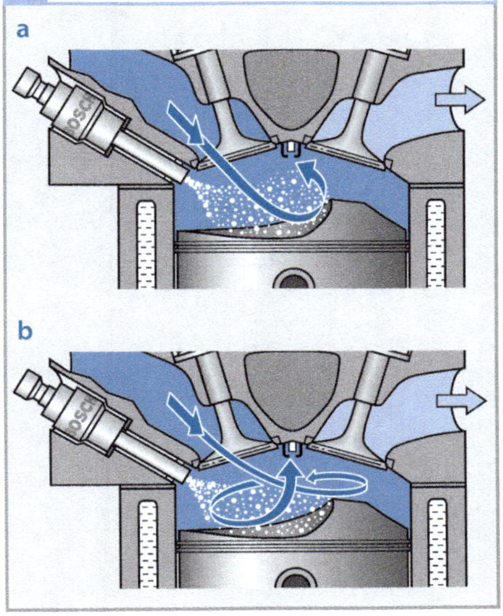

Bild 26
a Tumble (walzenförmige Bewegung)
b Swirl (Drallbewegung)

turniveau wird eine gute Gemischaufbereitung auch ohne erhöhte Ladungsbewegung erreicht.

Bei der Saugrohreinspritzung ist die technische Realisierung mit einer Ladungsbewegungsklappe schwierig, da verhindert werden muss, dass sich bei geschlossener Klappe Kraftstoff ansammelt, welcher beim Öffnen der Klappe in den Brennraum gelangt.

Abgasrückführung

Die durch Abgasrückführung (AGR) im Zylinder verbleibende Restgasmasse erhöht den Inertgasanteil der Zylinderfüllung über den Wert des Inertgasanteils der angesaugten Luft. Der Anteil des im Zylinder verbleibenden Restgases kann über variable Steuerzeiten beeinflusst werden. In diesem Fall spricht man von einer „inneren" Abgasrückführung. Eine größere Variation des Inertgasanteils ist über eine „äußere" Abgasrückführung möglich, bei der über eine Leitung bereits ausgestoßene Abgase zum Saugrohr zurückgeführt werden (Bild 27, Pos. 3). Ein größerer Inertgasanteil führt im Allgemeinen zu geringeren Stickoxidemissionen und zu einem geringeren Kraftstoffverbrauch.

27 Abgasrückführung (AGR)

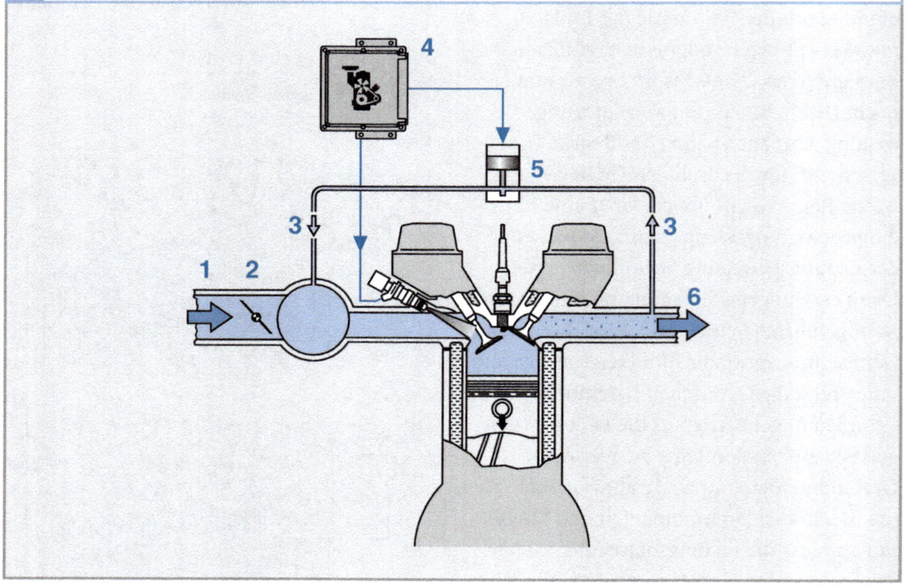

Bild 27
1 angesaugte Frischluft
2 Drosselklappe
3 rückgeführtes Abgas
4 Motorsteuergerät
5 Abgasrückführventil (AGR-Ventil)
6 Abgas

Steuerung der externen Abgasrückführung

Das Motorsteuergerät (Bild 27, Pos. 4) regelt abhängig vom Betriebspunkt des Motors das elektrisch betätigte Abgasrückführventil (5). Dem Abgas (6) wird ein Teilstrom entnommen (3) und der angesaugten Frischluft (1) zugeführt. Damit Abgas über das Abgasrückführventil angesaugt werden kann, muss ein Druckgefälle zwischen Saugrohr und Abgastrakt herrschen.

Direkteinspritzende Motoren im Magerbetrieb werden in der Teillast nahezu ungedrosselt, d. h. bei hohem Saugrohrdruck gefahren. Ferner wird im Magerbetrieb neben dem gewünschten Inertgas eine nicht unerhebliche Menge Sauerstoff über das Abgasrückführsystem in das Saugrohr zurückgeleitet. Daher ist eine Steuerstrategie erforderlich, die sowohl die Drosselklappe als auch das AGR-Ventil koordiniert. Außerdem ergeben sich hohe Anforderungen an das Abgasrückführsystem: Es muss präzise und zuverlässig arbeiten, und es muss robust gegenüber den Ablagerungen sein, die sich aufgrund der niedrigeren Abgastemperatur in den abgasführenden Teilen bilden.

Reduzierung des Kraftstoffverbrauchs

Das zurückgeführte Inertgas verdrängt den Sauerstoff im vom Motor angesaugten Gas. Um den gewünschten Lastpunkt einstellen zu können, muss dies durch einen höheren Ansaugdruck kompensiert werden. Ein niedrigerer Kraftstoffverbrauch aufgrund gesunkener Drosselverluste (Pumpverluste, Ladungswechselverluste) ist die Folge. Das Inertgas beeinträchtigt jedoch die Zündfähigkeit des Gemischs. Um diese bis zu möglichst hohen Inertgas-Mengen aufrecht zu erhalten, sind Zusatzmaßnahmen erforderlich. Als sehr wirksames Mittel kann man die Turbulenz im Brennraum durch Ladungsbewegungsklappen im Ansaugkanal steigern.

Begrenzung der NO_x-Emission

Bei magerem Motorbetrieb kann der Dreiwegekatalysator die Stickoxide im Abgas aufgrund des Sauerstoffüberschusses nicht mehr reduzieren. Daher muss es das erste Ziel sein, die NO_x-Rohemissionen im Verbrennungsabgas zu senken. Nur so kann man vermeiden, dass die Maßnahmen zur NO_x-Nachbehandlung den durch den Magerbetrieb erreichten Verbrauchsvorteil zunichtemachen, da bei hohen NO_x-Rohemissionen die Regeneration des NO_x-Speicherkatalysators über einen fetten Homogenbetrieb (mit $\lambda < 1$) öfters eingeleitet werden muss.

Die Abgasrückführung ist ein wirkungsvolles Mittel zur Reduktion der NO_x-Rohemissionen; durch Zumischen von bereits verbranntem Abgas zum Luft-Kraftstoff-Gemisch wird die Verbrennungs-Spitzentemperatur gesenkt. Diese Maßnahme mindert die sehr stark temperaturabhängige Stickoxidbildung.

Literatur

[1] Rudolf Pischinger, Manfred Klell, Theodor Sams: Thermodynamik der Verbrennungskraftmaschine; ISBN 978-3-211-99276-0, 3. Aufl. Springer, Wien NewYork

[2] Konrad Reif (Hrsg.): Sensoren im Kraftfahrzeug. 2., ergänzte Auflage, Springer Vieweg, Wiesbaden 2012, ISBN 978-3-8348-1778-5

[3] Konrad Reif (Hrsg.): Dieselmotor-Management: Systeme, Komponenten, Steuerung und Regelung. 5., überarbeitete und erweiterte Auflage, Springer Vieweg, Wiesbaden 2012, ISBN 978-3-8348-1715-0

Einspritzung

Aufgabe der Einspritzsysteme ist es, den vom Kraftstoffversorgungssystem aus dem Tank zum Motorraum geförderten Kraftstoff auf die einzelnen Zylinder des Ottomotors zu verteilen und den Kraftstoff entsprechend der Anforderungen aufzubereiten.

Moderne Ottomotoren benötigen zur Einhaltung strenger Abgas- und Verbrauchsvorschriften eine bezüglich Menge und zeitlicher Abfolge hoch präzise Zumessung des Kraftstoffs sowie eine optimale Aufbereitung des Kraftstoff-Luft-Gemisches. Die hoch dynamischen und sehr komplexen Vorgänge der Gemischbildung stellen hohe Anforderungen an das Gemischaufbereitungssystem, weshalb sich die elektronisch gesteuerte Kraftstoffeinspritzung gegenüber dem Vergaser als das dominierende System durchgesetzt hat.

Man unterscheidet grundsätzlich zwei Arten von Einspritzsystemen: das System mit äußerer Gemischbildung – die Saugrohreinspritzung (SRE), und das System mit innerer Gemischbildung – die Benzindirekteinspritzung (BDE). Bei der Saugrohreinspritzung findet die Gemischbildung überwiegend außerhalb des Brennraums im Saugkanal statt, während bei der Benzindirekteinspritzung die Gemischbildung ausschließlich im Zylinder stattfindet. In Bild 1 sind die wesentlichen Unterschiede beider Systeme dargestellt. Die Unterschiede in den

1 Schematische Darstellung der Einspritzsysteme

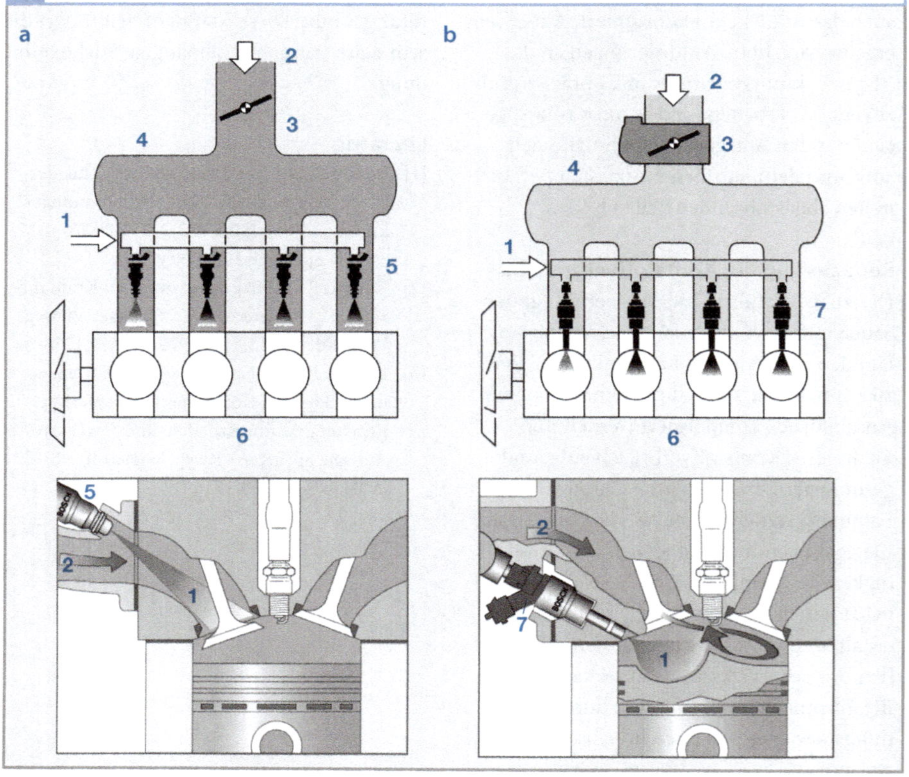

Bild 1
a Saugrohreinspritzung
b Benzindirekteinspritzung

1 Kraftstoff
2 Luft
3 Drosselvorrichtung
4 Saugrohr
5 Einspritzventil
6 Motor
7 Hochdruck-Einspritzventil

Gemischbildungsmechanismen und in der Systemgestaltung führen auch zu unterschiedlichen Anforderungen an die Einspritzkomponenten, die in den nachfolgenden Abschnitten näher beschrieben werden.

Durch den zunehmenden Einsatz von alternativen Kraftstoffen ergeben sich erweiterte Anforderungen an die Subsysteme und Komponenten des Gemischbildungssystems hinsichtlich der Qualität der Gemischaufbereitung, der Zumessbereiche und auch der Medienverträglichkeit der Komponenten. Diesbezüglich sei hier auch auf den Abschnitt → **Kraftstoffversorgung** → Ottokraftstoffe und → Alternative Kraftstoffe verweisen.

Saugrohreinspritzung

Bei Ottomotoren mit Saugrohreinspritzung (SRE) beginnt die Bildung des Luft-Kraftstoff-Gemischs außerhalb des Brennraums im Saugrohr. Diese Motoren sowie deren Steuerungssysteme wurden im Lauf der Zeit immer weiter verbessert.

Übersicht

Aufbau

An Kraftfahrzeuge werden hohe Ansprüche hinsichtlich des Abgasverhaltens, des Verbrauchs und der Laufkultur gestellt. Daraus ergeben sich komplexe Anforderungen an die Bildung des Luft-Kraftstoff-Gemischs. Neben der genauen Dosierung der eingespritzten Kraftstoffmasse – abgestimmt auf die vom Motor angesaugte Luftmasse – ist auch der genaue Zeitpunkt der Einspritzung (das Einspritz-Timing) sowie die Ausrichtung des Sprays relativ zum Saugkanal und zum Brennraum (das Spray-Targeting) von Bedeutung. Diese Anforderungen treten – bedingt durch die fortwährende Verschärfung der Abgasgesetzgebung – immer stärker in den Vordergrund. Auch der Beitrag des Brennverfahrens zur Verbrauchsreduzierung gewinnt immer mehr an Bedeutung. Dementsprechend bedarf es einer stetigen Weiterentwicklung der Einspritzsysteme.

Stand der Technik bei der Saugrohreinspritzung ist die elektronisch gesteuerte Einzeleinspritzanlage, bei der der Kraftstoff für jeden Zylinder einzeln intermittierend (d. h. zeitweilig aussetzend) direkt vor die Einlassventile eingespritzt wird. Die elektronische Steuerung ist im Steuergerät des Motormanagementsystems integriert. Eine Übersicht über ein System mit Saugrohreinspritzung gibt Bild 2.

Keine Bedeutung mehr für Neuentwicklungen haben die mechanischen, kontinuierlich einspritzenden Einzeleinspritzsysteme sowie die Systeme mit Zentraleinspritzung. Bei der Zentraleinspritzung wird der Kraftstoff intermittierend, aber nur über ein einziges Einspritzventil vor der Drosselklappe in das Saugrohr eingespritzt.

Weiterentwicklungen finden im Bereich der Einspritzkomponenten bezüglich des Zumessbereichs (durch den Trend zu Turbo-Motoren und ethanolhaltigen Kraftstoffen), der Ventilsitzdichtheit (zur Verringerung der Verdunstungsemissionen) und der Optimierung der Baugröße statt. Im Bereich der Einspritzsysteme werden neuartige Ansätze, wie z. B. die Verwendung von zwei Einspritzventilen je Saugkanal (Twin-Injection) betrachtet.

2 Strukturbild eines Ottomotors mit Saugrohreinspritzung einschließlich Komponenten für die Steuerung und Regelung

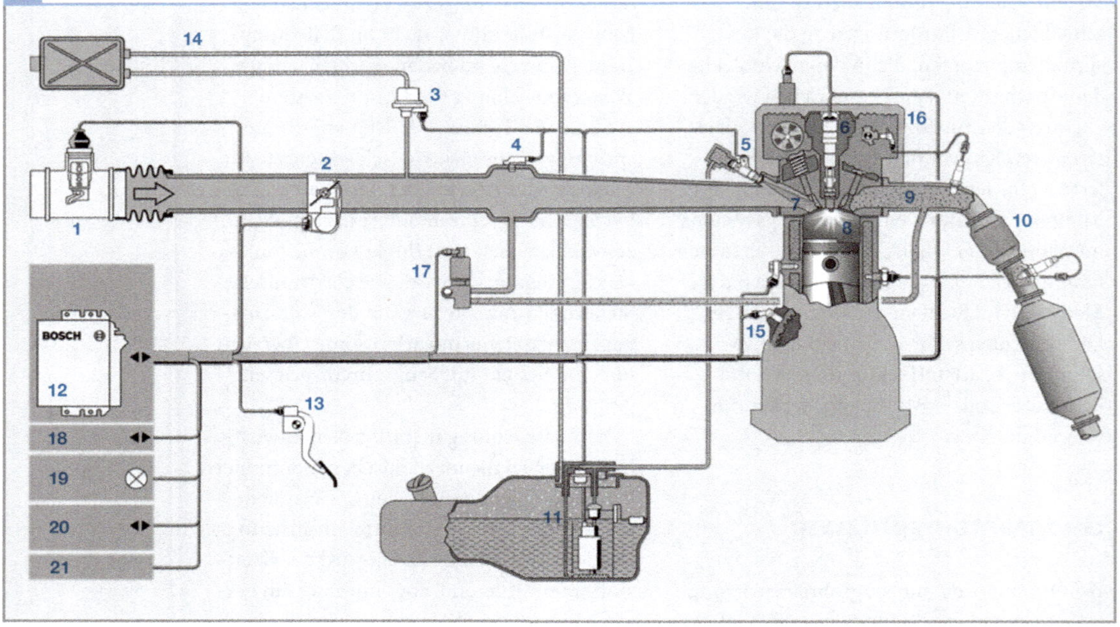

Bild 2
1 Luftmassenmesser
2 Drosselklappensteller
3 Tankentlüftungsventil
4 Saugrohrdrucksensor
5 Einspritzventil mit Rail
6 Zündspule mit Zündkerze
7 Einlasskanal
8 Brennraum
9 Auslasstrakt
10 Abgassystem
11 Tank mit Fördermodul
12 Motorsteuergerät
13 Fahrpedalmodul
14 Tankentlüftungssystem
15 Drehzahlsensor
16 Phasensensor für die Nockenwelle
17 Abgasrückführventil
18 CAN-Schnittstelle
19 Motorkontrollleuchte
20 Diagnoseschnittstelle
21 Schnittstelle zur Wegfahrsperre

Arbeitsweise

Erzeugen des Luft-Kraftstoff-Gemischs

Bei Benzineinspritzsystemen mit Saugrohreinspritzung wird der Kraftstoff in das Saugrohr oder in den Einlasskanal eingespritzt. Hierzu fördert die Elektrokraftstoffpumpe den Kraftstoff zu den Einspritzventilen. Dort steht der Kraftstoff mit dem Systemdruck an. Bei Einzeleinspritzanlagen ist jedem Zylinder ein Einspritzventil zugeordnet (Bild 3, Pos. 5), das den Kraftstoff intermittierend in das Saugrohr (6) oder in den Einlasskanal vor die Einlassventile (4) einspritzt.

Die Gemischbildung beginnt außerhalb des Brennraums im Einlasskanal mit der Einspritzung des Kraftstoffsprays (7). Nach der Einspritzung strömt im darauf folgenden Ansaugtakt das entstandene Luft-Kraftstoff-Gemisch durch die geöffneten Einlassventile in den Zylinder, wo die Gemischbildung vollendet wird. Dieser Vorgang wird entscheidend vom Spray-Targeting und auch vom Einspritz-Timing beeinflusst. Die Luftmasse wird dabei über die Drosselklappe (Bild 2, Pos. 2) dosiert. Je nach Motortyp werden manchmal ein, überwiegend aber zwei Einlassventile pro Zylinder eingesetzt.

Die Kraftstoffzumessung der Einspritzventile ist so ausgelegt, dass der Kraftstoffbedarf für alle Motorzustände abgedeckt ist. Dies bedeutet einerseits, dass bei hohen

3 Motor mit Saugrohreinspritzung

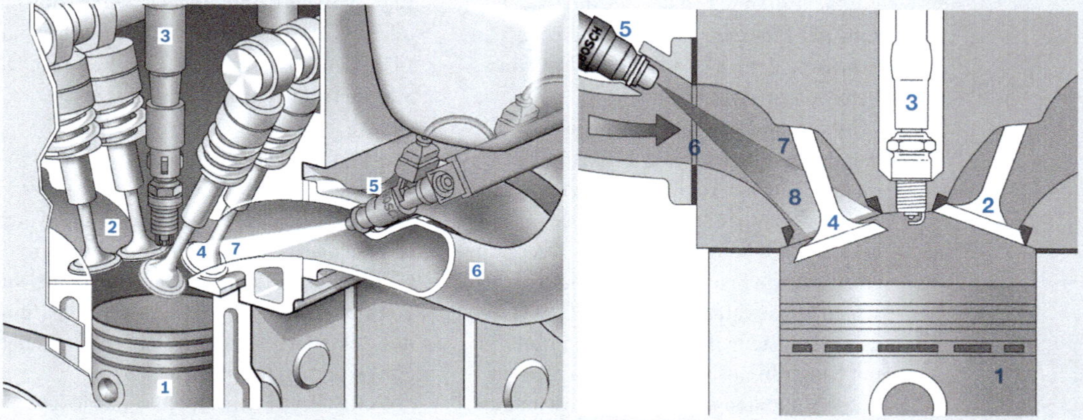

Bild 3
1 Kolben
2 Auslassventil
3 Zündspule mit Zündkerze
4 Einlassventil
5 Einspritzventil
6 Saugrohr
7 Einlasskanal
8 Spray

Drehzahlen und Lasten in der zur Verfügung stehenden Zeit ausreichend Kraftstoff eingespritzt werden muss (bei maximalem Durchfluss, eventuell zusätzlich erweitert durch Turboaufladung). Andererseits ist auch sicherzustellen, dass für den Leerlaufbetrieb eine ausreichende Kleinsteinspritzmenge unter Berücksichtigung von zusätzlichen Bedingungen (z. B. der Tankentlüftung) darstellbar ist, um den stöchiometrischen Betrieb (mit $\lambda = 1$) des Motors zu gewährleisten.

Messen der Luftmasse

Damit das Luft-Kraftstoff-Gemisch genau eingestellt werden kann, kommt der Erfassung der an der Verbrennung beteiligten Luftmasse eine große Bedeutung zu. Der Luftmassenmesser (**Bild 2**, Pos. 1), der vor der Drosselklappe sitzt, misst den Luftmassenstrom, der durch das Saugrohr strömt und gibt ein elektrisches Signal an das Motorsteuergerät (12) weiter. Alternativ dazu gibt es auch Systeme, die mit einem Drucksensor (4) den Saugrohrdruck messen und daraus in Verbindung mit der Drosselklappenstellung und der Drehzahl die angesaugte Luftmasse berechnen. Das Motorsteuergerät berechnet aus der angesaugten Luftmasse und dem aktuellen Betriebszustand des Motors die erforderliche Kraftstoffmasse.

Einspritzzeit

Die Einspritzzeit, die notwendig ist, um die berechnete Kraftstoffmasse einzuspritzen, ergibt sich aus der Abhängigkeit vom engsten Querschnitt im Einspritzventil, dessen Öffnungs- und Schließverhalten, sowie dem Differenzdruck zwischen Saugrohr und Kraftstoffdruck.

Schadstoffminderung

Die Weiterentwicklung in der Motortechnik führte in den vergangenen Jahren zu verbesserten Verbrennungsprozessen und damit zu geringeren Rohemissionen. Elektronische Motorsteuerungssysteme ermöglichen die exakte Einspritzung der benötigten Kraftstoffmenge entsprechend der angesaugten Luftmasse, die genaue Einstellung des Zündzeitpunkts sowie die betriebspunktabhängige Optimierung der Ansteuerung aller vorhandenen Komponenten (z. B. der elektrischen Drosselvorrichtung, Bild 2, Pos. 2). Diese Punkte führen neben der Leistungssteigerung der Motoren auch zur deutlichen Verbesserung der Abgasqualität und zu einer Verbrauchsreduzierung.

In Kombination mit dem Abgasnachbehandlungssystem (Bild 2, Pos. 10) ist es möglich, die marktspezifischen gesetzlichen Abgasgrenzwerte einzuhalten. Der Dreiwegekatalysator kann die bei der Verbrennung entstandenen Schadstoffe bei stöchiometrischem Luft-Kraftstoff-Gemisch ($\lambda = 1$) weitgehend abbauen. Deshalb werden Motoren mit Saugrohreinspritzung in den meisten Betriebspunkten mit dieser Gemischzusammensetzung betrieben.

Motorische Maßnahmen

Neben den nachfolgend diskutierten Maßnahmen im Einspritzsystem können auch motorische Maßnahmen die Rohemissionen verringern und die Verbrennungseffizienz steigern. Folgende Maßnahmen sind heute verbreitet:
- Optimierung der Brennraumgeometrie,
- Mehrventiltechnik,
- variabler Ventiltrieb,
- zentrale Zündkerzenlage,
- Erhöhung der Verdichtung,
- Abgasrückführung.

Im Betriebsbereich des Motorkaltstarts ist die Schadstoffminderung eine wichtige Aufgabe. Mit der Betätigung des Zündschlüssels oder des Startknopfes dreht der Starter und treibt den Motor mit Starterdrehzahl an. Die Signale von Drehzahl- und Phasensensor (Bild 2, Pos. 15 und 16) werden erfasst. Das Motorsteuergerät ermittelt daraus die Kolbenpositionen der einzelnen Zylinder. Entsprechend der im Steuergerät abgelegten Kennfelder werden die Einspritzmengen berechnet und über die Einspritzventile eingespritzt. Darauf abgestimmt wird die Zündung aktiviert. Mit der ersten Verbrennung erfolgt der Drehzahlanstieg.

Der Kaltstart wird durch verschiedene Phasen charakterisiert (Bild 4):
- Startphase,
- Nachstartphase,
- Warmlauf,
- Katalysator-Heizen.

Startphase

Der Bereich von der ersten Verbrennung bis zum erstmaligen Überschreiten der definierten Startende-Drehzahl wird als Startphase bezeichnet. Für den Motorstart ist eine erhöhte Kraftstoffmenge notwendig (z. B. bei 20 °C ca. die 3- bis 4-fache Volllastmenge).

4 Phasen des Kaltstarts

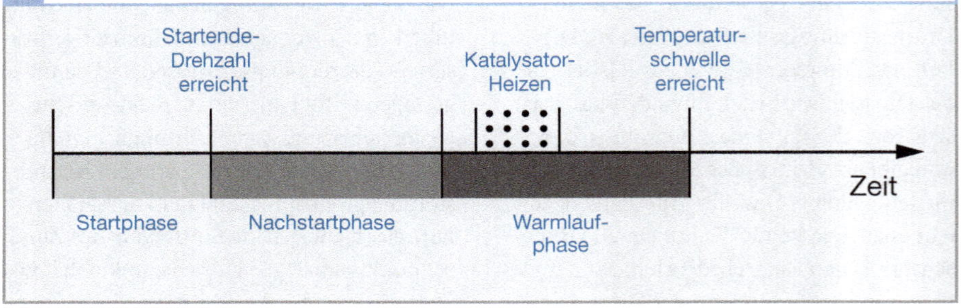

Nachstartphase
In der anschließenden Nachstartphase werden die Füllung und die Einspritzmenge abhängig von der Motortemperatur und der bereits seit Startende vergangenen Zeit sukzessive reduziert.

Warmlaufphase
Die Warmlaufphase schließt sich der Nachstartphase an. Aufgrund der noch niedrigen Motortemperatur (und der daraus resultierenden erhöhten Reibmomente) besteht ein erhöhter Drehmomentbedarf. Dies bedeutet, dass weiterhin ein größerer Kraftstoffbedarf im Vergleich zum Bedarf bei warmem Motor gegeben ist. Dieser Mehrbedarf ist im Gegensatz zur Nachstartphase nur von der Motortemperatur abhängig und bis zu einer bestimmten Temperaturschwelle erforderlich.

Katalysator-Heizphase
Mit der Katalysator-Heizphase wird der Bereich des Kaltstarts bezeichnet, in dem durch Zusatzmaßnahmen ein schnelleres Aufheizen des Katalysators erreicht wird. Die Grenzen der verschiedenen Phasen sind fließend. Die Katalysator-Heizphase kann dem Warmlauf überlagert sein. Abhängig vom jeweiligen Motorsystem kann die Warmlaufphase auch über die Katalysator-Heizphase hinausreichen.

Emissionen während des Kaltstarts
Kraftstoff, der sich im Start bei kaltem Motor an der kalten Zylinderwand niederschlägt, verdunstet nicht sofort und nimmt deshalb nicht an der folgenden Verbrennung teil. Er gelangt im Ausstoßtakt in das Abgassystem und leistet somit keinen Beitrag zum Drehmomentaufbau. Um einen stabilen Motorhochlauf zu gewährleisten, ist deshalb eine erhöhte Kraftstoffmenge in Start- und Nachstartphase erforderlich.

5 HC-Emissionen nach dem Start vor und hinter dem Katalysator

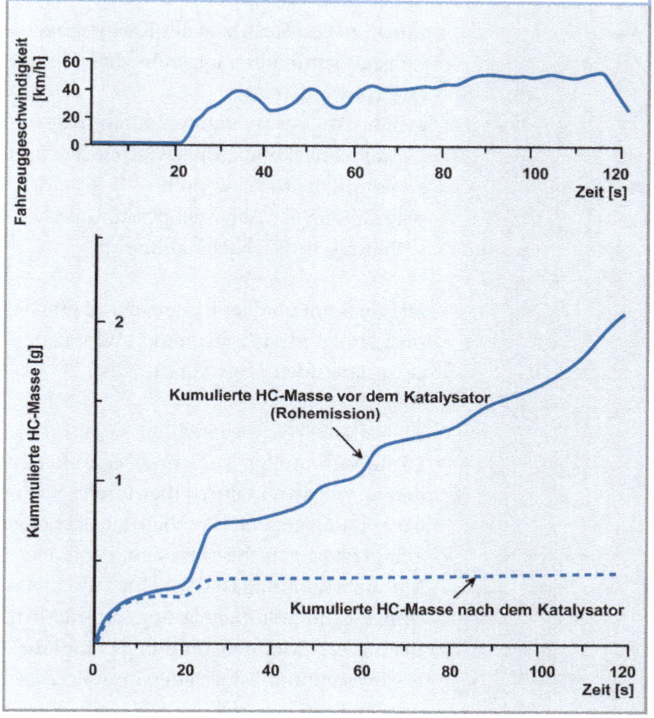

Die unverbrannt ausgestoßenen Kraftstoffbestandteile führen zu einem drastischen Anstieg der HC-Emissionen (Bild 5), aber auch der CO-Rohemissionen. Hinzu kommt, dass der Katalysator die Mindesttemperatur von etwa 300 °C erreicht haben muss, bevor er die Schadstoffe umsetzen kann. Damit der Katalysator schnell seine Betriebstemperatur erreicht, gibt es Maßnahmen, die ein schnelles Aufheizen des Katalysators ermöglichen. Zusätzlich gibt es Zusatzsysteme zur thermischen Nachbehandlung des Abgases, die in der Katalysator-Heizphase aktiviert werden.

Maßnahmen zur Aufheizung des Katalysators

Ein schnelles Aufheizen des Katalysators im Kaltstart kann durch folgende Maßnahmen erreicht werden:

- hohe Abgastemperaturen durch späte Zündwinkel und großen Gasmassenstrom,
- motornahe Katalysatoren,
- Erhöhung der Abgastemperatur durch thermische Nachbehandlung.

Die Auswahl und der Einsatz der Maßnahmen erfolgt je nach Zielmarkt und seinen entsprechenden Abgasvorschriften.

Thermische Nachbehandlung

Die unverbrannten Kohlenwasserstoffe werden im Abgastrakt durch thermische Nachbehandlung gemindert, indem sie bei hohen Temperaturen nachverbrennen. Bei fetter Motorabstimmung ist dazu eine Lufteinblasung (Sekundärlufteinblasung) erforderlich. Bei magerer Motorabstimmung erfolgt die Nachverbrennung durch den im Abgas vorhanden Restsauerstoff.

Sekundärlufteinblasung

Durch Sekundärlufteinblasung wird nach dem Startvorgang in der Warmlaufphase (mit $\lambda < 1$) zusätzlich Luft in den Abgastrakt eingebracht. Es kommt zur exothermen Reaktion mit den unverbrannten Kohlenwasserstoffen, die die hohen HC-und CO-Konzentrationen im Abgas reduzieren. Zusätzlich setzt dieser Oxidationsvorgang Wärme frei, sodass das Abgas heißer wird und den von ihm durchströmten Katalysator rasch aufheizt.

Einspritzlage

Neben der korrekten Einspritzdauer ist der Zeitpunkt der Einspritzung (die Einspritzlage) bezogen auf den Kurbelwellenwinkel ein weiterer Parameter zur Optimierung der Verbrauchs- und Abgaswerte. Für jeden einzelnen Zylinder wird zwischen vorgelagerter und saugsynchroner Einspritzung differenziert. Es handelt sich um eine vorgelagerte Einspritzung, wenn das Einspritzende für den betreffenden Zylinder zeitlich noch vor dem Öffnen des Einlassventils liegt und ein Großteil des Kraftstoffsprays auf den Kanal-

6 Einspritzarten bei der Saugrohreinspritzung

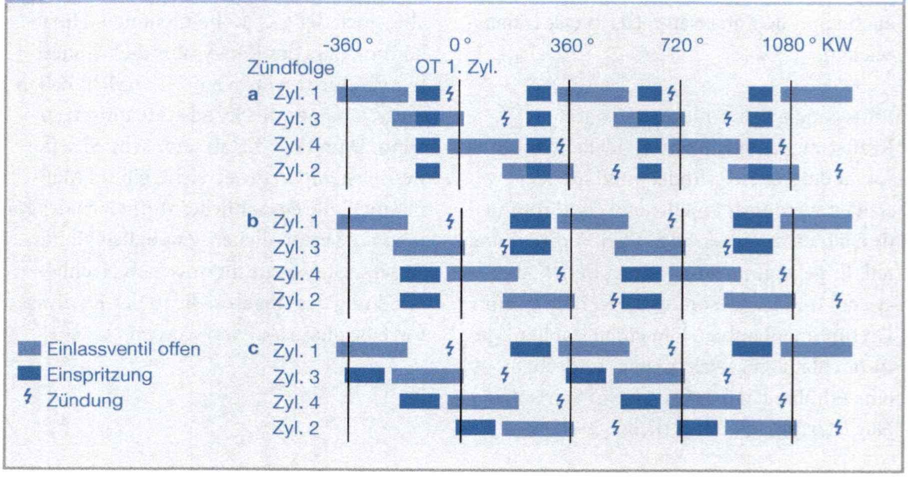

Bild 6
Der Kurbelwinkel (KW) ist auf den oberen Totpunkt des 1. Zylinders bezogen.
a simultane Einspritzung
b Gruppeneinspritzung
c sequentielle Einspritzung und zylinderindividuelle Einspritzung

boden und die Einlassventile trifft. Im Gegensatz hierzu erfolgt die saugsynchrone Einspritzung bei geöffneten Einlassventilen.

Wird hingegen die Einspritzlage aller Zylinder zueinander betrachtet, so wird zwischen folgenden Einspritzlagen unterschieden (**Bild 6**):
- simultane Einspritzung,
- Gruppeneinspritzung,
- sequentielle Einspritzung,
- zylinderindividuelle Einspritzung.

Die Variationsmöglichkeiten sind hierbei von der verwendeten Einspritzlage abhängig. Heute kommt nahezu ausschließlich die sequentielle Einspritzung zum Einsatz. Nur im Kaltstart bei den ersten Verbrennungen wird vereinzelt noch die simultane Einspritzung oder die Gruppeneinspritzung angewandt.

Simultane Einspritzung
Bei der simultanen Einspritzung werden alle Einspritzventile zum gleichen Zeitpunkt betätigt. Die Zeit, die zum Verdunsten des Kraftstoffs zur Verfügung steht, ist für die Zylinder unterschiedlich. Um trotzdem eine gute Gemischbildung zu erreichen, wird die für die Verbrennung benötigte Kraftstoffmenge in zwei Hälften aufgeteilt und jeweils einmal pro Kurbelwellenumdrehung eingespritzt. Bei dieser Einspritzlage ist nicht für alle Zylinder eine vorgelagerte Einspritzung möglich. Teilweise muss in das offene Einlassventil eingespritzt werden, da der Einspritzbeginn fest vorgegeben ist. Nachteilig ist hier, dass die Gemischaufbereitung für die verschiedenen Zylinder sehr unterschiedlich ist.

Gruppeneinspritzung
Bei der Gruppeneinspritzung werden die Einspritzventile zu zwei Gruppen zusammengefasst. Die beiden Gruppen spritzen die gesamte Einspritzmenge im Wechsel einmal pro Kurbelwellenumdrehung ein. Diese Anordnung ermöglicht bereits eine betriebspunktabhängige Wahl des Einspritztimings und vermeidet in bestimmten Kennfeldbereichen die dort unerwünschte Einspritzung in den offenen Einlasskanal. Die Zeit, die für die Verdunstung des Kraftstoffs zur Verfügung steht, ist aber auch hier für die verschiedenen Zylinder unterschiedlich.

Sequentielle Einspritzung
Bei der sequentiellen Einspritzung (Sequential Fuel Injection SEFI) wird der Kraftstoff für jeden Zylinder einzeln eingespritzt. Die Einspritzventile werden nacheinander in der Zündfolge betätigt. Die Einspritzzeit und die Einspritzlage bezogen auf den oberen Totpunkt des jeweiligen Zylinders ist für alle Zylinder identisch. Damit ist die Gemischaufbereitung für jeden Zylinder identisch. Der Einspritzbeginn ist frei programmierbar und kann an den Motorbetriebszustand angepasst werden.

Zylinderindividuelle Einspritzung
Die zylinderindividuelle Einspritzung (Cylinder Individual Fuel Injection) bietet die größten Freiheitsgrade. Gegenüber der sequentiellen Einspritzung bietet sie den Vorteil, dass hier für jeden Zylinder die Einspritzzeit individuell beeinflusst werden kann. Damit können Ungleichmäßigkeiten z. B. bei der Zylinderfüllung ausgeglichen werden, was besonders für den Motorhochlauf im Kaltstart von großer Bedeutung für die Emissionsreduzierung ist. Der stöchiometrische Betrieb jedes Zylinders setzt hier eine zylinderspezifische Erfassung des Luftverhältnisses λ voraus. Dies bedingt eine Optimierung der Krümmergeometrie, um die Abgasdurchmischung der einzelnen Zylinder möglichst zu vermeiden.

7 Mechanismen und Einflussfaktoren der Gemischbildung bei Saugrohreinspritzung

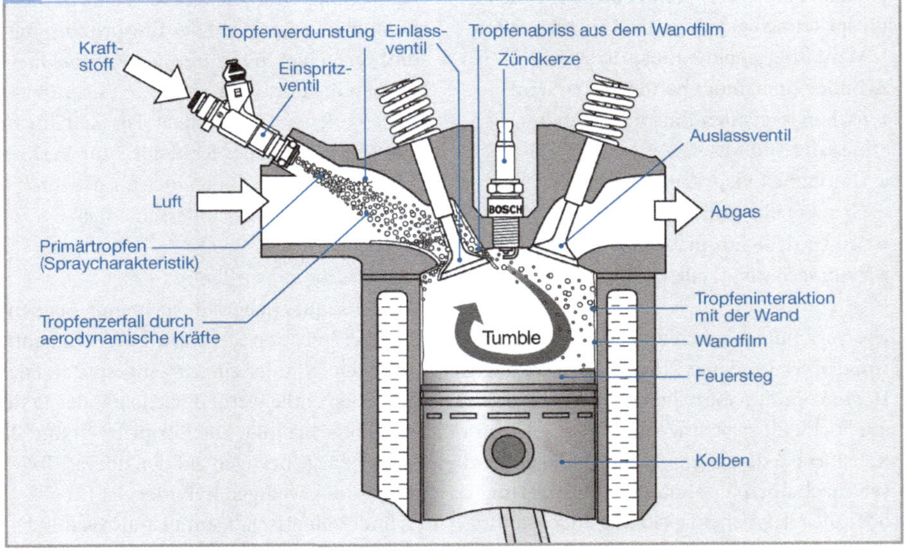

Gemischbildung

Die Gemischbildung beginnt mit der Kraftstoffeinspritzung in das Saugrohr und erstreckt sich über die Ansaugphase bis in die Kompressionsphase des jeweiligen Zylinders. Sie unterliegt vielen Forderungen wie z. B. der Bereitstellung eines zündfähigen Gemischs an der Zündkerze zum Zündzeitpunkt, einer guten Homogenisierung des Gemischs im Zylinder, einem guten dynamischen Verhalten im instationären Betrieb und geringen HC-Emissionen im Kaltstart.

Die Gemischbildung bei Saugrohreinspritzsystemen ist komplex (Bild 7). Sie erstreckt sich von der Charakteristik des primären Kraftstoffsprays über den Spraytransport im Saugrohr, den Sprayeintrag in den Brennraum bis zur Homogenisierung des Gemischs zum Zündzeitpunkt. Eine optimale Abstimmung dieser Bereiche führt letztlich zu einer guten Gemischaufbereitung. Sie unterscheidet sich teilweise für den kalten und den warmen Motorbetrieb und wird maßgeblich beeinflusst von:

- Motortemperatur,
- Primärtröpfchenspray,
- Einspritzlage,
- Spray-Targeting,
- Luftströmung.

Ziel ist es, zum Zündzeitpunkt des jeweiligen Zylinders ein homogenes Gemisch von Kraftstoffdampf und Luft im Brennraum vorliegen zu haben.

Primärtröpfchenspray

Als Primärtröpfchenspray bezeichnet man das Kraftstoffspray direkt nach dem Austritt aus dem Einspritzventil. Kleine Primärtröpfchen begünstigen tendenziell die Kraftstoffverdunstung. Allerdings ist hier zu berücksichtigen, dass bei kaltem Motor infolge niedriger Temperatur nur ein sehr geringer Anteil des eingespritzten Kraftstoffs im Saugrohr verdunstet. Der Großteil liegt als Wandfilm vor und wird in der Ansaugphase von der Luftströmung mitgerissen. Die eigentliche Gemischaufbereitung findet im Zylinder

8 Einströmung und Einspritzung

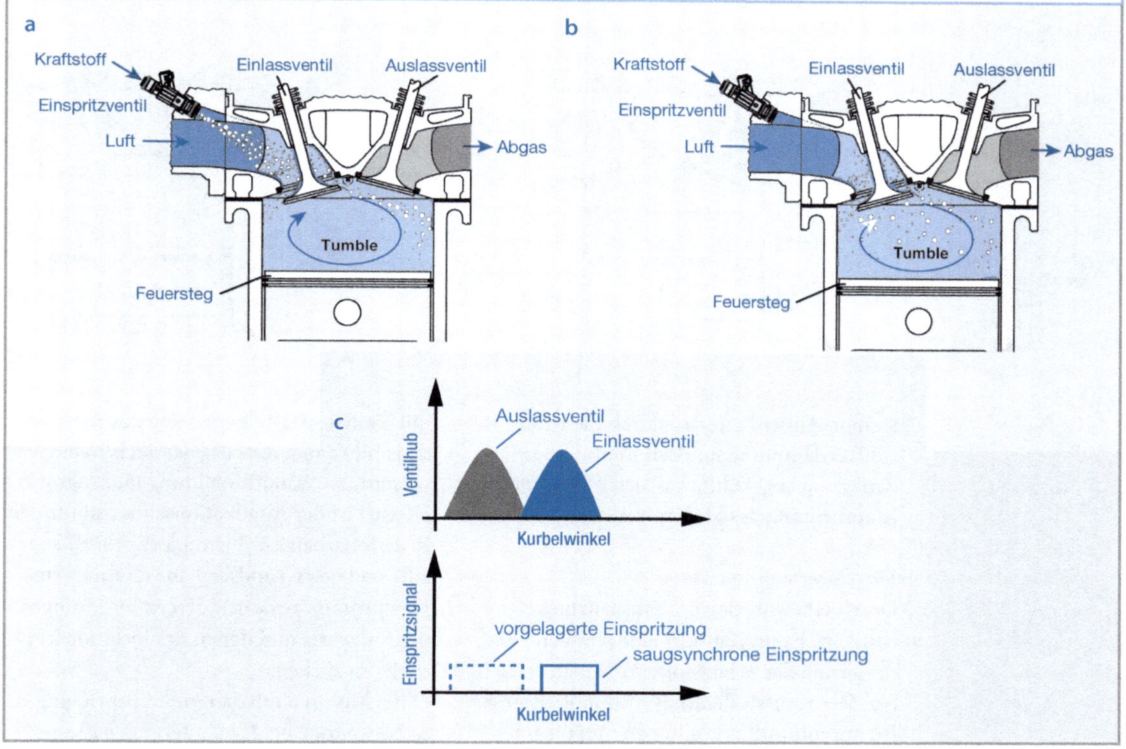

Bild 8
a) Einströmung bei saugsynchroner Einspritzung
b) Einströmung bei vorgelagerter Einspritzung
c) Lage des Einspritzsignals

statt. Bei warmem Motor hingegen verdunstet bereits im Saugrohr ein Großteil des eingespritzten Kraftstoffsprays sowie ein Teil des vorhandenen Wandfilms.

Einspritzlage

Die Einspritzlage hat vor allem bei kaltem Motor einen großen Einfluss auf die Gemischbildung und die HC-Rohemissionen.

Saugsynchrone Einspritzung

Bei saugsynchroner Einspritzung wird ein Teil des Kraftstoffs durch die Luftströmung an die gegenüberliegende Zylinderwand Richtung Auslassventile transportiert (Bild 8a). Dieser Kraftstofffilm (Wandfilm) verdunstet an den kalten Zylinderwänden nicht, nimmt somit nicht an der Verbrennung teil und gelangt deshalb unverbrannt in den Auslasskanal. Dies führt zu erhöhten Rohemissionen. Die saugsynchrone Einspritzung wird heute im Kaltstart nur noch selten angewandt. Sie kommt im warmen Motorbetrieb an der Volllast zur Leistungssteigerung (zur Ladungskühlung und zur Klopfreduzierung) zum Einsatz. Neue Ansätze mit zwei Einspritzventilen je Zylinder bieten hier neue Freiheitsgrade. Da bei saugsynchroner Einspritzung die Kraftstoffverdunstung weitgehend im Brennraum stattfindet, kann die Frischluftfüllung gesteigert werden. Der Grund hierfür ist, dass die flüssigen Kraftstofftröpfchen im Saugrohr ein kleineres Volumen einnehmen als

9 Spray-Targeting

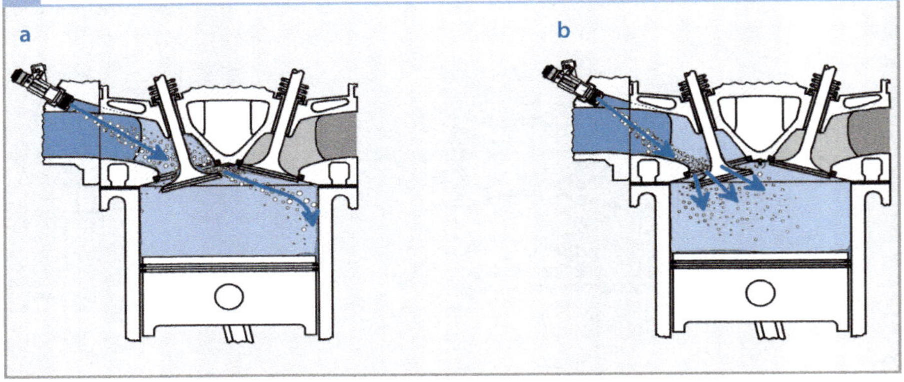

Bild 9
a) Spray-Ausrichtung zentral auf den Ventilteller
b) Spray-Ausrichtung auf die untere Kanalwand.

Dampf. Außerdem wird durch die Kraftstoffverdampfung im Brennraum die Zylinderladung abgekühlt, was sich positiv auf die Klopfneigung des Motors auswirkt.

Vorgelagerte Einspritzung
Durch eine vorgelagerte Einspritzung (Bild 8b) ist im Kaltstart eine deutliche Reduzierung der Schadstoffemissionen erreichbar. Der Kraftstoffeintrag wird in Richtung Brennraummitte verschoben und die unerwünschte Wandfilmbildung an der auslassseitigen Zylinderwand wird vermieden.

Spray-Targeting
Zusätzlich zur vorgelagerten Einspritzung können in Kombination mit optimalem Spray-Targeting (Sprayausrichtung relativ zum Saugkanal und Brennraum, Bild 9) die HC-Emissionen im Kaltstart weiter verringert werden. Bei Ausrichtung des Sprays in Richtung Kanalboden (Bild 9b) wird das angesaugte Spray verstärkt in Richtung Brennraummitte transportiert. Dadurch wird die Kraftstoffbenetzung der auslassseitigen Zylinderwand weiter reduziert, was sich in niedrigeren HC-Emissionen in der Startphase zeigt. Zudem verringert sich die Gefahr einer zu starken Benetzung der Zündkerze mit Kraftstoff. Die Benetzung des Kanalbodens führt andererseits aber auch zu einer verstärkten Wandfilmbildung im Saugrohr. Hierbei ist der Applikationsaufwand für den Instationärbetrieb (beim Lastwechsel) etwas aufwendiger. Grundsätzlich ist immer ein Kompromiss zwischen den Anforderungen des Kaltstarts und denen des Instationärbetriebs zu suchen.

Bei Motoren mit Saugrohreinspritzung ist es notwendig, bei Laständerungen die gespeicherte Wandfilmmasse im Saugrohr zu berücksichtigen. Bei einer sprunghaften Lasterhöhung wird mehr Wandfilm aufgebaut. Es würde ein unerwünschter Luftüberschuss entstehen, falls bei der Berechnung der notwendigen Einspritzmenge die gespeicherte Wandfilmmenge und ihr verzögerter Eintrag in den Brennraum nicht berücksichtigt würde. Hierfür sind im Motorsteuergerät Wandfilm-Kompensationsfunktionen integriert, die bei der Applikation auf die jeweilige Motorgeometrie und das Spray-Targeting bedatet werden müssen, um weitgehend einen Betrieb bei $\lambda = 1$ auch im instationären Betriebszustand zu gewährleisten.

Luftströmung
Die Luftströmung wird maßgeblich durch die Motordrehzahl, die geometrische Gestaltung des Einlasskanals sowie durch die Öffnungszeiten und die Erhebungskurve der Einlassventile beeinflusst. Teilweise sind Ladungsbewegungsklappen im Einsatz, um zusätzlich auf die Strömungsrichtung (Tumble, Drall) betriebspunktabhängig Einfluss zu nehmen. Ziel ist es, die notwendige Luft in der zur Verfügung stehenden Zeit in den Brennraum zu bekommen und eine gute Homogenisierung des Luft-Kraftstoff-Gemischs im Brennraum bis zum Zündzeitpunkt zu erzielen.

Eine starke Zylinderinnenströmung begünstigt eine gute Homogenisierung und ermöglicht eine Erhöhung der AGR-Verträglichkeit (Abgasrückführrate), wodurch eine Verbrauchs- und NO_x-Reduzierung erzielt werden kann. Eine starke Zylinderinnenströmung verringert jedoch bei Volllast die Füllung, was eine Absenkung des maximalen Drehmoments und der maximalen Leistung zur Folge hat. Daher werden überwiegend variable Klappen eingesetzt, um eine hohe Ladungsbewegung in der Teillast und eine minimale Drosselung in der Volllast zu kombinieren (**Bild 18**, Pos. 8).

Sekundäre Gemischaufbereitung
Zusätzlich unterstützt die Luftströmung auch die Kraftstoffaufbereitung (durch sekundäre Gemischaufbereitung). Besteht zum Zeitpunkt des Öffnens der Einlassventile (EÖ) ein Differenzdruck zwischen Saugrohr und Brennraum, werden durch die entstehende Strömung die Kraftstoffaufbereitung und der Transport beeinflusst. Ist der Saugrohrdruck beim Öffnen des Einlassventils wesentlich größer als der Brennraumdruck, so werden das Luft-Kraftstoff-Gemisch und der Wandfilm im Ventilspalt beschleunigt in den Brennraum gesaugt.

Ist der Saugrohrdruck beim Öffnen der Einlassventile kleiner als im Brennraum, dann strömt warmes Abgas aus der vorhergehenden Verbrennung zurück in das Saugrohr. Hier wird zum einen die Aufbereitung des Wandfilms und der Kraftstofftröpfchen durch die Rückströmung begünstigt, zum anderen unterstützt das warme Abgas zusätzlich die Verdunstung. Dieser Vorgang ist besonders beim Kaltstart in der Warmlauf- und in der Katalysator-Heizphase wichtig.

Elektromagnetische Einspritzventile
Aufgabe
Elektrisch angesteuerte Einspritzventile spritzen den unter Systemdruck stehenden Kraftstoff in das Saugrohr ein. Dabei werden Einspritzzeitpunkt und -dauer individuell für jeden Zylinder vom Motorsteuergerät anhand der angesaugten Luftmasse und des aktuellen Betriebszustands des Motors berechnet und die Einspritzventile über Endstufen, die im Motorsteuergerät integriert sind, entsprechend angesteuert. Neben der exakten Dosierung der Einspritzmenge ist die Strahlaufbereitung unter Berücksichtigung der Saugrohrgeometrie und der Position der Einlassventile sowie die Zerstäubung des Kraftstoffs eine wichtige Funktion des Einspritzventils.

10 Elektromagnetisches Einspritzventil für die Saugrohreinspritzung

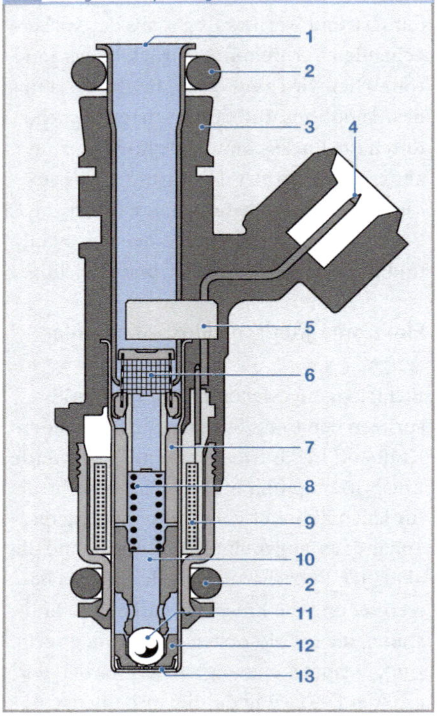

Bild 10
1 hydraulischer Anschluss
2 Dichtring (O-Ring)
3 Ventilgehäuse
4 elektrischer Anschluss
5 Plastikclip mit eingespritzten Pins
6 Filtersieb
7 Innenpol
8 Ventilfeder
9 Magnetspule
10 Ventilnadel mit Anker
11 Ventilkugel
12 Ventilsitz
13 Spritzlochscheibe

Aufbau und Arbeitsweise

Elektromagnetische Einspritzventile (**Bild 10**) bestehen im Wesentlichen aus

- dem Ventilgehäuse (3) mit elektrischem (4) und hydraulischem Anschluss (1),
- der Spule des Elektromagneten (9),
- der beweglichen Ventilnadel (10) mit Magnetanker und Ventilkugel (11),
- dem Ventilsitz (12) mit der Spritzlochscheibe (13),
- der Ventilfeder (8).

Um einen störungsfreien Betrieb zu gewährleisten, ist das Einspritzventil im Kraftstoff führenden Bereich aus korrosionsbeständigem Stahl gefertigt. Ein Filtersieb (6) im Kraftstoffzulauf schützt das Einspritzventil vor Verschmutzung.

Anschlüsse

Bei den gegenwärtig verwendeten Einspritzventilen verläuft die Kraftstoffzuführung in axialer Richtung zum Einspritzventil von oben nach unten (Top Feed). Die Einspritzventile sind am hydraulischen Anschluss mit einer Klemm- oder Spannvorrichtung am Kraftstoffverteilerrohr (Fuel Rail) befestigt und mit einem Dichtring (O-Ring) abgedichtet. Halteklemmen sorgen für eine zuverlässige Fixierung. Am Saugrohr sind Öffnungen für die Einspritzventile vorgesehen, in welche diese eingeschoben werden. Die Abdichtung erfolgt durch den unteren Dichtring (O-Ring) am Einspritzventil. Der elektrische Anschluss des Einspritzventils ist mit dem Motorsteuergerät verbunden.

Funktion des Ventils

Bei stromloser Spule drücken die Federkraft und die aus dem Kraftstoffdruck resultierende Kraft die Ventilnadel mit der Ventilkugel in den kegelförmigen Ventilsitz. Hierdurch wird das Kraftstoffversorgungssystem gegen das Saugrohr abgedichtet. Wird die Spule bestromt, entsteht ein Magnetfeld, das den Magnetanker der Ventilnadel anzieht. Die Ventilkugel hebt vom Ventilsitz ab und der Kraftstoff wird eingespritzt. Wird der Erregerstrom abgeschaltet, schließt die Ventilnadel wieder durch die Federkraft.

Kraftstoffaustritt

Die Zerstäubung des Kraftstoffs geschieht mit einer Spritzlochscheibe. Mit den gestanzten Spritzlöchern wird eine hohe Konstanz der eingespritzten Kraftstoffmenge erzielt. Die Spritzlochscheibe ist auch unempfindlich gegenüber Kraftstoffablagerungen. Das Strahlbild des austretenden Kraftstoffs ergibt sich durch die Anordnung und die Anzahl der Spritzlöcher.

Die Kugel im kegelförmigen Ventilsitz gewährleistet eine gute Ventildichtheit. Die eingespritzte Kraftstoffmenge pro Zeiteinheit ist im Wesentlichen durch den Systemdruck im Kraftstoffversorgungssystem, den Gegendruck im Saugrohr und die Geometrie des Kraftstoffaustrittsbereichs bestimmt.

Elektrische Ansteuerung
Ein Endstufenbaustein im Motorsteuergerät steuert das Einspritzventil mit einem Schaltsignal an (Bild 11). Der Strom in der Magnetspule steigt (b) und bewirkt eine Anhebung der Ventilnadel (c). Nach Ablauf der Zeit t_{an} (Anzugszeit) ist der maximale Ventilhub erreicht. Sobald die Ventilkugel aus ihrem Sitz abhebt, wird Kraftstoff eingespritzt. In Bild 11d ist der prinzipielle Verlauf der während eines Einspritzimpulses insgesamt eingespritzten Menge dargestellt. Während der Ventilanzug- und -abfallzeiten treten Nichtlinearitäten auf, die nicht eingezeichnet sind.

Da sich das Magnetfeld nach Abschalten der Ansteuerung nicht schlagartig abbaut, schließt das Ventil verzögert. Nach Ablauf der Zeit t_{ab} (Abfallzeit) ist das Ventil wieder vollständig geschlossen. Bei vollständig geöffnetem Ventil ist die Einspritzmenge proportional zur Zeit. Die Nichtlinearitäten während der Ventilanzugs- und Ventilabfall-

11 Ansteuerung des Einspritzventils

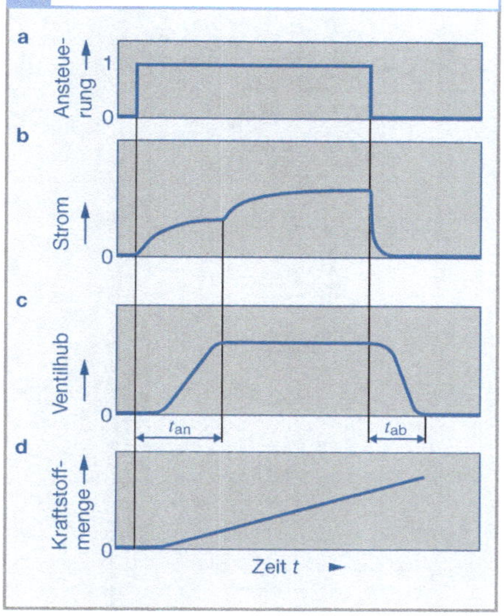

Bild 11
a Ansteuerungssignal
b Stromverlauf
c Ventilhub
d eingespritzte Kraftstoffmenge (prinzipieller Verlauf)
t_{an} Anzugszeit
t_{ab} Abfallzeit

12 Verschiedene Bauformen von Bosch-Einspritzventilen

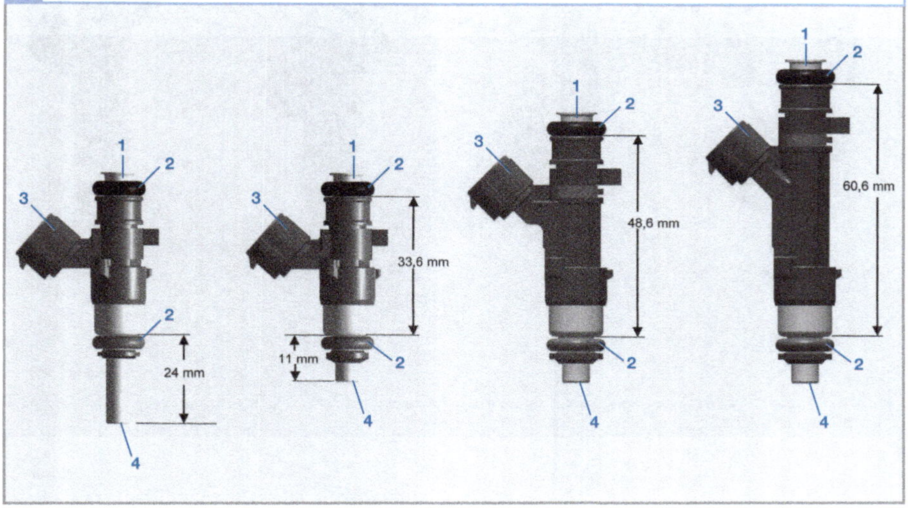

Bild 12
1 hydraulischer Anschluss
2 Dichtring (O-Ring)
3 elektrischer Anschluss
4 Kraftstoffaustritt

13 Strahlgeometrien

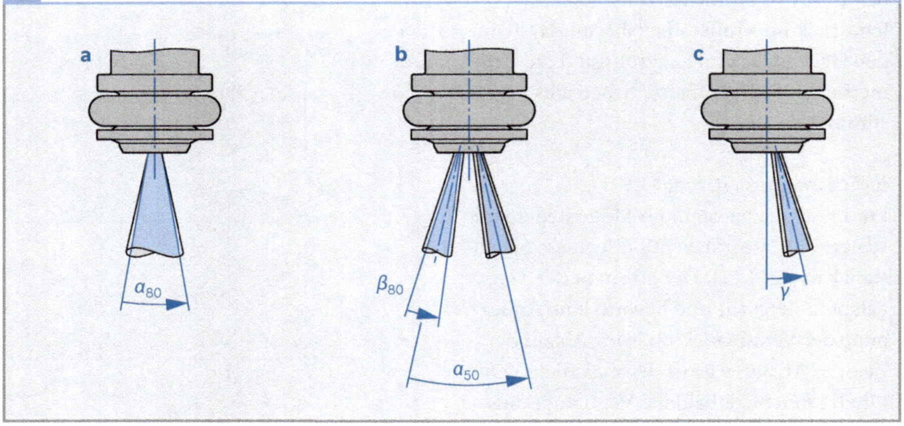

Bild 13
- a Kegelstrahl
- b Zweistrahl
- c gekippter Strahl

- α_{80} Ein Anteil von 80 % des Kraftstoffs befindet sich innerhalb des Winkels α_{80}
- α_{50} Ein Anteil von 50 % des Kraftstoffs befindet sich innerhalb des Winkels α_{50}
- β_{80} Ein Anteil von 80 % des Kraftstoffs im Einzelstrahl befindet sich innerhalb des Winkels β_{80}
- γ Strahlrichtungswinkel

14 Rail ohne Rücklauf

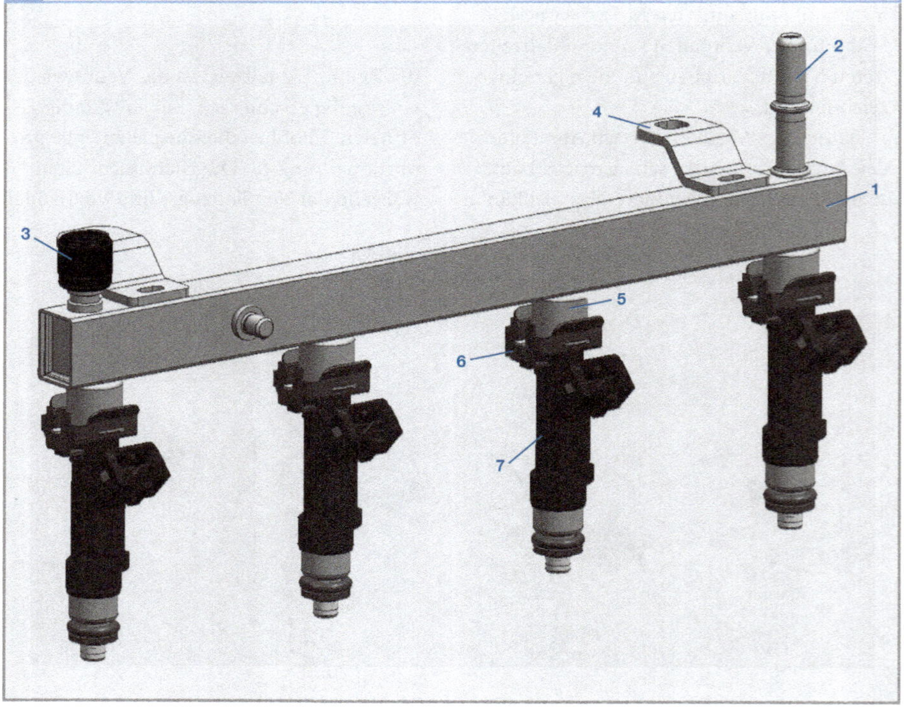

Bild 14
1. Kraftstoffverteiler (Rail)
2. Zulaufanschluss
3. Diagnoseventil
4. Rail-Montagehalter
5. Rail-Tasse
6. Montage-Clip
7. Einspritzventil

15 Rail mit Rücklauf

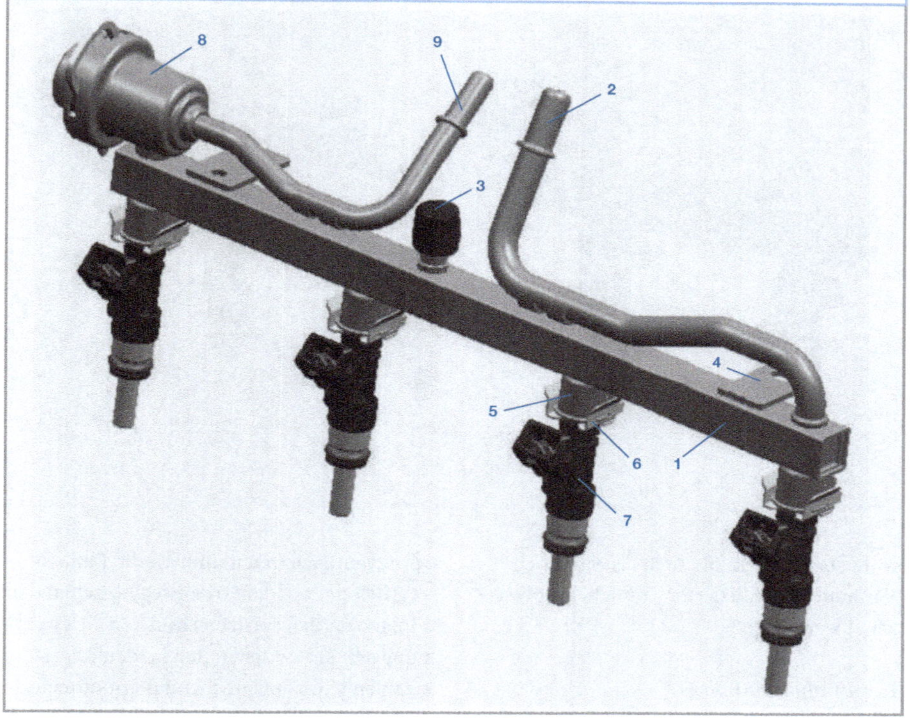

Bild 15
1 Kraftstoffverteiler (Rail)
2 Zulaufanschluss
3 Diagnoseventil
4 Rail-Montagehalter
5 Rail-Tasse
6 Montage-Clip
7 Einspritzventil
8 Druckregler
9 Rücklauf zum Tank

phase müssen über die Zeitdauer der Ansteuerung kompensiert werden. Die Geschwindigkeit, mit der die Ventilnadel von ihrem Sitz abhebt, ist zudem von der Batteriespannung abhängig. Eine batteriespannungsabhängige Einspritzzeitverlängerung korrigiert diese Einflüsse.

Einspritzventil
Die Bilder 10 und 12 zeigen Standardeinspritzventile für die aktuellen Einspritzanlagen. Eine geringe Neigung zur Dampfblasenbildung bei heißem Kraftstoff erleichtert den Einsatz rücklauffreier Kraftstoffversorgungssysteme, da dort die Kraftstofftemperatur im Einspritzventil gegenüber Systemen mit Rücklauf höher ist. Zur besseren Zerstäubung des Kraftstoffs werden die in der Regel verwendeten Spritzlochscheiben mit vier Löchern durch Mehrlochscheiben mit bis zu zwölf Spritzlöchern ersetzt. Dies führt zu einer bis zu 35 % reduzierten Tröpfchengröße und verringerten Abgasemissionen.

Strahlaufbereitung
Die Strahlaufbereitung der Einspritzventile, d. h. Strahlform, Strahlwinkel und Tröpfchengröße, beeinflusst die Bildung des Luft-Kraftstoff-Gemischs. Sie ist somit eine sehr wichtige Funktion des Einspritzventils. Individuelle Geometrien von Saugrohr und Zylinderkopf machen unterschiedliche Ausführungen der Strahlaufbereitung erforderlich. Dafür stehen verschiedene Varianten der Strahlaufbereitung zur Verfügung. Die in Bild 13 gezeigten Strahlformen können so-

16 Rail für den Erdgasbetrieb

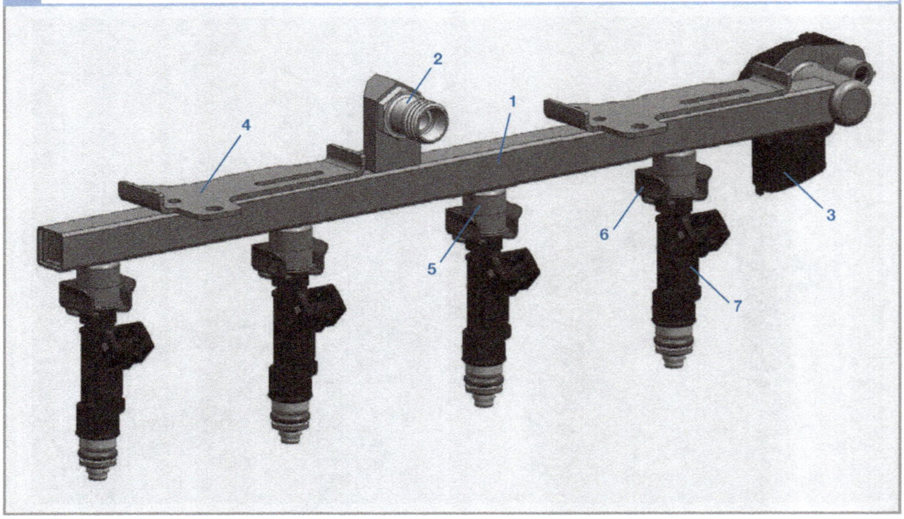

Bild 16
1 Kraftstoffverteiler
2 Zulaufanschluss
3 Gasdrucksensor
4 Rail-Montagehalter
5 Rail-Tasse
6 Montage-Clip
7 Erdgas-Injektor

wohl als Vierloch- als auch als Mehrloch-Variante mit reduzierter Tröpfchengröße erzeugt werden.

Kegelstrahl (Einstrahl)
Durch die Öffnungen der Spritzlochscheibe treten einzelne Kraftstoffstrahlen aus. Die Summe der Kraftstoffstrahlen bildet einen Strahlkegel, dessen Winkel entsprechend der motorspezifischen Anforderungen variiert werden kann (Bild 13a). Typisches Einsatzgebiet der Kegelstrahlventile sind Motoren mit nur einem Einlassventil pro Zylinder, doch auch bei zwei Einlassventilen pro Zylinder ist der Kegelstrahl geeignet.

Zweistrahl
Die Zweistrahlaufbereitung wird bei Motoren mit zwei Einlassventilen pro Zylinder eingesetzt. Die Öffnungen der Spritzlochscheibe sind derart angeordnet, dass zwei Kraftstoffstrahlen (zwei Kegelstrahlen) – die jeweils aus mehreren Einzelstrahlen zusammengesetzt sein können – aus dem Einspritzventil austreten und vor die Einlassventile oder auf den Trennsteg zwischen den Einlassventilen spritzen (Bild 13b). Der Öffnungswinkel zwischen den beiden Kegelstrahlen kann entsprechend der motorspezifischen Anforderungen variiert werden.

Gekippter Strahl
Dieser Kraftstoffstrahl (Einstrahl und Zweistrahl) ist hier gegenüber der Hauptachse des Einspritzventils um einen bestimmten Winkel, den Strahlrichtungswinkel, gekippt (Bild 13c). Einspritzventile mit dieser Strahlform finden Anwendung bei schwierigen Einbauverhältnissen.

Kraftstoffverteiler
Die Aufgabe des Kraftstoffverteilers (Fuel Rail, Rail) ist, den für die Einspritzung benötigten Kraftstoff zu speichern, Pulsationen zu dämpfen und die Gleichverteilung auf alle Einspritzventile sicherzustellen. Man unterscheidet grundsätzlich durchströmte Rails (Return-System, mit Rücklauf, Bild 15) und nicht durchströmte Rails (Returnless System,

ohne Rücklauf, Bild 14). Bezüglich der Anwendungsfälle der beiden Railtypen und ihrer spezifischen Vor- und Nachteile sei auf den Abschnitt → **Kraftstoffversorgung** → Einführung und Überblick verwiesen. Die Einspritzventile sind direkt am Kraftstoffverteilerrohr montiert. Neben den Einspritzventilen kann bei Systemen mit Rücklauf auch ein Kraftstoffdruckregler und eventuell im Kraftstoffverteilerrohr ein Druckdämpfer integriert werden.

Die gezielte Auslegung von Abmessungen des Kraftstoffverteilerrohrs verhindert örtliche Druckänderungen durch Resonanzen beim Öffnen und Schließen der Einspritzventile. Last- und drehzahlabhängige Unregelmäßigkeiten der Einspritzmengen werden dadurch vermieden. Abhängig von den Anforderungen der verschiedenen Fahrzeugtypen besteht das Kraftstoffverteilerrohr aus Edelstahl oder Kunststoff. Zu Prüfzwecken und zum Druckabbau im Service kann ein Diagnoseventil integriert sein.

Ergänzend zu den Benzin- und Ethanol-Kraftstoffverteilerrohren gibt es auch Kraftstoffverteilerrohre für den Erdgasbetrieb (siehe Bild 16). Hierbei kommen spezielle Gasventile zum Einsatz. Die Druck- und Temperaturüberwachung erfolgt über einen entsprechenden Sensor. Für weiterführende Informationen über Gas-Systeme sei hier auf den Abschnitt → **Alternative Kraftstoffe** verwiesen.

Benzin-Direkteinspritzung

Einleitung

Die Benzin-Direkteinspritzung ermöglicht eine effektive Weiterentwicklung von Ottomotoren hinsichtlich Verbrauch und Abgas, bei der auch die Fahrdynamik und der Fahrkomfort nicht zu kurz kommen muss. Sie ist der Schlüssel für effektives Downsizing von Ottomotoren und ermöglicht Verbrauchseinsparungen bis zu 20 %. Durch die Synergie von Benzin-Direkteinspritzung, Abgasturboaufladung und einer variablen Nockenwellensteuerung können Drehmomente und Motorleistungen realisiert werden, die bislang nur größeren Motorhubräumen und -zylinderzahlen vorbehalten waren.

Für den Fahrer äußert sich dies z. B. im hochdynamischen Ansprechverhalten des Fahrzeugs bei Geschwindigkeitsänderungen, was im heutigen Straßenverkehr einen Komfort- und einen Sicherheitsaspekt darstellt. Überdies lässt die Benzin-Direkteinspitzung eine Gesamtoptimierung des Antriebs zu, um kostengünstige Abgasnachbehandlungskonzepte für künftige Emissionsgrenzen, wie z. B. EU6 in Europa und SULEV in USA, darzustellen.

Übersicht

Die Forderung nach leistungsfähigen Ottomotoren bei gleichzeitig niedrigem Kraftstoffverbrauch und niedrigen Emissionen führte zur Wiederentdeckung der Benzin-Direkteinspritzung. Gegenüber Saugrohr-Einspritzsystemen bietet die Benzin-Direkteinspritzung zusätzliche Freiheitsgrade aufgrund der inneren Gemischbildung. Sie bietet die Grundlage moderner und leistungsfähiger Brennverfahren wie z. B. des Schichtmagerbetriebs oder der homogenen Kompressionszündung (HCCI). Bei Turbomotoren mit stöchiometrischer Verbrennung ergeben sich Vorteile im Drehmoment im unteren Drehzahlbereich durch eine erhöhte Überschneidung der Ladungswechselventile und durch die geringere Klopfneigung aufgrund der Verdampfung des Kraftstoffs im Brennraum.

Das Prinzip ist nicht neu. Bereits 1937 kam ein Flugzeugmotor mit einer mechanischen Benzin-Direkteinspritzung zum Einsatz. 1951 wurde ein Zweitakt-Motor mit einer mechanischen Benzin-Direkteinspritzung erstmals serienmäßig in einem Pkw, dem Gutbrod, eingebaut. 1954 folgte der Mercedes 300 SL mit einem Viertakt-Motor und Direkteinspritzung.

Die Konstruktion eines direkteinspritzenden Motors war für die damalige Zeit sehr aufwendig. Zudem stellte diese Technik hohe Anforderungen an die benötigten Werkstoffe. Die Dauerhaltbarkeit des Motors war ein weiteres Problem. All diese Probleme verhinderten über eine lange Zeit den Durchbruch der Benzin-Direkteinspritzung.

Arbeitsweise

Benzin-Direkteinspritzsysteme sind durch eine Hochdruckeinspritzung direkt in den Brennraum gekennzeichnet (Bild 17). Das Luft-Kraftstoff-Gemisch entsteht wie beim Dieselmotor innerhalb des Brennraums (durch innere Gemischbildung). Das Kraftstoffsystem besteht aus Elektrokraftstoffpumpe, Hochdruckpumpe, Rail, Hochdrucksensor und den Einspritzventilen (Bild 18).

Hochdruckerzeugung

Die Elektrokraftstoffpumpe (Bild 18, Pos. 10) fördert den Kraftstoff mit dem Vorförderdruck von 3...5 bar zur Hochdruckpumpe (11). Diese erzeugt abhängig vom Betriebspunkt (gefordertes Drehmoment und Drehzahl) den Systemdruck. Der unter Hochdruck stehende Kraftstoff gelangt in das Rail (12) und wird dort gespeichert. Der Kraftstoffdruck wird mit dem Hochdrucksensor (13) gemessen und über das in der

17 Benzin-Direkteinspritzung

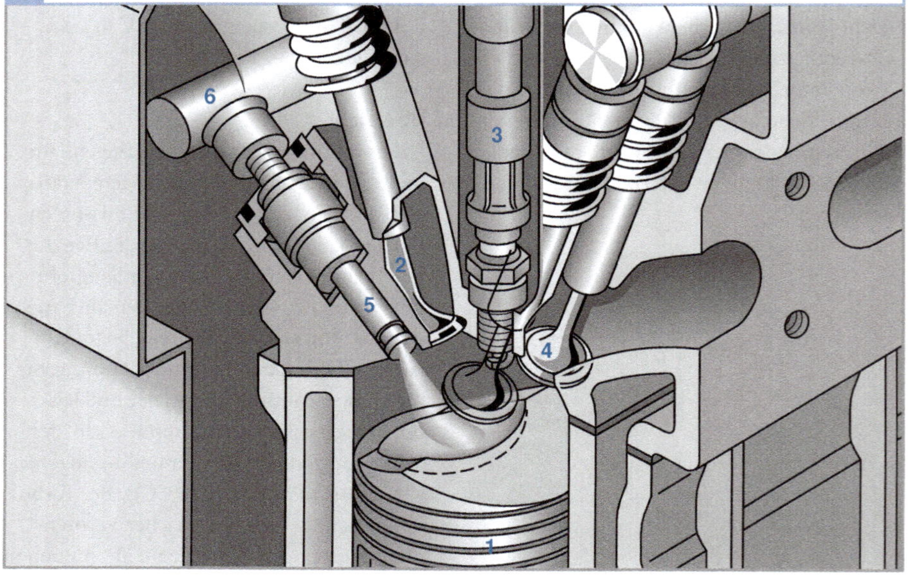

Bild 17
1 Kolben
2 Einlassventil
3 Zündkerze mit aufgesteckter Zündspule
4 Auslassventil
5 Hochdruck-Einspritzventil
6 Kraftstoffverteilerrohr (Rail)

18 Strukturbild eines Ottomotors mit Benzin-Direkteinspritzung einschließlich Komponenten für die Steuerung und Regelung

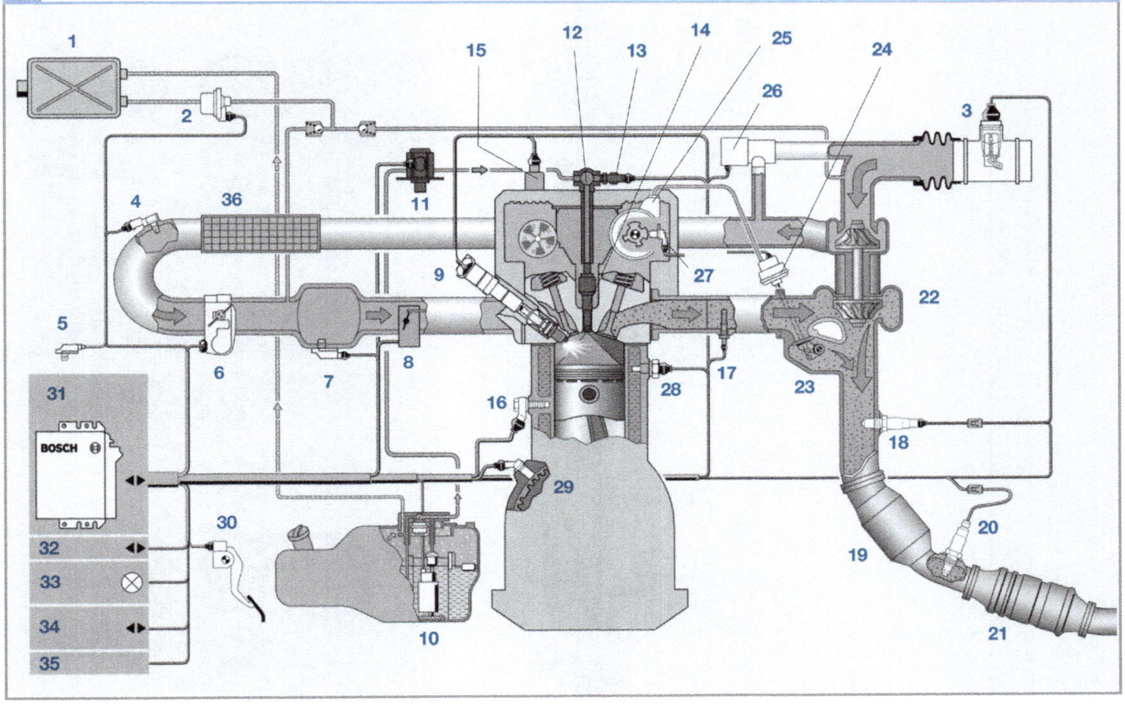

Hochdruckpumpe integrierte Mengensteuerventil auf Werte zwischen 50 und 200 bar eingestellt. Am Rail, auch als „Common Rail" bezeichnet, sind die Hochdruck-Einspritzventile (14) angeordnet. Sie werden vom Motorsteuergerät angesteuert und spritzen den Kraftstoff in den Brennraum des Zylinders ein. Die Komponenten der Bosch-Benzin-Direkteinspritzung sind aus Edelstahl gefertigt und somit robust im Einsatz mit unterschiedlichen Kraftstoffen. Die Medienverträglichkeit besteht für alle gängigen Kraftstoffe, E85 (85 % Ethanol und 15 % Benzin) und M15 (15 % Methanol und 85 % Benzin). Weitere Kraftstoffe können in Abstimmung mit dem Fahrzeughersteller freigegeben werden.

Bild 18

1 Aktivkohlebehälter
2 Tankentlüftungsventil
3 Heißfilm-Luftmassenmesser
4 kombinierter Ladedruck- und Ansauglufttemperatursensor
5 Umgebungsdrucksensor
6 Drosselvorrichtung (EGAS)
7 Saugrohrdrucksensor
8 Ladungsbewegungsklappe
9 Zündspule mit Zündkerze
10 Kraftstofffördermodul mit Elektrokraftstoffpumpe
11 Hochdruckpumpe
12 Kraftstoff-Verteilerrohr
13 Hochdrucksensor
14 Hochdruck-Einspritzventil
15 Nockenwellenversteller
16 Klopfsensor
17 Abgastemperatursensor
18 λ-Sonde
19 Vorkatalysator
20 λ-Sonde
21 Hauptkatalysator
22 Abgasturbolader
23 Waste-Gate
24 Waste-Gate-Steller
25 Vakuumpumpe
26 Schub-Umluftventil
27 Nockenwellenphasensensor
28 Motortemperatursensor
29 Drehzahlsensor
30 Fahrpedalmodul
31 Motorsteuergerät
32 CAN-Schnittstelle
33 Motorkontrollleuchte
34 Diagnoseschnittstelle
35 Schnittstelle zur Wegfahrsperre
36 Ladeluftkühler

19 Einbaulagen des Injektors, seitlich und zentral

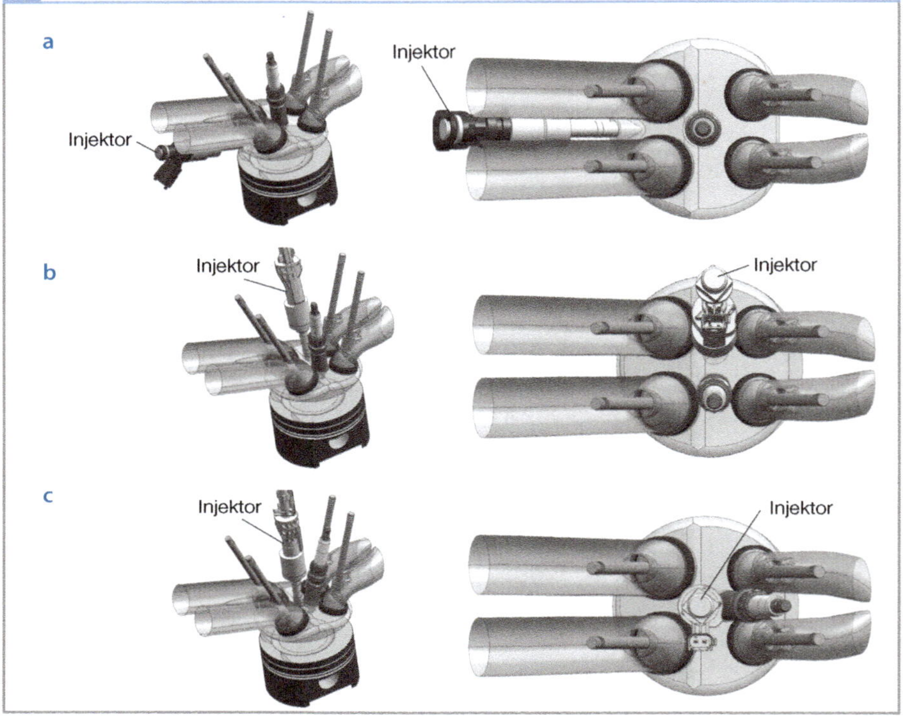

Bild 19
a seitlicher Einbau
b zentral longitudinal
c zentral transversal

Brennverfahren und Betriebsarten

Brennverfahren

Als Brennverfahren wird die Art und Weise bezeichnet, wie das Gemisch im Brennraum gebildet und die Energie durch die Verbrennung freigesetzt wird. Hierbei werden die Abläufe durch viele Parameter beeinflusst. Wesentliche Parameter sind die Geometrie des Brennraums, die Brennraumströmung und die Ausrichtung des Kraftstoffsprays, aber auch die steuerbaren Größen wie der Einspritz- und der Zündungszeitpunkt. Die Optimierung all dieser Parameter ist die Grundvoraussetzung für ein robust ablaufendes Brennverfahren mit rascher und vollständiger Verbrennung und geringen Emissionen.

Die Kraftstoffverteilung im Brennraum wird stark durch die Einbaulage des Einspritzventils beeinflusst. Heute haben sich bei den üblichen Vierventilmotoren die beiden Einbaulagen seitlich und zentral etabliert. Bei seitlicher Einbaulage wird der Injektor unterhalb des Einlasskanals positioniert (Bild 19a) . Der Kraftstoff wird zwischen den Einlassventilen in den Brennraum eingespritzt. Ein wesentlicher Vorteil dieser Einbaulage ist die relativ einfache Anpassung eines Zylinderkopfes einer bestehenden Saugrohreinspritzung, was den Umstieg auf die Direkteinspritzung für die Motorenhersteller deutlich erleichtert.

Bei zentraler Einbaulage haben sich in Serienmotoren zwei Positionierungssmöglichkeiten durchgesetzt, der longitudinale und der transversale Einbau (Bild 19b, c). Beim longitudinalen Einbau liegen Zündkerze und Injektor im Zylinderdach zwischen den Ein-

und Auslassventilen. Dadurch kann eine bessere Zylinderkopfkühlung erreicht werden. Es bleibt auch ein größerer Freiraum für die Einlass- und Auslasskanäle. Bei der transversalen Einbaulage liegt der Injektor zwischen den Einlassventilen, die Zündkerze zwischen den Auslassventilen. Bei dieser Positionierung bleibt die Injektorspitze vergleichsweise kühl. Die Robustheit gegen Ablagerungen an der Injektorspitze wird dadurch verbessert. Die zentrale Einbaulage erlaubt zudem, das volle Potential der Verbrauchsreduzierung durch Kraftstoffschichtung zu nutzen. Heutige Schichtbrennverfahren verwenden hierzu die transversale Einbaulage.

Ein Brennverfahren besteht oft aus mehreren verschiedenen Betriebsarten, auf die betriebspunktabhängig umgeschaltet wird. Prinzipiell teilen sich die Brennverfahren in zwei Klassen auf: in Homogen- und Schichtbrennverfahren.

Homogenbrennverfahren
Beim Homogenbrennverfahren wird in der Regel im gesamten Motorkennfeld ein im Mittel stöchiometrisches Gemisch im Brennraum gebildet (Bild 20). Das bedeutet, dass immer eine Luftzahl von $\lambda = 1$ vorliegt. Damit wird wie bei der Saugrohreinspritzung die Abgasnachbehandlung durch einen Drei-Wege-Katalysator ermöglicht. Dieses Brennverfahren wird in Verbindung mit einer Aufladung häufig beim Downsizing (Reduzierung des Hubraums bei gleichzeitiger Effizienzsteigerung) angewandt, um den Kraftstoffverbrauch zu senken.

Das Homogenbrennverfahren wird immer im Homogenmodus betrieben, allerdings kann es auch hier Sonderbetriebsarten geben, die motorindividuell unterschiedlich zu bestimmten Einsatzzwecken genutzt werden.

20 Gemischverteilung im Brennraum

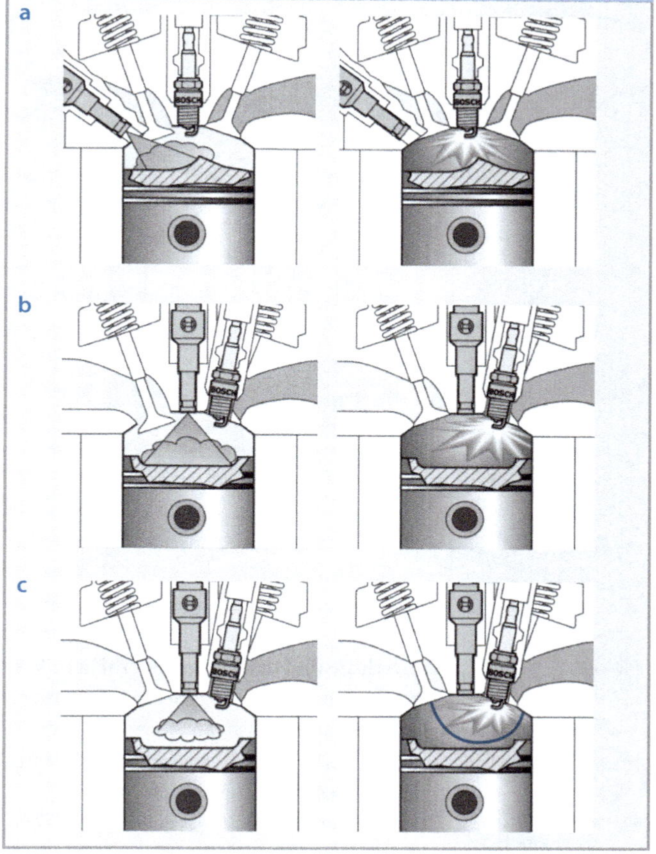

Bild 20
- a seitliche Einbaulage des Einspritzventils: homogene Gemischbildung und Verbrennung
- b zentrale Einbaulage des Einspritzventils: homogene Gemischbildung und Verbrennung
- c zentrale Einbaulage des Einspritzventils: geschichtete Gemischbildung und Verbrennung, die blaue Linie markiert die Gemischwolke

Schichtbrennverfahren
Beim Schichtbrennverfahren wird in einem bestimmten Kennfeldbereich (kleine Last, kleine Drehzahl) der Kraftstoff erst im Verdichtungstakt in den Brennraum eingespritzt und ggf. als Schichtwolke zur Zündkerze transportiert (Bild 20 c). Die Wolke ist dabei im idealen Fall von reiner Frischluft umgeben. Somit ist nur in der lokalen Wolke ein zündfähiges Gemisch vorhanden. Gemittelt über den gesamten Brennraum liegt eine Luftzahl $\lambda > 1$ vor. Dadurch kann in größeren Bereichen ungedrosselt gefahren werden, was aufgrund der reduzierten Ladungswech-

21 Schichtbrennverfahren

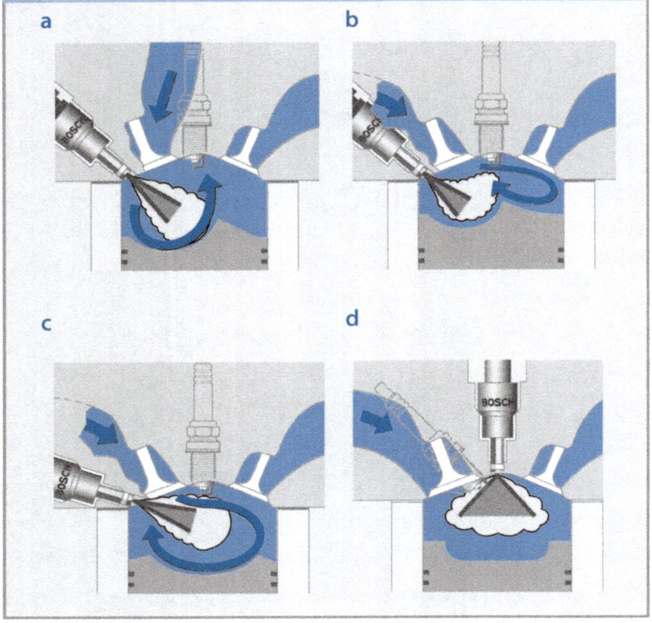

Bild 21
a–c wand- und luftgeführte Brennverfahren
a, b Gemischtransport über die Kolbenmulde
d strahlgeführtes Brennverfahren

selverluste und der wegen der erhöhten Verdünnung reduzierten mittleren Gastemperatur, und damit günstigen Stoffwerten der Zylinderladung im Brennraum, zu einer Erhöhung des Wirkungsgrads führt. Das Schichtbrennverfahren ist ein mageres Verbrauchskonzept mit hohen Potentialen für den Ottomotor.

Heute wird in Neufahrzeugen aufgrund der hohen Kosten für das Abgassystem nur noch das Schichtkonzept mit dem größten Verbrauchspotential, das strahlgeführte Brennverfahren, eingesetzt.

Wand- und luftgeführtes Brennverfahren
Beim wand- und luftgeführten Brennverfahren sitzt der Injektor in seitlicher Einbaulage (Bild 21a-c). Der Gemischtransport erfolgt über die Kolbenmulde, die (im Falle der Wandführung) entweder direkt mit dem Kraftstoff interagiert oder die Luftströmung im Brennraum so führt, dass (im Falle der Luftführung) der Kraftstoff auf einem Luftpolster zur Zündkerze geleitet wird. Reale geschichtete Brennverfahren mit seitlichem Injektoreinbau vereinen meist beides, abhängig vom Einbauwinkel der Injektoren, der eingespritzten Kraftstoffmenge und der Ladungsbewegung im Brennraum. Wand- und luftgeführte Schichtbrennverfahren werden seit ca. 2005 aus Kosten-Nutzen-Gründen in Serienmotoren nicht mehr umgesetzt.

Strahlgeführtes Brennverfahren
Das strahlgeführte Brennverfahren verwendet die zentrale Einbaulage. Die Zündkerze ist injektornah im Brennraumdach eingebaut (Bild 21d). Der Vorteil dieser Anordnung ist die Möglichkeit der direkten Strahlführung des Kraftstoffstrahls zur Zündkerze ohne Umwege über Kolben oder Luftströmungen. Nachteilig ist allerdings die kurze Zeit, die zur Gemischaufbereitung zur Verfügung steht. Strahlgeführte Schichtbrennverfahren benötigen daher einen Kraftstoffdruck von ca. 200 bar und eine hohe Gemischgüte. Dies wird beim Injektor für strahlgeführte Brennverfahren durch eine außenöffnende Düse mit Lamellenzerfall erreicht.
Das strahlgeführte Brennverfahren erfordert eine exakte Positionierung von Zündkerze und Einspritzventil sowie eine präzise Strahlausrichtung, um das Gemisch zum richtigen Zeitpunkt entzünden zu können. Die Wärmewechselbelastung der Zündkerze ist dabei sehr hoch, da die heiße Zündkerze unter Umständen vom relativ kalten Einspritzstrahl direkt benetzt wird. Bei guter Auslegung des Systems weist das strahlgeführte Brennverfahren einen höheren Wirkungsgrad auf als die anderen geschichteten Brennverfahren, sodass hier gegenüber dem Schichtbetrieb mit wand- und luftgeführten Brennverfahren eine noch höhere Verbrauchsersparnis erreicht werden kann.

Außerhalb des Schichtbetriebbereichs wird auch beim Schichtbrennverfahren der Motor im Homogenmodus betrieben.

Betriebsarten

Im Folgenden sollen die unterschiedlichen Betriebsarten, die bei der Benzin-Direkteinspritzung eingesetzt werden, aufgeführt werden. Je nach Betriebspunkt des Motors wird die geeignete Betriebsart von der Motorsteuerung eingestellt (Bild 22).

Homogen

Im Homogenmodus wird die eingespritzte Kraftstoffmenge genau im stöchiometrischen Verhältnis ($\lambda = 1$), z. B. bei Super-Benzin 14,7:1, der Frischluft zugemessen. Dabei wird der Kraftstoff im Ansaughub eingespritzt, damit genügend Zeit verbleibt, um das gesamte Gemisch zu homogenisieren. Zum Bauteilschutz des Katalysators oder zur Leistungssteigerung an der Volllast wird in Teilen des Betriebskennfelds auch mit leichtem Kraftstoffüberschuss gefahren ($\lambda < 1$). Die Betriebsart „Homogen" ist bei einer hohen Drehmomentanforderung notwendig, da sie den gesamten Brennraum ausnutzt. Wegen des stöchiometrisch vorliegenden Luft-Kraftstoff-Gemischs ist in dieser Betriebsart auch die Rohemission von Schadstoffen niedrig, die zudem vom Drei-Wege-Katalysator vollständig konvertiert werden kann. Beim Homogenbetrieb entspricht die Verbrennung weitgehend der Verbrennung bei der Saugrohreinspritzung.

Schichtbetrieb

Beim Schichtbetrieb wird der Kraftstoff erst im Verdichtungstakt eingespritzt. Der Kraftstoff soll dabei nur mit einem Teil der Luft aufbereitet werden. Es entsteht eine Schichtwolke, die idealerweise von reiner Frischluft umgeben ist. Das Einspritzende ist im Schichtbetrieb sehr wichtig. Die Schicht-

22 Einspritz- und Zündzeitpunkte der verschiedenen Betriebsarten

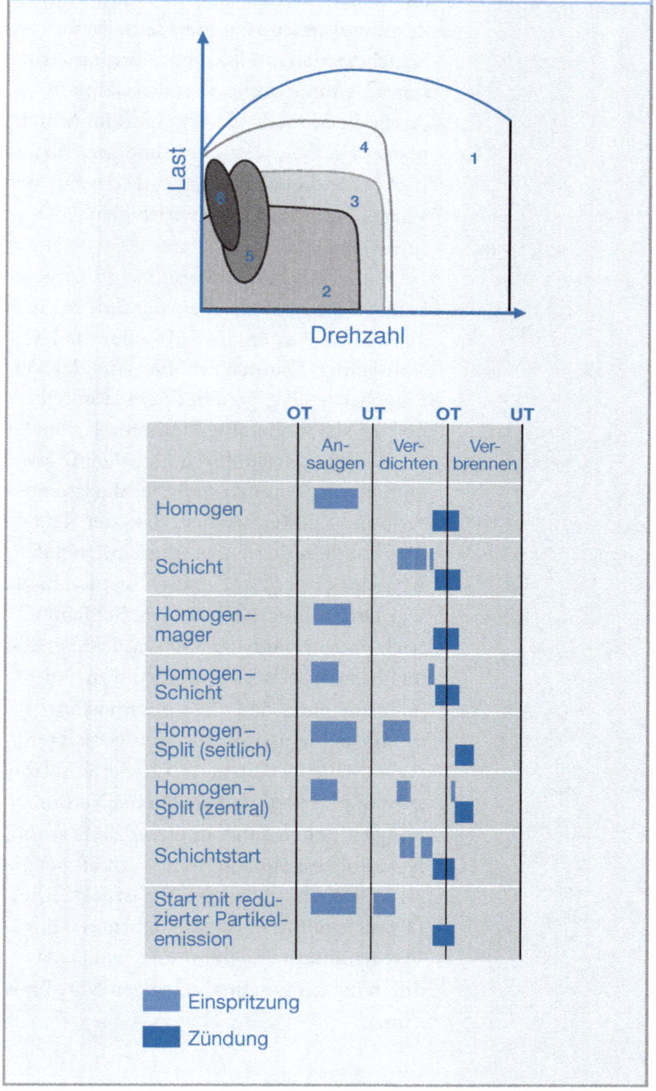

Bild 22
1 Homogen
2 Schichtbetrieb
3 Homogen-Mager
4 Homogen-Schicht
5 Homogen-Split (zum Katalysator-Heizen)
6 Schichtstart und Start mit reduzierter Partikelemission

wolke muss zum Zündzeitpunkt nicht nur ausreichend homogenisiert, sondern auch an der Zündkerze positioniert sein. Da im Schichtbetrieb nur lokal ein stöchiometrisches Gemisch vorliegt, ist das Gemisch durch die umhüllende Frischluft im Mittel mager. Hierbei ist eine aufwendigere Abgasnachbehandlung notwendig, da der Dreiwegekatalysator im Magerbetrieb keine NO_x-Emissionen reduzieren kann.

Der Schichtbetrieb kann nur in vorgegebenen Grenzen betrieben werden, da sich zu höheren Lasten die Ruß- oder die NO_x-Emissionen deutlich erhöhen und der Verbrauchsvorteil gegenüber dem Homogenbetrieb schwindet. Bei kleineren Lasten ist der Schichtbetrieb durch niedrige Abgasenthalpien begrenzt, weil die Abgastemperaturen so gering werden, dass der Katalysator allein durch das Abgas nicht auf Betriebstemperatur gehalten werden kann. Der Drehzahlbereich ist beim Schichtbetrieb bis ungefähr $n = 3500\ \text{min}^{-1}$ begrenzt, da oberhalb dieser Schwelle die zur Verfügung stehende Zeit nicht mehr ausreicht, um die Schichtwolke zu homogenisieren.

Die Schichtwolke magert in der Randzone zur umgebenden Luft ab. Bei der Verbrennung entstehen daher in dieser Zone erhöhte NO_x-Rohemissionen. Abhilfe schafft bei dieser Betriebsart eine hohe Abgasrückführrate. Die rückgeführten Abgase reduzieren die Verbrennungstemperatur und senken dadurch die temperaturabhängigen NO_x-Emissionen.

Homogen-Mager
In einem Übergangsbereich zwischen Schicht- und Homogenbetrieb kann der Motor mit Schichtbrennverfahren mit homogenem mageren Gemisch betrieben werden ($\lambda > 1$). Im Homogen-Mager-Betrieb ist der Kraftstoffverbrauch gegenüber dem Homogenbetrieb mit $\lambda = 1$ geringer, da die Ladungswechselverluste durch die Entdrosselung geringer werden. Zu beachten sind aber die erhöhten NO_x-Emissionen, da der Dreiwegekatalysator in diesem Bereich diese Emissionen nicht reduzieren kann. Zusätzliche NO_x-Emissionen bedeuten wiederum Wirkungsgradverluste durch die Regenerierungsphasen eines hier notwendigen NO_x-Speicherkatalysators.

Homogen-Schicht
Im Homogen-Schicht-Betrieb ist der gesamte Brennraum mit einem homogen-mageren Grundgemisch gefüllt. Dieses Gemisch entsteht durch Einspritzung einer Grundmenge an Kraftstoff in den Ansaugtakt. Eine zweite Einspritzung erfolgt im Kompressionstakt. Dadurch entsteht eine fettere Zone im Bereich der Zündkerze. Diese Schichtladung ist leichter entflammbar und kann mit der Flamme – ähnlich einer Fackelzündung – das homogen-magere Gemisch im übrigen Brennraum sicher entzünden.

Der Aufteilungsfaktor zwischen den beiden Einspritzungen beträgt ungefähr 75 %. Das bedeutet, 75 % des Kraftstoffs werden bei der ersten Einspritzung, die für das homogene Grundgemisch sorgt, eingespritzt. Ein stationärer Homogen-Schicht-Betrieb bei niedrigen Drehzahlen im Übergangsbereich zwischen Schicht- und Homogenbetrieb reduziert die Rußemission gegenüber dem Schichtbetrieb und verringert den Kraftstoffverbrauch gegenüber dem Homogenbetrieb.

Homogen-Split
Der Homogen-Split-Modus ist eine spezielle Anwendung der Homogen-Schicht-Doppeleinspritzung. Er wird bei allen Motoren mit Benzindirekteinspritzung zum raschen Aufheizen des Katalysators nach dem Kaltstart eingesetzt. Durch die stabilisierend wirkende zweite Einspritzung im frühen Kompressi-

onstakt bei seitlicher Einbaulage oder direkt vor der Zündung bei zentraler Einbaulage kann die Zündung extrem spät (bei einem Kurbelwinkel von 15 ... 30 ° nach ZOT) erfolgen. Ein großer Anteil der Verbrennungsenergie wird dann nicht mehr in eine Drehmomentensteigerung eingehen, sondern erhöht die Abgasenthalpie. Durch diesen hohen Abgaswärmestrom ist der Katalysator schon wenige Sekunden nach dem Start einsatzbereit.

Schichtstart
Beim Schichtstart wird die Starteinspritzmenge im Kompressionshub und unter erhöhtem Kraftstoffdruck eingespritzt, anstatt konventionell im Ansaughub bei Vordruck eingespritzt zu werden. Der Vorteil dieser Einspritzstrategie beruht darauf, dass in bereits komprimierte und damit erwärmte Luft eingespritzt wird. Dadurch verdunstet prozentual mehr Kraftstoff als bei kalten Umgebungsbedingungen, bei denen sonst ein deutlich größerer Anteil des eingespritzten Kraftstoffs als flüssiger Wandfilm im Brennraum verbleibt und nicht an der Verbrennung teilnimmt. Die einzuspritzende Kraftstoffmenge kann daher beim Schicht-Start deutlich verringert werden. Dies führt zu stark reduzierten HC-Emissionen beim Start. Da zum Startzeitpunkt der Katalysator noch nicht wirken kann, ist dies eine wichtige Betriebsart für die Entwicklung von Niedrigemissionskonzepten. Zusätzlich bewirkt diese Schichteinspritzung eine deutlich stabilere Startverbrennung, was wiederum die Startrobustheit erhöht. Um eine Aufbereitung in der kurzen, zur Verfügung stehenden Zeit zu ermöglichen, wird der Schichtstart mit einem Kraftstoffdruck von ca. 50 bar durchgeführt. Dieser Druck kann von der Hochdruckpumpe bereits durch die Umdrehungen des Starters zur Verfügung gestellt werden.

Start mit reduzierter Partikelemission
Aufgrund der erhöhten Anforderungen der EU6-Emissionsgesetze zur Senkung der Partikelemission werden heute im Start Einspritzstrategien mit reduzierter Partikelemission verwendet. So wird meist eine Mehrfacheinspritzung mit einer Ersteinspritzung in der Saugphase angewandt. Ein zweiter Anteil wird in die frühe Kompressionsphase einspritzt, wodurch sehr inhomogene Schichtwolken vermieden werden. Partikel werden nur in lokalen Gemischbereichen erzeugt, in denen eine Luftzahl $\lambda < 0{,}5$ besteht.

Gemischbildung, Zündung und Entflammung

Aufgabe der Gemischbildung ist die Bereitstellung eines möglichst homogenen, brennfähigen Luft-Kraftstoff-Gemischs zum Zeitpunkt der Zündung.

Anforderungen

In der Betriebsart Homogen (Homogen mit $\lambda \leq 1$ und auch Homogen-mager mit $\lambda > 1$) soll das Gemisch im gesamten Brennraum homogen sein. Im Schichtbetrieb hingegen ist das Gemisch nur innerhalb eines räumlich begrenzten Bereichs teilweise homogen, während sich im restlichen Brennraum Frischluft oder Inertgas befindet. Homogen kann eine Gas-Mischung oder eine Gas-Kraftstoffdampf-Mischung nur dann sein, wenn der gesamte Kraftstoff verdunstet ist. Einfluss auf die Verdunstung haben viele Faktoren, vor allem

- die Temperatur im Brennraum,
- die Brennraumströmung,
- die Tropfengröße des Kraftstoffs,
- die Zeit, die zur Verdunstung zur Verfügung steht.

Einflussgrößen

Brennfähig ist ein Gemisch mit Ottokraftstoff mit λ im Bereich von 0,6 bis 1,6; abhängig von Temperatur, Druck und Brennraumgeometrie des Motors.

Temperatureinfluss

Die Temperatur beeinflusst maßgeblich die Verdunstung des Kraftstoffs. Bei tieferen Temperaturen verdunstet er nicht vollständig. Deshalb muss unter diesen Bedingungen mehr Kraftstoff eingespritzt werden, um ein brennfähiges Gemisch zu erhalten.

Druckeinfluss

Die Tropfengröße des eingespritzten Kraftstoffs ist abhängig vom Einspritzdruck und vom Druck im Brennraum. Mit steigendem Einspritzdruck können kleinere Tropfengrößen erzielt werden, die schneller verdunsten.

Geometrieeinfluss

Bei gleichem Brennraumdruck und steigendem Einspritzdruck erhöht sich die Eindringtiefe, d. h. die Weglänge, die der einzelne Tropfen zurücklegt, bis er vollständig verdunstet ist. Ist dieser zurückgelegte Weg länger als der Abstand vom Einspritzventil zur Brennraumwand, wird die Zylinderwand oder der Kolben benetzt. Verdunstet der so entstehende Wandfilm nicht rechtzeitig bis zur Zündung, nimmt er nicht oder nur unvollständig an der Verbrennung teil und erzeugt HC- und Partikelemissionen. Wandfilme sind bei homogenen Brennverfahren die Hauptquelle der Partikelemissionen. Die Geometrie des Motors (bezüglich Einlasskanal und Brennraum) ist auch verantwortlich für die Luftströmung und die Turbulenz im Brennraum, die wesentliche Faktoren für den Einfluss auf die Brenngeschwindigkeit sind.

Gemischbildung und Verbrennung im Homogenbetrieb

Um eine lange Zeit für die Gemischbildung zu erhalten, sollte der Kraftstoff frühzeitig eingespritzt werden. Deshalb wird im Homogenbetrieb bereits im Ansaugtakt eingespritzt und mithilfe der einströmenden Luft eine schnelle Verdunstung des Kraftstoffs und eine gute Homogenisierung des Gemischs erreicht (**Bild 23a**). Die Aufbereitung wird vor allem durch hohe Strömungsgeschwindigkeiten und deren aerodynamische Kräfte im Bereich des öffnenden und schließenden Einlassventils unterstützt. Bei aufgeladenen Motoren wird eine starke Tumbleströmung verwendet, die zum einen das fein aufbereitete Kraftstoffspray von der Wand fernhält, und zum anderen durch die starke Durchmischung des Kraftstoffgemisches die Verdunstung und Homogenisierung fördert. Zusätzlich erzeugt zum Zeitpunkt der Entflammung der Zerfall der Tumbleströmung in Turbulenz einen raschen Durchbrand. Die Zündungs- und Entflammungsbedingungen homogener Gemische bei der Benzin-Direkteinspritzung entsprechen weitgehend denen bei der Saugrohreinspritzung (→ **Einspritzung** → Saugrohreinspritzung).

Gemischbildung und Verbrennung im Schichtbetrieb

Für den Schichtbetrieb ist die Ausbildung der brennfähigen Gemischwolke, die sich zum Zündzeitpunkt im Bereich der Zündkerze befindet, entscheidend. Dazu wird beim strahlgeführten Brennverfahren der Kraftstoff während der Verdichtungsphase so eingespritzt, dass eine kompakte Gemischwolke entsteht (**Bild 23b**). Diese wird durch den Sprayimpuls zur Zündkerze getragen. Der Einspritzzeitpunkt ist von der Drehzahl und vom geforderten Drehmoment abhängig. Bei höheren Lasten im Schichtbetrieb wird auch eine Mehrfacheinspritzung zur Homogenisierung der Gemischwolke eingesetzt. Die dadurch in die Gemischwolke zusätzlich eingetragene Luft ermöglicht auch eine Anpassung der Luftzahl im Gemisch auf stöchiometrische Verhältnisse.

Für eine robuste Entflammung ist das exakte Zusammenspiel zwischen Einspritzende und Zündung wichtig. Während der Einspritzung des Gemischs ist die Strömungsgeschwindigkeit der an der Zündkerze vorbeifliegenden Gemischwolke, aber auch die Kühlung des verdunstenden Kraftstoffes zu hoch für eine Entflammung (Bild 24a). Erst zum Abschluss der Einspritzung bestehen für eine sehr kurze Zeit ideale Bedingungen. In der danach folgenden Schleppe aus Brennraumluft magert das Gemisch rasch ab. In diese Schicht am Ende der Einspritzung wird der Zündfunke eingesaugt und bildet einen Flammkern aus. Dieser folgt der sich ausbreitenden Gemischwolke und brennt sie rasch ab. Damit ist der Zeitpunkt des Verbrennungsbeginns, und somit auch die Schwerpunktlage der Verbrennung, fest an das Spritzende gebunden. Der ausgebildete Zündfunke steht dagegen wesentlich länger zur Verfügung. Dieser Mechanismus der Entflammung unterscheidet sich deutlich von dem der homogenen Verbrennung, und muss auch im Motormanagement bei der Regelung der Einspritzparameter berücksichtigt werden.

Entscheidend für eine sichere Zündung und Entflammung sind unter anderem:
- die Qualität der Gemischaufbereitung,
- eine genaue Mengendosierung auch bei kleinen Einspritzmengen (Mehrfacheinspritzung),
- eine möglichst große Zündfunkenbrenndauer,
- die richtige Zuordnung von Funkenort und Kraftstoffspray,
- eine relativ genaue Einhaltung des Abstan-

23 Gemischbildungsmechanismen bei der Benzin-Direkteinspritzung

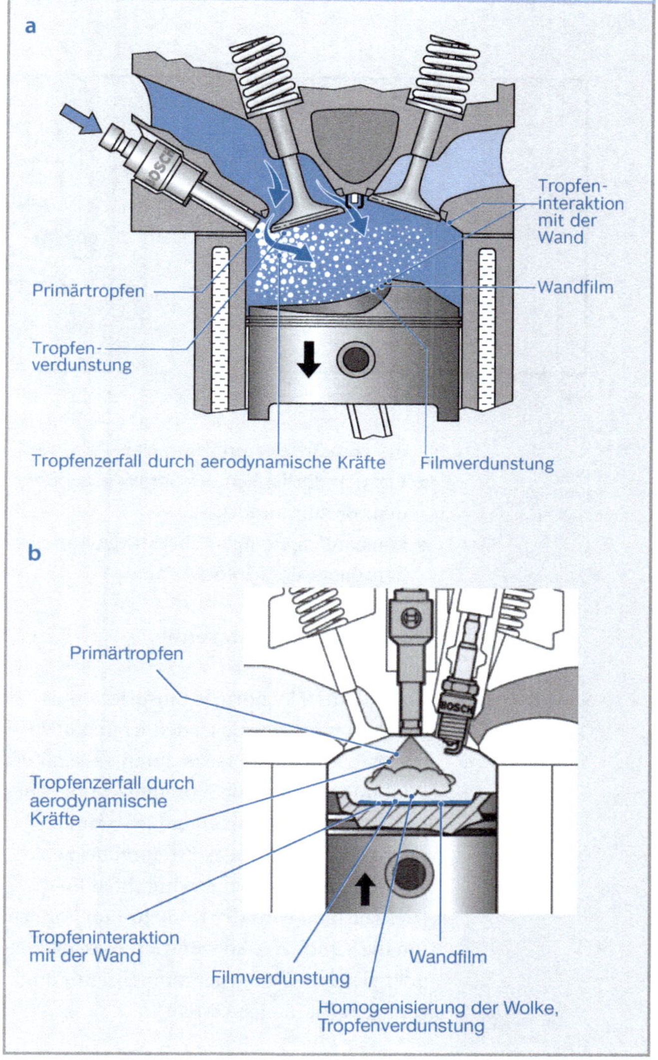

Bild 23
a Homogenbetrieb
b Schichtbetrieb

24 Schichtbetrieb mit strahlgeführtem Brennverfahren: Kopplung der Entflammung und Verbrennung an das Einspritzende

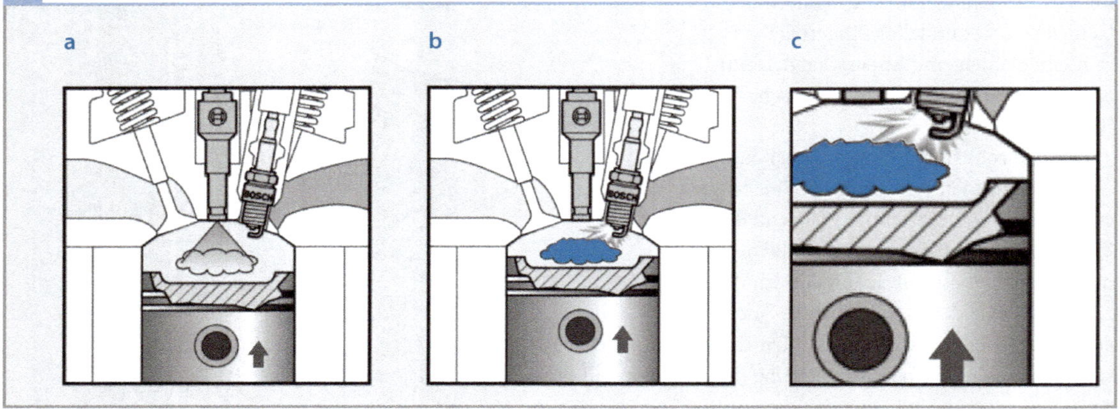

Bild 24
a Einspritzung
b Einspritzende
c vergrößerter Ausschnitt aus b

des vom Spray zum Zündort,
- Unveränderlichkeit des Sprays gegenüber dem Brennraumdruck,
- konstante Sprayform über die gesamte Lebensdauer des Motors.

Hochdruck-Einspritzventil

Aufgabe

Aufgabe des Hochdruck-Einspritzventils (HDEV) ist es einerseits, den Kraftstoff zu dosieren und andererseits durch dessen Zerstäubung eine gezielte Durchmischung von Kraftstoff und Luft in einem bestimmten räumlichen Bereich des Brennraums zu erzielen. Abhängig vom gewünschten Betriebszustand wird der Kraftstoff im Bereich um die Zündkerze konzentriert (geschichtet) oder gleichmäßig im gesamten Brennraum zerstäubt (homogen verteilt).

Anforderungen

Spray

Für einen robusten und sauberen Verbrennungsprozess ist ein stabiles Spray erforderlich. Sprayeigenschaften, wie z. B. Spraywinkel, Sprayneigung oder Eindringtiefe sind hierbei die wesentlichen Kriterien (Bild 25). Um die Interaktion des Sprays mit der Brennraumwand oder dem Kolbenboden zu minimieren, wird die Eindringtiefe des Sprays motorspezifisch angepasst. Durch Anpassung von Kraftstoffdruck, Spritzlochanordnung und -design wird ein Optimum zwischen Zerstäubung und Eindringtiefe erzielt. Eine zusätzliche Möglichkeit zur Anpassung der Sprayausbreitung ergibt sich, indem die erforderliche Kraftstoffmenge auf mehrere Einspritzvorgänge aufgeteilt wird.

Dynamik

Neben dem Spray ist vor allem die Schaltdynamik des Hochdruck-Einspritzventiles von großer Bedeutung. Wesentlicher Unterschied der Benzin-Direkteinspritzung im Vergleich zur Saugrohreinspritzung ist ein höherer Kraftstoffdruck und eine deutlich kürzere Zeit für die Einspritzung des Kraftstoffs direkt in den Brennraum (Bild 26). Bei der Saugrohreinspritzung kann über den Zeitraum von zwei Kurbelwellenumdrehungen der Kraftstoff in das Saugrohr eingespritzt werden. Das entspricht bei einer Drehzahl von 6 000 min^{-1} einer Einspritzdauer von 20 ms. Für den Homogenbetrieb bei der Direkteinspritzung muss der Kraftstoff im Ansaugtakt eingespritzt werden. So-

25 Strahlgeometrien und Sprayeigenschaften

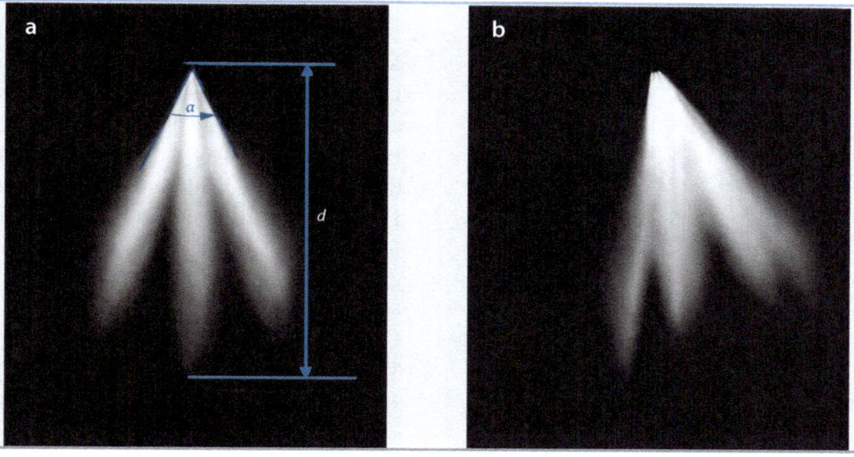

Bild 25
a zur Erläuterung von Spraywinkel *α* und Eindringtiefe *d*
b geneigtes Spray

mit steht nur eine halbe Kurbelwellenumdrehung für den Einspritzvorgang zur Verfügung. Bei 6 000 min^{-1} entspricht das einer Einspritzdauer von 5 ms. Bei der Benzin-Direkteinspritzung ist der Kraftstoffbedarf im Leerlauf (im Verhältnis zur Volllast) sehr viel geringer als bei der Saugrohreinspritzung (Faktor 1:12). Im Falle der Mehrfacheinspritzung wird die Einspritzzeit pro Teileinspritzung nochmals reduziert, was zu einer weiteren Anforderung an die Dynamik führt.

Einbau

Aus dem Brennverfahren und aus den räumlichen Gegebenheiten ergeben sich weitere, im Wesentlichen geometrische Anforderungen an das Hochdruck-Einspritzventil. Im Falle des seitlichen Einbaus (Bild 27) ist eine möglichst kleine Bauhöhe und ein schlankes Design erforderlich. Um die elektrische und hydraulische Kontaktierung realisieren zu können, wird für den zentralen Einbau (Bild 28) das Hochdruck-Einspritzventil entsprechend verlängert.

26 Einspritzzeit und Einspritzmenge bei Benzin-Direkteinspritzung und Saugrohreinspritzung

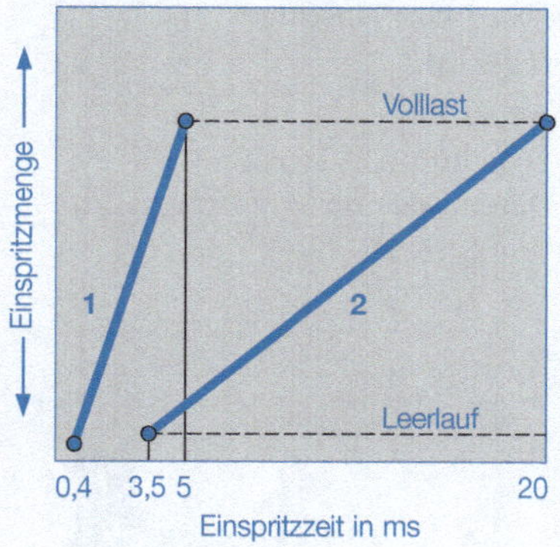

Bild 26
1 Direkteinspritzung
2 Saugrohreinspritzung

27 Seitlicher Einbau eines Hochdruck-Einspritzventils

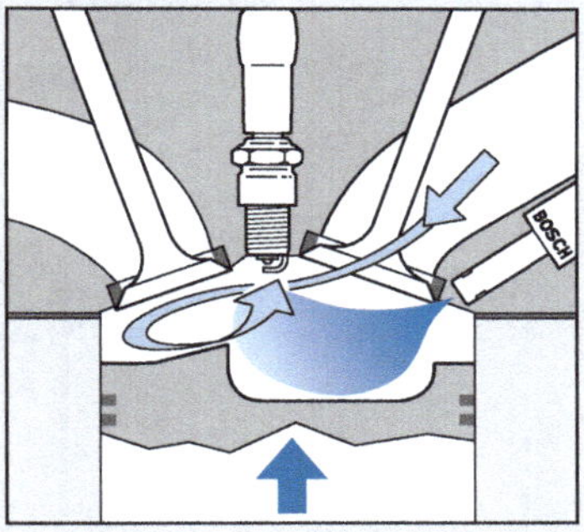

28 Zentraler Einbau eines Hochdruck-Einspritzventils

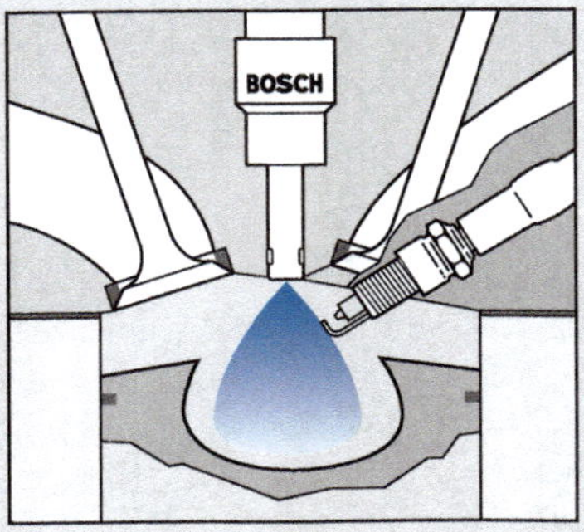

Magnetinjektoren

Aufbau und Arbeitsweise

Das Hochdruck-Einspritzventil (Bilder 29 und 30) besteht aus den Komponenten:

- Zulauf mit Filter (1),
- elektrischer Anschluss (2),
- Feder (3),
- Spule (4),
- Ventilhülse (5),
- Düsennadel mit Magnetanker (6),
- Ventilsitz (7).

Bild 30 zeigt den Aufbau im Falle einer zentralen Einbaulage.

Bei stromdurchflossener Spule wird ein Magnetfeld erzeugt. Dadurch hebt die Ventilnadel gegen die Federkraft vom Ventilsitz ab und gibt die Ventilauslassbohrungen (8) frei. Aufgrund des Systemdrucks wird nun der Kraftstoff in den Brennraum gedrückt. Die eingespritzte Kraftstoffmenge ist dabei im Wesentlichen von der Öffnungsdauer des Ventils und dem Kraftstoffdruck abhängig. Bei Abschalten des Stroms wird die Ventilnadel aufgrund der Federkraft in den Ventilsitz gepresst und unterbricht den Kraftstofffluss. Durch eine geeignete Düsengeometrie an der Ventilspitze wird eine sehr gute Zerstäubung des Kraftstoffs erreicht.

29 Aufbau eines Hochdruck-Einspritzventils

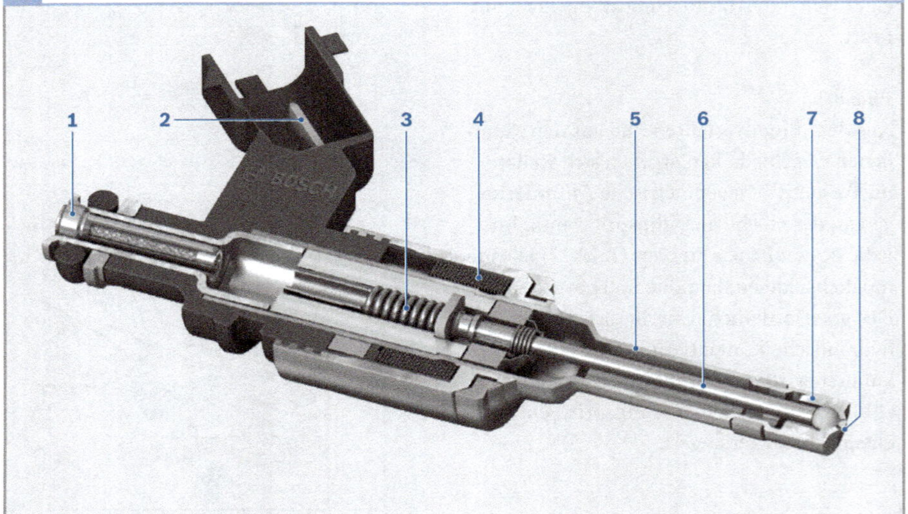

Bild 29
1 Kraftstoffzulauf mit Filter
2 elektrischer Anschluss
3 Feder
4 Spule
5 Ventilhülse
6 Düsennadel mit Magnetanker
7 Ventilsitz
8 Ventilauslass-bohrungen

30 Aufbau eines Hochdruck-Einspritzventils für die zentrale Einbaulage

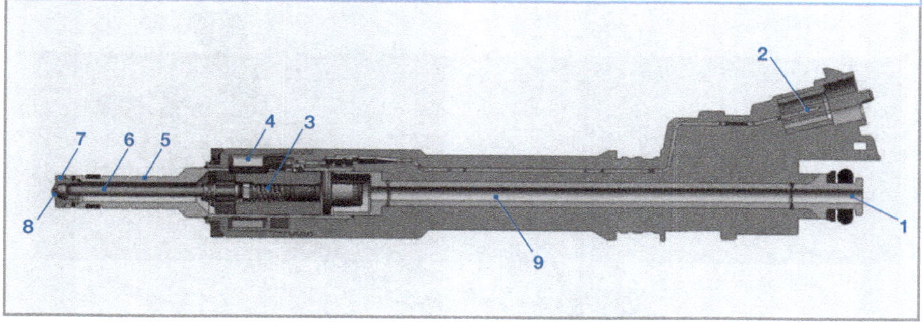

Bild 30
1 Kraftstoffzulauf mit Filter
2 elektrischer Anschluss
3 Feder
4 Spule
5 Ventilhülse
6 Düsennadel mit Magnetanker
7 Ventilsitz
8 Ventilauslassbohrungen
9 Rohr

Ansteuerung des Einspritzventils

Um einen definierten und reproduzierbaren Einspritzvorgang zu gewährleisten, muss das Hochdruck-Einspritzventil mit einem komplexen Stromverlauf angesteuert werden (Bild 31). Der Mikrocontroller im Motorsteuergerät liefert ein digitales Ansteuersignal (a). Aus diesem Signal erzeugt ein Endstufenbaustein (ASIC) das Ansteuersignal (b) für das Einspritzventil. Ein DC/DC-Wandler im Motorsteuergerät erzeugt die Boosterspannung von 65 V. Sie wird benötigt, um den Strom in der Boosterphase möglichst rasch auf einen hohen Stromwert zu bringen. Das ist erforderlich, um die Einspritzventilnadel möglichst schnell zu beschleunigen. In der Anzugsphase (t_{an}) erreicht die Ventilnadel anschließend den maximalen Öffnungshub (c). Bei geöffnetem Einspritzventil reicht ein geringer Ansteuerstrom I_H (Haltestrom) aus, um das Ventil offen zu halten. Bei konstantem Ventilnadelhub ergibt sich eine zur Einspritzdauer proportionale Einspritzmenge (d).

31

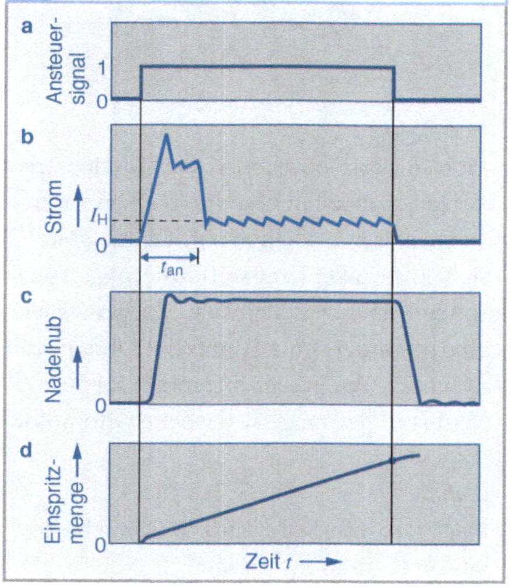

Bild 31
a Ansteuersignal
b Stromverlauf
c Nadelhub
d eingespritzte Kraftstoffmenge

32 Aufbau eines Piezoinjektors

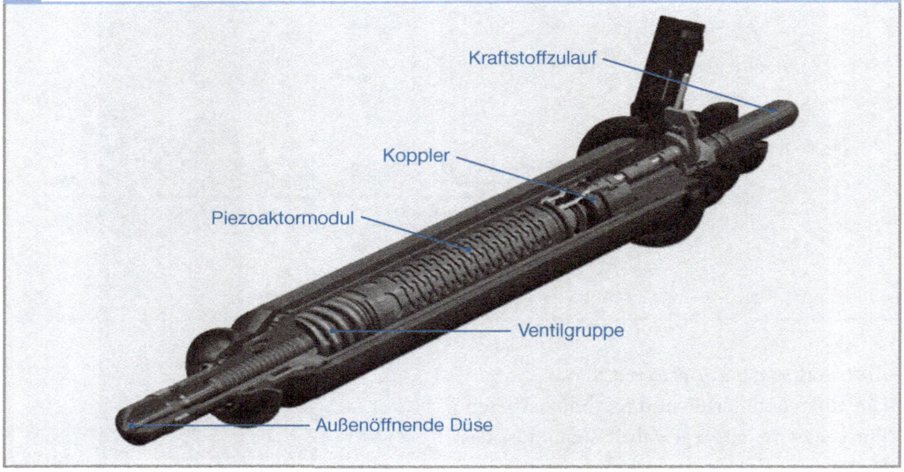

Piezoinjektoren

Piezoinjektoren zeichnen sich durch extrem kurze Schaltzeiten und durch einen variabel einstellbaren Nadelhub aus. Damit lassen sich eine exakte Kraftstoffdosierung, insbesondere auch von kleinsten Mengen, sowie eine besonders gute Strahlzerstäubung realisieren. Haupteinsatzgebiet eines solchen Ventils ist der magerbetriebene Ottomotor.

Aufbau

Das Piezo-Einspritzventil (Bild 32) besteht aus drei Funktionsgruppen:

- Ventilgruppe,
- Piezo-Aktormodul,
- hydraulisches Kompensationselement.

Die Ventilgruppe besteht im Wesentlichen aus der mit einer Feder vorgespannte Ventilnadel und dem Ventilkörper. Die Nadel wird direkt über Betätigung des Piezo-Stacks bewegt. Der Öffnungs- und Schließvorgang erfolgt verzögerungsfrei. Die Nadel öffnet nach außen und gibt einen ringförmigen Spalt frei. Durch diesen tritt der Kraftstoff als dünner Film mit hoher Geschwindigkeit aus.

Das Piezo-Aktormodul ist das Stellelement. Der Piezostack besteht aus vielen piezokeramischen und elektrisch kontaktierten Schichten und ist durch eine umgebende Feder auf Druck vorgespannt. Weder im ausgelenkten noch im Ruhezustand darf der Aktor Zugspannungen erfahren.

Das Kompensationselement, auch Koppler genannt, ist als geschlossener hydraulischer Kompensator ausgeführt. Er sorgt für einen Längenausgleich zwischen Ventilgehäuse und Piezostack, der sich durch Temperatureinfluss bei unterschiedlichen Ausdehnungen einstellt. Damit ist unter allen Betriebsbedingungen, selbst in extremen Temperaturbereichen, ein konstanter Nadelhub und damit eine konstante Einspritzmenge sichergestellt. Selbst bei längeren Einspritzzeiten hat der Koppler eine ausreichende Steifigkeit, um keinen Hubverlust zu verursachen.

33 Eingespritzte Kraftstoffmenge als Funktion der Öffnungszeit bei festem Ventilhub für verschiedene Ansteuerparameter

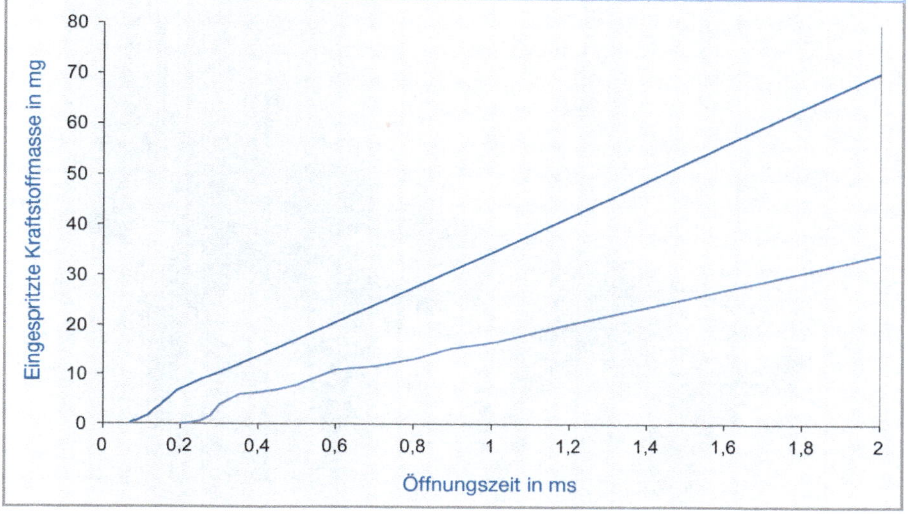

Funktion und Ansteuerung

Zur Betätigung des Piezoinjektors wird der Stack definiert elektrisch geladen. Damit öffnet das Ventil mit einer rampenförmigen Hubkurve und mit einer Schaltzeit kleiner als 0,2 ms. Umgekehrt erfolgt das Schließen des Ventils durch Entladung des Stacks. Die Schaltzeiten sind variabel. Durch die direkte Betätigung der Ventilnadel sind eine hohe Genauigkeit und Reproduzierbarkeit des Hubes von Zyklus zu Zyklus möglich, und damit eine exakte Dosierung der Einspritzmenge (Bild 33). Es lassen sich sowohl Einspritzstrategien im Teilhub- als auch im Vollhubbetrieb darstellen; auch als Kombination mit bis zu fünf Mehrfacheinspritzungen pro Arbeitstakt.

34 Kraftstoffverteilerrohr für die Benzin-Direkteinspritzung aus Edelstahl

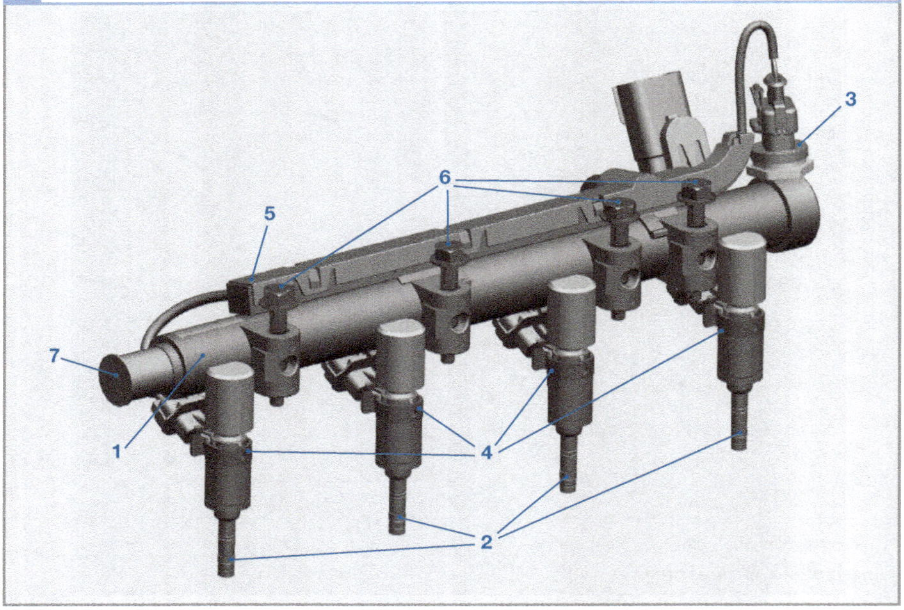

Bild 34
Systemdruck 30 MPa, Berstdruck über 90 MPa, Speichervolumen 50...140 cm^3
1 Kraftstoffverteilerrohr
2 Einspritzventil
3 Drucksensor
4 Befestigung
5 Kabelbaum
6 Schraube
7 Schutzkappe

Kraftstoffverteilerrohr

Das Kraftstoffverteilerrohr (Bild 34), auch als Rail bezeichnet, hat die Aufgabe, die für den jeweiligen Betriebspunkt erforderliche Kraftstoffmenge zu speichern und zu verteilen. Die Speicherung hängt von dem Volumen und der Kompressibilität des Kraftstoffs ab und muss für den jeweiligen Motorbedarf und Druckbereich angepasst werden. Das Volumen des Kraftstoffverteilerrohrs sorgt außerdem für eine Dämpfung im Hochdruckbereich, d. h., Druckschwankungen im Hochdruckbereich werden ausgeglichen. Am Rail sind die Anbaukomponenten für das Einspritzsystem montiert: die Hochdruckeinspritzventile (HDEV) und der Drucksensor zur Regelung des Hochdruckes.

Hochdruckpumpen für die Benzin-Direkteinspritzung

Aufgabe und Anforderungen

Die Hochdruckpumpe (HDP) hat die Aufgabe, den von der Elektrokraftstoffpumpe (EKP) mit einem Vordruck von 0,3...0,5 MPa gelieferten Kraftstoff auf das für die Hochdruckeinspritzung erforderliche Niveau von 5...20 MPa zu verdichten. Aktuelle Ausführungen sind grundsätzlich bedarfsgesteuerte Pumpen.

Aufbau und Arbeitsweise

Bild 35 zeigt eine in Öl laufende nockengetriebene Einzylinderpumpe mit integriertem niederdruckseitigen Mengensteuerventil (Zumesseinheit), hochdruckseitiger Druckbegrenzung und integriertem Druckdämpfer. Sie ist als Steckpumpe am Zylinderkopf befestigt. Der Antriebsnocken der Hochdruckpumpe sitzt auf der Motornockenwelle und bestimmt über die Anzahl der Nocken-

35 Bedarfsgeregelte Einzylinder-Hochdruckpumpe für Benzin-Direkteinspritzung

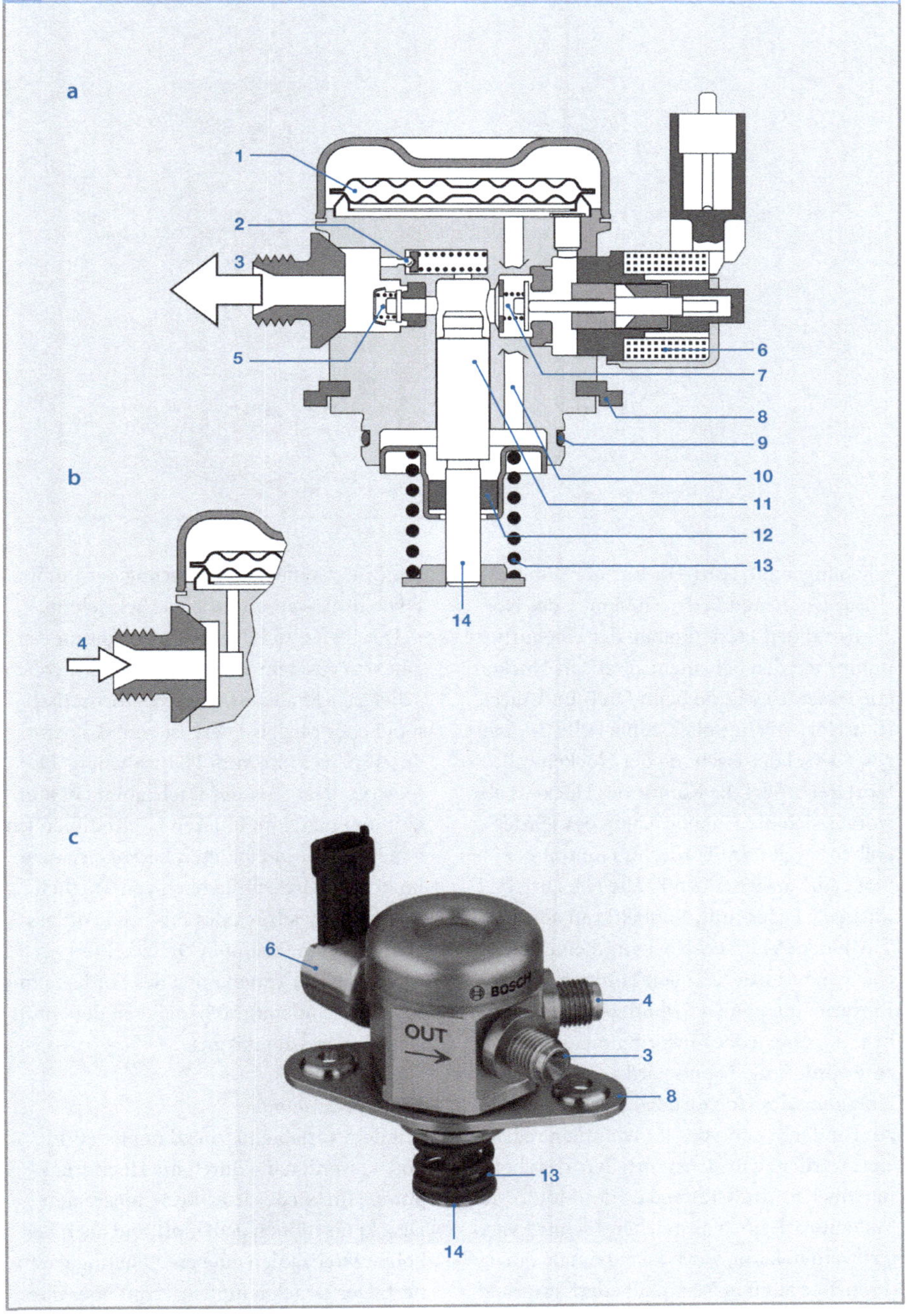

Bild 35

a Ansicht mit Hochdruckanschluss
b Detailansicht mit Niederdruckanschluss (auf gleicher Ebene winkelversetzt zum Hochdruckanschluss
c Außenansicht

1 variabler Druckdämpfer
2 Druckbegrenzungsventil
3 Hochdruckanschluss
4 Niederdruckanschluss
5 Auslassventil
6 Spule
7 Mengensteuerventil
8 Befestigungsflansch
9 Dichtring
10 Kanal zum Förderkolben (Funktion der Druckdämpfung)
11 Förderkolben
12 Kolbendichtung
13 Kolbenfeder
14 mechanischer Antrieb

36 Antrieb der Hochdruckpumpen

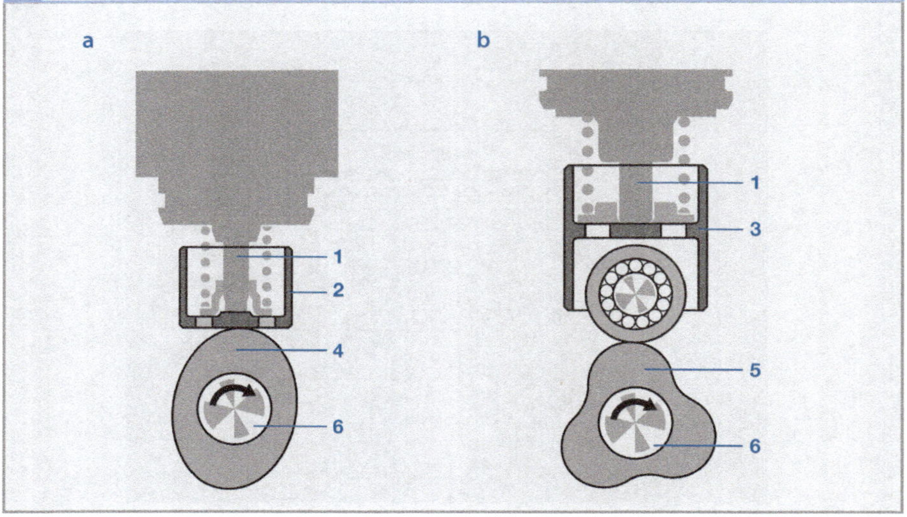

Bild 36
a Antrieb über Tassenstößel
b Antrieb über Rollenstößel

1 Pumpenkolben
2 Tassenstößel
3 Rollenstößel
4 Zweifachnocken
5 Dreifachnocken
6 Antriebswelle

erhebungen die Fördermenge der Pumpe.

Zur Übertragung der Hubkurve des Nockens auf den Förderkolben der Hochdruckpumpe werden bei einem Zweifach-Nocken ein Tassenstößel und beim Drei- und Vierfach-Nocken ein Rollenstößel (Bild 36) eingesetzt. Bei der Drehung der Nockenwelle fährt der Stößel die Kontur des Nockens ab, woraus sich die Hubbewegung des Förderkolbens ergibt. Im Förderhub nimmt der Stößel die anstehenden Kräfte wie Druck-, Massen-, Feder- und Kontaktkraft auf.

Mit dem Vierfach-Nocken ist eine zeitliche Synchronisierung von Förderung und Einspritzung beim 4-Zylinder-Motor möglich, d.h., bei jeder Einspritzung gibt es auch eine Förderung. Damit wird zum einen die Anregung des Hochdruckkreises reduziert, zum anderen kann das Railvolumen reduziert werden. Um sicherzustellen, dass bei maximalem Kraftstoffbedarf des Motors der Systemdruck noch ausreichend schnell variiert werden kann, wird die maximale Fördermenge auf den Maximalbedarf ausgelegt. Faktoren, die das Förderverhalten beeinflussen (z.B. Heißbenzin, Alterung der Pumpe, Dynamik), werden dabei berücksichtigt.

Der Liefergrad der Hochdruckpumpe ergibt sich aus dem Verhältnis von tatsächlich gelieferter Kraftstoffmenge zu theoretisch möglicher Menge. Diese ist vom Kolbendurchmesser und vom Hub abhängig. Der Liefergrad ist über der Drehzahl nicht konstant und hängt im unteren Drehzahlbereich von Kolben- und anderen Leckagen sowie im oberen Drehzahlbereich von Trägheit und Öffnungsdruck des Ein- und Auslassventils ab. Im gesamten Drehzahlbereich wirkt sich das Totvolumen des Förderraums und die Temperaturabhängigkeit der Kraftstoffkompressibilität aus.

Niederdruckdämpfer

Mit dem variablen Druckdämpfer (Bild 35, Pos. 1) werden die durch die Hochdruckpumpe im Niederdruckkreis angeregten Druckpulsationen gedämpft und auch bei hohen Drehzahlen eine gute Füllung garantiert. Der Druckdämpfer nimmt über die Verformung seiner Membranen die im je-

37 Ansteuerkonzept des Mengensteuerventils für eine Hochdruckpumpe

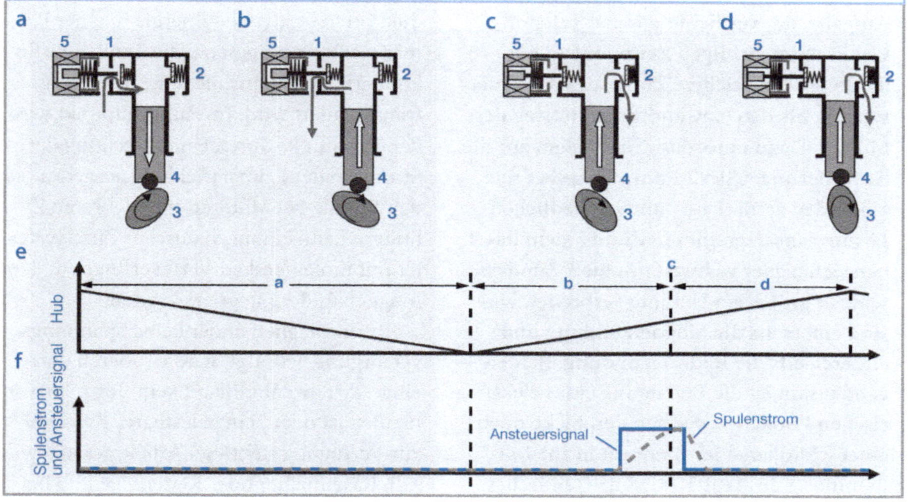

Bild 37

a–d vereinfachter Querschnitt der Hochdruckpumpe zu verschiedenen Zeitpunkten
a Saughub, Mengensteuerventil geöffnet, Auslassventil geschlossen
b Förderhub, Mengensteuerventil geöffnet, Auslassventil geschlossen
c Förderhub, Schließzeitpunkt des elektrisch angesteuerten Mengensteuerventils, Öffnungszeitpunkt des Auslassventils
d Förderhub, Mengensteuerventil bleibt auch nach Stromabschaltung geschlossen, Auslassventil geöffnet

e Hubverlauf
f Ansteuersignal und Spulenstrom des Mengensteuerventils

1 Mengensteuerventil
2 Auslassventil
3 Antriebsnocken
4 Kolben, Pfeil gibt die Bewegungsrichtung an
5 Spule

weiligen Betriebspunkt abgesteuerte Kraftstoffmenge auf und gibt sie im Saughub zur Füllung des Förderraums wieder frei. Dabei ist ein Betrieb mit variablem Vordruck – d.h. der Einsatz von bedarfsgeregelten Niederdrucksystemen – möglich.

Mengensteuerventil

Mit dem Mengensteuerventil (Bild 35, Pos. 7) wird die Bedarfssteuerung der Hochdruckpumpe realisiert (Bild 37). Der von der Elektrokraftstoffpumpe gelieferte Kraftstoff wird über das Einlassventil des offenen Mengensteuerventils in den Förderraum gesaugt. Im anschließenden Förderhub bleibt das Mengensteuerventil nach dem unteren Totpunkt weiterhin offen, so dass der im jeweiligen Lastpunkt nicht benötigte Kraftstoff unter Vordruck in den Niederdruckkreis zurückgefördert wird. Nach Ansteuern des Mengensteuerventils schließt das Einlassventil, der Kraftstoff wird vom Pumpenkolben verdichtet und in den Hochdruckkreis gefördert. Das Motormanagement berechnet den Zeitpunkt, ab dem das Mengensteuerventil angesteuert wird in Abhängigkeit von der Fördermenge und dem Raildruck. Der Förderbeginn wird zur Bedarfsteuerung variiert.

Zündung

Der Ottomotor ist ein Verbrennungsmotor mit Fremdzündung. Die Zündung hat die Aufgabe, das verdichtete Luft-Kraftstoff-Gemisch im richtigen Zeitpunkt zu entflammen. Eine sichere Zündung ist Voraussetzung für den einwandfreien Betrieb des Motors. Dazu muss das Zündsystem auf die Anforderungen des Motors ausgelegt sein. Unter den zahlreichen unterschiedlichen Lösungsansätzen für ein Zündsystem haben sich bisher weltweit nur zwei Zündsysteme in größerem Umfang verbreitet. Das sind einerseits die Magnetzündung und andererseits die Batteriezündung. Beiden gemeinsam ist die Erzeugung eines elektrischen Funkens zwischen den Elektroden einer Zündkerze im Brennraum zur Entflammung des Luft-Kraftstoff-Gemisches.

Magnetzündung

In den Anfangszeiten des Automobils stand mit dem Niederspannungsmagnetzünder von Bosch eine erste für damalige Verhältnisse zuverlässige Zündanlage zur Verfügung. Der Funke (Abreißfunke) entstand, indem ein Stromfluss durch Abreißkontakte im Brennraum unterbrochen wurde. Aus der Niederspannungsmagnetzündung mit Abreißgestänge wurde schließlich die Hochspannungsmagnetzündung entwickelt, die auch für Motoren mit höheren Drehzahlen geeignet war. Gleichzeitig mit der Hochspannungsmagnetzündung wurde 1902 auch die Zündkerze eingeführt, die die mechanisch gesteuerten Abreißkontakte ersetzte.

Das Prinzip des Hochspannungsmagnetzünders wird bis heute verwendet. Bei den Magnetzündern neuerer Bauart unterscheidet man Ausführungen mit feststehendem Magnet und umlaufendem Anker und Ausführungen mit feststehendem Anker und umlaufendem Magnet. In beiden Fällen wird Bewegungsenergie durch magnetische Induktion in elektrische Energie in einer Primärwicklung umgesetzt, die durch eine Sekundärwicklung in eine hohe Spannung transformiert wird. Im Zündzeitpunkt wird der Zündfunke durch Unterbrechung des Stroms in der Primärwicklung ausgelöst. Für den Einsatz bei Motoren mit mehreren Zylindern kann ein mechanischer Zündverteiler mit umlaufendem Verteilerfinger in den Magnetzünder integriert werden.

Da ein Magnetzünder keine Spannungsversorgung benötigt, wird er überall dort eingesetzt, wo überhaupt kein Bordnetz vorhanden ist oder kein belastbares Bordnetz zur Verfügung steht. Bei Arbeitsgeräten wie z. B. Rasenmäher oder Kettensäge und bei Zweirädern werden Magnetzünder oft in Verbindung mit einer kapazitiven Zwischenspeicherung der Zündenergie eingesetzt.

Batteriezündung

Mit der Elektrifizierung des Kraftfahrzeugs (für Licht und Starter) stand schon früh eine Spannungsversorgung zur Verfügung. Dies führte zur Entwicklung der kostengünstigen Spulenzündung (SZ) mit einer Batterie als Spannungsquelle und einer Zündspule als Energiespeicher. Der Spulenstrom wurde über einen Unterbrecherkontakt mit festem Schließwinkel geschaltet, weshalb der Spulenstrom mit steigender Drehzahl stetig sank. Die Zündwinkel wurden über der Drehzahl mit einem Fliehkraftsteller und über der Last mit einer Unterdruckdose verstellt. Die Verteilung der Hochspannung von der Zündspule zu den einzelnen Zylindern erfolgte mechanisch durch einen Zündverteiler.

Transistorzündung

Im Laufe der Weiterentwicklung wurde zunächst der Spulenstrom durch einen Leistungstransistor geschaltet. Damit wurden Zündauslegungen mit höheren Strömen und höheren Energien möglich. Der Unterbrecherkontakt diente dabei als Steuerelement für ein Zündschaltgerät und wurde nur noch mit dem niedrigen Steuerstrom belastet. Dadurch wurden der Kontaktabbrand und die damit einhergehenden Zündzeitpunktverschiebungen reduziert. In weiteren Entwicklungsschritten wurde der Unterbrecherkontakt durch Hall- oder Induktionsgeber ersetzt. Das Zündschaltgerät der Transistorzündung (TZ) enthielt bereits einfache analog gesteuerte Funktionalitäten wie eine Primärstrombegrenzung und eine Schließwinkelregelung, wodurch der Nennwert des Primärstroms in einem weiten Drehzahlbereich eingehalten werden konnte.

Elektronische Zündung

Den nächsten Entwicklungsschritt bildete die elektronische Zündung (EZ), bei der die Zündwinkel über Drehzahl und Last in einem Kennfeld eines Zündsteuergeräts gespeichert waren. Neben der besseren Reproduzierbarkeit der Zündwinkel war es auch möglich, weitere Eingangsgrößen wie z. B. die Motortemperatur für die Zündwinkelbestimmung zu berücksichtigen. Nach und nach wurde die Zündauslösung mit Hallgebern im Zündverteiler durch Auslösesysteme an der Kurbelwelle abgelöst, was durch den Entfall des Antriebsspiels der Zündverteiler zu einer höheren Zündwinkelgenauigkeit führte.

Vollelektronische Zündung

Im letzten Entwicklungsschritt der eigenständigen Zündsteuergeräte ist mit der vollelektronischen Zündung (VZ) auch noch der mechanische Zündverteiler entfallen. Bei der verteilerlosen Zündung sind Systeme mit einer Zündspule pro Zylinder am häufigsten verbreitet. Unter bestimmten Randbedingungen können auch Systeme mit jeweils einer Zweifunkenzündspule für ein Zylinderpaar eingesetzt werden. Weiterführende Informationen zu den früher verwendeten Zündsystemen sind in Abschnitt → **Motorsteuerungssysteme in der Vergangenheit** zu finden. Seit 1998 werden nur noch Motorsteuerungen eingesetzt, die eine vollelektronische Zündung beinhalten.

Tabelle 1 zeigt die Entwicklung der induktiven Zündsysteme. Dabei werden mechanische Funktionen sukzessive durch elektrische und elektronische Funktionen ersetzt.

1 Entwicklung der induktiven Zündsysteme

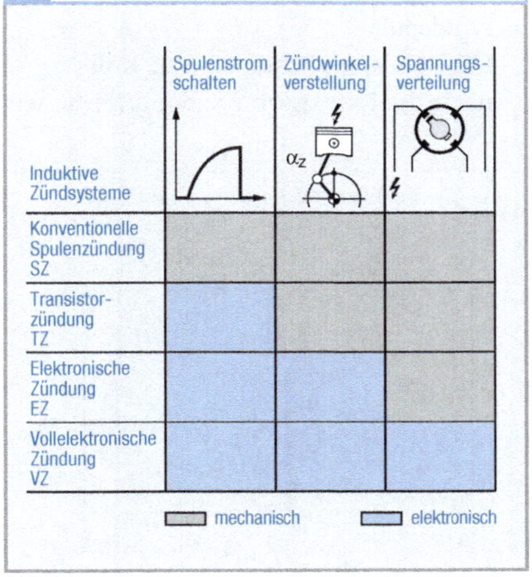

Tab. 1

Induktive Zündanlage

Die Zündung des Luft-Kraftstoff-Gemischs im Ottomotor erfolgt bei der Spulenzündung durch einen Funken zwischen den Elektroden einer Zündkerze. Die in dem Funken umgesetzte Energie der Zündspule entzündet ein kleines Volumen des verdichteten Luft-Kraftstoff-Gemischs. Die von diesem Flammkern ausgehende Flammenfront bewirkt die Entflammung des Luft-Kraftstoff-Gemisches im gesamten Brennraum. Die induktive Zündanlage erzeugt für jeden Arbeitstakt die für den Funkenüberschlag notwendige Hochspannung und die für die Entflammung notwendige Brenndauer des Funkens.

Aufbau

Eine typische verteilerlose Spulenzündung hat für jeden Zylinder einen eigenen Zündkreis (Bild 1). Die wichtigsten Komponenten sind:

- Zündspule
  Die Zündspule ist die zentrale Komponente der induktiven Zündung. Sie besteht aus einer Primärwicklung mit einer niedrigen Windungszahl und einer Sekundärwicklung mit einer hohen Windungszahl. Das Verhältnis der Windungszahlen von Sekundärwicklung und Primärwicklung bezeichnet man als Übersetzungsverhältnis. Beide Wicklungen sind über einen gemeinsamen Magnetkreis miteinander gekoppelt. Die Zündspule erzeugt die Zündhochspannung und liefert die Energie für die Brenndauer des Funkens an der Zündkerze.
- Zündungsendstufe
  Die Zündungsendstufe steuert die Zündspule und hat die Hauptfunktion eines elektrischen Leistungsschalters. Zusammen mit der Primärwicklung der Zündspule und der Batterie bildet sie den Primärkreis der Spulenzündung. Die Zündungsendstufe ist entweder im Motorsteuergerät oder in der Zündspule integriert.
- Zündkerze
  Die Zündkerze ist die physikalische Schnittstelle zwischen Brennraum und Umgebung. Zusammen mit der Sekundärwicklung der Zündspule bildet sie den Sekundärkreis der Zündanlage. Die Zündkerze setzt die Energie der Zündspule in einer Funkenentladung im Brennraum um.

1 Zündkreis mit Einzelfunkenspulen

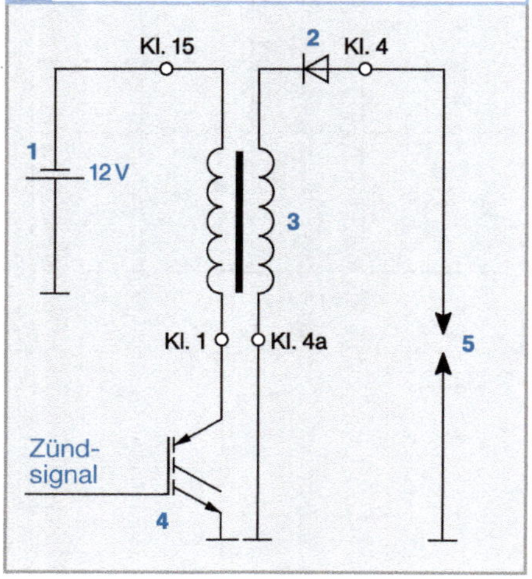

Bild 1
1 Batterie
2 Diode zur Unterdrückung der Einschaltspannung
3 Zündspule mit Eisenkern, Primär- und Sekundärwicklung
4 Zündungsendstufe (alternativ im Steuergerät oder in der Zündspule integriert
5 Zündkerze
Kl. 1, Kl. 4, Kl. 4a, Kl. 15 Klemmenbezeichnungen

Die notwendigen Verbindungs- und Entstörmittel werden an dieser Stelle als gegeben vorausgesetzt und nicht gesondert betrachtet.

Aufgabe und Arbeitsweise

Aufgabe der Zündung ist die Einleitung der Verbrennung des verdichteten Luft-Kraftstoff-Gemischs im Brennraum mit einem Funken. Zur Erzeugung eines Funkens wird zunächst elektrische Energie aus dem Bordnetz in der Zündspule zwischengespeichert.

In einem nächsten Schritt wird die Energie im Zündzeitpunkt auf die Sekundärkapazität C_2 (Bild 2) umgeladen. Die dabei entstehende Hochspannung löst den Funkenüberschlag an der Zündkerze aus. Anschließend wird die noch verbleibende Energie während der Brenndauer des Funkens entladen.

2 Elektrisches Ersatzbild einer Spulenzündung

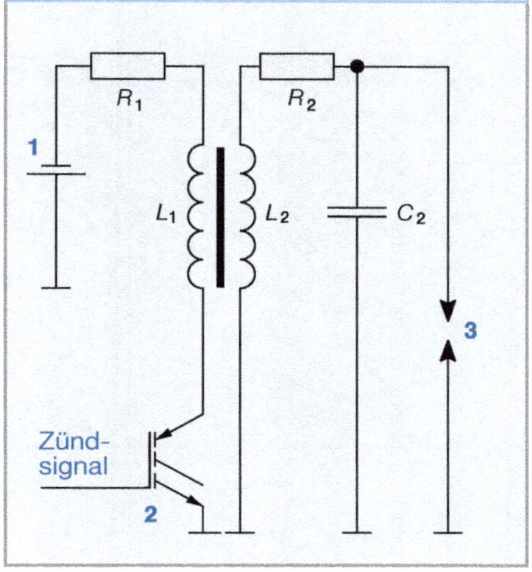

Bild 2
1 Batterie
2 Zündungsendstufe
3 Zündkerze
R_1 Widerstand der Primärseite (Spule und Kabel)
L_1 Primärinduktivität der Zündspule
R_2 Widerstand der Sekundärseite (Spule und Kabel)
L_2 Sekundärinduktivität der Zündspule
C_2 Kapazität der Sekundärseite (Zündspule, Kabel, Zündkerze)

Energiespeicherung

Sobald die Zündungsendstufe einschaltet, wird der Primärkreis geschlossen und der Primärstrom beginnt zu fließen. Dabei wird in der Primärwicklung ein Magnetfeld aufgebaut, in dem Energie gespeichert wird. Die Höhe der gespeicherten Energie wird von der Primärinduktivität L_1 und der Höhe des Primärstroms i_1 entsprechend

$$E_1 = \frac{1}{2} L_1 \, i_1^{\,2}$$

bestimmt. Die Primärinduktivität hängt von der Windungszahl der Primärwicklung ab. Durch einen Eisenkreis zur Führung des magnetischen Flusses wird die wirksame Induktivität erhöht. Der Eisenkreis wird für einen bestimmten Primärstrom, den Nennstrom dimensioniert. Bei höheren Strömen steigt die gespeicherte Energie durch die magnetische Sättigung des Eisenkreises nur noch geringfügig. Daher sollte der Nennwert des Primärstroms möglichst nicht überschritten werden. Die Dauer, während der die Endstufe eingeschaltet ist und der Primärstrom fließt, nennt man Schließzeit.

Schließzeit und Primärstrom

Neben der Auslegung der Zündspule hat die Versorgungsspannung einen großen Einfluss auf den Primärstromverlauf (Bild 3). Um auch bei wechselnder Versorgungsspannung einerseits ausreichend Zündenergie bereitzustellen und andererseits die Zündungskomponenten nicht zu überlasten, muss die Batteriespannung bei der Bestimmung der Schließzeit berücksichtigt werden. Bei einem Batteriespannungsbereich von 6–16 V sind alle vorkommenden Fälle vom Kaltstart mit geschwächter Batterie bis hin zur Starthilfe mit externer Versorgung abgedeckt. Ziel der Schließzeitbestimmung ist die Einhaltung des Nennstroms. Dies ist bei niedrigen Batteriespannungen dann nicht sichergestellt, wenn der maximal mögliche Strom durch den Gesamtwiderstand des Primärkreises unterhalb des Nennstroms begrenzt wird. In diesem Fall nimmt man für die Schließzeit einen sinnvollen Ersatzwert, z. B. die Ladezeit, bei der 90 % bis 95 % des Stromendwerts erreicht werden. Die Zündanlage muss so ausgelegt sein, dass die Funktion auch bei reduzierter Batteriespannung gewährleistet ist und ein Kaltstart erfolgen kann.

Da die Widerstände der Zuleitungen in der gleichen Größenordnung liegen wie der Widerstand der Primärwicklung, sollte bei den Zuleitungen auf ausreichende Querschnitte geachtet werden, um unnötige Leistungsverluste zu vermeiden. Ebenso ist darauf zu achten, dass die Zuleitungen zu den einzelnen Zylindern nur geringe Unterschiede bezüglich Länge und Widerstand aufweisen.

3 Primärstromverlauf und Schließzeit in Abhängigkeit der Batteriespannung

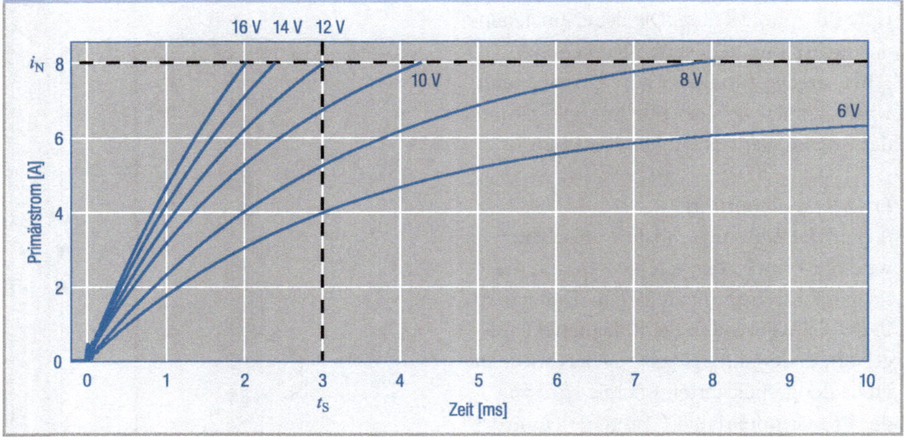

Bild 3
i_N Nennstrom
t_S Schließzeit

Bei Einsatztemperaturen der Zündspulen zwischen –30 °C und über 100 °C verändern sich die Spulenwiderstände durch den Temperaturgang der Kupferwicklungen so stark, dass die Auswirkungen auf den Primärstrom berücksichtigt werden sollten. Da die Spulentemperatur nicht direkt verfügbar ist, kann mit Ersatzgrößen wie Kühlmittel- oder Öltemperatur zumindest bei betriebswarmem Motor und betriebswarmer Zündspule eine sinnvolle Korrektur der Schließzeit erreicht werden.

Durch den Betrieb erwärmen sich Zündspule und Zündungsendstufe, die Verlustleistung steigt mit der Drehzahl. Bei hohen Drehzahlen und besonders bei gleichzeitig hohen Umgebungstemperaturen kann es notwendig werden, die Primärströme zum Schutz der Zündungskomponenten durch eine kürzere Schließzeit zu begrenzen.

Erzeugung der Hochspannung

Das durch den Primärstrom erzeugte Magnetfeld in der Primärwicklung verursacht einen magnetischen Fluss, der bis auf einen kleinen Anteil, den Streufluss, im Magnetkreis der Zündspule geführt wird. Im Zündzeitpunkt wird der Strom durch die Primärwicklung unterbrochen, was eine rasche Flussänderung zur Folge hat. Da Primär- und Sekundärwicklung über den gemeinsamen Magnetkreis miteinander gekoppelt sind, wird in beiden Wicklungen eine Spannung induziert. Die Höhe der Spannungen hängt nach dem Induktionsgesetz von der Windungszahl und der Änderungsgeschwindigkeit des magnetischen Flusses ab. In der Sekundärwicklung mit der hohen Windungszahl entsteht so die hohe Sekundärspannung. Solange kein Funkenüberschlag erfolgt, steigt die Hochspannung mit einer Anstiegsrate von ca. 1 kV/µs bis auf die Leerlaufspannung der Zündspule an, um dann stark gedämpft auszuschwingen (Bild 4).

Die maximale Sekundärspannung wird im Labor ohne Zündkerze an einer definierten kapazitiven Last gemessen und als Hochspannungs- oder Sekundärspannungsangebot bezeichnet. Die Lastkapazität entspricht dabei der Belastung durch die Zündkerze und der Hochspannungsverbindung zur Zündkerze.

Zündspannung

Die Hochspannung, bei der der Funke an den Elektroden der Zündkerze durchbricht, wird als Zündspannung bezeichnet. Die Zündspannung hängt einerseits von der Zündkerze insbesondere vom Elektrodenabstand ab, andererseits von den Bedingungen im Brennraum, insbesondere von der Luft-Kraftstoff-Gemischdichte zum Zündzeitpunkt. Die maximale Zündspannung über alle Betriebspunkte bezeichnet man als Zündspannungsbedarf des Motors. Abhängig vom Elektrodenabstand, dem Verschleißzustand der Zündkerzenelektroden sowie vom Brennverfahren können Zündspannungen bis deutlich über 30 kV auftreten.

4 Zündspannung und Sekundärspannungsangebot

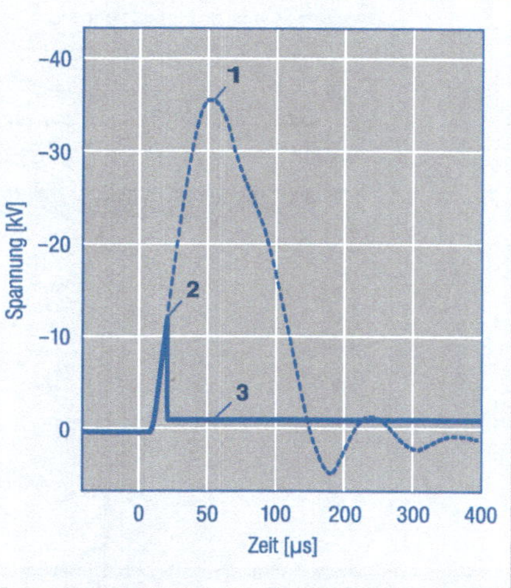

Bild 4
1 Sekundärspannungsangebot (bei einem Aussetzer)
2 Zündspannung (für einen Funken)
3 Brennspannung

Einschaltspannung

Bereits beim Einschalten des Primärstroms wird in der Sekundärwicklung eine unerwünschte Spannung von 1–2 kV induziert, deren Polarität der Zündspannung entgegengerichtet ist. Der Einschaltzeitpunkt liegt abhängig von der Motordrehzahl und der Ladezeit der Zündspule deutlich vor dem Zündzeitpunkt. Ein Funkenüberschlag an der Zündkerze muss vermieden werden. Dies kann z. B. mit einer Diode im Sekundärkreis der Zündanlage erreicht werden. Eine solche Diode heißt Diode zur Einschaltfunkenunterdrückung oder EFU-Diode.

Funkenentladung

Sobald die Zündspannung U_z an der Zündkerze überschritten wird, entsteht der Zündfunke (**Bild 5**). Die nachfolgende Funkenentladung kann in drei Phasen eingeteilt werden, den Durchbruch, die Bogenphase und die Glimmphase [2]. Die ersten beiden Phasen sind Entladungen sehr kurzer Dauer mit hohen Strömen, die aus den Entladungen der Kapazitäten C_2 (**Bild 2**) von Zündkerze und Zündkreis resultieren und einen Teil der Spulenenergie umsetzen. In der anschließenden Glimmphase wird die noch verbleibende Energie während der Funkendauer t_F umgesetzt (**Bild 5**). Der Funkenstrom beginnt dabei mit dem Anfangsfunkenstrom i_F und fällt dann stetig. An den Elektroden der Zündkerze liegt während der Glimmphase die Brennspannung U_F an. Sie liegt im Bereich von wenigen hundert Volt bis deutlich über 1 kV. Die Brennspannung hängt von der Länge des Funkenplasmas ab und wird wesentlich vom Elektrodenabstand der Zündkerze und der Auslenkung des Funkens durch Luft-Kraftstoff-Gemischbewegung bestimmt. Unterhalb eines bestimmten Funkenstroms erlischt der Funke und die Spannung an der Zündkerze schwingt gedämpft aus.

Funkenenergie

Als Funkenenergie wird üblicherweise die Energie der Glimmentladung bezeichnet. Sie ist das Integral aus dem Produkt von Brennspannung und Funkenstrom über der Fun-

5 Aufladung und Entladung einer Zündspule

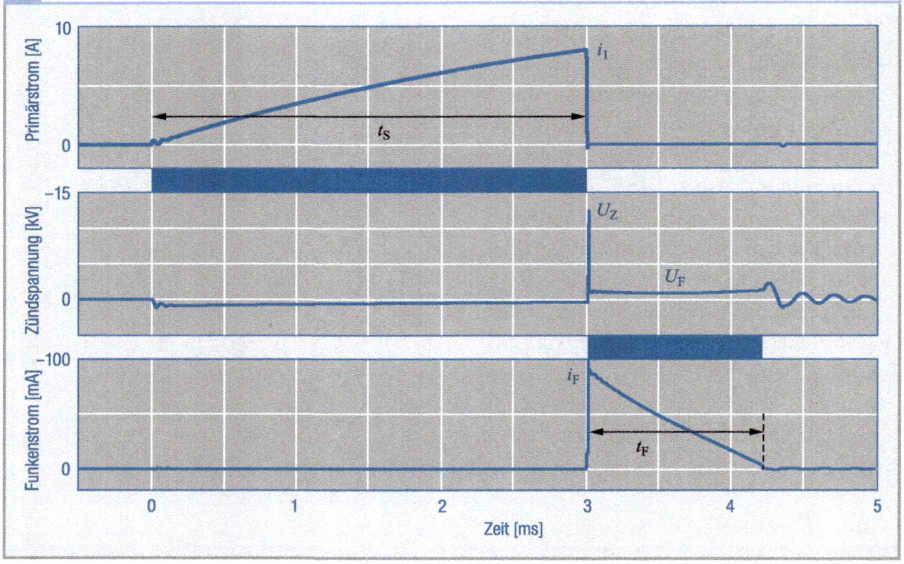

Bild 5
i_1 Abschaltstrom
t_S Schließzeit
U_Z Zündspannung
U_F Brennspannung
i_F Funkenanfangsstrom
t_F Funkendauer

kendauer. Vereinfacht kann der Zusammenhang nach Bild 5 durch

$$E_F = \frac{1}{2} U_F i_F t_F$$

beschrieben werden. Bei genauerer Betrachtung gilt die zuvor beschriebene Bestimmung der Funkenenergie aber nur für sehr niedrige Zündspannungen [1].

Energiebilanz

Bei höheren Zündspannungen können die zuvor beschriebenen kapazitiven Entladungen (Durchbruch- und Bogenphase) nicht mehr vernachlässigt werden. Die notwendige Energie zum Aufladen der Kapazitäten auf der Sekundärseite steigt quadratisch mit der Zündspannung entsprechend (siehe auch Bild 2)

$$E_Z = \frac{1}{2} C_2 U_Z^2.$$

Im Funkenüberschlag wird diese Energie als kapazitive Entladung im sogenannten Funkenkopf freigesetzt. Zusammen mit der Energie der induktiven Nachentladung erhält man die gesamte auf der Hochspannungsseite umgesetzten Energie. Stellt man die beiden Energieanteile über der Zündspannung dar, sieht man, dass der Energieanteil der kapazitiven Entladung mit steigender Zündspannung steigt und der Energieanteil der induktiven Nachentladung fällt. Die induktive Nachentladung erfolgt während der Funkendauer t_F durch den Funkenstrom im Sekundärkreis, der mit einem Anfangsfunkenstrom i_F beginnt und dann stetig sinkt. Mit geringer werdendem Energieanteil der induktiven Nachentladung sinken sowohl der Anfangsfunkenstrom als auch die Funkendauer. Wenn man von der induktiven Nachentladung die ohmschen Verluste abzieht, erhält man die Energie der Glimmentladung (Bild 6).

6 Energiebilanz einer Zündung ohne Berücksichtigung von Nebenschluss- und Endstufenverlusten

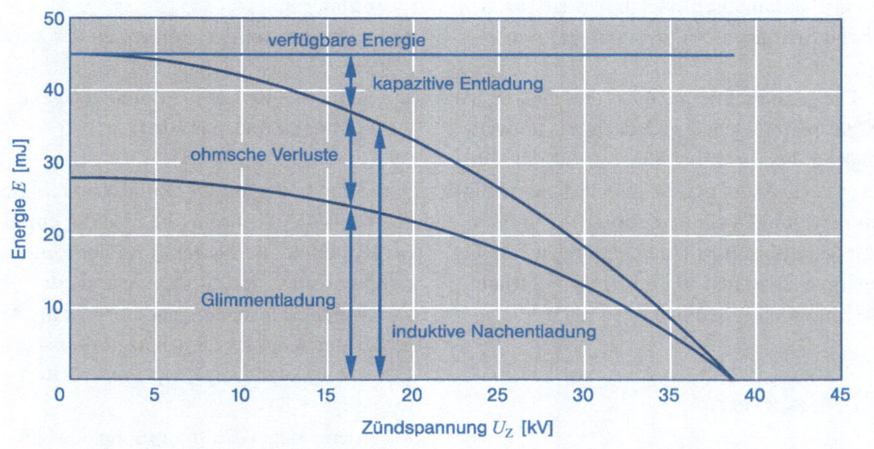

Energieverluste

Nach dem Funkenüberschlag wird ein Teil der verbleibenden Energie der induktiven Nachentladung in den Widerständen des Sekundärkreises der Zündanlage in Wärme umgesetzt. Die größten Verluste treten bei niedrigen Zündspannungen und damit hohen Anfangsfunkenströmen und langen Funkendauern auf (Bild 6).

Bereits vor dem Funkenüberschlag können Nebenschlusswiderstände den Aufbau der Hochspannung behindern. Nebenschlüsse können durch Verschmutzung und Feuchte der Hochspannungsverbindungen, vor allem aber durch leitfähige Ablagerungen und Ruß an der Isolatorspitze der Zündkerze im Brennraum verursacht werden. Die Höhe der Nebenschlussverluste steigt mit dem Zündspannungsbedarf. Je höher die an der Zündkerze anliegende Spannung, desto größer sind die über die Nebenschlusswiderstände abfließenden Ströme.

Luft-Kraftstoff-Gemischentflammung und Zündenergiebedarf

Zum Zündzeitpunkt entsteht der Funke an der Zündkerze. Der Zündzeitpunkt wird von der Motorsteuerung in Abhängigkeit von dem Brennverfahren, der Betriebsart und dem Betriebspunkt angefordert und an dieser Stelle nicht weiter vertieft (→ **Elektronische Steuerung und Regelung**).

Der elektrische Funke entflammt das Luft-Kraftstoff-Gemisch zwischen den Elektroden der Zündkerze durch ein Hochtemperaturplasma. Der entstehende Flammkern entwickelt sich bei zündfähigen Luft-Kraftstoff-Gemischen an der Zündkerze, und bei ausreichender Energiezufuhr durch die Zündanlage zu einer sich selbstständig ausbreitenden Flammenfront. Größere Funkenlängen begünstigen die Flammkernbildung. Durch einen größeren Elektrodenabstand oder eine Auslenkung des Funkens durch Luft-Kraftstoff-Gemischbewegung erhöht sich aber auch der Zündenergiebedarf. Bei zu starker Auslenkung kann ein Funkenabriss erfolgen und ein Nachzünden notwendig sein. In solchen Fällen bietet eine induktive

Zündanlage den Systemvorteil, dass ein Nachzünden ohne zusätzlichen Steuerungseingriff automatisch erfolgt, solange ausreichend Energie im Zündsystem gespeichert ist.

Die gesamte Energie muss den maximalen Zündspannungsbedarf decken, die notwendige Funkendauer bei hoher Zündspannung bereitstellen und gegebenenfalls eine Anzahl an Folgefunken zünden. Einfache Motoren mit Saugrohreinspritzung benötigen Zündenergien zwischen 30 und 50 mJ, aufgeladene Motoren bis deutlich über 100 mJ.

Zündspulen

Die Zündspule als Komponente der induktiven Zündanlage erzeugt aus der niedrigen Batteriespannung die Hochspannung, die für den Funkenüberschlag an der Zündkerze erforderlich ist. Die Funktion der Zündspule beruht auf der elektromagnetischen Induktion: Die im Magnetfeld der Primärwicklung gespeicherte Energie wird durch magnetische Induktion auf die Sekundärseite der Zündspule übertragen.

Aufgabe

Die zum Zünden des Luft-Kraftstoff-Gemischs erforderliche Hochspannung und Zündenergie muss vor dem Funkenüberschlag aufgebaut und gespeichert werden. Die Zündspule ist sowohl Transformator als auch Energiespeicher. Sie speichert die magnetische Energie in dem vom Primärstrom aufgebauten Magnetfeld und setzt die Energie beim Abschalten des Primärstroms zum Zündzeitpunkt frei.

Die Zündspule muss genau auf die übrigen Komponenten (Zündungsendstufe, Zündkerze) des Zündsystems abgestimmt sein. Wichtige Kenngrößen sind:

- Die für die Zündkerze zur Verfügung stehende Funkenenergie E_F,
- der zum Zeitpunkt des Funkenüberschlags an der Zündkerze eingeprägte Funkenstrom i_F,
- die Brenndauer des Funkens an der Zündkerze t_F,
- eine für alle Betriebsbedingungen genügend hohe Zündspannung U_Z.

Bei der Auslegung des Zündsystems sind einerseits die Wechselwirkungen der einzelnen Parameter des Systems mit der Zündungsendstufe, der Zündspule und der Zündkerze zu beachten, andererseits die Anforderungen des jeweiligen Motorkonzepts. Das soll an folgenden Beispielen erläutert werden:

- Um eine sichere Entflammung des Luft-Kraftstoff-Gemischs unter allen Bedingungen zu gewährleisten, benötigen Motoren mit Abgasturboaufladung höhere Funkenenergien als Motoren mit Saugrohreinspritzung. Den höchsten Energiebedarf mit generell höheren Zündspannungen haben dabei Motoren mit Benzin-Direkteinspritzung und Abgasturboaufladung.
- Zur richtigen Auslegung des Arbeitspunkts für den Primärstrom müssen die Zündungsendstufe und die Zündspule aufeinander abgestimmt sein. Die Auslegung der Sekundärwicklung bestimmt den Funkenstrom, der bei Edelmetall-Zündkerzen einen geringeren Einfluss auf die Lebensdauer der Zündkerze hat.
- Die Verbindung zwischen Zündspule und Zündkerze muss unter allen Bedingungen (Spannung, Temperatur, Vibration, Medienbeständigkeit) funktionssicher ausgeführt sein.

Anforderungen

Der Schadstoffausstoß von Verbrennungsmotoren wird durch die Forderungen der Abgasgesetzgebung begrenzt. Zündaussetzer

7 Haupttypen der Bosch-Zündspulen

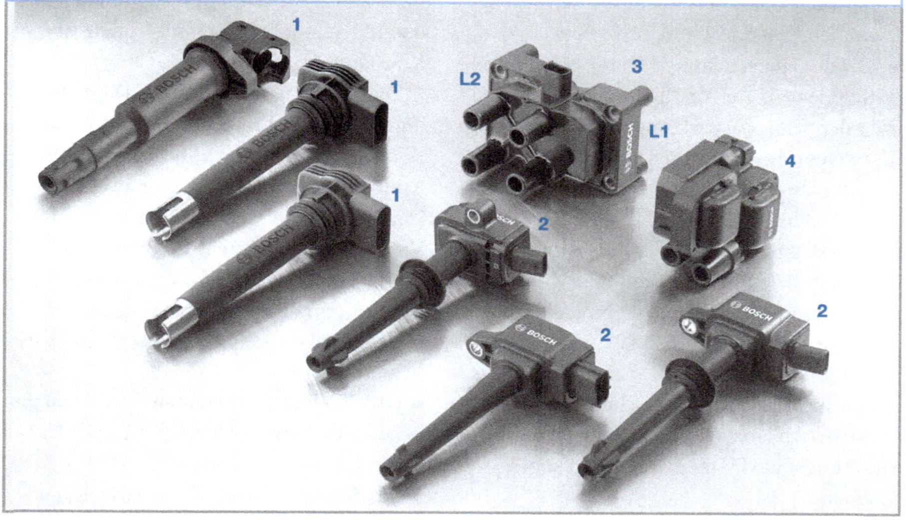

Bild 7
1 Einzelfunken-Zündspule (Stabzündspule)
2 Einzelfunken-Zündspule (Kompaktzündspule)
3 Zweifunken-Zündspule mit zwei Magnetkreisen
4 Modul mit zwei Einzelfunken-Zündspulen

und unvollständige Luft-Kraftstoff-Gemischverbrennungen, die einen Anstieg der HC-Emissionen verursachen, müssen vermieden werden. Eine Voraussetzung dafür ist, dass die Zündspule über die gesamte Lebensdauer eine hinreichend große Zündenergie bereitstellt. Neben diesen Anforderungen müssen auch die geometrischen und konstruktiven Gegebenheiten des Motors berücksichtigt werden.

Eine Zündspule (Bild 7) ist eine elektrisch, mechanisch und chemisch hoch beanspruchte Komponente im Fahrzeug, die wartungs- und störungsfrei über die gesamte Fahrzeuglebensdauer ihre Funktion erfüllen muss. Abhängig von der Einbausituation im Fahrzeug – häufig erfolgt ein Direkteinbau im Zylinderkopf – sind folgende Einsatz- und Betriebsbedingungen für heutige Zündspulen maßgebend:

- Einsatztemperaturbereich von –40...+150 °C, teilweise über diese Grenzen hinaus,
- Sekundärspannung bis über 30 000 V,
- Primärstrom zwischen 7 und 15 A,
- dynamische Schüttelbeanspruchung bis 50 *g*,
- dauerhafte Beständigkeit gegen unterschiedliche Medien (Benzin, Öl, Bremsflüssigkeit usw.).

Aufbau und Arbeitsweise

Aufbau

Primär- und Sekundärwicklungen

Die Zündspule (Bild 8a–c) arbeitet nach dem Prinzip eines Transformators. Dem gemeinsamen Eisenkern sind zwei Wicklungen zugeordnet. Die Primärwicklung besteht aus dickem Draht mit geringer Windungszahl. Ein Ende der Wicklung ist über den Zündschalter mit dem Pluspol der Batterie (Klemme 15) verbunden. Das andere Ende (Klemme 1) ist an die Zündungsendstufe angeschlossen, welche den Primärstrom schaltet. In frühen Systemen wurde der Primärstrom noch mit mechanischen Unterbrecherkontakten geschaltet, diese haben heute keine Bedeutung mehr. Die Sekundärwicklung besteht aus dünnem Draht mit hoher Windungszahl. Das Übersetzungsverhältnis liegt zwischen 1:50 und 1:150.

Bei der Sparschaltung (Bild 8, Schaltung a) sind jeweils ein Anschluss der Primär- und der Sekundärwicklung miteinander verbunden und an Klemme 15 geführt. Der andere Anschluss der Primärwicklung ist mit der Zündungsendstufe gekoppelt (Klemme 1). Der zweite Anschluss der Sekundärwicklung (Klemme 4) ist mit dem Zündverteiler oder der Zündkerze verbunden. Bei der Sparschaltung ergeben sich Kostenvorteile für das Zündsystem, allerdings fehlt die galvanische Trennung zwischen den beiden elektrischen Kreisen, sodass Störungen von der Zündspule in das Bordnetz gelangen können.

Die häufigste Bauform ist die Einzelfunken-Zündspule. Sie bildet zusammen mit der Zündkerze eine Einfachzündung (Bild 8, Schaltung a und b), die bei jedem Verdichtungshub eines Zylinders einen Zündfunken erzeugt und daher mit dem Arbeitstakt des Motors synchronisiert werden muss. In Bild 8, Schaltung b sind die Primär- und die Sekundärwicklung getrennt geschaltet. Ein

8 Schematische Darstellung von Zündspulen

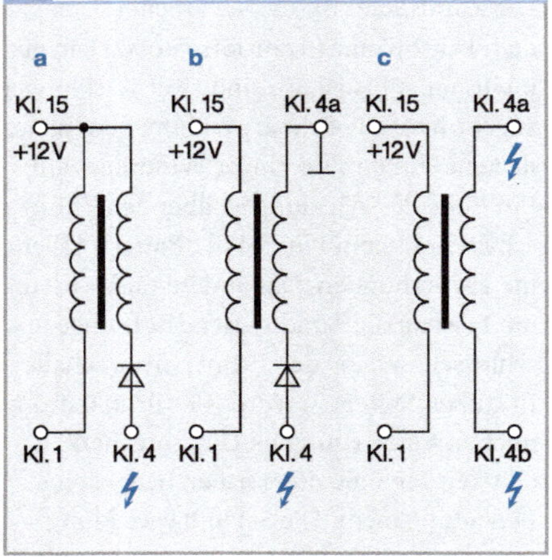

Bild 8
Die Diode dient zur Unterdrückung des Einschaltfunkens. Sie ist bei Zündanlagen mit rotierender Hochspannungsverteilung nicht erforderlich.
- a Einzelfunken-Zündspule in Sparschaltung
- b Einzelfunken-Zündspule
- c Zweifunken-Zündspule

Anschluss der Sekundärwicklung (Klemme 4a) liegt dabei auf Masse und verbessert damit den Störabstand im Bordnetz des Kraftfahrzeugs.

Die Zündung kann auch als Doppelzündung mit je zwei Zündspulen und Zündkerzen pro Zylinder ausgeführt sein. Das Luft-Kraftstoff-Gemisch wird über zwei Zündkerzen in einem Zylinder entflammt. Vorteile, die sich daraus ergeben, sind:

- eine Reduzierung der Emissionswerte,
- eine geringfügig höhere Leistung,
- zwei Funken an unterschiedlichen Orten im Brennraum,
- gute Notlaufeigenschaften bei Ausfall einer Zündkerze oder einer Zündspule.

Bei der Zweifunken-Zündspule liegen beide Anschlüsse der Sekundärwicklung (Klemme 4a und 4b) an je einer Zündkerze (Bild 8, Schaltung c). Die Zweifunken-Zündspule erzeugt für zwei Zündkerzen gleichzeitig eine Zündspannung pro Kurbelwellenumdrehung (d.h. zweimal je Arbeitstakt), dadurch ist keine Synchronisation zum Arbeitstakt des Motors erforderlich. Die Verteilung erfolgt so, dass das Luft-Kraftstoff-Gemisch des einen Zylinders am Ende des Verdichtungstakts gezündet wird und der Zündfunke des anderen Zylinders in die Ventilüberschneidung am Ende des Ausstoßtakts fällt. Zum Zeitpunkt der Ventilüberschneidung herrscht kein Kompressionsdruck im Zylinder und die Überschlagspannung an der Zündkerze ist daher sehr gering. Dieser „Stützfunke“ benötigt daher nur eine sehr geringe Zündenergie zum Überschlag. Die Zweifunken-Zündspule ist nur an Motoren mit gerader Zylinderanzahl einsetzbar.

Funktionsprinzip

Hochspannungserzeugung

Das Motorsteuergerät schaltet die Zündungsendstufe während der berechneten Schließzeit ein. Innerhalb dieser Zeit steigt der Primärstrom der Zündspule auf seinen Sollwert und baut dabei ein Magnetfeld auf. Die Höhe des Primärstroms und die Größe der Primärinduktivität der Zündspule bestimmen die im Magnetfeld gespeicherte Energie. Im Zündzeitpunkt unterbricht die Zündungsendstufe den Stromfluss. Durch die Änderung des Magnetfelds wird in der Sekundärwicklung der Zündspule die Sekundärspannung induziert. Die maximal mögliche Sekundärspannung (das Sekundärspannungsangebot) hängt von der in der Zündspule gespeicherten Energie, der Wicklungskapazität und dem Übersetzungsverhältnis der Wicklungen, der Sekundärlast (durch die Zündkerze) und der Begrenzung der Primärspannung (der so genannten „Klammerspannung") der Zündungsendstufe ab.

Die Sekundärspannung muss in jedem Fall über der zum Funkendurchbruch an der Zündkerze notwendigen Spannung (dem Zündspannungsbedarf) liegen. Die Funkenenergie muss zur Zündung des Luft-Kraftstoff-Gemischs auch bei Folgefunken ausreichend groß sein. Folgefunken treten auf, wenn der Zündfunke durch Turbulenzen des Luft-Kraftstoff-Gemischs ausgelenkt wird und abreißt.

Beim Einschalten des Primärstroms wird in der Sekundärwicklung eine unerwünschte Spannung von ca. 1...2 kV (Einschaltspannung) induziert; sie hat eine der Zündspannung entgegengesetzte Polarität. Ein Funkenüberschlag an der Zündkerze (Einschaltfunke) muss vermieden werden. Bei Systemen mit rotierender Hochspannungsverteilung wird der Einschaltfunke durch die Verteilerfunkenstrecke wirksam unterdrückt, da der Verteilerfingerkontakt zum Einschaltzeitpunkt nicht dem Verteilerkappenkontakt gegenüber steht.

Bei ruhender Spannungsverteilung mit Einzelfunken-Zündspulen sperrt eine Diode im Hochspannungskreis (EFU-Diode, Diode zur Einschaltfunkenunterdrückung siehe Bild 8, Schaltung a und b) den Einschaltfunken. Die EFU-Diode kann auf der „heißen Seite" (der Zündkerze zugewandten Seite) oder auf der „kalten Seite" (der Zündkerze abgewandten Seite) der Spule sein. Bei Zweifunken-Zündspulen wird der Einschaltfunke durch die hohe Überschlagspannung der Reihenschaltung von zwei Zündkerzen ohne zusätzliche Maßnahmen unterbunden.

Beim Unterbrechen des Primärstroms entsteht in der Primärwicklung eine Selbstinduktionsspannung von einigen hundert Volt, die zum Schutz der Endstufe elektronisch auf einen Wert zwischen 250 und 400 V begrenzt wird.

Aufbau des Magnetfeldes

Sobald die Zündungsendstufe den Strom-

9 Primärstromverlauf in der Zündspule

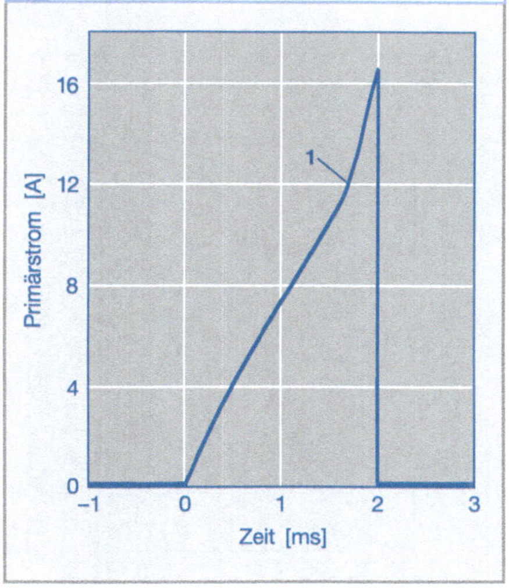

Bild 9
1 Beginn der magnetischen Sättigung

kreis schließt, entsteht in der Primärspule ein Magnetfeld. Aufgrund der hohen Induktivität erfolgt der Aufbau des Magnetfelds in Abhängigkeit des Eisenquerschnitts und der Wicklung verhältnismäßig langsam (Bild 9). Bleibt der Stromkreis geschlossen, nimmt der Primärstrom weiter zu; ab einer bestimmten Höhe des Stroms tritt im Eisenkreis, abhängig vom verwendeten ferromagnetischen Material, eine magnetische Sättigung ein, die Induktivität nimmt ab und der Strom nimmt ab diesem Zeitpunkt stärker zu. Die Verluste steigen dann innerhalb der Zündspule ebenfalls sehr stark an. Es ist daher sinnvoll, den Arbeitspunkt möglichst unter die magnetische Sättigung zu legen. Dies wird über die Schließzeit bestimmt.

Magnetisierungskurve und Hysterese
Der Kern einer Zündspule besteht aus weichmagnetischem Material. Charakteristisch für dieses Material ist die Magnetisierungskurve, die den Zusammenhang zwischen der magnetischen Feldstärke H und der Flussdichte B im Material angibt (Bild 10). Bei Erreichen einer bestimmten Flussdichte wird bei weiterer Erhöhung der Feldstärke nur noch eine sehr geringe Erhöhung der Flussdichte erreicht, die magnetische Sättigung tritt ein. Eine weitere Eigenschaft des Materials ist die Hysterese der Magnetisierungskurve. Dies bezeichnet die Eigenschaft des Materials, dass die Flussdichte nicht nur von der momentan wirkenden Feldstärke, sondern auch vom früheren magnetischen Zustand abhängt. Die Magnetisierungskurve nimmt beim Magnetisieren (Feldstärke H nimmt zu) einen anderen Verlauf als beim Entmagnetisieren (Feldstärke H nimmt ab). Je mehr dieses Hystereseverhalten ausgeprägt ist, desto höher sind die Eigenverluste des verwendeten Materials. Die von der Hysteresekurve eingeschlossene Fläche ist ein Maß für die Eigenverluste.

10 Magnetisierungskurve mit Hystereseschleife

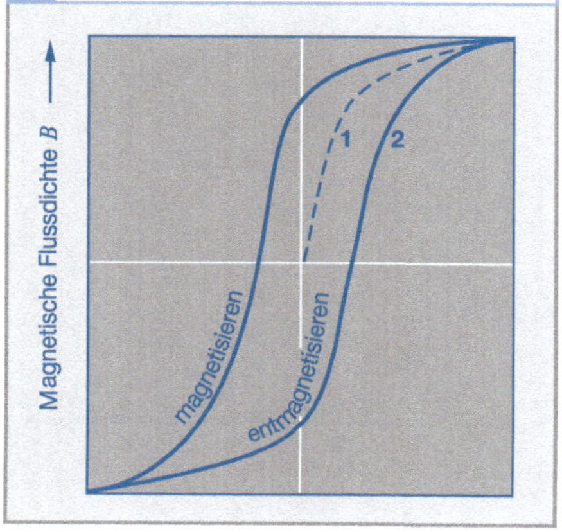

Bild 10
1 Neukurve (Magnetisierungskurve des entmagnetisierten Eisenkerns)
2 Hysteresekurve

Magnetkreis
Das am häufigsten verwendete Material in Zündspulen ist Elektroblech und wird in unterschiedlichen Blechstärken und Qualitäten hergestellt. Es wird je nach Anforderung kornorientiertes (für höhere maximale Flussdichte) oder nicht kornorientiertes Material (für geringere maximale Flussdichte) verwendet. Zur Reduzierung der Wirbelstromverluste werden voneinander elektrisch isolierte Blechlamellen mit 0,3..0,5 mm Dicke eingesetzt. Die Lamellen werden gestanzt, zu Paketen gestapelt und verbunden; damit werden die geometrische Form und der notwendige Querschnitt gebildet. Um die elektrischen Leistungsdaten einer Zündspule mit definierter Geometrie zu erreichen, ist es notwendig, eine optimale Geometrie des Magnetkreises zu finden.

Zur Erfüllung der elektrischen Anforderungen (Funkendauer, Funkenenergie, Sekundärspannungsanstieg, Sekundärspannungsniveau) ist ein Luftspalt (Bild 11, Pos. 1) notwendig, der eine Scherung des Eisenkreises bewirkt (Bild 12). Ein großer Luftspalt (große Scherung) lässt eine hohe magnetische Feldstärke im Magnetkreis zu und führt so zu einer hohen gespeicherten magnetischen Energie. Das hat zur Folge, dass der Magnetkreis erst bei erheblich höheren Strömen in die magnetische Sättigung geht. Ohne Luftspalt würde diese Sättigung bereits bei geringen Strömen auftreten und bei weiterer Erhöhung des Stroms die gespeicherte Energie nur unwesentlich zunehmen. Im Luftspalt ist der weitaus größte Anteil der magnetischen Energie gespeichert.

Bei der Entwicklung einer Zündspule wird eine für die geforderten elektrischen Daten geeignete Dimensionierung des Magnetkreises und des Luftspaltes über eine FEM-Simulation ausgelegt. Hierbei wird die Geometrie dahingehend optimiert, dass bei gegebenem Strom ein Maximum an gespeicherter magnetischer Energie ohne Sättigung des Magnetkreises erzielt wird.

Mit heutigen Anforderungen hinsichtlich Bauraumreduzierung besteht die Möglichkeit, durch den Einbau von Permanentmagneten (Bild 11, Pos. 1) die gespeicherte magnetische Energie zu erhöhen. Dabei ist der Permanentmagnet so gepolt, dass dieser ein dem magnetischen Feld der Wicklung entgegengerichtetes Feld erzeugt. Die Vormagnetisierung hat den Vorteil, dass im Magnetkreis mehr Energie gespeichert werden kann.

11 Eisenkreis einer Kompaktzündspule mit O- und I-Kern

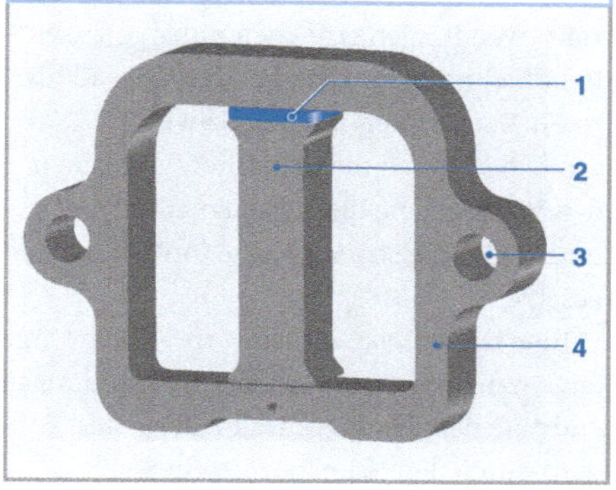

Bild 11
1 Luftspalt oder Permanentmagnet
2 I-Kern
3 Befestigungsbohrung
4 O-Kern

12 Scherung des Magnetkreises

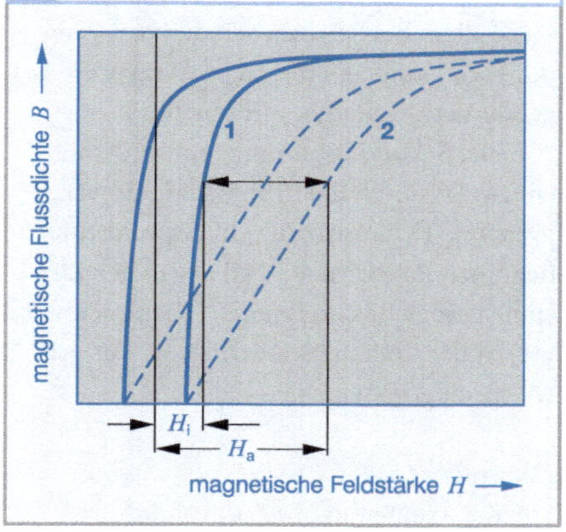

Bild 12
1 Hysterese bei Eisenkern ohne Luftspalt,
2 Hysterese bei Eisenkern mit Luftspalt,
H_i Aussteuerung bei Eisenkern ohne Luftspalt,
H_a Aussteuerung bei Eisenkern mit Luftspalt

Einschaltfunken

Bei Einschalten des Primärstroms wird aufgrund der schnellen Änderung des Stromes eine plötzliche magnetische Flussänderung im Eisenkern hervorgerufen. Dadurch wird in der Sekundärwicklung eine Spannung induziert. Sie hat eine gegenüber der induzierten Hochspannung beim Abschalten entgegengesetzte Polarität, da das Vorzeichen der Stromänderung positiv ist. Da die zeitliche Änderung im Verhältnis zur zeitlichen Änderung bei Abschalten des Primärstroms geringer ist, ist die induzierte Spannung geringer. Sie liegt im Bereich von 1...2 kV und ist unter Umständen zur Funkenbildung und Entflammung des Luft-Kraftstoff-Gemischs während des Verdichtungshubes eines Zylinders im Motor ausreichend. Zur Vermeidung von Motorschäden muss ein Funkenüberschlag (Einschaltfunke) an der Zündkerze sicher ausgeschlossen werden. Bei Einzelfunken-Zündspulen verhindert die EFU-Diode den Einschaltfunken (siehe Bild 1, Pos. 2 oder Bild 8a–b).

Wärmeentwicklung in der Zündspule

Der Wirkungsgrad, d. h., die verfügbare Sekundärenergie im Verhältnis zur gespeicherten Primärenergie liegt im Bereich von 50...60 %. Hochleistungszündspulen für Spezialanwendungen erreichen unter gewissen Randbedingungen einen Wirkungsgrad bis zu 80 %. Die Energiedifferenz wird im Wesentlichen durch die ohmschen Verluste in den Wicklungen, die Ummagnetisierungs- und die Wirbelstromverluste in Wärme umgesetzt.

Eine zusätzliche Verlustwärmequelle kann eine in die Zündspule integrierte Zündungsendstufe darstellen. Im Halbleitermaterial wird durch den Primärstrom ein Spannungsfall hervorgerufen, der zu Verlustleistung führt. Ebenso wird durch das Schaltverhalten beim Abschalten des Primärstroms – vor allem bei langsam schaltenden Zündungsendstufen – eine nicht zu vernachlässigende Verlustenergie verbraucht.

Hohe Sekundärspannungen werden üblicherweise durch die Primärspannungsbegrenzung (Klammerung) in der Endstufe begrenzt; hier wird ein Teil der in der Zündspule gespeicherten Energie (Klammerenergie) in der Endstufe zusätzlich als Verlustwärme abgegeben.

Kapazitive Last

Die Kapazitäten in der Zündspule, das Zündkabel, der Zündkerzenschacht, die Zündkerze und umgebende Motorkomponenten stellen Kapazitäten mit erheblichem Einfluss dar. Dadurch reduziert sich der Sekundärspannungsanstieg. Somit werden die in der Wicklung umgesetzten Wirkverluste erhöht, die Hochspannung wird reduziert. Zur Zündung des Luft-Kraftstoff-Gemischs steht daher nicht die gesamte Sekundärenergie zur Verfügung.

Funkenenergie

Die für die Zündkerze zur Verfügung stehende elektrische Energie der Zündspule wird als Funkenenergie bezeichnet. Sie ist ein wesentliches Auslegungskriterium einer Zündspule und bestimmt in Abhängigkeit der Wicklungsauslegung u. a. den Funkenstrom und die Funkenbrenndauer an der Zündkerze. Zur Luft-Kraftstoff-Gemischentflammung in Saug- und Turbomotoren mit Saugrohreinspritzung sind Funkenenergien von 30...50 mJ üblich. Für Motoren mit Benzin-Direkteinspritzung (auch mit Turboaufladung) ist zur sicheren Entflammung in allen Betriebspunkten des Motors eine deutlich höhere Funkenenergie (bis über 100 mJ) notwendig.

Ausführungen

Bei den für Neuentwicklungen eingesetzten Zündspulentypen handelt es sich im Wesentlichen um Kompaktzündspulen und Stabzündspulen, die im Folgenden näher erklärt werden. Eine Integration der Zündungsendstufe in das Zündspulengehäuse ist bei nachfolgend beschriebenen Varianten zum Teil möglich.

Kompaktzündspule

Aufbau

Der Magnetkreis der Kompaktzündspule besteht aus dem O-Kern und dem I-Kern (**Bild 11**), auf dem die Primär- und die Sekundärwicklungen montiert sind. Diese Anordnung wird in das Zündspulengehäuse eingebaut. Die Primärwicklung (mit Draht bewickelter I-Kern) wird mit dem Primärsteckanschluss elektrisch und mechanisch verbunden. Mit dem Primäranschluss ist ebenfalls der Wicklungsanfang der Sekundärwicklung (mit Draht bewickelter Spulenkörper) verbunden. Der zündkerzenseitige Anschluss der Sekundärwicklung befindet sich im Gehäuse und die elektrische Kontaktierung wird bei der Montage der Wicklungen hergestellt.

Der Hochspannungsdom ist Bestandteil des Gehäuses und trägt einerseits das Kontaktteil zur Zündkerzenkontaktierung, andererseits den Silikonmantel zur Isolation der Hochspannung zu außen liegenden Teilen und dem Zündkerzenschacht. Nach dem Zusammenbau der Bauteile wird das Innere des Gehäuses mit einem Imprägnierharz unter Vakuum vergossen und anschließend ausgehärtet. Das ergibt eine hohe mechanische Festigkeit, einen guten Schutz vor Umwelteinflüssen und eine sichere Isolation der Hochspannung. Abschließend wird der Silikonmantel auf den Hochspannungsdom aufgeschoben und fixiert. Nach elektrischer Prüfung aller relevanten Parameter ist die Zündspule einsatzbereit.

Wegbau- und COP-Variante

Aufgrund der kompakten Konstruktion der Zündspule ist der in Bild 13 dargestellte Aufbau möglich. Diese Bauart wird als Coil on Plug (COP) bezeichnet. Die Zündspule wird direkt auf die Zündkerze montiert, sodass zusätzliche Hochspannungs-Verbindungskabel entfallen, die Funktionssicherheit wird erhöht (z. B. ist kein Marderverbiss der Zündkabel mehr möglich). Es ergibt sich ebenfalls eine geringere kapazitive Belastung des Sekundärkreises der Zündspule.

Bei der selteneren Wegbauvariante werden die Kompaktzündspulen jeweils über ein Hochspannungs-Zündkabel mit der Zündkerze verbunden. Die Zündspule ist im Motorraum oder am Zylinderkopf mechanisch, teilweise mit einem zusätzlichen Halter, befestigt. An die Wegbauvariante (Karosserieanbau) werden jedoch geringere Anforderungen hinsichtlich Temperatur- und Schüttelbedingungen gestellt.

13 Aufbau der Kompaktzündspule

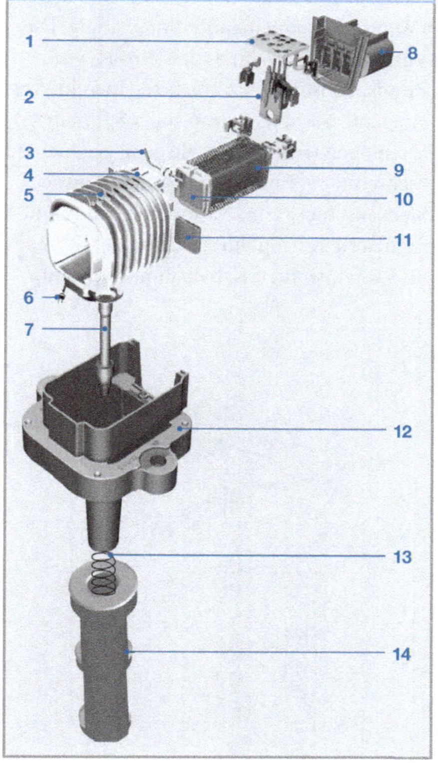

Bild 13
1 Leiterplatte (optional)
2 Endstufe (optional)
3 EFU-Diode
4 Sekundärspulenkörper
5 Sekundärwicklung
6 Kontaktblech
7 Hochspannungsbolzen
8 Primärstecker
9 Primärwicklung
10 I-Kern
11 Permanentmagnet (optional)
12 O-Kern
13 Feder
14 Silikonmantel

Weitere Zündspulen-Bauarten

ZS 2 × 2

Die rotierende Hochspannungsverteilung wurde schrittweise durch die ruhende Hochspannungsverteilung ersetzt. Für eine einfache Umrüstung eines 4- oder 6-Zylinder-Motors auf die ruhende Verteilung eignet sich die ZS 2 × 2 bzw. die ZS 3 × 2. Diese Bauart enthält zwei bzw. drei Zweifunken-Zündspulen in einem Gehäuse. Der Anpassungsaufwand beim Fahrzeughersteller ist aufgrund der flexiblen Montage im Motorraum gering, ein angepasstes Motorsteuergerät ist jedoch erforderlich. Bei dieser Lösung sind in den meisten Fällen Hochspannungs-Zündkabel erforderlich. Diese Bauart wird heute noch vereinzelt in preisgünstigen Fahrzeugen (LPV, Low Price Vehicle) eingesetzt.

Zündspulen-Module

Bei den Zündspulenmodulen sind mehrere Einfunken-Zündspulen in einem gemeinsamen Gehäuse zu einer Baugruppe zusammengefasst. Funktional gesehen sind diese Zündspulen voneinander unabhängig. Die Vorteile, die sich durch den Einsatz von Zündspulenmodulen ergeben, sind eine vereinfachte Montage mit weniger Schraubverbindungen (nur ein Arbeitsgang gegenüber mehreren bei Einzel-Zündspulen), nur ein Steckanschluss zum Motorkabelbaum und reduzierte Kosten durch schnellere Montage und vereinfachten Kabelbaum. Nachteilig sind die Notwendigkeit einer motorspezifisch angepassten Geometrie und die Eignung nur für bestimmte Zylinderkopfausführungen.

14 Aufbau der Stabzündspule

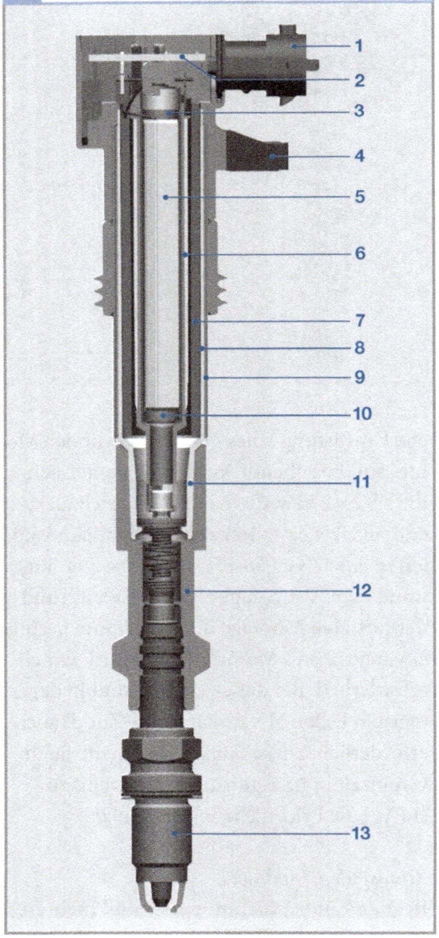

Bild 14
1 Primärstecker
2 Leiterplatte mit Zündungsendstufe (optional)
3 Permanentmagnet (optional)
4 Befestigungsarm
5 lamellierter Elektroblechkern (Stabkern)
6 Sekundärwicklung
7 Primärwicklung
8 Gehäuse
9 Rückschlussblech
10 Permanentmagnet (optional)
11 Hochspannungsdom
12 Silikonmantel
13 Zündkerze

Zwischenräume sind mit Vergussmasse verfüllt

Stabzündspule

Die Stabzündspule ermöglicht eine optimale Ausnutzung der Platzverhältnisse im Zylinderkopf. Durch die zylindrische Bauform kann der Zündkerzenschacht als Montageraum mitbenutzt werden und ermöglicht eine bauraumoptimierte Anordnung. Stabzündspulen werden immer direkt auf die Zündkerze montiert, daher sind keine zusätzlichen Hochspannungs-Verbindungskabel erforderlich.

Aufbau und Magnetkreis

Stabzündspulen (auch als „Pencil Coil" bezeichnet) arbeiten wie Kompaktzündspulen nach dem induktiven Prinzip. Aufgrund der Rotationssymmetrie unterscheiden sie sich im Aufbau jedoch deutlich von Kompaktzündspulen. Der Magnetkreis besteht aus den gleichen Materialien. Der im Zentrum liegende Stabkern (Bild 14, Pos. 5) wird hier aus verschieden breit gestanzten Blechlamellen annähernd kreisrund gestapelt und paketiert. Der magnetische Kreis wird über das Rückschlussblech (9) als gerollte und geschlitzte Hülse aus Elektroblech – teilweise aus mehreren Lagen – hergestellt. Im Gegensatz zu Kompaktzündspulen liegt die Primärwicklung (7) mit größerem Durchmesser über der Sekundärwicklung (6), deren Spulenkörper gleichzeitig den Stabkern aufnimmt; hierfür sind konstruktive und funktionale Vorteile maßgebend. Der kompakte Aufbau der Stabzündspule lässt bei gegebener Geometrie hinsichtlich der elektrischen Auslegung nur eine sehr eingeschränkte Variation des Magnetkreises (Stabkern, Rückschlussblech) und Wicklungen zu. Bei den meisten Stabzündspulenanwendungen werden zur Erhöhung der Funkenenergie Permanentmagnete eingesetzt. Bei Stabzündspulen sind Kontaktierung der Zündkerze und Anschluss an den Motorkabelbaum vergleichbar mit Kompaktzündspulen.

Varianten
Stabzündspulen stehen für verschiedene Anwendungen in mehreren Varianten zur Verfügung (z. B. unterschiedliche Durchmesser und Baulängen). Optional kann eine Zündungsendstufe mit Elektronik in das Gehäuse integriert sein. Ein typischer Durchmesser, gemessen am zylindrischen Mittelteil, ist ca. 22 mm. Dieses Maß ergibt sich durch den Bohrungsdurchmesser des Zündkerzenschachtes im Zylinderkopf und Zündkerzen in Standardbauform mit einer Schlüsselweite SW16. Die Länge einer Stabzündspule wird durch die Einbausituation im Zylinderkopf und den geforderten und möglichen elektrischen Daten bestimmt. Einer deutlichen Verlängerung des aktiven Teils (zur Erhöhung der Induktivität) sind wegen der Zunahme der parasitären Kapazitäten und Verschlechterung des Magnetkreises jedoch Grenzen gesetzt.

Elektronik in der Zündspule

Bei früheren Konzepten war die Zündungsendstufe überwiegend als separates Modul ausgeführt und im Motorraum und bei rotierender Verteilung auch an der Zündspule oder am Zündverteiler befestigt. Mit der Umstellung auf die ruhende Spannungsverteilung und zunehmender Miniaturisierung der Elektronik wurden kompakte Zündungsendstufen als integrierte Schaltkreise entwickelt, die in die Zündungssteuergeräte oder in die Motorsteuergeräte integriert werden konnten.

Der ständig wachsende Funktionsumfang der Motorsteuergeräte und neue Motorkonzepte (z. B. Benzin-Direkteinspritzung) erfordern aufgrund der Verlustleistung der Leistungsendstufen und des Bauraums teilweise die Auslagerung der Zündungsendstufen aus dem Steuergerät. Eine Möglichkeit ist die Integration in die Zündspule, u. a. mit dem Vorteil einer kürzeren Primärleitungslänge und dem damit reduziertem Spannungsabfall oder der Möglichkeit, integrierte Diagnose- und Überwachungsfunktionen zu realisieren.

Elektrische Parameter

Induktivität
Eine Zündspule besitzt eine Primär- und eine Sekundärinduktivität. Die Sekundärinduktivität ist um ein Vielfaches höher als die Primärinduktivität. Die Induktivität wird durch Material und Querschnitt des durchfluteten Magnetkreises, die Windungszahl und die Geometrie der Kupferwicklung bestimmt.

Kapazität
Bei der Zündspule unterscheidet man Eigenkapazität, parasitäre Kapazität und Lastkapazität. Die Eigenkapazität wird im Wesentlichen durch die Wicklung selbst gebildet. Sie ergibt sich daraus, dass benachbarte Drähte in der Sekundärwicklung einen Kondensator bilden.

Innerhalb eines elektrischen Systems existieren parasitäre („schädliche") Kapazitäten. Ein Teil der zur Verfügung stehenden oder erzeugten Energie wird zur Aufladung oder Umladung dieser parasitären Kapazitäten benötigt. In einer Zündspule werden parasitäre Kapazitäten z. B. durch den geringen Abstand zwischen Sekundärwicklung und Primärwicklung oder durch Kabelkapazitäten zwischen Zündkabel und benachbarten Bauteilen gebildet.

Die Lastkapazität wird im Wesentlichen durch die Zündkerze gebildet. Sie wird durch die Einbausituation (z. B. metallischer

Zündkerzenschacht), die Zündkerze selbst und ggf. vorhandene Hochspannungs-Leitungen bestimmt. Diese Bedingungen lassen sich kaum beeinflussen und müssen bei der Auslegung der Zündspule berücksichtigt werden.

Gespeicherte Energie

Abhängig von der Auslegung einer Zündspule (Geometrie, Material des Magnetkreises, Magnete) und der verwendeten Zündungsendstufe lässt sich in einer Zündspule nur bis zu einer bestimmten Größenordnung magnetische Energie speichern. Bei weiterer Erhöhung des Primärstroms ist nur noch ein geringer Zuwachs der gespeicherten Energie möglich, die Verluste steigen dann überproportional an und würden in kurzer Zeit zur Zerstörung der Zündspule führen. Eine optimale Auslegung einer Zündspule liegt – unter Berücksichtigung aller Toleranzen – bei einem Arbeitspunkt knapp unterhalb der magnetischen Sättigung des Magnetkreises.

Ohmscher Widerstand

Der ohmsche Widerstand der Wicklungen wird durch den temperaturabhängigen spezifischen Widerstand des Kupfers bestimmt. Der Primärwiderstand (Widerstand der Primärwicklung) liegt üblicherweise im Bereich von 0,3...0,6 Ω. Er darf nicht zu hoch liegen, da die Zündspule sonst im Falle niedriger Bordnetzspannung (z. B. bei Kaltstart) ihren Nennstrom nicht erreicht und somit nur eine geringere Funkenenergie erzeugt. Der Sekundärwiderstand (Widerstand der Sekundärwicklung) liegt aufgrund der höheren Windungszahl (um den Faktor 70...100) und des geringen Drahtdurchmessers (ca. um den Faktor 10) der Sekundärwicklung im Bereich mehrerer kΩ.

Verlustleistung

Die ohmschen Widerstände der Wicklungen, die kapazitiven Verluste und die Ummagnetisierungsverluste (aufgrund der Hysterese) sowie bauformbedingte Abweichungen vom idealen Magnetkreis bestimmen die Verluste in einer Zündspule. Bei einem Wirkungsgrad von 50...60 % treten bei hoher Drehzahl verhältnismäßig hohe Verluste in Form von Wärme auf. Durch verlustminimierte Auslegungen und geeignete konstruktive Lösungen werden die Verluste möglichst klein gehalten.

Variable	Kenngröße	Typische Werte
I_1	Primärstrom	6,5...9,0 A
T_1	Ladezeit	1,5...4,0 ms
U_2	Sekundärspannung	29...35 kV
T_F	Funkendauer	1,3...2,0 ms
W_F	Funkenenergie	30...50 mJ, für Benzin-Direkteinspritzung bis 100 mJ
I_F	Funkenstrom	80...115 mA
R_1	ohmscher Widerstand der Primärwicklung	0,3...0,6 Ω
R_2	ohmscher Widerstand der Sekundärwicklung	5...16 kΩ
N_1	Windungszahl der Primärwicklung	150...200
N_2	Windungszahl der Sekundärwicklung	8 000...22 000

Tabelle 2
Kenngrößen von Zündspulen

Windungsverhältnis

Das Windungsverhältnis ist das Verhältnis zwischen Primär- und Sekundärwindungszahl der Kupferwicklungen. Es liegt für Standardzündspulen in der Größenordnung von 1:50...1:150. Durch die Festlegung des Windungsverhältnisses wird z. B. die Höhe des Funkenstroms und in gewissem Maße die maximale Sekundärspannung in Abhängigkeit von der Klammerspannung der Zündungsendstufe bestimmt.

Hochspannungs- und Funkencharakteristik

Eine ideale Zündspule erzielt eine möglichst hohe und laststabile Hochspannung mit sehr schnellem Spannungsanstieg. Dies garantiert unter betriebsrelevanten Bedingungen einen Funken an der Zündkerze. Bedingt durch die realen Eigenschaften der Wicklungen, des Magnetkreises und der verwendeten Zündungsendstufe sind hier jedoch Grenzen gesetzt. Die Hochspannung ist in der Regel so gepolt, dass die Mittelelektrode der Zündkerze ein negatives Potential gegenüber der Fahrzeugmasse aufweist. Ausnahmen bilden spezielle Kundenanforderungen.

Dynamischer Innenwiderstand

Eine weitere wichtige Größe ist der dynamische Innenwiderstand (die Impedanz) der Zündspule. Er ist von der Sekundärinduktivität abhängig, bestimmt in Verbindung mit der inneren und äußeren Kapazität die Geschwindigkeit des Spannungsanstiegs und ist damit ein Maß dafür, wie viel Energie aus der Zündspule über Nebenschlusswiderstände bis zum Augenblick des Funkendurchbruchs abfließen kann. Ein niedriger Innenwiderstand der Spule ist bei verschmutzten oder nassen Zündkerzen vorteilhaft, da der damit verbundene höhere Wirkungsgrad der Zündspule mehr Zündenergie für die Zündkerze bereitstellt.

Zündkerzen

Die Zündung des Luft-Kraftstoff-Gemischs im Ottomotor erfolgt elektrisch. Die elektrische Energie wird der Batterie entnommen und in der Zündspule zwischengespeichert. Die in der Zündspule erzeugte Hochspannung bewirkt einen Funkenüberschlag zwischen den Elektroden der Zündkerze im Brennraum des Motors. Die in dem Funken enthaltene Energie entzündet das verdichtete Luft-Kraftstoff-Gemisch.

Aufgabe

Die Aufgabe der Zündkerze ist es, beim Ottomotor durch den elektrischen Funken zwischen den Elektroden die Verbrennung des Luft-Kraftstoff-Gemischs einzuleiten (Bild 15). Durch den Aufbau der Zündkerze muss sichergestellt sein, dass die zu übertragende Hochspannung immer sicher gegen den Zylinderkopf isoliert und der Brennraum nach außen abgedichtet wird.

Die Zündkerze bestimmt im Zusammenwirken mit den anderen Komponenten des Motors, z. B. den Zünd- und den Gemischaufbereitungssystemen, in entscheidendem Maße die Funktion des Ottomotors. Sie muss

- einen sicheren Kaltstart ermöglichen,
- über die gesamte Lebensdauer einen aussetzerfreien Betrieb gewährleisten,
- auch bei längerem Betrieb im Bereich der Höchstgeschwindigkeit die zulässige Höchsttemperatur einhalten.

Um diese Funktionen über die gesamte Lebensdauer der Zündkerze sicherzustellen, muss das richtige Zündkerzenkonzept schon sehr früh in der Entwicklungsphase der Motoren festgelegt werden. In Entflammungsuntersuchungen wird das optimale Zündkerzenkonzept hinsichtlich Abgasemission und Laufruhe bestimmt. Ein wichtiger Kennwert

15 Zündkerze im Ottomotor

der Zündkerze ist der Wärmewert. Die Zündkerze mit dem richtigen Wärmewert verhindert, dass sie im Betrieb so heiß wird, dass von ihr thermische Entflammungen ausgehen und den Motor schädigen.

Anwendung

Einsatzgebiete

Die Zündkerze wurde von Bosch im Jahr 1902 in Verbindung mit dem Hochspannungs-Magnetzünder zum ersten Mal in einem Pkw eingesetzt. Sie findet heutzutage in allen Fahrzeugen und Geräten Verwendung, die von einem Ottomotor angetrieben werden – sowohl für Zweitakt- als auch für Viertakt-Verfahren.

Typenvielfalt

1902 leisteten Motoren pro 1 000 cm^3 Hubraum lediglich ca. 6 PS (≈ 4,4 kW). Mittlerweile werden 100 kW erreicht, bei Rennmotoren sogar bis 250 kW. Der technische Aufwand für die Entwicklung und die Herstellung von Zündkerzen, die solche Leistungen ermöglichen, ist enorm. Die erste Zündkerze musste 15 bis 25-mal pro Sekunde zünden. Eine heutige Zündkerze muss das 12-Fache leisten. Die obere Temperaturgrenze stieg von 600 °C auf ca. 950 °C, die Zündspannung von 10 kV auf bis zu 40 kV. Während die Zündkerzen von heute mindestens 30 000 km überstehen müssen, wurden die Zündkerzen früher alle 1 000 km gewechselt.

Am Prinzip der Zündkerze hat sich in 100 Jahren wenig geändert. Trotzdem entwickelte Bosch im Lauf der Zeit mehr als 20 000 verschiedene Typen, um der Motorenentwicklung gerecht zu werden. Aber auch das aktuelle Zündkerzenprogramm ist vielfältig. Es werden hohe Anforderungen an die Zündkerze bezüglich der elektrischen und mechanischen Eigenschaften sowie der chemischen und thermischen Belastbarkeit gestellt. Neben diesen Anforderungen muss die Zündkerze auch an die geometrischen Vorgaben der Motorkonstruktion (z. B. Zündkerzenlage im Zylinderkopf) angepasst sein. Aufgrund dieser Anforderungen ist – hervorgerufen durch die unterschiedlichsten Motoren – eine Vielfalt von Zündkerzen erforderlich.

Anforderungen

Anforderungen an die elektrischen Eigenschaften

Beim Betrieb der Zündkerzen mit elektronischen Zündanlagen können Spannungen bis über 40 kV auftreten, die nicht zu Durchschlägen am Isolator führen dürfen. Die sich aus dem Verbrennungsprozess abscheidenden Rückstände wie Ruß, Ölkohle und Asche aus Kraftstoff und Ölzusätzen sind unter bestimmten thermischen Bedingungen elektrisch leitend. Dennoch dürfen dadurch keine Überschläge über den Isolator auftreten. Der elektrische Widerstand des Isolators muss bis zu 1 000 °C hinreichend groß sein und darf sich über der Lebensdauer der Zündkerze nur wenig verringern.

Anforderungen an die mechanischen Eigenschaften

Die Zündkerze muss den im Verbrennungsraum periodisch auftretenden Drücken (bis ca. 150 bar) widerstehen, ohne an Gasdichtheit zu verlieren. Zusätzlich wird eine hohe mechanische Festigkeit besonders von der Keramik gefordert, die bei der Montage und im Betrieb durch den Zündkerzenstecker und die Zündleitung belastet wird. Das Gehäuse muss die Kräfte beim Anziehen ohne bleibende Verformung aufnehmen.

Anforderungen an die chemische Belastbarkeit

Der in den Brennraum ragende Teil der Zündkerze kann sich bis zur Rotglut erhitzen und ist den bei hoher Temperatur stattfindenden chemischen Vorgängen ausgesetzt. Im Kraftstoff enthaltene Bestandteile können sich als aggressive Rückstände an der Zündkerze ablagern und deren Eigenschaften verändern.

Anforderungen an die thermische Belastbarkeit

Während des Betriebs nimmt die Zündkerze in rascher Folge Wärme aus den heißen Verbrennungsgasen auf und wird kurz danach durch das angesaugte kalte Luft-Kraftstoff-Gemisch abgekühlt. An die Beständigkeit des Isolators gegen „Thermoschock" werden deshalb hohe Anforderungen gestellt. Ebenso muss die Zündkerze die im Brennraum aufgenommene Wärme möglichst gut an den Zylinderkopf des Motors abführen; die Anschlussseite der Zündkerze sollte sich möglichst wenig erwärmen.

Aufbau

Anschlussbolzen

Der Anschlussbolzen (Bild 16, Pos. 1) aus Stahl ist im Isolator mit einer leitfähigen Glasschmelze, die auch die leitende Verbindung zur Mittelelektrode herstellt, gasdicht eingeschmolzen. Er hat an dem aus dem Isolator herausragenden Ende ein Gewinde, in das der Zündkerzenstecker der Zündleitung einrastet. Für den genormten Anschlussstecker wird entweder auf das Gewinde des Anschlussbolzens eine Anschlussmutter aufgeschraubt, oder der Bolzen wird bei der Herstellung bereits mit einem massiven genormten Anschluss versehen.

16 Aufbau der Zündkerze

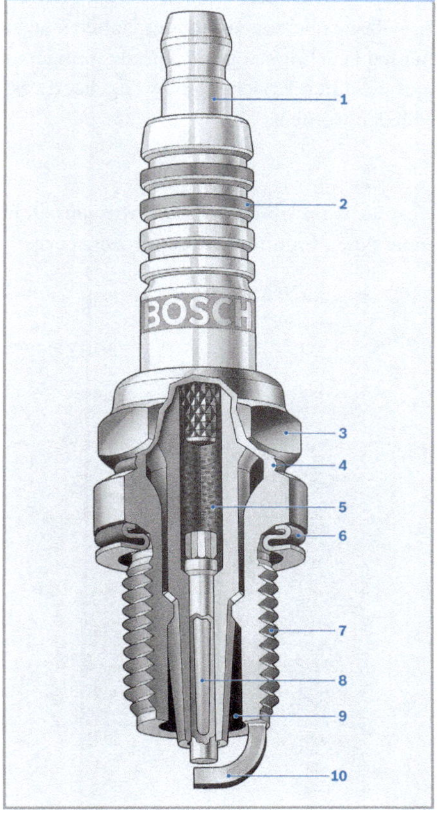

Bild 16
1 Anschlussmutter auf Anschlussbolzen
2 Isolator aus Al_2O_3-Keramik
3 Gehäuse
4 Warmschrumpfzone
5 leitendes Glas
6 Dichtring (Dichtsitz)
7 Gewinde
8 Verbundmittelelektrode (Ni, Cu)
9 Atmungsraum (Luftraum)
10 Masseelektrode (hier als Verbundelektrode Ni, Cu)

Isolator

Der Isolator (Bild 16, Pos. 2) besteht aus einer Spezialkeramik. Er hat die Aufgabe, die Mittelelektrode und den Anschlussbolzen gegen das Gehäuse elektrisch zu isolieren. Die Forderungen nach guter Wärmeleitfähigkeit bei hohem elektrischem Isoliervermögen stehen in starkem Gegensatz zu den Eigenschaften der meisten Isolierstoffe. Der von Bosch verwendete Werkstoff besteht aus Aluminiumoxid (Al_2O_3), dem in geringem Anteil andere Stoffe zugemischt sind.

Zur Verbesserung des Kaltwiederholstartverhaltens bei Luftfunken-Zündkerzen kann die Außenkontur des Isolatorfußes modifiziert werden, um ein günstigeres Aufheizverhalten zu erreichen. Die Oberfläche der Isolator-Anschlussseite ist mit einer bleifreien Glasur überzogen. Auf der glatten Glasur haften Feuchtigkeit und Schmutz weniger gut, wodurch Kriechströme weitgehend vermieden werden.

Gehäuse

Das Gehäuse (Bild 16, Pos. 3) wird aus Stahl über einen Kaltumformungsprozess hergestellt. Aus dem Presswerkzeug kommt der Rohling schon mit seiner endgültigen Kontur und muss nur noch an einzelnen Stellen spanend bearbeitet werden. Der untere Teil des Gehäuses ist mit einem Gewinde (Bild 16, Pos. 7) versehen, damit die Zündkerze im Zylinderkopf befestigt und nach einem vorgegebenem Wechselintervall ausgetauscht werden kann. Auf die Stirnseite des Gehäuses werden – je nach Zündkerzenkonzept – bis zu vier Masseelektroden aufgeschweißt.

Zum Schutz des Gehäuses gegen Korrosion ist auf der Oberfläche galvanisch eine Nickelschicht aufgebracht, die in den Aluminiumzylinderköpfen ein Festfressen des Gewindes verhindert. Am oberen Teil des Gehäuses befindet sich ein Sechs- oder bei neueren Zündkerzenkonzepten auch ein Doppelsechskant zum Ansetzen des Schraubenschlüssels. Der Doppelsechskant benötigt bei unveränderter Isolatorkopfgeometrie weniger Platz im Zylinderkopf und der Motorenkonstrukteur ist freier in der Gestaltung der Kühlkanäle.

Der obere Teil des Zündkerzengehäuses wird nach dem Einsetzen des Stöpsels (Isolator mit funktionssicher montierter Mittelelektrode und Anschlussbolzen) umgebördelt und fixiert diesen in seiner Position. Der anschließende Schrumpfprozess – durch induktive Erwärmung unter hohem Druck – stellt die gasdichte Verbindung zwischen Isolator und Gehäuse her und garantiert eine gute Wärmeleitung.

17 Dichtsitz der Zündkerze

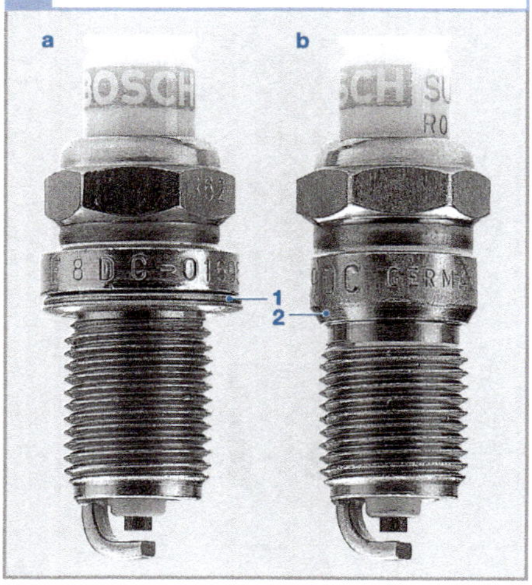

Bild 17
a Flachdichtsitz mit Dichtring
b Kegeldichtsitz ohne Dichtring

1 Dichtring
2 kegelige Dichtfläche

Dichtsitz

Je nach Motorbauart dichtet ein Flach- oder ein Kegeldichtsitz (Bild 17) zwischen der Zündkerze und dem Zylinderkopf ab. Beim Flachdichtsitz wird ein „unverlierbarer“ Dichtring (Bild 17, Pos. 1) als Dichtelement verwendet. Er hat eine spezielle Formgebung und dichtet bei Montage der Zündkerze nach Vorschrift dauerelastisch ab. Beim Kegeldichtsitz dichtet eine kegelige Fläche (Bild 17, Pos. 2) des Zündkerzengehäuses ohne Verwendung eines Dichtrings direkt auf einer entsprechenden Fläche des Zylinderkopfs ab.

Elektroden

Beim Funkenüberschlag und Betrieb mit höherer Temperatur wird das Elektrodenmaterial so stark beansprucht, dass die Elektroden verschleißen – der Elektrodenabstand wird dabei größer. Um die Forderungen nach bestimmten Wechselintervallen erfüllen zu können, müssen die Elektrodenwerkstoffe so konzipiert sein, dass sie eine gute Erosionsbeständigkeit (bei Abbrand durch den Funken) und eine gute Korrosionsbeständigkeit (bei Verschleiß durch chemisch-thermische Angriffe) aufweisen.

Grundsätzlich leiten reine Metalle die Wärme besser als Legierungen. Andererseits reagieren reine Metalle – wie z. B. Nickel – auf chemische Angriffe von Verbrennungsgasen und festen Verbrennungsrückständen empfindlicher als Legierungen. Durch Zulegierung von Mangan und Silizium wird die chemische Beständigkeit von Nickel vor allem gegen das sehr aggressive Schwefeldioxid (SO_2, Schwefel ist Bestandteil des Schmieröls und des Kraftstoffs) verbessert. Zusätze aus Aluminium und Yttrium steigern darüber hinaus die Zunder- und Oxidationsbeständigkeit.

Mittelelektrode

Die Mittelelektrode (Bild 16, Pos. 8) ist mit ihrem Kopf in der leitenden Glasschmelze verankert und zur besseren Wärmeableitung mit einem Kupferkern versehen (Bild 18, Pos. 7).

Platin (Pt) und Platinlegierungen weisen eine sehr gute Korrosions- und Oxidationsbeständigkeit sowie eine hohe Abbrandfestigkeit auf. Sie werden daher als Elektrodenwerkstoffe für Longlife-Zündkerzen eingesetzt. Die Mittelelektrode nimmt einen Edelmetallstift auf, der über eine Laserschweißung dauerhaft mit der Basiselektrode verbunden wird.

18 Zündkerzen mit Verbundelektroden

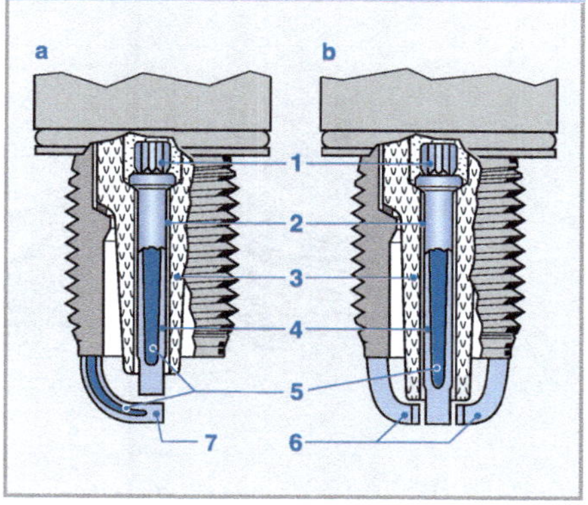

Bild 18
a mit Dachelektrode
b mit Seitenelektroden

1 leitendes Glas
2 Luftspalt
3 Isolatorfuß
4 Verbundmittelelektrode
5 Kupferkern
6 Masseelektroden
7 Verbundmasseelektrode

Masseelektroden

Die Masseelektroden (Bild 16, Pos. 10) sind am Gehäuse befestigt und haben vorwiegend einen rechteckigen Querschnitt. Je nach Art der Anordnung unterscheidet man zwischen Dach- und Seitenelektroden sowie Spezialanwendungen (Bild 19). Die Dauerstandfestigkeit der Masseelektroden wird durch deren Wärmeleitfähigkeit bestimmt. Die Wärmeableitung kann durch die Verwendung von Verbundwerkstoffen (wie bei den Mittelelektroden) zwar verbessert werden, aber letztlich bestimmt die Länge, der Profilquerschnitt und die Anzahl der Masseelektroden die Temperatur und damit deren Verschleißverhalten.

Zündkerzenkonzepte

Die gegenseitige Anordnung der Elektroden und die Position der Masseelektroden zum Isolator bestimmt den Typ des Zündkerzenkonzepts (Bild 20).

19 Elektrodenformen

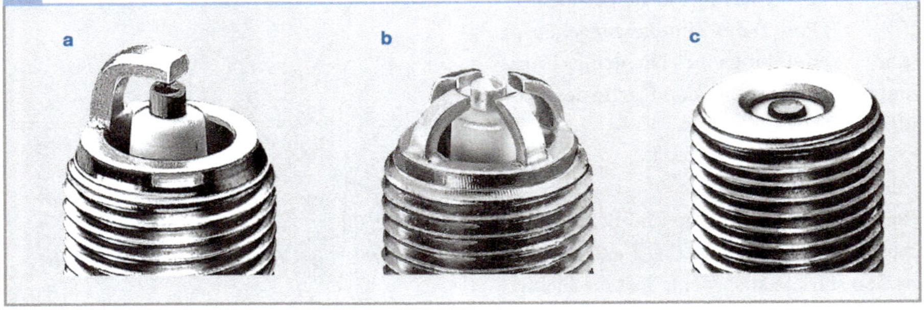

Bild 19
- a Dachelektrode
- b Seitenelektroden
- c Gleitfunken-Zündkerze ohne Masseelektrode (Spezialanwendung für Rennmotoren)

20 Zündkerzenkonzepte

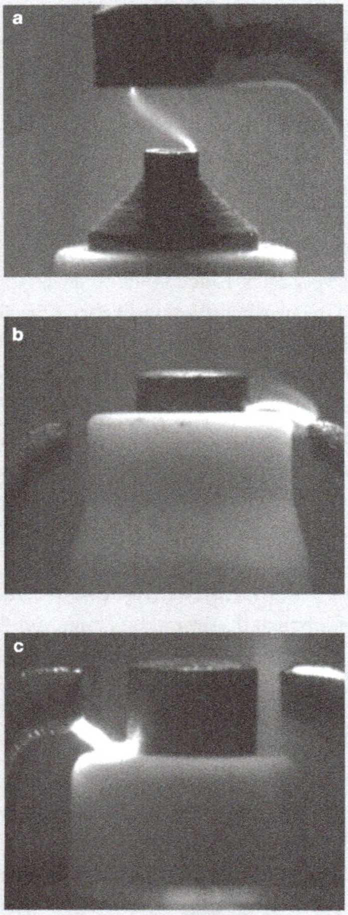

Bild 20
- a Luftfunke
- b Gleitfunke
- c Luftgleitfunke

Luftfunkenkonzept

Bei den Luftfunkenkonzepten ist die Masseelektrode so zur Mittelelektrode angestellt, dass der Zündfunke auf direktem Weg zwischen den Elektroden springt und das Luft-Kraftstoff-Gemisch entzündet, das sich zwischen den Elektroden befindet.

Gleitfunkenkonzept

Durch die definierte Anstellung der Masseelektroden zur Keramik gleitet der Funke zunächst von der Mittelelektrode über die Oberfläche der Isolatorfußspitze und springt dann über einen Gasspalt zur Masseelektrode. Da für eine Entladung über die Oberfläche eine niedrigere Zündspannung benötigt wird als für die Entladung durch einen gleich großen Luftspalt, kann der Gleitfunke bei gleichem Zündspannungsbedarf größere Elektrodenabstände überbrücken als der Luftfunke. Dadurch entsteht ein größerer Flammenkern und die Entflammungseigenschaften werden deutlich verbessert. Gleichzeitig hat der Gleitfunke im Kaltwiederholstart eine reinigende Wirkung. Er verhindert, dass sich auf der Isolatorstirnseite Ruß niederschlägt.

Luftgleitfunkenkonzepte

Bei diesen Zündkerzenkonzepten sind die Masseelektroden in einem definierten Abstand zur Mittelelektrode und zur Keramikstirnseite angestellt. Je nach Betriebsbedingungen und Zündkerzenzustand (Zündkerzenverschleiß, Zündspannungsbedarf) springt der Funke als Luft- oder als Luftgleitfunke.

Elektrodenabstand

Der Elektrodenabstand (EA) ist die kürzeste Entfernung zwischen Mittel- und Masseelelektrode und bestimmt u. a. die Länge des Funkens. Je kleiner der Elektrodenabstand ist, umso niedriger ist die Spannung, die benötigt wird, um einen Zündfunken zu erzeugen.

Bei zu kleinem Elektrodenabstand entsteht nur ein kleiner Flammenkern im Elektrodenbereich. Über die Kontaktflächen mit den Elektroden wird diesem wiederum Energie entzogen (und führt zum Quenching). Der Flammenkern kann sich dadurch nur sehr langsam ausbreiten. Im Extremfall kann die Energieabfuhr so groß sein, dass sogar Entflammungsaussetzer auftreten können.

Mit zunehmendem Elektrodenabstand (z. B. durch Verschleiß der Elektroden) werden die Entflammungsbedingungen zwar verbessert, da die Quenchingverluste geringer sind. Der erforderliche Zündspannungsbedarf steigt aber an. Bei gegebenem Zündspannungsangebot der Zündspule wird die Zündspannungsreserve reduziert und die Gefahr von Zündaussetzern erhöht.

Den genauen, für den jeweiligen Motor optimalen Elektrodenabstand ermittelt der Motorenhersteller aus verschiedenen Tests. Zunächst werden in charakteristischen Betriebspunkten der Motoren Entflammungsuntersuchungen durchgeführt und der minimale Elektrodenabstand ermittelt. Die Festlegung erfolgt über die Bewertung der Abgasemission, der Laufruhe und des Kraftstoffverbrauchs. In anschließenden Dauerläufen wird das Verschleißverhalten dieser Zündkerzen bestimmt und hinsichtlich des Zündspannungsbedarfs bewertet. Ist ein ausreichender Sicherheitsabstand zur Zündaussetzergrenze gegeben, wird der Elektrodenabstand festgeschrieben. Er kann entweder der Betriebsanleitung oder den Zündkerzen-Verkaufsunterlagen von Bosch entnommen werden.

Funkenlage

Die Lage der Funkenstrecke relativ zur Brennraumwand definiert die Funkenlage. Bei modernen Motoren (insbesondere auch bei Motoren mit Direkteinspritzung) ist ein deutlicher Einfluss der Funkenlage auf die Verbrennung zu beobachten. Zur Charakterisierung der Verbrennung dient die Laufruhe des Motors, die wiederum über eine statistische Auswertung des mittleren indizierten Drucks p_{mi} beschrieben werden kann. Aus der Höhe der Standardabweichung s oder des Variationskoeffizienten ($cov = s/p_{\mathrm{mi}}$, wird in Prozent angegeben) kann abgeleitet werden, wie gleichmäßig die Verbrennung abläuft. Als Maß für die Laufgrenze ist für den Variationskoeffizienten ein Wert von 5 % definiert.

Zeigt sich bei einem Motor durch den Einsatz von tiefer in den Brennraum ragenden Funkenlagen eine Verschiebung der Laufgrenze zu höheren Luftzahlen und eine Vergrößerung des Zündwinkelbereichs (bei $cov < 5$ %), sind hier größere Funkenlagen vorteilhaft für die Entflammung.

Größere Funkenlagen bedeuten aber auch längere Masseelektroden, die zu höheren Temperaturen führen, was wiederum einen Anstieg im Elektrodenverschleiß zur Folge hat. Außerdem sinkt die Eigenresonanzfrequenz, was zu Schwingungsbrüchen führen kann. Daher erfordern vorgezogene Funkenlagen mehrere Maßnahmen, um die geforderten Standzeiten erreichen zu können:

- Verlängerung des Zündkerzengehäuses über die Brennraumwand hinaus (dadurch wird die Bruchgefahr der Elektroden reduziert),
- Einsatz von Masseelektroden mit Kupferkern zur Reduzierung der Temperatur um ca. 70 °C,
- Einsatz von hochtemperaturfesten Elektrodenwerkstoffen.

Wärmewert der Zündkerze

Betriebstemperatur der Zündkerze

Arbeitsbereich

Im kalten Zustand wird der Motor mit einem fetten Luft-Kraftstoff-Gemisch betrieben. Dadurch kann während des Verbrennungsvorgangs durch unvollständige Verbrennungen Ruß entstehen, der sich im Brennraum und auf der Zündkerze ablagert. Diese Rückstände verschmutzen den Isolatorfuß und bewirken eine leitfähige Verbindung zwischen Mittelelektrode und Zündkerzengehäuse. Dieser Nebenschluss leitet einen Teil des Zündstromes als Nebenschlussstrom ab und führt zu Energieverlusten, so dass für die Entflammung weniger Energie zur Verfügung steht. Mit zunehmender Verschmutzung steigt die Wahrscheinlichkeit, dass kein Zündfunke mehr zustande kommt.

Die Ablagerung von Verbrennungsrückständen auf dem Isolatorfuß ist stark von dessen Temperatur abhängig und findet vorwiegend unterhalb von ca. 500 °C statt. Bei höherer Temperatur verbrennen die kohlenstoffhaltigen Rückstände auf dem Isolatorfuß, die Zündkerze reinigt sich also selbst. Daher werden Betriebstemperaturen des Isolatorfußes oberhalb der „Freibrenngrenze" von ca. 500 °C angestrebt (Bild 21). Als obere Temperaturgrenze sollen ca. 900 °C nicht überschritten werden. Oberhalb dieser Temperatur unterliegen die Elektroden einem starken Verschleiß durch Oxidation und Heißgaskorrosion. Bei einem weiteren Anstieg der Temperaturen können Glühzündungen nicht mehr ausgeschlossen werden.

21 Arbeitsbereich der Zündkerze

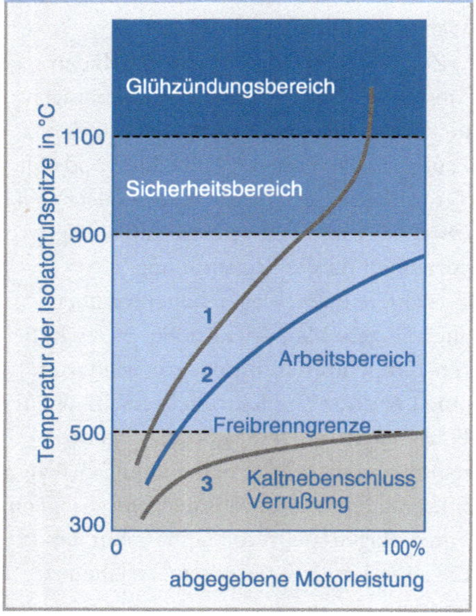

Bild 21
1 Zündkerze mit zu hoher Wärmekennzahl (zu heiße Zündkerze)
2 Zündkerze mit passender Wärmekennzahl
3 Zündkerze mit zu niedriger Wärmekennzahl (zu kalte Zündkerze)

Die Temperatur im Arbeitsbereich sollte bei verschiedenen Motorleistungen zwischen 500...900 °C am Isolator liegen.

Thermische Belastbarkeit

Ein Teil der von der Zündkerze während der Verbrennung im Motor aufgenommenen Wärme wird an das Frischgas abgegeben. Der größte Teil wird über die Mittelelektrode und den Isolator an das Zündkerzengehäuse übertragen und an den Zylinderkopf abgeleitet (Bild 22). Die Betriebstemperatur stellt sich als Gleichgewichtstemperatur zwischen Wärmeaufnahme aus dem Motor und Wärmeabfuhr an den Zylinderkopf ein.

Die Wärmezufuhr ist vom Motor abhängig. Motoren mit hoher spezifischer Leistung haben in der Regel höhere Brennraumtemperaturen als Motoren mit niedriger spezifischer Leistung. Die Wärmeabfuhr ist im Wesentlichen über die konstruktive Gestaltung des Isolatorfußes festgelegt. Die Zündkerze muss deshalb in ihrem Wärmeaufnahmevermögen dem Motortyp entsprechend angepasst sein. Kennzeichen für die thermische Belastbarkeit der Zündkerze ist der Wärmewert.

Wärmewert und Wärmewertkennzahl

Der Wärmewert einer Zündkerze wird relativ zu Kalibrierzündkerzen ermittelt und mit Hilfe einer Wärmewertkennzahl beschrieben. Eine niedrige Kennzahl (z. B. 2...5) beschreibt eine „kalte Zündkerze" mit geringer Wärmeaufnahme durch einen kurzen Isolatorfuß. Hohe Wärmewertkennzahlen (z. B. 7...10) kennzeichnen „heiße Zündkerzen" mit hoher Wärmeaufnahme durch lange Isolatorfüße. Um Zündkerzen mit verschiedenen Wärmewerten leicht unterscheiden und den entsprechenden Motoren zuordnen zu können, sind diese Kennzahlen Bestandteil der Zündkerzentypformel.

Der richtige Wärmewert wird in Volllastmessungen ermittelt, da in diesen Betriebspunkten die thermische Belastung der Zündkerzen am höchsten ist. Die Zündkerzen dürfen im Betrieb nie so heiß werden, dass von ihnen thermische Entflammungen ausgehen. Mit einem Sicherheitsabstand in der Wärmewertempfehlung zu dieser Selbstentflammungsgrenze werden die Streuungen in der Motoren- und Zündkerzenfertigung abgedeckt und auch berücksichtigt, dass sich die Motoren in ihren thermischen Eigenschaften über die Laufzeit verändern können. So können z. B. Ölascheablagerungen im Brennraum das Verdichtungsverhältnis erhöhen, was wiederum eine höhere Temperaturbelastung der Zündkerze zur Folge hat. Wenn in den abschließenden Kaltstartuntersuchungen mit dieser Wärmewertempfehlung keine Ausfälle mit verrußten Zündkerzen auftreten, ist der richtige Wärmewert für den Motor bestimmt.

22 Wärmeleitwege in der Zündkerze

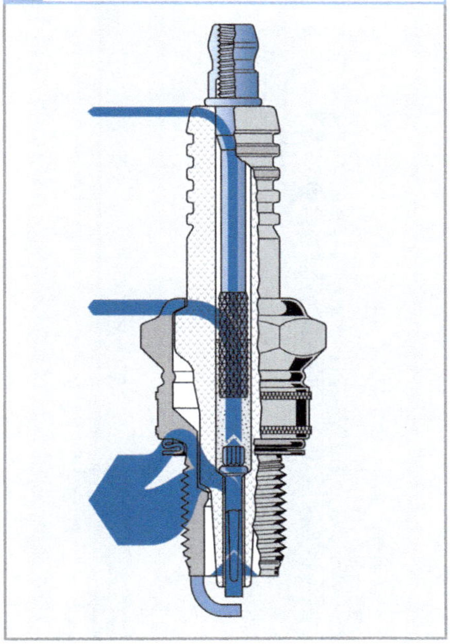

Bild 22
Ein großer Anteil der aus dem Brennraum aufgenommenen Wärme wird durch Wärmeleitung abgeführt (ein geringer Anteil der Kühlung von ca. 20 % durch vorbeiströmendes Frischgemisch ist hier nicht berücksichtigt)

Applikation von Zündkerzen

Temperaturmessung

Eine erste Aussage zur richtigen Zündkerzenauswahl liefert die Temperaturmessung mit speziell hergestellten Temperatur-Messzündkerzen (Bild 23). Mit einem Thermoelement (2) in der Mittelelektrode (3) lassen sich in den einzelnen Zylindern die Temperaturen in Abhängigkeit von Drehzahl und Last aufnehmen. Damit ist eine Sicherheit für die Anpassung der Zündkerze gewährleistet, aber auch auf einfache Art die Bestimmung des heißesten Zylinders und des Betriebspunkts für die nachfolgenden Messungen möglich.

Ionenstrommessung

Mit dem Ionenstrom-Messverfahren von Bosch wird der Verbrennungsablauf zur Bestimmung des Wärmewertbedarfs des Motors herangezogen. Die ionisierende Wir-

23 Temperatur-Messzündkerze

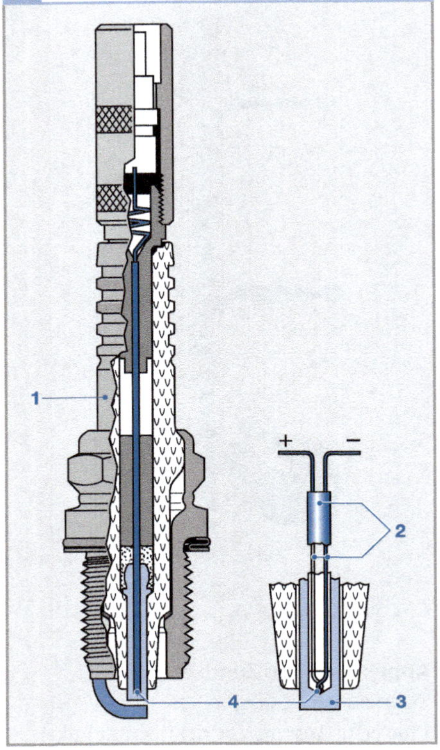

Bild 23
1 Isolator
2 Mantelthermo-element
3 Mittelelektrode
4 Messstelle

kung von Flammen erlaubt, über eine Leitfähigkeitsmessung in der Funkenstrecke, den zeitlichen Ablauf der Verbrennung zu beurteilen. Bei der normalen Verbrennung steigt zum Zündzeitpunkt der Ionenstrom sehr stark an, da durch den elektrischen Zündfunken sehr viele Ladungsträger in der Funkenstrecke vorhanden sind (Bild 24a). Nachdem die Zündspule entladen ist, nimmt der Stromfluss zwar ab, durch die Verbrennung sind aber immer noch genügend Ladungsträger vorhanden, sodass der Verbrennungsvorgang weiterhin sichtbar bleibt. Wird parallel dazu der Brennraumdruck mit aufgenommen, ist eine normale Verbrennung mit einem gleichmäßigen Druckanstieg zu sehen. Die Lage des Druckmaximums liegt nach dem oberen Totpunkt (OT). Wird bei diesen Messungen der Wärmewert der Zündkerze variiert, zeigt der Verbrennungsablauf charakteristische Veränderungen.

Thermische Entflammung

Zündungen des Luft-Kraftstoff-Gemischs, die unabhängig vom Zündfunken und meistens an einer heißen Oberfläche entstehen (z. B. an der zu heißen Isolatorfußoberfläche einer Zündkerze mit zu hohem Wärmewert), bezeichnet man als Selbstzündungen (Auto Ignition). Aufgrund ihrer zeitlichen Lage relativ zum Zündzeitpunkt können diese in zwei Kategorien unterteilt werden.

Nachentflammungen

Nachentflammungen treten nach dem elektrischen Zündzeitpunkt auf, sind jedoch für den praktischen Motorbetrieb unkritisch, da die elektrische Zündung immer früher erfolgt. Um herauszufinden, ob durch die Zündkerze thermische Entflammungen eingeleitet werden, werden bei dieser Messung einzelne Zündungen zyklisch unterdrückt. Beim Auftreten einer Nachentflammung steigt der Ionenstrom erst deutlich nach dem Zündzeitpunkt an. Da aber eine Verbrennung eingeleitet wird, ist auch ein Druckanstieg und damit eine Drehmomentabgabe zu beobachten (Bild 24b).

Vorentflammungen

Vorentflammungen treten vor dem elektrischen Zündzeitpunkt auf (Bild 24c) und können durch ihren unkontrollierten Verlauf zu schweren Motorschäden führen. Durch die zu frühe Verbrennungseinleitung verschiebt sich nicht nur die Lage des Druckmaximums zum OT, sondern auch der maximale Brennraumdruck zu höheren Werten. Damit steigt die Temperaturbelastung der Bauteile im Brennraum.

Auswertung der Messergebnisse

Mit dem Bosch-Ionenstrom-Messverfahren können beide Typen sicher erfasst werden. Die Lage der Nachentflammungen relativ zum Zündzeitpunkt sowie der prozentuale Anteil der Nachentflammungen bezogen auf die Anzahl der unterdrückten Zündungen liefern Informationen über die Belastung der Zündkerze im Motor. Da Zündkerzen mit längeren Isolatorfüßen (heiße Zündkerzen) mehr Wärme aus dem Brennraum aufnehmen und die aufgenommene Wärme schlechter ableiten, ist die Wahrscheinlichkeit, dass mit diesen Zündkerzen Nachentflammungen oder sogar Vorentflammungen ausgelöst werden, größer als bei Zündkerzen mit kürzeren Isolatorfüßen. Zur Auswahl des für den jeweiligen Motor korrekten Wärmewerts werden daher in Applikationsmessungen die Zündkerzen mit verschiedenen Wärmewerten miteinander verglichen und ihre Entflammungswahrscheinlichkeit, die nicht nur von der Temperatur, sondern auch von den konstruktiven Parametern des Motors und der Zündkerze abhängt, bewertet. Anpassungsmessungen von Zündkerzen werden vorzugsweise auf dem Motorprüfstand oder am Fahrzeug auf dem Rollenprüfstand vorgenommen.

Zündkerzenauswahl

Ziel einer Anpassung ist es, eine Zündkerze auszuwählen, die vorentflammungsfrei betrieben werden kann und eine ausreichende Wärmewertreserve besitzt. Das heißt, Vorentflammungen dürfen erst mit einer um mindestens zwei Wärmewertstufen heißeren Zündkerze auftreten. Zur Auswahl geeigneter Zündkerzen ist eine enge Zusammenarbeit zwischen Motor- und Zündkerzenhersteller üblich.

24 Charakteristische Ionenstrom- und Druckverläufe

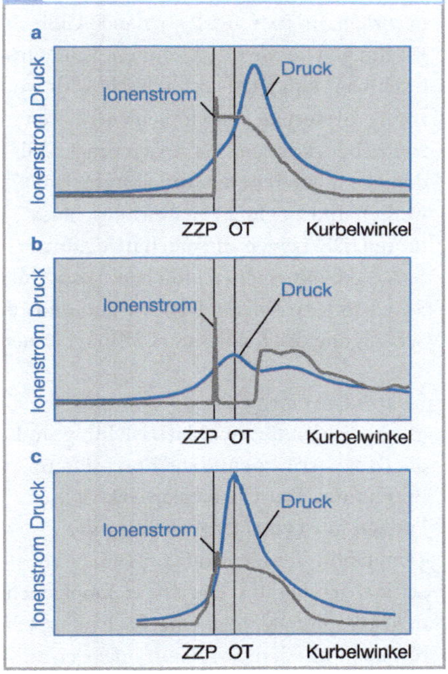

Bild 24
- a Normale Verbrennung
- b Nachentflammung ohne Zündfunken
- c Vorentflammung
- ZZP Zündzeitpunkt
- OT oberer Totpunkt

Betriebsverhalten der Zündkerze

Veränderungen im Betrieb

Aufgrund des Betriebs der Zündkerze in einer aggressiven Atmosphäre entsteht an den Elektroden ein Materialabtrag. Dieser Elektrodenverschleiß lässt den Elektrodenabstand merklich wachsen und führt zu einem Anstieg des Zündspannungsbedarfs. Wenn der Zündspannungsbedarf von der Zündspule nicht mehr gedeckt werden kann, kommt es zu Zündaussetzern.

Weiterhin kann die Funktion der Zündkerze aber auch wegen alterungsbedingter Veränderungen im Motor oder durch Verschmutzung beeinträchtigt werden. Die Alterung des Motors kann Undichtigkeiten zur Folge haben, die wiederum einen höheren Ölanteil im Brennraum nach sich ziehen. Dies führt zu verstärkten Ablagerungen von

Ruß, Asche und Ölkohle auf der Zündkerze, die Nebenschlüsse und damit Zündaussetzer bewirken, im Extremfall aber auch Glühzündungen hervorrufen können. Sind darüber hinaus den Kraftstoffen noch Additive zur Verbesserung der Klopfeigenschaften zugegeben, können sich Ablagerungen bilden, die unter Temperaturbelastung leitend werden und zu einem Heißnebenschluss führen. Die Folgen sind auch hier Zündaussetzer, die mit einem deutlichen Anstieg der Schadstoffemission verbunden sind und zur Schädigung des Katalysators führen können.

Elektrodenverschleiß

Mechanismen für den Materialabtrag sind die Funkenerosion und die Korrosion im Brennraum. Der Überschlag elektrischer Funken führt zu einer Anhebung der Temperatur der Elektroden bis zu deren Schmelztemperatur. Die aufgeschmolzenen mikroskopisch kleinen Oberflächenbereiche reagieren mit dem Sauerstoff oder den anderen Bestandteilen der Verbrennungsgase. Die Folge ist ein Materialabtrag.

Zur Minimierung des Elektrodenverschleißes werden Werkstoffe mit hoher Temperaturbeständigkeit eingesetzt (Edelmetall und -legierungen aus Platin und Iridium). Aber auch durch die Elektrodengeometrie (z. B. kleinere Durchmesser, dünne Stifte) und das Zündkerzenkonzept (Gleitfunken-Zündkerzen) kann der Materialabtrag reduziert werden. Der in der Glasschmelze realisierte ohmsche Widerstand verringert ebenso den Abbrand.

Zwischen Motorhersteller und Zündkerzenzulieferer wird eine Kerzenlebensdauer oder Laufzeit festgelegt, nach der die verschlissenen Zündkerzen regelmäßig ausgetauscht werden müssen.

25 Schadensbild einer durch starkes Klopfen geschädigten Masseelektrode

Anomale Betriebszustände

Anomale Betriebszustände können den Motor und die Zündkerzen zerstören. Dazu gehören Glühzündung, klopfende Verbrennung sowie hoher Ölverbrauch (Aschebildung und Ölkohlebildung). Die Verwendung von Zündkerzen mit nicht zum Motor passendem Wärmewert oder die Verwendung ungeeigneter Kraftstoffe können Motor und Zündkerzen schädigen.

Glühzündung

Die Glühzündung ist ein unkontrollierter Entflammungsvorgang, bei dem die Temperatur im Brennraum so stark ansteigen kann, dass schwere Schäden am Motor und an der Zündkerze entstehen. Wegen örtlicher Überhitzung im Volllastbetrieb können Glühzündungen an folgenden Stellen entstehen:

- an der Spitze des Isolatorfußes der Zündkerze,
- am Auslassventil,
- an vorstehenden Zylinderkopfdichtungen,
- an sich lösenden Ablagerungen.

Klopfende Verbrennung

Beim Klopfen tritt eine unkontrollierte, sehr schnelle Verbrennung auf. Durch selbstzündende Luft-Kraftstoff-Gemischteile vor einer Flammenfront entsteht ein sehr steiler Druckanstieg, der dem normalen Druckverlauf überlagert ist. Durch die hohen Druckgradienten erfahren die Bauteile (Zylinderkopf, Ventile, Kolben und Zündkerzen) eine hohe Temperaturbelastung, die zu einer Schädigung führen kann. Bei Zündkerzen bilden sich zuerst an der Oberfläche der Masseelektrode Grübchen (Bild 25).

Ausführungen

Zündkerzen für direkteinspritzende Ottomotoren

Bei den direkteinspritzenden Motoren wird im Schichtbetrieb der Kraftstoff über das Hochdruckeinspritzventil im Kompressionshub direkt in den Brennraum eingespritzt. Da sich die Strömung in Betrag und Richtung in den verschiedenen Betriebspunkten des Motors ändert, ist eine tief in den Brennraum ragende Funkenlage für die Luft-Kraftstoff-Gemischentflammung sehr vorteilhaft. Nachteilig ist dabei, dass die Temperatur der Masseelektrode durch diese Geometrie ansteigt. Eine wirkungsvolle Gegenmaßnahme ist jedoch die Verlängerung des Gehäuses in den Brennraum hinein. Dadurch wird die Länge der Masseelektrode und damit deren Temperatur wieder reduziert.

Wand- und luftgeführte Brennverfahren
Bei den wand- und luftgeführten Brennverfahren hat sich die homogene Betriebsart durchgesetzt, bei der durch die Einspritzung des Kraftstoffs in den Saughub das Luft-Kraftstoff-Gemisch auf $\lambda = 1$ eingestellt wird. Dadurch werden ähnliche Anforderungen an das Entflammungsverhalten der Zündkerzen wie bei der Saugrohreinspritzung gestellt. Um höhere Leistungswerte zu erzielen, werden direkteinspritzende Motoren jedoch häufig mit Abgasturbolader betrieben. Dadurch hat das Luft-Kraftstoff-Gemisch zum Zündzeitpunkt eine höhere Dichte und damit auch einen höheren Zündspannungsbedarf. In der Regel kommen hier Luftfunkenkerzen mit Edelmetallstiften auf der Mittelelektrode und Masseelektroden mit Edelmetallbesatz zum Einsatz, um auch die Standzeitforderungen nach 60 000 km und mehr sicher erfüllen zu können. Für nicht aufgeladene Motoren eignen sich auch Gleitfunkenkonzepte, die aufgrund von mehreren möglichen Funkenstrecken eine größere Sicherheit gegenüber Entflammungsaussetzern und ein besseres Freibrennverhalten bieten.

Strahlgeführte Brennverfahren
Bei den neueren Entwicklungen der strahlgeführten Brennverfahren sind die Anforderungen an die Zündkerzen deutlich höher. Durch die Anordnung der Zündkerze nahe am Einspritzventil werden lange schlanke Kerzen bevorzugt, da mit dieser Bauform zusätzliche Kühlkanäle zwischen dem Einspritzventil und der Zündkerze untergebracht werden können. Die Ausrichtung der Zündkerze zum Einspritzventil muss derart erfolgen, dass der Funke durch die Strömung des Einspritzstrahls (Entrainmentströmung) in den Randbereich des Sprays gezogen und so die Entflammung des Luft-Kraftstoff-Gemischs sichergestellt wird.

Funken in den Atmungsraum (Luftraum zwischen Zündkerzengehäuse und Isolator, brennraumseitig) stehen für die Entflammung nicht zur Verfügung. Die Gleitfunken in das Kerzengehäuse können durch eine geeignete brennraumseitige Geometrie der Zündkerzen oder durch die Umkehrung der Zündungspolarität (Mittelelektrode als Anode, Masseelektrode als Kathode) vermieden werden.

Bei einer engen Toleranz des Strahlkegels muss darüber hinaus auch der Funkenort konstant gehalten werden. Bei einer zu tiefen Funkenlage taucht die Zündkerze in das Spray ein und durch die Benetzung mit Kraftstoff kann es zu einer Schädigung der

Kerze oder zur Verrußung des Isolators kommen. Wird die Position des Funkenorts zu weit in Richtung Brennraumwand zurückgezogen, kann der Funken durch die sprayinduzierte Strömung nicht mehr in das Luft-Kraftstoff-Gemisch hineingezogen werden. Aussetzer sind die Folge.

Daraus kann man ableiten, dass für eine sichere Funktion der strahlgeführten Brennverfahren eine enge Abstimmung und Zusammenarbeit zwischen der Zündkerzenentwicklung und der Brennverfahrenentwicklung notwendig ist.

Spezialzündkerzen

Anwendung

Für besondere Anforderungen werden Spezialzündkerzen eingesetzt. Diese unterscheiden sich im konstruktiven Aufbau, der von den Einsatzbedingungen und den Einbauverhältnissen im Motor bestimmt wird.

26 Vollgeschirmte Zündkerze

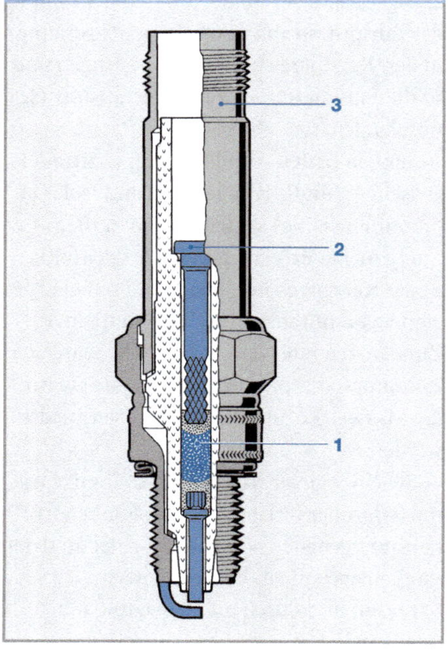

Bild 26
1 Spezialglasschmelze (Entstörwiderstand)
2 Zündkabelanschluss
3 Abschirmhülse

Zündkerzen für den Motorsport

Motoren für Sportfahrzeuge sind wegen des ständigen Volllastbetriebs hohen thermischen Belastungen ausgesetzt. Zündkerzen für diese Betriebsverhältnisse haben meist Edelmetallelektroden (Silber, Platin) und einen kurzen Isolatorfuß mit geringer Wärmeaufnahme.

Zündkerzen mit Widerstand

Durch einen Widerstand in der Zuleitung zur Funkenstrecke der Zündkerzen kann die Weiterleitung der Störimpulse auf die Zündleitung und damit die Störabstrahlung verringert werden. Durch den geringeren Strom in der Bogenphase des Zündfunkens wird auch die Elektrodenerosion verringert. Der Widerstand wird durch die Spezialglasschmelze zwischen Mittelelektrode und Anschlussbolzen gebildet. Der notwendige Widerstand der Glasschmelze wird durch entsprechende Zusätze erreicht.

Vollgeschirmte Zündkerzen

Bei sehr hohen Ansprüchen an die Entstörung kann eine Abschirmung der Zündkerzen notwendig sein. Bei vollgeschirmten Zündkerzen ist der Isolator mit einer Abschirmhülse aus Metall umgeben. Der Anschluss befindet sich im Innern des Isolators. Vollgeschirmte Zündkerzen sind wasserdicht (Bild 26).

Typformel für Zündkerzen

Die Kennzeichnung der Zündkerzentypen wird durch eine Typformel festgelegt. In der Typformel sind alle wesentlichen Zündkerzenmerkmale enthalten. Der Elektrodenabstand wird auf der Verpackung angegeben. Die für den jeweiligen Motor passende Zündkerze ist vom Motorhersteller und von Bosch vorgeschrieben oder empfohlen. Detaillierte Informationen sind unter www.bosch-zuendkerze.de zu finden.

Simulationsbasierte Entwicklung von Zündkerzen

Die Finite-Elemente-Methode (FEM) ist ein mathematisches Näherungsverfahren zur Lösung von Differentialgleichungen, die das Verhalten von physikalischen Systemen beschreiben. Die zu berechnende Struktur wird dazu in einzelne Bereiche (finite Elemente) unterteilt. Die Finite-Elemente-Methode wird bei der Zündkerze zur Berechnung von Temperaturfeldern und elektrischen Feldern sowie zur Lösung von strukturmechanischen Problemstellungen genutzt. Geometrie- und Werkstoffänderungen an der Zündkerze oder auch unterschiedliche physikalische Randbedingungen und deren Auswirkungen können ohne aufwendige Versuche vorab bestimmt werden. Dies ist die Basis für eine gezielte Herstellung von Versuchsmustern, mit denen die Verifizierung der Berechnungsergebnisse exemplarisch erfolgt.

Temperaturfeld

Entscheidend für den Wärmewert der Zündkerze sind die maximalen Temperaturen des Keramikisolators und der Mittelelektrode im Brennraum. Bild 27a zeigt beispielhaft das axialsymmetrische Halbmodell einer Zündkerze und einen Ausschnitt des Zylinderkopfs im Querschnitt. Anhand der in Graustufen dargestellten Temperaturfelder ist ersichtlich, dass die höchste Temperatur an der Spitze des Keramikisolators auftritt.

Elektrisches Feld

Zum Zündzeitpunkt soll die angelegte Hochspannung zum Funkenüberschlag an den Elektroden führen. Funkendurchschläge in der Keramik oder das Ableiten des Funkens über den Keramikisolator zum Zündkerzengehäuse können zu verschleppten Verbrennungen oder Entflammungsaussetzern führen. Bild 27b zeigt ein axialsymmetrisches Halbmodell mit den entsprechenden Feldstärken zwischen der Mittelelektrode und dem Gehäuse. Das elektrische Feld durchdringt die nichtleitende Keramik und das dazwischenliegende Gas.

Strukturmechanik

Bei der Verbrennung treten im Brennraum hohe Drücke auf, die einen gasdichten Ver-

27 FEM-Anwendung bei der Zündkerze

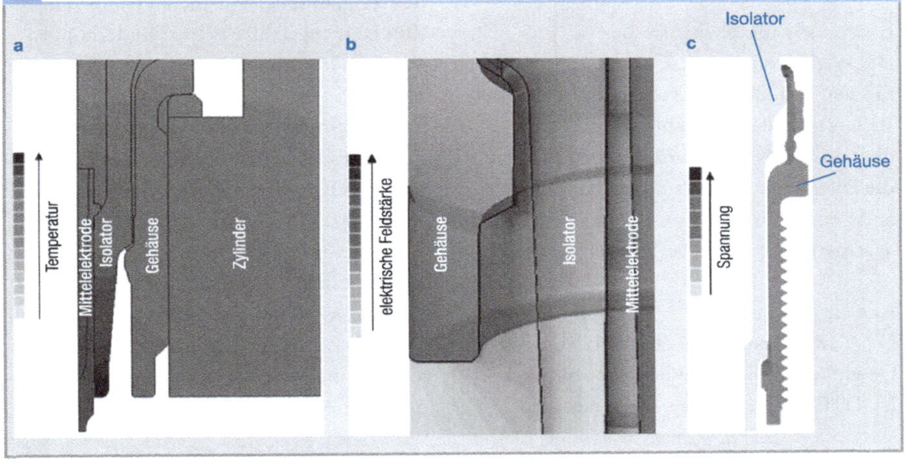

Bild 27

Axialsymmetrische Halbmodelle einer Zündkerze

a Temperaturverteilung im Keramikisolator und in der Mittelelektrode
b elektrische Feldstärke im Bereich Mittelelektrode und Gehäuse
c Einspannkraft und mechanische Spannungen des Zündkerzengehäuses

bund des Zündkerzengehäuses mit dem Keramikisolator erfordern. Bild 27c zeigt ein axialsymmetrisches Halbmodell einer Zündkerze nach dem Bördeln und Warmschrumpfen des Zündkerzengehäuses. Berechnet wurden die Einspannkraft und die mechanischen Spannungen des Zündkerzengehäuses.

Zündkerzen-Praxis

Zündkerzenmontage

Bei richtiger Montage und Typauswahl ist die Zündkerze ein zuverlässiger Bestandteil der Zündanlage. Ein Nachjustieren des Elektrodenabstands wird nur bei Zündkerzen mit Dachelektroden empfohlen. Bei Gleitfunken- und Luftgleitfunken-Zündkerzen dürfen die Masseelektroden nicht nachjustiert werden, da sonst das Zündkerzenkonzept verändert wird.

Fehler und ihre Folgen

Für einen bestimmten Motortyp dürfen nur die vom Motorhersteller freigegebenen oder die von Bosch empfohlenen Zündkerzen verwendet werden. Bei Verwendung ungeeigneter Zündkerzentypen können schwere Motorschäden entstehen.

Falsche Wärmewertkennzahl

Die Wärmewertkennzahl muss unbedingt mit der Zündkerzenvorschrift des Motorherstellers oder der Empfehlung von Bosch übereinstimmen. Glühzündungen können die Folge sein, wenn Zündkerzen mit einer anderen als für den Motor vorgeschriebenen Wärmewertkennzahl verwendet werden.

Falsche Gewindelänge

Die Gewindelänge der Zündkerze muss der Gewindelänge im Zylinderkopf entsprechen. Ist das Gewinde zu lang, dann ragt die Zündkerze zu weit in den Verbrennungsraum. Eine mögliche Folge ist eine Beschädigung des Kolbens. Außerdem kann das Verkoken der Gewindegänge der Zündkerze ein Herausschrauben unmöglich machen oder die Zündkerze kann überhitzen.

Ist das Gewinde zu kurz, so ragt die Zündkerze nicht weit genug in den Verbrennungsraum. Dadurch kann eine schlechtere Luft-Kraftstoff-Gemischentflammung resultieren. Ferner erreicht die Zündkerze ihre Freibrenntemperatur nicht und die unteren Gewindegänge im Zylinderkopf verkoken.

Manipulation am Dichtsitz

Bei Zündkerzen mit Kegeldichtsitz darf weder eine Unterlegscheibe noch ein Dichtring verwendet werden. Bei Zündkerzen mit Flachdichtsitz darf nur der an der Zündkerze befindliche „unverlierbare" Dichtring verwendet werden. Er darf nicht entfernt oder durch eine Unterlegscheibe ersetzt werden. Ohne Dichtring ragt die Zündkerze zu weit in den Verbrennungsraum. Deshalb ist der Wärmeübergang vom Zündkerzengehäuse zum Zylinderkopf beeinträchtigt und der Zündkerzensitz dichtet schlecht. Wird ein zusätzlicher Dichtring verwendet, so ragt die Zündkerze nicht tief genug in die Gewindebohrung, und der Wärmeübergang vom Zündkerzengehäuse zum Zylinderkopf ist ebenfalls beeinträchtigt.

Beurteilung von Zündkerzengesichtern

Zündkerzengesichter geben Aufschluss über das Betriebsverhalten von Motor und Zündkerze. Das Aussehen von Elektroden und Isolatoren der Zündkerze – des „Zündkerzengesichts" – gibt Hinweise auf das Betriebsverhalten der Zündkerze sowie auf die Luft-Kraftstoff-Gemischzusammensetzung und den Verbrennungsvorgang des Motors.

Literatur

[1] Deutsches Institut für Normung e. V., Berlin 1997. DIN/ISO 6518-2, Zündanlagen, Teil 2: Prüfung der elektrischen Leistungsfähigkeit.

[2] Maly, R., Herden, W., Saggau, B., Wagner, E., Vogel, M., Bauer, G., Bloss, W. H.: Die drei Phasen einer elektrischen Zündung und ihre Auswirkungen auf die Entflammungseinleitung. 5. Statusseminar „Kraftfahrzeug- und Straßenverkehrstechnik" des BMFT, 27.–29. Sept. 1977, Bad Alexandersbad.

Abgasnachbehandlung

Abgasemissionen und Schadstoffe

In den vergangenen Jahren konnte der Schadstoffausstoß der Kraftfahrzeuge durch technische Maßnahmen drastisch gesenkt werden. Dabei wurden sowohl die Rohemissionen durch innermotorische Maßnahmen und intelligente Motorsteuerungskonzepte als auch die in die Umwelt emittierten Emissionen durch verbesserte Abgasnachbehandlungssysteme signifikant reduziert.

Bild 1 zeigt die Abnahme der jährlichen Emissionen des Straßenverkehrs in Deutschland zwischen 1999 (100 %) und 2009 sowie die Abnahme des durchschnittlichen Kraftstoffverbrauchs eines Pkw und die des gesamten im Personen-Straßenverkehr verbrauchten Kraftstoffs. Zum einen trägt hierzu die Einführung verschärfter Emissionsgesetzgebungen in Europa 2000 (Euro 3) und 2005 (Euro 4) bei, zum anderen aber auch der Trend zu sparsameren Fahrzeugen. Der Anteil des Straßenverkehrs an den insgesamt von Industrie, Verkehr, Haushalten und Kraftwerken verursachten Emissionen ist unterschiedlich und beträgt 2009 nach Angaben des Umweltbundesamtes

- 41 % für Stickoxide,
- 37 % Kohlenmonoxid,
- 18 % für Kohlendioxid,
- 9 % für flüchtige Kohlenwasserstoffe ohne Methan.

Verbrennung des Luft-Kraftstoff-Gemischs

Bei einer vollständigen, idealen Verbrennung reinen Kraftstoffs mit genügend Sauerstoff würde nur Wasserdampf (H_2O) und Kohlendioxid (CO_2) entstehen. Wegen der nicht idealen Verbrennungsbedingungen im Brennraum (z. B. nicht verdampfte Kraftstoff-Tröpfchen) und aufgrund der weiteren Bestandteile des Kraftstoffs (z. B. Schwefel) entstehen bei der Verbrennung neben Wasser und Kohlendioxid zum Teil auch toxische Nebenprodukte.

Durch Optimierung der Verbrennung und Verbesserung der Kraftstoffqualität wird die Bildung der Nebenprodukte immer weiter verringert. Die Menge des entstehenden CO_2 hingegen ist auch unter Idealbedingungen nur abhängig vom Kohlenstoffgehalt des Kraftstoffs und kann deshalb nicht durch die Verbrennungsführung beeinflusst werden. Die CO_2-Emissionen sind proportional zum

1 Verbrauch und Emissionen des Straßenverkehrs (Otto- und Dieselmotoren gemäß Umweltbundesamt)

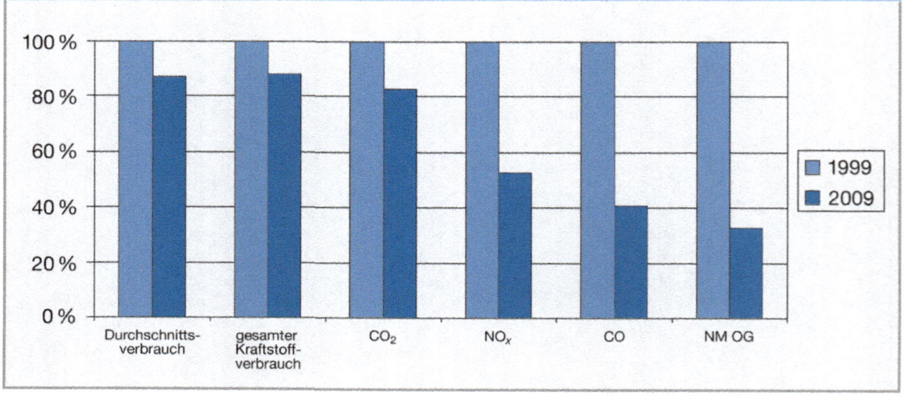

Bild 1
Der Durchschnittsverbrauch ist auf die gesamte Strecke bezogen, der gesamte Kraftstoffverbrauch betrifft den kompletten Personen-Straßenverkehr.
NMOG flüchtige Kohlenwasserstoffe ohne Methan

2 Abgaszusammensetzung (Rohemissionen) von Ottomotoren bei Betrieb mit $\lambda = 1$

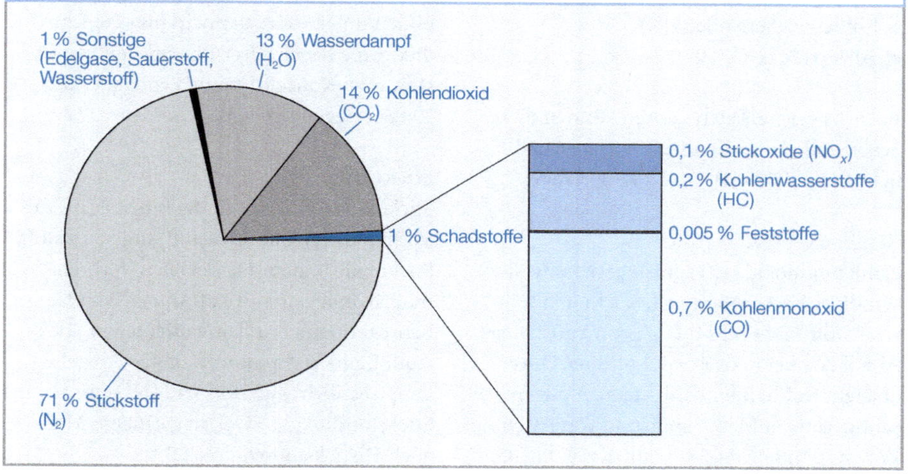

Bild 2
Angaben in Volumenprozent

Die Konzentrationen der Abgasbestandteile, insbesondere der Schadstoffe, können abweichen; sie hängen u. a. von den Betriebsbedingungen des Motors und den Umgebungsbedingungen (z. B. Luftfeuchtigkeit) ab.

Kraftstoffverbrauch und können daher nur durch einen verringerten Kraftstoffverbrauch oder durch den Einsatz kohlenstoffärmerer Kraftstoffe, wie z. B. Erdgas (CNG, Compressed Natural Gas), gesenkt werden.

Hauptbestandteile des Abgases

Wasser

Der im Kraftstoff enthaltene chemisch gebundene Wasserstoff verbrennt mit Luftsauerstoff zu Wasserdampf (H_2O), der beim Abkühlen zum größten Teil kondensiert. Er ist an kalten Tagen als Dampfwolke am Auspuff sichtbar. Sein Anteil am Abgas beträgt ungefähr 13 %.

Kohlendioxid

Der im Kraftstoff enthaltene chemisch gebundene Kohlenstoff bildet bei der Verbrennung Kohlenstoffdioxid (CO_2) mit einem Anteil von ca. 14 % im Abgas (für typische Benzinkraftstoffe). Kohlenstoffdioxid wird meist einfach als Kohlendioxid bezeichnet.

Kohlendioxid ist ein farbloses, geruchloses, ungiftiges Gas und ist als natürlicher Bestandteil der Luft in der Atmosphäre vorhanden. Es wird in Bezug auf die Abgasemissionen bei Kraftfahrzeugen nicht als Schadstoff eingestuft. Es ist jedoch ein Mitverursacher des Treibhauseffekts und der damit zusammenhängenden globalen Klimaveränderung. Der CO_2-Gehalt in der Atmosphäre ist seit der Industrialisierung um rund 30 % auf heute ca. 400 ppm gestiegen. Die Reduzierung der CO_2-Emissionen auch durch Verringerung des Kraftstoffverbrauchs wird deshalb immer dringlicher.

Stickstoff

Stickstoff (N_2) ist mit einem Anteil von 78 % der Hauptbestandteil der Luft. Er ist am chemischen Verbrennungsprozess nahezu unbeteiligt und stellt mit ca. 71 % den größten Anteil des Abgases dar.

Schadstoffe

Bei der Verbrennung des Luft-Kraftstoff-Gemischs entsteht eine Reihe von Nebenbestandteilen. Der Anteil dieser Stoffe beträgt im Rohabgas (Abgas nach der Verbrennung, vor der Abgasnachbehandlung) bei betriebswarmem Motor und stöchiometrischer Luft-Kraftstoff-Gemischzusammensetzung ($\lambda = 1$) rund 1 % der gesamten Abgasmenge.

Die wichtigsten Nebenbestandteile sind
- Kohlenmonoxid (CO),
- Kohlenwasserstoffe (HC),
- Stickoxide (NO_x).

Betriebswarme Katalysatoren können diese Schadstoffe zu mehr als 99 % in unschädliche Stoffe (CO_2, H_2O, N_2) konvertieren.

Kohlenmonoxid

Kohlenmonoxid (CO) entsteht bei unvollständiger Verbrennung eines fetten Luft-Kraftstoff-Gemischs infolge von Luftmangel. Aber auch bei Betrieb mit Luftüberschuss entsteht Kohlenmonoxid – jedoch nur in sehr geringem Maß – aufgrund von fetten Zonen im inhomogenen Luft-Kraftstoff-Gemisch. Nicht verdampfte Kraftstofftröpfchen bilden lokal fette Bereiche, die nicht vollständig verbrennen.

Kohlenmonoxid ist ein farb- und geruchloses Gas. Es verringert beim Menschen die Sauerstoffaufnahmefähigkeit des Bluts und führt daher zur Vergiftung des Körpers.

Kohlenwasserstoffe

Unter Kohlenwasserstoffen (HC, Hydrocarbon) versteht man chemische Verbindungen von Kohlenstoff (C) und Wasserstoff (H). Die HC-Emissionen sind auf eine unvollständige Verbrennung des Luft-Kraftstoff-Gemischs bei Sauerstoffmangel zurückzuführen. Bei der Verbrennung können aber auch neue Kohlenwasserstoffverbindungen entstehen, die im Kraftstoff ursprünglich nicht vorhanden waren (z. B. durch Aufbrechen von langen Molekülketten).

Die aliphatischen Kohlenwasserstoffe (Alkane, Alkene, Alkine sowie ihre zyklischen Abkömmlinge) sind nahezu geruchlos. Ringförmige aromatische Kohlenwasserstoffe (z. B. Benzol, Toluol, polyzyklische Kohlenwasserstoffe) sind geruchlich wahrnehmbar. Kohlenwasserstoffe gelten teilweise bei längerer Einwirkung als Krebs erregend. Teiloxidierte Kohlenwasserstoffe (z. B. Aldehyde, Ketone) riechen unangenehm und bilden unter Sonneneinwirkung Folgeprodukte, die bei längerer Einwirkung von bestimmten Konzentrationen ebenfalls als Krebs erregend gelten.

Stickoxide

Stickoxide (NO_x) ist der Sammelbegriff für Verbindungen aus Stickstoff und Sauerstoff. Stickoxide bilden sich bei allen Verbrennungsvorgängen mit Luft infolge von Nebenreaktionen mit dem enthaltenen Stickstoff. Beim Verbrennungsmotor entstehen hauptsächlich Stickstoffoxid (NO) und Stickstoffdioxid (NO_2), in geringem Maß auch Distickstoffoxid (N_2O).

Stickstoffoxid (NO) ist farb- und geruchlos und wandelt sich in Luft langsam in Stickstoffdioxid (NO_2) um. Stickstoffdioxid (NO_2) ist in reiner Form ein rotbraunes, stechend riechendes, giftiges Gas. Bei Konzentrationen, wie sie in stark verunreinigter Luft auftreten, kann NO_2 zur Schleimhautreizung führen. Stickoxide sind mitverantwortlich für Waldschäden (saurer Regen) durch Bildung von salpetriger Säure (HNO_2) und Salpetersäure (HNO_3) sowie für die Smog-Bildung.

Schwefeldioxid

Schwefelverbindungen im Abgas – vorwiegend Schwefeldioxid (SO_2) – entstehen aufgrund des Schwefelgehalts des Kraftstoffs. SO_2-Emissionen sind nur zu einem geringen Anteil auf den Straßenverkehr zurückzuführen. Sie werden nicht durch die Abgasgesetzgebung begrenzt.

Die Bildung von Schwefelverbindungen muss trotzdem weitestgehend verhindert werden, da sich SO_2 an den Katalysatoren (Dreiwegekatalysator, NO_x-Speicherkatalysator) festsetzt und diese vergiftet, d. h. ihre Reaktionsfähigkeit herabsetzt.

SO_2 trägt wie auch die Stickoxide zur Entstehung des sauren Regens bei, da es in der

Atmosphäre oder nach Ablagerung zu schwefeliger Säure und Schwefelsäure umgesetzt werden kann.

Feststoffe

Bei unvollständiger Verbrennung entstehen Feststoffe in Form von Partikeln. Sie bestehen – abhängig vom eingesetzten Brennverfahren und Motorbetriebszustand – hauptsächlich aus einer Aneinanderkettung von Kohlenstoffteilchen (Ruß) mit einer sehr großen spezifischen Oberfläche. An den Ruß lagern sich unverbrannte oder teilverbrannte Kohlenwasserstoffe, zusätzlich auch Aldehyde mit aufdringlichem Geruch an. Am Ruß binden sich auch Kraftstoff- und Schmierölaerosole (in Gasen feinstverteilte feste oder flüssige Stoffe) sowie Sulfate. Für die Sulfate ist der im Kraftstoff enthaltene Schwefel verantwortlich.

Einflüsse auf Rohemissionen

Bei der Verbrennung des Luft-Kraftstoff-Gemischs entstehen als Nebenprodukte hauptsächlich die Schadstoffe NO_x, CO und HC. Die Mengen dieser Schadstoffe, die im Rohabgas (Abgas nach der Verbrennung, vor der Abgasreinigung) enthalten sind, hängen stark vom Brennverfahren und Motorbetrieb ab. Entscheidenden Einfluss auf die Bildung von Schadstoffen haben die Luftzahl λ und der Zündzeitpunkt.

Das Katalysatorsystem konvertiert im betriebswarmen Zustand die Schadstoffe zum größten Teil, sodass die vom Fahrzeug in die Umgebung abgegebenen Emissionen weitaus geringer sind als die Rohemissionen. Um die abgegebenen Schadstoffe mit einem vertretbaren Aufwand für die Abgasnachbehandlung zu minimieren, muss jedoch schon die Rohemission so gering wie möglich gehalten werden. Dies gilt insbesondere nach einem Kaltstart des Motors, wenn das Katalysatorsystem noch nicht die Betriebstemperatur zur Konvertierung der Schadstoffe erreicht hat. Für diese kurze Zeit werden die Rohemissionen nahezu unbehandelt in die Umgebung abgegeben. Die Reduzierung der Rohemissionen in dieser Phase ist daher ein wichtiges Entwicklungsziel.

Einflussgrößen

Luft-Kraftstoff-Verhältnis

Die Schadstoffemission eines Motors wird ganz wesentlich durch das Luft-Kraftstoff-Verhältnis (Luftzahl λ) bestimmt.

- $\lambda = 1$: Die zugeführte Luftmasse entspricht der theoretisch erforderlichen Luftmasse zur vollständigen stöchiometrischen Verbrennung des zugeführten Kraftstoffs. Motoren mit Saugrohreinspritzung oder Direkteinspritzung werden in den meisten Betriebsbereichen mit stöchiometrischem Luft-Kraftstoff-Gemisch ($\lambda = 1$) betrieben, damit der Dreiwegekatalysator seine bestmögliche Reinigungswirkung entfalten kann.
- $\lambda < 1$: Es besteht Luftmangel und damit ergibt sich ein fettes Luft-Kraftstoff-Gemisch. Um Bauteile im Abgassystem vor Übertemperatur z. B. bei langen Volllastfahrten zu schützen, kann angefettet werden.
- $\lambda > 1$: In diesem Bereich herrscht Luftüberschuss und damit ergibt sich ein mageres Luft-Kraftstoff-Gemisch. Um z. B. im Kaltstart die HC-Rohemissionen effektiv und schnell mit ausreichend Sauerstoff konvertieren zu können, kann der Motor mager betrieben werden. Der erreichbare Maximalwert für λ – „die Magerlaufgrenze“ – ist stark von der Konstruktion und vom verwendeten Gemischaufbereitungssystem abhängig. An der Magerlaufgrenze ist das Luft-Kraftstoff-Gemisch nicht mehr zündwillig. Es treten Verbrennungsaussetzer auf.

Motoren mit Benzin-Direkteinspritzung können betriebspunktabhängig im Schicht-

oder im Homogenbetrieb gefahren werden. Der Homogenbetrieb ist durch eine Einspritzung im Ansaughub gekennzeichnet, wobei sich ähnliche Verhältnisse wie bei der Saugrohreinspritzung ergeben. Diese Betriebsart wird bei hohen abzugebenden Drehmomenten und bei hohen Drehzahlen eingestellt. In dieser Betriebsart beträgt die eingestellte Luftzahl in der Regel $\lambda = 1$.

Im Schichtbetrieb wird der Kraftstoff nicht homogen im gesamten Brennraum verteilt. Dies erreicht man durch eine Einspritzung, die erst im Verdichtungstakt erfolgt. Innerhalb der dadurch im Zentrum des Brennraums entstehenden Kraftstoffwolke sollte das Luft-Kraftstoff-Gemisch möglichst homogen mit der Luftzahl $\lambda = 1$ verteilt sein. In den Randbereichen des Brennraums befindet sich nahezu reine Luft oder sehr mageres Luft-Kraftstoff-Gemisch. Für den gesamten Brennraum ergibt sich dann insgesamt eine Luftzahl von $\lambda > 1$, d. h., es liegt ein mageres Luft-Kraftstoff-Gemisch vor.

Luft-Kraftstoff-Gemischaufbereitung

Für eine vollständige Verbrennung muss der zu verbrennende Kraftstoff möglichst homogen mit der Luft durchmischt sein. Dazu ist eine gute Zerstäubung des Kraftstoffs notwendig. Wird diese Voraussetzung nicht erfüllt, schlagen sich große Kraftstofftropfen am Saugrohr oder an der Brennraumwand nieder. Diese großen Tropfen können nicht vollständig verbrennen und führen zu erhöhten HC-Emissionen.

Für eine niedrige Schadstoffemission ist eine gleichmäßige Luft-Kraftstoff-Gemischverteilung über alle Zylinder erforderlich. Einzeleinspritzanlagen, bei denen in den Saugrohren nur Luft transportiert und der Kraftstoff direkt vor das Einlassventil (bei Saugrohreinspritzung) oder direkt in den Brennraum (bei Benzin-Direkteinspritzung) eingespritzt wird, garantieren eine gleichmäßige Luft-Kraftstoff-Gemischverteilung. Bei Vergaser- und Zentraleinspritzanlagen ist das nicht gewährleistet, da sich große Kraftstofftröpfchen an den Rohrkrümmungen der einzelnen Saugrohre niederschlagen können.

Drehzahl

Eine höhere Motordrehzahl bedeutet eine größere Reibleistung im Motor selbst und eine höhere Leistungsaufnahme der Nebenaggregate (z. B. Wasserpumpe). Bezogen auf die zugeführte Leistung sinkt daher die abgegebene Leistung, der Motorwirkungsgrad wird mit zunehmender Drehzahl schlechter.

Wird eine bestimmte Leistung bei höherer Drehzahl abgegeben, bedeutet das einen höheren Kraftstoffverbrauch, als wenn die gleiche Leistung bei niedriger Drehzahl abgegeben wird. Damit ist auch ein höherer Schadstoffausstoß verbunden.

Motorlast

Die Motorlast und damit das erzeugte Motordrehmoment hat für die Schadstoffkomponenten Kohlenmonoxid CO, die unverbrannten Kohlenwasserstoffe HC und die Stickoxide NO_x unterschiedliche Auswirkungen. Auf die Einflüsse wird nachfolgend eingegangen.

Zündzeitpunkt

Die Entflammung des Luft-Kraftstoff-Gemischs, das heißt die zeitliche Phase vom Funkenüberschlag bis zur Ausbildung einer stabilen Flammenfront, hat auf den Verbrennungsablauf einen wesentlichen Einfluss. Sie wird durch den Zeitpunkt des Funkenüberschlags, die Zündenergie sowie die Luft-Kraftstoff-Gemischzusammensetzung an der Zündkerze bestimmt. Eine große Zündenergie bedeutet stabilere Entflammungsverhältnisse mit positiven Auswirkungen auf die Stabilität des Verbrennungsablaufs von Arbeitsspiel zu Arbeitsspiel und damit auch auf die Abgaszusammensetzung.

HC-Rohemission

Einfluss des Drehmoments

Mit steigendem Drehmoment erhöht sich die Temperatur im Brennraum. Die Dicke der Zone, in der die Flamme in der Nähe der Brennraumwand aufgrund nicht ausreichend hoher Temperaturen gelöscht wird, nimmt daher mit steigendem Drehmoment ab. Aufgrund der vollständigeren Verbrennung entstehen dann weniger unverbrannte Kohlenwasserstoffe.

Zudem fördern die höheren Abgastemperaturen, die aufgrund der höheren Brennraumtemperaturen bei hohem Drehmoment während der Expansionsphase und des Ausschiebens entstehen, eine Nachreaktion der unverbrannten Kohlenwasserstoffe zu CO_2 und Wasser. Die leistungsbezogene Rohemission unverbrannter Kohlenwasserstoffe wird somit bei hohem Drehmoment wegen der höheren Temperaturen im Brennraum und im Abgas reduziert.

Einfluss der Drehzahl

Mit steigenden Drehzahlen nimmt die HC-Emission des Ottomotors zu, da die zur Aufbereitung und zur Verbrennung des Luft-Kraftstoff-Gemischs zur Verfügung stehende Zeit kürzer wird.

Einfluss des Luft-Kraftstoff-Verhältnisses

Bei Luftmangel ($\lambda < 1$) werden aufgrund von unvollständiger Verbrennung unverbrannte Kohlenwasserstoffe gebildet. Die Konzentration ist umso höher, je größer die Anfettung ist (**Bild 3**). Im fetten Bereich steigt deshalb die HC-Emission mit abnehmender Luftzahl λ.

Auch im mageren Bereich ($\lambda > 1$) nehmen die HC-Emissionen zu. Das Minimum liegt im Bereich von $\lambda = 1{,}05...1{,}2$. Der Anstieg im mageren Bereich wird durch unvollständige Verbrennung in den Randbereichen des Brennraums verursacht. Bei sehr mageren Luft-Kraftstoff-Gemischen kommt zu diesem Effekt noch hinzu, dass verschleppte Verbrennungen bis hin zu Zündaussetzern auftreten, was zu einem drastischen Anstieg der HC-Emission führt. Die Ursache dafür ist eine Luft-Kraftstoff-Gemischungleichverteilung im Brennraum, die schlechte Entflammungsbedingungen in mageren Brennraumzonen zur Folge hat.

Die Magerlaufgrenze des Ottomotors hängt im Wesentlichen von der Luftzahl an der Zündkerze während der Zündung und von der Summen-Luftzahl (Luft-Kraftstoff-Verhältnis über den gesamten Brennraum betrachtet) ab. Durch gezielte Ladungsbewegung im Brennraum kann sowohl die Homogenisierung und damit die Entflammungssicherheit erhöht als auch die Flammenausbreitung beschleunigt werden.

Im Schichtbetrieb bei der Benzin-Direkteinspritzung wird hingegen keine Homogenisierung des Kraftstoff-Luft-Gemischs im gesamten Brennraum angestrebt, sondern im Bereich der Zündkerze ein gut entflammbares Luft-Kraftstoff-Gemisch geschaffen. Bedingt dadurch sind in dieser Betriebsart deutlich größere Summen-Luftzahlen als bei Homogenisierung des Luft-Kraftstoff-Gemischs realisierbar. Die HC-Emissionen im Schichtbetrieb sind im Wesentlichen von der Luft-Kraftstoff-Gemischaufbereitung abhängig.

Entscheidend bei der Direkteinspritzung ist, dass eine Benetzung der Brennraumwände und des Kolbens möglichst vermieden wird, da die Verbrennung eines solchen Wandfilms in der Regel unvollständig erfolgt und so hohe HC-Emissionen zur Folge hat.

Einfluss des Zündzeitpunkts

Mit früherem Zündwinkel α_Z (größere Werte in **Bild 3** relativ zum oberen Totpunkt) nimmt die Emission unverbrannter Kohlenwasserstoffe zu, da die Nachreaktion in der

Expansionsphase und in der Auspuffphase wegen der geringeren Abgastemperatur ungünstiger verläuft (**Bild 3**). Nur im sehr mageren Bereich kehren sich die Verhältnisse um. Bei magerem Luft-Kraftstoff-Gemisch ist die Verbrennungsgeschwindigkeit so gering, dass bei spätem Zündwinkel die Verbrennung noch nicht abgeschlossen ist, wenn das Auslassventil öffnet. Die Magerlaufgrenze des Motors wird bei spätem Zündwinkel schon bei geringerer Luftzahl λ erreicht.

CO-Rohemission

Einfluss des Drehmoments

Ähnlich wie bei der HC-Rohemission begünstigen die höheren Prozesstemperaturen bei hohem Drehmoment die Nachreaktion von CO während der Expansionsphase. Das CO wird zu CO_2 oxidiert.

Einfluss der Drehzahl

Auch die Drehzahlabhängigkeit der CO-Emission entspricht der der HC-Emission. Mit steigenden Drehzahlen nimmt die CO-Emission des Ottomotors zu, da die zur Aufbereitung und zur Verbrennung des Luft-Kraftstoff-Gemischs zur Verfügung stehende Zeit kürzer wird.

Einfluss des Luft-Kraftstoff-Verhältnisses

Im fetten Bereich ist die CO-Emission nahezu linear von der Luftzahl abhängig (**Bild 4**). Der Grund dafür ist der Sauerstoffmangel und die damit verbundene unvollständige Oxidation des Kohlenstoffs.

Im mageren Bereich (bei Luftüberschuss) ist die CO-Emission sehr niedrig und nahezu unabhängig von der Luftzahl. CO entsteht hier nur durch die unvollständige Verbrennung von schlecht homogenisiertem Luft-Kraftstoff-Gemisch.

Einfluss des Zündzeitpunkts

Die CO-Emission ist vom Zündzeitpunkt nahezu unabhängig (**Bild 4**) und fast ausschließlich eine Funktion der Luftzahl λ.

3 HC-Rohemissionen in Abhängigkeit von der Luftzahl λ und vom Zündwinkel α_z

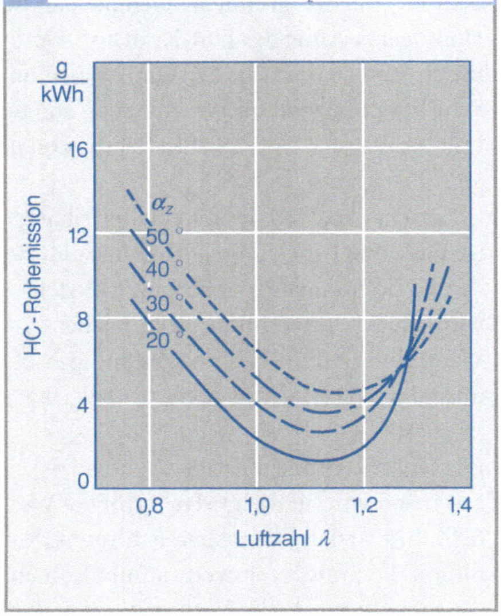

4 CO-Rohemissionen in Abhängigkeit von der Luftzahl λ und vom Zündwinkel α_z

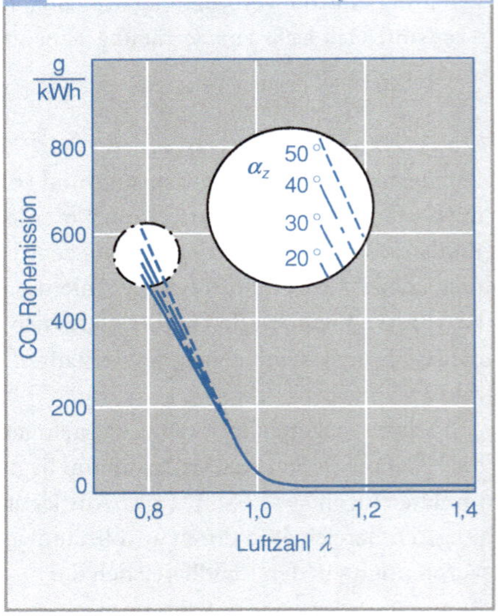

NO_x-Rohemission

Einfluss des Drehmoments

Die mit dem Drehmoment steigende Brennraumtemperatur begünstigt die NO_x-Bildung. Die NO_x-Rohemission nimmt daher mit dem abgegebenen Drehmoment überproportional zu.

Einfluss der Drehzahl

Da die zur Verfügung stehende Reaktionszeit zur Bildung von NO_x bei höheren Drehzahlen kleiner ist, nehmen die NO_x-Emissionen mit steigender Drehzahl ab. Zusätzlich gilt es, den Restgasgehalt im Brennraum zu berücksichtigen, der zu niedrigeren Spitzentemperaturen führt. Da dieser Restgasgehalt in der Regel mit steigender Drehzahl abnimmt, ist dieser Effekt zu der oben beschriebenen Abhängigkeit gegenläufig.

Einfluss des Luft-Kraftstoff-Verhältnisses

Das Maximum der NO_x-Emission liegt bei leichtem Luftüberschuss im Bereich von $\lambda = 1{,}05...1{,}1$. Im mageren sowie im fetten Bereich fällt die NO_x-Emission ab, da die Spitzentemperaturen der Verbrennung sinken. Der Schichtbetrieb bei Motoren mit Benzin-Direkteinspritzung ist durch große Luftzahlen gekennzeichnet. Die NO_x-Emissionen sind verglichen mit dem Betriebspunkt bei $\lambda = 1$ niedrig, da nur ein Teil des Gases an der Verbrennung teilnimmt.

Einfluss der Abgasrückführung

Dem Luft-Kraftstoff-Gemisch kann zur Emissionsreduzierung verbranntes Abgas (Inertgas) zugeführt werden. Entweder wird durch eine geeignete Nockenwellenverstellung Inertgas nach der Verbrennung im Brennraum zurückgehalten (interne Abgasrückführung) oder aber es wird durch eine externe Abgasrückführung Abgas entnommen und nach einer Vermischung mit der Frischluft dem Brennraum zugeführt. Durch diese Maßnahmen werden die Flammentemperatur im Brennraum und die NO_x-Emissionen gesenkt. Insbesondere im Schichtbetrieb bei Motoren mit Benzin-Direkteinspritzung wird die externe Abgasrückführung eingesetzt. In **Bild 5** ist die Abhängigkeit der NO_x-Rohemission im Schichtbetrieb von der Abgasrückführrate (AGR) dargestellt. Im mageren Betrieb können die NO_x-Rohemissionen nicht von einem Dreiwegekatalysator

5 Rohemissionen in Abhängigkeit von der Abgasrückführrate im Schichtbetrieb

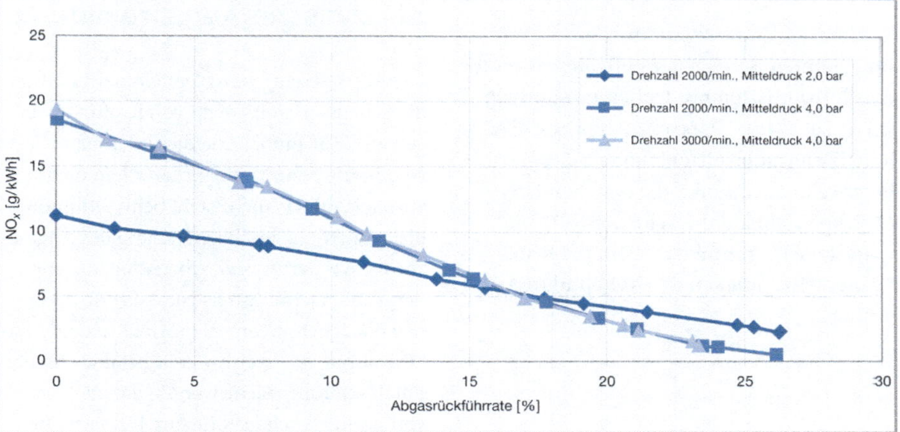

Bild 5
Die interne und die externe Abgasrückführung haben tendenziell die gleiche Wirkung

6 NO_x-Rohemissionen in Abhängigkeit von der Luftzahl λ und vom Zündwinkel α_z

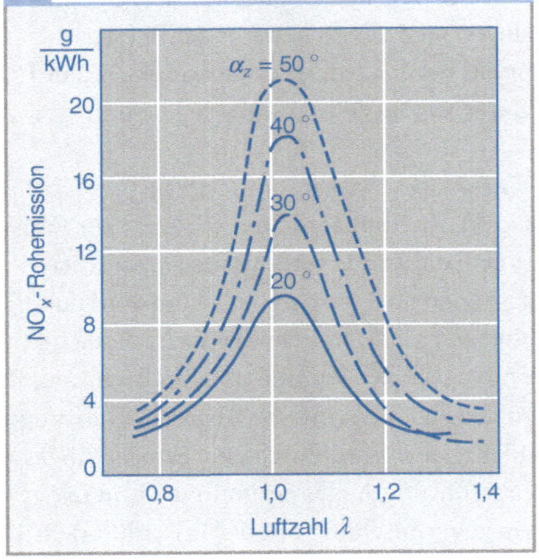

konvertiert werden. Es werden NO_x-Speicherkatalysatoren eingesetzt, welche die NO_x-Rohemissionen im Schichtbetrieb einspeichern und zyklisch durch eine kurze Anfettung regeneriert werden. Eine Reduktion der NO_x-Rohemissionen hat damit einen Einfluss auf den Kraftstoffverbrauch, da sich die NO_x-Einspeicherzeiten im Schichtbetrieb verlängern. Die Abgasrückführrate erhöht allerdings die Laufunruhe und die HC-Rohemissionen, so dass in der Applikation ein Kompromiss gefunden werden muss.

Einfluss des Zündzeitpunkts

Im gesamten Bereich der Luftzahl λ nimmt die NO_x-Emission mit früherem Zündwinkel α_Z zu (Bild 6). Ursache dafür ist die höhere Brennraumspitzentemperatur bei früherem Zündzeitpunkt, die das chemische Gleichgewicht auf die Seite der NO_x-Bildung verschiebt und vor allem die Reaktionsgeschwindigkeit der NO_x-Bildung erhöht.

Ruß-Emission

Ottomotoren weisen nahe des stöchiometrischen Luft-Kraftstoff-Gemischs im Gegensatz zu Dieselmotoren nur äußerst geringe Ruß-Emissionen auf. Ruß entsteht lokal bei diffusiver Verbrennung von sehr fettem Luft-Kraftstoff-Gemisch ($\lambda < 0{,}4$) bei hohen Verbrennungstemperaturen von bis zu 2 000 K. Diese Bedingungen können bei Benetzung der Kolben und des Brennraumdaches oder aufgrund von Restkraftstoff an den Einlassventilen und in Quetschspalten sowie unverbrannten Kraftstofftropfen auftreten. Da die Motortemperatur einen wesentlichen Einfluss auf die Ausbildung von benetzenden Kraftstofffilmen hat, beobachtet man hohe Rußemissionen in erster Linie im Kaltstart und während der Warmlaufphase des Motors. Daneben kann auch bei inhomogener Gasphase in lokalen Fettzonen Ruß gebildet werden. Im Schichtbetrieb bei Motoren mit Benzin-Direkteinspritzung kann es bei lokal sehr fetten Zonen oder Kraftstofftropfen zur Rußbildung kommen. Deshalb ist der Schichtbetrieb nur bis zu einer mittleren Drehzahl möglich, um sicherzustellen, dass die Zeit zur Luft-Kraftstoff-Gemischaufbereitung ausreichend groß ist.

Katalytische Abgasreinigung

Die Abgasgesetzgebung legt Grenzwerte für die Schadstoffemissionen von Kraftfahrzeugen fest. Zur Einhaltung dieser Grenzwerte sind motorische Maßnahmen allein nicht ausreichend, vielmehr steht beim Ottomotor die katalytische Nachbehandlung des Abgases zur Konvertierung der Schadstoffe im Vordergrund. Dafür durchströmt das Abgas einen oder mehrere im Abgastrakt sitzende Katalysatoren, bevor es ins Freie gelangt. An der Katalysatoroberfläche werden die im Abgas vorliegenden Schadstoffe durch chemische Reaktionen in ungiftige Stoffe umgewandelt.

7 Abgastrakt mit einem motornah eingebauten Dreiwegekatalysator und λ-Sonden

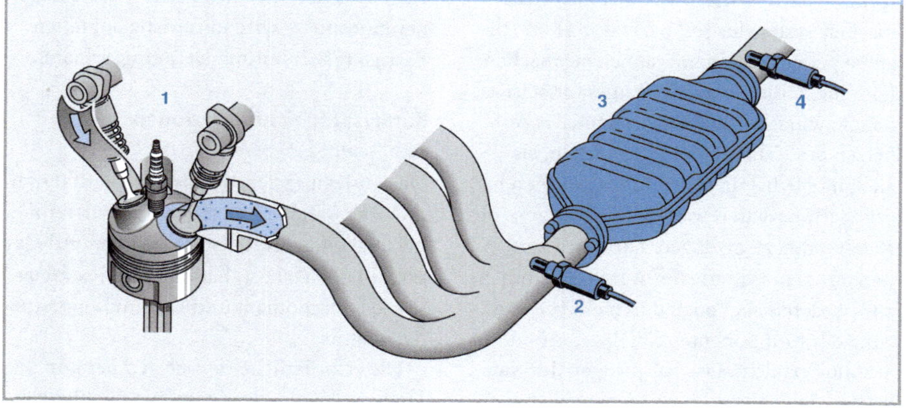

Bild 7
1 Motor
2 λ-Sonde vor dem Katalysator (Zweipunkt-Sonde oder Breitband-λ-Sonde, je nach System)
3 Dreiwegekatalysator
4 Zweipunkt-λ-Sonde hinter dem Katalysator (nur für Systeme mit Zwei-Sonden-λ-Regelung)

Die λ-Sonden werden in Abschnitt → **Sensoren** genauer erklärt.

Übersicht

Die katalytische Nachbehandlung des Abgases mithilfe des Dreiwegekatalysators ist derzeit das wirkungsvollste Abgasreinigungsverfahren für Ottomotoren. Der Dreiwegekatalysator ist sowohl für Motoren mit Saugrohreinspritzung als auch mit Benzin-Direkteinspritzung ein Bestandteil des Abgasreinigungssystems (Bild 7).

Bei homogener Luft-Kraftstoff-Gemischverteilung mit stöchiometrischem Luft-Kraftstoff-Verhältnis ($\lambda = 1$) kann der betriebswarme Dreiwegekatalysator die Schadstoffe Kohlenmonoxid (CO), Kohlenwasserstoffe (HC) und Stickoxide (NO_x) nahezu vollständig umwandeln. Die genaue Einhaltung von $\lambda = 1$ erfordert jedoch eine Luft-Kraftstoff-Gemischbildung mittels elektronisch geregelter Benzineinspritzung; diese hat den bis zur Einführung des Dreiwegekatalysators hauptsächlich verwendeten Vergaser heute vollständig ersetzt. Eine präzise λ-Regelung überwacht die Zusammensetzung des Luft-Kraftstoff-Gemischs und regelt sie auf den Wert $\lambda = 1$. Obwohl diese idealen Bedingungen nicht in allen Betriebszuständen eingehalten werden können, kann im Mittel eine Schadstoffreduzierung um mehr als 98 % erreicht werden.

Da der Dreiwegekatalysator im mageren Betrieb (bei $\lambda > 1$) die Stickoxide nicht umsetzen kann, wird bei Motoren mit magerer Betriebsart zusätzlich ein NO_x-Speicherkatalysator eingesetzt. Eine andere Möglichkeit der NO_x-Minderung bei $\lambda > 1$ ist die selektive katalytische Reduktion (SCR, siehe z. B. [1, 2]). Dieses Verfahren wird bereits bei Diesel-Nfz und Diesel-Pkw eingesetzt. Die SCR-Technik findet jedoch bei Ottomotoren bisher keine Anwendung.

Der separate Oxidationskatalysator, der bei Dieselmotoren zur Oxidation von HC und CO angewendet wird, wird bei Ottomotoren nicht eingesetzt, da der Dreiwegekatalysator diese Funktion erfüllt.

Entwicklungsziele

Angesichts immer weiter herabgesetzter Emissionsgrenzwerte bleibt die Verringerung des Schadstoffausstoßes ein wichtiges Ziel der Motorenentwicklung. Während ein betriebswarmer Katalysator inzwischen sehr hohe Konvertierungsraten nahe 100 % erreicht, werden in der Kaltstart- und Aufwärmphase erheblich größere Mengen an Schadstoffen ausgestoßen als mit betriebswarmem Katalysator: Der Anteil der emittierten Schadstoffe aus dem Startprozess und der nachfolgenden Nachstartphase kann sowohl im europäischen als auch im amerikanischen Testzyklus (NEFZ bzw. FTP 75) bis zu 90 % der Gesamtemissionen ausmachen. Für eine Reduzierung der Emissionen ist es daher zwingend, sowohl ein schnelles Aufheizen des Katalysators zu erreichen, als auch möglichst niedrige Rohemissionen in der Startphase und während des Heizens des Katalysators zu erzeugen. Dies wird zum einen durch optimierte Softwaremaßnahmen, zum anderen aber auch durch eine Optimierung der Komponenten Katalysator und λ-Sonde erreicht. Das Anspringen des Katalysators im Kaltstart hängt maßgeblich von der Washcoattechnologie und der darauf abgestimmten Edelmetallbeladung ab. Eine frühe Betriebsbereitschaft der λ-Sonde ermöglicht ein schnelles Erreichen des λ-geregelten Betriebs verbunden mit einer Reduzierung der Emissionen auf Grund geringerer Abweichungen der Zusammensetzung des Luft-Kraftstoff-Gemischs vom Sollwert als bei rein gesteuertem Betrieb.

Katalysatorkonzepte

Katalysatoren lassen sich in kontinuierlich arbeitende Katalysatoren und diskontinuierlich arbeitende Katalysatoren unterteilen.

Kontinuierlich arbeitende Katalysatoren setzen die Schadstoffe ununterbrochen und ohne aktiven Eingriff in die Betriebsbedingungen des Motors um. Kontinuierlich arbeitende Systeme sind der Dreiwegekatalysator, der Oxidationskatalysator und der SCR-Katalysator (selektive katalytische Reduktion; Einsatz nur bei Dieselmotoren, siehe z. B. [1, 2]). Bei diskontinuierlich arbeitenden Katalysatoren gliedert sich der Betrieb in unterschiedliche Phasen, die jeweils durch eine aktive Änderung der Randbedingungen durch die Motorsteuerung eingeleitet werden. Der NO_x-Speicherkatalysator arbeitet diskontinuierlich: Bei Sauerstoffüberschuss im Abgas wird NO_x eingespeichert, für die anschließende Regenerationsphase wird kurzfristig auf fetten Betrieb (Sauerstoffmangel) umgeschaltet.

Katalysator-Konfigurationen

Randbedingungen

Die Auslegung der Abgasanlage wird durch mehrere Randbedingungen definiert: Aufheizverhalten im Kaltstart, Temperaturbelastung in der Volllast, Bauraum im Fahrzeug sowie Drehmoment und Leistungsentfaltung des Motors.

Die erforderliche Betriebstemperatur des Dreiwegekatalysators begrenzt die Einbaumöglichkeit. Motornahe Katalysatoren kommen in der Nachstartphase schnell auf Betriebstemperatur, können aber bei hoher Last und hoher Drehzahl sehr hoher thermischer Belastung ausgesetzt sein. Motorferne Katalysatoren sind diesen Temperaturbelastungen weniger ausgesetzt. Sie benötigen in der Aufheizphase aber mehr Zeit, um die Betriebstemperatur zu erreichen, sofern dies nicht durch eine optimierte Strategie zur Aufheizung des Katalysators (z. B. Sekundärlufteinblasung) beschleunigt wird.

Strenge Abgasvorschriften verlangen spezielle Konzepte zur Aufheizung des Katalysators beim Motorstart. Je geringer der Wärmestrom ist, der zum Aufheizen des Katalysators erzeugt werden kann, und je niedriger die Emissionsgrenzwerte liegen, desto näher am Motor sollte der Katalysator angeordnet sein – sofern keine zusätzlichen Maßnahmen zur Verbesserung des Aufheizverhaltens getroffen werden. Oft werden luftspaltisolierte Krümmer eingesetzt, die geringere Wärmeverluste bis zum Katalysator aufweisen, um damit eine größere Wärmemenge zum Aufheizen des Katalysators zur Verfügung zu stellen.

Vor- und Hauptkatalysator

Eine verbreitete Konfiguration beim Dreiwegekatalysator ist die geteilte Anordnung mit einem motornahen Vorkatalysator und einem Unterflurkatalysator (Hauptkatalysator). Motornahe Katalysatoren verlangen eine Optimierung der Beschichtung bezüglich der Hochtemperaturstabilität, Unterflurkatalysatoren hingegen werden hinsichtlich niedrige Anspringtemperatur (Low Temperature Light off) sowie einer guten NO_x-Konvertierung optimiert. Für eine schnellere Aufheizung und Schadstoffumwandlung ist der Vorkatalysator in der Regel kleiner und besitzt eine höhere Zelldichte sowie eine größere Edelmetallbeladung. Der Dreiwegekatalysator wird in Abschnitt → **Abgasnachbehandlung** → Dreiwegekatalysator genauer beschrieben.

NO_x-Speicherkatalysatoren sind aufgrund ihrer geringeren maximal zulässigen Betriebstemperatur im Unterflurbereich angeordnet. Alternativ zu der klassischen Aufteilung in zwei separate Gehäuse und Anbaupositionen gibt es auch zweistufige Katalysatoranordnungen (Kaskadenkatalysatoren), in denen zwei Katalysatorträger in einem gemeinsamen Gehäuse hintereinander untergebracht sind. Damit kann das System kostengünstiger dargestellt werden. Die beiden Träger sind zur thermischen Entkopplung durch einen kleinen Luftspalt voneinander getrennt. Beim Kaskadenkatalysator ist die thermische Belastung des zweiten Katalysators aufgrund der räumlichen Nähe vergleichbar mit der des ersten Katalysators. Dennoch gestattet diese Anordnung eine unabhängige Optimierung der beiden Katalysatoren bezüglich Edelmetallbeladung, Zelldichte und Wandstärke. Der erste Katalysator besitzt im Allgemeinen eine größere Edelmetallbeladung und höhere Zelldichte für ein gutes Anspringverhalten im Kaltstart. Zwischen den beiden Trägern kann eine λ-Sonde für die Regelung und Überwachung der Abgasnachbehandlung angebracht sein.

Auch Konzepte mit nur einem Gesamtkatalysator kommen zum Einsatz. Mit modernen Beschichtungsverfahren ist es möglich, unterschiedliche Edelmetallbeladungen im vorderen und hinteren Teil des Katalysators zu erzeugen. Diese Konfiguration hat zwar geringere Auslegungsfreiheiten, ist jedoch mit vergleichsweise niedrigen Kosten umsetzbar. Sofern das zur Verfügung stehende Platzangebot es erlaubt, wird der Katalysator möglichst motornah angebracht. Bei Einsatz eines effektiven Katalysator-Aufheizverfahrens ist aber auch eine motorferne Positionierung möglich.

Mehrflutige Konfigurationen

Die Abgasstränge der einzelnen Zylinder werden vor dem Katalysator zumindest teilweise durch den Abgaskrümmer zusammengeführt. Bei Vierzylindermotoren kommen häufig Abgaskrümmer zum Einsatz, die alle vier Zylinder nach einer kurzen Strecke zusammenführen. Dies ermöglicht den Einsatz eines motornahen Katalysators, der bezüglich des Aufheizverhaltens günstig positioniert werden kann (**Bild 8a**).

Für eine leistungsoptimierte Motorauslegung werden bei Vierzylindermotoren bevorzugt 4-in-2-Abgaskrümmer eingesetzt, bei denen zunächst nur jeweils zwei Abgasstränge zusammengefasst werden. Damit kann der Abgasgegendruck reduziert werden. Die Positionierung eines Katalysators erst nach der zweiten Zusammenführung zu einem einzigen Gesamtabgasstrang ist für das Aufheizverhalten recht ungünstig. Daher werden teilweise bereits nach der ersten Zusammenführung zwei motornahe (Vor-)Katalysatoren eingebaut und ggf. nach der zweiten Zusammenführung noch ein weiterer (Haupt-)Katalysator eingesetzt (**Bild 8b**). Ähnlich stellt sich die Situation bei Motoren mit mehr als vier Zylindern dar, insbesondere bei Motoren mit mehr als einer Zylinderbank (V-Motoren). Auf jeder Bank können Vor- und Hauptkatalysatoren entsprechend der bisherigen Beschreibungen eingesetzt werden. Zu unterscheiden ist, ob die Abgasanlage komplett zweiflutig verläuft (Bild 8c) oder ob im Unterflurbereich eine Y-förmige Zusammenführung zu einem Gesamtabgasstrang erfolgt. Im letztgenannten Fall kann bei einer Konfiguration mit Vor- und Hauptkatalysatoren ein gemeinsamer Hauptkatalysator für beide Bänke zum Einsatz kommen (Bild 8d).

8 Katalysator-Anordnungen

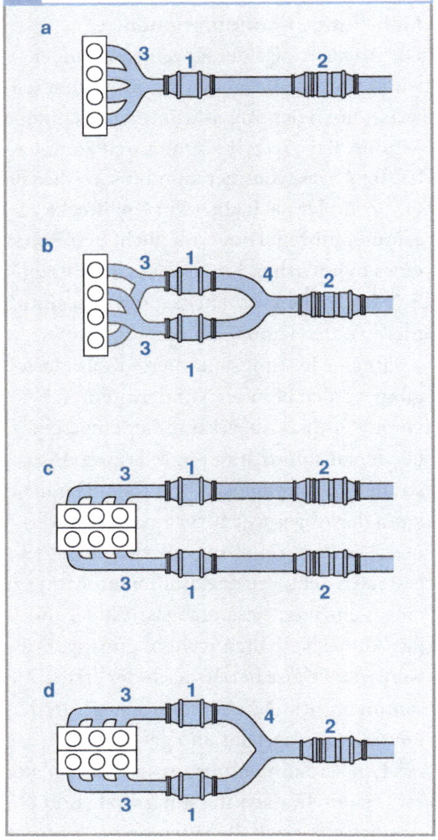

Bild 8
1 Vorkatalysator
2 Hauptkatalysator
3 erste Zusammenführung
4 zweite Zusammenführung

a) Einsatz eines motornahen Vorkatalysators und eines Hauptkatalysators
b) 4-in-2-Abgaskrümmer für leistungsoptimierte Motorauslegung mit zwei motornahen Vorkatalysatoren und einem Hauptkatalysator
c) Motor mit mehr als einer Zylinderbank (V-Motor): Abgasanlage verläuft komplett zweiflutig mit je einem Vor- und einem Hauptkatalysator
d) Motor mit mehr als einer Zylinderbank (V-Motor): Y-förmige Zusammenführung im Unterflurbereich zu einem Gesamtabgasstrang mit einem gemeinsamen Hauptkatalysator für beide Bänke

Katalysatorheizkonzepte

Eine nennenswerte Konvertierung erreichen Katalysatoren erst ab einer bestimmten Betriebstemperatur (Anspringtemperatur, Light-off-Temperatur). Beim Dreiwegekatalysator beträgt sie ca. 300 °C, bei gealterten Katalysatoren kann diese Temperaturschwelle höher liegen. Bei zunächst kaltem Motor und kalter Abgasanlage muss der Katalysator daher möglichst schnell auf Betriebstemperatur aufgeheizt werden. Hierzu ist kurzfristig eine Wärmezufuhr erforderlich, die durch unterschiedliche Konzepte bereitgestellt werden kann.

Rein motorische Maßnahmen

Für ein effektives Heizen des Katalysators mit motorischen Maßnahmen muss sowohl die Abgastemperatur angehoben als auch der Abgasmassenstrom erhöht werden. Dies wird durch verschiedene Maßnahmen erreicht, die alle den motorischen Wirkungsgrad verschlechtern und somit einen erhöhten Abgaswärmestrom erzeugen.

Die Wärmestromanforderung an den Motor ist abhängig von der Katalysatorposition und der Auslegung der Abgasanlage, da bei kalter Abgasanlage das Abgas auf dem Weg zum Katalysator abkühlt.

Zündwinkelverstellung

Die zentrale Maßnahme zur Erhöhung des Abgaswärmestroms ist die Zündwinkelverstellung in Richtung „spät". Die Verbrennung wird möglichst spät eingeleitet und findet in der Expansionsphase statt. Am Ende der Expansionsphase hat das Abgas dann noch eine relativ hohe Temperatur. Auf den Motorwirkungsgrad wirkt sich die späte Verbrennung ungünstig aus.

Leerlaufdrehzahl

Als unterstützende Maßnahme wird i. A. zusätzlich die Leerlaufdrehzahl angehoben und damit der Abgasmassenstrom erhöht. Die höhere Drehzahl gestattet eine stärkere Spätverstellung des Zündwinkels; um eine sichere Entflammung zu gewährleisten, sind die Zündwinkel jedoch ohne weitere Maßnahmen auf etwa 10 ° bis 15 ° nach dem oberen Totpunkt begrenzt. Die dadurch begrenzte Heizleistung genügt nicht immer, um die aktuellen Emissionsgrenzwerte zu erreichen.

Auslassnockenwellenverstellung

Ein weiterer Beitrag zur Erhöhung des Wärmestroms kann ggf. durch eine Auslassnockenwellenverstellung erreicht werden. Durch ein möglichst frühes Öffnen der Auslassventile wird die ohnehin spät stattfindende Verbrennung frühzeitig abgebrochen und damit die erzeugte mechanische Energie weiter reduziert. Die entsprechende Energiemenge steht als Wärmemenge im Abgas zur Verfügung.

Homogen-Split

Bei der Benzin-Direkteinspritzung gibt es grundsätzlich die Möglichkeit der Mehrfacheinspritzung. Dies erlaubt es, ohne zusätzliche Komponenten, den Katalysator schnell auf Betriebstemperatur aufheizen zu können. Bei der Maßnahme „Homogen-Split“ wird zunächst durch Einspritzen während des Ansaugtakts ein homogenes mageres Grundgemisch erzeugt. Eine anschließende kleine Einspritzung während des Verdichtungstakts oder auch nahe der Zündung nach OT ermöglicht sehr späte Zündzeitpunkte (etwa 20 ° bis 30 ° nach OT) und führt zu hohen Abgaswärmeströmen. Die erreichbaren Abgaswärmeströme sind vergleichbar mit denen einer Sekundärlufteinblasung.

Sekundärlufteinblasung

Durch thermische Nachverbrennung von unverbrannten Kraftstoffbestandteilen lässt sich die Temperatur im Abgassystem erhöhen. Hierzu wird ein fettes ($\lambda = 0{,}9$) bis sehr fettes ($\lambda = 0{,}6$) Grundgemisch eingestellt. Über eine Sekundärluftpumpe wird dem Abgassystem Sauerstoff zugeführt, sodass sich eine magere Zusammensetzung im Abgas ergibt.

Bei sehr fettem Grundgemisch ($\lambda = 0{,}6$) oxidieren die unverbrannten Kraftstoffbestandteile oberhalb einer bestimmten Temperaturschwelle exotherm. Um diese Temperatur zu erreichen, muss einerseits mit späten Zündwinkeln das Temperaturniveau erhöht werden und andererseits die Sekundärluft möglichst nahe an den Auslassventilen eingeleitet werden. Die exotherme Reaktion im Abgassystem erhöht den Wärmestrom in den Katalysator und verkürzt somit die Aufheizdauer. Zudem werden die HC- und CO-Emissionen im Vergleich zu rein motorischen Maßnahmen noch vor Eintritt in den Katalysator reduziert.

Bei weniger fettem Grundgemisch ($\lambda = 0{,}9$) findet vor dem Katalysator keine nennenswerte Reaktion statt. Die unverbrannten Kraftstoffbestandteile oxidieren erst im Katalysator und heizen diesen somit von innen auf. Dazu muss jedoch zunächst die Stirnfläche des Katalysators durch konventionelle Maßnahmen (wie Zündwinkelspätverstellung) auf Betriebstemperatur gebracht werden. In der Regel wird ein weniger fettes Grundgemisch eingestellt, da bei einem sehr fetten Grundgemisch die exotherme Reaktion vor dem Katalysator nur unter stabilen Randbedingungen zuverlässig abläuft.

Die Sekundärlufteinblasung erfolgt mit einer elektrischen Sekundärluftpumpe (Bild 9, Pos. 1), die aufgrund des hohen Strombedarfs über ein Relais (3) geschaltet wird. Das Sekundärluftventil (5) verhindert das Rückströmen von Abgas in die Pumpe und muss bei ausgeschalteter Pumpe ge-

9 Sekundärluftsystem

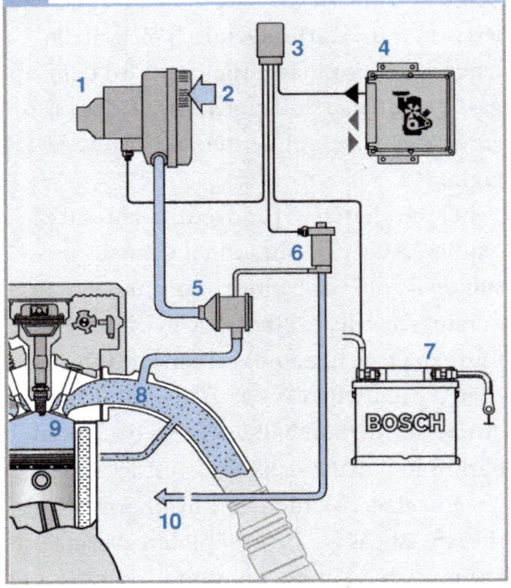

Bild 9
1 Sekundärluftpumpe
2 angesaugte Luft
3 Relais
4 Motorsteuergerät
5 Sekundärluftventil
6 Steuerventil
7 Batterie
8 Einleitstelle ins Abgasrohr
9 Auslassventil
10 zum Saugrohranschluss

schlossen sein. Es ist entweder ein passives Rückschlagventil oder es wird rein elektrisch oder pneumatisch angesteuert. Im letzten Fall wird wie hier dargestellt ein elektrisch betätigtes Steuerventil (6) benötigt. Bei betätigtem Steuerventil öffnet das Sekundärluftventil durch den Saugrohrunterdruck. Die Koordination des Sekundärluftsystems wird von dem Motorsteuergerät (4) übernommen.

λ-Regelkreis

Aufgabe

Damit die Konvertierungsraten des Dreiwegekatalysators für die Schadstoffkomponenten HC, CO und NO_x möglichst hoch sind, müssen die Reaktionskomponenten im stöchiometrischen Verhältnis vorliegen. Das erfordert, dass das stöchiometrische Luft-Kraftstoff-Verhältnis sehr genau eingehalten wird und eine Luft-Kraftstoff-Gemischzusammensetzung mit $\lambda = 1{,}0$ vorliegt. Um bei der Luft-Kraftstoff-Gemischbildung diesen Sollwert im Motorbetrieb einstellen zu können, wird der Vorsteuerung des Luft-Kraftstoff-Gemischs ein Regelkreis überlagert, da allein mit einer Steuerung der Kraftstoffzumessung keine ausreichende Genauigkeit erzielt wird.

Arbeitsweise

Mit dem λ-Regelkreis können Abweichungen von einem bestimmten Luft-Kraftstoff-Verhältnis erkannt und über die Menge des eingespritzten Kraftstoffs korrigiert werden. Als Maß für die Zusammensetzung des Luft-Kraftstoff-Gemischs dient der Restsauerstoffgehalt im Abgas, der mittels λ-Sonden gemessen wird.

Das Funktionsschema der λ-Regelung ist in Bild 10 dargestellt. In Abhängigkeit von der Art der Sonde vor dem Katalysator (Pos. 3a) wird zwischen einer Zweipunkt-λ-Regelung oder einer stetigen λ-Regelung unterschieden.

Bei der Zweipunkt-λ-Regelung, die nur auf den Wert $\lambda = 1$ regeln kann, sitzt eine Zweipunkt-λ-Sonde im Abgastrakt vor dem Vorkatalysator (4). Der Einsatz einer Breitband-λ-Sonde vor dem Vorkatalysator hingegen erlaubt eine stetige λ-Regelung auch auf λ-Werte, die vom Wert 1 abweichen.

Eine größere Genauigkeit wird durch eine Zweisonden-Regelung erreicht, bei der sich hinter dem Vorkatalysator (4) eine zweite λ-Sonde (3b) befindet. Der erste λ-Regelkreis basierend auf dem Signal der Sonde vor dem Katalysator wird durch eine zweite λ-Regelschleife basierend auf dem Signal der λ-Sonde hinter dem Katalysator korrigiert.

Zweipunkt-Regelung

Die Zweipunkt-λ-Regelung regelt die Luftzahl auf $\lambda = 1$ ein. Eine Zweipunkt-λ-Sonde als Messsensor im Abgasrohr liefert kontinuierlich Informationen darüber, ob das Luft-Kraftstoff-Gemisch fetter oder magerer als $\lambda = 1$ ist. Eine hohe Sondenspannung (z. B.

10 Funktionsschema der λ-Regelung

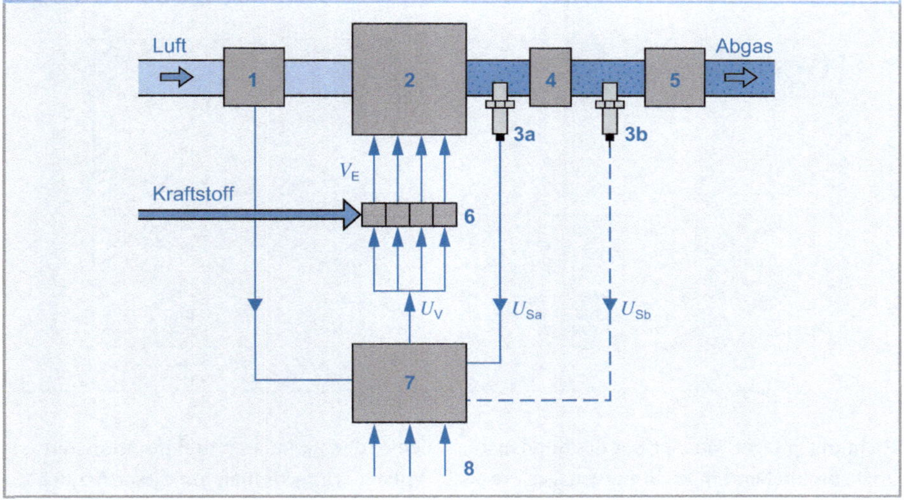

Bild 10
1 Luftmassenmesser
2 Motor
3a λ-Sonde vor dem Vorkatalysator (Zweipunkt-λ-Sonde oder Breitband-λ-Sonde)
3b Zweipunkt-λ-Sonde hinter dem Vorkatalysator
4 Vorkatalysator (Dreiwegekatalysator)
5 Hauptkatalysator (Dreiwegekatalysator)
6 Einspritzventile
7 Motorsteuergerät
8 Eingangssignale
U_S Sondenspannung
U_V Ventilsteuerspannung
V_E Einspritzmenge

800 mV) zeigt ein fettes, eine niedrige Sondenspannung (z. B. 200 mV) ein mageres Luft-Kraftstoff-Gemisch an.

Bei jedem Übergang von fettem zu magerem sowie von magerem zu fettem Luft-Kraftstoff-Gemisch weist das Ausgangssignal der Sonde einen Spannungssprung auf, der von einer Regelschaltung ausgewertet wird. Bei jedem Spannungssprung ändert die Stellgröße ihre Stellrichtung. Die Stellgröße (Regelfaktor) korrigiert multiplikativ die Gemischvorsteuerung und erhöht oder vermindert damit die Einspritzmenge.

Die Stellgröße ist aus einem Sprung und einer Rampe (Bild 11) zusammengesetzt. Das bedeutet, dass bei einem Sprung des Sondensignals das Luft-Kraftstoff-Gemisch zunächst um einen bestimmten Betrag sofort sprunghaft verändert wird, um möglichst schnell eine Gemischkorrektur herbeizuführen. Anschließend folgt die Stellgröße einer rampenförmigen Anpassungsfunktion, bis erneut ein Spannungssprung des Sondensignals erfolgt. Die Amplitude dieser Stellgröße wird hierbei typisch im Bereich von 2...3 % festgelegt. Das Luft-Kraftstoff-Gemisch wechselt somit ständig seine Zusammensetzung in einem sehr engen Bereich um $\lambda = 1$. Hierdurch ergibt sich eine beschränkte Reglerdynamik, welche durch die Totzeit im System (die im wesentlichen aus der Gaslaufzeit besteht) und die Gemischkorrektur (in Form der Steigung der Rampe) bestimmt ist.

Die typische Abweichung des Sauerstoffnulldurchgangs und damit des Sprungs der λ-Sonde vom theoretischen Wert bei $\lambda = 1$ bedingt durch die Variation der Abgaszusammensetzung, kann kompensiert werden, indem der Stellgrößenverlauf asymmetrisch gestaltet wird (Fett- oder Mager-Verschiebung). Bevorzugt wird hierbei das Festhalten des Rampenendwerts für eine gesteuerte Verweilzeit t_V nach dem Sondensprung (Bild 11): Bei der Verschiebung nach „fett“ verharrt die Stellgröße für eine Verweilzeit t_V noch auf Fettstellung, obwohl das Sondensignal bereits in Richtung fett gesprungen ist. Erst nach Ablauf der Verweilzeit schließen sich Sprung und Rampe der Stellgröße in

11 Stellgrößenverlauf mit gesteuerter λ-Verschiebung

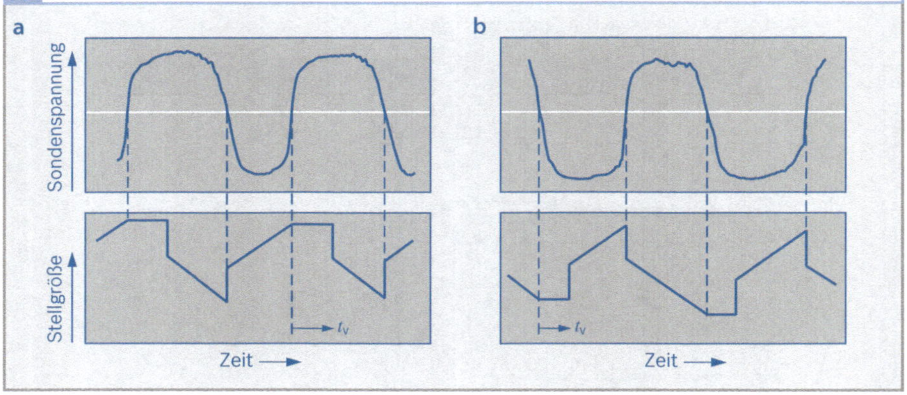

Bild 11
t_V Verweilzeit nach Sondensprung
a) Fettverschiebung
b) Magerverschiebung

Richtung „mager" an. Springt das Sondensignal anschließend in Richtung „mager", regelt die Stellgröße direkt dagegen (mit Sprung und Rampe), ohne auf der Magerstellung zu verharren.

Bei der Verschiebung nach „mager" verhält es sich umgekehrt: Zeigt das Sondensignal mageres Luft-Kraftstoff-Gemisch an, so verharrt die Stellgröße für die Verweilzeit t_V auf Magerstellung und regelt dann erst in Richtung „fett". Beim Sprung des Sondensignals von „mager" nach „fett" wird hingegen sofort entgegengesteuert.

Stetige λ-Regelung
Die Dynamik einer Zweipunkt-λ-Regelung kann verbessert werden, wenn die Abweichung von $\lambda = 1$ tatsächlich gemessen wird. Die Breitband-λ-Sonde liefert ein stetiges Signal. Damit kann auch die Abweichung von $\lambda = 1$ gemessen und direkt bewertet werden. Mit der Breitbandsonde lässt sich damit eine kontinuierliche Regelung auf den Sollwert $\lambda = 1$ mit stationär sehr kleiner Amplitude in Verbindung mit hoher Dynamik erreichen. Die Parameter dieser Regelung werden in Abhängigkeit von den Betriebspunkten des Motors berechnet und angepasst. Vor allem die unvermeidlichen Restfehler der stationären und instationären Vorsteuerung können mit dieser Art der λ-Regelung deutlich schneller kompensiert werden.

Die Breitband-λ-Sonde ermöglicht es darüber hinaus, auch auf Soll-Gemischzusammensetzungen zu regeln, die von $\lambda = 1$ abweichen. Der Messbereich erstreckt sich auf λ-Werte im Bereich von $\lambda = 0{,}7$ bis „reine Luft" (theoretisch $\lambda \rightarrow \infty$), der Bereich der aktiven λ-Regelung ist je nach Anwendungsfall begrenzt. Damit lässt sich eine geregelte Anfettung ($\lambda < 1$) z. B. für den Bauteileschutz wie auch eine geregelte Abmagerung ($\lambda > 1$) z. B. für einen mageren Warmlauf beim Katalysatorheizen realisieren. Entsprechend Bild 3 können dadurch die HC-Emissionen bei noch nicht erreichter Anspringtemperatur des Katalysators reduziert werden. Die stetige λ-Regelung ist damit für den mageren und fetten Betrieb geeignet.

Zweisonden-Regelung
Die λ-Regelung mit der λ-Sonde vor dem Katalysator hat eine eingeschränkte Genauigkeit, da die Sonde starken Belastungen (Vergiftungen, ungereinigtes Abgas) ausgesetzt ist. Der Sprungpunkt einer Zweipunktsonde bzw. die Kennlinie einer Breitband-

sonde können sich z. B. durch geänderte Abgaszusammensetzungen verschieben. Eine λ-Sonde hinter dem Katalysator ist diesen Einflüssen in wesentlich geringerem Maße ausgesetzt. Eine λ-Regelung, die alleine auf der Sonde hinter dem Katalysator basiert, hat jedoch wegen der langen Gaslaufzeiten Nachteile in der Dynamik, insbesondere reagiert sie auf Luft-Kraftstoff-Gemischänderungen träger.

Eine größere Genauigkeit wird mit der Zweisonden-Regelung (wie in Bild 10 dargestellt) erreicht. Dabei wird der beschriebenen schnellen Zweipunkt- oder der stetigen λ-Regelung über eine zusätzliche Zweipunkt-λ-Sonde hinter dem Katalysator (Bild 12a) eine langsamere Korrekturregelschleife überlagert. Bei der so entstandenen Kaskadenregelung wird die Sondenspannung der Zweipunkt-Sonde hinter dem Katalysator mit einem Sollwert (z. B. 600 mV) verglichen. Darauf basierend wertet die Regelung die Abweichungen vom Sollwert aus und verändert additiv zur vorgesteuerten Verweilzeit t_V die Fett- bzw. Magerverschiebung der inneren Regelschleife einer Zweipunktregelung oder den Sollwert einer stetigen Regelung.

Dreisonden-Regelung
Sowohl aus Sicht der Katalysatordiagnose (zur getrennten Überwachung des Vor- und des Hauptkatalysators) als auch der Abgaskonstanz ist zur Erfüllung der strengen US-Abgasvorschrift SULEV (Super Ultra Low Emission Vehicle, Kategorie der kalifornischen Abgasgesetzgebung) der Einsatz einer dritten Sonde hinter dem Hauptkatalysator empfehlenswert (Bild 12b). Das Zweisondenregelsystem (mit einer Einfachkaskade) wird durch eine extrem langsame Regelung mit der dritten Sonde hinter dem Hauptkatalysator erweitert.

Da die Anforderungen an die Einhaltung der SULEV-Grenzwerte für eine Laufleistung von 150 000 Meilen gelten, kann die

12 Einbauorte der λ-Sonde

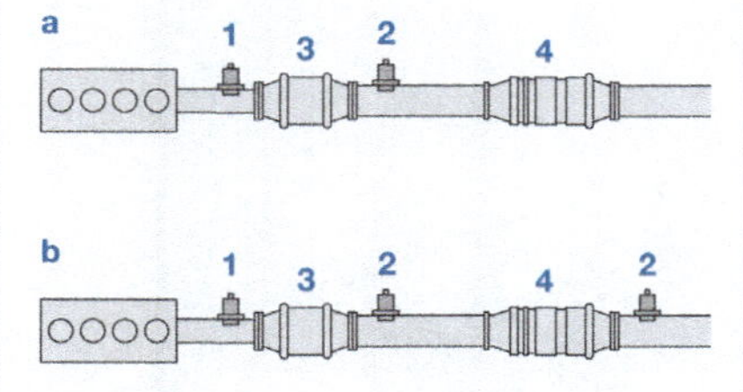

Bild 12
a) Zweisonden-Regelung
b) Dreisonden-Regelung

1 Zweipunkt- oder Breitband-λ-Sonde
2 Zweipunkt-λ-Sonde
3 Vorkatalysator
4 Hauptkatalysator

Alterung des Vorkatalysators dazu führen, dass die λ-Messung mit der Zweipunkt-Sonde hinter dem Vorkatalysator an Genauigkeit verliert. Dies wird durch die Regelung mit der Zweipunkt-Sonde hinter dem Hauptkatalysator kompensiert.

Regelung des NO_x-Speicherkatalysators

λ-Regelung bei der Benzin-Direkteinspritzung

Bei Systemen mit Benzin-Direkteinspritzung können unterschiedliche Betriebsarten realisiert werden. Die Auswahl der jeweiligen Betriebsart erfolgt in Abhängigkeit vom Betriebspunkt des Motors und wird von der Motorsteuerung eingestellt. Im Homogenbetrieb unterscheidet sich die λ-Regelung nicht von den bisher aufgeführten Regelstrategien. In den Schichtbetriebsarten ($\lambda > 1$) ist eine Abgasnachbehandlung mit einem NO_x-Speicherkatalysator notwendig. Der Dreiwegekatalysator kann die NO_x-Emissionen im mageren Betrieb nicht konvertieren. Die λ-Regelung ist in diesen Betriebsarten deaktiviert.

Regelung des NO_x-Speicherkatalysators

Für Systeme, die zusätzlich einen mageren Motorbetrieb ($\lambda > 1$) unterstützen, ist eine Regelung des NO_x-Speicherkatalysators (Bild 13) notwendig.

Der NO_x-Speicherkatalysator ist ein diskontinuierlich arbeitender Katalysator. In einer ersten Betriebsphase mit Magerbetrieb

13 Abgastrakt mit Dreiwegekatalysator als Vorkatalysator und nachgeschaltetem NO_x-Speicherkatalysator und λ-Sonden

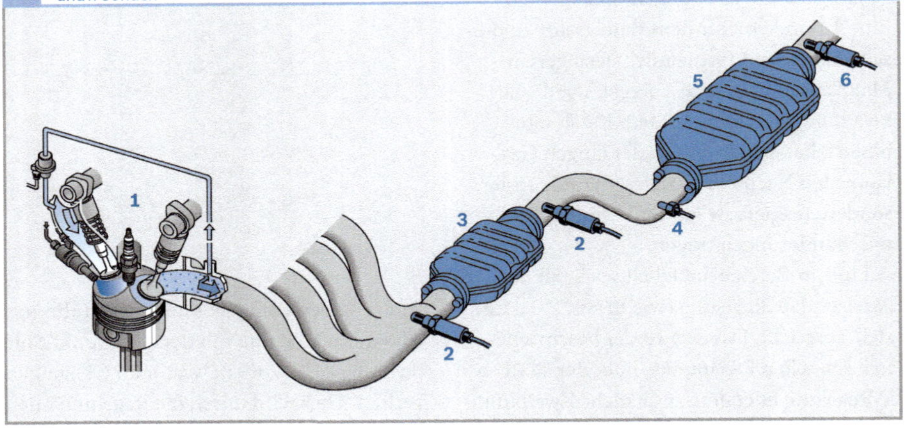

Bild 13
1 Motor mit Abgasrückführsystem
2 λ-Sonde
3 Dreiwegekatalysator (Vorkatalysator)
4 Temperatursensor
5 NO_x-Speicherkatalysator (Hauptkatalysator)
6 NO_x-Sensor mit integrierter Zweipunkt-λ-Sonde

werden die NO_x-Emissionen eingespeichert. Ist die NO_x-Speicherfähigkeit des Katalysators erschöpft, wird durch einen aktiven Eingriff in der Motorsteuerung in eine zweite Betriebsphase umgeschaltet, welche kurzzeitig fetten Motorbetrieb zur Regeneration des NO_x-Speichers liefert. Die Aufgabe der Regelung des NO_x-Speicherkatalysators besteht darin, den Füllstand des NO_x-Speicherkatalysators zu beschreiben und zu entscheiden, ab wann die Regeneration durchgeführt werden muss. Des Weiteren muss entschieden werden, ab wann wieder in den Magerbetrieb umgeschaltet werden kann. Der Kraftstoffverbrauchsvorteil durch die Schichtbetriebsart überwiegt in Summe deutlich dem Kraftstoffverbrauchsnachteil durch die Regeneration mit fettem Luft-Kraftstoff-Gemisch. In **Bild 14** sind schematisch die NO_x-Massenströme vor und nach dem NO_x-Speicherkatalysator dargestellt.

14 Schematische Darstellung der NO_x-Massenströme während der Einspeicherphase

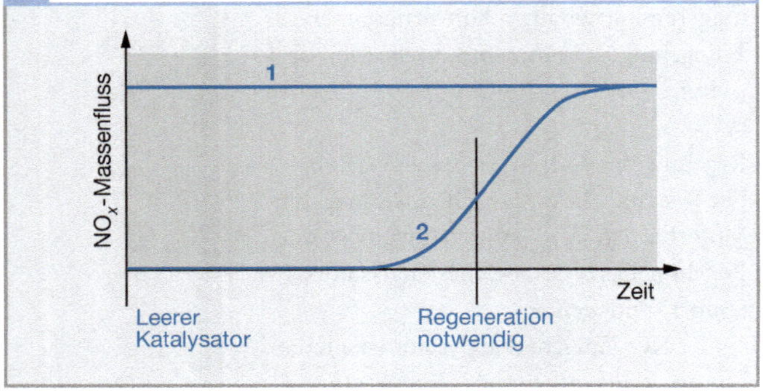

Bild 14
NO_x-Emissionen vor und nach dem NO_x-Speicherkatalysator in der Einspeicherphase
1 NO_x-Rohemission
2 modellierter NO_x-Massenstrom hinter dem NO_x-Speicherkatalysator

NO_x-Einspeicherphase

Zur Regelung des NO_x-Speicherkatalysators wird der NO_x-Rohmassenstrom in Abhängigkeit von Betriebsparametern modelliert; er ist in **Bild 14** beispielhaft als konstant dargestellt. Dieser Massenstrom dient als Eingang in ein NO_x-Einspeichermodell, welches sowohl den Füllstand als auch die NO_x-Emissionen hinter dem Katalysator modelliert. Zu Beginn der Einspeicherphase wird die NO_x-Rohemission nahezu vollständig eingespeichert, der modellierte NO_x-Massenstrom hinter Katalysator ist nahezu null. Mit zunehmender Einspeicherung steigen die NO_x-Emissionen hinter NO_x-Speicherkatalysator an. Die Regelung entscheidet, zu welchem Zeitpunkt der Wirkungsgrad der Einspeicherung nicht mehr ausreicht, und triggert eine NO_x-Regeneration. Das Modell kann durch den dem NO_x-Speicherkatalysator nachgeschalteten NO_x-Sensor adaptiert werden.

NO_x-Regenerationsphase
Die Regenerationsphase wird auch Ausspeicherphase genannt. Zur Regeneration des NO_x-Speicherkatalysators wird von der Schichtbetriebsart in den Homogenbetrieb umgeschaltet und angefettet ($\lambda = 0{,}8\ldots0{,}9$), um die eingespeicherten NO_x-Emissionen durch Fettgas konvertieren zu können. Das Ende der Regenerationsphase und damit der Trigger für die Umschaltung in die Schichtbetriebsart, wird durch zwei Verfahren bestimmt: Beim ersten, modellgestützten Verfahren erreicht die berechnete Menge des noch im Speicherkatalysator vorhandenen NO_x eine untere Grenze. Beim zweiten Verfahren misst die im NO_x-Sensor integrierte λ-Sonde die Sauerstoffkonzentration im Abgas hinter dem NO_x-Speicherkatalysator und zeigt einen Spannungssprung von „mager" nach „fett", wenn die Regeneration beendet ist.

Dreiwegekatalysator

Arbeitsweise

Der Dreiwegekatalysator wandelt die bei der Verbrennung des Luft-Kraftstoff-Gemischs entstehenden Schadstoffkomponenten Kohlenwasserstoffe (HC), Kohlenmonoxid (CO) und Stickoxide (NO_x) in ungiftige Bestandteile um. Als Endprodukte entstehen Wasserdampf (H_2O), Kohlendioxid (CO_2) und Stickstoff (N_2).

Konvertierung der Schadstoffe
Die Konvertierung der Schadstoffe lässt sich in Oxidations- und Reduktionsreaktionen unterteilen. Die Oxidation von Kohlenmonoxid und Kohlenwasserstoffen verläuft beispielsweise nach folgenden Gleichungen:

$$2\,CO + O_2 \rightarrow 2\,CO_2 \qquad (1)$$

$$2\,C_2H_6 + 7\,O_2 \rightarrow 4\,CO_2 + 6\,H_2O \qquad (2)$$

Die Reduktion von Stickoxiden läuft gemäß folgender, beispielhafter Gleichungen ab:

$$2\,NO + 2\,CO \rightarrow N_2 + 2\,CO_2 \qquad (3)$$

$$2\,NO_2 + 2\,CO \rightarrow N_2 + 2\,CO_2 + O_2 \qquad (4)$$

Der für die Oxidation von Kohlenwasserstoffen und Kohlenmonoxid benötigte Sauerstoff wird entweder direkt dem Abgas oder den im Abgas vorhandenen Stickoxiden entzogen, abhängig von der Zusammensetzung des Luft-Kraftstoff-Gemischs. Bei $\lambda = 1$ stellt sich ein Gleichgewicht zwischen den Oxidations- und den Reduktionsreaktionen ein. Der Restsauerstoffgehalt im Abgas bei $\lambda = 1$ (ca. 0,5 %) und der im Stickoxid gebundene Sauerstoff ermöglichen eine vollständige Oxidation von Kohlenwasserstoffen und Kohlenmonoxid; gleichzeitig werden dadurch die Stickoxide reduziert. Somit dienen Kohlenwasserstoffe und Kohlenmonoxid als Reduktionsmittel für die Stickoxide.

Sauerstoffspeicherkomponenten werden bei der Herstellung der Beschichtung von Dreiwegekatalysatoren eingesetzt. Die wichtigste Substanz ist das Ceroxid. Sauerstoffspeicherkomponenten gleichen die Luftzahlschwankungen bei auf $\lambda = 1$ geregelten Motoren aus, in dem sie ihre Oxidationsstufe z. B. von +III auf +IV und umgekehrt wechseln und dabei Sauerstoff einspeichern und freisetzen können. Man erzielt dadurch eine im Bereich der Reaktionszone des Katalysators konstante Luftzahl. Daneben basieren die aktuell zur Bestimmung des Katalysatorzustands eingesetzten On-Board-Diagnose-Funktionen auf der Fähigkeit des Katalysators, Sauerstoff einzuspeichern und freizusetzen. Diese Fähigkeit nimmt ebenso wie seine Edelmetallaktivität mit zunehmender Alterung ab und kann mit Hilfe der vor und hinter dem Katalysator angeordneten

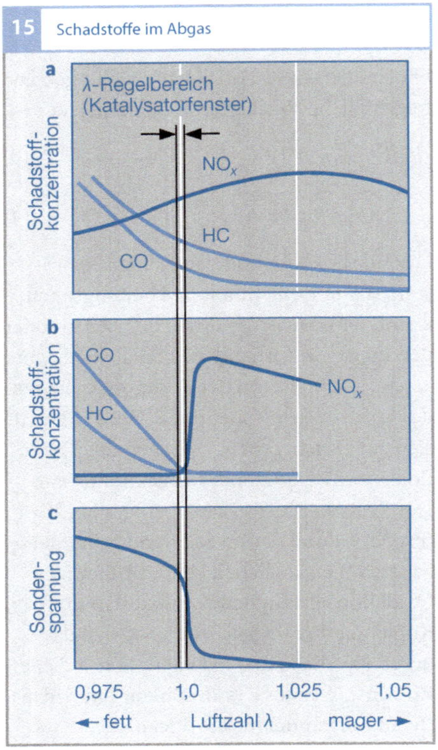

Bild 15
a vor der katalytischen Nachbehandlung (im Rohabgas)
b nach der katalytischen Nachbehandlung
c Spannungskennlinie der Zweipunkt-λ-Sonde

λ-Sonden bestimmt werden. Dabei laufen folgende Reaktionen ab:

$$2\,Ce_2O_3 + O_2 \leftrightarrow 4\,CeO_2 \quad \text{für } \lambda > 1, \qquad (5)$$

$$2\,CeO_2 + CO \leftrightarrow Ce_2O_3 + CO_2 \quad \text{für } \lambda < 1. \qquad (6)$$

Bei andauerndem Sauerstoffüberschuss ($\lambda > 1$) werden Kohlenwasserstoffe und Kohlenmonoxid durch den im Abgas vorhandenen Sauerstoff oxidiert. Daher stehen sie nicht für die Reduktion der Stickoxide zur Verfügung. Die NO_x-Rohemissionen werden daher unbehandelt freigesetzt. Bei andauerndem Sauerstoffmangel ($\lambda < 1$) laufen die Reduktionsreaktionen der Stickoxide mit Kohlenwasserstoffen und Kohlenmonoxid als Reduktionsmittel ab. Überschüssige Kohlenwasserstoffe und überschüssiges Kohlenmonoxid, die mangels Sauerstoff nicht umgesetzt werden können, werden unbehandelt freigesetzt.

Konvertierungsrate

Die Menge der freigesetzten Schadstoffe ergibt sich aus der Konzentration der Schadstoffe im Rohabgas (Bild 15a) und aus der Konvertierungsrate, d.h. aus dem Anteil, der im Katalysator umgewandelt werden kann. Beide Größen hängen von der eingestellten Luftzahl λ ab. Eine für alle drei Schadstoffkomponenten möglichst hohe Konvertierungsrate erfordert eine Luft-Kraftstoff-Gemischzusammensetzung im stöchiometrischen Verhältnis mit $\lambda = 1{,}0$. Der λ-Regelbereich, in dem das Luft-Kraftstoff-Verhältnis λ liegen muss, ist damit sehr klein. Die Luft-Kraftstoff-Gemischbildung muss daher in einem λ-Regelkreis nachgeführt werden.

Die Konvertierungsraten für HC und CO nehmen mit zunehmender Luftzahl stetig zu, d.h., die Emissionen nehmen ab (Bild 15b). Bei $\lambda = 1$ ist der Anteil dieser Schadstoffkomponenten nur noch sehr gering. Mit höherer Luftzahl ($\lambda > 1$) bleibt die Konzentration dieser Schadstoffe auf diesem niedrigen Niveau. Die Konvertierung der Stickoxide (NO_x) ist im fetten Bereich ($\lambda < 1$) gut. Ab $\lambda = 1$ behindert schon eine geringe Erhöhung des Sauerstoffanteils im Abgas die Reduktion der Stickoxide und lässt deren Konzentration steil ansteigen. Diese starke Änderung der Abgaszusammensetzung nach dem Dreiwegekatalysator spiegelt sich auch in der Spannungskennlinie einer Zweipunkt-λ-Sonde wieder (Bild 15c), deren Platin-Elektroden ebenfalls als Katalysator wirken.

Aufbau

Der Katalysator (Bild 16) besteht im Wesentlichen aus einem Blechbehälter als Gehäuse (6), einem Träger (5) und einer Trägerschicht (Washcoat) mit der aktiven katalytischen Edelmetallbeschichtung (4).

Träger

Als Trägermaterial für die katalytisch aktive Beschichtung am weitesten verbreitet ist heute die Keramik. Als Alternative zu Keramikträgern werden in geringerem Umfang auch Metallträger eingesetzt. Der Träger hat zunächst keine katalytischen Eigenschaften, sondern soll der aktiven Beschichtung eine möglichst große Oberfläche und gute Hafteigenschaften bieten. Dennoch spielt der Träger eine Rolle bei der Auslegung des Abgasreinigungssystems. Anforderungen an den Träger sind: Geringer Gegendruckaufbau im Abgassystem, eine geringe Masse, eine hohe mechanische und thermische Stabilität, ein geringes thermisches Ausdehnungsverhalten, die Freiheit bei der äußeren Formgebung (Kontur) und nicht zuletzt eine kostengünstige Ausführung.

Keramische Monolithen

Keramische Monolithen sind Keramikkörper, die von mehreren tausend kleinen Kanälen durchzogen sind. Es handelt sich um monolithische Strukturen, die durch Extrudieren der Rohmaterialmischung und anschließendes Brennen hergestellt werden. Diese Kanäle werden vom Abgas durchströmt. Die Keramik besteht aus hochtemperaturfestem Magnesium-Aluminium-Silikat. Der auf mechanische Spannungen empfindlich reagierende Monolith ist in einem Blechgehäuse befestigt. Hierzu werden mineralische Quellmatten (Bild 16, Pos. 2) verwendet, die sich beim ersten Aufheizen bleibend ausdehnen und gleichzeitig für Gasdichtheit sorgen. Die keramischen Monolithen sind die derzeit am häufigsten eingesetzten Katalysatorträger.

Metallische Monolithen

Eine Alternative zum keramischen Monolithen ist der metallische Monolith. Er ist aus fein gewellter, ca. 0,03...0,05 mm dünner Metallfolie gewickelt und in einem Hochtemperaturprozess gelötet. Aufgrund der dünnen Wandungen lässt sich eine größere Anzahl von Kanälen pro Fläche unterbringen. Dies verringert den Strömungswiderstand für das Abgas und bringt dadurch Vorteile bei der Optimierung von Hochleistungsmotoren.

Bild 16
Dreiwegekatalysator mit λ-Sonde
- a Katalysator als gesamtes Bauelement
- b Träger mit Washcoat- und Edelmetallbeschichtung
- 1 λ-Sonde
- 2 Quellmatte
- 3 wärmegedämmte Doppelschale
- 4 Washcoat (Al_2O_3-Trägerschicht) mit Edelmetallbeschichtung
- 5 Träger (Monolith)
- 6 Gehäuse
- 7 Abgasstrom mit Schadstoffen

16 Katalysatordiagnose mit dem passiven Verfahren

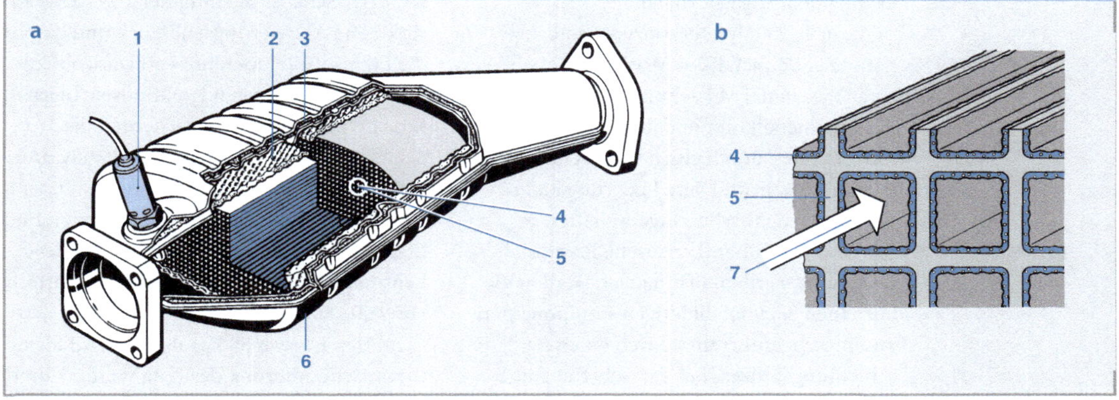

Beschichtung

Die einzelnen Komponenten der katalytischen Beschichtung können wie folgt aufgeteilt werden:

- Trägeroxide,
- weitere oxidische Komponenten,
- Edelmetalle und andere katalytisch aktive Materialien.

Der Washcoat ist eine Beschichtung mit großer Rauheit auf dem Trägermaterial zur Vergrößerung der Oberfläche. Er besteht aus porösem Aluminiumoxid (Al_2O_3) und anderen Metalloxiden.

In der Praxis haben sich – mit Ausnahme bei der Reduktion von Stickoxiden durch Ammoniak – die Edelmetalle als wirksame Katalysatoren herausgestellt. Dabei zeichnen sich insbesondere Platin und Palladium durch eine hohe Oxidationskraft und Rhodium als wirksamer Katalysator für die Umsetzung von NO mit Kohlenmonoxid aus. Iridium hat eine begrenzte Anwendung als Katalysator für die Reaktion der Stickoxide mit Kohlenwasserstoffen bei mager betriebenen Motoren gefunden. Die in einem Katalysator enthaltene Edelmetallmenge beträgt ca. 1...5 g. Dieser Wert hängt u. a. vom Hubraum des Motors, von den Rohemissionen, von der Abgastemperatur und von der zu erfüllenden Abgasnorm ab.

Aktuelle Katalysatorkonzepte sind sogenannte „Edelmetall-im-Washcoat-Katalysatoren". Darunter versteht man die Fixierung der Edelmetallkomponenten auf definierten Trägeroxiden durch einen vorgeschalteten Verfahrensschritt. Diese Fixierung kann durch die chemischen Eigenschaften gegeben sein oder über thermische Prozesse herbeigeführt werden. Erst danach werden die einzelnen edelmetallhaltigen Komponenten zusammengeführt und durch einen Beschichtungsprozess auf das Substrat aufgebracht. Durch dieses Verfahren erreicht man, dass die Edelmetallkomponente auf einem definierten Washcoatbestandteil fixiert ist, so dass Synergien zwischen beiden Komponenten genutzt werden. Ein Beispiel für eine solche Vorgehensweise ist die Fällung von Platin auf einer Cer-Komponente, bevor in dem folgenden Schritt Aluminiumoxid als weiteres Trägeroxid beigefügt wird.

Die Beschichtung des Trägers wird so eingestellt, dass eine definierte Beladung mit dem Washcoat (und damit auch mit dem Edelmetall) erreicht wird. Für die Beschichtbarkeit von wesentlicher Bedeutung sind die Fließeigenschaft des Washcoats und die Partikelgröße der Washcoatkomponenten, die an die Trägereigenschaften angepasst sein muss.

Betriebsbedingungen

Betriebstemperatur

Damit die Oxidations- und Reduktionsreaktionen zur Umwandlung der Schadstoffe ablaufen können, muss den Reaktionspartnern eine bestimmte Aktivierungsenergie zugeführt werden. Diese Energie wird in Form von Wärme durch den aufgeheizten Katalysators bereitgestellt.

Der Katalysator setzt die Aktivierungsenergie herab (Bild 17), sodass die Light-off-Temperatur (d.h. die Temperatur, bei der 50 % der Schadstoffe umgesetzt werden) absinkt. Die Aktivierungsenergie – und damit die Light-off-Temperatur – ist stark abhängig von den jeweiligen Reaktionspartnern. Eine nennenswerte Konvertierung der Schadstoffe setzt beim Dreiwegekatalysator erst bei einer Betriebstemperatur von über 300 °C ein. Ideale Betriebsbedingungen für hohe Konvertierungsraten und lange Lebensdauer herrschen im Temperaturbereich von 400...800 °C.

Im Bereich von 800...1 000 °C wird die thermische Alterung des Katalysators durch Sinterung der Edelmetalle und der Al_2O_3-

Trägerschicht wesentlich verstärkt. Dies führt zu einer Reduzierung der aktiven Oberfläche. Dabei hat auch die Betriebszeit in diesem Temperaturbereich einen großen Einfluss. Bei Temperaturen über 1 000 °C nimmt die thermische Alterung des Katalysators sehr stark zu und führt zur deutlich reduzierten Konvertierungsleistung.

Durch Fehlfunktion des Motors (z. B. Zündaussetzer) kann die Temperatur im Katalysator auf bis zu 1 400 °C ansteigen, wenn sich unverbrannter Kraftstoff im Abgastrakt entzündet. Solche Temperaturen führen zur völligen Zerstörung des Katalysators durch Schmelzen des Trägermaterials. Um dies zu verhindern, muss insbesondere das Zündsystem sehr zuverlässig arbeiten. Moderne Motorsteuerungen können Zünd- und Verbrennungsaussetzer erkennen. Sie unterbinden gegebenenfalls die Einspritzung für den betreffenden Zylinder, sodass kein unverbranntes Luft-Kraftstoff-Gemisch in den Abgastrakt gelangt.

Thermische Deaktivierung des Katalysators

Die thermische Deaktivierung des Katalysators kann durch mehrere Mechanismen hervorgerufen werden. Dabei kann man die Sinterung des Edelmetalls von der Versinterung der Trägeroxide oder Reaktionen von Washcoatkomponenten untereinander oder mit dem Träger unterscheiden.

Die Edelmetallkomponente ist beim frischen Katalysator extrem fein verteilt. Kristallitgrößen von wenigen Nanometern sind bei hoch aktiven Katalysatoren die Regel. Bei hohen Temperaturen sind die Kristallite mobil und wachsen zu größeren Partikeln zusammen. Dadurch sinkt die Dispersion des Edelmetalls deutlich, die katalytische Aktivität nimmt ab. Eine Stabilisierung durch Oxide seltener Erden verringert die Mobilität, indem die Bindung des Edelmetalls an das Trägeroxid verbessert wird.

17 Aktivierungsenergie

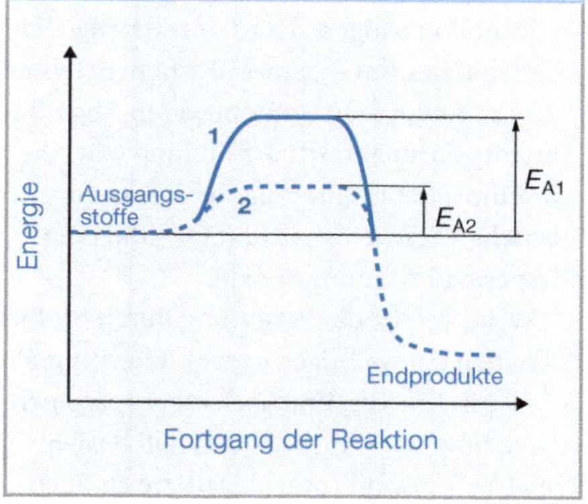

Bild 17
1 Reaktionsverlauf ohne Katalysator
2 mit Katalysator
E_{A1} Aktivierungsenergie ohne Katalysator
E_{A2} Aktivierungsenergie mit Katalysator

Die Kristallstruktur des Aluminiumoxids verändert sich durch hohe Temperaturen. Dabei wird insbesondere die eingesetzte γ-Phase letztlich zu α-Al_2O_3 umgewandelt, was mit einer Reduktion der Oberfläche um den Faktor von circa 100 einher geht. Während des Sinterprozesses werden die Porendurchmesser durch eine Abspaltung von Kristallwasser sukzessive kleiner bis die Porenstruktur zusammenfällt und dadurch aktive Oberflächenplätze nicht mehr zugänglich sind. Man kann also sowohl einen Verlust an aktiven Zentren durch einen Einschluss der Edelmetalle als auch eine Verringerung der Reaktionsrate durch die kleiner werdenden Porenradien mit Auswirkungen auf die Porendiffusion beobachten.

Vergiftung des Katalysators

Motorisches Abgas enthält einige Komponenten, die die katalytische Aktivität verringern können. Ein Beispiel in der Vergangenheit war Blei, das als metallorganische Verbindung dem Kraftstoff zugesetzt war. Durch die Bildung einer inaktiven Blei-Platin-Legierung wurde der Katalysator in sehr kurzer Zeit irreversibel geschädigt.

In der heutigen Zeit sind Schwefeloxide oder Bestandteile des Motoröls von Bedeutung. Schwefel als Vergiftungskomponente wird an katalytisch aktiven Zentren adsorbiert und verringert dadurch reversibel die Aktivität des Katalysators. Bei hohen Temperaturen findet man unter mageren Abgasbedingungen auch noch die Bildung von Aluminiumsulfat als Produkt der Reaktion zwischen Schwefeltrioxid (SO_3) und dem Trägeroxid Aluminiumoxid.

Weiterhin ist die Vergiftung durch Motorölaschen ein wichtiger Aspekt. Phosphor als ein typisches Vergiftungselement verringert die katalytische Aktivität deutlich. Dabei zeigt sich sowohl für feldgealterte als auch für am Motorpüfstand gealterte Katalysatoren ein deutlicher Gradient in der Phosphorverteilung über die Katalysatorlänge.

Entwicklungstendenzen des Katalysators

Die Abgasreinigung für Motorkonzepte mit $\lambda = 1$ ist durch folgende Entwicklungsrichtungen gekennzeichnet:

- Übergang von der Unterbodenanordnung des Katalysators in eine motornahe Position,
- Entwicklung von hochtemperaturstabilen Beschichtungen,
- Darstellung einer Sauerstoffspeicherkomponente mit schneller Kinetik,
- Sicherstellung der On-Board-Diagnose-Funktion.

Durch die motornahe Anordnung des Katalysators verringert man die Kaltstartemissionen, die – über den Fahrzyklus betrachtet – über 70 % der Gesamtemissionen ausmachen. Der Einsatz von Katalysatoren in motornaher Anordnung stellt besondere Anforderungen an die Temperaturstabilität der Systeme. Ein wichtiger Washcoatbestandteil ist dabei die Sauerstoffspeicherkomponente. Während der Schubabschaltung (Fuel Cut) wird durch das große Luftangebot die Cer-Komponente oxidiert. Das Abgas der anschließenden Beschleunigungsphase enthält größere Mengen unverbrannter Kohlenwasserstoffe, die bei hohen Temperaturen mit dem Sauerstoff aus dem Ceroxid zu Kohlendioxid, Kohlenmonoxid unter Wärmebildung reagieren. Die freigesetzte Wärmemenge ist direkt an die Sauerstoffspeichermenge gekoppelt.

Die Absenkung der Menge an Sauerstoffspeicherkomponenten im Vorkatalysator ergibt eine niedrigere Temperaturbelastung während einer Hochtemperaturalterung, die bei sequentiell ablaufenden Schubabschaltungs- und Beschleunigungsvorgängen auftritt. Dies führt zu einem geringeren Alterungseffekt, so dass die Fahrzeugemissionen im Zyklus günstig beeinflusst werden. Für Vorkatalysatoren sind temperaturstabile Beschichtungen von großer Bedeutung. Durch die Absenkung der Menge an Sauerstoffspeicherkomponenten kann die Temperaturstabilität erhöht werden. Dies hat jedoch auch einen Einfluss auf die Güte der OBD-Überwachung, die in der Regel die Veränderung der Sauerstoffspeicherkomponenten während der Laufzeit auswertet. Ein entsprechender Kompromiss muss hier gefunden werden.

NO_x-Speicherkatalysator

Aufgabe

In den Magerbetriebsarten kann der Dreiwegekatalysator die bei der Verbrennung entstehenden Stickoxide (NO_x) nicht umwandeln. Kohlenmonoxid (CO) und Kohlenwasserstoffe (HC) werden durch den hohen Restsauerstoffgehalt im Abgas oxidiert und stehen damit als Reduktionsmittel für die Stickoxide nicht mehr zur Verfügung. Der NO_x-Speicherkatalysator (NO_x Storage Catalyst, NSC) reduziert die Stickoxide auf eine andere Weise.

Die wesentlichen Komponenten der Abgasnachbehandlung sind der motornah angeordnete Startkatalysator sowie der in Unterbodenposition angeordnete NO_x-Speicherkatalysator (Bild 18). Der motornahe Startkatalysator sorgt im Homogenbetrieb für die Abgasreinigung und im Schichtbetrieb für die Oxidationsreaktionen. Im Unterbodenbereich befinden sich die NO_x-Speicherkatalysatoren, da hier das Arbeitstemperaturfenster am besten erreicht wird. Hinter den NO_x-Speicherkatalysatoren befinden sich NO_x-Sensoren zur Überwachung der Funktion, davor aus gleichem Grunde Temperatursensoren.

Aufbau und Beschichtung

Die Einlagerung von Stickoxiden beruht auf einer Säure-Base-Reaktion. Als NO_x-Speichermaterial sind grundsätzlich alle Materialien tauglich, die aufgrund ihrer basischen Eigenschaften im Stande sind, in dem durch die Magerbetriebspunkte eines Benzinmotors mit Direkteinspritzung vorgegebenen Temperaturbereich hinreichend stabile Nitrate zu bilden. Diesbezüglich kommen besonders die Oxide der Alkali- (Na, K, Rb, Cs), Erdalkali- (Mg, Ca, Sr, Ba) und in begrenztem Umfang die Seltenerdelemente (z. B. La) in Betracht. Für ottomotorische Anwendungen kommen meist nur Bariumverbindungen zum Einsatz.

Arbeitsweise

Die prinzipielle Arbeitsweise eines NO_x-Speicherkatalysators basiert auf zwei aufeinander folgenden Schritten. Die Stickoxide werden im Katalysator unter mageren Abgasbedingungen zunächst eingelagert und anschließend über bestimmte Regenerationsstrategien durch kurzzeitiges Durchströmen mit reduzierendem (fettem) Abgas zu Stickstoff reduziert. Aus NO_2, das zunächst durch Oxidation des im Abgas fast ausschließlich vorhandenen NO entsteht, bilden sich mit den im Katalysator vorhandenen Alkali- oder Erdalkalikomponenten Nitrate. Dieser Prozess wird durch die katalytische Wirkung der Edelmetalle in der Beschichtung des Katalysators unterstützt.

18 Systemkomponenten in der Abgasanlage für einen V6-Motor mit Direkteinspritzung (Mercedes-Benz)

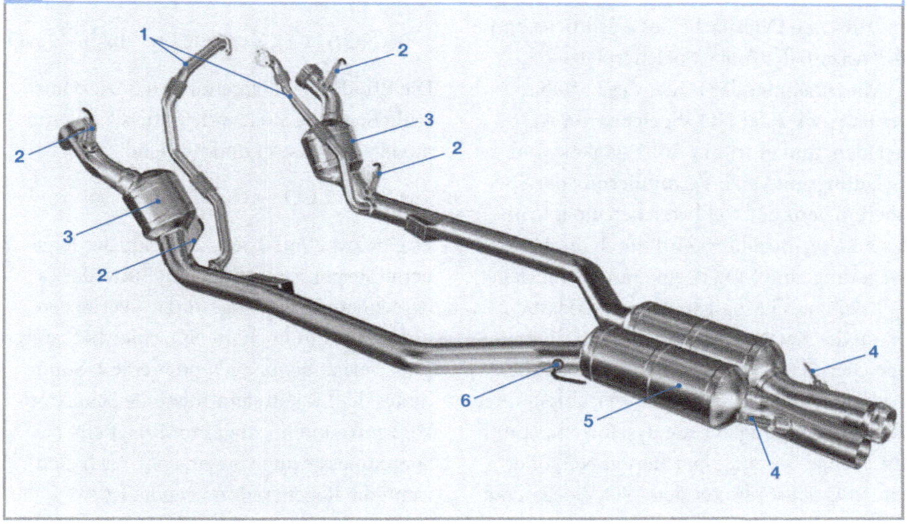

Bild 18
1 Abgasrückführung
2 λ-Sonde
3 motornaher Dreiwegekatalysator
4 NO_x-Sensor
5 NO_x-Speicherkatalysator
6 Temperatursensor

NO_x-Einspeicherung

Bei magerem Motorbetrieb (Luftüberschuss, $\lambda > 1$) werden die Stickoxide (NO_x) katalytisch an der Oberfläche der Platinbeschichtung zu Stickstoffdioxid (NO_2) oxidiert. Anschließend reagiert das NO_2 mit den speziellen Oxiden der Katalysatoroberfläche und Sauerstoff (O_2) zu Nitraten. So geht z. B. NO_2 mit dem Bariumoxid BaO die chemische Verbindung Bariumnitrat $Ba(NO_3)_2$ ein:

$$2\,BaO + 4\,NO_2 + O_2 \rightarrow 2\,Ba(NO_3)_2$$

Die temperaturabhängige Speicherfähigkeit von NO_x-Speicherkatalysatoren kann primär in zwei ineinander übergehende Aktivitätsbereiche unterteilt werden. Im Niedertemperaturbereich (unter 300 °C) ist die Effizienz des Katalysators mit der Oxidationsgeschwindigkeit von NO zu NO_2 gekoppelt, die wiederum mit der Anzahl der zur Verfügung stehenden aktiven Zentren steigt.

Im Hochtemperaturbereich (über 300 °C) ist die NO_2-Bildung zunehmend thermodynamisch bestimmt. Daher wird dieser Bereich der NO_x-Speicherung maßgeblich von der Speichereffizienz des Speichermaterials bestimmt. Diese wiederum steigt mit der spezifischen Oberfläche des Adsorbens und der Anzahl der freien Speicherplätze.

Mit zunehmender Dauer des Luftüberschusses wird der NO_x-Speicher mit NO_x beladen, und es tritt in Abhängigkeit vom Beladungsgrad eine Verminderung der Speichereffizienz auf. Bei Erreichen einer kritischen NO_x-Beladung wird durch die Motorsteuerung eine NO_x-Regeneration eingeleitet.

Es gibt zwei Möglichkeiten zu erkennen, wann der Katalysator gesättigt und die Einspeicherphase beendet ist: Entweder es berechnet ein modellgestütztes Verfahren unter Berücksichtigung der Katalysatortemperatur die Menge des eingespeicherten NO_x oder ein NO_x-Sensor hinter dem NO_x-Speicherkatalysator misst die NO_x-Konzentration im Abgas.

Regeneration und Konvertierung

In der sich nun anschließenden Regenerationsphase wird der Verbrennung im Verhältnis zum Sauerstoff mehr Reduktionsmittel zugeführt. Die bei der Verbrennung nicht oder nur zum Teil oxidierten Komponenten (HC, CO oder H_2) stehen nun zur NO_x-Reduktion zur Verfügung. Simultan müssen oxidierte Platingruppenmetalle reduziert und der dynamische Anteil des Sauerstoffspeichers ausgeräumt werden. Gegen Ende der Regenerationsphase puffert der verbliebene gespeicherte Sauerstoff das Überangebot an Reduktionsmittel, so dass Durchbrüche von HC und CO minimiert werden.

Die Reaktionsgeschwindigkeit der Reduktion ist mit HC am kleinsten, mit H_2 am größten. Die Regeneration – im Folgenden mit CO als Reduktionsmittel dargestellt – geschieht in der Weise, dass das Kohlenmonoxid das Nitrat – z. B. Bariumnitrat $Ba(NO_3)_2$ – zu einem Oxid – z. B. Bariumoxid BaO – reduziert. Dabei entstehen Kohlendioxid und Stickstoffmonoxid:

$$Ba(NO_3)_2 + 3\,CO \rightarrow 3\,CO_2 + BaO + 2\,NO$$

Die Rhodium-Beschichtung reduziert anschließend die Stickoxide mittels Kohlenmonoxid zu Stickstoff und Kohlendioxid:

$$2\,NO + 2\,CO \rightarrow N_2 + 2\,CO_2$$

Es gibt zwei Verfahren, das Ende der Regenerationsphase zu erkennen: Entweder es berechnet ein modellgestütztes Verfahren die Menge des noch im NO_x-Speicherkatalysator vorhandenen NO_x oder eine λ-Sonde hinter dem Katalysator misst die Sauerstoffkonzentration im Abgas und zeigt einen Spannungssprung von „mager“ nach „fett“, wenn die Regeneration beendet ist.

Betriebstemperatur und Einbauort

Die Speicherfähigkeit des NO_x-Speicherkatalysators ist stark temperaturabhängig. Sie erreicht ein Maximum im Bereich von 300...400 °C. Damit liegt der günstige Temperaturbereich sehr viel niedriger als beim Dreiwegekatalysator. Aus diesem Grund und wegen der geringeren maximal zulässigen Betriebstemperatur des NO_x-Speicherkatalysators müssen zwei getrennte Katalysatoren für die katalytische Abgasreinigung eingesetzt werden: Ein motornah eingebauter Dreiwegekatalysator als Vorkatalysator (Bild 18) und ein motorferner NO_x-Speicherkatalysator als Hauptkatalysator (Unterflurkatalysator).

Thermische Deaktivierung des NO_x-Speicherkatalysators

Für die Aufrechterhaltung der NO_x-Speicherfunktionalität eines NO_x-Speicherkatalysators sind zwei Kernkomponenten unabdingbar: eine edelmetallhaltige Oxidationskomponente und eine basische Speicherkomponente.

Die wichtigsten thermischen Alterungsprozesse im NO_x-Speicherkatalysator lassen sich durch die Kombination von physikochemischen Analysemethoden und katalytischen Charakterisierungsmethoden identifizieren.

So führt eine thermische Alterung zu einer Edelmetallagglomeration. Dadurch verringert sich die Anzahl der katalytisch aktiven Zentren für die Oxidation von NO zu NO_2, die die Voraussetzung für die NO_x-Speicherung ist.

Die thermische Alterung des NO_x-Speichermaterials hat bei Überschreiten der für die entsprechende Festkörperreaktion kritischen Temperatur zufolge, dass sich Mischphasen zwischen den NO_x-Speichermaterialien und den entsprechenden Trägeroxiden bilden. Die daraus resultierenden Verbindungen weisen in der Regel eine geringere Fähigkeit zur NO_x-Speicherung auf.

Beide Alterungsphänomene sind neben einer Funktion der Zeit und der Temperatur auch eine Funktion der Gasatmosphäre, in der die thermische Belastung auftritt. Vor allem sauerstoffreiches Abgas führt bei hohen Temperaturen zu starken Alterungseffekten. Durch geeignete Maßnahmen in der Motorapplikation kann eine Deaktivierung des Katalysators weitgehende vermieden werden, so z. B. durch Verbot der Schubabschaltung bei hohen Temperaturen oder durch Einführung einer Katalysatorschutztemperatur.

Schwefel-Vergiftung

Eine wesentliche Beeinträchtigung der Funktionsweise von NO_x-Speicherkatalysatoren liegt in der inhärenten Affinität, neben NO_x auch SO_x zu speichern. Die damit verbundene Belegung der freien NO_x-Speicherplätze führt zu einer kontinuierlichen, vom Schwefelgehalt im Kraftstoff abhängigen Abnahme in der NO_x-Speicherkapazität. Für die Schwefelvergiftung ist in erster Linie der Schwefel im Kraftstoff verantwortlich. Die Vergiftung mit Schwefel erfolgt über die Bildung von Sulfaten durch die Reaktion von SO_2 mit dem Speichermaterial. Diese Sulfate blockieren dabei die Speicherzentren für die Nitratbildung und der NO_x-Umsatz sinkt mit steigender Schwefelbeladung.

Da die Bildung der Sulfate überwiegend reversibel ist, können diese durch fettes Abgas wieder zersetzt werden. Allerdings sind die Sulfate thermodynamisch stabiler als die Nitrate und werden deswegen nicht bei der typischen NO_x-Regeneration reduziert. Für die Entschwefelung sind höhere Temperaturen und längere Zeiten erforderlich. Die notwendigen Temperaturen für eine ausreichende Entschwefelung liegen bei 600 ... 750 °C. Höhere Temperaturen begünstigen die

Schwefelfreisetzung. Jede Entschwefelung stellt eine signifikante thermische Belastung für den Katalysator dar. Daher muss die Temperatur genau eingestellt und kontrolliert werden.

Durch die Verwendung von quasi schwefelfreiem Kraftstoff wird die Vergiftung durch Schwefel zwar verringert, aber regelmäßige Entschwefelungen sind trotzdem notwendig. Auf dem Katalysator wird über die Lebensdauer auch bei Verwendung von Kraftstoff mit einem Schwefelanteil kleiner als 15 ppm eine erhebliche Schwefelmenge akkumuliert. Allerdings verlängern sich bei Verwendung von schwefelfreiem Kraftstoff die Entschwefelungsintervalle, woraus sich eine geringere thermische Beanspruchung des Katalysators ergibt.

Entwicklung motornaher Startkatalysatoren

Der motornah angeordnete Startkatalysator leistet beim Kaltstart und im Homogenbetrieb einen wichtigen Beitrag zur Abgasreinigung und fördert im Schichtbetrieb die Oxidationsreaktionen. Ein wesentlicher Entwicklungsschwerpunkt für den motornah angeordneten Startkatalysator ist wie bei mit $\lambda = 1$ betriebenen Fahrzeugen die Optimierung des Kaltstartverhaltens. Die Verwendung des strahlgeführten Brennverfahrens führt bekanntermaßen zu einem deutlichen Absinken der Abgastemperaturen im Schichtbetrieb. Neben dem frühen Anspringen des Startkatalysators ist daher auch ein hohes Aktivitätsniveau, insbesondere für die Konvertierung von HC bei niedrigen Temperaturen im ECE-Zyklusbereich des neuen europäischen Fahrzyklus (NEFZ) gefordert.

Generelle Anforderungskriterien für Startkatalysatoren sind:

- verbessertes Kaltstartverhalten des Katalysators,
- Tieftemperatur-HC-Aktivität,
- HC-Aktivität im Schichtbetrieb,
- niedriger Regenerationsmittelverbrauch während der NO_x-Regeneration,
- OBD-Funktionalität,
- Hochtemperaturstabilität,
- dynamisches Verhalten bei Lastwechseln im oberen Last- und Drehzahlbereich.

Bei der Entwicklung von Startkatalysatoren kommt dem Sauerstoffspeicherverhalten eine besondere Bedeutung zu. Die Absenkung der Sauerstoffspeicherfähigkeit zeigt unter mageren Abgasbedingungen deutliche Vorteile im Anspringverhalten, während im Bereich um $\lambda = 1$ eine erhöhte Sauerstoffspeicherfähigkeit in der Tendenz Vorteile zeigt.

Abhängig von der Applikation mit den entsprechenden Homogen- und Schichtanteilen ist es notwendig, das Sauerstoffspeicherverhalten der Startkatalysatortechnologie anzupassen. Für einen niedrigen Reduktionsmittelverbrauch während der NO_x-Regeneration ist eine niedrige Sauerstoffspeicherkapazität im Startkatalysator wünschenswert.

Entwicklung von NO_x-Speicherkatalysatoren

Für die Entwicklung von NO_x-Speicherkatalysatoren ist eine Reihe von Kriterien entscheidend:

- temperaturabhängige NO_x-Speicherfähigkeit (NO_x-Fenster),
- NO_x-Regenerationskinetik,
- thermische Stabilität,
- HC-Konvertierung im Magerbetrieb,
- Sauerstoffspeicherfähigkeit (Oxygen Storage Capacity, OSC),
- Dreiwegeaktivität,
- Entschwefelungscharakteristik.

Die genannten Kriterien lassen sich prinzipiell in Eigenschaften unterteilen, die entweder für den Magerbetrieb oder für den Regenerationsbetrieb und den Betrieb bei $\lambda = 1$ bestimmend sind.

Die Anzahl der katalytisch aktiven Zentren sind für die Oxidationsgeschwindigkeit von NO zu NO_2, aber auch in besonderem Maße für das Anspringverhalten der HC-Oxidation bei den niedrigen Temperaturen im neuen europäischen Fahrzyklus entscheidend. Die Anzahl der katalytisch aktiven Zentren wird hauptsächlich von zwei Faktoren bestimmt: der Edelmetallmenge und der nach Alterung resultierenden Edelmetalldispersion. Da eine Erhöhung der Edelmetallmenge aus Kostengründen nicht erwünscht ist, kommt der Stabilisierung der Edelmetalldispersion eine besondere Bedeutung zu.

Mit Verbreiterung des temperaturabhängigen NO_x-Speicherfensters muss auch eine über den gesamten Temperaturbereich ausreichend schnelle Regenerationskinetik gewährleistet sein. Die periodische Regeneration der gespeicherten Stickoxide erfolgt durch kurzzeitiges Umschalten auf fette Betriebsweise. Durch den Wechsel zu reduzierenden Bedingungen wird der Sauerstoffpartialdruck verringert und die Konzentrationen von HC, CO, H_2 und CO_2 erhöht, womit zwei parallel ablaufende Prozesse auf dem Katalysator gestartet werden, nämlich die Zersetzung der in der Magerphase gespeicherten Nitrate und Oxide und die Reduktion des freigesetzten NO_x. Die genaue Abstimmung von Sauerstoff- und NO_x-Speicherkomponenten bewirkt eine Verringerung der Regenerationszeit.

Alternative Abgasnachbehandlungssysteme

Für die zukünftigen weltweit verschärften Abgasgrenzwerte werden eine Vielzahl von alternativen Systemen zur Abgasreinigung diskutiert.

Elektrisch beheizter Katalysator

Beim Start des Motors wird ein verhältnismäßig kleines Katalysatorvolumen mit elektrischer Energie aufgeheizt. Es wird damit ein sehr schneller Temperaturanstieg in diesem kleinen Volumen erzielt. Dies reicht aus, um die Anspringtemperatur dieses Teilvolumens zu überschreiten, so dass bereits sehr früh eine erste Umsetzung erreicht wird. Die ersten Reaktionen erzeugen nun weitere Wärme, um das nachfolgende System, bestehend aus einem Vorkatalysator und einem Hauptkatalysator, aufzuheizen und damit zu aktivieren. Die Aufheizung des gesamten Konverters, bestehend aus Vor- und Hauptkatalysator, erfolgt mit Hilfe dieser elektrischen „Initialzündung" sehr viel schneller als bei einem passiven System.

Beim elektrisch beheizten Katalysator durchströmt das Abgas zunächst eine ca. 20 mm dicke katalytische Trägerscheibe, die mit einer elektrischen Leistung von etwa 2 kW aufgeheizt werden kann. Unterstützend kann ein Sekundärluftsystem eingesetzt werden. Durch die zusätzliche Wärmefreisetzung (Exothermie) bei der Konvertierung des Abgas-Sekundärluft-Gemischs in der beheizten Scheibe des Katalysators wird die Aufheizung weiter beschleunigt.

Im Vergleich zu den Wärmeströmen von bis zu 20 kW, die durch motorische Maßnahmen gegebenenfalls in Verbindung mit einer Sekundärlufteinblasung erzielt werden können, erscheinen 2 kW elektrische Leistung relativ gering. Für den Betrieb des Katalysators ist jedoch die Temperatur des Katalysatorträgers entscheidend, nicht die Temperatur des Abgases. Die direkte elektrische Beheizung des Trägers ist hoch effektiv und führt zu sehr guten Emissionswerten.

Bei einem konventionellen Pkw mit 12 V Versorgungsspannung stellen die auftretenden hohen Ströme zur Beheizung des Katalysators eine deutliche Belastung des Bordnetzes dar. Ein verstärkter Generator und ggf. eine zweite Batterie sind daher erforderlich, sofern eine einzelne den durch den elektrisch beheizten Katalysator stark erhöhten Energiebedarf der Kaltstartphase nicht abdecken kann. Günstiger sieht es beim Einsatz in elektrischen Hybridfahrzeugen aus, die ohnehin über ein leistungsfähigeres Bordnetz mit Spannungen von mehreren Hundert Volt verfügen. Allerdings weisen die dort eingesetzten Spannungswandler nur eine Leistung im Bereich von 2 kW auf, sodass hier ebenfalls Anpassungen erforderlich wären, um die elektrische Leistung bis zum Erreichen der Anspringtemperatur zu Verfügung zu stellen. Der elektrisch beheizte Katalysator fand bisher lediglich in einzelnen Kleinserienprojekten Anwendung.

HC-Adsorber

Die im Kaltstart erzeugten Kohlenwasserstoffe können aufgrund der zu geringen Katalysatortemperatur zunächst nicht katalytisch umgesetzt werden. HC-Adsorber dienen dazu, HC-Moleküle im kalten Zustand zunächst zwischenzuspeichern und anschließend, wenn das Abgasreinigungssystem aufgeheizt ist, in den nachfolgenden Katalysator zur Umsetzung wieder abzugeben. HC-Adsorber basieren auf zeolithischen Materialien. Die Zeolithmischung muss dahingehend optimiert werden, dass die Speicherung und die nachfolgende Desorption auf die im Abgas auftretenden HC-Moleküle abgestimmt sind.

Das ideale Adsorbermaterial speichert im kalten Zustand HC und gibt sie wieder ab, wenn der nachfolgende Katalysator möglichst schon vollständig aufgeheizt ist. Die Desorptionstemperatur des Adsorbers sollte damit zwischen 300 und 350 °C liegen. Dabei wird berücksichtigt, dass der nachfolgende Katalysator bei 250 bis 300 °C anspringt, jedoch zeitlich verzögert gegenüber dem Adsorber aufgeheizt wird. Unter diesen Umständen wäre eine einfache „Reihenschaltung“ von Adsorber und Katalysator realisierbar. Die Desorption von HC beginnt allerdings schon bei ca. 200 °C. Das entspricht einer Temperatur des nachfolgenden Katalysators, bei der dieser noch nicht aktiv ist. Die bis dahin gespeicherten Kohlenwasserstoffe würden das Abgasreinigungssystem nach der Desorption unverändert verlassen und in der Summenemission wäre kein Vorteil durch den Adsorber festzustellen.

Um diese Lücke zu schließen, sind die folgenden Systeme in der Entwicklung: Das externe Bypass-System arbeitet mit dem Adsorber im Bypass, der durch eine Abgasklappe im Hauptstrom gesteuert werden kann. Im Kaltstart ist diese Klappe zunächst geschlossen. Das Abgas strömt zuerst durch einen noch inaktiven (kalten) Vorkatalysator in den Adsorber. HC wird gespeichert, die Restwärme wird mit dem Abgas in den nachfolgenden Hauptkatalysator geleitet. Ist im weiteren Verlauf der Adsorber nun mit HC gesättigt und ist die Desorptionstemperatur erreicht, wird die Klappe geöffnet und damit der Adsorber stillgelegt. Der Vorkatalysator, der durch seine Lage einen Temperaturvorsprung gegenüber dem Adsorber hat, ist zu diesem Zeitpunkt gerade aktiv geworden und sorgt für die weitere HC-Konvertierung. Wenn schließlich das Abgasreinigungssystem seine Betriebstemperatur erreicht hat und auch der Hauptkatalysator vollständig aktiviert ist, kann der gesättigte

Adsorber die Kohlenwasserstoffe zur Umsetzung in den Hauptkatalysator abgeben. Dies kann entweder durch ein gezieltes Schließen der Abgasklappe erreicht werden oder - je nach geometrischer Auslegung der Verzweigungsstellen von Bypass- und Hauptleitung - über einen längeren Zeitbereich auch bei geöffneter Klappe von selbst erfolgen. Der hohe technische und finanzielle Aufwand für Bypassleitung, Abgasklappe und Steuerung einschließlich der notwendigen Diagnose macht die Suche nach alternativen Systemen notwendig.

Das In-Line-System besteht aus einer Reihenschaltung von optionalem Vorkatalysator, HC-Adsorber mit katalytisch aktiver Beschichtung und einem Hauptkatalysator. Das Ziel ist es, die Lücke zwischen Desorption und Anspringen dadurch zu verringern, dass die Desorption der Kohlenwasserstoffe und deren katalytische Umsetzung gewissermaßen zeitgleich und am selben Ort stattfinden sollen. Deshalb werden zu dem Adsorbermaterial zusätzlich katalytisch aktive Komponenten eingebracht. Der Zeitverzug beim Aufheizen des Katalysators entfällt dadurch. Die Anforderung an eine äußerst niedrige Anspringtemperatur der katalytischen Schicht auf dem Adsorber besteht jedoch weiterhin. Da die Lücke zwischen Desorption und Anspringen dennoch nicht vollständig geschlossen werden kann, ist ein maximaler Wirkungsgrad von 50 % bezogen auf die Kaltstart-HC-Emission zu erwarten. Das Hauptproblem, das einer Serieneinführung noch im Wege steht, ist die ungenügende Dauerstandfestigkeit der Adsorber-Katalysator-Kombination.

Kombination von HC-Adsorber und elektrisch beheiztem Katalysator

Eine effektive Lösung für das Schließen der Lücke zwischen Desorption des Adsorbers und Anspringen des Katalysators ist die Kombination aus einem HC-Adsorber und einem elektrisch beheizten Katalysator. Während der Adsorber die Kaltstart-HC-Emissionen adsorbiert, kann ein stromabwärts gelegener elektrisch heizbarer Katalysator zunächst den Hauptkatalysator aktivieren. Die erforderliche elektrische Leistung des Heizelementes ist geringer als ohne HC-Adsorber, da hier die notwendige Aufheizgeschwindigkeit geringer ist. Wenn schließlich die Desorptionstemperatur des Adsorbers überschritten wird, steht ein ausreichend aktives Katalysatorvolumen für die Konversion der desorbierten HC zur Verfügung. Dieses System stellt ein Maximum an Aufwand dar, welches deshalb aktuell nur für spezielle Anwendungen mit geringer Stückzahl in Frage kommt.

Literatur

[1] Konrad Reif: *Automobilelektronik – Eine Einführung für Ingenieure.* 5., überarbeitete Auflage, Springer Vieweg Verlag, Wiesbaden 2015, ISBN 978-3-658-05047-4

[2] Konrad Reif (Hrsg.): *Dieselmotor-Management: Systeme, Komponenten, Steuerung und Regelung.* 5., überarbeitete und erweiterte Auflage, Springer Vieweg, Wiesbaden 2012, ISBN 978-3-8348-1715-0

Sensoren

Sensoren erfassen einerseits den Fahrerwunsch als Sollwert und andererseits den Betriebszustand des Motors. Dabei wandeln sie physikalische oder chemische Größen in elektrische Signale um, die vom Motorsteuergerät ausgewertet werden können.

Einsatz im Kraftfahrzeug

Sensoren und Aktoren bilden die Schnittstelle zwischen dem Fahrzeug mit seinen komplexen Antriebs-, Brems,- Fahrwerk- und Karosseriefunktionen und den elektronischen Steuergeräten als Verarbeitungseinheiten (z. B. Motorsteuerung, ESP, Klimasteuerung). Ein Sensorelement wandelt dabei die zu erfassende Größe in eine elektrische Größe wie z. B. eine Widerstands- oder Kapazitätsänderung um. In der Regel bereitet eine Auswerteschaltung im Sensor diese Größen in ein elektrisches Ausgangssignal auf, das vom Steuergerät eingelesen werden kann. Je nach Partitionierung der Funktionen werden unterschiedliche Integrationsstufen von Sensoren unterschieden (Bild 1).

Die Ausgangssignale von Sensoren beeinflussen direkt Leistung, Drehmoment und Emissionen des Motors, das Fahrverhalten und die Sicherheit des Fahrzeugs. Daraus ergibt sich die Forderung nach präzisen und zuverlässigen Sensoren, die auch unter extremen Einsatzbedingungen sicher funktionieren:

- typischer Temperaturbereich –40 ... +140 °C, teilweise bis 150 °C, im Abgasbereich bis 1 000 °C,
- Schüttelbeanspruchung über einen weiten Frequenzbereich mit Beschleunigungsamplituden bis zu 70 *g*,
- aggressive Umgebungsbedingungen hervorgerufen durch Wasser, Salz, Kraftstoff und Abgase,
- hohe elektromagnetische Einstrahlung und Einkopplung über den Kabelbaum.

Mit der Funktionalität des Motormanagements steigt der Umfang beteiligter Sensoren. Sensoren müssen deshalb zum einen geringe Abmessungen und Leistungsaufnahmen besitzen und zum anderen zu geringen Preisen verfügbar sein. Eine Möglichkeit, diese Anforderungen zu erfüllen, bietet die Mikromechanik, weshalb viele der derzeit

1 Integrationsstufen von Sensoren

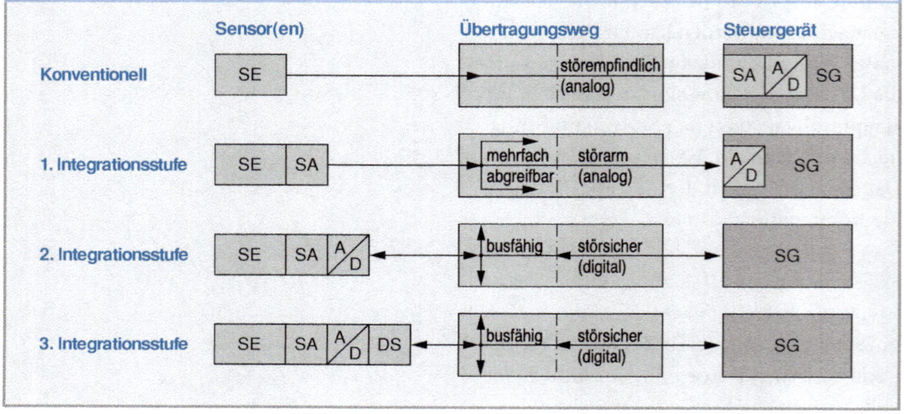

Bild 1
SE Sensorelement
SA analoge Signalaufbereitung
A/D Analog-Digital-Wandler
DS digitale Signalverarbeitung
SG Steuergerät

eingesetzten Sensoren mikromechanische Sensoren sind. Durch eine Integration mikromechanischer Sensorelemente und mikroelektronischer Auswerteschaltungen können Sensorelement, Signalaufbereitung, Analog-Digital-Wandlung und Selbstkalibrierungsfunktionen kostengünstig in einem Chip integriert werden.

Durch die Kombination verschiedener Sensoren, wie z. B. Druck-, Feuchte-, Temperatur- und Durchflusssensoren, in so genannten Sensormodulen ergeben sich darüber hinaus Synergieeffekte hinsichtlich Funktion, Bauraum und Kommunikation vom Sensormodul zum Steuergerät.

Temperatursensoren

Beim Motormanagement kommt eine Vielzahl von Temperatursensoren zum Einsatz. Die wichtigsten Sensorgruppen werden im Folgenden beschrieben.

Anwendung

Motortemperatursensor

Dieser Sensor ist im Kühlmittelkreislauf eingebaut (Bild 2), um für die Motorsteuerung von der Kühlmitteltemperatur auf die Motortemperatur schließen zu können (Messbereich –40 ... +130 °C).

Lufttemperatursensor

Dieser Sensor erfasst die Ansauglufttemperatur im Ansaugtrakt, mit der sich in Verbindung mit einem Ladedrucksensor die angesaugte Luftmasse berechnen lässt. Außerdem können Sollwerte für Regelkreise (z. B. Abgasrückführung, Ladedruckregelung) an die Lufttemperatur angepasst werden (Messbereich –40 ... +130 °C).

Motoröltemperatursensor

Das Signal des Motoröltemperatursensors wird unter anderem bei der Berechnung des

2 Kühlmitteltemperatursensor

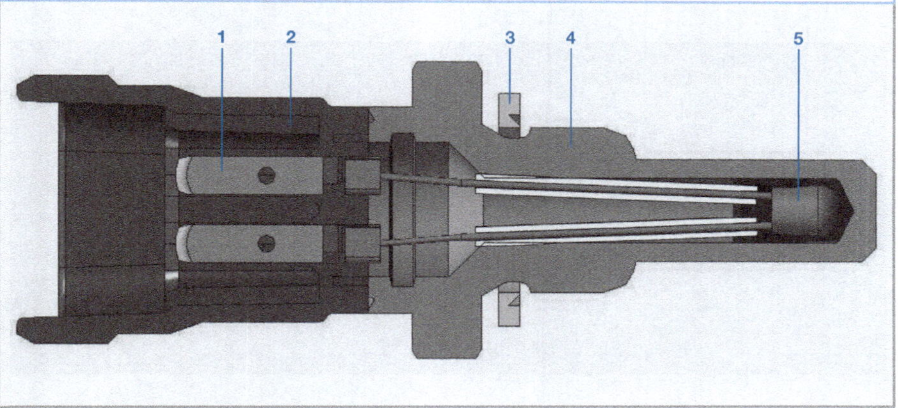

Bild 2
1 elektrischer Anschluss
2 Gehäuse
3 Dichtring
4 Einschraubgewinde
5 Messwiderstand

Service-Intervalls verwendet (Messbereich –40 … +170 °C).

Kraftstofftemperatursensor

Er ist z. B. im Dieselkraftstoff-Niederdruckteil eingebaut. Mit der Kraftstofftemperatur kann die eingespritzte Kraftstoffmenge genau berechnet und Dichteschwakungen entsprechend korrigiert werden (Messbereich –40 … +120 °C).

Abgastemperatursensor

Dieser Sensor wird an temperaturkritischen Stellen im Abgassystem montiert. Er wird für die Regelung der Systeme zur Abgasnachbehandlung eingesetzt. Der Messwiderstand besteht meist aus Platin (Messbereich –40 … +1 000 °C).

Temperatursensoren in Sensormodulen

Oft wird der Temperatursensor mit anderen Sensoren in Sensormodulen verbaut. Beispielsweise werden Drucksensoren in Kombination mit Temperatursensoren angeboten. Es ergeben sich Synergien hinsichtlich des mechanischen Aufbaus und der elektrischen Kontaktierung.

3 Kennlinie eines NTC-Sensors

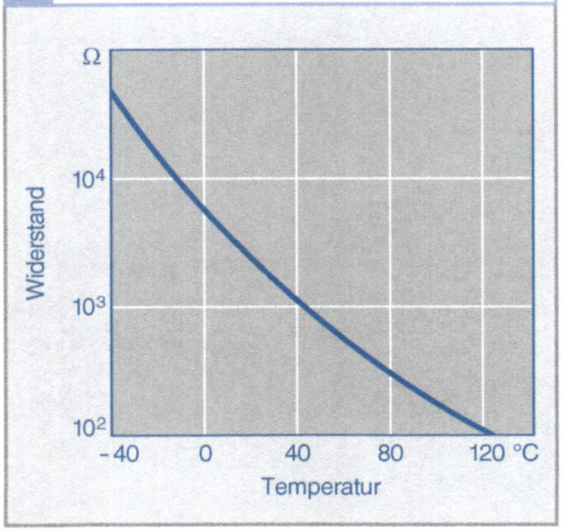

Aufbau und Arbeitsweise

Temperatursensoren werden je nach Anwendungsgebiet in unterschiedlichen Bauformen angeboten. In einem Gehäuse ist ein temperaturabhängiger Messwiderstand aus Halbleitermaterial eingebaut. Dieser hat üblicherweise einen negativen Temperaturkoeffizienten (NTC, Negative Temperature Coefficient, **Bild 3**). Sein Widerstand verringert sich bei steigender Temperatur stark.

Der Messwiderstand ist Teil einer Spannungsteilerschaltung, die mit einer Referenzspannung versorgt wird. Die am Messwiderstand gemessene Spannung ist damit temperaturabhängig. Sie wird im Steuergerät über einen Analog-Digital-Wandler eingelesen und ist ein Maß für die Temperatur am Sensor. Im Motorsteuergerät ist eine Kennlinie gespeichert, die der Ausgangspannung eine entsprechende Temperatur zuweist.

Motordrehzahlsensoren

Anwendung

Motordrehzahlsensoren, auch Drehzahlgeber genannt, werden beim Motor-Management eingesetzt zum

- Messen der Motordrehzahl,
- Ermitteln der Winkellage der Kurbelwelle (Stellung der Motorkolben),
- Ermitteln der Arbeitsspielposition von 4-Takt-Motoren (0–720 ° Kurbelwellenwinkel) durch Lageerkennung der Nockenwelle in Bezug zur Kurbelwelle,
- Notbetrieb des Motors bei Ausfall des Phasengebers.

Über Impulsräder werden magnetische Feldänderungen erzeugt. Mit steigender Drehzahl steigt die Anzahl der erzeugten Impulse. Die Drehzahl wird im Steuergerät über den Zeitabstand zweier Impulse berechnet.

Induktive Drehzahlsensoren

Aufbau und Arbeitsweise

Der Sensor ist – durch einen Luftspalt getrennt – direkt gegenüber einem ferromagnetischen Impulsrad montiert (Bild 4, Pos. 7). Er enthält einen Weicheisenkern (Polstift, Pos. 4), der von einer Wicklung (5) umgeben ist. Der Polstift ist mit einem Dauermagneten (1) verbunden. Der magnetische Fluss erstreckt sich über den Polstift bis hinein in das Impulsrad. Der magnetische Fluss durch die Spule hängt davon ab, ob dem Sensor eine Lücke oder ein Zahn des Impulsrads gegenübersteht. Ein Zahn bündelt den Streufluss des Magneten. Es kommt zu einer Verstärkung des Magnetflusses durch die Spule. Eine Lücke dagegen schwächt den Magnetfluss. Diese Magnetflussänderungen induzieren beim Drehen des Impulsrads in der Spule eine zur Änderungsgeschwindigkeit und damit zur Motordrehzahl proportionale periodische Ausgangsspannung

4 Aufbau induktiver Drehzahlgeber

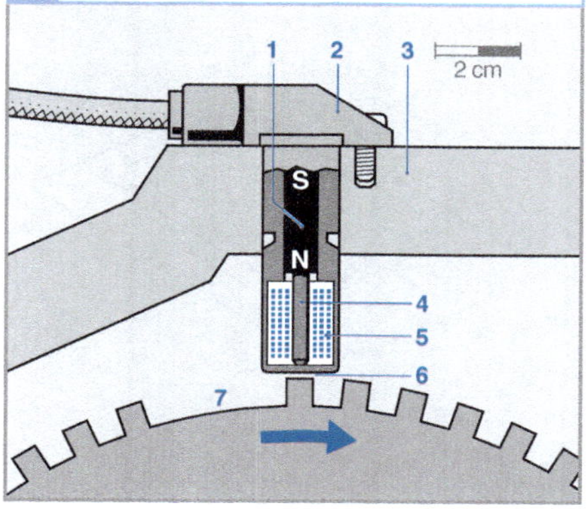

Bild 4
1 Dauermagnet
2 Sensorgehäuse
3 Motorgehäuse
4 Polstift
5 Wicklung
6 Luftspalt
7 Impulsrad mit Bezugsmarke
N Nordpol des Dauermagneten
S Südpol des Dauermagneten

(Bild 5). Die Amplitude der Wechselspannung wächst mit steigender Drehzahl stark an (von wenigen Millivolt bis über hundert Volt). Eine ausreichende Amplitude ist ab einer Mindestdrehzahl von ca. 20 Umdrehungen pro Minute vorhanden.

Die Anzahl der Zähne des Impulsrads hängt vom Anwendungsfall ab. Für die Motorsteuerung kommen Impulsräder mit 60er-Teilung zum Einsatz, wobei zwei Zähne ausgelassen sind (siehe Bild 4, Pos. 7). Das Impulsrad hat somit 60 – 2 = 58 Zähne. Die Lücke bei den fehlenden Zähnen stellt eine

5 Signal eines induktiven Motordrehzahlsensors

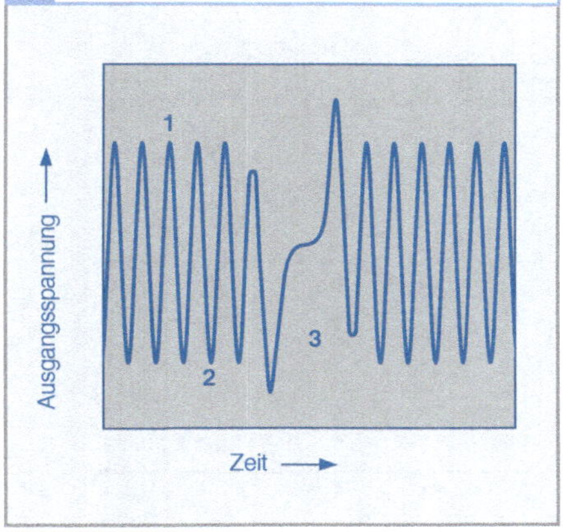

Bild 5
1 Zahn
2 Zahnlücke
3 Bezugsmarke

6 Hall-Sensorelement

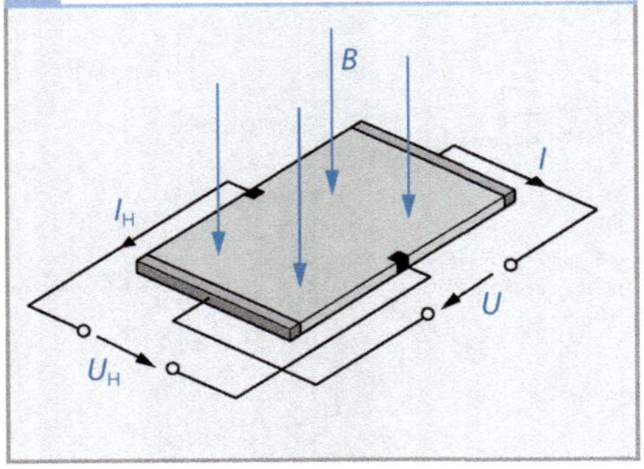

Bild 6
B Flussdichte
I Versorgungsstrom
U Versorgungsspannung
I_H Hall-Strom
U_H Hall-Spannung

Bezugsmarke dar und ist einer definierten Kurbelwellenstellung zugeordnet. Sie dient zur Synchronisation des Steuergeräts.

Zahn- und Polgeometrie müssen aneinander angepasst sein. Eine Auswerteschaltung im Steuergerät formt die sinusähnliche Spannung mit stark unterschiedlicher Amplitude in eine Rechteckspannung mit konstanter Amplitude um. Dieses Signal wird im Mikrocontroller des Steuergeräts ausgewertet.

Bild 7
a Anordnung
b Signal des Hall-Sensors
c Ausgangssignal
1 Magnet (N Nordpol, S Südpol)
2, 3 Hall-Sensoren
4 Impulsrad
5 Flanke
6 große Amplitude bei kleinem Luftspalt
7 kleine Amplitude bei großem Luftspalt

7 Prinzip eines Differential-Hall-Sensors

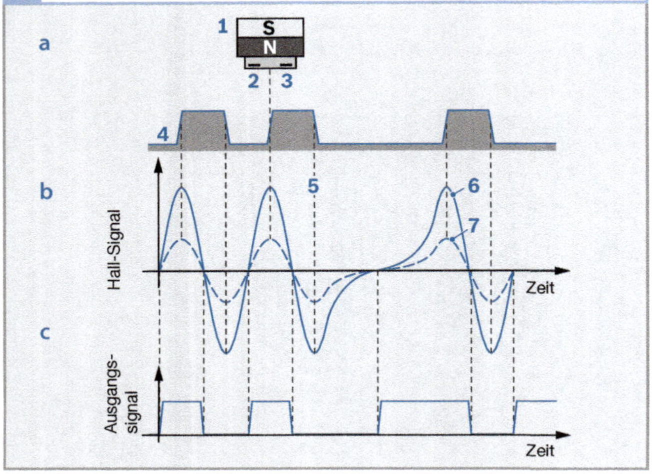

Aktive Drehzahlsensoren

Aktive Drehzahlsensoren arbeiten nach dem magnetostatischen Prinzip. Damit ist eine Drehzahlerfassung auch bei sehr kleinen Drehzahlen möglich. Es erfolgt also eine quasistatische Drehzahlerfassung. Das aufgenommene Rohsignal wird durch eine Auswerteschaltung im Sensor aufbereitet, die Amplitude des Ausgangssignals ist damit nicht von der Drehzahl abhängig.

Differential-Hall-Sensor

An einem stromdurchflossenen Plättchen, das senkrecht von einer magnetischen Induktion *B* durchsetzt wird, kann quer zur Stromrichtung eine zum Magnetfeld proportionale Spannung U_H (Hall-Spannung) abgegriffen werden (Bild 6). Beim Differential-Hall-Sensor wird das Magnetfeld von einem Permanentmagneten im Sensor erzeugt (Bild 7, Pos. 1). Zwischen dem Magneten und dem Impulsrad (4) befinden sich zwei Hall-Sensorelemente (2 und 3). Der magnetische Fluss, von dem diese durchsetzt werden, hängt davon ab, ob dem Drehzahlsensor ein Zahn oder eine Lücke gegenübersteht. Mit Differenzbildung der Signale aus beiden Sensoren wird eine Reduzierung magnetischer Störsignale und ein verbessertes Signal-Rausch-Verhältnis erreicht.

Die Flanken des Sensorsignals können ohne Digitalisierung direkt im Steuergerät verarbeitet werden. Anstelle des ferromagnetischen Impulsrads werden auch Multipolräder eingesetzt (Bild 8). Hier ist auf einem nichtmagnetischen metallischen Träger ein magnetisierbarer Kunststoff aufgebracht und wechselweise magnetisiert. Diese Nord- und Südpole übernehmen die Funktion der Zähne des Impulsrads. Bei Einsatz eines Multipol-Geberrades werden keine Permanent-Magnete im Sensor benötigt.

8 Drehzahlmessung mit Multipol-Geberrad

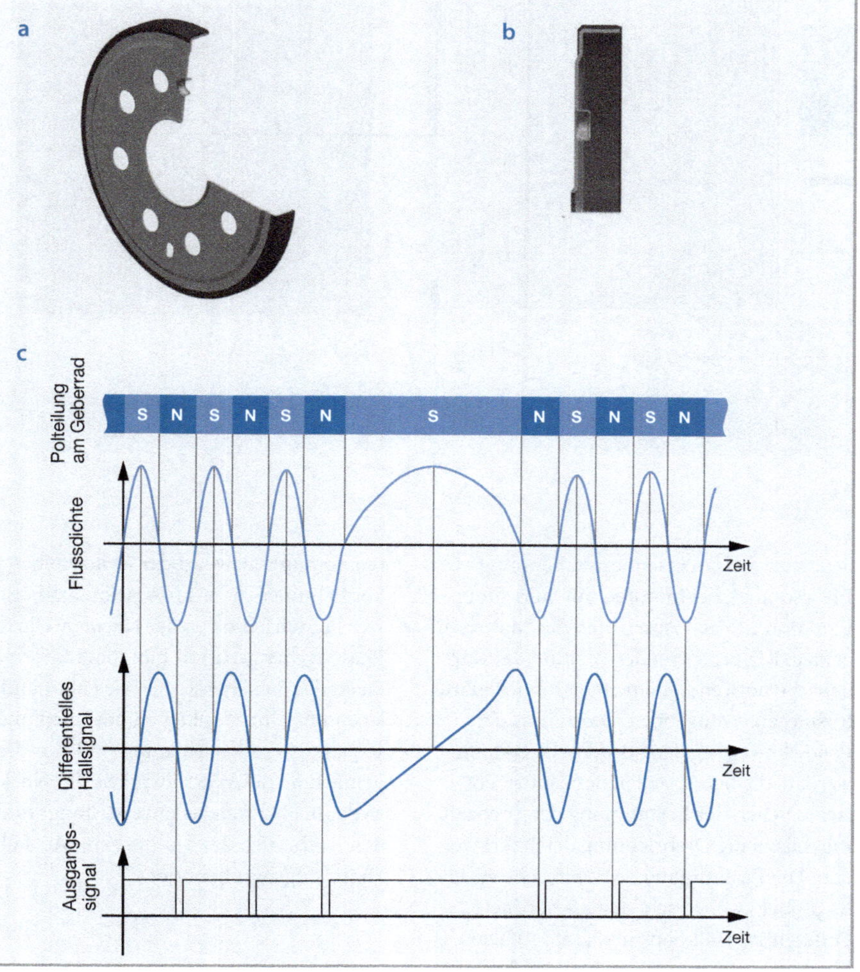

Bild 8
a, b Multipol-Geberrad
c Sensorsignale

AMR-Sensoren

Der elektrische Widerstand von magnetoresistivem Material ist anisotrop. Das heißt, er hängt von der Richtung des ihm ausgesetzten Magnetfelds ab. Diese Eigenschaft wird im AMR-Sensor (Anisotropic Magnetoresistance Sensor) ausgenutzt. Der Sensor sitzt zwischen einem Magneten und dem Impulsrad. Die Feldlinien ändern ihre Richtung, wenn sich das Impulsrad dreht. Daraus ergibt sich eine sinusförmige Spannung, die in einer Auswerteschaltung im Sensor verstärkt und in ein Rechtecksignal umgewandelt wird.

9 Prinzip der Drehzahlerfassung mit Richtungserkennung

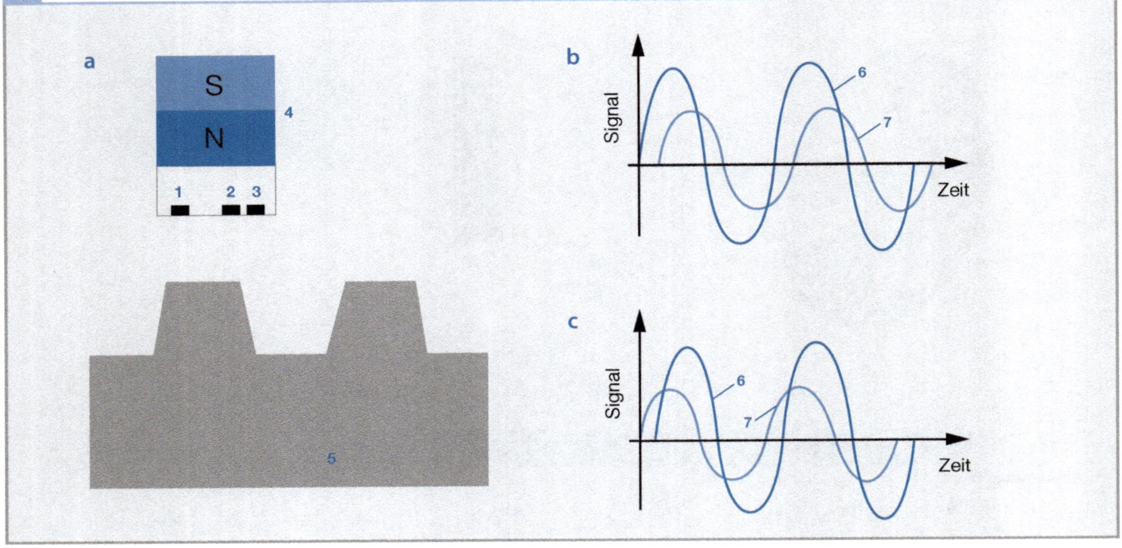

Bild 9
- a Anordnung
- b Sensorsignale bei Drehrichtung vorwärts
- c Sensorsignale bei Drehrichtung rückwärts

- 1, 2, 3 Hall-Sensoren (der erste Differential-Hall-Sensor besteht aus den Hall-Sensoren 1 und 2, der zweite Differential-Hall-Sensor besteht aus den Hall-Sensoren 2 und 3)
- 4 Permanentmagnet
- 5 Impulsrad
- 6 Signal des ersten Differential-Hall-Sensors
- 7 Signal des zweiten Differential-Hall-Sensors

Sensoren mit Drehrichtungserkennung

Insbesondere bei Motoren mit Start-Stopp-Funktion ist nach Abschalten des Motors die genaue Kenntnis von der Position der Kurbelwelle notwendig, um einen schnellen Motorstart zu ermöglichen. Dazu muss eine Pendelbewegung der Kurbelwelle erkannt werden, die bei Abstellen des Motors entsteht. Neben der Bestimmung der Drehzahl muss dazu die Drehrichtung detektiert werden. Die Bestimmung der Drehrichtung erfolgt über zwei verschoben angeordnete Differential-Hall-Sensoren (Bild 9). Die Phasenverschiebung zwischen den beiden Signalen gibt die Drehrichtung an. Beide Sensorelemente sind in einem Gehäuse untergebracht.

Hall-Phasensensoren

Anwendung

Die Nockenwelle ist bei 4-Takt-Motoren gegenüber der Kurbelwelle um 1:2 untersetzt. Ihre Stellung zeigt an, ob sich ein zum oberen Totpunkt bewegender Motorkolben im Verdichtungs- oder im Ausstoßtakt befindet. Der Phasensensor an der Nockenwelle (auch Phasengeber genannt) gibt diese Information an das Steuergerät. Sie wird bei Zündanlagen mit Einzelfunken-Zündspulen und mit sequentieller Einspritzung (SEFI) für die Ermittlung des Verstellwinkels der Nockenwelle (bei Nockenwellenverstellung) und für den Notbetrieb des Motors beim Ausfall des Drehzahlgebers benötigt.

10 Phasengeber (Aufbau)

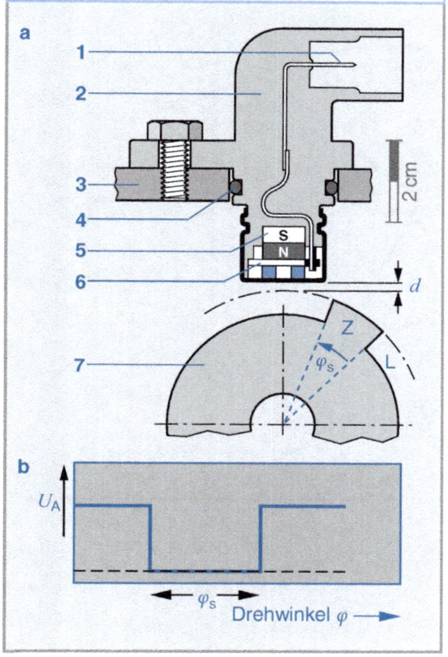

Bild 10

a Positionierung von Sensor und Impulsrad
b Ausgangsspannungsverlauf U_A

1 elektrischer Anschluss (Stecker)
2 Sensorgehäuse
3 Motorgehäuse
4 Dichtring
5 Dauermagnet
6 Hall-IC
7 Impulsrad mit Zahn (Z) und Lücke (L)
d Luftspalt
φ Drehwinkel
φ_S vom Zahn überdeckter Winkel
U_A Ausgangsspannung

Aufbau und Arbeitsweise

Hallsensoren (Bild 10) nutzen den Hall-Effekt: Mit der Nockenwelle rotiert ein Impulsrad (Bild 10, Pos. 7) mit Zähnen, Segmenten oder einer Lochblende aus ferromagnetischem Material. Der Hall-IC (6) befindet sich zwischen Rotor und einem Dauermagneten (5), der ein Magnetfeld senkrecht zum Hall-Element liefert.

Passiert ein Zahn (Z) das stromdurchflossene Sensorelement (Halbleiterplättchen) des Phasengebers, verändert er die Feldstärke des Magnetfelds senkrecht zum Hall-Element. Dadurch entsteht ein Spannungssignal (eine Hall-Spannung), das unabhängig von der Relativgeschwindigkeit zwischen dem Sensor und dem Impulsrad ist. Die im Hall-IC integrierte Auswerteelektronik des Sensors bereitet das Signal auf und gibt es als Rechtecksignal aus (Bild 10).

Der in Bild 10 gezeigte Sensor kann beliebig um die Sensorachse gedreht werden, ohne an Genauigkeit zu verlieren. Durch diese flexibel drehbare Einbaulage (Twist Insensitive Mounting) kann er mit der gleichen Geometrie und den gleichen Befestigungsflanschen in unterschiedlichen Anwendungen und Einbausituationen verbaut werden, die Variantenvielfalt wird reduziert.

Außerdem erkennt der Sensor in Bild 10 direkt beim Einschalten, ob er über einem Zahn oder einer Lücke steht. Diese Eigenschaft wird „True Power on" genannt. Sie reduziert Synchronisierzeiten zwischen Kurbelwellen- und Nockenwellensignal, was insbesondere bei Start-Stopp-Systemen von Bedeutung ist.

11 Heißfilm-Luftmassenmesser (Messprinzip)

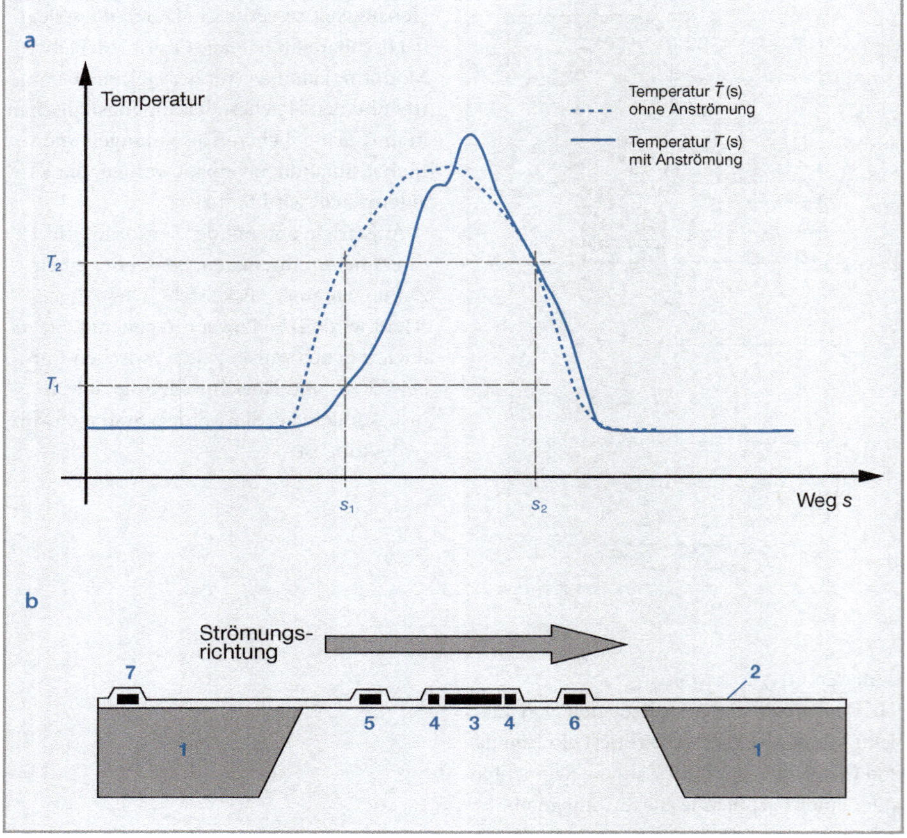

Bild 11
a Temperaturprofil entlang der Strömungsrichtung
b Querschnitt durch das mikromechanische Sensorelement

1 Siliziumrahmen
2 Membran
3 Heizwiderstand
4 Heizungstemperatursensor
5, 6 Temperatursensoren
7 Ansauglufttemperatursensor

Heißfilm-Luftmassenmesser

Anwendung

Eine genaue Vorsteuerung des Luft-Kraftstoff-Verhältnisses setzt voraus, dass die im jeweiligen Betriebszustand zugeführte Luftmasse präzise bestimmt wird. Zu diesem Zweck misst der Heißfilm-Luftmassenmesser einen Teilstrom des tatsächlich angesaugten Luftmassenstroms. Er berücksichtigt auch die durch das Öffnen und Schließen der Ein- und Auslassventile hervorgerufenen Pulsationen und Rückströmungen. Änderungen der Ansauglufttemperatur oder des Luftdrucks haben keinen Einfluss auf die Messgenauigkeit.

Aufbau und Arbeitsweise

Heißfilm-Luftmassenmesser (HFM) arbeiten nach einem thermischen Messprinzip. Der Heißfilm-Luftmassenmesser in Bild 11b enthält ein mikromechanisches Sensorelement, das auf einem Silizium-Rahmen (1) eine Sensor-Membran (2) aufspannt. In der Mitte der Sensor-Membran befindet sich ein Heizbereich, der mit Hilfe eines Heizwiderstands (3) und eines Temperaturfühlers (4) auf eine Temperatur geregelt wird, die deut-

12 Kennlinie eines Heißfilm-Luftmassenmessers

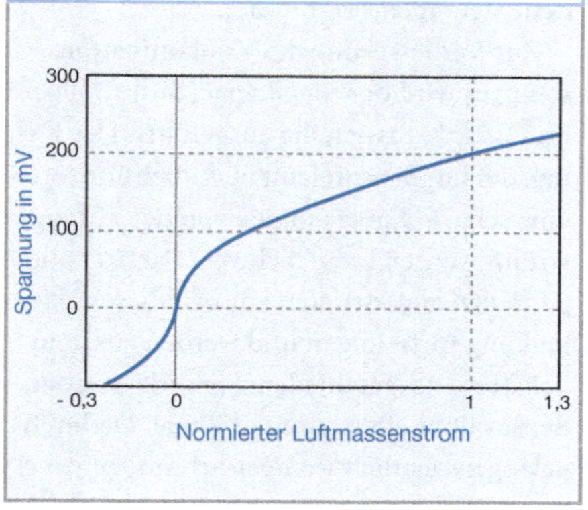

13 Heißfilm-Luftmassenmesser

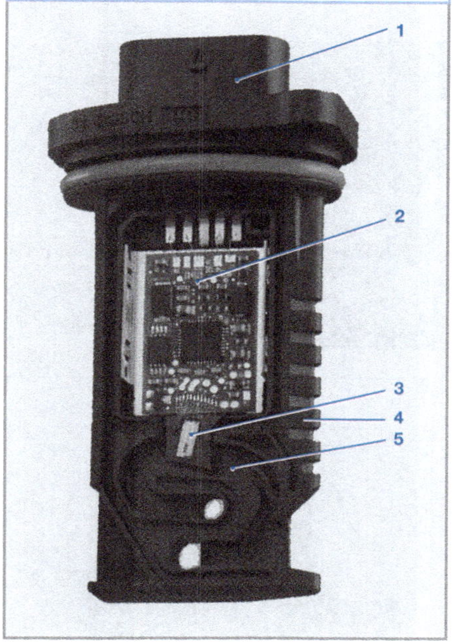

Bild 13
1 elektrische Anschlüsse (Stecker)
2 Auswerteelektronik
3 Sensorelement
4 Sensorgehäuse
5 Messkanal

lich über der Temperatur der Ansaugluft liegt. Ein auf dem Silizium-Rahmen liegender Temperatursensor (7) erfasst die Temperatur der angesaugten Luft als Referenz. Durch die implementierte analoge Regelung wird die Membran auf eine Temperatur geregelt, die ca. 100 K höher ist als die angesaugte Luft.

Ohne Anströmung fällt die Temperatur $\tilde{T}$ vom Heizbereich zu den Membranrändern hin symmetrisch ab (Bild 11a). Stromauf und stromab des Heizbereichs befinden sich Messpunkte s_1 und s_2, die in diesem Fall auf demselben Temperaturniveau liegen, d. h.

$$\tilde{T}(s_1) = \tilde{T}(s_2) = T_2 .$$

Mit der Anströmung wird durch die Wärmeübertragung von der heißen Membran an den kälteren Luftmassenstrom der stromauf des Heizbereiches liegende Teil der Membran abgekühlt und die Temperatur an der Stelle s_1 sinkt auf $T(s_1) = T_1$, wie Bild 11a zeigt. Die vorbeiströmende Luft heizt sich über dem Heizbereich auf. Der stromab liegende Temperaturfühler behält durch die Erwärmung der Luft im Heizbereich seine Temperatur $T(s_2) = T_2$ näherungsweise bei. Die Temperaturfühler weisen damit eine Temperaturdifferenz auf, die in Betrag und Richtung von der Anströmung abhängt. Die Temperaturdifferenz wird über eine Messbrücke erfasst und repräsentiert die Luftmasseninformation. Die Ausgangsspannung ist in Bild 12 als Funktion des Luftmassenstroms dargestellt.

Auf Grund der sehr dünnen mikromechanischen Membran reagiert der Sensor sehr schnell auf Veränderungen (die Zeitkonstante liegt unter 15 ms). Dies ist besonders bei stark pulsierenden Luftströmungen wichtig. Eine Kontamination der Sensormembran mit Staub, Schmutzwasser oder Öl führt zu Fehlanzeigen der Luftmasse und muss deshalb vermieden werden.

Der Heißfilm-Luftmassenmesser in Bild 13 ragt mit seinem Gehäuse in ein Messrohr, das je nach der für den Motor benötigten Luftmasse unterschiedliche Durchmesser haben kann. In den Sensor ist ein Elektronikmodul integriert, das die Auswerteelektronik (2) und das mikromechanische Sensorelement (3) trägt. Die Auswerteelekt-

14 Messkanal des Heißfilm-Luftmassenmessers

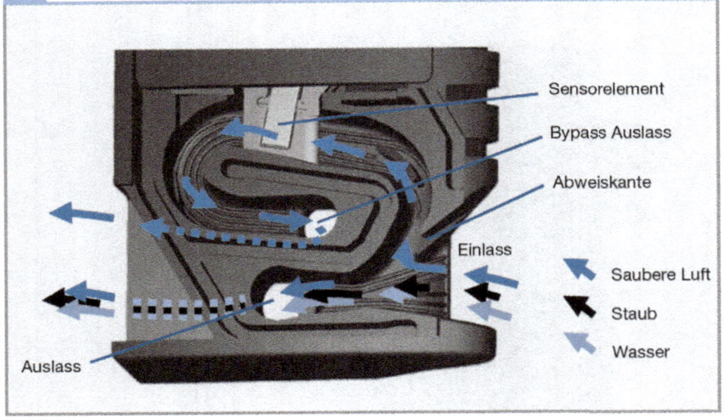

15 Heißfilm-Luftmassenmesser als Sensormodul

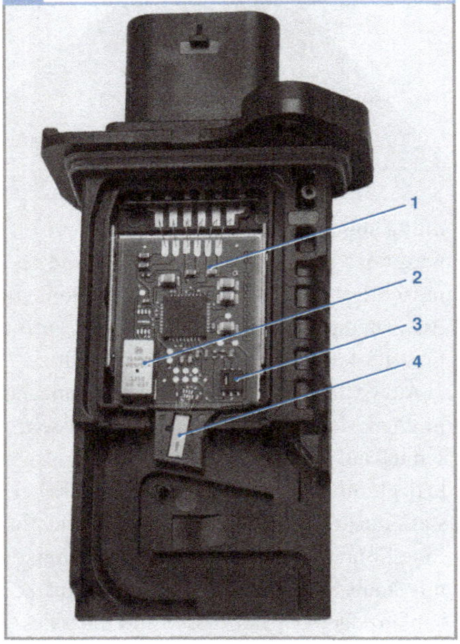

Bild 15
1 Standard-Heißfilm-Luftmassenmesser
2 Drucksensor
3 Feuchtesensor
4 Sensorelement mit integriertem Temperatursensor

ronik ist über elektrische Anschlüsse (1) mit dem Steuergerät verbunden.

Zur Verbesserung des Kontaminationsschutzes wird der Messkanal (Bild 13, Pos. 5 und Bild 14) zweiteilig ausgeführt. Der Kanal, der am Sensorelement vorbeiführt, weist eine scharfe Kante auf, die von der Luft umströmt werden muss. Schwere Partikel und Schmutzwassertropfen können dieser Umlenkung nicht folgen und werden aus dem Teilstrom ausgeschieden. Sie verlassen den Sensor über einen zweiten Kanal. Dadurch gelangen deutlich weniger Schmutzpartikel und Tropfen zum Sensorelement, sodass die Kontamination reduziert wird und die Lebensdauer des Luftmassenmessers auch bei Betrieb mit kontaminierter Luft deutlich verlängert wird.

Der Heißfilm-Luftmassenmesser als Sensormodul

Der Heißfilm-Luftmassenmesser wird bei einigen Anwendungen als Sensormodul verwendet (Bild 15), das den Luftmassenstrom, den Ansaugdruck, die Ansaugtemperatur und die Luftfeuchte der Ansaugluft bestimmt. Damit werden im Luftmassenmesser alle für die Füllungserfassung und Füllungsdiagnose relevanten Größen bestimmt.

16 Signale des Klopfsensors

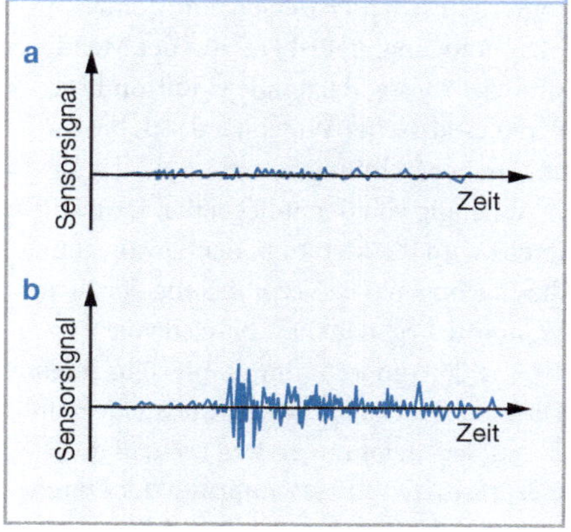

Bild 16
a ohne Klopfen
b mit Klopfen

17 Klopfsensor (Aufbau und Anbau)

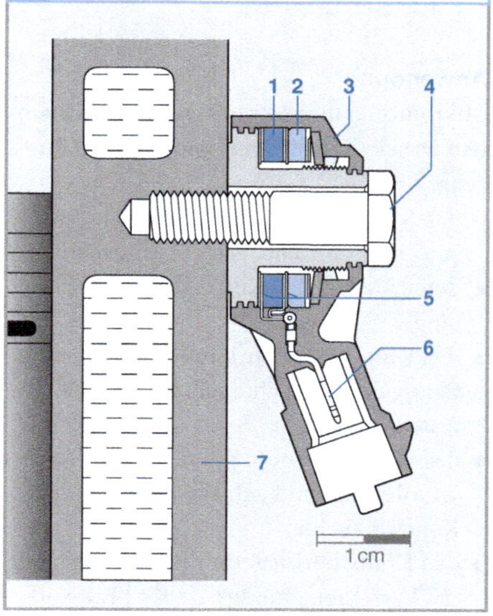

Bild 17
1 Piezokeramik
2 seismische Masse
3 Gehäuse
4 Schraube
5 Kontaktierung
6 elektrischer Anschluss
7 Motorblock

Piezoelektrische Klopfsensoren

Anwendung

Klopfsensoren sind vom Funktionsprinzip Vibrationssensoren und eignen sich zum Erfassen von Körperschallschwingungen. Diese treten z. B. in Ottomotoren bei unkontrollierten Verbrennungen als „Klopfen" auf. Sie werden vom Klopfsensor in elektrische Signale umgewandelt (Bild 16) und dem Motorsteuergerät zugeführt, das durch Verstellen des Zündwinkels dem Motorklopfen entgegenwirkt.

Aufbau und Arbeitsweise

Eine vom Gehäuse entkoppelte (seismische) Masse (Bild 17, Pos. 2) übt aufgrund ihrer Trägheit Druckkräfte im Rhythmus der anregenden Schwingungen auf eine ringförmige Piezokeramik (1) aus. Diese Kräfte bewirken innerhalb der Keramik eine Ladungsverschiebung.Zwischen der Keramikober- und -unterseite (bezogen auf die Richtung der Befestigungsschraube) entsteht eine elektrische Spannung, die über Kontaktscheiben (5) abgegriffen und im Motorsteuergerät weiterverarbeitet wird.

Anbau

Für 4-Zylinder-Motoren ist ein Klopfsensor ausreichend, um die Klopfsignale für alle Zylinder zu erfassen. Höhere Zylinderzahlen erfordern zwei oder mehr Klopfsensoren. Der Anbauort der Klopfsensoren am Motor ist so ausgewählt, dass das Klopfen aus jedem Zylinder sicher erkannt werden kann. Er liegt meist auf der Breitseite des Motorblocks. Die entstehenden Signale (Körperschallschwingungen) müssen vom Messort am Motorblock resonanzfrei in den Klopfsensor eingeleitet werden können. Hierzu ist eine feste Schraubverbindung mit einem definierten Drehmoment erforderlich. Die Auflagefläche und die Bohrung im Motor müssen eine vorgeschriebene Güte aufweisen und es dürfen keine Unterleg- oder Federscheiben zur Sicherung verwendet werden.

Mikromechanische Drucksensoren

Anwendung

Mikromechanische Drucksensoren erfassen den Druck verschiedener Medien im Fahrzeug, z. B.:

- den Saugrohrdruck, z. B. für die Lasterfassung in Motormanagementsystemen,
- den Ladedruck für die Ladedruckregelung,
- den Umgebungsdruck für die Berücksichtigung der Luftdichte z. B. in der Ladedruckregelung,
- den Öldruck für die Kontrolle der Motorschmierung (und ggf. Warnung über die Kontrollleuchte),
- den Kraftstoffdruck für die Überwachung des Verschmutzungsgrads des Kraftstofffilters und zur Erfassung des Füllstandes von Kraftstofftanks,
- den Differenzdruck, z. B. zur Überwachung des Beladungszustandes von Diesel-Partikelfiltern.

Arbeitsweise von Drucksensoren

Die Messzelle mikromechanischer Drucksensoren besteht aus einem Silizium-Chip (Bild 18a, Pos. 2), in den mit Hilfe von mikromechanischen Prozessen eine dünne Membran eingeätzt ist (1). Auf der Membran sind vier Messwiderstände eindiffundiert, deren elektrischer Widerstand sich bei mechanischer Dehnung ändert.

Abhängig von der anliegenden Druckdifferenz wird die Membran der Sensorzelle durchgebogen. Die Verschiebung der Membranmitte liegt dabei im Bereich von 10 … 1 000 µm und nimmt mit steigendem Differenzdruck zu. Die vier Messwiderstände auf der Membran ändern (gemäß dem piezoresistiven Effekt) aufgrund der Durchbiegung und den damit verbundenen mechanischen Dehnungen oder Stauchungen ihren elektrischen Widerstand.

Die Messwiderstände sind auf dem Silizium-Chip so angeordnet, dass der elektrische Widerstand von zwei Messwiderständen zunimmt und von den beiden anderen abnimmt. Sie werden als Brückenschaltung angeordnet (Bild 18b). Diese Messspannung U_M ist damit ein Maß für den an der Membran anliegenden Differenzdruck.

Die Elektronik für die Signalaufbereitung ist auf dem Chip integriert (Bild 19) und hat die Aufgabe, die Brückenspannung zu verstärken, Temperatureinflüsse zu kompensieren und die Druckkennlinie zu linearisieren. Die Ausgangsspannung liegt typischerweise im Bereich von 0 … 5 V und wird über elektrische Anschlüsse dem Motorsteuergerät zugeführt. Das Steuergerät berechnet aus dieser Ausgangsspannung den gemessenen Druck.

Drucksensoren zur Messung eines Absolutdruckes sind ähnlich aufgebaut wie Drucksensoren zur Differenzdruckmessung. Der zur Durchbiegung der Sensormembran erforderliche Differenzdruck ergibt sich in diesem Fall aus dem zu messenden Absolutdruck und einem Referenzvakuum. Das Referenzvakuum wurde in der Vergangen-

Bild 18
a Schnittbild
b Brückenschaltung

1 Membran
2 Silizium-Chip
3 Träger
p Messdruck
U_0 Versorgungsspannung
U_M Messspannung
R_1 Dehnwiderstand (gestaucht)
R_2 Dehnwiderstand (gedehnt)

18 Messzelle des Drucksensors

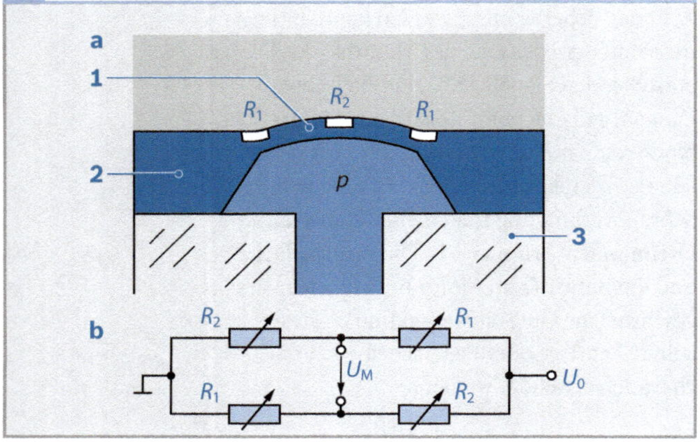

19 Mikromechanischer Drucksensor mit integrierter Auswerteelektronik

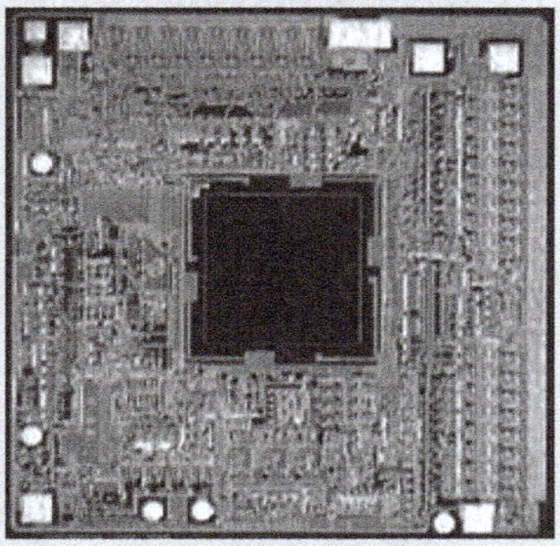

20 Mikromechanische Absolutdrucksensoren mit Referenzvakuum im Querschnitt

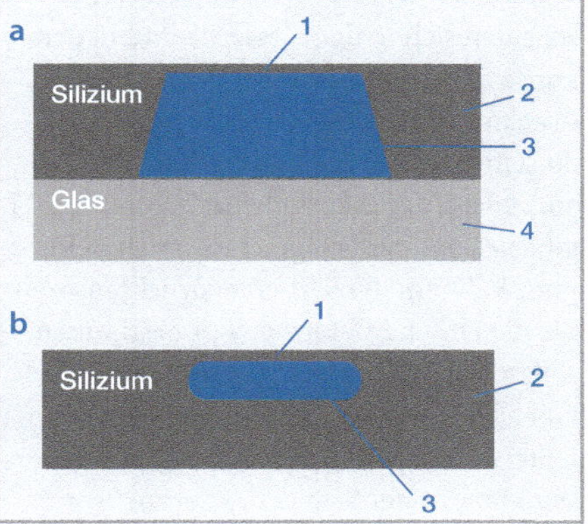

Bild 20
a Referenzvakuum in einer Kaverne
b Absolutdrucksensor in Oberflächen-Mikromechanik

1 Membran
2 Silizium-Chip
3 Referenzvakuum
4 Glasträger

heit in einem Sensorgehäuse mit Kappe realisiert. Ein erster Kostenfortschritt wurde durch Konzepte erreicht, die ein Referenzvakuum direkt unter der Sensormembran einschließen (Bild 20a). Bei aktuellen Absolutdrucksensoren wird die Sensormembran und das Referenzvakuum durch Prozesse der Oberflächen-Mikromechanik direkt auf dem Sensor-Chip realisiert (Bild 20b). Durch die höhere Integrationsdichte und die einfacheren Aufbau- und Verbindungsprozesse ergibt sich ein weiterer Kostenvorteil.

Aufbau von Drucksensoren

Der Aufbau der Drucksensoren ist abhängig von der jeweiligen Anwendung. Ausgangspunkt ist eine Messzelle (Bild 21). Die Kontakte des Sensor-Chips werden auf das Lead-Frame eines Premold-Gehäuses gebondet. Die so entstehende Messzelle wird in ein Gehäuse montiert, wobei die Kontaktierung von der Messzelle zu den Kontakten des Steckers über Bond- oder Schweißprozesse erfolgt. Nach Montage und Kontaktierung wird das Sensorgehäuse mit Deckeln verschlossen. Zur Steigerung der Sensor-Robustheit wird die Oberseite des Sensor-Chips mit einem speziellen Gel gegen Umwelteinflüsse geschützt.

21 Messzelle zur Absolutdruckmessung

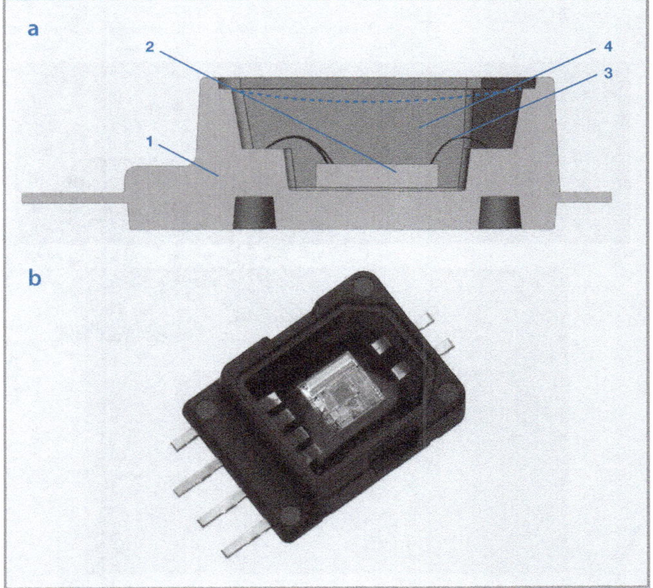

Bild 21
a Aufbau
b Ausführungsform

1 Premould-Gehäuse mit Lead-Frame
2 Sensor-Chip mit Auswerteschaltung
3 Dünndraht-Bond-Verbindung
4 Schutzgel

Absolutdrucksensoren (**Bild 22**) und Differenzdrucksensoren (**Bild 23**) unterscheiden sich in der Messzelle und in dem konstruktiven Aufbau. Bei der Absolutdruckmessung wird die Sensormembran einseitig mit dem zu messenden Druck beaufschlagt, der erforderliche Gegendruck ergibt sich aus dem eingeschlossenen Referenz-Vakuum. Bei Differenzdrucksensoren, die die Druckdifferenz $p_1 - p_2$ bestimmen sollen, wird der Druck p_1 zur Membran-Oberseite und der Druck p_2 zur Membran-Unterseite zugeführt. Weiteres Ziel der Konstruktion ist der Schutz des Sensors vor schädigenden Umwelteinflüssen, wobei hier ein Kompromiss zwischen geeigneter Zugänglichkeit für den Druck und Schutz des Sensors eingegangen werden muss.

Im Gehäuse des Drucksensors kann zusätzlich ein Temperatursensor integriert sein, dessen Signale unabhängig ausgewertet werden können.

22 Saugrohr-Drucksensor als Beispiel für einen Absolutdrucksensor (Aufbau)

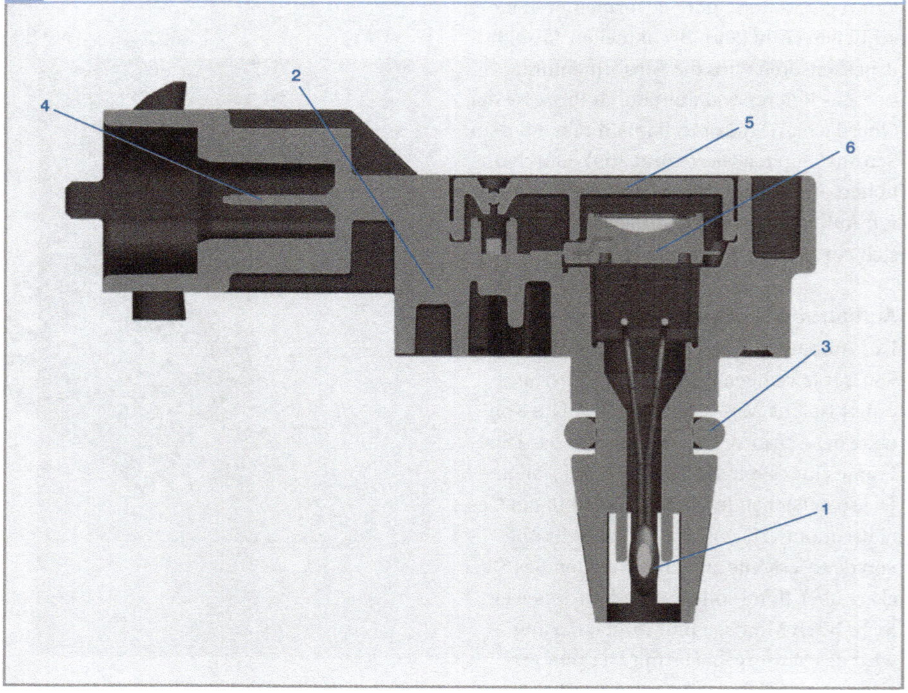

Bild 22
1 Temperatursensor (NTC)
2 Gehäuseunterteil
3 Dichtring
4 elektrischer Anschluss (Stecker)
5 Gehäusedeckel
6 Messzelle zur Absolutdruckmessung

23 Tankdrucksensor als Beispiel für einen Differenzdrucksensor (Aufbau)

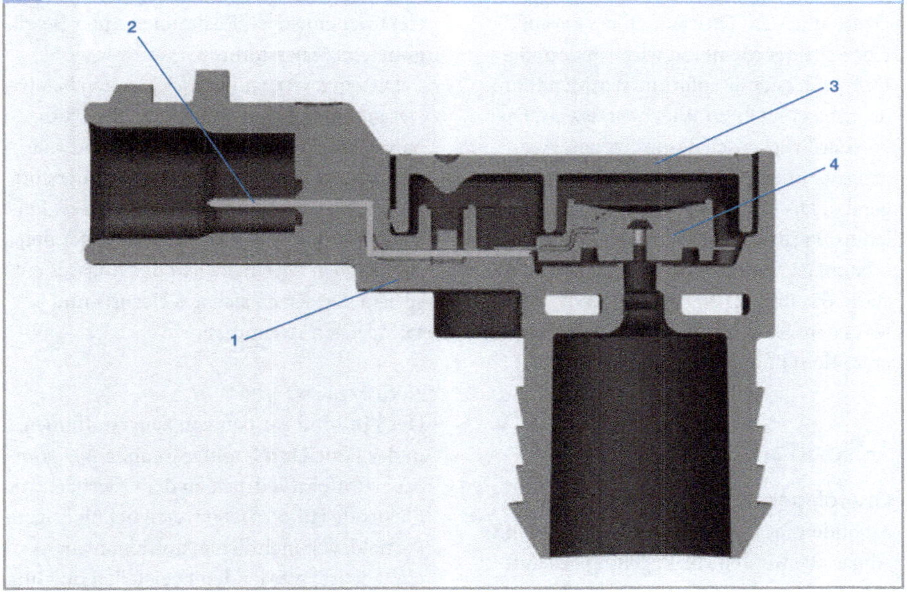

Bild 23
1 Gehäuseunterteil
2 elektrischer Anschluss (Stecker)
3 Gehäusedeckel
4 Messzelle zur Differenzdruckmessung

Hochdrucksensoren

Anwendung

Hochdrucksensoren werden im Kraftfahrzeug zur Messung von Kraftstoffdruck und Bremsflüssigkeitsdruck eingesetzt, z. B. als Raildrucksensor für ein Benzin-Direkteinspritzsystem (mit einem Druck bis 200 bar) oder für ein Dieseleinspritzsystem mit Common Rail (mit einem Druck bis 2 000 bar) und als Bremsflüssigkeitsdrucksensor im Hydroaggregat des elektronischen Stabilitätsprogramms (mit einem Druck bis 350 bar).

Aufbau und Arbeitsweise

Hochdrucksensoren arbeiten nach dem gleichen Prinzip wie mikromechanische Drucksensoren. Den Kern des Sensors bildet eine Stahlmembran, auf der Dehnwiderstände in Brückenschaltung aufgedampft sind (Bild 24, Pos. 3). Der Messbereich des Sensors hängt von der Dicke der Membran ab. Je dicker die

24 Hochdrucksensor

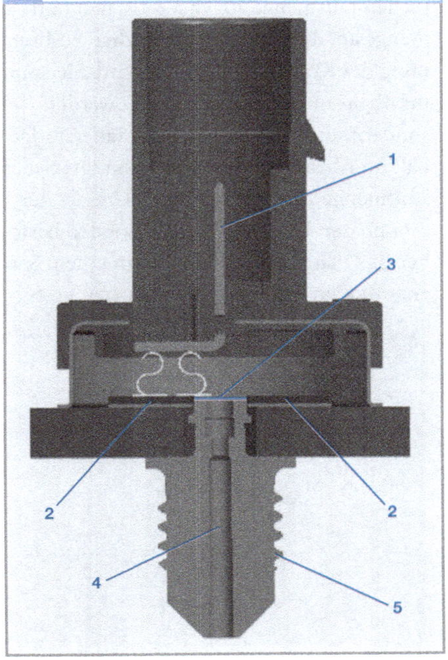

Bild 24
1 Elektrischer Anschluss (Stecker)
2 Auswerteschaltung
3 Stahlmembran mit Dehnwiderständen
4 Druckanschluss
5 Befestigungsgewinde

Membran ist, desto höhere Drücke können gemessen werden. Sobald der zu messende Druck über den Druckanschluss (4) auf die eine Seite der Membran wirkt, ändern die Dehnwiderstände aufgrund der Membrandurchbiegung ihren Widerstandswert. Die von der Brückenschaltung erzeugte Ausgangsspannung ist proportional zum anliegenden Druck. Sie wird über Verbindungsleitungen (Bonddrähte) zu einer Auswerteschaltung (2) im Sensor geleitet. Diese verstärkt das Brückensignal auf 0 ... 5 V und leitet es dem Steuergerät zu, das daraus mithilfe einer Kennlinie den Druck berechnet.

λ-Sonden

Grundlagen

λ-Sonden messen den Sauerstoffgehalt im Abgas. Sie werden zur Regelung des Luft-Kraftstoff-Verhältnisses in Kraftfahrzeugen eingesetzt. Der Name leitet sich von der Luftzahl λ ab. Sie gibt das Verhältnis der aktuellen Luftmenge zur theoretischen Luftmenge an, die für eine vollständige Verbrennung des Kraftstoffs benötigt wird. Sie kann im Abgas nicht direkt bestimmt werden, sondern nur indirekt über den Sauerstoffgehalt im Abgas oder über die benötigte Sauerstoffmenge zum vollständigen Umsatz der brennbaren Komponenten. λ-Sonden bestehen aus Platinelektroden, die auf einem Sauerstoffionen leitenden, keramischen Festelektrolyten (z. B. ZrO_2) angebracht sind. Das Signal von allen λ-Sonden beruht auf elektrochemischen Reaktionen unter Beteiligung von Sauerstoff.

Die eingesetzten Platinelektroden katalysieren die Reaktion von Resten der oxidierbaren Anteile im Angas (CO, H_2 und Kohlenwasserstoffe $C_xH_yO_z$) mit Restsauerstoff. λ-Sonden messen folglich nicht den realen Sauerstoff im Abgas, sondern den, der dem chemischen Gleichgewicht des Abgases entspricht. Sie setzen sich aus Nernst- und Pumpzellen zusammen.

25 Nernstzelle

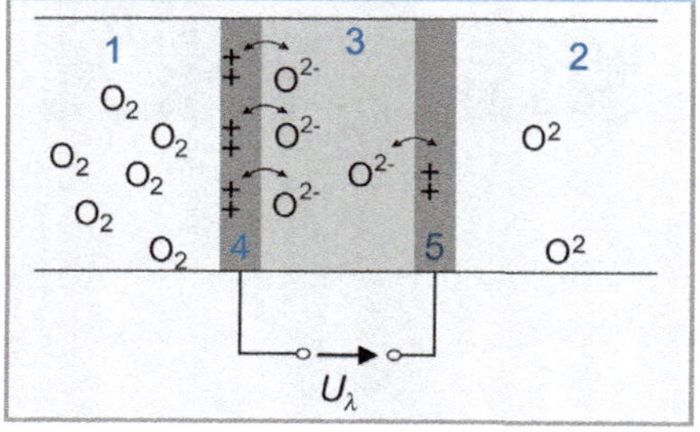

Bild 25
1 Referenzgas
2 Abgas
3 Festelektrolyt aus Y-dotiertem ZrO_2
4 Anode
5 Kathode
O^{2-} Sauerstoffion
U_λ Sondenspannung

Nernstzelle

Der Ein- und Ausbau von Sauerstoffionen in das Festelektrolytgitter ist abhängig vom Sauerstoffpartialdruck an der Oberfläche der Elektrode (Bild 25). So treten bei niedrigem Partialdruck mehr Sauerstoffionen aus als ein. Die frei werdenden Leerstellen im Gitter werden von nachrückenden Sauerstoffionen wieder besetzt. Aufgrund der dadurch resultierenden Ladungstrennung bei unterschiedlichen Sauerstoffpartialdrücken an den zwei Elektroden entsteht ein elektrisches Feld. Die elektrischen Feldkräfte drängen nachrückende Sauerstoffionen zurück und es bildet sich ein Gleichgewicht aus, dem die so genannte Nernstspannung entspricht.

Pumpzelle

Durch Anlegen einer Spannung, die kleiner oder größer als die sich ausbildende Nernstspannung ist, kann dieser Gleichgewichtszustand verändert und Sauerstoffionen aktiv durch die Keramik transportiert werden. Zwischen den Elektroden entsteht damit ein Strom, getragen von Sauerstoffionen. Entscheidend für die Richtung und Stärke ist dabei die Differenz zwischen angelegter Spannung U_P und sich ausbildender Nernstspannung. Dieser Vorgang wird elektrochemisches Pumpen genannt.

Zweipunkt-λ-Sonden

Anwendung

Zweipunkt-λ-Sonden zeigen an, ob ein fettes ($\lambda < 1$, Kraftstoffüberschuss) oder ein mageres Luft-Kraftstoff-Gemisch ($\lambda > 1$, Luftüberschuss) vorliegt. Mit ihrer Hilfe kann aufgrund des steilen Teils der Kennlinie der Sauerstoffpartialdruck von stöchiometrischen Luft-Kraftstoff-Gemischen sehr genau gemessen werden. Durch die Regelung der Kraftstoffmenge wird ein möglichst schadstoffarmes Abgas erzielt.

Wirkungsweise

Die Wirkungsweise beruht auf dem Prinzip einer Nernstzelle (NZ, Bild 25). Das Nutzsignal ist die Nernstspannung U_λ, die sich zwischen je einer dem Abgas und einer dem Referenzgas ausgesetzten Elektrode ausbildet. Sie ist proportional zum Logarithmus aus dem Verhältnis zwischen dem Partialdruck des Referenzgases $p_R(O_2)$ und dem Partialdruck des Abgases $p_A(O_2)$. Die Proportionalitätskonstante setzt sich aus der Faradaykonstante F, der allgemeinen Gaskonstante R und der absoluten Temperatur T zusammen und ergibt (siehe z. B. [3]):

$$U_\lambda = \frac{RT}{4F} \ln \frac{p_R(O_2)}{p_A(O_2)}.$$

Die Kennlinie der Nernstspannung ist sehr steil bei $\lambda = 1$ (Bild 26).

In mageren Luft-Kraftstoff-Gemischen steigt die Nernstspannung linear mit der Temperatur an. In fetten Luft-Kraftstoff-Gemischen dagegen dominiert der Einfluss der Temperatur auf den Gleichgewichtssauerstoffpartialdruck. Die Gleichgewichtseinstellung an der Abgaselektrode ist auch die Ursache für sehr kleine Abweichungen des λ-Sprungs vom exakten Wert. Zum Schutz vor Verschmutzungen und zur Förderung der Gleichgewichtseinstellung durch Begrenzung der Zahl der ankommenden Gasteilchen ist die Abgaselektrode mit einer porö-

Bild 26
U_λ Sondenspannung
$p_A(O_2)$ Sauerstoffpartialdruck im Abgas
λ Luftzahl

26 Kennlinie einer Zweipunkt-λ-Sonde bei verschiedenen Temperaturen des Sensorelements

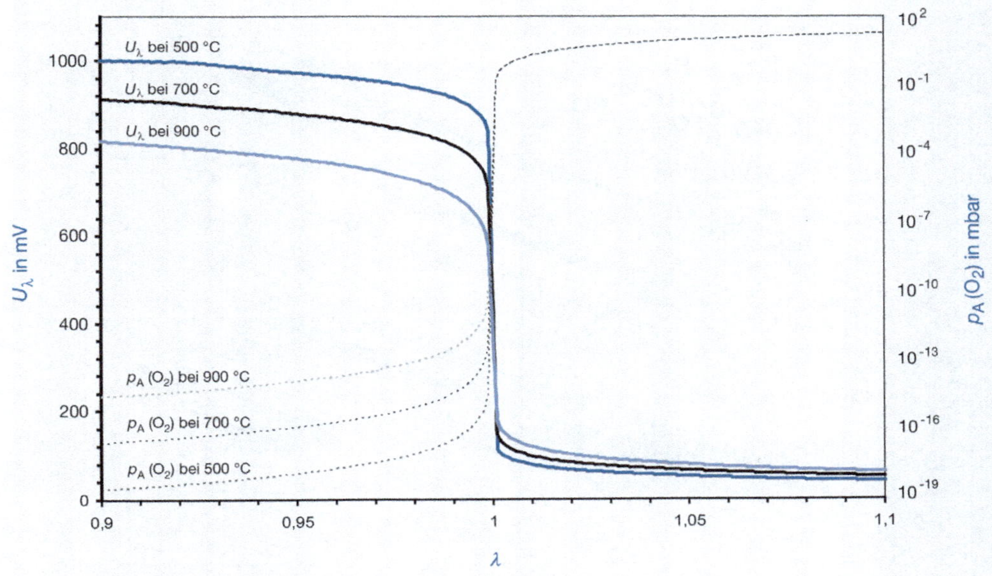

sen Keramikschutzschicht abgedeckt. Wasserstoff und Sauerstoff diffundieren durch die poröse Schutzschicht und werden an der Elektrode umgesetzt. Zum vollständigen Umsatz des schneller diffundierenden Wasserstoffs an der Elektrode muss mehr Sauerstoff an der Schutzschicht zur Verfügung stehen; im Abgas muss ein insgesamt leicht mageres Luft-Kraftstoff-Gemisch vorliegen.

Die Kennlinie ist daher in Richtung mager verschoben. Dieser „λ-Shift“ wird bei der Regelung elektronisch kompensiert. Zur Ausbildung des Signals wird ein Referenzgas benötigt, das vom Abgas durch die ZrO_2-Keramik gasdicht abgetrennt ist. In Bild 27 ist der Aufbau eines planaren Sensorelements mit Referenzluftkanal dargestellt. Bei diesem Typ wird als Referenzgas Luft aus der Umgebung verwendet.

Bild 28 zeigt das Element im Sensorgehäuse. Abgas- und Referenzgasseite sind über die Dichtpackung gasdicht voneinander getrennt. Die Referenzgasseite im Gehäuse wird entlang der elektrischen Zuleitungen ständig mit Referenzluft versorgt. Als Alternative zur Referenzluft werden verstärkt Systeme mit „gepumpter“ Referenz verwendet. Unter Pumpen versteht man hier den aktiven Transport von Sauerstoff in der ZrO_2-Keramik durch Einprägen eines Stroms, wobei der so gering gewählt wird, dass die eigentliche Messung nicht gestört wird. Die Referenzelektrode selbst ist über einen dichteren Ausgang im Element an den Referenzgasraum angebunden. Dadurch baut sich ein Sauerstoffüberdruck an der Referenzelektrode auf. Dieses System bietet einen zusätzlichen Schutz gegen in den Referenzgasraum vordringende Gaskomponenten.

Robustheit

Das keramische Sensorelement ist durch ein Schutzrohr vor dem direkten Abgasstrom

27 Aufbau einer planaren Zweipunkt-λ-Sonde mit Beschaltung (Explosionszeichnung)

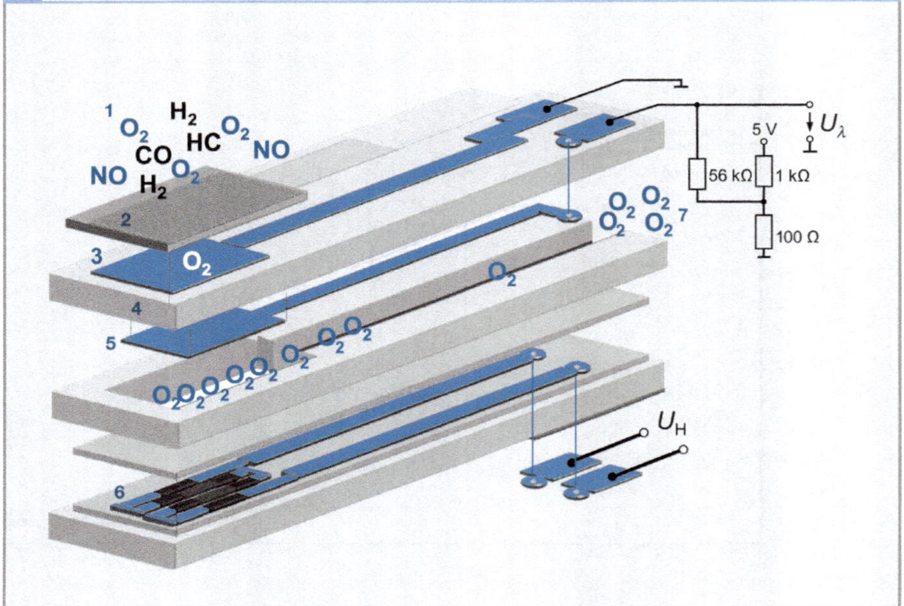

Bild 27
Die senkrechten blauen Linien symbolisieren leitende Verbindungen
1 Abgas
2 Schutzschicht
3 Außenelektrode
4 Nernstzelle
5 Referenzelektrode
6 Heizer
7 Referenzluft

geschützt (Bild 28). Dieses enthält Öffnungen, durch die nur ein geringer Anteil des Abgases zum Sensorelement geführt wird. Es verhindert starke thermische Beanspruchungen durch den Abgasstrom und bietet gleichzeitig einen mechanischen Schutz für das keramische Element.

Die meisten Zweipunkt-λ-Sonden sind zusätzlich mit einem Heizer ausgerüstet (Bild 27). Dieser erlaubt das schnelle Aufheizen (Fast-Light-Off, FLO) des Sensorelements auf die Betriebstemperatur und ermöglicht eine früh verfügbare Regelbereitschaft.

In der Praxis wird die λ-Sonde nach dem Motorstart häufig erst verzögert eingeschaltet. Wasser, das als Verbrennungsprodukt entsteht und im kalten Abgastrakt wieder kondensiert, wird vom Abgas transportiert und kann zum Sensorelement gelangen. Trifft ein derartiger Tropfen auf ein heißes Sensorelement, so verdampft er augenblicklich und entzieht dem Sensorelement lokal sehr viel Wärme; es entsteht ein Thermoschock. Die dabei auftretenden starken mechanischen Spannungen können zum Bruch des keramischen Sensorelements führen. In vielen Motorapplikationen wird der Sensor deshalb erst nach ausreichender Erwärmung des Abgastraktes eingeschaltet. In neueren Entwicklungen werden die Keramikelemente mit einer porösen keramischen Schicht (Thermal Shock Protection, TSP) umgeben, die zu einer deutlichen Robustheitssteigerung hinsichtlich des Thermoschocks führt (Bild 29). Beim Auftreffen eines Wassertropfens verteilt sich dieser in der porösen Schicht. Die lokale Auskühlung wird breiter verteilt und mechanische Spannungen vermindert.

An das Gehäuse (Bild 28) werden hohe Temperaturanforderungen gestellt, die den Einsatz hochwertiger Materialien erfordern. Im Abgas können Temperaturen von über 1 000 °C auftreten, am Sechskant noch 700 °C und am Kabelabgang bis zu 280 °C. Aus diesem Grund kommen im heißen Bereich des Sensors nur keramische und metallische Werkstoffe zum Einsatz.

28 Zweipunkt-λ-Sonde: Sensorelement im Gehäuse

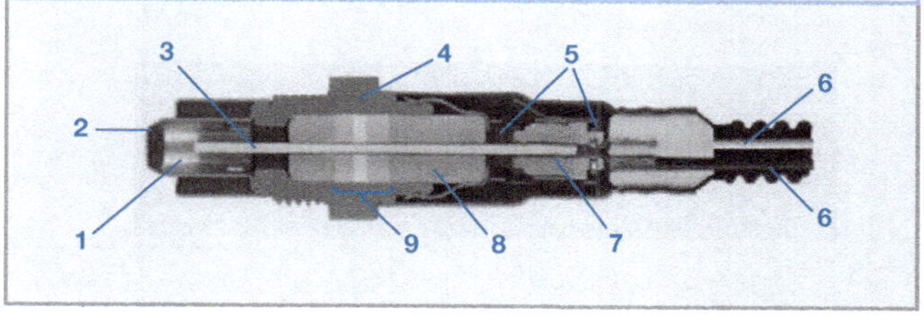

Bild 28
1 Abgasseite
2 Schutzrohr
3 Sensorelement
4 Sechskant
5 Referenzgas
6 elektrische Zuleitung
7 Kontaktierung
8 Stützkeramik
9 Dichtpackung

Beschaltung

In Bild 27 ist die Beschaltung einer Zweipunkt-λ-Sonde gezeigt. Da sie im kalten Zustand wegen der fehlenden Leitfähigkeit der ZrO_2-Keramik kein Signal generieren kann, ist sie über einen Widerstand an einen Spannungsteiler gekoppelt. Im kalten Zustand liegt das Sensorsignal auf ca. 450 mV, dem Wert eines stöchiometrisch verbrannten Gases (mit $\lambda = 1$). Mit zunehmender Temperatur ist der Sensor in der Lage, die Nernstspannung auszubilden. Bild 30 zeigt dazu den Aufheizvorgang. Nach ca. 10 s ist die λ-Sonde auf ausreichend hoher Temperatur, um extern vorgegebene Mager-Fett-Wechsel anzuzeigen. Im

Bild 29
1 Wassertropfen
2 poröse Schutzschicht
3 Sensorelement

29 Sensorelement mit zusätzlicher poröser Schutzschicht

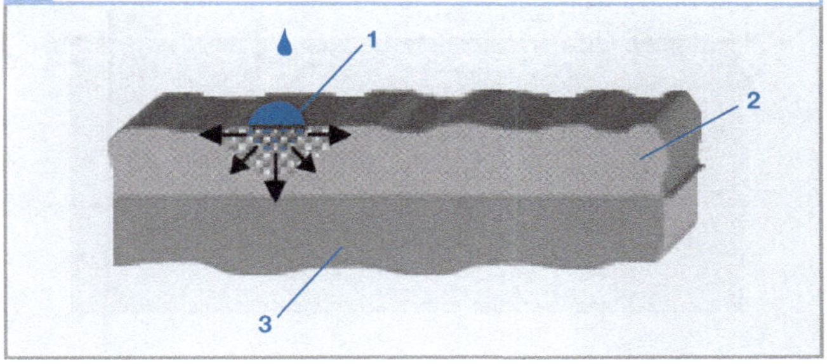

30 Signalverlauf während des Aufheizvorgang einer λ-Sonde

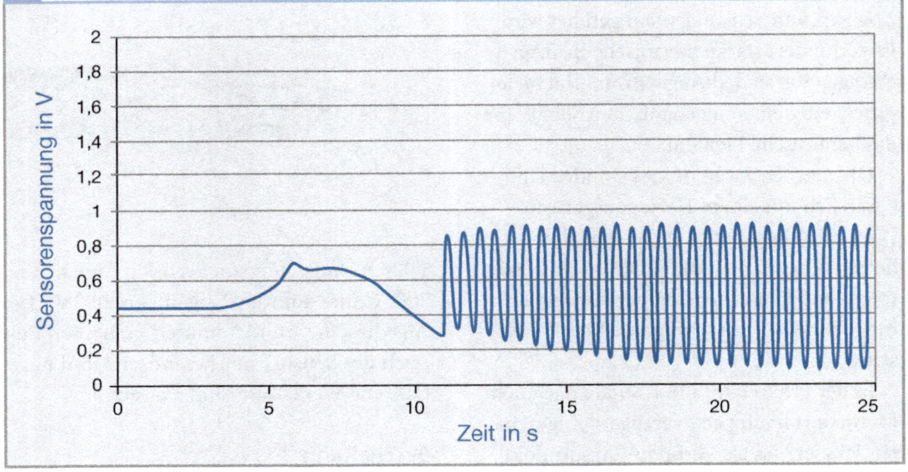

Fahrzeug kann dann auf Regelbetrieb umgeschaltet werden.

Ausführungsformen

Von den Zweipunkt-λ-Sonden gibt es verschiedene Ausführungsformen. Die Sensorelemente können in Form eines Fingers mit separatem Heizelement (Bild 31) oder als planares Element mit integriertem Heizer (Bild 27) ausgestaltet sein, das in Folientechnik hergestellt wird (siehe z. B. [2]).

Bild 31
1 Fingerelement
2 Heizelement
3 Dichtung
4 Stützkeramik

31 Zweipunkt-λ-Sonde mit keramischem Fingerelement

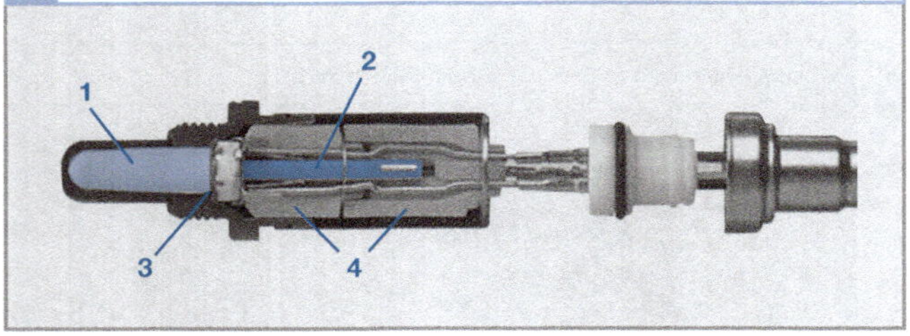

Breitband-λ-Sonde

Anwendung

Mit dem Sprungsensor kann der Sauerstoffpartialdruck von stöchiometrischen Luft-Kraftstoff-Gemischen im steilen Teil der Kennlinie sehr genau gemessen werden. Bei Luftüberschuss ($\lambda > 1$) oder Kraftstoffüberschuss verläuft die Kennlinie allerdings sehr flach (Bild 26).

Der große Messbereich von Breitband-λ-Sonden ($0{,}6 < \lambda < \infty$) ermöglicht erst den Einsatz in Systemen mit Direkteinspritzung und Schichtbetrieb sowie in Dieselmotoren. Durch ein mit der Breitband-λ-Sonde darstellbares stetiges Regelkonzept ergeben sich erhebliche Systemvorteile wie z. B. ein geregelter Bauteilschutz. Die hohe Signaldynamik von Breitband- λ-Sonden (Zeitkonstante $t_{63} < 100$ ms, Zeit bis zum Anwachsen auf 63 % des Maximalwerts) ermöglicht eine Verbesserung des Abgases in emissionsarmen Fahrzeugen, z. B. durch Einzelzylinderregelung.

Aufbau und Funktion

Die Breitband-λ-Sonde ist in einer einfachen Bauform (Einzeller) nur aus einer Pumpzelle aufgebaut, mit einer Elektrode im Abgas und einer zweiten in einem Referenzgasraum. In einer optimierten Bauform (Zweizeller) sind eine Nernstzelle und eine Pumpzelle kombiniert. Dabei ist die erste Elektrode der Pumpzelle dem Abgas zugewandt, die zweite befindet sich in einem Hohlraum in der Sauerstoffionenleitenden Keramik. In der optimierten Bauform ist darin auch eine Elektrode der Nernstzelle untergebracht, die zweite wie bei der Zweipunkt-λ-Sonde in einem Referenzgas. Der Abgaszutritt zum Hohlraum ist durch eine poröse keramische Struktur mit gezielt eingestellten Porenradien, die so genannte Diffusionsbarriere (DB), begrenzt.

Einzeller

Die Pumpzelle entfernt durch elektrochemisches Pumpen den Sauerstoff aus dem Hohlraum solange, bis Pumpspannung und Nernstspannung über den Elektroden der Pumpzelle gleich groß sind. Bei ausreichender Pumpspannung ist in diesem stationären Gleichgewicht der aus dem Abgas eindiffundierende Sauerstoffmolekülstrom I_M proportional zum Pumpstrom I_p der Pumpzelle und aufgrund des Diffusionsgesetzes direkt proportional dem Partialdruck im Abgas $p_A(O_2)$. Es ergibt sich [1]:

$$\frac{I_p}{4F} = I_M = \frac{A\,D(T)}{R\,T\,l}\left[p_A(O_2) - p_H(O_2)\right].$$

Hierbei ist $p_H(O_2)$ der vernachlässigbar geringe Sauerstoffpartialdruck im Hohlraum, T die Temperatur, $D(T)$ die temperaturabhängige Diffusionskonstante, l die Länge und A die Querschnittsfläche der Diffusionsbarriere (siehe Bild 32a).

Falls fettes Abgas vorhanden ist, entsteht eine Nernstspannung von ca. 1 000 mV, sodass aufgrund der resultierenden negativen Spannung Sauerstoff in den Hohlraum gepumpt und damit der lineare Verlauf der Kennlinie in den fetten Bereich erweitert wird. Der Sauerstoff dafür wird an der abgasseitigen Elektrode aus der Reduktion von Wasser und CO_2 gewonnen.

Nachteilig an dieser einfachen Bauform einer Breitband-λ-Sonde ist, dass die feste Pumpspannung von z. B. 500 mV ausreichen muss, um im fetten Abgas Sauerstoff in den Hohlraum hinein und im mageren Abgas Sauerstoff aus ihm heraus zu pumpen. Daher muss der Innenwiderstand der Pumpzelle sehr niedrig sein. Daneben ist der Messbereich bei Luftmangel durch den Molekülstrom im Referenzkanal eingeschränkt. Beim Wechsel ist die Dynamik des einzelligen Sensors durch die Umladung der Elektrodenkapazitäten bei Änderung der Pumpspannung eingeschränkt.

32 Einzeller-λ-Sonde im mageren Abgas

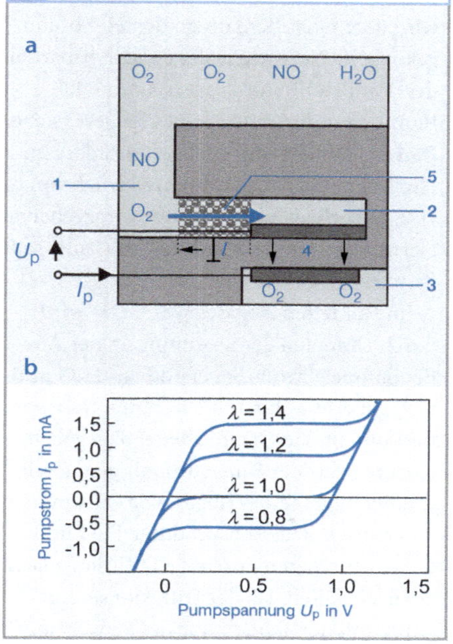

Bild 32
a Querschnitt
b Kennlinien

1 mageres Abgas
2 Hohlraum
3 Referenzluft
4 Pumpzelle
5 Diffusionsbarriere mit Fläche A und der Länge l

Die Pfeile in der Pumpzelle geben die Pumprichtung an.

Zweizeller

Um die Nachteile des Einzellers zu beheben, wird über eine ebenfalls an den Hohlraum gekoppelte Nernstzelle der Sauerstoffpartialdruck im Hohlraum gemessen und die Pumpspannung mittels eines Reglers (siehe Bilder 33 und 34) so nachgeführt, dass im Hohlraum ein Sauerstoffpartialdruck von ca. 10^{-2} Pa vorliegt, welches einer vorgegebenen Nernstspannung von z. B. 450 mV entspricht (Bild 33b).

Im Fall fetten Abgases (Bild 33a) wird durch Umpolen der Spannung an der Außenpumpelektrode Sauerstoff aus H_2O und CO_2 generiert, durch die Keramik transportiert und im Hohlraum wieder abgegeben. Dort reagiert der Sauerstoff mit dem eindiffundierenden fetten Abgas. Die entstandenen inerten Reaktionsprodukte H_2O und CO_2 diffundieren durch die Diffusionsbarriere nach außen. Da der Diffusionsgrenzstrom mit der Temperatur des Sensors ansteigt, muss sie möglichst konstant gehalten werden. Hierzu wird der stark temperaturabhängige Widerstand der Nernstzelle gemessen. Der Sensor wird durch pulsweitenmodulierte Spannungspulse beheizt und die Betriebselektronik regelt den Widerstand der Nernstzelle und damit die Temperatur.

Bei fettem Abgas machen sich die unterschiedlichen Diffusionskoeffizienten der Abgasbestandteile (H_2, CO, $C_xH_yO_z$), die mit den Massen der Gasmoleküle korrelieren, bemerkbar. Sie diffundieren unterschiedlich schnell in den Hohlraum und besitzen darüber hinaus noch unterschiedliche Sauerstoffbedarfe zu deren Oxidation. Die Kennlinien sind deshalb unterschiedlich steil (siehe Bild 33c). Daher wird das Signal über eine für die jeweilige Gaszusammensetzung applizierte Kennlinie im Steuergerät berechnet.

Der Diffusionsgrenzstrom des Sensors und damit die Empfindlichkeit hängen von der Geometrie der Diffusionsbarriere ab.

33 Zweizellensensor im fetten und mageren Abgas

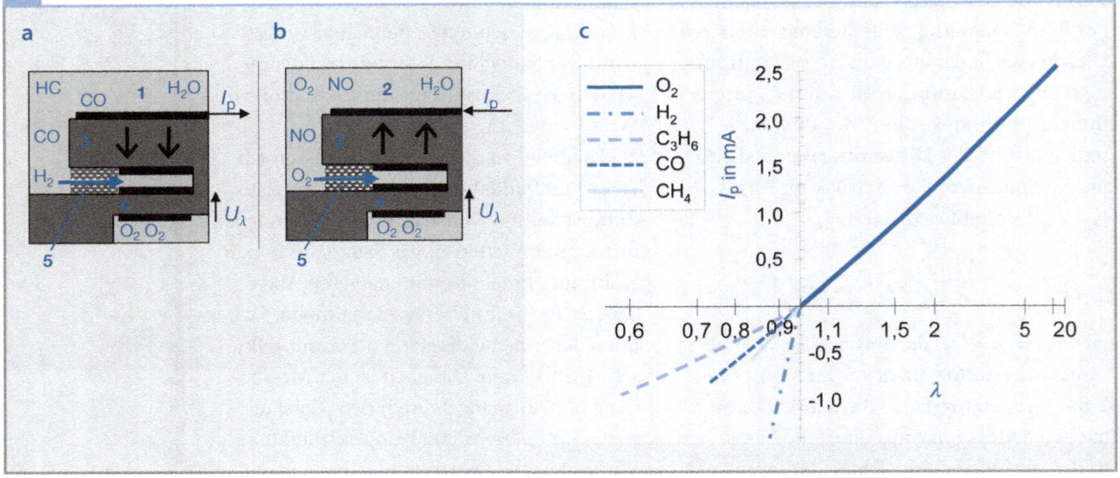

Bild 33
a, b Querschnitt
c Kennlinie.
Je nach Polarität des Pumpstroms I_p diffundieren überwiegend reduzierende Abgasbestandteile (Teilbild a) oder Sauerstoff (Teilbild b) durch die Diffusionsbarriere. Für λ < 1 hängt die Kennlinie (Teilbild c) von der Abgaszusammensetzung ab, hier sind die Kennlinien einzelner Abgaskomponenten eingetragen.

1 fettes Abgas
2 mageres Abgas
3 Pumpzelle
4 Nernstzelle
5 Diffusionsbarriere

34 Explosionszeichnung einer Breitband-λ-Sonde

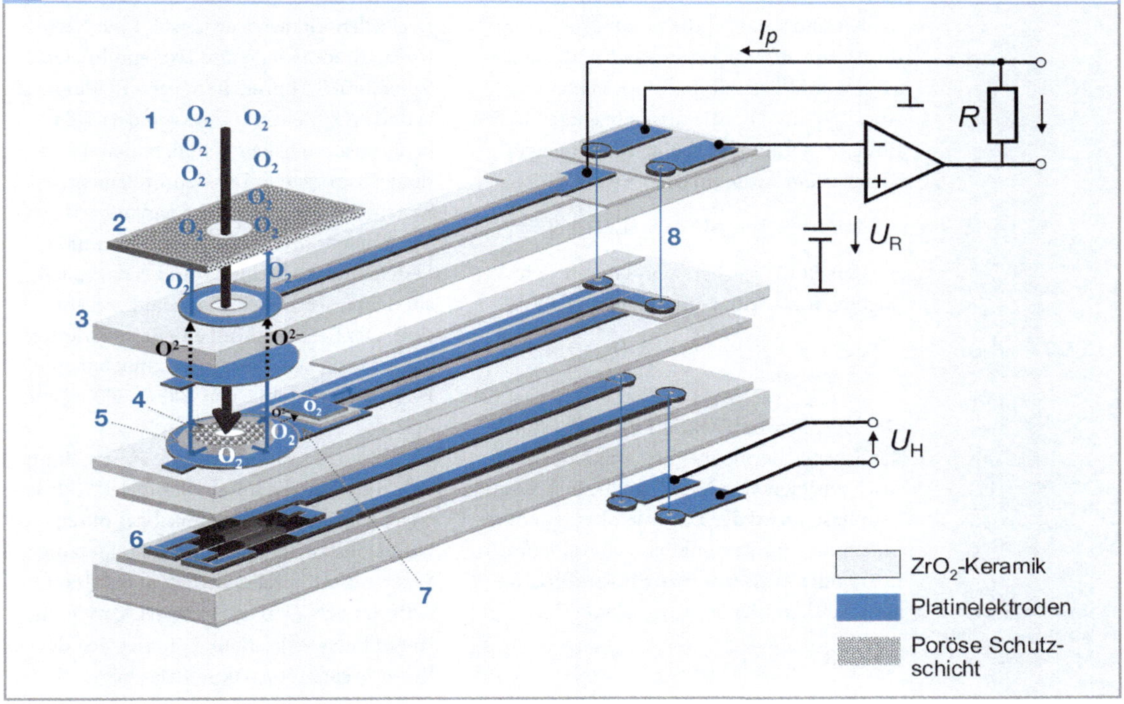

Bild 34
I_p Pumpstrom
U_R Referenzspannung
U_H Heizspannung
R Widerstand

1 Abgas
2 Schutzschicht
3 Pumpzelle
4 Diffusionsbarriere
5 Hohlraum
6 Heizer
7 Nernstzelle
8 leitende Verbindung

Um in der Fertigung die hohe geforderte Genauigkeit zu erreichen, ist ein Abgleich des Pumpstroms notwendig. Oft geschieht dies durch einen Widerstand im Sensorstecker, der zusammen mit dem Messwiderstand als Stromteiler wirkt. Alternativ kann der Diffusionsgrenzstrom schon im Fertigungsprozess des Sensorelements durch gezielte Öffnungen eingestellt werden, so dass ein Abgleich nicht notwendig ist. Zur nachträglichen Kalibrierung des Sensors im Fahrzeug kann im Schubbetrieb die Sauerstoffkonzentration der Luft gemessen und im Steuergerät die Kennlinie damit korrigiert werden. Das Sensorelement wird analog zur Zweipunkt-λ-Sonde in einem Gehäuse verbaut (Bild 28).

NO$_x$-Sensor

Anwendung

NO$_x$-Sensoren finden in Systemen zur Reduzierung von Stickoxidemissionen von Diesel- und Ottomotoren Anwendung. Bei Systemen mit Dieselmotoren werden sie vor und hinter SCR-Katalysatoren (Selective Catalytic Reduction, selektive katalytische Reduktion) sowie hinter NO$_x$-Speicherkatalysatoren (NO$_x$ Storage Catalysts, NSC) verbaut. Bei Systemen mit Ottomotoren kommen sie nur hinter NO$_x$-Speicherkatalysatoren zum Einsatz. An diesen Positionen bestimmen die NO$_x$-Sensoren die Stickoxid- und die Sauerstoffkonzentration im Abgas sowie hinter SCR-Katalysatoren zusätzlich die Ammoniakkonzentration als Summensignal.

So erhält das Motormanagement den Wert über die aktuelle Restkonzentration an Stickoxiden und sorgt für die exakte Dosierung der Harnstoffwasserlösung bei SCR-Katalysatoren und detektiert etwaige Fehler im Abgassystem. Die Stickoxide reagieren kontinuierlich mit im SCR-Katalysator eingespeichertem Ammoniak:

$$2\,NH_3 + NO_2 + NO \rightarrow 3\,H_2O + 2\,N_2. \quad (1)$$

Bei den NO_x-Speicherkatalysatoren werden Stickoxide als Nitrat eingelagert:

$$BaCO_3 + 2\,NO + O_2 \rightarrow Ba(NO_3)_2 + CO_2. \quad (2)$$

Der NO_x-Sensor detektiert dabei das Ende der Einspeichermöglichkeit anhand eines rasch ansteigenden NO_x-Signals. In kurzen Fettphasen wird der Katalysator regeneriert, indem die Nitrate mit Hilfe von Kohlenmonoxid oder Wasserstoff zu Stickstoff reduziert werden (hier am Beispiel von CO):

$$Ba(NO_3)_2 + 3\,CO$$

$$\rightarrow BaCO_3 + 2\,NO + 2\,CO_2 \quad (3)$$

$$2\,NO + 2\,CO \rightarrow N_2 + 2\,CO_2 \quad (4)$$

Aufbau und Arbeitsweise

Der NO_x-Sensor in Bild 35 ist ein planarer Dreizellen-Grenzstromsensor. Eine Nernst-Konzentrationszelle und zwei modifizierte Sauerstoff-Pumpzellen (Sauerstoff-Pumpzelle und NO_x-Zelle), wie sie von den Breitbandsensoren bekannt sind, bilden das Gesamtsensorsystem. Das Sensorelement besteht aus mehreren gegeneinander isolierten, Sauerstoffionen leitenden, keramischen Festelektrolytschichten (dunkel dargestellt), auf denen sechs Elektroden aufgebracht sind. Der Sensor ist mit einem integrierten Heizer versehen, der die Keramik auf eine Betriebstemperatur von 600 ... 800 °C aufheizt.

Die dem Abgas ausgesetzte äußere Pumpelektrode und die innere Pumpelektrode im ersten Hohlraum, der vom Abgas durch eine Diffusionsbarriere getrennt ist, bilden die Sauerstoffpumpzelle. Im ersten Hohlraum befindet sich auch die Nernstelektrode. In einem Referenzgasraum befindet sich die Referenzelektrode. Dieses Paar bildet die Nernstzelle. Das sind die Funktionskomponenten, die identisch zu denen von Breitband-λ-Sonden sind.

Bild 35
A Sauerstoffpumpzelle
B Nernstzelle
C NO_x-Zelle

1 äußere Pumpelektrode
2 Diffusionsbarriere 1
3 innere Pumpelektrode
4 erster Hohlraum
5 Nernstelektrode
6 Diffusionsbarriere 2
7 zweiter Hohlraum
8 gemeinsamer Rückleiter
9 Referenzelektrode
10 Referenzgasraum
11 NO_x-Gegenelektrode
12 NO_x-Elektrode
13 Heizer
14 Sauerstoffregler
15 NO-Stromverstärker und Spannungswandler

35 Querschnitt eines NO_x-Sensors

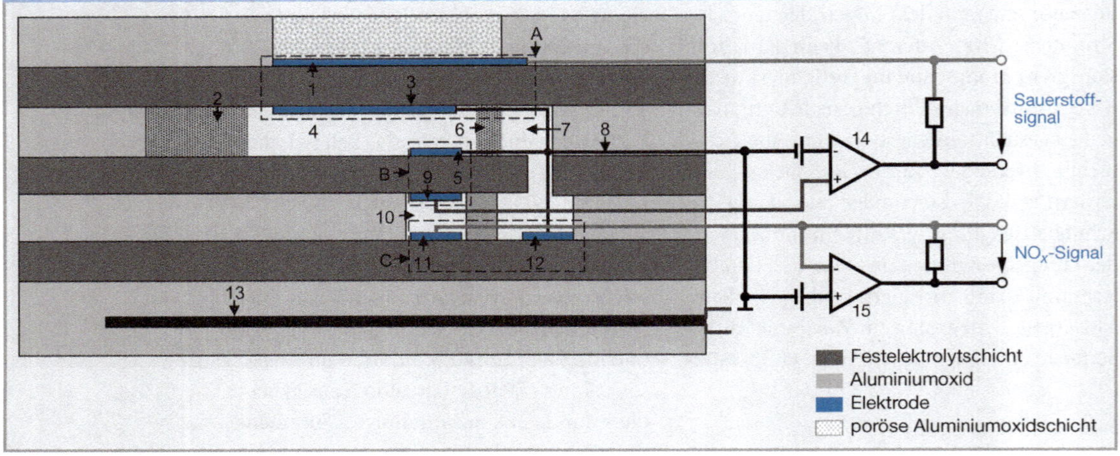

Zusätzlich gibt es eine dritte Zelle, nämlich die NO_x-Pumpelektrode und ihre Gegenelektrode. Erstere liegt in einem zweiten Hohlraum, der vom ersten durch eine weitere Diffusionsbarriere getrennt ist, letztere befindet sich im Referenzgasraum. Alle Elektroden im ersten und zweiten Hohlraum haben einen gemeinsamen Rückleiter.

Die innere Pumpelektrode ist hier im Gegensatz zur inneren Pumpelektrode der Breitband-λ-Sonde durch die Legierung von Platin mit Gold in ihrer katalytischen Aktivität stark eingeschränkt. Die angelegte Pumpspannung U_P genügt nur, um Sauerstoffmoleküle, nicht aber um NO zu spalten (dissoziieren). NO wird bei der eingeregelten Pumpspannung nur wenig dissoziiert und passiert den ersten Hohlraum mit geringen Verlusten. NO_2 als starkes Oxidationsmittel wird an der inneren Pumpelektrode unmittelbar in NO umgewandelt. Ammoniak reagiert an der inneren Pumpelektrode in Anwesenheit von Sauerstoff und bei Temperaturen von 650 °C zu NO und Wasser. Das in der Konzentration nahezu unveränderte NO und das NO aus der NO_2-Reduktion sowie aus der Ammoniakoxidation gelangen über die zweite Diffusionsbarriere in den zweiten Hohlraum. Aufgrund der höheren Spannung an der NO-Pumpelektrode und ihrer durch Beimengung von Rhodium katalytisch verbesserten Aktivität wird an dieser Elektrode NO vollständig dissoziiert und der entstehende Sauerstoff durch den Festelektrolyten abgepumpt.

Elektronik

Im Gegensatz zu anderen keramischen Abgassensoren ist der NO_x-Sensor mit einer Auswerteelektronik (Sensor Control Unit, SCU) versehen. Sie liefert via CAN-Bus das Sauerstoff-Signal, das NO_x-Signal sowie jeweils den Status dieser Signale. In dieser Auswerteelektronik befinden sich ein Mikrocontroller und ein ASIC (Application Specific Integrated Circuit) zum Betrieb der Sauerstoffpumpzelle und zur Verstärkung der sehr kleinen NO-Signalströme. Daneben befinden sich noch ein Spannungsregler und ein CAN-Treiber sowie die Heizerendstufe in der Elektronik.

36 Kennlinie des Stickoxidsignals

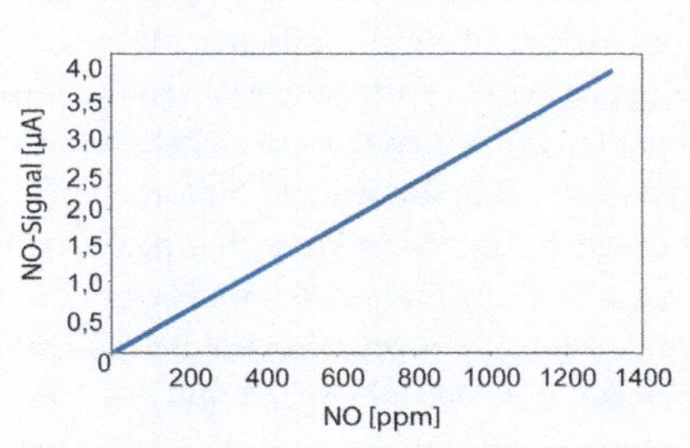

Kennlinien

Das Sauerstoffsignal liegt bei 3,7 mA für Luft. Die Sauerstoffkennlinie ist nahezu identisch mit der einer Breitband-λ-Sonde (siehe Bild 33). Die NO_x-Kennlinie ist in Bild 36 dargestellt.

Literatur

[1] Thorsten Baunach, Katharina Schänzlin und Lothar Diehl. Sauberes Abgas durch Keramiksensoren. Physik Journal 5 (2006) Nr. 5.

[2] Robert Bosch GmbH (Hrsg.); Konrad Reif (Autor), Karl-Heinz Dietsche (Autor) und über 200 weitere Autoren: Kraftfahrtechnisches Taschenbuch. 28., überarbeitete und erweiterte Auflage, Springer Vieweg, Wiesbaden 2014, ISBN 978-3-658-03800-7

[3] H. Czichos (Herausgeber), M. Hennecke (Herausgeber). Hütte. Das Ingenieurwissen, Gebundene Ausgabe: 1566 Seiten; Verlag: Springer; Auflage: 33 (2007); ISBN-10: 3540203257; ISBN-13: 978-3540203254

Elektronische Steuerung und Regelung

Übersicht

Die Aufgabe des elektronischen Motorsteuergeräts besteht darin, alle Aktoren des Motor-Managementsystems so anzusteuern, dass sich ein bestmöglicher Motorbetrieb bezüglich Kraftstoffverbrauch, Abgasemissionen, Leistung und Fahrkomfort ergibt. Um dies zu erreichen, müssen viele Betriebsparameter mit Sensoren erfasst und mit Algorithmen – das sind nach einem festgelegten Schema ablaufende Rechenvorgänge – verarbeitet werden. Als Ergebnis ergeben sich Signalverläufe, mit denen die Aktoren angesteuert werden.

Das Motor-Managementsystem umfasst sämtliche Komponenten, die den Ottomotor steuern (Bild 1, Beispiel Benzin-Direkteinspritzung). Das vom Fahrer geforderte Drehmoment wird über Aktoren und Wandler eingestellt. Im Wesentlichen sind dies

- die elektrisch ansteuerbare Drosselklappe zur Steuerung des Luftsystems: sie steuert den Luftmassenstrom in die Zylinder und damit die Zylinderfüllung,
- die Einspritzventile zur Steuerung des Kraftstoffsystems: sie messen die zur Zylinderfüllung passende Kraftstoffmenge zu,
- die Zündspulen und Zündkerzen zur Steuerung des Zündsystems: sie sorgen für die zeitgerechte Entzündung des im Zylinder vorhandenen Luft-Kraftstoff-Gemischs.

An einen modernen Motor werden auch hohe Anforderungen bezüglich Abgasverhalten, Leistung, Kraftstoffverbrauch, Diagnostizierbarkeit und Komfort gestellt. Hierzu sind im Motor gegebenenfalls weitere Aktoren und Sensoren integriert. Im elektronischen Motorsteuergerät werden alle Stellgrößen nach vorgegebenen Algorithmen berechnet. Daraus werden die Ansteuersignale für die Aktoren erzeugt.

Betriebsdatenerfassung und -verarbeitung

Betriebsdatenerfassung

Sensoren und Sollwertgeber

Das elektronische Motorsteuergerät erfasst über Sensoren und Sollwertgeber die für die Steuerung und Regelung des Motors erforderlichen Betriebsdaten (Bild 1). Sollwertgeber (z. B. Schalter) erfassen vom Fahrer vorgenommene Einstellungen, wie z. B. die Stellung des Zündschlüssels im Zündschloss (Klemme 15), die Schalterstellung der Klimasteuerung oder die Stellung des Bedienhebels für die Fahrgeschwindigkeitsregelung.

Sensoren erfassen physikalische und chemische Größen und geben damit Aufschluss über den aktuellen Betriebszustand des Motors. Beispiele für solche Sensoren sind:

- Drehzahlsensor für das Erkennen der Kurbelwellenstellung und die Berechnung der Motordrehzahl,
- Phasensensor zum Erkennen der Phasenlage (Arbeitsspiel des Motors) und der Nockenwellenposition bei Motoren mit Nockenwellen-Phasenstellern zur Verstellung der Nockenwellenposition,
- Motortemperatur- und Ansauglufttemperatursensor zum Berechnen von temperaturabhängigen Korrekturgrößen,
- Klopfsensor zum Erkennen von Motorklopfen,
- Luftmassenmesser und Saugrohrdrucksensor für die Füllungserfassung,
- λ-Sonde für die λ-Regelung.

Signalverarbeitung im Steuergerät

Bei den Signalen der Sensoren kann es sich um digitale, pulsförmige oder analoge Spannungen handeln. Eingangsschaltungen im Steuergerät oder zukünftig auch vermehrt im Sensor bereiten alle diese Signale auf. Sie nehmen eine Anpassung des Spannungspegels vor und passen damit die Signale für die Weiterverarbeitung im Mikrocontroller des

1 Komponenten für die elektronische Steuerung und Regelung eines Ottomotors

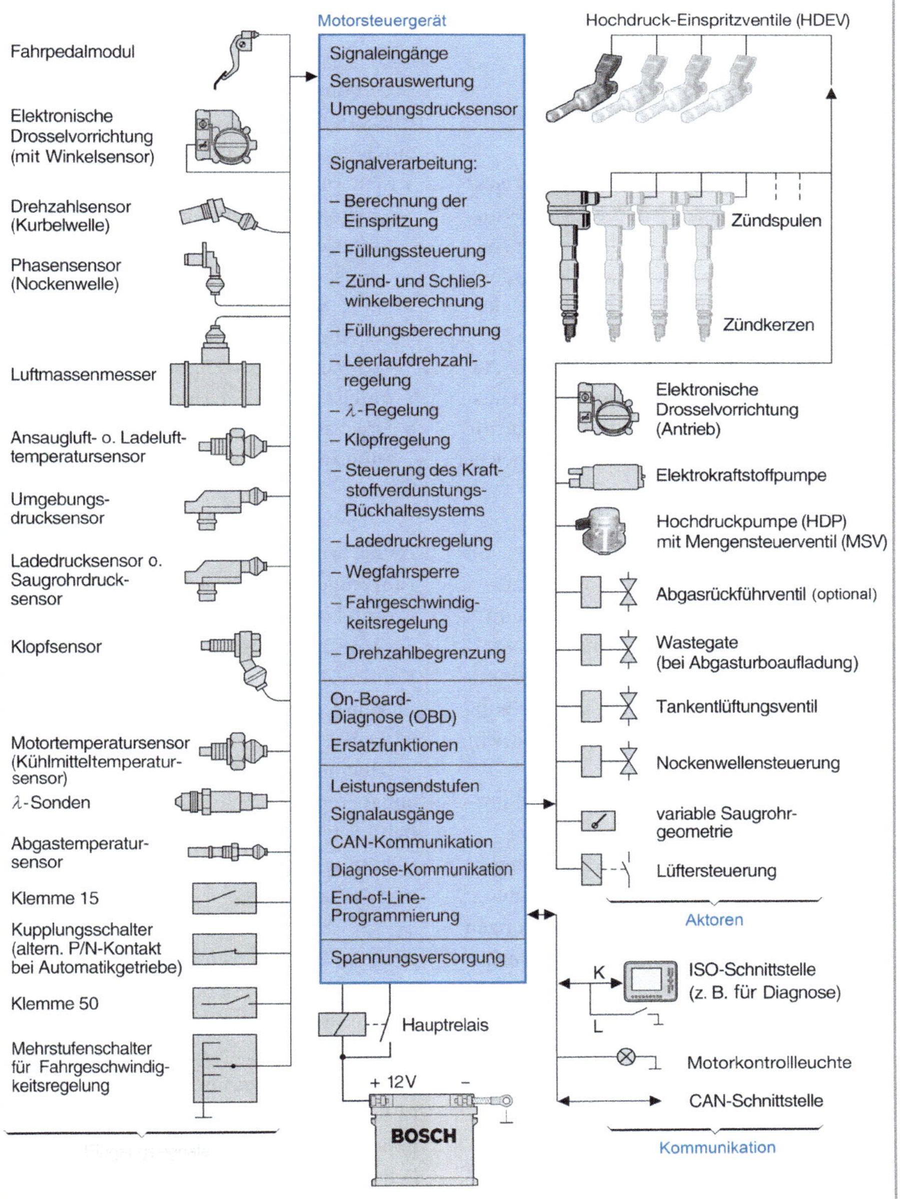

Steuergeräts an. Digitale Eingangssignale werden im Mikrocontroller direkt eingelesen und als digitale Information gespeichert. Die analogen Signale werden vom Analog-Digital-Wandler (ADW) in digitale Werte umgesetzt.

Betriebsdatenverarbeitung

Aus den Eingangssignalen erkennt das elektronische Motorsteuergerät die Anforderungen des Fahrers über den Fahrpedalsensor und über die Bedienschalter, die Anforderungen von Nebenaggregaten und den aktuellen Betriebszustand des Motors und berechnet daraus die Stellsignale für die Aktoren. Die Aufgaben des Motorsteuergeräts sind in Funktionen gegliedert. Die Algorithmen sind als Software im Programmspeicher des Steuergeräts abgelegt.

Steuergerätefunktionen
Die Zumessung der zur angesaugten Luftmasse zugehörenden Kraftstoffmasse und die Auslösung des Zündfunkens zum bestmöglichen Zeitpunkt sind die Grundfunktionen der Motorsteuerung. Die Einspritzung und die Zündung können so optimal aufeinander abgestimmt werden.

Die Leistungsfähigkeit der für die Motorsteuerung eingesetzten Mikrocontroller ermöglicht es, eine Vielzahl weiterer Steuerungs- und Regelungsfunktionen zu integrieren. Die immer strengeren Forderungen aus der Abgasgesetzgebung verlangen nach Funktionen, die das Abgasverhalten des Motors sowie die Abgasnachbehandlung verbessern. Funktionen, die hierzu einen Beitrag leisten können, sind z. B.:
- Leerlaufdrehzahlregelung,
- λ-Regelung,
- Steuerung des Kraftstoffverdunstungs-Rückhaltesystems für die Tankentlüftung,
- Klopfregelung,
- Abgasrückführung zur Senkung von NO_x-Emissionen,
- Steuerung des Sekundärluftsystems zur Sicherstellung der schnellen Betriebsbereitschaft des Katalysators.

Bei erhöhten Anforderungen an den Antriebsstrang kann das System zusätzlich noch durch folgende Funktionen ergänzt werden:
- Steuerung des Abgasturboladers sowie der Saugrohrumschaltung zur Steigerung der Motorleistung und des Motordrehmoments,
- Nockenwellensteuerung zur Reduzierung der Abgasemissionen und des Kraftstoffverbrauchs sowie zur Steigerung von Motorleistung und -drehmoment,
- Drehzahl- und Geschwindigkeitsbegrenzung zum Schutz von Motor und Fahrzeug.

Immer wichtiger bei der Entwicklung von Fahrzeugen wird der Komfort für den Fahrer. Das hat auch Auswirkungen auf die Motorsteuerung. Beispiele für typische Komfortfunktionen sind Fahrgeschwindigkeitsregelung (Tempomat) und ACC (Adaptive Cruise Control, adaptive Fahrgeschwindigkeitsregelung), Drehmomentanpassung bei Schaltvorgängen von Automatikgetrieben sowie Lastschlagdämpfung (Glättung des Fahrerwunschs), Einparkhilfe und Parkassistent.

Ansteuerung von Aktoren

Die Steuergerätefunktionen werden nach den im Programmspeicher des Motorsteuerung-Steuergeräts abgelegten Algorithmen abgearbeitet. Daraus ergeben sich Größen (z. B. einzuspritzende Kraftstoffmasse), die über Aktoren eingestellt werden (z. B. zeitlich definierte Ansteuerung der Einspritzventile). Das Steuergerät erzeugt die elektrischen Ansteuersignale für die Aktoren.

Drehmomentstruktur

Mit der Einführung der elektrisch ansteuerbaren Drosselklappe zur Leistungssteuerung wurde die drehmomentbasierte Systemstruktur (Drehmomentstruktur) eingeführt. Alle Leistungsanforderungen (Bild 2) an den Motor werden koordiniert und in einen Drehmomentwunsch umgerechnet. Im Drehmomentkoordinator werden diese Anforderungen von internen und externen Verbrauchern sowie weitere Vorgaben bezüglich des Motorwirkungsgrads priorisiert. Das resultierende Sollmoment wird auf die Anteile des Luft-, Kraftstoff- und Zündsystems aufgeteilt.

Der Füllungsanteil (für das Luftsystem) wird durch eine Querschnittsänderung der Drosselklappe und bei Turbomotoren zusätzlich durch die Ansteuerung des Wastegate-Ventils realisiert. Der Kraftstoffanteil wird im Wesentlichen durch den eingespritzten Kraftstoff unter Berücksichtigung der Tankentlüftung (Kraftstoffverdunstungs-Rückhaltesystem) bestimmt.

Die Einstellung des Drehmoments geschieht über zwei Pfade. Im Luftpfad (Hauptpfad) wird aus dem umzusetzenden Drehmoment eine Sollfüllung berechnet. Aus dieser Sollfüllung wird der Soll-Drosselklappenwinkel ermittelt. Die einzuspritzende Kraftstoffmasse ist aufgrund des fest vorgegebenen λ-Werts von der Füllung abhängig. Mit dem Luftpfad sind nur langsame Drehmomentänderungen einstellbar (z. B. beim Integralanteil der Leerlaufdrehzahlregelung).

Im kurbelwellensynchronen Pfad wird aus der aktuell vorhandenen Füllung das für diesen Betriebspunktpunkt maximal mögliche Drehmoment berechnet. Ist das gewünschte Drehmoment kleiner als das maximal mögliche, so kann für eine schnelle Drehmomentreduzierung (z. B. beim Differentialanteil der Leerlaufdrehzahlregelung, für die Drehmomentrücknahme beim Schaltvorgang oder zur Ruckeldämpfung) der Zündwinkel in Richtung spät verschoben oder einzelne oder mehrere Zylinder vollständig ausgeblendet werden (durch Einspritzausblendung, z. B. bei ESP-Eingriff oder im Schub).

Bei den früheren Motorsteuerungs-Systemen ohne Momentenstruktur wurde eine Zurücknahme des Drehmoments (z. B. auf Anforderung des automatischen Getriebes beim Schaltvorgang) direkt von der jeweiligen Funktion z. B. durch Spätverstellung des

2 Drehmomentbasierte Systemstruktur

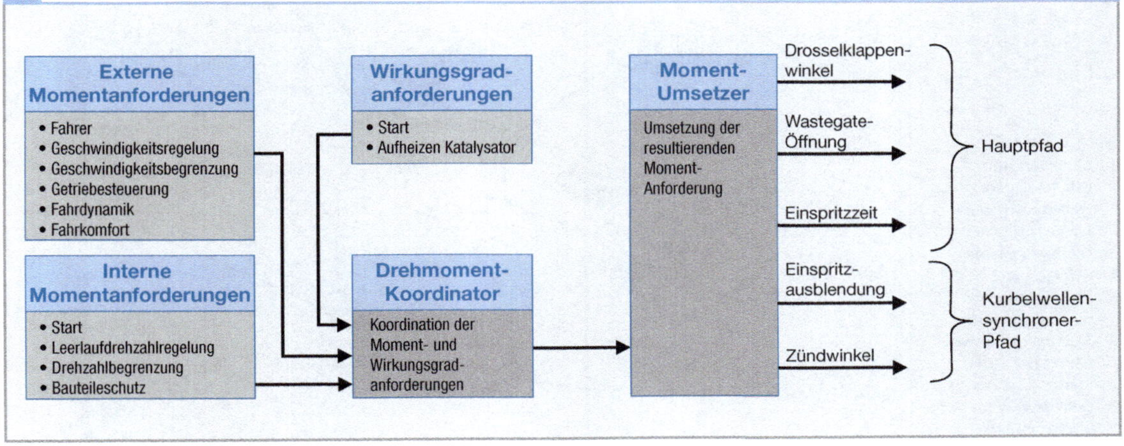

Zündwinkels vorgenommen. Eine Koordination der einzelnen Anforderungen und eine koordinierte Umsetzung war nicht gegeben.

Überwachungskonzept

Im Fahrbetrieb darf es unter keinen Umständen zu Zuständen kommen, die zu einer vom Fahrer ungewollten Beschleunigung des Fahrzeugs führen. An das Überwachungskonzept der elektronischen Motorsteuerung werden deshalb hohe Anforderungen gestellt. Hierzu enthält das Steuergerät neben dem Hauptrechner zusätzlich einen Überwachungsrechner; beide überwachen sich gegenseitig.

Diagnose

Die im Steuergerät integrierten Diagnosefunktionen überprüfen das Motorsteuerungs-System (Steuergerät mit Sensoren und Aktoren) auf Fehlverhalten und Störungen, speichern erkannte Fehler im Datenspeicher ab und leiten gegebenenfalls Ersatzfunktionen ein. Über die Motorkontrollleuchte oder im Display des Kombiinstruments werden dem Fahrer die Fehler angezeigt. Über eine Diagnoseschnittstelle werden in der Kundendienstwerkstatt System-Testgeräte (z. B. Bosch KTS650) angeschlossen. Sie erlauben das Auslesen der im Steuergerät enthaltenen Informationen zu den abgespeicherten Fehlern.

Ursprünglich sollte die Diagnose nur die Fahrzeuginspektion in der Kundendienstwerkstatt erleichtern. Mit Einführung der kalifornischen Abgasgesetzgebung OBD (On-Board-Diagnose) wurden Diagnosefunktionen vorgeschrieben, die das gesamte Motorsystem auf abgasrelevante Fehler prüfen und diese über die Motorkontrollleuchte anzeigen. Beispiele hierfür sind die Katalysatordiagnose, die λ-Sonden-Diagnose sowie die Aussetzererkennung. Diese Forderungen wurden in die europäische Gesetzgebung (EOBD) in abgewandelter Form übernommen.

3 Kommunikation mit der Motorsteuerung

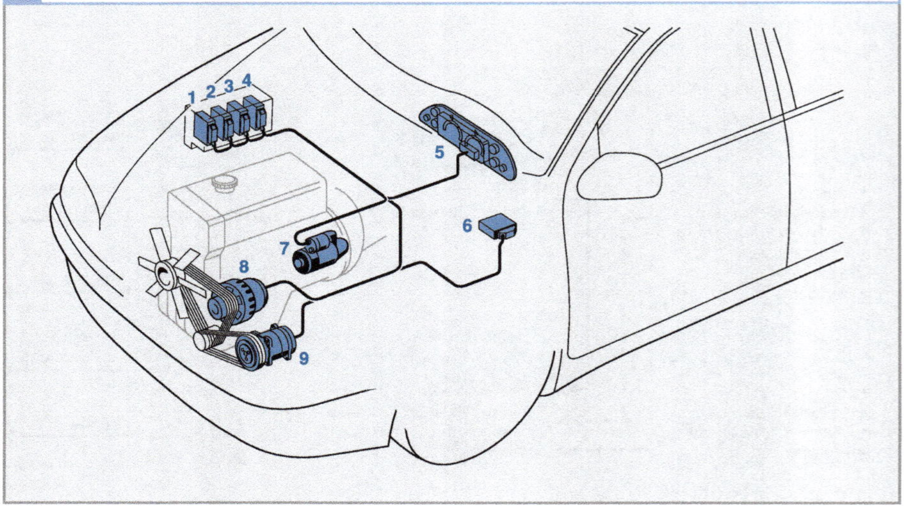

Bild 3
1 Motorsteuergerät
2 ESP-Steuergerät (elektronisches Stabilitätsprogramm)
3 Getriebesteuergerät
4 Klimasteuergerät
5 Kombiinstrument mit Bordcomputer
6 Steuergerät für Wegfahrsperre
7 Starter
8 Generator
9 Klimakompressor

Vernetzung im Fahrzeug

Über Bussysteme, wie z. B. den CAN-Bus (Controller Area Network), kann die Motorsteuerung mit den Steuergeräten anderer Fahrzeugsysteme kommunizieren. Bild 3 zeigt hierzu einige Beispiele. Die Steuergeräte können die Daten anderer Systeme in ihren Steuer- und Regelalgorithmen als Eingangssignale verarbeiten. Beispiele sind:

- ESP-Steuergerät: Zur Fahrzeugstabilisierung kann das ESP-Steuergerät eine Drehmomentenreduzierung durch die Motorsteuerung anfordern.
- Getriebesteuergerät: Die Getriebesteuerung kann beim Schaltvorgang eine Drehmomentenreduzierung anfordern, um einen weicheren Schaltvorgang zu ermöglichen.
- Klimasteuergerät: Das Klimasteuergerät liefert an die Motorsteuerung den Leistungsbedarf des Klimakompressors, damit dieser bei der Berechnung des Motormoments berücksichtigt werden kann.
- Kombiinstrument: Die Motorsteuerung liefert an das Kombiinstrument Informationen wie den aktuellen Kraftstoffverbrauch oder die aktuelle Motordrehzahl zur Information des Fahrers.
- Wegfahrsperre: Das Wegfahrsperren-Steuergerät hat die Aufgabe, eine unberechtigte Nutzung des Fahrzeugs zu verhindern. Hierzu wird ein Start der Motorsteuerung durch die Wegfahrsperre so lange blockiert, bis der Fahrer über den Zündschlüssel eine Freigabe erteilt hat und das Wegfahrsperren-Steuergerät den Start freigibt.

Systembeispiele

Die Motorsteuerung umfasst alle Komponenten, die für die Steuerung eines Ottomotors notwendig sind. Der Umfang des Systems wird durch die Anforderungen bezüglich der Motorleistung (z. B. Abgasturboaufladung), des Kraftstoffverbrauchs sowie der jeweils geltenden Abgasgesetzgebung bestimmt. Die kalifornische Abgas- und Diagnosegesetzgebung (CARB) stellt besonders hohe Anforderungen an das Diagnosesystem der Motorsteuerung. Einige abgasrelevante Systeme können nur mithilfe zusätzlicher Komponenten diagnostiziert werden (z. B. das Kraftstoffverdunstungs-Rückhaltesystem).

Im Lauf der Entwicklungsgeschichte entstanden Motorsteuerungs-Generationen (z. B. Bosch M1, M3, ME7, MED17), die sich in erster Linie durch den Hardwareaufbau unterscheiden. Wesentliches Unterscheidungsmerkmal sind die Mikrocontrollerfamilie, die Peripherie- und die Endstufenbausteine (Chipsatz). Aus den Anforderungen verschiedener Fahrzeughersteller ergeben sich verschiedene Hardwarevarianten. Neben den nachfolgend beschriebenen Ausführungen gibt es auch Motorsteuerungs-Systeme mit integrierter Getriebesteuerung (z. B. Bosch MG- und MEG-Motronic). Sie sind aufgrund der hohen Hardware-Anforderungen jedoch nicht verbreitet.

Motorsteuerung mit mechanischer Drosselklappe

Für Ottomotoren mit Saugrohreinspritzung kann die Luftversorgung über eine mechanisch verstellbare Drosselklappe erfolgen. Das Fahrpedal ist über ein Gestänge oder einen Seilzug mit der Drosselklappe verbunden. Die Fahrpedalstellung legt den Öffnungsquerschnitt der Drosselklappe fest und steuert damit den durch das Saugrohr in die Zylinder einströmenden Luftmassenstrom.

4 Komponenten für die elektronische Steuerung und Regelung eines Ottomotors mit Saugrohreinspritzung und elektrisch angesteuerter Drosselklappe

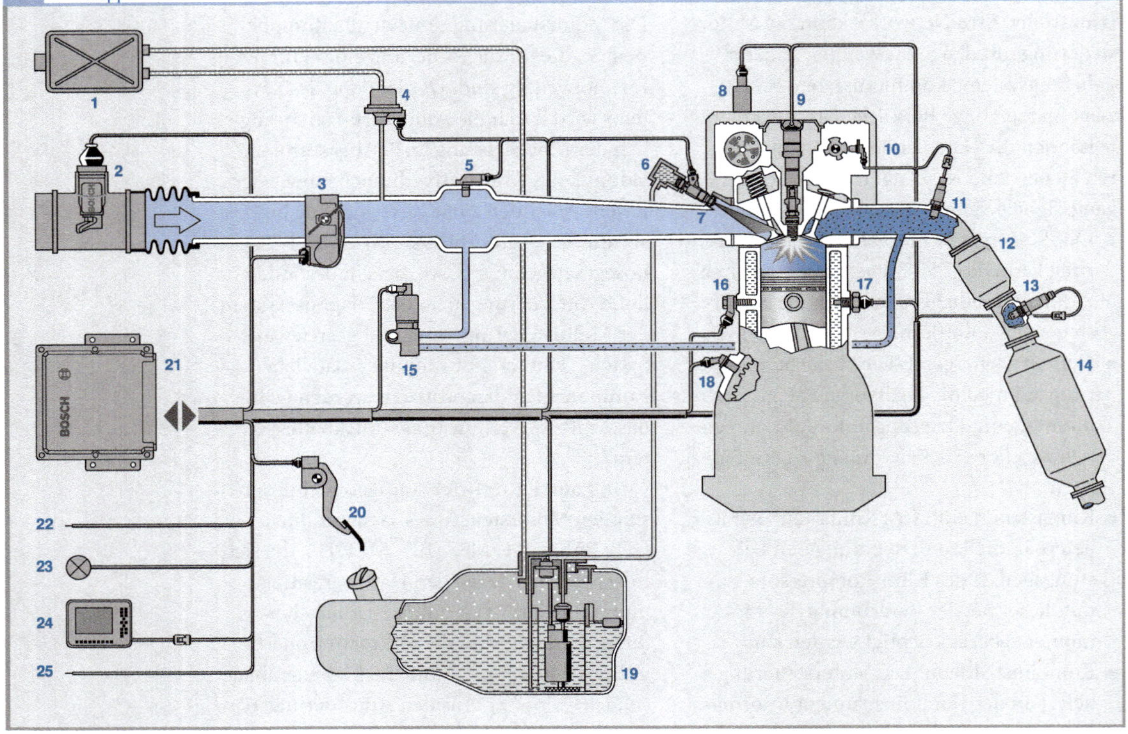

Bild 4

1 Aktivkohlebehälter
2 Heißfilm-Luftmassenmesser
3 elektrisch angesteuerte Drosselklappe
4 Tankentlüftungsventil
5 Saugrohrdrucksensor
6 Kraftstoff-Verteilerrohr
7 Einspritzventil
8 Aktoren und Sensoren für variable Nockenwellensteuerung
9 Zündspule mit Zündkerze
10 Nockenwellen-Phasensensor
11 λ-Sonde vor dem Vorkatalysator
12 Vorkatalysator
13 λ-Sonde nach dem Vorkatalysator
14 Hauptkatalysator
15 Abgasrückführventil
16 Klopfsensor
17 Motortemperatursensor
18 Drehzahlsensor
19 Kraftstofffördermodul mit Elektrokraftstoffpumpe
20 Fahrpedalmodul
21 Motorsteuergerät
22 CAN-Schnittstelle
23 Motorkontrollleuchte
24 Diagnoseschnittstelle
25 Schnittstelle zur Wegfahrsperre

Über einen Leerlaufsteller (Bypass) kann ein definierter Luftmassenstrom an der Drosselklappe vorbeigeführt werden. Mit dieser Zusatzluft kann im Leerlauf die Drehzahl auf einen konstanten Wert geregelt werden. Das Motorsteuergerät steuert hierzu den Öffnungsquerschnitt des Bypasskanals. Dieses System hat für Neuentwicklungen im europäischen und nordamerikanischen Markt keine Bedeutung mehr, es wurde durch Systeme mit elektrisch angesteuerter Drosselklappe abgelöst.

Motorsteuerung mit elektrisch angesteuerter Drosselklappe

Bei aktuellen Fahrzeugen mit Saugrohreinspritzung erfolgt eine elektronische Motorleistungssteuerung. Zwischen Fahrpedal und

5 Komponenten für die elektronische Steuerung und Regelung eines Ottomotors mit Benzin-Direkteinspritzung

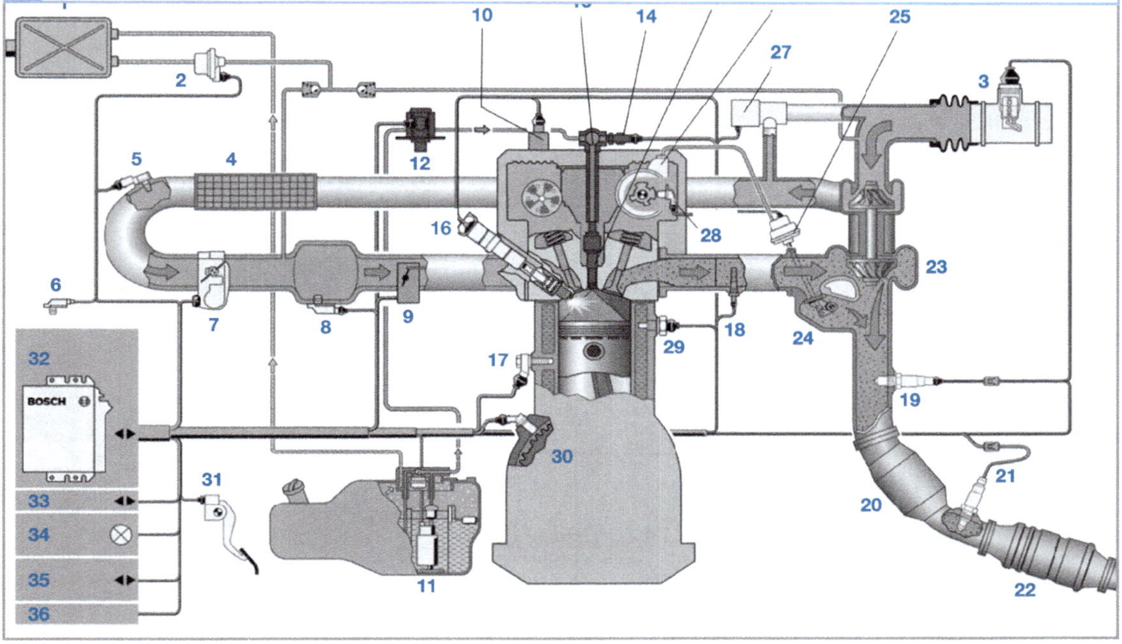

Bild 5

1 Aktivkohlebehälter
2 Tankentlüftungsventil
3 Heißfilm-Luftmassenmesser
4 Ladeluftkühler
5 kombinierter Ladedruck- und Ansauglufttemperatursensor
6 Umgebungsdrucksensor
7 Drosselklappe
8 Saugrohrdrucksensor
9 Ladungsbewegungsklappe
10 Nockenwellenversteller
11 Kraftstofffördermodul mit Elektrokraftstoffpumpe
12 Hochdruckpumpe
13 Kraftstoffverteilerrohr
14 Hochdrucksensor
15 Hochdruck-Einspritzventil
16 Zündspule mit Zündkerze
17 Klopfsensor
18 Abgastemperatursensor
19 λ-Sonde
20 Vorkatalysator
21 λ-Sonde
22 Hauptkatalysator
23 Abgasturbolader
24 Waste-Gate
25 Waste-Gate-Steller
26 Vakuumpumpe
27 Schubumluftventil
28 Nockenwellen-Phasensensor
29 Motortemperatursensor
30 Drehzahlsensor
31 Fahrpedalmodul
32 Motorsteuergerät
33 CAN-Schnittstelle
34 Motorkontrollleuchte
35 Diagnoseschnittstelle
36 Schnittstelle zur Wegfahrsperre

Drosselklappe ist keine mechanische Verbindung mehr vorhanden. Die Stellung des Fahrpedals, d. h. der Fahrerwunsch, wird von einem Potentiometer am Fahrpedal (Pedalwegsensor im Fahrpedalmodul, Bild 4, Pos. 20) erfasst und in Form eines analogen Spannungssignals vom Motorsteuergerät (21) eingelesen. Im Steuergerät werden Signale erzeugt, die den Öffnungsquerschnitt der elektrisch angesteuerten Drosselklappe (3) so einstellen, dass der Verbrennungsmotor das geforderte Drehmoment einstellt.

Motorsteuerung für Benzin-Direkteinspritzung

Mit der Einführung der Direkteinspritzung beim Ottomotor (Benzin-Direkteinspritzung, BDE) wurde ein Steuerungskonzept erforderlich, das verschiedene Betriebsarten in einem Steuergerät koordiniert. Beim Homogenbetrieb wird das Einspritzventil so

6 Komponenten für die elektronische Steuerung und Regelung eines Ottomotors mit wahlweise Erdgas- oder Benzin-Betrieb (Bifuel-System)

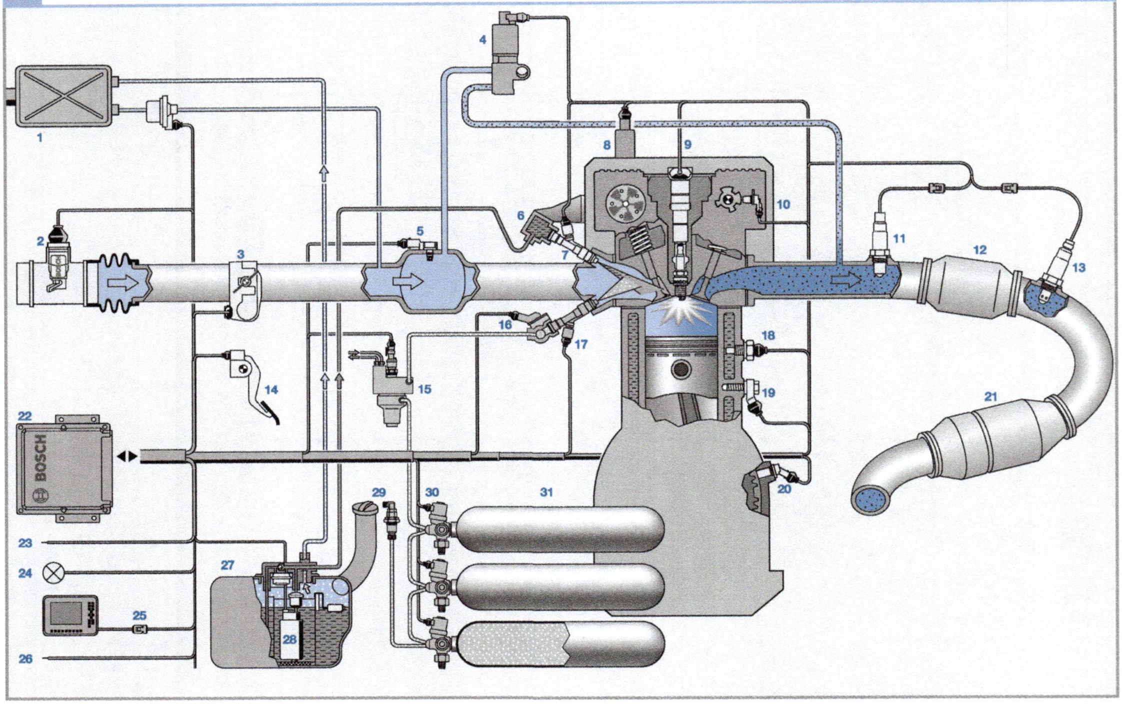

Bild 6

1 Aktivkohlebehälter mit Tankentlüftungsventil
2 Heißfilm-Luftmassenmesser
3 elektrisch angesteuerte Drosselklappe
4 Abgasrückführventil
5 Saugrohrdrucksensor
6 Kraftstoff-Verteilerrohr
7 Benzin-Einspritzventil
8 Aktoren und Sensoren für variable Nockenwellensteuerung
9 Zündspule mit Zündkerze
10 Nockenwellen-Phasensensor
11 λ-Sonde vor dem Vorkatalysator
12 Vorkatalysator
13 λ-Sonde nach dem Vorkatalysator
14 Fahrpedalmodul
15 Erdgas-Druckregler
16 Erdgas-Rail mit Erdgas-Druck- und Temperatursensor
17 Erdgas-Einblasventil
18 Motortemperatursensor
19 Klopfsensor
20 Drehzahlsensor
21 Hauptkatalysator
22 Motorsteuergerät
23 CAN-Schnittstelle
24 Motorkontrollleuchte
25 Diagnoseschnittstelle
26 Schnittstelle zur Wegfahrsperre
27 Kraftstoffbehälter
28 Kraftstofffördermodul mit Elektrokraftstoffpumpe
29 Einfüllstutzen für Benzin und Erdgas
30 Tankabsperrventile
31 Erdgastank

angesteuert, dass sich eine homogene Luft-Kraftstoff-Gemischverteilung im Brennraum ergibt. Dazu wird der Kraftstoff in den Saughub eingespritzt. Beim Schichtbetrieb wird durch eine späte Einspritzung während des Verdichtungshubs, kurz vor der Zündung, eine lokal begrenzte Gemischwolke im Zündkerzenbereich erzeugt.

Seit einigen Jahren finden zunehmend BDE-Konzepte, bei denen der Motor im gesamten Betriebsbereich homogen und stöchiometrisch (mit $\lambda = 1$) betrieben wird, in Verbindung mit Turboaufladung eine immer größere Verbreitung. Bei diesen Konzepten kann der Kraftstoffverbrauch bei vergleichbarer Motorleistung durch eine Verringerung des Hubvolumens (Downsizing) des Motors gesenkt werden.

Beim Schichtbetrieb wird der Motor mit einem mageren Luft-Kraftstoff-Gemisch (bei $\lambda > 1$) betrieben. Hierdurch lässt sich insbesondere im Teillastbereich der Kraftstoffverbrauch verringern. Durch den Magerbetrieb ist bei dieser Betriebsart eine aufwendigere Abgasnachbehandlung zur Reduktion der NO_x-Emissionen notwendig.

Bild 5 zeigt ein Beispiel der Steuerung eines BDE-Systems mit Turboaufladung und stöchiometrischem Homogenbetrieb. Dieses System besitzt ein Hochdruck-Einspritzsystem bestehend aus Hochdruckpumpe mit Mengensteuerventil (12), Kraftstoff-Verteilerrrohr (13) mit Hochdrucksensor (14) und Hochdruck-Einspritzventil (15). Der Kraftstoffdruck wird in Abhängikeit vom Betriebspunkt in Bereichen zwischen 3 und 20 MPa geregelt. Der Ist-Druck wird mit dem Hochdrucksensor erfasst. Die Regelung auf den Sollwert erfolgt durch das Mengensteuerventil.

Motorsteuerung für Erdgas-Systeme

Erdgas, auch CNG (Compressed Natural Gas) genannt, gewinnt aufgrund der günstigen CO_2-Emissionen zunehmend an Bedeutung als Kraftstoffalternative für Ottomotoren. Aufgrund der vergleichsweise geringen Tankstellendichte sind heutige Fahrzeuge überwiegend mit Bifuel-Systemen ausgestattet, die einen Betrieb wahlweise mit Erdgas oder Benzin ermöglichen. Bifuel-Systeme gibt es heute für Motoren mit Saugrohreinspritzung und mit Benzin-Direkteinspritzung.

Die Motorsteuerung für Bifuel-Systeme enthält alle Komponenten für die Saugrohreinspritzung bzw. Benzin-Direkteinspritzung. Zusätzlich enthält diese Motorsteuerung die Komponenten für das Erdgassystem (Bild 6). Während bei Nachrüstsystemen die Steuerung des Erdgasbetriebs über eine externe Einheit vorgenommen wird, ist sie bei der Bifuel-Motorsteuerung integriert. Das Sollmoment des Motors und die den Betriebszustand charakterisierenden Größen werden im Bifuel-Steuergerät nur einmal gebildet. Durch die physikalisch basierten Funktionen der Momentenstruktur ist eine einfache Integration der für den Gasbetrieb spezifischen Parameter möglich.

Umschaltung der Kraftstoffart

Je nach Motorauslegung kann es sinnvoll sein, bei hoher Lastanforderung automatisch in die Kraftstoffart zu wechseln, die die maximale Motorleistung ermöglicht. Weitere automatische Umschaltungen können darüber hinaus sinnvoll sein, um z. B. eine spezifische Abgasstrategie zu realisieren und den Katalysator schneller aufzuheizen oder generell ein Kraftstoffmanagement durchzuführen. Bei automatischen Umschaltungen ist es jedoch wichtig, dass diese momentenneutral umgesetzt werden, d. h. für den Fahrer nicht wahrnehmbar sind.

Die Bifuel-Motorsteuerung erlaubt den Betriebsstoffwechsel auf verschiedene Arten. Eine Möglichkeit ist der direkte Wechsel, vergleichbar mit einem Schalter. Dabei darf keine Einspritzung abgebrochen werden, sonst bestünde im befeuerten Betrieb die Gefahr von Aussetzern. Die plötzliche Gaseinblasung hat gegenüber dem Benzinbetrieb jedoch eine größere Volumenverdrängung zur Folge, sodass der Saugrohrdruck ansteigt und die Zylinderfüllung durch die Umschaltung um ca. 5 % abnimmt. Dieser Effekt muss durch eine größere Drosselklappenöffnung berücksichtigt werden. Um das Motormoment bei der Umschaltung unter Last konstant zu halten, ist ein zusätzlicher Eingriff auf die Zündwinkel notwendig, der eine schnelle Änderung des Drehmoments ermöglicht.

Eine weitere Möglichkeit der Umschaltung ist die Überblendung von Benzin- zu

Gasbetrieb. Zum Wechsel in den Gasbetrieb wird die Benzineinspritzung durch einen Aufteilungsfaktor reduziert und die Gaseinblasung entsprechend erhöht. Dadurch werden Sprünge in der Luftfüllung vermieden. Zusätzlich ergibt sich die Möglichkeit, eine veränderte Gasqualität mit der λ-Regelung während der Umschaltung zu korrigieren. Mit diesem Verfahren ist die Umschaltung auch bei hoher Last ohne merkbare Momentenänderung durchführbar.

Bei Nachrüstsystemen besteht häufig keine Möglichkeit, die Betriebsarten für Benzin und Erdgas koordiniert zu wechseln. Zur Vermeidung von Momentensprüngen wird deshalb bei vielen Systemen die Umschaltung nur während der Schubphasen durchgeführt.

Systemstruktur

Die starke Zunahme der Komplexität von Motorsteuerungs-Systemen aufgrund neuer Funktionalitäten erfordert eine strukturierte Systembeschreibung. Basis für die bei Bosch verwendete Systembeschreibung ist die Drehmomentstruktur. Alle Drehmomentanforderungen an den Motor werden von der Motorsteuerung als Sollwerte entgegengenommen und zentral koordiniert. Das geforderte Drehmoment wird berechnet und über folgende Stellgrößen eingestellt:

- den Winkel der elektrisch ansteuerbaren Drosselklappe,
- den Zündwinkel,
- Einspritzausblendungen,
- Ansteuern des Waste-Gates bei Motoren mit Abgasturboaufladung,
- die eingespritzte Kraftstoffmenge bei Motoren im Magerbetrieb.

Bild 7 zeigt die bei Bosch für Motorsteuerungs-Systeme verwendete Systemstruktur

7 Strukturbild einer Bosch-Motorsteuerung, siehe auch **Tabelle 1**

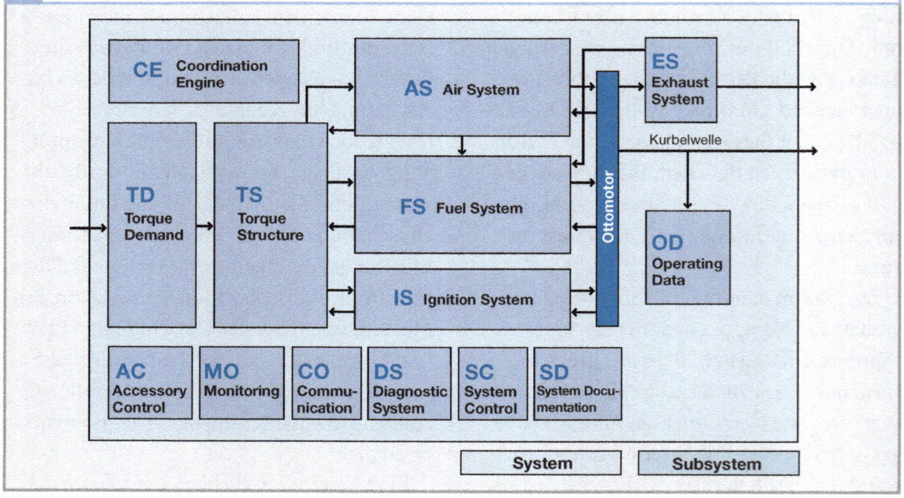

Tabelle 1
Subsysteme und Hauptfunktionen einer Bosch-Motorsteuerung

Abkürzung	Englische Bezeichnung	Deutsche Bezeichnung
ABB	Air System Brake Booster	Bremskraftverstärkersteuerung
ABC	Air System Boost Control	Ladedrucksteuerung
AC	Accessory Control	Nebenaggregatesteuerung
ACA	Accessory Control Air Condition	Klimasteuerung
ACE	Accessory Control Electrical Machines	Steuerung elektrische Aggregate
ACF	Accessory Control Fan Control	Lüftersteuerung
ACS	Accessory Control Steering	Ansteuerung Lenkhilfepumpe
ACT	Accessory Control Thermal Management	Thermomanagement
ADC	Air System Determination of Charge	Luftfüllungsberechnung
AEC	Air System Exhaust Gas Recirculation	Abgasrückführungssteuerung
AIC	Air System Intake Manifold Control	Saugrohrsteuerung
AS	Air System	Luftsystem
ATC	Air System Throttle Control	Drosselklappensteuerung
AVC	Air System Valve Control	Ventilsteuerung
CE	Coordination Engine	Koordination Motorbetriebszustände und -arten
CEM	Coordination Engine Operation	Koordination Motorbetriebsarten
CES	Coordination Engine States	Koordination Motorbetriebszustände
CO	Communication	Kommunikation
COS	Communication Security Access	Kommunikation Wegfahrsperre
COU	Communication User-Interface	Kommunikationsschnittstelle
COV	Communication Vehicle Interface	Datenbuskommunikation
DS	Diagnostic System	Diagnosesystem
DSM	Diagnostic System Manager	Diagnosesystemmanager
EAF	Exhaust System Air Fuel Control	λ-Regelung
ECT	Exhaust System Control of Temperature	Abgastemperaturregelung
EDM	Exhaust System Description and Modeling	Beschreibung und Modellierung Abgassystem
ENM	Exhaust System NO_x Main Catalyst	Regelung NO_x-Speicherkatalysator
ES	Exhaust System	Abgassystem
ETF	Exhaust System Three Way Front Catalyst	Regelung Dreiwegevorkatalysator
ETM	Exhaust System Main Catalyst	Regelung Dreiwegehauptkatalysator
FEL	Fuel System Evaporative Leak Detection	Tankleckerkennung
FFC	Fuel System Feed Forward Control	Kraftstoff-Vorsteuerung
FIT	Fuel System Injection Timing	Einspritzausgabe
FMA	Fuel System Mixture Adaptation	Gemischadaption

Abkürzung	Englische Bezeichnung	Deutsche Bezeichnung
FPC	Fuel Purge Control	Tankentlüftung
FS	Fuel System	Kraftstoffsystem
FSS	Fuel Supply System	Kraftstoffversorgungssystem
IGC	Ignition Control	Zündungssteuerung
IKC	Ignition Knock Control	Klopfregelung
IS	Ignition System	Zündsystem
MO	Monitoring	Überwachung
MOC	Microcontroller Monitoring	Rechnerüberwachung
MOF	Function Monitoring	Funktionsüberwachung
MOM	Monitoring Module	Überwachungsmodul
MOX	Extended Monitoring	Erweiterte Funktionsüberwachung
OBV	Operating Data Battery Voltage	Batteriespannungserfassung
OD	Operating Data	Betriebsdaten
OEP	Operating Data Engine Position Management	Erfassung Drehzahl und Winkel
OMI	Misfire Detection	Aussetzererkennung
OTM	Operating Data Temperature Measurement	Temperaturerfassung
OVS	Operating Data Vehicle Speed Control	Fahrgeschwindigkeitserfassung
SC	System Control	Systemsteuerung
SD	System Documentation	Systembeschreibung
SDE	System Documentation Engine Vehicle ECU	Systemdokumentation Motor, Fahrzeug, Motorsteuerung
SDL	System Documentation Libraries	Systemdokumentation Funktionsbibliotheken
SYC	System Control ECU	Systemsteuerung Motorsteuerung
TCD	Torque Coordination	Momentenkoordination
TCV	Torque Conversion	Momentenumsetzung
TD	Torque Demand	Momentenanforderung
TDA	Torque Demand Auxiliary Functions	Momentenanforderung Zusatzfunktionen
TDC	Torque Demand Cruise Control	Momentenanforderung Fahrgeschwindigkeitsregler
TDD	Torque Demand Driver	Fahrerwunschmoment
TDI	Torque Demand Idle Speed Control	Momentenanforderung Leerlaufdrehzahlregelung
TDS	Torque Demand Signal Conditioning	Momentenanforderung Signalaufbereitung
TMO	Torque Modeling	Motordrehmoment-Modell
TS	Torque Structure	Drehmomentenstruktur

8 Strukturbild einer Bosch-Motorsteuerung mit Subsystemen und Hauptfunktionen (siehe auch **Tabelle 1**)

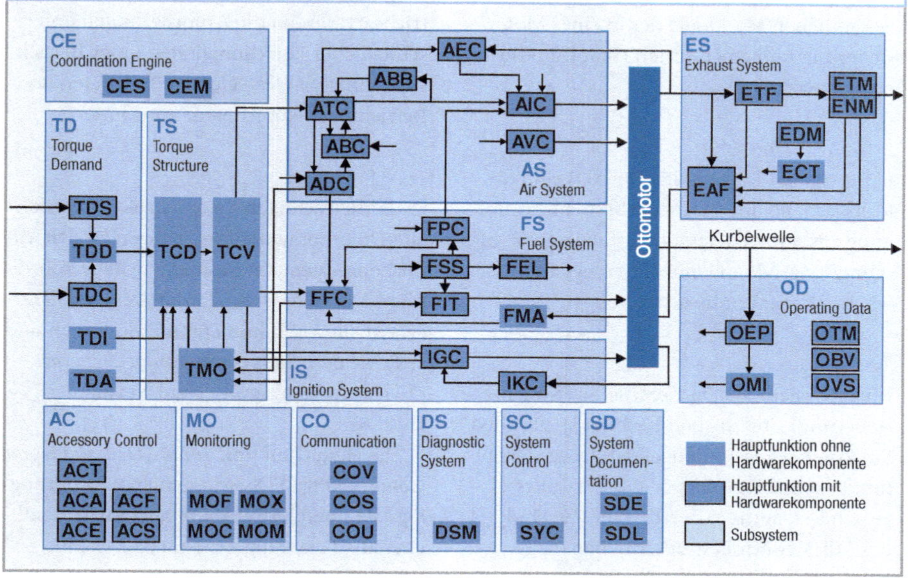

mit den verschiedenen Subsystemen. Die einzelnen Blöcke und Bezeichnungen (vgl. Tabelle 1) werden im Folgenden näher erläutert.

In Bild 7 ist die Motorsteuerung als System bezeichnet. Als Subsystem werden die verschiedenen Bereiche innerhalb des Systems bezeichnet. Einige Subsysteme sind im Steuergerät rein softwaretechnisch ausgebildet (z. B. die Drehmomentstruktur), andere Subsysteme enthalten auch Hardware-Komponenten (z. B. das Kraftstoffsystem mit den Einspritzventilen). Die Subsysteme sind durch definierte Schnittstellen miteinander verbunden.

Durch die Systemstruktur wird die Motorsteuerung aus der Sicht des funktionalen Ablaufs beschrieben. Das System umfasst das Steuergerät (mit Hardware und Software) sowie externe Komponenten (Aktoren, Sensoren und mechanische Komponenten), die mit dem Steuergerät elektrisch verbunden sein können. Die Systemstruktur (Bild 8) gliedert dieses System nach funktionalen Kriterien hierarchisch in 14 Subsysteme (z. B. Luftsystem, Kraftstoffsystem), die wiederum in ca. 70 Hauptfunktionen (z. B. Ladedruckregelung, λ-Regelung) unterteilt sind (Tabelle 1).

Seit Einführung der Drehmomentstruktur werden die Drehmomentanforderungen an den Motor in den Subsystemen *Torque Demand* und *Torque Structure* zentral koordiniert. Die Füllungssteuerung durch die elektrisch verstellbare Drosselklappe ermöglicht das Einstellen der vom Fahrer über das Fahrpedal vorgegebenen Drehmomentanforderung (Fahrerwunsch). Gleichzeitig können alle zusätzlichen Drehmomentanforderungen, die sich aus dem Fahrbetrieb ergeben (z. B. beim Zuschalten des Klimakompressors), in der Drehmomentstruktur koordiniert werden. Die Momentenkoordination ist mittlerweile so strukturiert, dass sowohl Benzin- als auch Dieselmotoren damit betrieben werden können.

Subsysteme und Hauptfunktionen

Im Folgenden wird ein Überblick über die wesentlichen Merkmale der in einer Motorsteuerung implementierten Hauptfunktionen gegeben.

System Documentation

Unter *System Documentation* (SD) sind die technischen Unterlagen zur Systembeschreibung zusammengefasst (z. B. Steuergerätebeschreibung, Motor- und Fahrzeugdaten sowie Konfigurationsbeschreibungen).

System Control

Im Subsystem *System Control* (SC, Systemsteuerung) sind die den Rechner steuernden Funktionen zusammengefasst. In der Hauptfunktion *System Control ECU* (SYC, Systemzustandssteuerung), werden die Zustände des Mikrocontrollers beschrieben:

- Initialisierung (Systemhochlauf),
- Running State (Normalzustand, hier werden die Hauptfunktionen abgearbeitet),
- Steuergerätenachlauf (z. B. für Lüfternachlauf oder Hardwaretest).

Coordination Engine

Im Subsystem *Coordination Engine (CE)* werden sowohl der Motorstatus als auch die Motor-Betriebsdaten koordiniert. Dies erfolgt an zentraler Stelle, da abhängig von dieser Koordination viele weitere Funktionalitäten im gesamten System der Motorsteuerung betroffen sind. Die Hauptfunktion *Coordination Engine States* (CES, Koordination Motorstatus), beinhaltet sowohl die verschiedenen Motorzustände wie Start, laufender Betrieb und abgestellter Motor als auch Koordinationsfunktionen für Start-Stopp-Systeme und zur Einspritzaktivierung (Schubabschalten, Wiedereinsetzen).

In der Hauptfunktion *Coordination Engine Operation* (CEM, Koordination Motorbetriebsdaten) werden die Betriebsarten für die Benzin-Direkteinspritzung koordiniert und umgeschaltet. Zur Bestimmung der Soll-Betriebsart werden die Anforderungen unterschiedlicher Funktionalitäten unter Berücksichtigung von festgelegten Prioritäten im Betriebsartenkoordinator koordiniert.

Torque Demand

In der betrachteten Systemstruktur werden alle Drehmomentanforderungen an den Motor konsequent auf Momentenebene koordiniert. Das Subsystem *Torque Demand (TD)* erfasst alle Drehmomentanforderungen und stellt sie dem Subsystem *Torque Structure (TS)* als Eingangsgrößen zur Verfügung (**Bild 8**).

Die Hauptfunktion *Torque Demand Signal Conditioning* (TDS, Momentenanforderung Signalaufbereitung), beinhaltet im Wesentlichen die Erfassung der Fahrpedalstellung. Sie wird mit zwei unabhängigen Winkelsensoren erfasst und in einen normierten Fahrpedalwinkel umgerechnet. Durch verschiedene Plausibilitätsprüfungen wird dabei sichergestellt, dass bei einem Einfachfehler der normierte Fahrpedalwinkel keine höheren Werte annehmen kann, als es der tatsächlichen Fahrpedalstellung entspricht.

Die Hauptfunktion *Torque Demand Driver* (TDD, Fahrerwunsch), berechnet aus der Fahrpedalstellung einen Sollwert für das Motordrehmoment. Darüber hinaus wird die Fahrpedalcharakteristik festgelegt.

Die Hauptfunktion *Torque Demand Cruise Control* (TDC, Fahrgeschwindigkeitsregler) hält die Geschwindigkeit des Fahrzeugs in Abhängigkeit von der über eine Bedieneinrichtung eingestellte Sollgeschwindigkeit bei nicht betätigtem Fahrpedal konstant, sofern dies im Rahmen des einstellbaren Motordrehmoments möglich ist. Zu den wichtigsten Abschaltbedingungen dieser Funktion zählen die Betätigung der „Aus-Taste" an der Bedieneinrichtung, die Betätigung von

Bremse oder Kupplung sowie die Unterschreitung der erforderlichen Minimalgeschwindigkeit.

Die Hauptfunktion *Torque Demand Idle Speed Control* (TDI, Leerlaufdrehzahlregelung) regelt die Drehzahl des Motors bei nicht betätigtem Fahrpedal auf die Leerlaufdrehzahl ein. Der Sollwert der Leerlaufdrehzahl wird so vorgegeben, dass stets ein stabiler und ruhiger Motorlauf gewährleistet ist. Dementsprechend wird der Sollwert bei bestimmten Betriebsbedingungen (z. B. bei kaltem Motor) gegenüber der Nennleerlaufdrehzahl erhöht. Erhöhungen sind auch zur Unterstützung des Katalysator-Heizens, zur Leistungssteigerung des Klimakompressors oder bei ungenügender Ladebilanz der Batterie möglich. Die Hauptfunktion *Torque Demand Auxiliary Functions* (TDA, Drehmomente intern) erzeugt interne Momentenbegrenzungen und -anforderungen (z. B. zur Drehzahlbegrenzung oder zur Dämpfung von Ruckelschwingungen).

Torque Structure

Im Subsystem *Torque Structure* (TS, Drehmomentstruktur, **Bild 8**) werden alle Drehmomentanforderungen koordiniert. Das Drehmoment wird dann vom Luft-, Kraftstoff- und Zündsystem eingestellt. Die Hauptfunktion *Torque Coordination* (TCD, Momentenkoordination) koordiniert alle Drehmomentanforderungen. Die verschiedenen Anforderungen (z. B. vom Fahrer oder von der Drehzahlbegrenzung) werden priorisiert und abhängig von der aktuellen Betriebsart in Drehmoment-Sollwerte für die Steuerpfade umgerechnet.

Die Hauptfunktion *Torque Conversion* (TCV, Momentenumsetzung), berechnet aus den Sollmoment-Eingangsgrößen die Sollwerte für die relative Luftmasse, das Luftverhältnis λ und den Zündwinkel sowie die Einspritzausblendung (z. B. für das Schubabschalten). Der Luftmassensollwert wird so berechnet, dass sich das geforderte Drehmoment des Motors in Abhängigkeit vom applizierten Luftverhältnis λ und dem applizierten Basiszündwinkel einstellt.

Die Hauptfunktion *Torque Modelling* (TMO, Momentenmodell Drehmoment) berechnet aus den aktuellen Werten für Füllung, Luftverhältnis λ, Zündwinkel, Reduzierstufe (bei Zylinderabschaltung) und Drehzahl ein theoretisch optimales indiziertes Drehmoment des Motors. Das indizierte Moment ist dabei das Drehmoment, das sich aufgrund des auf den Kolben wirkenden Gasdrucks ergibt. Das tatsächliche Moment ist aufgrund von Verlusten geringer als das indizierte Moment. Mittels einer Wirkungsgradkette wird ein indiziertes Ist-Drehmoment gebildet. Die Wirkungsgradkette beinhaltet drei verschiedene Wirkungsgrade: den Ausblendwirkungsgrad (proportional zu der Anzahl der befeuerten Zylinder), den Zündwinkelwirkungsgrad (ergibt sich aus der Verschiebung des Ist-Zündwinkels vom optimalen Zündwinkel) und den λ-Wirkungsgrad (ergibt sich aus der Wirkungsgradkennlinie als Funktion des Luftverhältnisses λ).

Air System

Im Subsystem *Air System* (AS, Luftsystem, **Bild 8**) wird die für das umzusetzende Moment benötigte Füllung eingestellt. Darüber hinaus sind Abgasrückführung, Ladedruckregelung, Saugrohrumschaltung, Ladungsbewegungssteuerung und Ventilsteuerung Teil des Luftsystems.

In der Hauptfunktion *Air System Throttle Control* (ATC, Drosselklappensteuerung) wird aus dem Soll-Luftmassenstrom die Sollposition für die Drosselklappe gebildet, die den in das Saugrohr einströmenden Luftmassenstrom bestimmt.

Die Hauptfunktion *Air System Determination of Charge* (ADC, Luftfüllungsberechnung) ermittelt mithilfe der zur Verfügung stehenden Lastsensoren die aus Frischluft und Inertgas bestehende Zylinderfüllung. Aus den Luftmassenströmen werden die Druckverhältnisse im Saugrohr mit einem Saugrohrdruckmodell modelliert.

Die Hauptfunktion *Air System Intake Manifold Control* (AIC, Saugrohrsteuerung) berechnet die Sollstellungen für die Saugrohr- und die Ladungsbewegungsklappe.

Der Unterdruck im Saugrohr ermöglicht die Abgasrückführung, die in der Hauptfunktion *Air System Exhaust Gas Recirculation* (AEC, Abgasrückführungssteuerung) berechnet und eingestellt wird.

Die Hauptfunktion *Air System Valve Control* (AVC, Ventilsteuerung) berechnet die Sollwerte für die Einlass- und die Auslassventilpositionen und stellt oder regelt diese ein. Dadurch kann die Menge des intern zurückgeführten Restgases beeinflusst werden.

Die Hauptfunktion *Air System Boost Control* (ABC, Ladedrucksteuerung) übernimmt die Berechnung des Ladedrucks für Motoren mit Abgasturboaufladung und stellt die Stellglieder für dieses System.

Motoren mit Benzin-Direkteinspritzung werden teilweise im unteren Lastbereich mit Schichtladung ungedrosselt gefahren. Im Saugrohr herrscht damit annähernd Umgebungsdruck. Die Hauptfunktion *Air System Brake Booster* (ABB, Bremskraftverstärkersteuerung) sorgt durch Anforderung einer Androsselung dafür, dass im Bremskraftverstärker immer ausreichend Unterdruck herrscht.

Fuel System

Im Subsystem *Fuel System* (FS, Kraftstoffsystem, Bild 8) werden kurbelwellensynchron die Ausgabegrößen für die Einspritzung berechnet, also die Zeitpunkte der Einspritzungen und die Menge des einzuspritzenden Kraftstoffs.

Die Hauptfunktion *Fuel System Feed Forward Control* (FFC, Kraftstoff-Vorsteuerung) berechnet die aus der Soll-Füllung, dem λ-Sollwert, additiven Korrekturen (z. B. Übergangskompensation) und multiplikativen Korrekturen (z. B. Korrekturen für Start, Warmlauf und Wiedereinsetzen) die Soll-Kraftstoffmasse. Weitere Korrekturen kommen von der λ-Regelung, der Tankentlüftung und der Luft-Kraftstoff-Gemischadaption. Bei Systemen mit Benzin-Direkteinspritzung werden für die Betriebsarten spezifische Werte berechnet (z. B. Einspritzung in den Ansaugtakt oder in den Verdichtungstakt, Mehrfacheinspritzung).

Die Hauptfunktion *Fuel System Injection Timing* (FIT, Einspritzausgabe) berechnet die Einspritzdauer und die Kurbelwinkelposition der Einspritzung und sorgt für die winkelsynchrone Ansteuerung der Einspritzventile. Die Einspritzzeit wird auf der Basis der zuvor berechneten Kraftstoffmasse und Zustandsgrößen (z. B. Saugrohrdruck, Batteriespannung, Raildruck, Brennraumdruck) berechnet.

Die Hauptfunktion *Fuel System Mixture Adaptation* (FMA, Gemischadaption), verbessert die Vorsteuergenauigkeit des λ-Werts durch Adaption längerfristiger Abweichungen des λ-Reglers vom Neutralwert. Bei kleinen Füllungen wird aus der Abweichung des λ-Reglers ein additiver Korrekturterm gebildet, der bei Systemen mit Heißfilm-Luftmassenmesser (HFM) in der Regel kleine Saugrohrleckagen widerspiegelt oder bei Systemen mit Saugrohrdrucksensor den Restgas- und den Offset-Fehler des Drucksensors ausgleicht. Bei größeren Füllungen wird ein multiplikativer Korrekturfaktor ermittelt, der im Wesentlichen Steigungsfehler des Heißfilm-Luftmassenmessers, Abweichungen des Raildruckreglers (bei Systemen mit Direkteinspritzung) und Kennlinien-Steigungsfehler der Einspritzventile repräsentiert.

Die Hauptfunktion *Fuel Supply System* (FSS, Kraftstoffversorgungssystem) hat die

Aufgabe, den Kraftstoff aus dem Kraftstoffbehälter in der geforderten Menge und mit dem vorgegebenen Druck in das Kraftstoffverteilerrohr zu fördern. Der Druck kann bei bedarfsgesteuerten Systemen zwischen 200 und 600 kPa geregelt werden, die Rückmeldung des Ist-Werts geschieht über einen Drucksensor. Bei der Benzin-Direkteinspritzung enthält das Kraftstoffversorgungssystem zusätzlich einen Hochdruckkreis mit der Hochdruckpumpe und dem Drucksteuerventil oder der bedarfsgesteuerten Hochdruckpumpe mit Mengensteuerventil. Damit kann im Hochdruckkreis der Druck abhängig vom Betriebspunkt variabel zwischen 3 und 20 MPa geregelt werden. Die Sollwertvorgabe wird betriebspunktabhängig berechnet, der Ist-Druck über einen Hochdrucksensor erfasst.

Die Hauptfunktion *Fuel System Purge Control* (FPC, Tankentlüftung) steuert während des Motorbetriebs die Regeneration des im Tank verdampften und im Aktivkohlebehälter des Kraftstoffverdunstungs-Rückhaltesystems gesammelten Kraftstoffs. Basierend auf dem ausgegebenen Tastverhältnis zur Ansteuerung des Tankentlüftungsventils und den Druckverhältnissen wird ein Istwert für den Gesamt-Massenstrom über das Ventil berechnet, der in der Drosselklappensteuerung (ATC) berücksichtigt wird. Ebenso wird ein Ist-Kraftstoffanteil ausgerechnet, der von der Soll-Kraftstoffmasse subtrahiert wird.

Die Hauptfunktion *Fuel System Evaporation Leakage Detection* (FEL, Tankleckerkennung) prüft die Dichtheit des Tanksystems gemäß der kalifornischen OBD-II-Gesetzgebung. Aufbau und Arbeitsweise dieser Diagnose sind in Abschnitt → **Diagnose** → OBD-Funktionen beschrieben.

Ignition System

Im *Subsystem Ignition System* (IS, Zündsystem, Bild 8) werden die Ausgabegrößen für die Zündung berechnet und die Zündspulen angesteuert.

Die Hauptfunktion *Ignition Control* (IGC, Zündung) ermittelt aus den Betriebsbedingungen des Motors und unter Berücksichtigung von Eingriffen aus der Momentenstruktur den aktuellen Soll-Zündwinkel und erzeugt zum gewünschten Zeitpunkt einen Zündfunken an der Zündkerze. Der resultierende Zündwinkel wird aus dem Grundzündwinkel und betriebspunktabhängigen Zündwinkelkorrekturen und Anforderungen berechnet. Bei der Bestimmung des drehzahl- und lastabhängigen Grundzündwinkels wird – falls vorhanden – auch der Einfluss einer Nockenwellenverstellung, einer Ladungsbewegungsklappe, einer Zylinderbankaufteilung sowie spezieller BDE-Betriebsarten berücksichtigt. Zur Berechnung des frühest möglichen Zündwinkels wird der Grundzündwinkel mit den Verstellwinkeln für Motorwarmlauf, Klopfregelung und – falls vorhanden – Abgasrückführung korrigiert. Aus dem aktuellen Zündwinkel und der notwendigen Ladezeit der Zündspule wird der Einschaltzeitpunkt der Zündungsendstufe berechnet und entsprechend angesteuert.

Die Hauptfunktion *Ignition System Knock Control* (IKC, Klopfregelung) betreibt den Motor wirkungsgradoptimiert an der Klopfgrenze, verhindert aber motorschädigendes Klopfen. Der Verbrennungsvorgang in allen Zylindern wird mittels Klopfsensoren überwacht. Das erfasste Körperschallsignal der Sensoren wird mit einem Referenzpegel verglichen, der über einen Tiefpass zylinderselektiv aus den letzten Verbrennungen gebildet wird. Der Referenzpegel stellt damit das Hintergrundgeräusch des Motors für den klopffreien Betrieb dar. Aus dem Vergleich lässt sich ableiten, um wie viel lauter die aktuelle Verbrennung gegenüber dem Hintergrundgeräusch war. Ab einer bestimmten Schwelle wird Klopfen erkannt. Sowohl bei der Referenzpegelberechnung als auch bei der Klopferkennung können geänderte Betriebsbedingungen (Motordrehzahl, Drehzahldynamik, Lastdynamik) berücksichtigt werden.

Die Klopfregelung gibt – für jeden einzelnen Zylinder – einen Differenzzündwinkel zur Spätverstellung aus, der bei der Berechnung des aktuellen Zündwinkels berücksichtigt wird. Bei einer erkannten klopfenden Verbrennung wird dieser Differenzzündwinkel um einen applizierbaren Betrag vergrößert. Die Zündwinkel-Spätverstellung wird anschließend in kleinen Schritten wieder zurückgenommen, wenn über einen applizierbaren Zeitraum keine klopfende Verbrennung auftritt. Bei einem erkannten Fehler in der Hardware wird eine Sicherheitsmaßnahme (Sicherheitsspätverstellung) aktiviert.

Exhaust System

Das Subsystem *Exhaust System* (ES, Abgassystem) greift in die Luft-Kraftstoff-Gemischbildung ein, stellt dabei das Luftverhältnis λ ein und steuert den Füllzustand der Katalysatoren.

Die Hauptaufgaben der Hauptfunktion *Exhaust System Description and Modelling* (EDM, Beschreibung und Modellierung des Abgassystems) sind vornehmlich die Modellierung physikalischer Größen im Abgastrakt, die Signalauswertung und die Diagnose der Abgastemperatursensoren (sofern vorhanden) sowie die Bereitstellung von Kenngrößen des Abgassystems für die Testerausgabe. Die physikalischen Größen, die modelliert werden, sind Temperatur (z. B. für Bauteileschutz), Druck (primär für Restgaserfassung) und Massenstrom (für λ-Regelung und Katalysatordiagnose). Daneben wird das Luftverhältnis des Abgases bestimmt (für NO_x-Speicherkatalysator-Steuerung und -Diagnose).

Das Ziel der Hauptfunktion *Exhaust System Air Fuel Control* (EAF, λ-Regelung) mit der λ-Sonde vor dem Vorkatalysator ist, das λ auf einen vorgegebenen Sollwert zu regeln, um Schadstoffe zu minimieren, Drehmomentschwankungen zu vermeiden und die Magerlaufgrenze einzuhalten. Die Eingangssignale aus der λ-Sonde hinter dem Hauptkatalysator erlauben eine weitere Minimierung der Emissionen.

Die Hauptfunktion *Exhaust System Three-Way Front Catalyst* (ETF, Steuerung und Regelung des Dreiwegevorkatalysators) verwendet die λ-Sonde hinter dem Vorkatalysator (sofern vorhanden). Deren Signal dient als Grundlage für die Führungsregelung und Katalysatordiagnose. Diese Führungsregelung kann die Luft-Kraftstoff-Gemischregelung wesentlich verbessern und damit ein bestmögliches Konvertierungsverhalten des Katalysators ermöglichen.

Die Hauptfunktion *Exhaust System Three-Way Main Catalyst* (ETM, Steuerung und Regelung des Dreiwegehauptkatalysators) arbeitet im Wesentlichen gleich wie die zuvor beschriebene Hauptfunktion ETF. Die Führungsregelung wird dabei an die jeweilige Katalysatorkonfiguration angepasst.

Die Hauptfunktion *Exhaust System NO_x Main Catalyst* (ENM, Steuerung und Regelung des NO_x-Speicherkatalysators) hat bei Systemen mit Magerbetrieb und NO_x-Speicherkatalysator die Aufgabe, die NO_x-Emissionsvorgaben durch eine an die Erfordernisse des Speicherkatalysators angepasste Regelung des Luft-Kraftstoff-Gemischs einzuhalten.

In Abhängigkeit vom Zustand des Katalysators wird die NO_x-Einspeicherphase beendet und in einen Motorbetrieb mit $\lambda < 1$ übergegangen, der den NO_x-Speicher leert und die gespeicherten NO_x-Emissionen zu N_2 umsetzt.

Die Regenerierung des NO_x-Speicherkatalysators wird in Abhängigkeit vom Sprungsignal der Sonde hinter dem NO_x-Speicherkatalysator beendet. Bei Systemen mit NO_x-

Speicherkatalysator sorgt das Umschalten in einen speziellen Modus für die Entschwefelung des Katalysators.

Die Hauptfunktion *Exhaust System Control of Temperature* (ECT, Abgastemperaturregelung) steuert die Temperatur des Abgastrakts mit dem Ziel, das Aufheizen der Katalysatoren nach dem Motorstart zu beschleunigen, das Auskühlen der Katalysatoren im Betrieb zu verhindern, den NO_x-Speicherkatalysator (falls vorhanden) für die Entschwefelung aufzuheizen und eine thermische Schädigung der Komponenten im Abgassystem zu verhindern. Die Temperaturerhöhung wird z. B. durch eine Verstellung des Zündwinkels in Richtung spät vorgenommen. Im Leerlauf kann der Wärmestrom auch durch eine Anhebung der Leerlaufdrehzahl erhöht werden.

Operating Data

Im Subsystem *Operating Data* (OD, Betriebsdaten) werden alle für den Motorbetrieb wichtigen Betriebsparameter erfasst, plausibilisiert und gegebenenfalls Ersatzwerte bereitgestellt.

Die Hauptfunktion *Operating Data Engine Position Management* (OEP, Winkel- und Drehzahlerfassung) berechnet aus den aufbereiteten Eingangssignalen des Kurbelwellen- und Nockenwellensensors die Position der Kurbel- und der Nockenwelle. Aus diesen Informationen wird die Motordrehzahl berechnet. Aufgrund der Bezugsmarke auf dem Kurbelwellengeberrad (zwei fehlende Zähne) und der Charakteristik des Nockenwellensignals erfolgt die Synchronisation zwischen der Motorposition und dem Steuergerät sowie die Überwachung der Synchronisation im laufenden Betrieb. Zur Optimierung der Startzeit wird das Muster des Nockenwellensignals und die Motorabstellposition ausgewertet. Dadurch ist eine schnelle Synchronisation möglich.

Die Hauptfunktion *Operating Data Temperature Measurement* (OTM, Temperaturerfassung) verarbeitet die von Temperatursensoren zur Verfügung gestellten Messsignale, führt eine Plausibilisierung durch und stellt im Fehlerfall Ersatzwerte bereit. Neben der Motor- und der Ansauglufttemperatur werden optional auch die Umgebungstemperatur und die Motoröltemperatur erfasst. Mit anschließender Kennlinienumrechnung wird den eingelesenen Spannungswerten ein Temperaturmesswert zugewiesen.

Die Hauptfunktion *Operating Data Battery Voltage* (OBV, Batteriespannungserfassung) ist für die Bereitstellung der Versorgungsspannungssignale und deren Diagnose zuständig. Die Erfassung des Rohsignals erfolgt über die Klemme 15 und gegebenenfalls über das Hauptrelais.

Die Hauptfunktion *Misfire Detection Irregular Running* (OMI, Aussetzererkennung) überwacht den Motor auf Zünd- und Verbrennungsaussetzer (→ **Diagnose**).

Die Hauptfunktion *Operating Data Vehicle Speed* (OVS, Erfassung Fahrzeuggeschwindigkeit) ist für die Erfassung, Aufbereitung und Diagnose des Fahrgeschwindigkeitssignals zuständig. Diese Größe wird u. a. für die Fahrgeschwindigkeitsregelung, die Geschwindigkeitsbegrenzung und beim Handschalter für die Gangerkennung benötigt. Je nach Konfiguration besteht die Möglichkeit, die vom Kombiinstrument bzw. vom ABS- oder vom ESP-Steuergerät über den CAN gelieferten Größen zu verwenden.

Communication

Im Subsystem *Communication (CO, Kommunikation)* werden sämtliche Motorsteuerungs-Hauptfunktionen zusammengefasst, die mit anderen Systemen kommunizieren.

Die Hauptfunktion *Communication User Interface* (COU, Kommunikationsschnittstelle) stellt die Verbindung mit Diagnose- (z. B. Motortester) und Applikationsgeräten her. Die Kommunikation erfolgt über die CAN-

Schnittstelle oder die K-Leitung. Für die verschiedenen Anwendungen stehen unterschiedliche Kommunikationsprotokolle zur Verfügung (z. B. KWP 2000, McMess).

Die Hauptfunktion *Communication Vehicle Interface* (COV, Datenbuskommunikation) stellt die Kommunikation mit anderen Steuergeräten, Sensoren und Aktoren sicher.

Die Hauptfunktion *Communication Security Access (COS, Kommunikation Wegfahrsperre)* baut die Kommunikation mit der Wegfahrsperre auf und ermöglicht – optional – die Zugriffssteuerung für eine Umprogrammierung des Flash-EPROM.

Accessory Control

Das Subsystem *Accessory Control* (AC) steuert die Nebenaggregate.

Die Hauptfunktion *Accessory Control Air Condition* (ACA, Klimasteuerung) regelt die Ansteuerung des Klimakompressors und wertet das Signal des Drucksensors in der Klimaanlage aus. Der Klimakompressor wird eingeschaltet, wenn z. B. über einen Schalter eine Anforderung vom Fahrer oder vom Klimasteuergerät vorliegt. Dieses meldet der Motorsteuerung, dass der Klimakompressor eingeschaltet werden soll. Kurze Zeit danach wird er eingeschaltet und der Leistungsbedarf des Klimakompressors wird durch die Drehmomentstruktur bei der Bestimmung des Soll-Drehmoments des Motors berücksichtigt.

Die Hauptfunktion *Accessory Control Fan Control* (ACF, Lüftersteuerung) steuert den Lüfter bedarfsgerecht an und erkennt Fehler am Lüfter und an der Ansteuerung. Wenn der Motor nicht läuft, kann es bei Bedarf einen Lüfternachlauf geben.

Die Hauptfunktion *Accessory Control Thermal Management* (ACT, Thermomanagement) regelt die Motortemperatur in Abhängigkeit des Betriebszustands des Motors. Die Soll-Motortemperatur wird in Abhängigkeit der Motorleistung, der Fahrgeschwindigkeit, des Betriebszustands des Motors und der Umgebungstemperatur ermittelt, damit der Motor schneller seine Betriebstemperatur erreicht und dann ausreichend gekühlt wird. In Abhängigkeit des Sollwerts wird der Kühlmittelvolumenstrom durch den Kühler berechnet und z. B. ein Kennfeldthermostat angesteuert.

Die Hauptfunktion *Accessory Control Electrical Machines* (ACE) ist für die Ansteuerung der elektrischen Aggregate (Starter, Generator) zuständig.

Aufgabe der Hauptfunktion *Accessory Control Steering* (ACS) ist die Ansteuerung der Lenkhilfepumpe.

Monitoring

Das Subsystem *Monitoring* (MO) dient zur Überwachung des Motorsteuergeräts.

Die Hauptfunktion *Function Monitoring* (MOF, Funktionsüberwachung) überwacht alle drehmoment- und drehzahlbestimmenden Elemente der Motorsteuerung. Zentraler Bestandteil ist der Momentenvergleich, der das aus dem Fahrerwunsch errechnete zulässige Moment mit dem aus den Motorgrößen berechneten Ist-Moment vergleicht. Bei zu großem Ist-Moment wird durch geeignete Maßnahmen ein beherrschbarer Zustand sichergestellt.

In der Hauptfunktion *Monitoring Module* (MOM, Überwachungsmodul) sind alle Überwachungsfunktionen zusammengefasst, die zur gegenseitigen Überwachung von Funktionsrechner und Überwachungsmodul beitragen oder diese ausführen. Funktionsrechner und Überwachungsmodul sind Bestandteil des Steuergeräts. Ihre gegenseitige Überwachung erfolgt durch eine ständige Frage-und-Antwort-Kommunikation.

In der Hauptfunktion *Microcontroller Monitoring* (MOC, Rechnerüberwachung) sind alle Überwachungsfunktionen zusammengefasst, die einen Defekt oder eine Fehlfunktion des Rechnerkerns mit Peripherie erkennen können. Beispiele hierfür sind:

- Analog-Digital-Wandler-Test,
- Speichertest für RAM und ROM,
- Programmablaufkontrolle,
- Befehlstest.

Die Hauptfunktion *Extended Monitoring* (MOX) beinhaltet Funktionen zur erweiterten Funktionsüberwachung. Diese legen das plausible Maximaldrehmoment fest, das der Motor abgeben kann.

Diagnostic System

Die Komponenten- sowie System-Diagnose wird in den Hauptfunktionen der Subsysteme durchgeführt. Das *Diagnostic System* (DS, Diagnosesystem) übernimmt die Koordination der verschiedenen Diagnoseergebnisse.

Aufgabe des *Diagnostic System Manager* (DSM) ist es,

- die Fehler zusammen mit den Umweltbedingungen zu speichern,
- die Motorkontrollleuchte anzusteuern,
- die Testerkommunikation aufzubauen,
- den Ablauf der verschiedenen Diagnosefunktionen zu koordinieren (Prioritäten und Sperrbedingungen beachten) und Fehler zu bestätigen.

Softwarestruktur

Die funktionalen Anforderungen an die Motorsteuerung werden durch den Einsatz von Elektrik, Elektronik und Software realisiert. Die Software der Motorsteuerung setzt sich aus vielen Programmteilen zusammen. Die Struktur der Programmteile sowie das Zusammenspiel aller Funktionen werden durch die Software-Architektur festgelegt.

Anforderungen an die Software in der Motorsteuerung

Die Anforderungen an die Software in der Motorsteuerung sind sehr vielfältig (Tabelle 2). Viele Funktionen für den Motor müssen „echtzeitfähig" arbeiten, d. h., die Reaktion der Regelung muss garantiert mit dem physikalischen Prozess Schritt halten. Bei der Regelung sehr schneller physikalischer Prozesse, wie z. B. der Zündung und der Einspritzung muss die Berechnung daher sehr schnell erfolgen. Auch die Anforderungen an die Zuverlässigkeit sind in vielen Bereichen sehr hoch. Besonders gilt dies für sicherheitsrelevante Funktionen wie die elektrische Drosselklappe. Eine komplexe Diagnose überwacht die Software und die Elektronik.

Die Software ist für die entsprechenden Anwendungsfälle der Steuerung und Regelung von Verbrennungsmotoren entwickelt und in das Gesamtsystem eingebunden. Sie wird Embedded Software genannt. Die vielen Funktionen werden oft über einen langen Zeitraum hinweg an vielen Standorten der Welt entwickelt. Da elektronische Steuergeräte als Ersatzteile auch nach dem Produktionsende des Fahrzeugs zur Verfügung stehen müssen, hat die Software im Fahrzeug einen verhältnismäßig langen Lebenszyklus von bis zu 30 Jahren.

Die Software wird über die vielen Varianten eines Motors und Fahrzeugs hinweg eingesetzt. Sie muss dann an das entsprechende Zielsystem anpassbar sein. Dazu enthält sie Applikationsparameter und Kennfelder. Dies können mehrere 1 000 pro Motor sein. Vielfach sind diese Verstellgrößen voneinander abhängig.

Aus Kostengründen kommen in Steuergeräten häufig Mikrocontroller mit begrenzter Rechenleistung und begrenztem Speicherplatz zum Einsatz. Dies erfordert in vielen Fällen Optimierungsmaßnahmen in der Softwareentwicklung, um die erforderlichen Hardware-Ressourcen zu verringern.

Oft wird die Software im Kraftfahrzeug im

Entwicklungsverbund entwickelt. Kennzeichnend sind hier die interdisziplinäre Zusammenarbeit (z. B. zwischen der Antriebs- und der Elektronikentwicklung) und die verteilte Entwicklung (z. B. zwischen Zulieferer und Fahrzeughersteller oder an verschiedenen Entwicklungsstandorten). Die aus diesen Anforderungen und Merkmalen resultierende Komplexität gilt es, im Entwicklungsverbund zwischen Fahrzeughersteller und Zulieferer wirtschaftlich zu beherrschen. Dabei muss ein Motorsteuergerät heute oft als vernetztes System im Gesamtfahrzeug betrachtet werden.

Software-Architektur

Eine Software-Architektur beschreibt die Struktur eines oder mehrerer Software-Produkte. Dies umfasst Software-Komponenten, deren nach außen hin sichtbaren Eigenschaften und die Beziehungen zwischen den Software-Komponenten.

Anforderungen an Software-Architekturen

Eine Software-Architektur leitet sich aus den funktionalen Anforderungen und den nicht-funktionalen Anforderungen („Qualities") an die Software-Produkte ab.

Funktionale Anforderungen
Die funktionalen Anforderungen an die Software-Architektur ergeben sich aus dem gewünschten funktionalen Verhalten der Software-Produkte. Dieses Verhalten wird in der Systemstruktur beschrieben (→ **Elektronische Steuerung und Regelung** → Systemstruktur) und die Software-Architektur kann aus dieser Struktur abgeleitet werden.

Nicht-funktionale Anforderungen
Die nicht-funktionalen Anforderungen ergeben sich aus den gewünschten Eigenschaften der zu erstellenden Software-Produkte. Wesentliche nicht-funktionale Anforderungen sind:

- Wiederverwendbarkeit,
- Hardware-Unabhängigkeit,
- Hardware-Ressourcenverbrauch,
- Erweiterbarkeit,
- Wartbarkeit,
- Testbarkeit,
- Unterstützung von verteilter Entwicklung.

Architektursichten

Da es nicht möglich ist, alle Eigenschaften und Attribute der Software-Architektur in einer Sicht geeignet darzustellen, gibt es in der Software-Architektur den Ansatz, die Software-Architektur in verschiedenen Sich-

Anforderungsbereich	Beispiele
Funktionale Anforderungen	Echtzeitfähigkeit durch schnelle Rechenzyklen Übertragung großer Datenmengen Hohe Zuverlässigkeit
Diagnoseanforderungen	Überwachung der sicherheitsrelevanten Funktionen Überwachung der umweltrelevanten Funktionen Diagnosefähigkeit in der Werkstatt
Wirtschaftliche Anforderungen	Wartbarkeit Wiederverwendbarkeit durch Anpassbarkeit Langer Lebenszyklus Speicher- und laufzeitoptimierter Code
Organisatorische Anforderungen	Weltweit verteilte Entwicklung

Tabelle 2
Wichtige Anforderungen an die Software in der Motorsteuerung

ten darzustellen. Die wichtigsten Architektursichten sind:

- statische Sicht (Bild 9),
- dynamische Sicht (Bild 10 und Bild 11),
- funktionale Sicht,
- Verteilungssicht (beschreibt die Verteilung von Software-Komponenten auf Steuergeräte),
- organisatorische Sicht.

Im Folgenden werden die statische und die dynamische Sicht näher beschrieben.

Statische Sicht
Die statische Sicht beinhaltet die Software-Komponenten, deren hierarchische Anordnung und ihre statischen Eigenschaften.

In der Software-Architektur der Motorsteuerung gibt es folgende übergeordnete Software-Komponenten (siehe Bild 9):

- Anwendungssoftware (ASW): Steuerungs- und Regelungsfunktionen,
- Anwendungssupervisor (ASV): überwachende und zentrale Software-Funktionen,
- Device Encapsulation (DE): Software-Funktionen zur Ansteuerung von Sensoren und Aktoren ohne echtzeitkritische Anforderungen,
- Complex Driver (CDrv): echtzeitkritische Software-Funktionen mit exklusivem Hardwarezugriff,
- Basis-Software (BSW): hardwarenahe Software-Funktionen.

Diese übergeordneten Software-Komponenten werden dann immer weiter aufgeteilt. Am Ende der Aufteilung stehen dann nicht mehr weiter aufteilbare Software-Komponenten, die sogenannten Software-Funktionen. Diese beinhalten ausführbaren Code. Die den Software-Funktionen übergeordneten strukturellen Software-Komponenten enthalten dagegen keinen ausführbaren Code und sind nur für den Entwicklungsprozess von Bedeutung.

9 Software-Architektur, statische Sicht

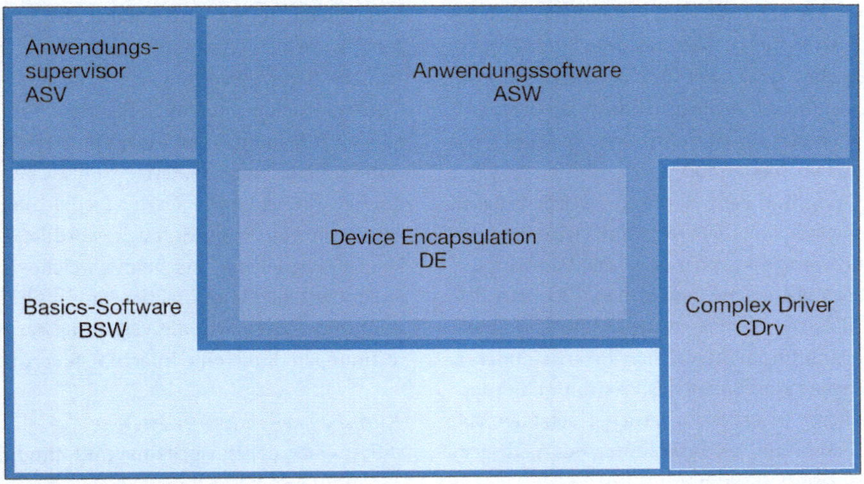

Dynamische Sicht
Die dynamische Sicht beschreibt die zeitlichen Abläufe und Abhängigkeiten in der Software. In der Motorsteuerungs-Software hat die dynamische Sicht eine besondere Ausprägung, da es keine fixen Aufrufsequenzen gibt wie in anderen Software Anwendungen.

Viele Regelungen der Motorsteuerung müssen echtzeitfähig sein. Eine echtzeitfähige Regelung muss garantiert innerhalb einer bestimmten Zeitspanne auf eine Anforderung reagieren. Daher müssen einige Steuer- und Regelvorgänge innerhalb kürzester Zeit ausgeführt werden. Zum Beispiel müssen die Einspritz- und Zündvorgänge selbst bei hohen Drehzahlen mit sehr hoher zeitlicher Genauigkeit ausgeführt werden. Bereits kleinste Abweichungen verringern die Motorleistung oder verschlechtern die Geräusch- und Schadstoffemissionen. Um die Echtzeitfähigkeit zu gewährleisten, werden die Programmteile im Steuergerät priorisiert. Sie können sich gegenseitig unterbrechen.

Funktionsprinzip
Der Mikrocontroller im Steuergerät führt einen Befehl nach dem anderen aus. Den Befehlscode holt er sich aus dem Programmspeicher. Die Dauer für das Einlesen des Befehls und die Befehlsausführung hängen vom eingesetzten Mikrocontroller und von der Taktfrequenz ab.

Aufgrund der begrenzten Abarbeitungsgeschwindigkeit des Programms wird eine Softwarestruktur benötigt, die dafür sorgt, dass zeitkritische Funktionen mit hoher Priorität abgearbeitet werden. Dabei kann ein Programm mit niedrigerer Priorität unterbrochen werden. Ist das Programm mit der höheren Priorität abgearbeitet, setzt der Mikrocontroller die Berechnung des niedriger priorisierten Programms fort.

Zum Beispiel muss das Programm der Motorsteuerung auf die Signale des Kurbelwellen-Drehzahlsensors, die in kurzen Abständen kommen, sehr schnell reagieren – je nach Drehzahl im Millisekundenbereich. Diese Signale muss das Steuergeräteprogramm mit hoher Priorität auswerten. Andere Funktionen, wie z. B. das Einlesen der Motortemperatur, haben keine hohe Dringlichkeit, da sich die physikalische Größe nur sehr langsam ändert.

Interruptsteuerung
Sobald ein Ereignis eintritt, auf das eine sehr schnelle Reaktion erforderlich ist, kann das laufende Programm mit der Interruptsteuerung des Mikrocontrollers unterbrochen werden. Das Programm springt daraufhin in die Interruptroutine und arbeitet diese ab. Nach Beendigung dieser Routine fährt das Programm wieder an der Stelle fort, an der es zuvor unterbrochen wurde (Bild 10). Ein Interrupt kann z. B. durch ein Signal von außen ausgelöst werden. Andere Interruptquellen sind im Mikrocontroller integrierte Zeitgeber, mit denen zeitgesteuerte Ausgangssignale erzeugt werden können (z. B. das Zündsignal: der Zündungsausgang des Mikrocontrollers wird zu einem im Voraus berechneten Zeitpunkt geschaltet). Der Zeitgeber kann auch interne Zeitraster generieren. Das Steuergeräteprogramm reagiert auf mehrere solcher Interrupts. Eine Interruptquelle kann somit einen Interrupt anfordern, während eine andere Interruptroutine gerade abgearbeitet wird. Hierzu ist jeder Interruptquelle eine Priorität fest zugeordnet. Die Prioritätssteuerung entscheidet, welcher Interrupt welchen unterbrechen kann. Bild 10 zeigt stark vereinfacht die Verteilung der Berechnungen durch eine Interruptsteuerung.

Kurbelwinkelsynchroner Interrupt
Die Ausgabe der Einspritzung und Zündung erfolgt innerhalb eines Kurbelwellenbereichs, abhängig vom entsprechenden berechneten Ausgabewert. Da die vorgegebe-

10 Prinzip der Verteilung und Priorisierung der Programmabarbeitung im Mikrocontroller

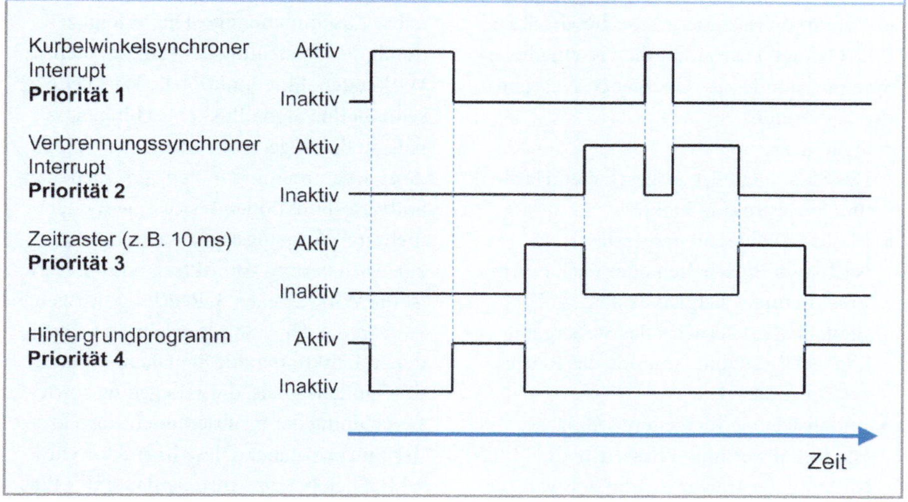

nen Einspritzzeiten und Zündwinkel sehr genau eingehalten werden müssen, wird die Ausgabe von einem Interrupt mit einer sehr hohen Priorität gesteuert.

Verbrennungssynchroner Interrupt
Einige Berechnungen müssen in jedem Verbrennungstakt durchgeführt werden. Zum Beispiel werden Zündwinkel und Einspritzung verbrennungssynchron für jeden Zylinder aktuell berechnet. Hierzu verzweigt das Programm in das „Synchroprogramm". Das Synchroprogramm ist an eine definierte Kurbelwinkelstellung des Motors gebunden und muss mit einer hohen Priorität abgearbeitet werden. Deshalb wird es über einen Interrupt aktiviert, der durch einen Befehl in der kurbelwinkelsynchronen Interruptroutine getriggert wird. Da das Synchroprogramm bei hohen Drehzahlen über mehrere Grad Kurbelwinkel läuft, muss es vom Kurbelwinkelsynchronen Interrupt unterbrochen werden können. Der Kurbelwinkelsynchrone Interrupt erhält eine höhere Priorität als das Synchroprogramm.

Zeitraster
Für viele Regelalgorithmen ist es erforderlich, dass sie in einem festen Zeitraster ablaufen. Zum Beispiel muss die λ-Regelung in einem festen Raster (z. B. 10 ms) abgearbeitet werden, damit die Stellgrößen schnell genug berechnet werden.

Hintergrundprogramm
Alle übrigen Aktivitäten, die nicht in einer Interruptroutine oder in einem Zeitraster ablaufen, werden im Hintergrundprogramm abgearbeitet. Bei hohen Drehzahlen wird das Synchroprogramm und der kurbelwinkelsynchrone Interrupt häufig angesprungen, sodass für das Hintergrundprogramm wenig Rechenzeit bleibt. Die Zeitdauer für einen kompletten Durchlauf des Hintergrundprogramms steigt damit mit der Drehzahl stark an. In das Hintergrundprogramm dürfen deshalb nur Funktionen gelegt werden, für die keine hohe Priorität besteht, wie z. B. die Berechnung der Motortemperatur.

Darüber hinaus gibt es Zustandsautomaten in der Motorsteuerung, die z. B. den

Steuergeräte-Hochlauf, die Zustände des Steuergerätes im Fahrbetrieb und das Herunterfahren des Steuergerätes beschreiben. Bild 11 zeigt beispielhaft die verschiedenen Systemzustände und Übergänge zwischen den Zuständen:

- Steuergerät aus:
  Das Steuergerät ist ausgeschaltet. Hard- und Software sind inaktiv.
- Hochfahren des Steuergerätes:
  Nach dem Einschalten oder nach einem Reset befindet sich das System in der Boot-Phase. Hier wird das Steuergerät hochgefahren und am Ende das Betriebssystem gestartet.
- Initialisierung des Steuergerätes:
  Die Initialisierungs-Phase, d. h. die Initialisierung der Hardware und Software, erfolgt unter der Kontrolle des Betriebssystems.
- Zyklische Programmausführung:
  Nach der Initialisierungs-Phase beginnt die zyklische Programmausführung, d. h. der reguläre Ablauf der Steuergerätesoftware.
- Herunterfahren des Steuergerätes:
  In dieser Phase wird das Steuergerät heruntergefahren und nach Abschluss von Aufgaben, die von der dann aktiven Steuerung ohne Betriebssystemkontrolle ausgeführt werden, schließlich abgeschaltet.

Funktionale Sicht
Die funktionale Sicht beschreibt die funktionalen Zusammenhänge. Dies erfolgt z. B. durch die Darstellung der funktionalen Wirkketten. Eine funktionale Wirkkette beschreibt den Signalfluss eines Eingangssignals, in der Regel von einem Sensorsignal, dessen Verarbeitung in den verschiedenen Software-Funktionen bis zu einem oder mehreren Ausgangssignalen, in der Regel zur Ansteuerung von Aktoren. Ein Beispiel ist die Wirkkette der λ-Regelung. Ausgehend vom Signal der λ-Sonde erfolgt in verschiedenen Funktionen die Signalaufbereitung des Sondensignals, die λ-Regelung sowie die Berechnung der resultierenden Korrektur der Einspritzdauer. Diese Korrektur wird schließlich bei der Ansteuerdauer der Einspritzventile mit berücksichtigt. Die funktionale Sicht weist eine starke Übereinstimmung mit der Systemstruktur auf.

Architekturmechanismen

Architekturmechanismen sind Software-Mechanismen oder Muster von übergreifender Bedeutung. Beispiele für Architekturmechanismen sind:

- Schichtenmodelle,
- Variantenmechanismen,
- Konsistenzsicherung bei Lese- und Schreibzugriffen auf den Hauptspeicher,

11 Schematische Darstellung der Systemsteuerung einer Bosch-Motorsteuerung

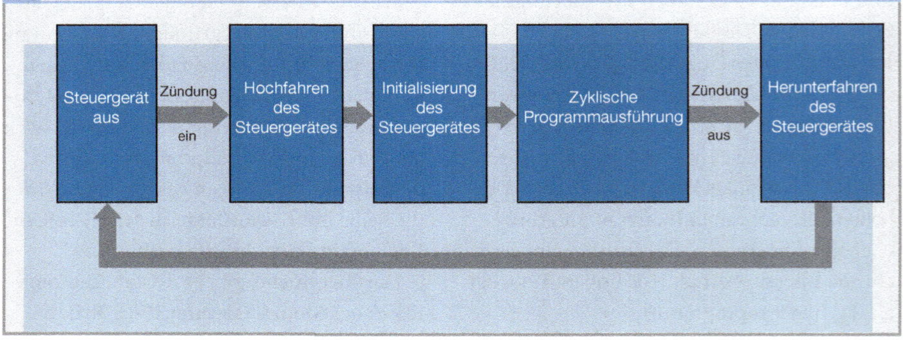

- zentrale Infrastrukturen der Software-Komponenten wie der Diagnose-Manager.

Im Folgenden werden einige dieser Architekturmechanismen näher beschrieben.

Schichtenmodell

Ein Schichtenmodell unterteilt die Software-Architektur in Schichten mit bestimmten Eigenschaften und Aufgaben. In der Motorsteuerung gibt es hierzu die Hardware Encapsulation (HWE), die Device Encapsulation (DE) und die Anwendungssoftware (ASW).

Die Hardware Encapsulation kapselt die Abhängigkeit der Anwendungssoftware von der konkreten Rechner-Hardware und erlaubt den Wechsel der Rechner-Hardware ohne die komplette Software-Architektur zu verändern. Nur die Hardware Encapsulation muss an eine neue Rechner-Hardware angepasst werden.

Die Device Encapsulation beinhaltet Software für Gerätetreiber. Diese kapselt Sensoren und Aktoren und erleichtert damit deren Austausch. In Bild 12 ist das Entwurfsmuster der Device Encapsulation für Sensoren dargestellt.

Die Anwendungssoftware beinhaltet die funktionale Logik des Software-Produkts und ist unabhängig von den im Software-Produkt verwendeten Sensoren, Aktoren und der Rechner-Hardware. Damit erhöht das Schichtenmodell die Wiederverwendbarkeit von Software-Komponenten in der Anwendungssoftware.

Variantenmechanismen

Variantenmechanismen ermöglichen den Umgang mit funktionalen Varianten in der

12 Schichtenmodell

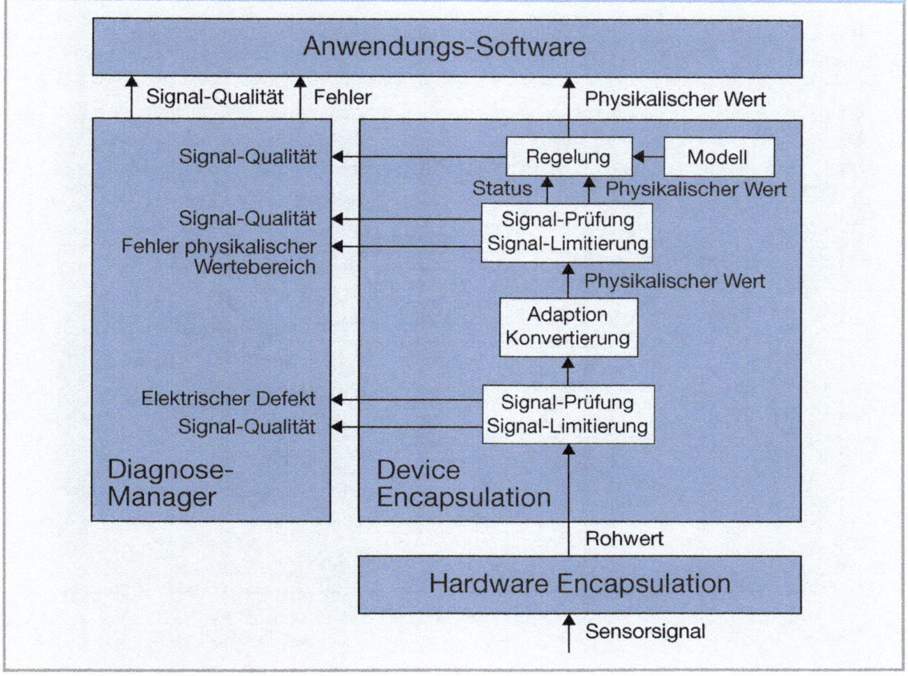

Software. Man unterscheidet dabei grundsätzlich die Varianz innerhalb von Software-Komponenten und Varianten von Software-Komponenten. In der Regel werden beide Arten über Schalter abgebildet.

So kann eine Software-Komponente einen internen Schalter besitzen, der es erlaubt, diese Software-Komponente in einem System mit und einem System ohne Turbolader zu verwenden. Oder es gibt zwei verschiedenen Ausprägungen dieser Software-Komponente. Der Schalter sitzt dann außerhalb dieser Software-Komponenten und wählt je nach System die passende Ausprägung der Software-Komponente aus.

Software-Architektur und Entwicklungsprozess

Der Software-Entwicklungsprozess regelt und steuert alle erforderlichen Aktivitäten, Arbeitsprodukte und Rollen, die zur Herstellung von Software-Produkten erforderlich sind.

Es gibt sehr unterschiedliche Darstellungen und Modelle für Software-Entwicklungsprozesse. Ein weitverbreitetes Modell, das auch für die Motorsteuerungs-Software-Entwicklung verwendet wird, ist das V-Modell (siehe **Bild 13**). Dabei sind auf der linken Seite des „V“ die Prozessschritte zur Anforderungsanalyse, zum Entwurf und Design der Software sowie der Implementierung der Software angeordnet. Auf der rechten Seite des V sind die zugehörigen Testaktivitäten zur Validierung abgebildet.

Die Software-Architektur spielt im Software-Entwicklungsprozess eine tragende Rolle. Die Software-Architektur definiert die Menge der zur Verfügung stehenden Software-Komponenten, die Eigenschaften dieser Software-Komponenten wie z. B. deren Schnittstellen und die organisatorischen Zuständigkeiten für Software-Komponenten.

Sie bildet damit die Basis für das Aufteilen der Kundenanforderungen auf Anforderungen für einzelne Software-Funktionen. Au-

13 V-Modell

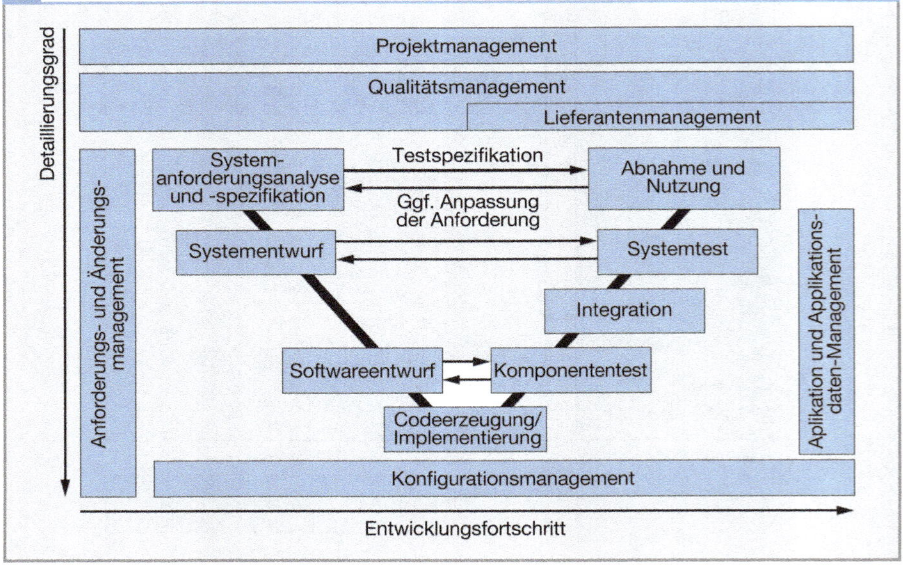

ßerdem stellt sie die Vorgaben für den Software-Entwurf zur Verfügung, z. B. welche Software-Komponenten müssen oder dürfen welche Schnittstellen bereitstellen oder nutzen. Ferner definiert sie, welche Software-Komponenten miteinander getestet werden müssen und gibt vor, in welcher Granularität Teilprodukte an die Produktintegration geliefert werden müssen.

AUTOSAR

Zur Modellierung von Architektursichten empfiehlt sich die Verwendung einer formalen und standardisierten Beschreibungssprache. Im Kraftfahrzeugbereich hat sich hier in den letzten Jahren die Automotive Open System Architecture (AUTOSAR) als Standard herausgebildet. Die AUTOSAR-Standardisierungsaktivität ist ein Zusammenschluss von Fahrzeugherstellern, Steuergeräteherstellern sowie Herstellern von Entwicklungswerkzeugen, Basissoftware (BSW) und Mikrocontrollern. Die wesentlichen Ziele von AUTOSAR sind:

- effizienter Software-Austausch zwischen Steuergeräten,
- Bereitstellung einer einheitlichen Software-Architektur,
- Definition einer Beschreibungssprache für das Verhalten und die Konfiguration von Softwarekomponenten in Steuergeräten.

Die AUTOSAR-Softwarearchitektur (Bild 14) unterscheidet im Wesentlichen zwischen der steuergeräteunabhängigen Anwendungssoftware (ASW), der steuergerätespezifischen Basissoftware (BSW) und dem AUTOSAR Runtime Environment (RTE). Dieses realisiert einerseits die Kommunikation zwischen den einzelnen Software-Komponenten der Anwendungssoftware und andererseits der Anwendungssoftware und der Basissoftware. Das Runtime Environment wird aus dem sogenannten Virtual Function Bus (VFB) per Konfiguration abgeleitet. Im Virtual Function Bus wird für

14 AUTOSAR-Softwarearchitektur

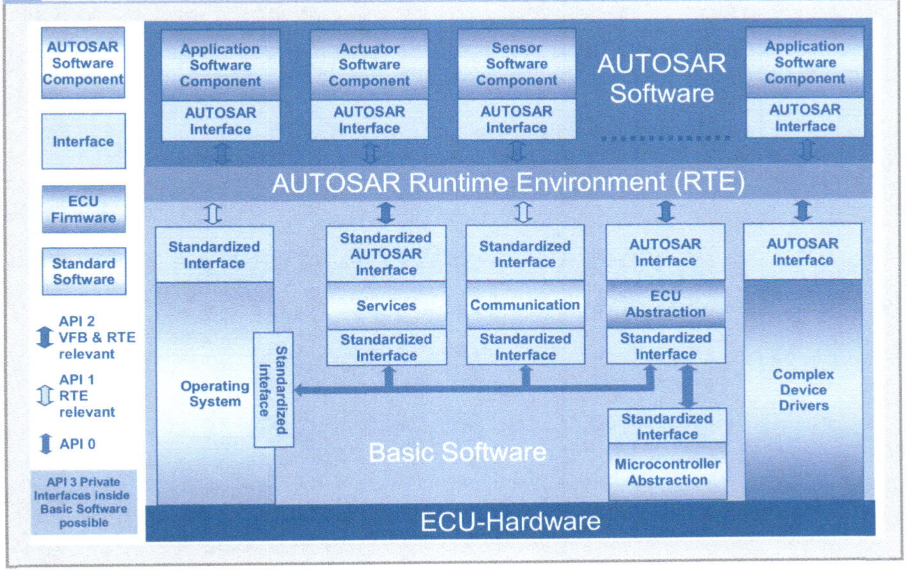

Bild 14
Es wurden die englischen Begriffe verwendet, um konform mit der Spezifikation zu sein.

ECU Steuergerät
API Programmierschnittstelle (Application Programming Interface)

den Steuergeräteverbund im Fahrzeug die Kommunikation zwischen den Software-Komponenten steuergeräteübergreifend modelliert (Bild 15). Basierend auf der Verteilung der Software-Komponenten auf die Steuergeräte wird dann daraus pro Steuergerät ein Runtime Environment generiert. Dieses Runtime Environment realisiert dann für die Software-Komponenten die Kommunikation mit anderen Software-Komponenten unabhängig davon, auf welchem Steuergerät sich diese Komponenten befinden.

Wie in Bild 16 schematisch dargestellt, realisiert das Runtime Environment sowohl die Steuergeräte interne Kommunikation zwischen Software-Komponenten, als auch die externe Kommunikation zwischen Software-Komponenten auf unterschiedlichen Steuergeräten über einen externen Bus (z. B. den CAN).

15 Steuergeräteübergreifende Kommunikation über den Virtual Function Bus

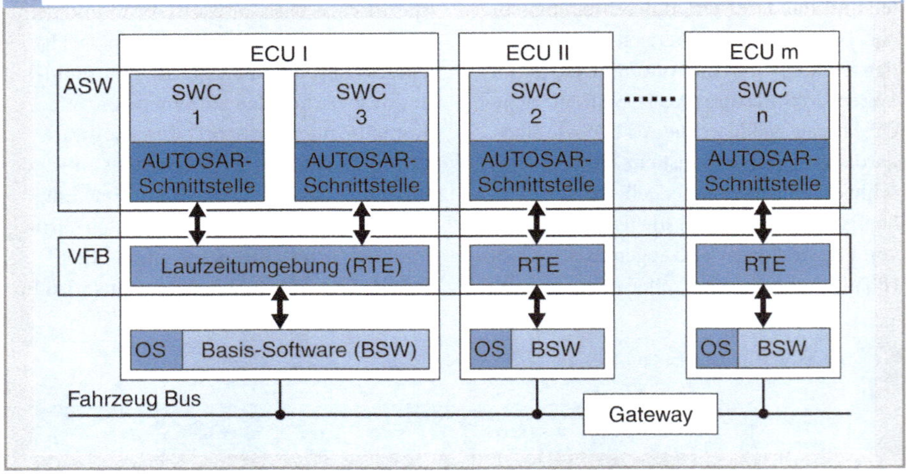

Bild 15
ECU Steuergerät
ASW Anwendungs-Software
SWC Software-Komponente
VFB Virtual Function Bus
RTE Laufzeitumgebung
BSW Basis-Software
OS Betriebssystem

16 Kommunikation zwischen verschiedenen Software-Komponenten

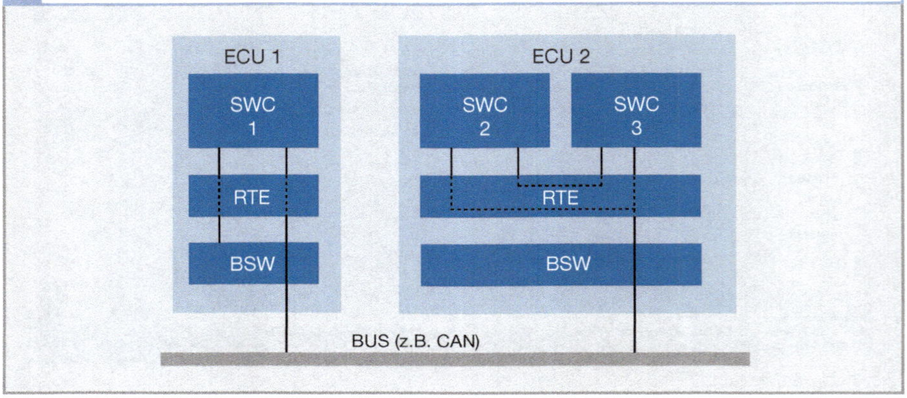

Bild 16
ECU Steuergerät
SWC Software-Komponente
BSW Basis-Software

Steuergeräteapplikation

Die Architektur und die Funktionen der Motorsteuerung erhalten erst durch eine projektspezifisch (auf den jeweiligen Motor oder das jeweilige Fahrzeug) angepasste und optimierte Parametrierung die erforderlichen Eigenschaften zum optimalen Betrieb des Motors und des Fahrzeuges.

Optimal bedeutet in diesem Zusammenhang der beste Kompromiss zwischen minimalen Emissionen, minimalem Kraftstoffverbrauch und maximaler Leistungsfähigkeit unter Berücksichtigung der Betriebsgrenzen von Bauteilen und Komponenten. Dabei gibt es gesetzlich vorgeschriebene Grenzwerte für Schadstoffemissionen, Richtlinien für den Kraftstoffverbrauch sowie Herstellervorgaben für die Leistungsfähigkeit und die zulässige Belastung der Bauteile. Weil diese Ziele häufig durch ein gegensätzliches Verhalten charakterisiert sind, ist die wesentliche Aufgabe der Applikation die Festlegung des besten Kompromisses zwischen den genannten Anforderungen unter Berücksichtigung der jeweiligen Randbedingungen. Das Ergebnis des Parametriervorgangs ist somit ein ganz wesentlicher Bestandteil einer funktionierenden Motorsteuerungs-Software.

Die Gesamtheit von Parametrierung, Validierung dieser Parameter, Datenverwaltung sowie deren Freigabe bezeichnet man als Applikation.

Ablauf der Applikation

Der Arbeitsablauf einer Applikation kann entsprechend der üblichen Bearbeitungsreihenfolge wie folgt unterteilt werden:

- *Basisanpassung:* Grundanpassung von Komponenten, Rechenmodellen, Reglern und Sollwerten im stationären Motorbetrieb. Die Daten hierfür werden überwiegend mit Hilfe von Motorprüfstandsversuchen ermittelt.
- *Instationäranpassung:* Übertragung der im Motorprüfstandsbetrieb ermittelten Daten in das Fahrzeug und Anpassung des transienten Verhaltens, inklusive der Start-, Leerlauf,- Emissions- und Fahrverhaltensparametrierung.
- *Diagnose:* Parametrierung der Motorsteuerungs-Eigendiagnose, insbesondere bezüglich abgasrelevanter Fehler (On-Board-Diagnose, OBD).
- *Überwachung:* Applikation sicherheitsrelevanter Motorsteuerungs-Funktionen.
- *Freigabe:* Freigabe der parametrierten Motorsteuerungs-Software und der projektspezifischen Komponenten des Motorsteuerungs-Systems für den Betrieb im Serieneinsatz.

Überprüft werden die Gesamtheit aller Parameter und deren Zusammenspiel im Rahmen von Erprobungsfahrten, welche die Tauglichkeit des Gesamtsystems auch unter extremen Bedingungen, wie z. B. Hitze, Kälte und Höhe sicherstellen. Die Arbeitsumfänge können teilweise parallel abgearbeitet werden, bestimmte Aufgaben unterliegen jedoch einer definierten Reihenfolge.

Klassifizierung der Parametrierungsaufgaben

Die geeignete Methode für die Ermittlung der Funktions-Parameter hängt von der zu bearbeitenden Aufgabe und den Randbedingungen ab. Dabei können die Aufgabengruppen und die damit verbundenen Möglichkeiten zur Parametrierung wir folgt unterschieden werden, wobei hier kein Anspruch auf Vollständigkeit erhoben wird:

Komponentenparametrierung (Sensoren, Aktoren)

Es gibt einige Parameter, die bereits „am Schreibtisch" ermittelt werden können, bevor das reale System zur Verfügung steht.

Das sind etwa Sensorkennlinien, geometrische Größen oder Komponentendaten. Darunter fallen auch Parameter, die im Lauf der Entwicklung nicht mehr geändert werden dürfen, da sie die Betriebssicherheit bestimmter Komponenten gewährleisten.

Modellparametrierung (z. B. Füllungsmodell, Drehmoment-Modell etc.)

In der Motorsteuerung gibt es physikalisch basierte Modelle, aus denen Zustandsgrößen berechnet werden, die das System beschreiben. Das sind entweder Größen, die man prinzipbedingt nicht messen kann, oder Größen, auf deren Messung man aus wirtschaftlichen Gründen im Serienfahrzeug gern verzichten möchte. Zur Parametrierung dieser Modelle muss das System entsprechend vermessen werden, wobei die Systemantworten bei der Verstellung der Eingangsparameter erfasst werden. Aus diesem Ein-Ausgangs-Verhalten werden dann toolgestützt die Parameter ermittelt, mit denen sich das Modell im Motorsteuergerät möglichst genauso verhält wie das reale System.

Motoreinstellgrößen (Zündwinkel, Einspritzbeginn, Nockenwellenposition etc.)

Dieser Teil befasst sich mit der klassischen Motoroptimierung, d. h. dem Finden der optimalen Kombination aller Stellgrößen des Motors, wie z. B. Nockenwellenposition, Beginn der Einspritzung, Kraftstoffdruck, Zündwinkel etc. In der Vergangenheit konnten die optimalen Parameter durch eine Vollrasterung, d. h. durch Parametervariation in allen Betriebspunkten ermittelt werden. Mit zunehmender Anzahl an Stellparametern ist die Vollrasterung jedoch nicht mehr praktikabel, sodass man sich neuer Ansätze, wie der statistischen Versuchsplanung (Design of Experiments, wird weiter unten noch erklärt), bedient.

Vorsteuer- und Sollwerte (Verlaufsformungen, Startparameter etc.)

Hier sei als Beispiel die Applikation der Startparameter genannt. Der Motorstart ist nach wie vor ein rein gesteuerter Ablauf. Die dazu nötigen Sollwerte wie z. B. Zündwinkel, Drosselklappenwinkel, Kraftstoffmenge usw. werden in Startversuchen ermittelt, bei denen unter anderem Umgebungstemperatur und Luftdruck, aber auch unterschiedliche Kraftstoffqualitäten eingehen. Ziel ist hierbei, einen sicheren Start unter allen Umgebungsbedingungen bei möglichst geringen Schadstoffemissionen zu erreichen.

Reglerparametrierung (z. B. Leerlaufregelung, Ladedruckregelung, Klopfregelung etc.)

Die Anpassung der Reglerparameter für z. B. die Leerlaufregelung erfolgt durch Sprunganregungen, Schwingversuche und klassische Reglerauslegungsmethoden. Viele Regler in der Motorsteuerung stützen sich auf eine Vorsteuerung und regeln die Differenz zwischen dem Ist- und dem Sollwert aus.

Schwellwerte (Diagnoseschwellen, Umschaltungen, Hysteresen etc.)

Schwellwerte gibt es zum Beispiel im Bereich der Diagnosefunktionen. Hier werden während der Parametrierung definierte Grenzmuster oder Fehlerteile eingebaut oder Fehlerfälle simuliert. Die Schwellen werden dann so angepasst, dass ein gerade noch zulässiges Grenzmuster unterhalb der Auslöseschwelle bleibt, während ein fehlerhaftes Teil sicher als defekt erkannt und eingestuft wird.

Die eigentliche Applikationsarbeit wird durch eine Methoden- und Toolentwicklung unterstützt, die folgende Aufgaben verfolgt:

- Verringerung des Parametrieraufwandes,
- Reduktion der Anzahl benötigter Versuchsträger,

- Erhöhung des Systemverständnisses,
- Beherrschung der weiter steigenden Komplexität,
- ständige Verbesserung der Qualität.

Erst durch eine leistungsfähige Methoden- und Toolentwicklung können die Applikationsaufgaben trotz der ständigen Zunahme von Komplexität und Umfang der Motorsteuerungs-Funktionen in einem überschaubaren Zeitrahmen mit einer hohen Qualität bearbeitet werden.

Die Methoden- und Toolentwicklung unterstützt die Applikation mit Hilfsmitteln, welche den Bearbeiter von Routine-Aufgaben entlasten, ihn bei der Auswahl der optimalen Parameter unterstützen oder ihn durch die Verwendung angepasster Algorithmen in die Lage versetzen, komplexe Umfänge effizient bearbeiten zu können.

Neben den klassischen Applikationstools gibt es leistungsfähige Datenbanken zur Verwaltung der Applikationsdaten, mit deren Hilfe z. B. eine Erstbedatung oder eine Datenplausibilisierung erfolgen kann.

Applikationstools

Ein großer Anteil der Applikationsarbeiten erfolgt mit PC-gestützten Applikationstools (Bild 17). Dabei kann man zwei Arten unterscheiden. Es gibt grundlegende Applikationstools, die die Basisfunktionalitäten wie Messen, Verstellen und Vergleichen zur Verfügung stellen und es gibt Applikationstools, die anwendungs- oder funktionsbezogen arbeiten und eigene Algorithmen z. B. für die Optimierung einer Funktion beinhalten.

Für die grundlegenden Basisfunktionalitäten wird bei Bosch das Applikationstool INCA (Integrated Calibration and Acquisition System) verwendet. Es stellt umfassende Mess- und Kalibrierfunktionen sowie Werkzeuge für die Verwaltung von Applikationsparametern, für die Messdatenauswertung und für die Flash-Programmierung des Steuergeräts zur Verfügung. Eine integrierte Datenbank ermöglicht die einfache und schnelle Wiederverwendung von bereits erstellten Konfigurationen und Experimenten bei neuen Steuergeräteprojekten. Über offene Schnittstellen kann das Applikationstool INCA automatisiert und in den Prüfstand, das Hardware-in-the-Loop-Testsystem oder in andere Werkzeugumgebungen integriert werden. Es unterstützt Steuergerätebeschreibungen für Mess- und Kalibriersysteme, Prüfstandsschnittstellen, den Messdatenaustausch und Protokolle für die Kommunikation mit dem Steuergerät konform zu den ASAM-Standards ASAM MCD-2 MC, ASAP3 und ASAM MCD-3 MC, ASAM MDF, CCP und XCP.

Für eine schnelle Kommunikation in hoher Bandbreite wird für Applikationszwecke ein speziell ausgerüstetes Steuergerät verwendet, welches anstelle des Programmspeichers (EPROM) einen Emulator-Tastkopf (ETK, auch als elektronischer Tastkopf bezeichnet) enthält, in dem das Steuergeräte-EPROM und -RAM nachgebildet wird. Der Emulator-Tastkopf bietet eine Schnittstelle für das Applikationstool auf dem PC. Somit hat das Applikationstool einen direkten Zugriff auf den Speicher. Der Emulator-Tastkopf bildet die derzeit leistungsfähigste Schnittstelle des Steuergeräts zur Ankopplung von Applikationsgeräten.

Eine einfachere Ankopplung von Applikationsgeräten (z. B. Laptop) an das Steuergerät erfolgt über die CAN-Bus-Schnittstelle entsprechend dem ASAM-Standard CCP (CAN Calibration Protokoll). Für spezielle Aufgaben gibt es eine Vielzahl spezifischer Applikationstools, die jeweils eine ganz bestimmte Aufgabe bearbeiten können, wie die Parametrierung des Füllungsmodells, des Abgastemperaturmodells oder der Aussetzererkennung.

Nachfolgend wird der typische Arbeitsablauf einer Applikationsaufgabe beschrieben. Man kann grundsätzlich zwischen zwei Applikationsarten unterscheiden. Die eine erfolgt direkt während der Fahrt oder des Betriebes durch laufendes Messen, Beobachten und Verstellen. Man bezeichnet dieses Vorgehen als Online-Applikation. Dagegen werden in der sogenannten Offline-Applikation Messungen nach einem definierten Versuchsplan gemacht und die Reaktionen des Systems werden aufgezeichnet. Auf Basis dieser aufgezeichneten Messungen werden anschließend bestimmte Auswertungen durchgeführt und Kennfelder, Kennlinien und Festwerte parametriert.

Ablauf einer Softwareapplikation

Definieren des gewünschten Verhaltens

Das gewünschte Verhalten einer Funktion wird entsprechend der oben genannten Klassifizierung festgelegt, z. B. für eine erforderliche Modellgenauigkeit oder ein bestimmtes Einregelverhalten. Entsprechend dieser Ziele und der gegebenen Randbedingen gibt es definierte und standardisierte Vorgehensweisen, wie diese Ziele zu erreichen sind. Dazu sind in der Regel immer Versuche und

17 Anschlussmöglichkeiten von Steuergeräten und externen Sensoren an einen PC mit Applikationstool

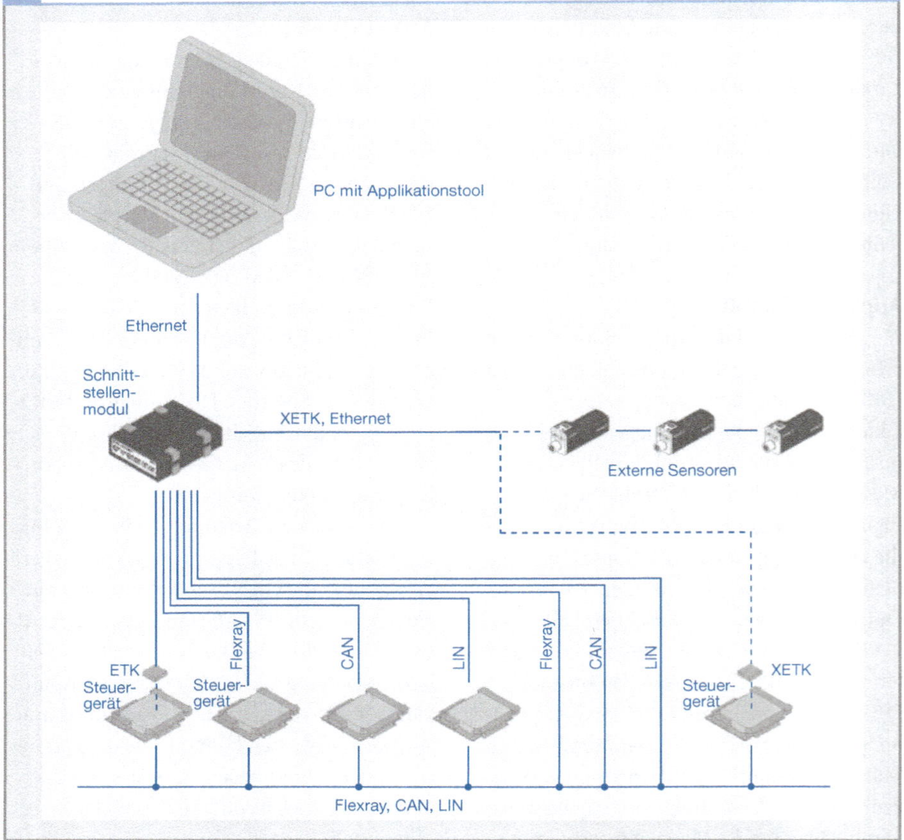

Bild 17
ETK Emulator-Tastkopf
XETK Tastkopf mit XCP-Protokoll

Messungen im Fahrzeug oder am Motorprüfstand erforderlich.

Vorbereitung

Um alle nötigen Informationen über das System zu erhalten, müssen die relevanten Mess- und Einflussgrößen bestimmt werden. Bei einem neuen oder unbekannten System kann man sich mit Hilfe der Software-Dokumentation ein Bild davon machen, wie die zu applizierende Funktion aufgebaut ist und welche Ein- und Ausgangsgrößen sowie welche Verstellparameter die Funktion hat.

Die zu messenden Größen können sowohl Werte aus der Motorsteuerung sein, die von anderen Funktionen berechnet und zur Verfügung gestellt werden als auch Messwerte von externen Messgeräten und Sensoren. Externe Messgeräte oder Sensoren können über entsprechende Peripheriegeräte (z. B. Schnittstellenmodule) hinzugefügt werden (vgl. Bild 17). Für die bekannten Funktionen gibt es im Applikationstool Listen der relevanten Mess- und Verstellgrößen. Abhängig von der Systemkonfiguration müssen gegebenenfalls weitere Größen hinzugefügt werden.

Darüber hinaus ist die Verfügbarkeit, die Einsatzfähigkeit sowie die korrekte und vollständige Ausrüstung des benötigten Versuchsträgers (Motor oder Fahrzeug) sicherzustellen oder der Einbau eventuell benötigter zusätzlicher Messgeräte oder Ausrüstung einzuplanen. Weiterhin sind die benötigten Mess- und Prüfeinrichtungen wie Motorprüfstand, Teststrecke, Klima- oder Abgasrolle, Bremsanhänger usw. terminlich einzuplanen.

Vermessung des tatsächlichen Systemverhaltens

Sind alle Vorbereitungen abgeschlossen, wird der Versuchsträger entsprechend dem Applikationsvorgehen vermessen. Dabei wird der Versuchsträger über das Applikationstool auf verschiedene Arten angeregt und die Reaktionen des Systems werden aufgezeichnet.

Anpassung der Funktionsparameter

Entsprechend der Zielsetzung und der Randbedingungen können bei der Online-Applikation die zu applizierenden Parameter gleich während der Messung verstellt und so das Systemverhalten optimiert werden. Dabei kann der Applikateur das Ergebnis der Verstellung unmittelbar am System erfassen und so lange ändern, bis sich das gewünschte Verhalten einstellt. Bei der Offline-Applikation werden die Funktionsparameter von einem Applikationstool verstellt und im Anschluss optimiert, bis sich das gewünschte Verhalten einstellt.

Dokumentieren der modifizierten Parameter

Werden Funktionsparameter direkt beim Messen verstellt, dient die Messung später auch als Dokumentation der verstellten Größen. Im Falle einer Offline-Applikation wird mit den veränderten Parametern eine Überprüfungsmessung gemacht, um das veränderte Verhalten zu verifizieren und zu dokumentieren.

Statistische Versuchsplanung in der Applikation von Motorsteuergeräten

Die Methode der statistischen Versuchsplanung, (DoE, Design of Experiments) wird verwendet, um einerseits die Anzahl von benötigten Messungen zu reduzieren und andererseits das hochdimensionale, komplexe Verhalten des Verbrennungsmotors schnell und genau modellieren zu können. Die Methode umfasst die Versuchsplanung, die Modellbildung sowie die Modellanalyse.

Kern des Verfahrens ist die Modellbildung. Dabei beruhen die Modelle auf mathematischen Zusammenhängen und beinhalten keinerlei physikalische Strukturen (Black Box Modeling). Die Parameter der Modelle werden aus Messdaten bestimmt.

Mit Hilfe dieses Modells vom Verhalten des Verbrennungsmotors können nun entweder „synthetische" Messdaten erzeugt werden, um damit die Parameter der Steuergerätefunktionen bestimmen zu können, oder es kann direkt auf dem Modell eine Optimierung erfolgen, um optimale Einstellparameter hinsichtlich Emissionen, Kraftstoffverbrauch und Performance zu bestimmen. Man kann diese beiden Schritte auch kombinieren. Das Modell wird als „virtueller" Motor verwendet und alle relevanten „Messungen" können am Modell und damit in sehr kurzer Zeit durchgeführt werden.

Das Verfahren eignet sich besonders, wenn die Modellierung basierend auf physikalischen Grundgleichungen an die Grenzen von Modellierbarkeit, Genauigkeit oder Rechenzeit stößt. Daher findet man diese Art der Modellierung häufig bei allen Fragen rund um die motorische Verbrennung.

Bei den Modellierungsalgorithmen gibt es verschiedene Methoden wie z. B. Polynom-Modelle, Radiale Basisfunktions-Netzwerke (RBF), lokal lineare Modelle, Support Vector Machines, Gaußprozesse, neuronale Netze etc. Jeder dieser Modellierungsansätze hat spezifische Vor- und Nachteile, am weitesten verbreitet ist der Polynom-Ansatz.

Bei der Versuchsplanung werden die Verteilung und die Anzahl der Messdaten so festgelegt, dass sie optimal auf den verwendeten Modellierungsalgorithmus abgestimmt sind. Die Anzahl der benötigten Messdaten soll so gering wie möglich sein, um teure und aufwendige Messungen an Motoren oder Fahrzeugen zu minimieren. Weiterhin muss der verwendete Modellierungsalgorithmus mit Messrauschen umgehen können und eine hohe Flexibilität besitzen, um auch komplexe Verläufe abbilden zu können. Idealerweise werden die Modellstruktur und die Modellparameter durch einen geeigneten Modellierungsansatz automatisch während des Modelltrainings ohne das Zutun des Anwenders bestimmt. Das Programm ASCMO der Firma ETAS verwendet beispielsweise Gaußprozesse im Modellierungskern.

Modellbasierte Applikation

Da die Anforderungen und die Komplexität immer weiter steigen und gleichzeitig die Anzahl der zur Verfügung stehenden Versuchsträger abnimmt, werden verschiedene Teile des Applikationsprozesses mit Hilfe von modellbasierten Ansätzen wie z. B. DoE bearbeitet, um die auf Fahrzeugmessungen basierenden Applikationsschritte zu reduzieren. Dabei muss das Systemverhalten durch Modelle genau genug beschrieben werden, wobei der Aufwand für deren Parametrierung aber so gering wie möglich sein muss. Da für viele Aufgaben das Zusammenspiel zwischen Motor bzw. Fahrzeug und der Steuergerätefunktionalität mit den Parametrierdaten abgebildet werden muss, erfolgt die modellbasierte Applikation an einem HIL-Simulator (Hardware in the Loop). Kleinere Anteile können auch durch einen Software-Freischnitt bearbeitet werden. Dabei wird ein kleiner Teil der Funktionssoftware als Programm auf einem PC zusammen mit einem parametrierten Streckenmodell betrieben und optimiert.

Applikationsbeispiel

Optimierung des Zündwinkels

Der Zündwinkel spielt beim Ottomotor eine zentrale Rolle. Mit Hilfe des Zündwinkels kann über die Lage des Verbrennungsschwerpunktes der Wirkungsgrad des Motors beeinflusst werden.

Um den Motor mit seinem maximalen Wirkungsgrad zu betreiben, also einen geringen Kraftstoffverbrauch zu erreichen und ein optimales Drehmoment zur Verfügung zu stellen, wird der Zündwinkel abhängig von folgenden Größen eingestellt:

- Motordrehzahl,
- Zylinderluftfüllung (Motorlast),
- Restgasgehalt im Zylinder,
- Position der Ladungsbewegungsklappe (falls vorhanden),
- Betriebsart (Homogen- oder Schichtladungsbetrieb),
- Luft-Kraftstoff-Gemischverhältnis,
- Motortemperatur,
- Ansauglufttemperatur,
- Kraftstoffsorte,
- Kraftstoffqualität.

Dazu werden automatisierte Messungen am Motorprüfstand gefahren, bei denen die oben genannten Einflussparameter verstellt werden (soweit das möglich ist). Am Schreibtisch werden dann mit Hilfe von Applikationstools die optimalen Werte aus den Messungen ermittelt und in eine Struktur von Kennfeldern und Kennlinien, die die Steuergerätefunktion darstellt, abgelegt. Die Einflüsse, die am Motorprüfstand nicht untersucht wurden, werden auf Versuchsfahrten parametriert.

Bei höheren Lasten und Drehzahlen ist die Zündwinkel-Verstellung beim Ottomotor durch klopfende Verbrennung begrenzt. Der Motor kann dann aus Bauteilschutzgründen nicht mehr mit dem optimalen Zündwinkel betrieben werden. Die Sollwerte für diesen Bereich werden zusammen mit der Klopfregelung appliziert, um einerseits einen sicheren Motorbetrieb zu gewährleisten, andererseits aber möglichst wenig Einbußen bei Drehmoment und Kraftstoffverbrauch zu haben.

Auch der spätest mögliche Zündwinkel muss ermittelt werden, bei dem das Luft-Kraftstoff-Gemisch noch sicher entflammt wird, der Motor aber möglichst wenig Drehmoment abgibt. Diese Bereiche dienen der Begrenzung der Zündwinkelverstellung, welche von anderen Funktionen zur kurzeitigen Drehmomentreduktion angefordert wird, wie Katalysator-Heizen, Schaltvorgänge von Automatik-Getrieben, Fahrverhaltensfunktion etc. Die Abstimmung des spätest möglichen Zündwinkels erfolgt direkt am Motorprüfstand, da eine Spätverstellung des Zündwinkels mit einer deutlichen Erhöhung der Abgastemperatur einhergeht, die sehr schnell über die zulässigen Grenzen gehen kann und somit Bauteile gefährdet werden.

Diese Erhöhung der Abgastemperatur macht man sich zur schnelleren Aufheizung des Katalysators nach einem Kaltstart zu Nutze. Der Wirkungsgrad des Motors wird absichtlich verschlechtert, d. h. der Zündzeitpunkt und damit die Verbrennungsschwerpunktlage werden nach spät verschoben, um eine Erhöhung der Abgastemperatur zu erreichen. Damit der Motor jedoch trotz des verschlechterten Wirkungsgrades noch genügend Drehmoment liefert, wird die Luftmasse im Zylinder (und über die stöchiometrische Bedingung auch die Kraftstoffmasse) erhöht, was zu einem erhöhten Kraftstoffverbrauch führt. Deswegen wird die Phase des Katalysator-Heizens so kurz wie möglich gehalten.

Weitere Anpassungen

Adaptionen

Im Rahmen einer Serienfertigung unterliegen sowohl Motoren als auch Sensoren und Aktoren herstellungsbedingten Schwankungen. Zusätzlich ändert sich das Systemverhalten im Laufe der Zeit durch Verschmutzung, Abnutzung und Alterung. In der Motorsteuerung gibt es Funktionen, die diese Schwankungen ausgleichen. Über Plausibilisierung von verschiedenen berechneten oder gemessen Signalen werden Korrekturwerte berechnet, die dann in die Berechnung der Sollwerte einbezogen werden. Damit ist über die Streuungen in der Produktion sowie über die Alterung des Fahrzeuges sichergestellt, dass die Abgasgrenzwerte sowohl im Neuzustand als auch nach mehr als 100 000 km sicher eingehalten werden.

Sicherheitsanpassungen

Neben den für Emission, Verbrauch und Leistungsfähigkeit maßgebenden Funktionen sind auch zahlreiche Sicherheitsfunktionen anzupassen, um ein definiertes Verhalten des Systems z. B. bei Ausfall eines Sensors oder eines Stellgliedes zu gewährleisten. Die Sicherheitsfunktionen dienen in erster Linie dazu, das Fahrzeug in einen für den Fahrer unkritischen Zustand zu halten und die Betriebssicherheit des Motors und seiner Komponenten zu gewährleisten (z. B. zur Vermeidung von Motorschäden oder Schäden am Abgasnachbehandlungssystem).

Kommunikation

Das Motorsteuergerät ist in der Regel in einen Verbund mehrerer elektronischer Steuergeräte eingebunden. Der Datenaustausch zwischen Fahrzeug-, Getriebe- und sonstigen Steuergeräten erfolgt über einen Datenbus (meist der CAN). Das korrekte Zusammenwirken der beteiligten Steuergeräte wird mit dem Originaleinbau im Fahrzeug überprüft und optimiert.

Ein typisches Beispiel für das Zusammenspiel zweier Steuergeräte im Fahrzeug ist der Ablauf eines Schaltvorgangs mit automatisiertem Getriebe. Das Getriebesteuergerät fordert zum optimalen Zeitpunkt des Gangwechsels über den Datenbus eine Reduzierung des Drehmoments an. Das Motorsteuergerät ergreift dann ohne Beteiligung des Fahrers Maßnahmen, die das abgegebene Drehmoment zurücknehmen und so einen weichen und ruckfreien Gangwechsel ermöglichen. Die Daten, die zu dieser Drehmomentreduzierung führen, müssen appliziert werden.

Diagnose

Aufgrund gesetzlicher Bestimmungen ist es nötig, die Einhaltung von Abgasgrenzwerten während der gesamten Lebensdauer eines Fahrzeuges sicherzustellen. Dazu sind im Motorsteuergerät Funktionen zur Eigendiagnose (On-Board-Diagnose, OBD) enthalten, die Fahrzeugkomponenten mit Abgaseinfluss auf Ihre Funktionsfähigkeit hin überwachen. Dazu gehört die Überwachung von Sensoren, Stellgliedern und des Katalysators sowie die Überwachung des Motors auf Verbrennungsaussetzer.

Das Motorsteuergerät überprüft verschiedene Signale auf Über- oder Unterschreitung von Bereichsgrenzen, auf Wackelkontakte, Kurzschlüsse und Plausibilität mit anderen Signalen. Die Bereichs- und Plausibilitätsgrenzen muss der Applikateur festlegen. Diese werden so gewählt, dass auch bei Extrembedingungen (Sommer, Winter, Höhe) keine Fehldiagnosen erfolgen. Andererseits muss aber die Empfindlichkeit für wirkliche Fehler noch groß genug sein und eine ausreichende Prüfhäufigkeit (In-Use Monitor Performance Ratio, IUMPR) gewährleistet sein. Außerdem muss festgelegt werden, wie der Motor bei Vorliegen eines Fehlers weiterbetrieben werden darf. Schließlich wird der Fehler noch im Fehlerspeicher abgelegt, um der Service-Werkstatt ein schnelles Auffinden und Beheben des Fehlers zu ermöglichen.

Applikation unter extremen klimatischen Bedingungen

Bei Erprobungen werden Versuche unter klimatisch extremen Bedingungen durchgeführt, die in der Regel nur in Ausnahmefällen während der Lebensdauer eines Fahrzeugs auftreten. Die Bedingungen, die auf einer Erprobung auftreten, lassen sich nur begrenzt auf einem Prüfstand simulieren, da hier auch das subjektive Empfinden des Testfahrers und dessen Erfahrung eine wichtige Rolle spielen. Die Temperatur alleine wäre auf einem Prüfstand problemlos simulierbar, das Abfahrverhalten z. B. auf einem Rollenprüfstand ist aber im Vergleich zum realen Fahrbetrieb nur sehr schwer einschätzbar.

Darüber hinaus wird bei einer Erprobung zumeist eine größere Fahrstrecke mit mehreren Fahrzeugen zurückgelegt; dies ermöglicht eine Überprüfung der Applikationsparameter über die Serienstreuung der verschiedenen Versuchsfahrzeuge. Das ermöglicht es dem Applikateur, zu bewerten, wie sich verschiedene Fahrzeuge mit den eingestellten Parametern verhalten.

Ein weiterer wesentlicher Aspekt ist der Einfluss der Kraftstoffqualität in den verschiedenen Regionen der Welt. Hauptsächlich wirkt sich die unterschiedliche Kraftstoffqualität auf das Startverhalten und den Warmlauf des Motors aus. Die Fahrzeughersteller treiben einen hohen Aufwand, um sicherzustellen, dass sich ein Fahrzeug mit allen auf dem Markt befindlichen Kraftstoffen ohne Beanstandungen betreiben lässt.

Wintererprobung

Bei der Wintererprobung wird der klimatische Bereich von ca. –30 °C bis 0 °C abgedeckt. In erster Linie werden Startmessungen durchgeführt und das Abfahrverhalten (Take Off) beurteilt.

Beim Start wird jede einzelne Verbrennung ausgewertet und bei Bedarf die entsprechenden Parameter optimiert. Die korrekte Parametrierung jeder einzelnen Einspritzung ist ausschlaggebend für die Startzeit und den stetigen Hochlauf des Motors von Starterdrehzahl bis auf Leerlaufdrehzahl. Bereits eine einzige unvollständige Verbrennung mit reduziertem Drehmomentaufbau während des Hochlaufs wird vom Endkunden als störend empfunden.

Sommererprobung

Bei der Sommererprobung wird der klimatische Bereich von ca. +15 °C bis +40 °C abgedeckt. Diese Erprobungen werden z. B. in Südfrankreich, Spanien, Italien, USA, Südafrika und Australien durchgeführt. Südafrika und Australien sind trotz der großen Entfernung und des immensen Aufwands für den Materialtransport von Interesse, da dort während unserer Wintermonate die für eine Sommererprobung notwendigen Temperaturen auftreten. Aufgrund der immer kürzeren Entwicklungszeiten muss auch auf solche Möglichkeiten zurückgegriffen werden. Bei der Sommererprobung werden z. B der Heißstart, die Tankentlüftung, die Tankleckerkennung, die Klopfregelung und viele Diagnosefunktionen überprüft.

Höhenerprobung

Bei der Höhenerprobung wird ein Bereich zwischen 0 und ca. 4000 m abgedeckt. Es ist nicht nur die absolute Höhe ausschlaggebend, für manche Versuche ist es auch notwendig, in kurzer Zeit eine möglichst große Höhendifferenz zu erzielen. Die Höhenerprobung wird meistens in Kombination mit der Winter- oder Sommererprobung durchgeführt. Auch hier spielt wiederum der Start eine große Rolle. Untersucht werden außerdem z. B. Gemischadaption, Tankentlüftung, Klopfregelung und viele Diagnosefunktionen.

Steuergerät

Einführung, Anforderungen und Einsatzbedingungen

Das Steuergerät übernimmt die gesamte Steuerung und Regelung des Motors und vieler Aggregate in seiner Peripherie. Mit dem Einsatz der Digitaltechnik ergeben sich vielfältige Möglichkeiten, die sich über die Jahre rasant weiterentwickelt haben. Zum Beispiel wäre die Erfüllung moderner Abgasgesetze und das Erreichen niedriger Verbrauchswerte bei hoher Motorleistung ohne die elektronische Steuerung undenkbar. Viele Einflussgrößen können gleichzeitig in die Steuerung des Motors einbezogen werden, so dass ein optimaler Betrieb ermöglicht wird. Das Steuergerät empfängt die elektrischen Signale der Sensoren für physikalische Zustände sowie die Wünsche des Fahrers, wertet sie aus, berechnet die Ansteuersignale für die Stellglieder (Aktoren) und steuert diese an. Die Leistungsfähigkeit der eingesetzten elektronischen Bauteile nimmt stetig zu und ermöglicht immer komplexere Steuer- und Regelalgorithmen für das Motormanagement (Zündung, Gemischbildung usw.). Alle Bauteile eines Steuergerätes bezeichnet man als die „Hardware".

Entsprechend seiner zentralen Funktion im Fahrzeug und den teilweise extremen Einsatzbedingungen werden an das Motorsteuergerät hohe Anforderungen bezüglich Funktionalität, Qualität und Lebensdauer gestellt. Durch den Einbau der Motorsteuerung an den verschiedensten Orten im Fahrzeug, die vom Fahrgastraum über den Wasserkasten, spezielle Elektronik-Boxen, den Motorraum bis hin zum direkten Motoranbau reichen, variieren die Anforderungen an die Motorsteuerungen abhängig von Fahrzeughersteller und -typ sehr stark und erreichen teilweise, vor allem im Hinblick auf Temperatur- und Schüttelbeanspruchungen, sehr hohe Werte. Durch neue Anforderungen steigt der Funktionsumfang moderner Motorsteuerungen kontinuierlich an, während die äußeren Abmessungen der Geräte in der Tendenz eher abnehmen. Die Entwicklung geht deshalb hin zu einer höheren funktionalen Integration sowie zur Miniaturisierung von elektronischen, aber auch von mechanischen Komponenten, wie z. B. Steckverbindungen.

Die elektrische Funktion muss auch unter schwierigen Bedingungen garantiert werden. So muss ein Steuergerät auch beim Start mit schwacher Batterie (z. B. Kaltstart) und bei hoher Ladespannung sicher arbeiten. Weitere Anforderungen ergeben sich aus der elektromagnetischen Verträglichkeit (EMV). So darf sich die Motorsteuerung weder durch starke elektromagnetische Störfelder beeinflussen lassen, noch darf sie durch eigene elektromagnetische Abstrahlung andere Systeme wie das Autoradio beeinträchtigen. Wesentliche Anforderungen an ein Motorsteuergerät sind in Tabelle 1 zusammengefasst.

Elektronischer Aufbau des Steuergerätes

Architektur

Im mechatronischen System der Motorsteuerung stellt das elektronische Steuergerät die Regeleinrichtung dar. Es übernimmt die Steuerung, Regelung und Überwachung von Motorfunktionen. Bild 1 zeigt dazu ein Blockschaltbild, das im Folgenden näher erläutert wird.

Das Steuergerät erfasst über Eingangsschaltungen die von Sensoren gelieferten Istwerte, wie z. B. Drehzahl oder Drosselklappenstellung. Über Endstufenschaltungen werden die als Stellglieder wirkenden Aktoren wie z. B. Einspritzventile oder Zündspulen angesteuert.

Tabelle 1

1 Typische Anforderungen an ein Motorsteuergerät	
Art der Anforderung	**Wert oder typisches Beispiel**
Lebensdauer	15 Jahre
Aktive Betriebsstunden	6 000 h bis 8 000 h
Kilometerleistung (Pkw)	240 000 km
Betriebstage pro Jahr	365
Startvorgänge pro Tag, davon Kaltstarts	6 2
Betriebstemperatur bei Karosserieanbau oder im Rad- oder Wasserkasten	–40 °C bis 85 °C
Betriebstemperatur bei motornahem Anbau	–40 °C bis 105 °C
Vibrationsanforderungen bei Karosserieanbau oder am Rahmen	Rausch-Effektivwert: 27,8 m/s^2 (Frequenz 10 bis 1 000 Hz)
Vibrationsanforderungen bei entkoppeltem Motoranbau oder Luftfilteranbau	Rausch-Effektivwert: 27,8 m/s^2 (Frequenz 10 bis 1 000 Hz) Sinusbeschleunigung: 180 m/s^2 (Frequenz 100 Hz bis 1,5 kHz)
Wasserschutz im Motorraum	Schutzklasse typisch IP6K9K (staubdicht, Wasserschutz auch bei Hochdruck- oder Dampfstrahlreinigung)
Chemische Belastungen	Salzwasser, Öle, Reiniger, Kraftstoffe, Bremsflüssigkeit

Endstufen stellen die zur Ansteuerung des Aktors erforderliche Leistung zur Verfügung. Im Digitalteil findet die Signalverarbeitung statt. In einer zentralen Recheneinheit (Prozessor) laufen die Steuer- und Regelalgorithmen ab. Das dazu erforderliche Steuerprogramm (die Software) und die Daten sind in einem Programm- und Datenspeicher abgelegt. Wenn zentrale Recheneinheit, Speicher und weitere Module wie z. B. Timereinheit auf einem Halbleiterchip integriert sind, spricht man von einem Mikrocontroller.

Zur Kommunikation mit der Außenwelt besitzt das Steuergerät eine oder mehrere Kommunikationsschnittstellen. Darüber kann z. B. ein Datenaustausch mit dem Steuergerät eines anderen Systems (z. B. ABS) oder mit einem Diagnosetester ablaufen. Auch die Programmierung des Steuergeräts am Bandende im Werk findet über eine solche Schnittstelle statt. Zum Betrieb der elektronischen Schaltungen im Steuergerät ist eine Infrastruktur notwendig. Diese Infrastruktur versorgt die Schaltungen mit allen zum Betrieb erforderlichen Spannungen und Strömen. Darüber hinaus sorgt die Infrastruktur durch eine Überwachungs- und Resetschaltung für einen korrekten und sicheren Betrieb des Steuergeräts. Die Überwachungsschaltung (auch Überwachungsmodul genannt) ist ein Bestandteil des Überwachungskonzeptes. Überwachungsmodul und Mikrocontroller überwachen sich gegenseitig. Im Falle der Erkennung eines Fehlers werden entsprechende Maßnahmen eingeleitet.

Zum Schutz vor Zerstörung sind alle Eingangs- und Endstufenschaltungen kurzschlussfest gegen Batteriespannung und Masse ausgelegt. Zur Diagnose können spezielle Schaltungen an den Endstufen im Feh-

1 Architektur eines Motorsteuergeräts

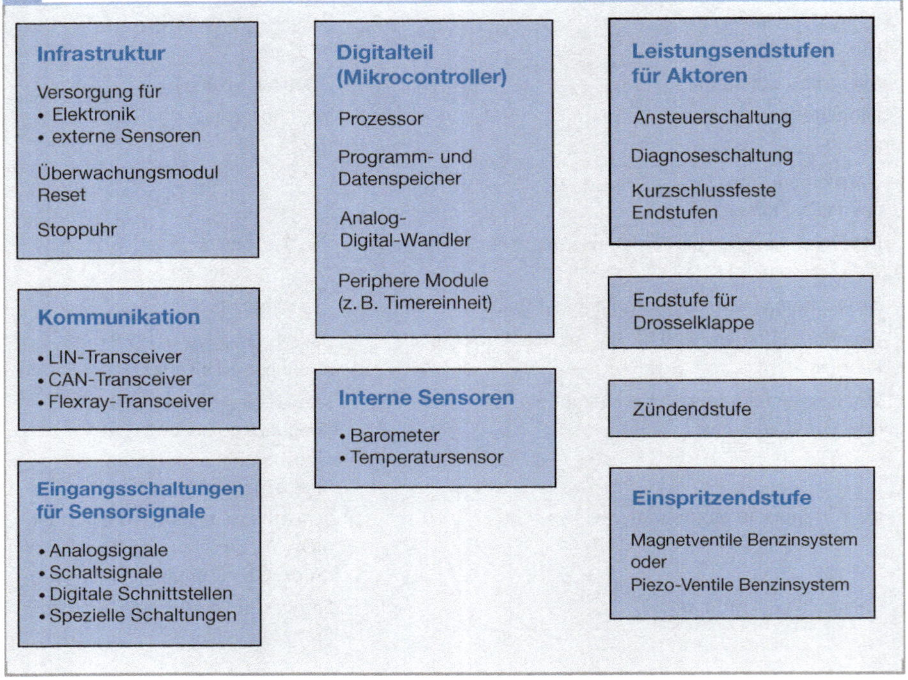

lerfall die Art des Fehlers (Kurzschluss, Leerlauf) feststellen. Über eine spezielle Schnittstelle kann das Steuerprogramm die Diagnoseinformationen aus dem Endstufenbaustein auslesen.

Aufbau

Aufgrund der Komplexität der Schaltungen und der Anforderungen an das Steuergerät bezüglich Qualität, Kosten und Bauraum ist ein Aufbau aus einzelnen elektronischen Bauteilen nicht möglich. Daher werden Schaltungen so entwickelt, dass sie anschließend auf einem Halbleiterchip integriert werden können. Dieser Halbleiterchip wird als ASIC (Application Specific Integrated Circuit) bezeichnet. In der Entwicklungsphase eines Steuergeräts wird festgelegt, welche Schaltungen sinnvollerweise gemeinsam auf einem Chip integriert werden können. So kann es z. B. der richtige Weg sein, mehrere Endstufenschaltungen mit den dazugehörenden Diagnoseschaltungen auf einem Chip zu integrieren. Es ist sogar möglich, alle Endstufen und die Infrastruktur des Steuergerätes auf einem Chip zu integrieren. Die Chips werden nach ihrer Herstellung in einem Gehäuse verpackt, das die spätere Montage auf einer Leiterplatte und gegebenenfalls eine Kühlung aufgrund der im Betrieb entstehenden Verlustleistung ermöglicht. Die meisten Bauteile sind in SMD-Technik (Surface Mounted Device) aufgebaut, d. h., sie können ohne Bohrungen in der Leiterplatte plan auf die Oberfläche gelötet werden. Nur wenige Sonderbauteile und die Stecker sind in Durchsteckmontagetechnik ausgeführt.

Die Leiterplatte dient als Träger der elektronischen Bauelemente und zu deren elektrischen Verbindung. Sie befindet sich zum Schutz vor Umwelteinflüssen in einem Kunststoff- oder Metallgehäuse. Der Aufbau der Leiterplatte und des Gehäuses wird in Abschnitt → **Mechanischer Aufbau** näher erläutert.

Rechnerkern

Anforderungen

Der Rechnerkern eines Steuergerätes wird oft mit einem Prozessor eines PC verglichen. Dies ist auf einer hohen Abstraktionsebene korrekt, da der Mikrocontroller für eine aktuelle Motorsteuerung ca. 40 Millionen Transistoren enthält (der Rechner Pentium II hatte ca. 6,7 Millionen Transistoren). Die Anforderungen an einen Rechnerkern eines Steuergerätes sind jedoch sehr viel höher als an einen PC:

- Funktion im Temperaturbereich −40 °C...165 °C,
- Ausfallrate von unter 1 ppm,
- Lebensdauer 40 000 h (entspricht einem PC, der 8 h am Tag eingeschaltet ist und ca. 14 Jahre funktioniert),
- Produktion über 20 Jahre – auch wenn die Technologien nicht mehr in anderen Industriebereichen eingesetzt werden.

Mikrocontroller

Der Mikrocontroller ist das zentrale Bauelement eines Steuergeräts (Bild 2). Er steuert dessen Funktionsablauf. Im Mikrocontroller sind außer der CPU (Central Processing Unit, zentrale Recheneinheit) noch Eingangs- und Ausgangskanäle, Timereinheiten, RAM, Flash, serielle Schnittstellen und weitere periphere Baugruppen auf einem Siliziumchip integriert.

Moderne Mikrocontroller für Anwendungen im Kraftfahrzeug haben noch weitere Peripherie wie z. B. Analog-Digital-Wandler, Safety Core (ein Core überwacht einen anderen), Tuningschutzhardware, Ethernet.

Programm- und Datenspeicher

Der Mikrocontroller benötigt für die Berechnungen ein Programm – die „Software". Diese ist in einem Programmspeicher abgelegt. Die CPU liest das Programm aus, interpretiert es als Befehle und führt diese Befehle der Reihe nach aus.

Das Programm ist in einem nichtflüchtigen Speicher (Flash-EPROM) abgelegt. Zusätzlich sind variantenspezifische Daten (Einzeldaten, Kennlinien und Kennfelder) in diesem Speicher vorhanden. Diese Daten dienen zur Anpassung der Softwarefunktionen an die einzelnen Fahrzeuge (z. B. ist ein Kennfeld für die Einspritzung abhängig vom Motor des Fahrzeugherstellers).

Da es moderne Halbleitertechnologien ermöglichen, den kompletten Speicher auf dem Chip unterzubringen, ist der Programmspeicher heute in den Mikrocontrollern integriert. Dadurch sinken die Kosten für das System und die Performance steigt (kürzere Zugriffszeiten sind möglich).

Es gibt noch die Möglichkeit, RAM- und Flash-Speicher an externe Bus-Interfaces anzuschließen. Bedingt durch den großen Zeitverlust bei Zugriffen auf diese Speicher und die geringe Anzahl von Zulieferern für diese Bauelemente werden sie nur noch sehr selten eingesetzt.

Flash-EPROM

Das Flash-EPROM (FEPROM) hat aufgrund seiner Vorteile das herkömmliche EPROM als Programmspeicher weitgehend verdrängt. Deshalb wird hier auf das EPROM nicht näher eingegangen.

Das Flash-EPROM ist auf elektrischem Wege löschbar (im Gegensatz zum EPROM, das mit UV-Licht gelöscht wird). Somit kann man das Steuergerät in der Kundendienst-

Bild 2
Crossbar – interner Bus
I$ – Befehls-Cache
D$ – Daten-Cache
HSM – Hardware Security Module
Virtual ADC – Analog-Digital-Wandler, der mehrere Kanäle gleichzeitig sampelt
EBU – External Bus Unit
MPU – Multi Processor Unit
TTCAN – CAN mit Time-Trigger-Eigenschaften, um garantierte Antwortzeiten sicherzustellen
µs-Bus – Bus zur Peripherieansteuerung

2 Architektur eines modernen Mikrocontrollers für Motorsteuerungen

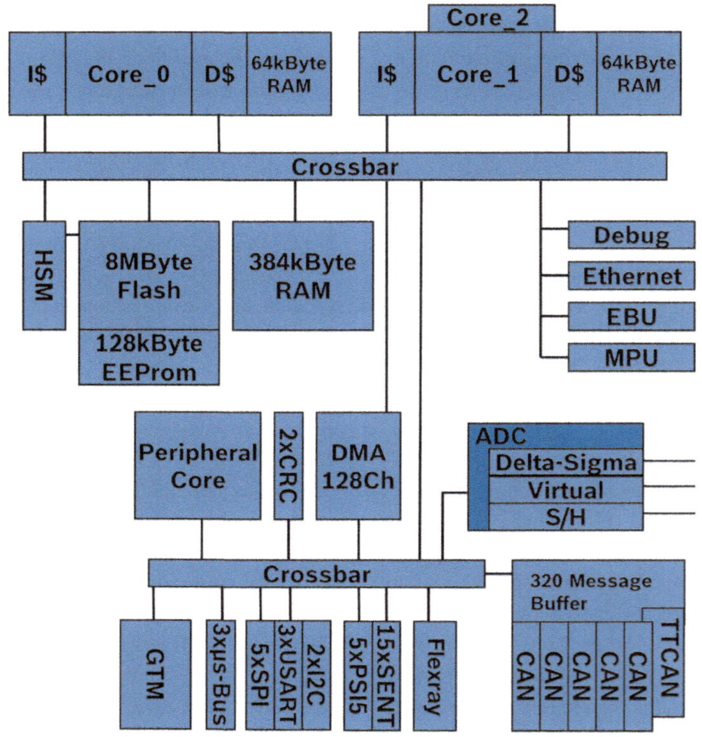

Werkstatt umprogrammieren, ohne es öffnen zu müssen. Das Steuergerät ist dabei über eine serielle Schnittstelle mit der Umprogrammierstation verbunden.

Variablen- oder Arbeitsspeicher

Ein solcher Schreib-Lese-Speicher ist notwendig, um veränderliche Daten (Variablen), wie z. B. Rechen- und Signalwerte, zu speichern.

RAM

Die Ablage aller aktuellen Werte erfolgt im RAM (Random Access Memory, Schreib-Lese-Speicher). Dieser Speicher ist wie das Flash-EPROM auf dem Mikrocontroller-Chip integriert.

Beim Trennen des Steuergeräts von der Versorgungsspannung verliert das RAM als flüchtiger Speicher den gesamten Datenbestand. Adaptionswerte (erlernte Werte über Motor- und Betriebszustand) müssen beim nächsten Start aber wieder bereitstehen. Sie dürfen beim Abschalten der Zündung nicht gelöscht werden. Um das zu verhindern, ist das RAM permanent mit Spannung versorgt. Beim Abklemmen der Batterie gehen jedoch auch diese Werte verloren.

EEPROM
Daten, die auch bei abgeklemmter Batterie nicht verloren gehen dürfen (z. B. wichtige Adaptionswerte, Codes für die Wegfahrsperre), müssen dauerhaft in einem nichtflüchtigen Dauerspeicher abgelegt werden. Das EEPROM (auch E2PROM genannt) ist ein elektrisch löschbares EPROM, bei dem im Gegensatz zum Flash-EPROM jede Speicherzelle einzeln gelöscht werden kann. Somit ist das EEPROM als nichtflüchtiger Schreib-Lese-Speicher einsetzbar. Einige Steuergeräte-Varianten nutzen auch separat löschbare Bereiche des Flash-EPROM als Dauerspeicher.

Unified-Speicher
Durch die Verwendung der unterschiedlichen Speichertypen Flash-EPROM, RAM und EEPROM gibt es im System Einschränkungen. Deshalb wird nach so genannten Unified-Speichern gesucht, die die Vorteile aller drei Typen vereinen (Datenerhalt im spannungslosen Zustand sowie schnelles Lesen und Schreiben). Ein solcher Typ könnte in Zukunft das MRAM (magnetische RAM) oder das PCM (Phase Change Memory) sein. Damit könnte dann wesentlich mehr RAM im Mikrocontroller integriert werden und es wären auch neue Softwarekonzepte (die mehr RAM benötigen) darstellbar.

ASIC
Wegen der immer größer werdenden Komplexität der Steuergerätefunktionen reichen die am Markt erhältlichen Standard-Mikrocontroller nicht immer aus. Abhilfe schaffen hier ASIC-Bausteine (Application Specific Integrated Circuit, anwendungsbezogene integrierte Schaltung). Diese IC werden nach den Vorgaben der Steuergeräteentwicklung entworfen und gefertigt. Sie enthalten beispielsweise ein zusätzliches RAM, Eingangs- und Ausgangskanäle und sie können PWM-Signale erzeugen und ausgeben.

Überwachungsmodul
Das Steuergerät verfügt über ein Überwachungsmodul. Der Mikrocontroller und das Überwachungsmodul überwachen sich gegenseitig durch ein „Frage-und-Antwort-Spiel". Wird ein Fehler erkannt, so können beide unabhängig voneinander entsprechende Ersatzfunktionen einleiten.

Ausgangssignale, Schaltsignale
Der Mikrocontroller steuert mit den Ausgangssignalen Endstufen an, die üblicherweise genügend Leistung für den direkten Anschluss der Stellglieder (Aktoren) liefern. Es ist auch möglich, dass für besonders große Stromverbraucher (z. B. Motorlüfter) bestimmte Endstufen die zugehörigen Relais ansteuern.

Die Endstufen sind gegenüber Kurzschlüssen gegen Masse oder der Batteriespannung sowie gegen Zerstörung infolge elektrischer oder thermischer Überlastung geschützt. Diese Störungen sowie aufgetrennte Leitungen werden durch den Endstufen-IC als Fehler erkannt und dem Mikrocontroller gemeldet.

PWM-Signale
Digitale Ausgangssignale können als PWM-Signale ausgegeben werden. Diese pulsweitenmodulierten Signale sind Rechtecksignale mit konstanter Frequenz und variabler Einschaltzeit. Mit diesen Signalen können verschiedene Stellglieder (Aktoren) in kontinuierlich verstellbare Arbeitsstellungen gebracht werden (z. B. Abgasrückführventil, Ladedrucksteller).

Kommunikation innerhalb des Steuergeräts
Die peripheren Bauelemente, die den Mikrocontroller in seiner Arbeit unterstützen, müssen mit diesem kommunizieren können. Dies geschieht über den Adress- und Datenbus. Der Mikrocontroller gibt

über den Adressbus z. B. die RAM-Adresse aus, deren Speicherinhalt gelesen werden soll. Über den Datenbus werden dann die der Adresse zugehörigen Daten übertragen. Frühere Entwicklungen im Kfz-Bereich kamen mit einer 8-Bit-Busstruktur aus. Das heißt, der Datenbus bestand aus acht Leitungen, über die 256 Werte übertragen werden können. Mit dem bei diesen Systemen heute üblichen 16-Bit-Adressbus können 65 536 Adressen angesprochen werden. Komplexe Systeme erfordern heutzutage 16 oder sogar 32 Bit für den Datenbus. Um an den Bauteilen Pins einzusparen, können Daten- und Adressbus in einem Multiplexsystem zusammengefasst werden. Das heißt, Adresse und Daten werden zeitlich versetzt übertragen und nutzen dieselben Leitungen. Für Daten, die nicht so schnell übertragen werden müssen (z. B. Fehlerspeicherdaten), werden serielle Schnittstellen mit nur einer Datenleitung eingesetzt.

EOL-Programmierung

Die Vielzahl von Fahrzeugvarianten, die unterschiedliche Steuerungsprogramme und Datensätze verlangen, erfordert ein Verfahren zur Reduzierung der vom Fahrzeughersteller benötigten Steuergerätetypen. Hierzu kann der komplette Speicherbereich des Flash-EPROM mit dem Programm und dem variantenspezifischen Datensatz am Ende der Fahrzeugproduktion mit der EOL-Programmierung (End of Line) geladen werden. Eine weitere Möglichkeit zur Reduzierung der Variantenvielfalt besteht darin, im Speicher mehrere Datenvarianten (z. B. Getriebevarianten) abzulegen, die dann durch Codierung am Bandende ausgewählt werden. Diese Codierung wird im EEPROM abgelegt.

Sensorik

Sensoren bilden neben den Stellgliedern (Aktoren) als Peripherie die Schnittstelle zwischen dem Fahrzeug und dem Steuergerät als Verarbeitungseinheit. Die elektrischen Signale der Sensoren werden dem Steuergerät über den Kabelbaum und den Anschlussstecker zugeführt. Diese Signale werden über unterschiedliche Schnittstellen dem Steuergerät zur Verfügung gestellt.

Sensor-Schnittstellen

Sensoren können über analoge und digitale Schnittstellen verfügen. Für die Zukunft zeichnet sich die Tendenz ab, dass Sensoren mit digitalen Schnittstellen dominieren.

Analoge Schnittstellen

Analoge Eingangssignale können jeden beliebigen Spannungswert innerhalb eines bestimmten Bereichs annehmen. Beispiele für physikalische Größen, die als analoge Messwerte bereitstehen, sind die angesaugte Luftmasse, die Batteriespannung, der Saugrohr- und der Ladedruck oder die Kühlwasser- und die Ansauglufttemperatur. Sie werden von einem Analog-Digital-Wandler im Mikrocontroller des Steuergeräts in digitale Werte umgeformt, mit denen die zentrale Recheneinheit des Mikrocontrollers rechnen kann. Eine typische Auflösung von in Mikrocontrollern integrierten Analog-Digital-Wandlern ist 10 Bit. Bei einer Referenzspannung von 5 V ergibt sich somit eine Auflösung von ca. 5 mV.

Digitale Schnittstellen

Digitale Eingangssignale besitzen zwei Zustände: „high“ (logisch 1) und „low“ (logisch 0). Beispiele für digitale Eingangssignale sind Schaltsignale oder digitale Sensorsignale wie Drehzahlimpulse eines Hall- oder Feldplattensensors.

In Zukunft werden immer mehr digitale Schnittstellen zum Einsatz kommen, die standardisiert sind und es erlauben, Sensoren von unterschiedlichen Herstellern an Motorsteuergeräte anzuschließen. Eine dieser Schnittstellen ist SENT (Single Edge Nibble Transmission). Je Sensor ist ein spezifischer Eingang notwendig. Solche Sensoren benötigen drei Anschlüsse. Eine weitere digitale Schnittstelle ist PSI5 (Peripheral Sensor Interface). Das PSI5 realisiert eine Stromschnittstelle. Die Übertragung der Messwerte und die Versorgung des Sensors erfolgt über dieselben zwei Leitungen (siehe Bild 3). Im Gegensatz zu SENT ist PSI5 busfähig und bidirektional, d. h., es können mehrere Sensoren an ein Leitungspaar angeschlossen werden und die Daten können in beide Richtungen ausgetauscht werden. Eine Anwendung hierfür sind Raildrucksensoren.

Sensorsignal-Aufbereitung

Die Eingangssignale werden mit Schutzbeschaltungen auf zulässige Spannungspegel begrenzt. Das Nutzsignal wird durch Filterung weitgehend von überlagerten Störsignalen befreit und gegebenenfalls durch Verstärkung an die zulässige Eingangsspannung des Mikrocontrollers angepasst (0...5 V). Je nach Integrationsstufe des Sensors kann die Signalaufbereitung teilweise oder auch ganz bereits im Sensor stattfinden.

Für manche Sensoren, wie z. B. λ-Sonden, werden spezielle Bausteine (ASIC) benötigt, welche die komplexe Ansteuerung und Auswertung dieser Sonden übernehmen. Diese ASIC steuern die Sensoren mit definierten Signalen an, werten Ströme, Spannungen und Temperaturen hochgenau aus und bereiten diese Signale für den Mikrocontroller in digitale Eingangssignale auf. Der gesamte in Bild 4 gezeigte Signalpfad wird mit einem einzigen ASIC realisiert.

3 Beispiel für eine PSI5-Topologie

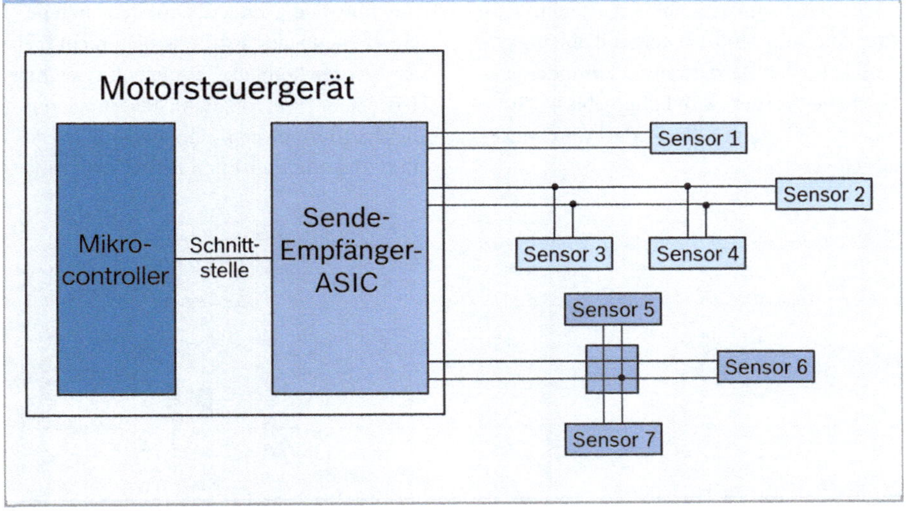

4 Signalpfad der λ-Sonden-Auswertung

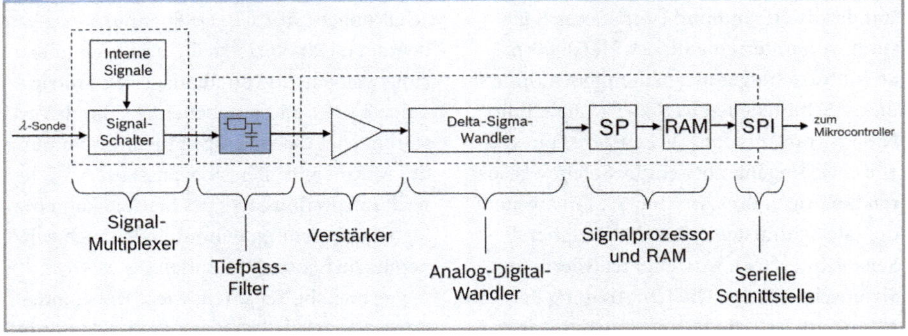

Aktor-Ansteuerung

Auf Basis der im Mikroprozessor verarbeiteten Daten werden vom Motorsteuergerät über entsprechende Endstufen verschiedene Aktoren angesteuert. Diese Aktoren unterscheiden sich im Leistungsbedarf sowie in der Art der Ansteuerung, nämlich durch Schalt- oder PWM-Signale oder über anwendungsspezifische Endstufen.

Die Schaltsignale schalten Lasten im Fahrzeug, die vom Motorsteuergerät abhängig vom aktuellen Betriebspunkt ein- oder ausgeschaltet werden, z. B. Lüftergebläse. Für Lasten mit hohem Strombedarf werden Relais eingesetzt.

Mit pulsweitenmodulierten Signalen (PWM-Signalen) können Aktoren in vorgegebene Arbeitsstellungen gebracht werden (z. B. Wastegate-Ansteuerung oder Ladedrucksteller). Die genannten Signale sind Rechtecksignale mit fester Frequenz und variabler Einschaltzeit.

Anwendungsspezifische Endstufen kommen dann zum Einsatz, wenn spezielle Strom- und Spannungsverläufe zur Ansteuerung notwendig sind, die mit den oben beschriebenen Standard-Endstufen nicht realisiert werden können. Beispielhaft seien hier H-Brücken (Bild 5) zur Ansteuerung von Gleichstrommotoren, Zündendstufen (Bild 6) sowie Endstufen zur Ansteuerung

5 H-Brücke zur Ansteuerung eines Elektromotors

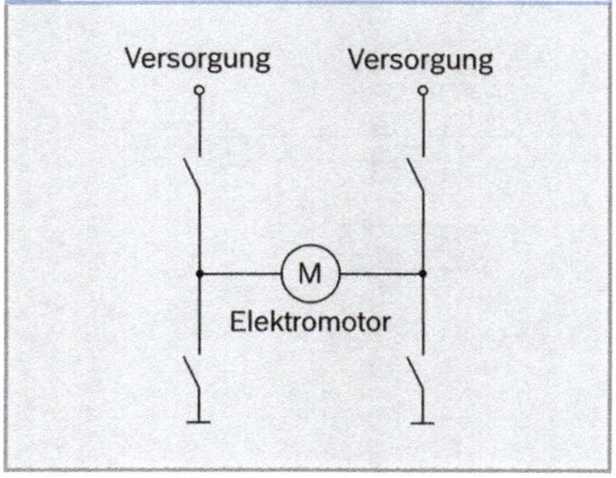

6 Prinzipschaltbild einer Zündendstufe mit Zündspule und Zündkerze

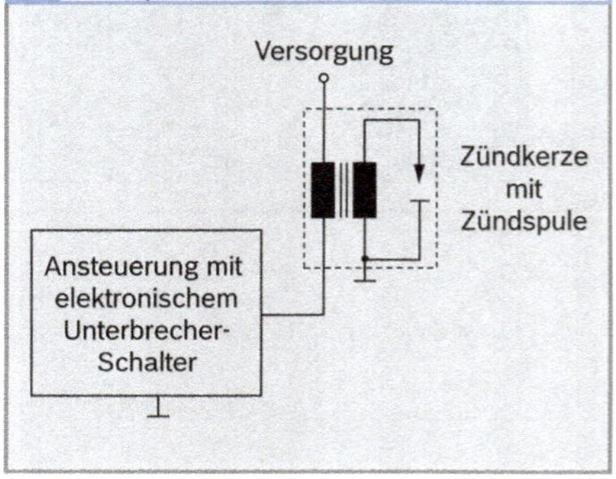

7 Prinzipschaltbild einer Piezo-Einspritzendstufe, Ausschnitt für einen Zylinder

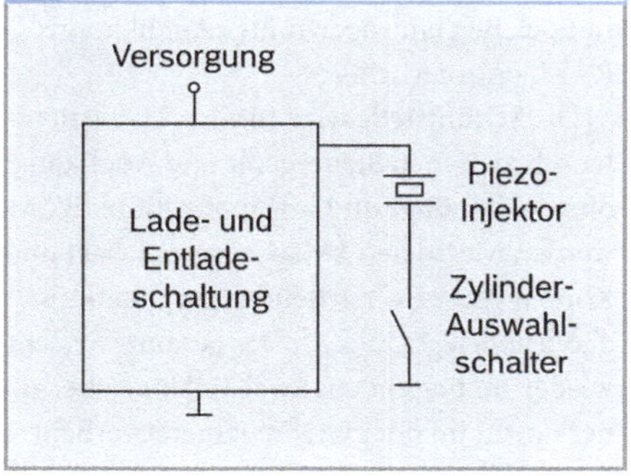

von Hochdruck-Einspritzventilen für die Benzin- und Direkteinspritzung genannt (Bild 7).

Komplexe Endstufen mit hohem Leistungsbedarf, wie zum Beispiel bei der Ansteuerung von Hochdruck-Einspritzventilen, können besonders effizient realisiert werden, wenn die zugehörige Steuerlogik sowie die analoge Signalaufbereitung mittels eines anwendungsspezifischen integrierten Schaltkreises (ASIC) realisiert werden. Dabei kommen hochintegrierte Halbleiter-Mischprozesse zum Einsatz, die eine hohe Logikdichte mit genauen Analogfunktionen und hoher Spannungsfestigkeit verbinden. Die eigentliche Leistungsendstufe wird in der Regel mit diskreten Halbleitern (z. B. MOSFET, Dioden) realisiert.

Applikation von Steuergeräten in Fahrzeugprojekten

Steuergeräte sind, wie zuvor beschrieben, strukturell immer sehr ähnlich aufgebaut. Die für den jeweiligen Anwendungsfall erforderliche spezifische Steuerung wird durch das im Mikrocontroller ausgeführte Programm vorgenommen. Dieses Programm besteht aus einem ausführbaren Programmcode sowie einem Datenteil (einzelne Kenngrößen, Kennlinien und Kennfelder), so genannten Applikationsdaten. Das gesamte Programm ist im Festwertspeicher, in Steuergeräten als Flash-Speicher ausgeführt, abgelegt. Um die unterschiedlichen Anforderungen zur Steuerung eines Antriebsmotors und die gesetzlichen Vorgaben für Emission, Diagnose etc. zu erfüllen, müssen die Applikationsdaten verändert und optimiert werden. Während für die Steuergeräte der ersten Generationen 100 bis 1 000 Applikationsdaten genügten, sind heute mehrere 10 000 erforderlich. Der Vorgang des Optimierens von Applikationsdaten wird „Applikation von Steuergeräten" genannt.

Die dafür nötigen Arbeiten werden auf Prüfständen und in Erprobungsfahrzeugen vorgenommen und erfordern speziell präparierte Motorsteuergeräte. Solche Motorsteuergeräte werden auch Applikationssteuergeräte genannt und müssen vornehmlich die folgenden Aufgaben erfüllen:

- identisches Verhalten wie das Seriensteuergerät,
- Erfassen der in Variablen abgelegten Rechen- und Signalwerte (z. B. Drehzahl, Temperatur, berechneter Zündwinkel, …) synchron zu Motordrehzahl und Rechenzeitrastern (z. B. 1 ms, 10 ms), der so genannten Messdaten,
- Möglichkeit zum Verstellen von Applikationsdaten bei laufendem Motorbetrieb.

8 Typische Komponenten eines Applikationssystems

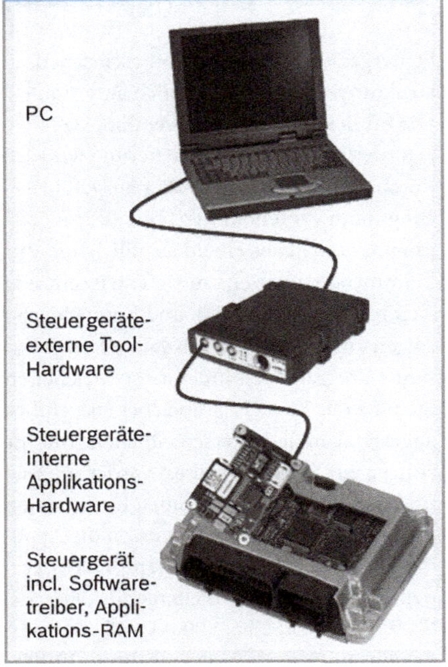

Um dieses zu erreichen, sind eine geeignete Schnittstelle sowie ein spezieller Schreib-Lese-Speicher, ein sogenanntes Applikations-RAM, erforderlich.

Die Schnittstelle wird für den Datenaustausch zwischen Steuergerät und Applikationstool benötigt und im Applikations-RAM werden Messdaten zwischengespeichert und Kopien von zu verstellenden Applikationsdaten abgelegt (Bild 8). Das gesamte System wiederum besteht aus zwei Teilen, wobei einer davon im oder am Steuergerät verbaut ist und der andere durch eine externen Tool-Hardware ausgeführt wird. Diese externe Tool-Hardware ist meist mit einem PC verbunden, auf welchem ein Programm ausgeführt wird, das alle für die Erfassung der Messdaten und Verstellung der Applikationsdaten nötigen Aktionen steuert.

Die verwendete Schnittstelle ist bestimmend für die Nutzdatenrate von Messdaten. So ist heute z. B. mit dem CAN (Internationaler Standard ISO 11898) bis zu rund

9 Entwicklung der Datenraten von Applikationsschnittstellen

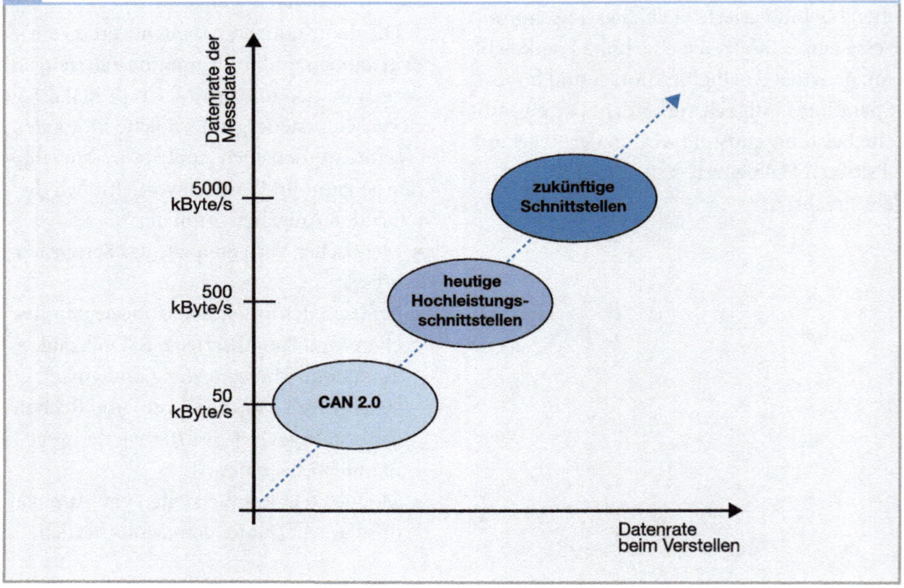

50 kByte/s erzielbar und mit Hochleistungsschnittstellen rund 500 kByte/s. Hochleistungsschnittstellen sind unter anderem Standard-Debug-Schnittstellen. Das Verstellen der Applikationsdaten erfolgt derzeit deutlich langsamer.

Auf Grund der gestiegenen Komplexität von Motorsteuerungen (Mehrfacheinspritzungen pro Verbrennung, höhere Dynamik von Regelkreisen, automatische Parameteroptimierung, ...) muss zukünftig eine wesentlich größere Anzahl von Messdaten erfasst werden. Deshalb wird in Steuergeräten der nächsten Generation sich die maximal mögliche Summendatenrate um mindestens den Faktor 8–10 erhöhen müssen (Bild 9). Das Verstellen von Applikationsdaten soll dann auch in Echtzeit erfolgen können.

Durch solche Applikationssteuergeräte ist man in der Lage, das Motor- und das Fahrzeugverhalten zu erfassen, zu analysieren und zu bewerten, um in iterativen Arbeitsschritten die für das jeweilige Projekt optimalen Parameter zu ermitteln und letztlich die Betriebsfähigkeit beim Endkunden abzusichern.

Hardware-nahe Software

Aufgrund der immer größer werdenden Anforderungen an Energieeffizienz, Energieverbrauch und schadstoffarmer Verbrennung nimmt die Komplexität der Steuergeräte ständig zu. Dabei spielt eine auf die Anforderungen abgestimmte Aufteilung des Systems in Hardware und Software eine wesentliche Rolle. Neben intelligenten, vernetzten Funktionen der Anwendersoftware kommt der optimierten Auslegung von Hardware und Hardware-naher Software (Basis-Software) eine immer größere Bedeutung zu. Um eine ausreichende Flexibilität zu erreichen und kurzfristige Erweiterungen realisieren zu können, werden auch in Zukunft vermehrt Funktionen in die Hardware-nahe Software verlagert.

Zielsetzung der Hardware-nahen Software

Durch die Einführung einer Software-Architektur wird eine Trennung (Kapselung) zwischen Anwender-Software (ASW, Application Software) und Hardware-naher Software (BSW, Basis-Software) definiert. Reine ASW-Module sind auf beliebige Hardware-Plattformen portierbar, Hardware-nahe BSW-Module müssen bei einem Hardware-Wechsel neu entwickelt werden.

Die Hardware-nahe Software beinhaltet Software-Treiber für Eingänge und Ausgänge, Kommunikationsprotokolle, Fehlerspeicher-Management, Werkstattester-Kommunikation, Betriebssystem und Dienstebibliotheken. Die Signalflüsse innerhalb der Basis-Software sind ohne Bezug zu physikalischen Größen, beispielsweise kann ein Analog-Digital-Wandler-Wert sowohl den Umgebungsdruck darstellen als auch eine Fahrpedalposition.

Die Hardware-nahe Software abstrahiert die Hardware, das heißt, intern standardi-

10 Aufbau der Steuergeräte-Software

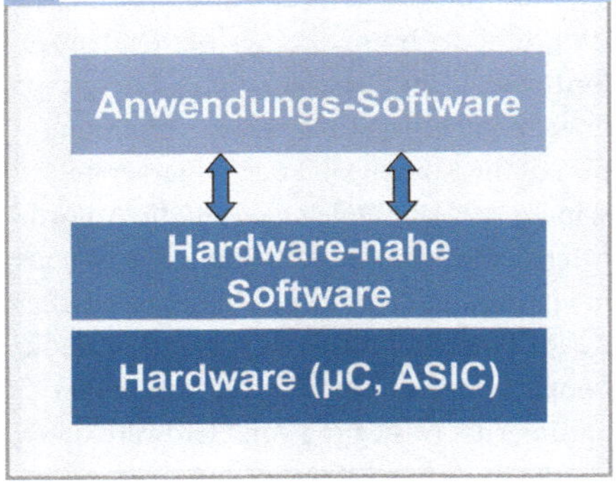

Bild 10
Die Hardware-unabhängige Software ist portierbar und besteht aus der λ-Regelung, der Momentregelung und der Diagnose (OBD II). Die Hardware-unabhängige Software beinhaltet den Mikrocontroller-Treiber, den ASIC-Treiber und das OSEK-Betriebssystem (siehe z. B. [1]).
µC Mikrocontroller

sierte Zugriffsmechanismen entkoppeln die Hardware von der Anwendungs-Software (Bild 10). Mittels intelligenter Konfigurationsmethoden kann die Basis-Software an die unterschiedlichen Kundenanforderungen angepasst werden. Die Kommunikation zwischen Basis-Software und Anwender-Software wird mittels einfacher funktionaler Schnittstellen hergestellt (Pfeile in Bild 10).

Standardisierung, Methodik AUTOSAR

Um unterschiedliche, im Wandel befindliche Elektrik- und Elektronik-Architekturen unterstützen zu können, ist eine möglichst weitgehende Entkopplung der Anwendersoftware von der Hardware erforderlich. Die Lösung liegt in einer genormten Basis-Software (BSW) und Standard-Schnittstellen für alle elektronischen Fahrzeugfunktionen. Allgemein ist die Basis-Software als die Hardware-abhängige Software definiert, das heißt Software-Komponenten für Controller Peripherals, ECU Peripherals (ASIC), Complex Drivers, Treiber für Applikationsschnittstellen, Diagnose, Kommunikation, Betriebssystem und Systemsteuerung.

Durch die Nutzung des weltweiten AUTOSAR-Standards (Automotive Open System Architecture) wird eine hohe Wiederverwendbarkeit und die Austauschbarkeit von Software sichergestellt. AUTOSAR betrachtet das komplette Fahrzeugsystem, nicht nur ein einzelnes Steuergerät.

AUTOSAR ist ein Konsortium bestehend aus Fahrzeugherstellern, Zulieferern, Elektronik-Herstellern und Tool-Entwicklern. Das Konsortium wurde 2003 mit dem Ziel gegründet, Spezifikationen für Hardware-nahe Software, Software-Methoden und Software-Architekturen zu veröffentlichen.

Die AUTOSAR-konforme Basis-Software stellt die Software-Pakete unterhalb der

11 AUTOSAR-konforme Software-Struktur

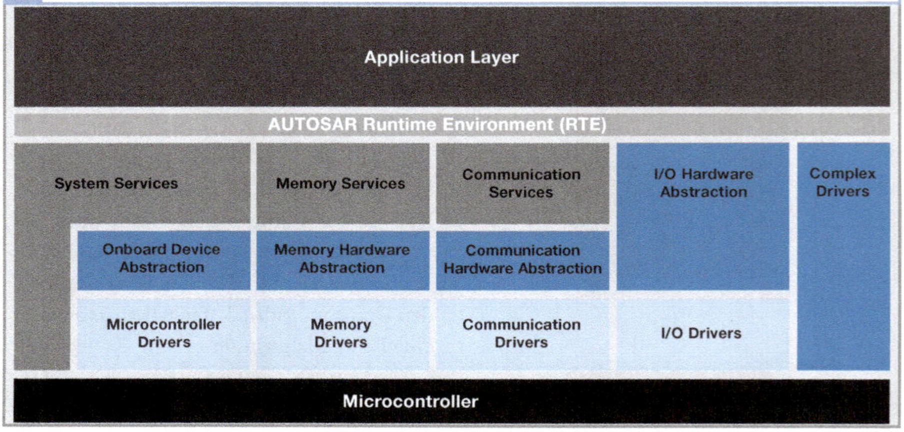

RTE-Schicht (Runtime Environment, siehe Bild 11) inklusive Complex Driver zur Verfügung. Unterschieden werden die drei Software-Schichten:

- Mikrocontroller Abstraction Layer (MCAL) zur Abstrahierung der Mikrocontroller-Peripherie), siehe hellblaue Blöcke in Bild 11,
- Hardware Abstraction Layer (ASIC-Abstrahierung), siehe dunkelblaue Blöcke in Bild 11,
- Service Layer (standardisierte Schnittstellen zur Anwendungsschicht), siehe dunkelgraue Blöcke in Bild 11.

Der Mikrocontroller Abstraction Layer ist dabei spezifisch für unterschiedliche Controller-Derivate, die I/O Hardware Abstraction ist meist für die jeweilige Anwendung spezifisch entwickelt.

Mechanik

Im Motorsteuergerät werden alle Steuer- und Regelalgorithmen des Motormanagements (Zündung, Gemischbildung usw.) ausgeführt. Dazu ist ein Stecker als Schnittstelle zur Spannungsversorgung, zu den Sensoren und zu den Stellgliedern (Aktoren) des Motormanagements notwendig (Bild 12). Von den Bauelementen der Leiterplatte werden die elektrischen Signale der Sensoren ausgewertet und die Ansteuersignale für die Stellglieder berechnet. Die dafür notwendige Software ist im Speicher abgelegt.

12 Typisches Motorsteuergerät

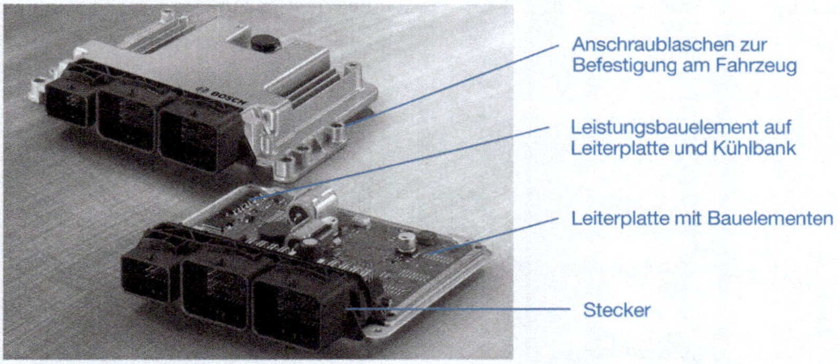

13 Umweltanforderungen an Motorsteuergeräte

Einsatzbedingungen

An das Motorsteuergerät werden wie in Tabelle 1 ausgeführt die hohen Anforderungen des automobilen Umfeldes gestellt. Bild 13 stellt dies in heiterer Form dar.

Wärmeabfuhr

In Motorsteuergeräten treten je nach Anwendung Verlustleistungen bis 70 Watt auf. Eine wichtige Funktion des Motorsteuergerätes ist deshalb die Kühlung der Leistungs-

14 Kühlung von Motorsteuergeräten

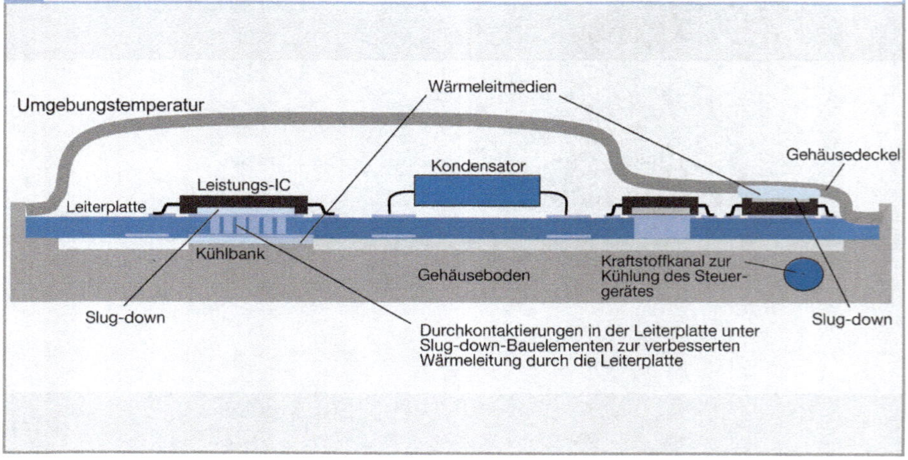

bauelemente. Diese wird gewährleistet, indem die Baugruppen über den Kühlbänken der metallischen Schalen angeordnet werden (siehe Bild 14). Darauf werden Bauelemente mit unten liegender Kühlfläche (Slug-down) angeordnet. Die Wärme wird dort über die kupferreichen und damit gut wärmeleitenden Durchkontaktierungen der Leiterplatte und ein flexibles Wärmeleitmedium an den metallischen Steuergeräteboden abgeleitet. In seltenen Fällen werden Slug-up-Bauelemente mit einer oben liegenden Kühlfläche über ein Wärmeleitmedium an dem metallischen Steuergerätedeckel gekühlt.

Literatur

[1] Konrad Reif: *Automobilelektronik – Eine Einführung für Ingenieure*. 5., überarbeitete Auflage, Springer Vieweg Verlag, Wiesbaden 2015, ISBN 978-3-658-05047-4

Motorsteuerungssysteme in der Vergangenheit

Einspritzsysteme haben die Aufgabe, dem Motor ein Luft-Kraftstoff-Gemisch bereitzustellen, das dem jeweiligen Betriebszustand bestmöglich angepasst ist. Im Laufe der Zeit wurden die Systeme immer weiter verbessert, wobei der Anteil der Elektronik ständig zugenommen hat.

Beim Ottomotor bedarf es eines Zündsystems, um über einen Zündfunken an der Zündkerze das im Brennraum komprimierte Luft-Kraftstoff-Gemisch zu entzünden und so die Verbrennung einzuleiten. Auch diese Systeme wurden dank der Möglichkeiten der Elektronik zunehmend leistungsfähiger und komplexer.

In modernen Motorsteuerungssystemen sind die Funktionen für Einspritzung und Zündung in einem elektronischen Steuergerät integriert und verwenden zur Steuerung und Regelung identische Eingangssignale, die in einem Mikrocontroller verarbeitet werden.

Während das Entwicklungsziel in den 1970er-Jahren überwiegend die Leistungs- und Komfortsteigerung war, verschob sich der Schwerpunkt ab den 1980er-Jahren hin zur Emissionsminderung. Eine weitere Forderung, die immer mehr an Bedeutung gewann, war die Senkung des Kraftstoffverbrauchs und damit auch die Reduzierung des CO_2-Ausstoßes. Mit der sukzessiven Verfeinerung der Eigendiagnose wurde darüber hinaus eine wesentliche Unterstützung der Fehlersuche und der Problembehebung in den Fahrzeug-Werkstätten erreicht.

Entwicklung von Benzineinspritzsystemen

Ein Meilenstein in der Entwicklungsgeschichte der Steuerungssysteme für den Ottomotor war der Einsatz elektronisch gesteuerter Einspritzsysteme. Nachdem es schon früher mechanisch gesteuerte Einspritzsysteme gab, führte Bosch mit der D-Jetronic 1967 zum ersten Mal ein elektronisches System ein, bei dem der Kraftstoff über elektromagnetisch betätigte Einspritzventile intermittierend vor das Einlassventil jedes Zylinders eingespritzt wurde (Mehrpunkteinspritzung, Multi Point Injection).

Der breite Einsatz von Einspritzsystemen war aber nur mit kostengünstigeren Ausführungen möglich. Die mechanische K-Jetronic und die Mono-Jetronic mit nur einem einzigen, zentral angeordneten elektromagnetischen Einspritzventil (Einzelpunkteinspritzung, Single Point Injection) ermöglichten die Verbreitung der Einspritztechnik auch in Mittelklassefahrzeugen und in Kleinwagen.

Aufgrund der Vorteile der Benzineinspritzung in Bezug auf Kraftstoffverbrauch, Leistung, Fahr- und Emissionsverhalten wurde der Vergaser vollständig verdrängt. Insbesondere die Reduzierung der Schadstoffemissionen konnte nur durch die Fortschritte bei der Einspritztechnik in Verbindung mit der Abgasnachbehandlung (mit einem Dreiwegekatalysator) erzielt werden. Die vom Gesetzgeber festgelegten Emissionsgrenzwerte für Kohlenwasserstoffe (HC), Kohlenmonoxid (CO) und Stickoxide (NO_x) erforderten Einspritzsysteme, die die Gemischzusammensetzung in sehr engen Grenzen einstellen konnten.

Tabelle 1 zeigt die Entwicklung der Bosch-Einspritzsysteme. Heute wird ausschließlich das Motormanagement Motronic mit Mehrpunkteinspritzung eingesetzt. Nur mit dieser Art der Einspritzung in Verbindung mit einem komplexen Motormanagement können die strengen Abgasgrenzwerte erfüllt werden.

Tabelle 1

1 Entwicklung der Bosch-Einspritzsysteme

Jahr	System	Merkmale
1967	D-Jetronic	– Elektronisches Mehrpunkteinspritzsystem in Analogtechnik – Intermittierende Einspritzung – Saugrohrdruckgesteuerte Einspritzung
1973	K-Jetronic	– Mechanisch-hydraulisches Mehrpunkteinspritzsystem – Kontinuierliche Einspritzung
1973	L-Jetronic	– Elektronisches Mehrpunkteinspritzsystem (zunächst Analog-, später Digitaltechnik) – Intermittierende Einspritzung – Luftmengenmessung
1981	LH-Jetronic	– Elektronisches Mehrpunkteinspritzsystem – Intermittierende Einspritzung – Luftmassenmessung
1982	KE-Jetronic	– K-Jetronic mit elektronisch gesteuerten Zusatzfunktionen
1987	Mono-Jetronic	– Zentraleinspritzsystem (Einzelpunkteinspritzung) – Intermittierende Einspritzung – Luftmengenberechnung über Drosselklappenwinkel und Motordrehzahl

Entwicklung von Zündsystemen

Magnetzünder

Die Zündung im Ottomotor war in den Anfangszeiten des Automobils ein großes Problem. Erst mit dem Niederspannungs-Magnetzünder von Robert Bosch stand ein Zündsystem zur Verfügung, das für die damaligen Verhältnisse als zuverlässig galt. Der Magnetzünder erzeugte durch magnetische Induktion in einem bewickelten Anker einen Zündstrom, der beim Unterbrechen einen Zündfunken am Abreißgestänge auslöste. Mit diesem Funken konnte das Gemisch im Brennraum gezündet werden. Diese Technik stieß aber bald an ihre Grenzen.

Die Hochspannungs-Magnetzündung konnte die Anforderungen der höher drehenden Motoren erfüllen. Auch dieser Magnetzünder erzeugte eine Spannung durch magnetische Induktion. Diese wurde so weit hochtransformiert, dass sie an den Elektroden der Zündkerze, die nun zum Einsatz kam, einen Funkenüberschlag auslösen konnte.

Batteriezündung

Die Forderung nach preiswerteren Zündsystemen führte zur Entwicklung der Batteriezündung; es entstand die konventionelle Spulenzündung mit einer Batterie als Energielieferant und einer Zündspule als Energiespeicher (Bild 1). Der Spulenstrom wurde über den Unterbrecherkontakt geschaltet. Als Einstellvorrichtung des Zündwinkels diente der Fliehkraftregler und die Unterdruckdose.

Die Entwicklung blieb auch hier nicht stehen. Elektronische Bauelemente kamen zum Einsatz und Schritt für Schritt nahm der Anteil der Elektronik immer weiter zu. Zunächst wurde bei der Transistorzündung der Spulenstrom über einen Transistor geschaltet, um den Kontaktabbrand an den Unterbrecherkontakten zu verhindern und damit den Verschleiß zu reduzieren. In weiteren Varianten der Transistorzündung wurde der Unterbrecherkontakt, der immer noch als Steuerelement für das Schalten der Zündspule diente, ersetzt. Hall- oder Induktions-

1 Bosch-Batteriezündung

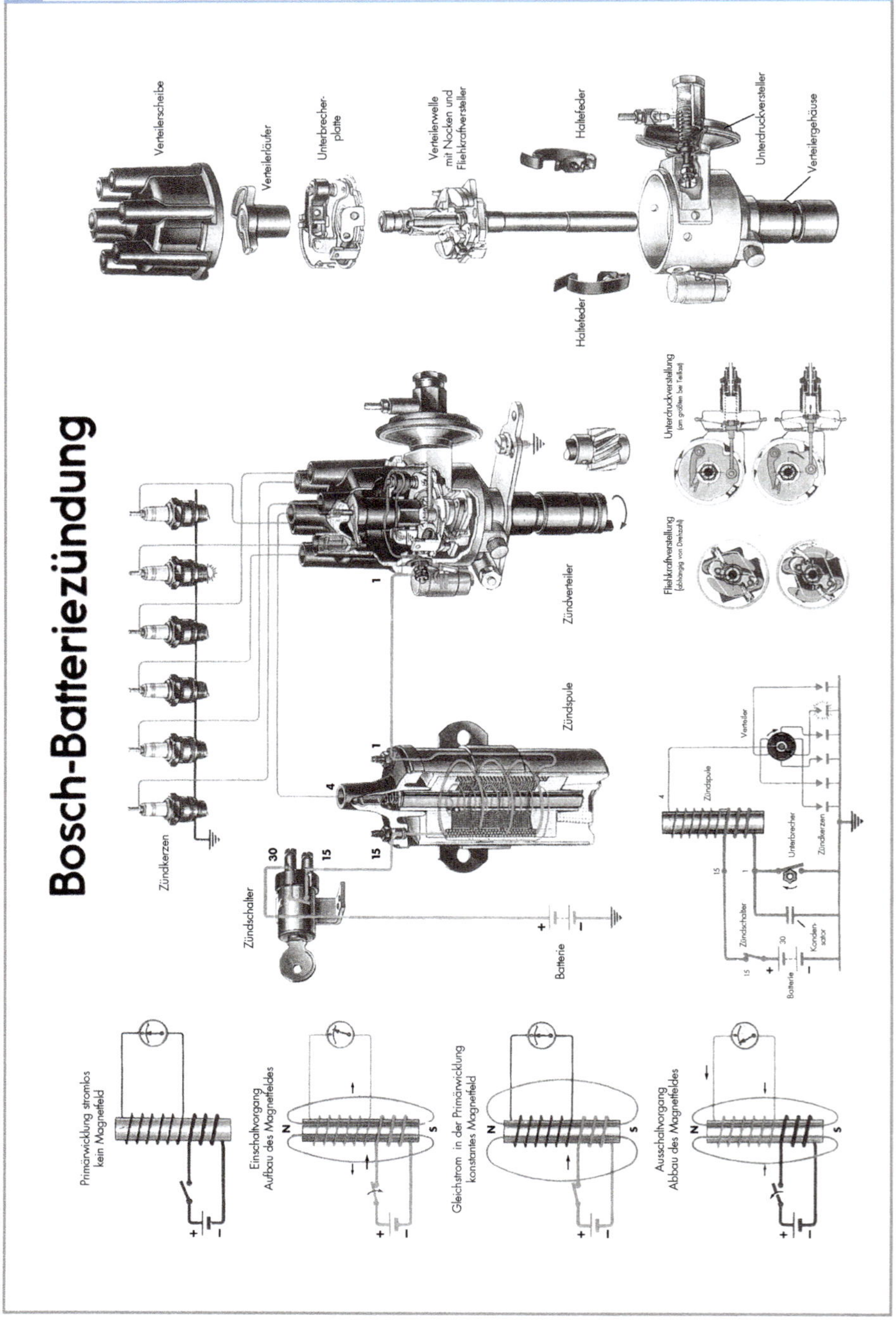

Bild 1
Eine alte Lehrtafel von Bosch aus dem Jahr 1969 zum Thema Bosch-Batteriezündung

geber übernahmen diese Aufgabe. Den nächsten Schritt bildete die elektronische Zündung. Der last- und drehzahlabhängige Zündwinkel wurde nun in einem Kennfeld im Steuergerät gespeichert. Damit war es möglich, weitere Parameter wie z. B. die Motortemperatur für die Zündwinkelbestimmung zu berücksichtigen. Im letzten Schritt ist schließlich mit der vollelektronischen Zündung auch noch der mechanische Verteiler entfallen. Tabelle 2 zeigt diesen Entwicklungsprozess. Seit 1998 werden nur noch Motronic-Systeme eingesetzt, die im Motormanagement die Funktionalität einer vollelektronischen Zündung integriert haben.

Tabelle 2

2 Entwicklung der induktiven Zündsysteme

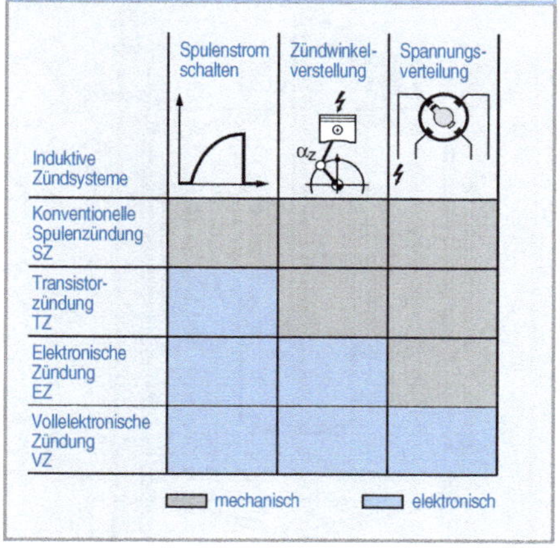

Anfänge der Gemischbildung

In der Zeit, als die ersten Verbrennungsmotoren von verschiedenen Erfindern entworfen wurden, stellte sich in diesem Zusammenhang auch das Problem der Bildung eines zündfähigen Gemischs. Insbesondere von der Lösung dieses Problems im Zusammenhang mit dem Zündmechanismus hing es ab, ob ein solcher Motor mit innerer Verbrennung überhaupt laufen konnte.

Der Vergaser in seinen Grundzügen wurde schon im 18. Jahrhundert entwickelt. Damals versuchte man, flüssige Stoffe so zu verdampfen, dass damit eine Beleuchtungs- oder Heizeinrichtung betrieben werden konnte. Als Erster regte Robert Street im Jahr 1795 an, in einer atmosphärischen Maschine Terpentin oder Teeröl zu verdampfen. Samuel Morey und Eskine Hazard entwickelten um 1825 einen Zweizylindermotor; dafür konstruierten sie auch den ersten Vergaser, der unter der Nummer 5402 als britisches Patent patentiert wurde. Bis zu diesem Zeitpunkt funktionierten diese Gemischbildungssysteme vorwiegend mit Terpentin oder Petroleum als Treibstoff. Dies änderte sich jedoch im Jahr 1833, als es dem Chemieprofessor Eilhard Mitscherlich aus Berlin gelang, Benzoesäure thermisch zu spalten. Er erhielt dadurch den „Faraday'schen Kohlenwasserstoff" und nannte ihn Benzin. Der erste Vergaser für Benzin wurde von William Barnett entworfen; er erhielt dafür 1838 das Patent Nr. 7615.

Die erwähnten Entwicklungen stellten in dieser Zeit entweder Dochtvergaser (Bild 2)

2 Prinzip eines Dochtvergasers

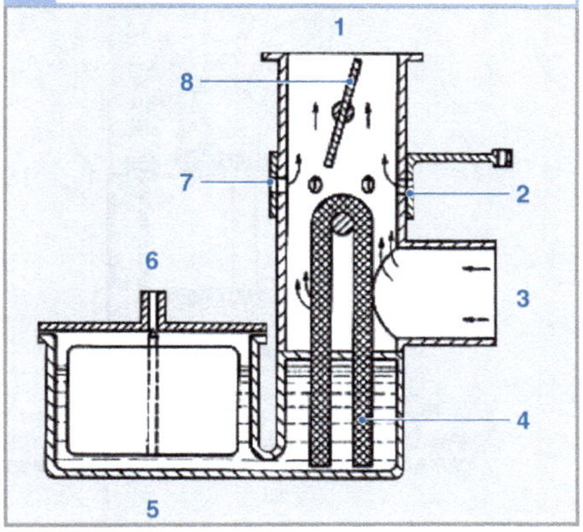

Bild 2
1 Luft-Kraftstoff-Gemisch zum Motor
2 Ringschieber
3 Lufteintritt
4 Docht
5 Schwimmergehäuse mit Schwimmer
6 Kraftstoffzuführung
7 Zusatzluft
8 Drosselklappe

3 Prinzip eines Oberflächenvergasers

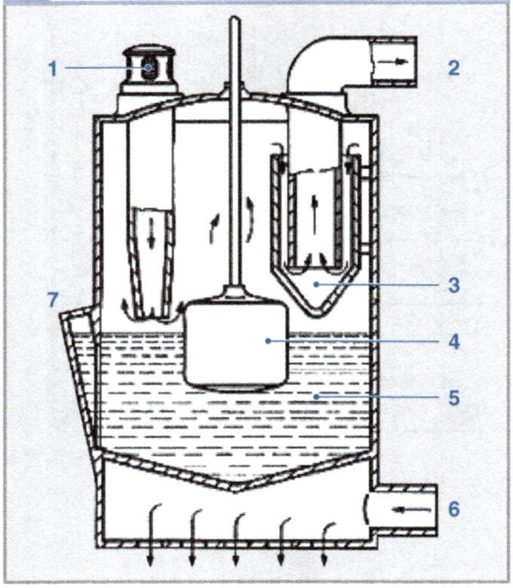

Bild 3
1 Lufteintritt
2 Luft-Kraftstoff-Gemisch zum Motor
3 Kraftstoffabscheider
4 Schwimmer
5 Kraftstoff
6 Abgase vom Motor
7 Einfüllstutzen für Benzin

oder Oberflächenvergaser (Bild 3) dar. Der erste Vergaser, der in einem Fahrzeug benutzt wurde, war ein Dochtvergaser. Sein Docht saugte den Kraftstoff, ähnlich wie bei einer Öllampe, an. Dieser Docht führte durch einen Luftstrom in den Motor, wodurch sich Luft und Kraftstoff vermischten.

Im Oberflächenvergaser hingegen, bei dem der Kraftstoff durch die Abgase des Motors erhitzt wurde, entstand dadurch an der Oberfläche des Kraftstoffs eine Dampfschicht, die mit der vorbeiströmenden Luft das Luft-Kraftstoff-Gemisch bildete.

1882 meldete dann Siegfried Marcus in Berlin den von ihm entwickelten Bürstenvergaser zum Patent an. In diesem Gemischbildner sorgt eine über das Antriebsrad getriebene schnell rotierende kreisrunde Bürste im Zusammenspiel mit einem Abstreifer für die Bildung von Kraftstoffnebel in der Bürstenkammer. Dieser wird über den Stutzen vom Motor angesaugt. Der Bürstenvergaser konnte sich über etwa elf Jahre behaupten.

1885 hatte Nikolaus August Ottos Ringen um den mit kohlenwasserstoffhaltigen Kraftstoffen (Spiritus, Benzin) betriebenen Verbrennungsmotor Erfolg; dieses Ziel hatte er sich bereits 1860 gesetzt. Der erste mit einem Oberflächenvergaser und elektrischem Zündapparat eigener Konstruktion ausgerüstete und nach dem Viertaktverfahren arbeitende Benzinmotor (Ottomotor) wurde

4 Benzinmotor von Nikolaus August Otto

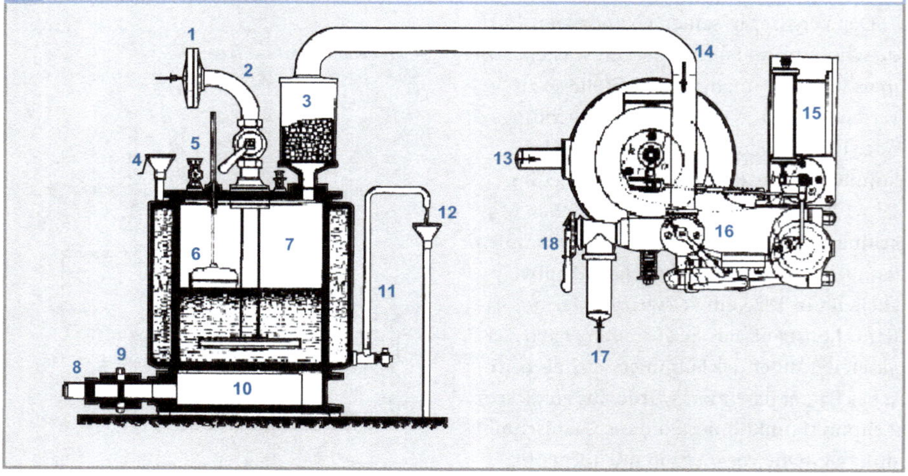

Bild 4
1 Lufteintritt
2 Luftrohr
3 Kiestopf (Flammenschutz)
4 Wassertrichter
5 Einfüllstutzen für Kraftstoff
6 Schwimmer
7 Benzingefäß
8 Zuleitung der Auspuffgase
9 Hahn
10 Untersatz zum Beheizen
11 Kühlwassermantel
12 Wasserrohrlauf
13 Kühlwassereintritt
14 Luft-Kraftstoff-Gemisch zum Motor
15 Zündapparat
16 Gashahn
17 Lufteintritt
18 Lufthahn

auf der Weltausstellung in Antwerpen mit hoher Anerkennung ausgezeichnet. Diese Konstruktion ist von der Firma Otto & Langen, Deutz, in zahlreichen Exemplaren über viele Jahre gebaut und vertrieben worden (Bild 4).

Im gleichen Jahr baute Carl Benz in seinen ersten Patent-Motorwagen (Bild 5) einen Oberflächenvergaser eigener Konstruktion ein (Bild 6). Kurze Zeit später verbesserte er die Erstausrüstung seines Vergasers mit einem Ventilschwimmer, „um den Benzinstand selbstständig stets auf gleicher Höhe zu halten".

1893 stellte Wilhelm Maybach seinen Spritzdüsenvergaser vor (Bild 7). Bei diesem wurde der Kraftstoff aus einer Kraftstoffdüse auf eine Prallfläche gesprüht, wodurch sich der Kraftstoff kegelförmig verteilte (Bild 8).

1906 und 1907 erschienen der Claudel-Vergaser und die Vergaserkonstruktion von François Bavery, die für weiteren Fortschritt im Vergaserbau sorgten. In diesen Vergasern, die später unter der Bezeichnung Zenith-Vergaser ein Begriff wurden, liefert bei steigender Luftgeschwindigkeit die kraftstoffverarmende Neben- oder Ausgleichsdüse ein fast unveränderliches Gemisch (Bild 9). In die gleiche Zeit fiel auch die Anmeldung der Vergaserpatente von Mennesson und Goudard. Ihre Konstruktionen erlangten unter dem Markennamen Solex Weltruf (Bild 10).

In den folgenden Jahren entstand eine große Anzahl von Vergaserkonstruktionen. Einige davon sollen genannt sein: Sum, Cudell, Favorit, Escoma, Graetzin. Nachdem 1906 der Haak-Vergaser patentiert und von der Firma Pallas gebaut worden war, entwickelten Schüttler und Deutrich im Jahr 1912 Pallas-Vergaser mit Ringschwimmer und Kombinationsdüse (Bild 11).

Im Jahr 1914 schrieb das Königlich Preußische Kriegsministerium einen Wettbewerb

5 Benz-Motorwagen mit Oberflächenvergaser (senkrecht stehend)

6 Oberflächenvergaser von 1885 (Schnittmodell)

7 Spritzdüsenvergaser von Wilhelm Maybach

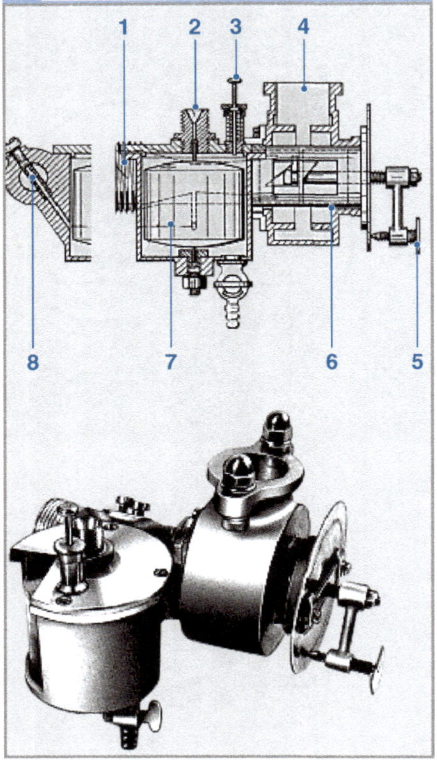

Bild 7
1 Lufteinlass
2 Kraftstoffzulauf
3 federnder Tupfer
4 Gemischaustritt
5 Drehschieberarretierung
6 Drehschieber für Gemischregelung
7 Schwimmer
8 Spritzdüse

8 Prinzip eines Spritzdüsenvergasers

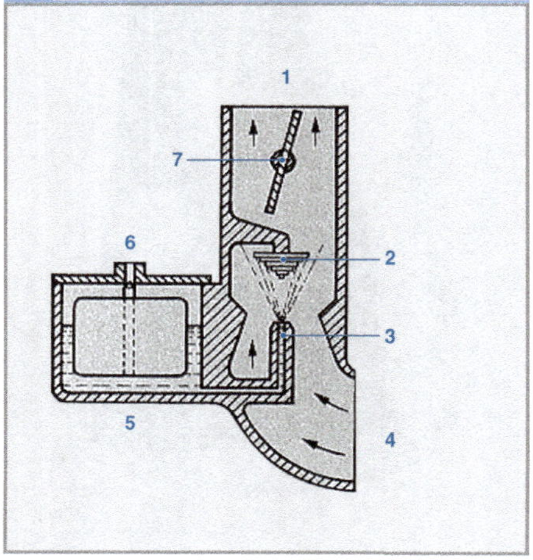

Bild 8
1 Luft-Kraftstoff-Gemisch zum Motor
2 Prallfläche
3 Kraftstoffdüse (Spritzdüse)
4 Lufteintritt
5 Schwimmergehäuse mit Schwimmer
6 Kaftstoffzuführung
7 Drosselklappe

für Benzol-Vergaser aus. Schon damals enthielten die Prüfbedingungen die Auflage, die Reinheit der Abgase zu beachten. Unter 14 verschiedenen Konkurrenzfabrikaten, die alle auf dem Prüfstand der Technischen Hochschule in Charlottenburg sowie in gleich starken Wagen von der Deutschen Heeresverwaltung auf einer 800 km langen schwierigen Winterfahrt geprüft wurden, erhielt ein Zenith-Vergaser den 1. Preis zuerkannt.

In der darauf folgenden Zeit begann die vielseitige Detailarbeit und Spezialisierung. Verschiedene Bauarten und Zusatzeinrichtungen wurden entwickelt, z. B. Drehschieber und Vordrosseln als Starthilfen, Membransysteme anstelle des Schwimmers für Flugvergaser, Pumpensysteme als Beschleunigungshilfen. Die Vielfalt der Modifikationen ist so umfangreich, dass sie den Rahmen dieses Kapitels sprengen würde.

In den 1920er-Jahren kamen zur Verwirklichung höherer Motorleistung Einfach- und Doppelvergaser (Vergaser mit zwei Drosselklappen) als Mehrfachvergaseranlagen zum Einsatz (mehrere synchron angesteuerte Einfach- oder Doppelvergaser). In den folgenden Jahrzehnten nahm die Vielfalt der Vergaservarianten der einzelnen Hersteller immer mehr zu.

Parallel zu den Vergaserweiterentwicklungen wurden für Flugmotoren in den 1930er-Jahren die ersten Benzineinspritzsysteme mit Direkteinspritzung entwickelt. Für den in Bild 12 dargestellten Motor wurden zwei 12-Zylinder-Reiheneinspritzpumpen (Bild 13) benötigt, welche jeweils auf dem Kurbelgehäuse zwischen den Zylinderbänken angebracht waren.

Auch in der dreimotorigen Ju 52 haben Ende der 1930er-Jahre Direkteinspritzsysteme in Verbindung mit 9-Zylinder-Sternmotoren von BMW (Bild 14) Anwendung gefunden. Besonders beachtenswert ist die

9 Zenith-Vergaser Typ 22 von 1910

10 Solex-Vergaser Typ DHR von 1912

11 Pallas-Vergaser Typ I von 1914

Boxer-Bauform der mechanischen Einspritzpumpe (**Bild 15**) von Bosch. Diese Art der Einspritzsysteme, die mit direkter Einspritzung arbeiteten, tauchten in den 1950er-Jahren auch in Pkw auf. Zu nennen wäre hier der Gutbrod Superior (**Bild 16**) sowie der Goliath GP700E (**Bild 17**), die 1952 bzw. 1954 mit Benzin-Direkteinspritzung ausgerüstet wurden. Diese beiden Fahrzeuge waren Kleinwagen, in denen 2-Zylinder-Zweitaktmotoren mit weniger als einem Liter

12 Flugmotor von Daimler-Benz mit 24 Zylindern in Reihen-X-Bauform, Typ DB 604

Bild 12
Dieser Flugmotor wurde von 1939 bis 1942 von der Daimler-Benz AG produziert. Es gab Varianten von 48,5 *l* Hubraum mit 2 350 PS (1 741 kW) bis 50,0 *l* Hubraum mit 3 500 PS (2 593 kW), alle mit Benzindirekteinspritzung von Bosch. Der Motor hatte eine Gesamtlänge von 2,15 m. (Bildquelle: DaimlerChrysler Classic, Konzernarchiv)

13 12-Zylinder-Reiheneinspritzpumpe (Länge ca. 70 cm)

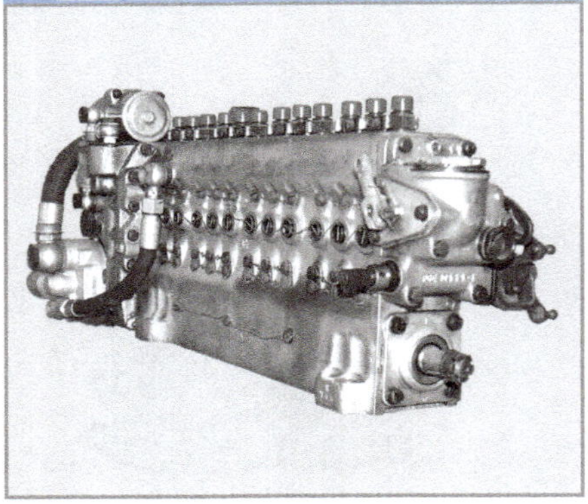

14 BMW-Sternmotor mit 9 Zylindern

15 Bosch-Einspritzpumpe in Boxer-Bauform (Länge ca. 35 cm)

16 Gutbrod Superior 600 Cabrio (1950–1954; ab 1952 mit Direkteinspritzung)

17 Goliath GP700E (1951–1957; ab 1954 mit Direkteinspritzung)

18 Zweizylinder-Einspritzpumpe (Länge ca. 15 cm)

19 Komponenten der Benzin-Direkteinspritzung von Bosch für die Zweitaktmotoren im Gutbrod und im Goliath

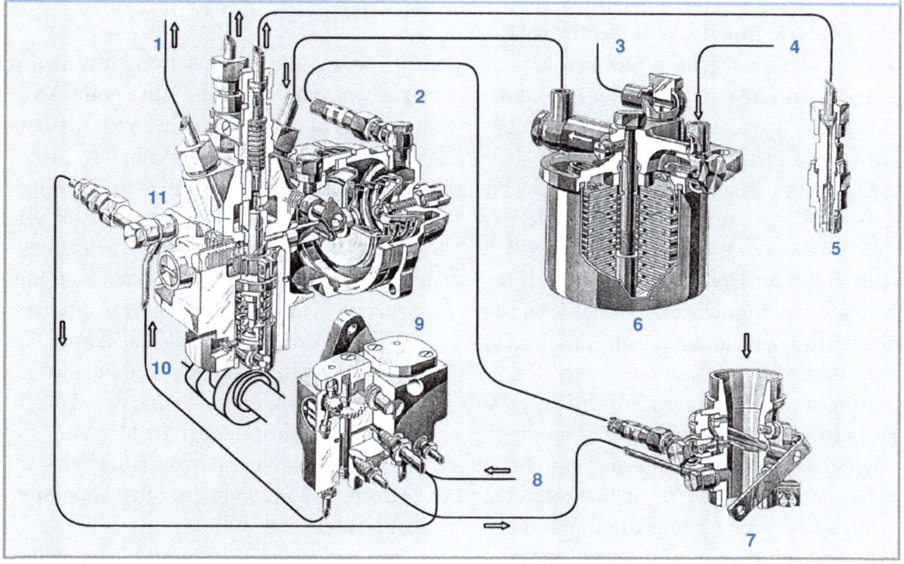

Bild 19
1 Entlüftungsleitung
2 Membranblock des Gemischreglers
3 Entlüftungsleitung
4 vom Kraftstoffbehälter
5 Einspritzventil
6 Kraftstofffilter
7 Klappenstutzen des Gemischreglers
8 vom Ölbehälter
9 Ölpumpe
10 Einspritzpumpe
11 Überströmventil

20 Schema einer Holzvergaseranlage

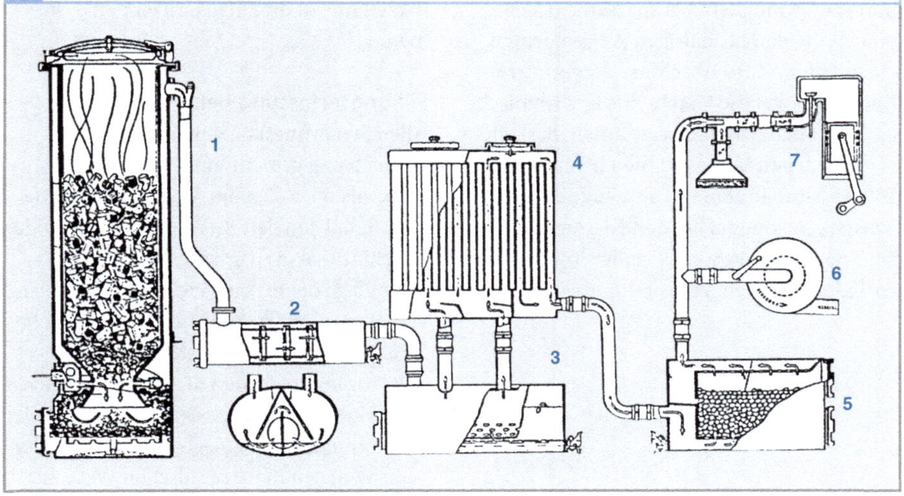

Bild 20
1 Gaserzeuger
2 Prallblechreiniger
3 Absitzbehälter
4 Gaskühler
5 Nachreiniger
6 Anfachgebläse
7 Luftfilter
8 Verbrennungsmotor

Hubraum eingebaut waren. Entsprechend klein war auch die jeweilige Einspritzpumpe. Die Komponentenübersicht dieses Zweizylinder-Einspritzsystems, das als erstes Benzin-Direkteinspritzsystem in Personenkraftwagen in die Geschichte der Automobilentwicklung einging, ist in Bild 19 ersichtlich.

Aber auch im Sportwagen Mercedes-Benz 300 SL war eine Benzin-Direkteinspritzung von Bosch eingebaut. Er wurde am 6. Februar 1954 auf der International Motor Sports Show in New York der Weltöffentlichkeit vorgestellt. Sein gegenüber der Vertikalen um 50° geneigte 6-Zylinder-Reihenmotor (M198/11) hatte 2 996 ccm Hubraum und leistete 215 PS (159 kW).

Eine ganz andere Facette der Gemischbildung für Benzinmotoren kam in der letzten Zeit des Zweiten Weltkriegs und einige Zeit danach auf: die Holzvergaseranlagen. Das Holzgas der glimmenden Holzkohle wurde genutzt, um ein zündfähiges Gemisch zu bilden (Bild 20).

Aufgrund immer strenger werdender Abgasnormen hat sich die Automobilindustrie zusehends vom Vergaser abgewandt. Es gab jedoch Anfang der 1990er-Jahre auch eine erfolgreiche Entwicklung von Bosch und Pierburg, die einen modifizierten herkömmlichen Vergaser mit modernen Aktoren versah: den Ecotronic-Vergaser. Mit ihm war es möglich, bei sparsamem Verbrauch die damals gültigen Abgasnormen einzuhalten. Zum Abschluss dieses kurzen Rückblicks auf die Geschichte der Gemischbildung bliebe noch zu erwähnen, dass die verschiedenen Vergasertypen bis in die 1990er-Jahre hinein in Fahrzeuge eingebaut wurden. Besonders bei den Kleinwagen fand der Vergaser wegen seiner Kostenvorteile lange Zeit Verwendung.

Benzineinspritzsysteme im Wandel der Zeit

Seit 1885, als die erste Saugrohreinspritzung bei einem stationären Industriemotor Anwendung fand, hat sich in der Welt der Benzineinspritzsysteme vieles verändert. Man versuchte sich 1925 mit einem in Flugzeugmotoren eingebauten schwimmerlosen Vergaser mit angebauter Einspritzvorrichtung, 1930 mit einer elektrisch angesteuerten Einspritzung in einem Rennmotorrad, bis dann schließlich Bosch 1951 eine mechanisch angetriebene Benzineinspritzpumpe für den Gutbrod Superior 600 und den Goliath GP 700 entwickelte. Auch der Mercedes 300 SL war mit einer Benzin-Direkteinspritzung mit mechanischer Reihenpumpe ausgestattet.

Über verschiedene Entwicklungsstufen der Saugrohreinspritzsysteme, die im Folgenden beschrieben werden, führt der Weg derzeit hin zu direkteinspritzenden Systemen.

Füllungserfassung beim Ottomotor

Allen Steuerungskonzepten der Benzineinspritzung gemeinsam ist die Aufgabe, Kenntnis über die vom Motor während des Ansaughubs in den Brennraum gelangende Frischluftmasse zu erhalten, um auf dieser Grundlage die für ein gewünschtes Massenverhältnis (Luft zu Kraftstoff) erforderliche Kraftstoffmasse bereitzustellen.

Bevor im Folgenden die unterschiedlichen Einspritzsysteme beschrieben werden, soll daher zunächst eine Gegenüberstellung der verschiedenen messtechnischen Wege zur Lösung dieser grundsätzlichen Aufgabe erfolgen. Zur exakten Bestimmung der angesaugten Luftmasse wurden je nach Gemischbildungssystem verschiedene Verfahren angewandt, die zum Teil auch heute noch in Serienanwendungen eingesetzt werden.

Saugrohrdruckbasierte Verfahren

Durch Messung des absoluten Saugrohrdrucks unter zusätzlicher Berücksichtigung der Lufttemperatur und eventuell noch des Umgebungsluftdruckes zur Kompensation des Abgasgegendruckes kann – zumindest unter stationärem oder quasistationärem Motorbetriebszustand – die Luftmasse genügend genau bestimmt werden.

Auf diesem Prinzip arbeitende Systeme heißen p-Systeme (p steht für den Saugrohrdruck). Sie werden in der D-Jetronic (→ **Benzineinspritzung im Wandel der Zeit** → D-Jetronic) eingesetzt. Außerdem finden sie auch heute noch aufgrund von Kostenvorteilen breite Anwendung, insbesondere seit leistungsfähige Mikrocontroller die Implementierung von komplexen mathematischen Modellen und Adaptionsverfahren ermöglichen, die eine Fehlerkorrektur von Exemplarstreuungen und Alterungseffekten sowie von Einflüssen von Verstellsystemen im Luftpfad (z. B. von Nockenwellenverstellungen) erlauben.

Steuerung auf Basis der Drosselklappenöffnung und der Drehzahl

Hier wird auf Basis eines am Motorprüfstand ermittelten Kennfelds in Abhängigkeit vom Drosselklappenwinkel α und von der Motordrehzahl n ein Maß für die angesaugte Luftmasse im Steuergerät ermittelt, daher heißt diese Steuerung „α/n-Steuerung" und die auf diesem Prinzip arbeitenden Systeme „α/n-Systeme". Auch hier werden gute Ergebnisse erzielt, wenn außer den beiden Hauptsteuergrößen die Korrekturgrößen Lufttemperatur im Ansaugrohr und atmosphärischer Druck der Umgebung mit gemessen und berücksichtigt werden. Insbesondere die Mono-Jetronic-Systeme (→ **Benzineinspritzung im Wandel der Zeit** → Mono-Jetronic) bedienten sich dieses Ansatzes, der besondere Anforderungen an die Präzision der Drosselklappenbewegung stellt.

Steuerung auf Basis des Luftmassenstroms

Bei der direkten Messung der angesaugten Luftmasse mittels Hitzdraht- oder Heißfilm-Luftmassenmesser sind zumindest im stationären Motorbetrieb keine zusätzlichen Korrekturgrößen erforderlich, da diese Verfahren sich direkt der physikalischen Größe Luftmasse bedienen. Systeme, die auf diesem Prinzip arbeiten, heißen HLM- oder HFM-Systeme. Wichtig sind dabei die Gestaltung geeigneter Abtastungs- und Mittelungsverfahren bei der Erfassung des Sensorsignals sowie die Beherrschung von Verschmutzungseffekten des empfindlichen Sensorelements. Das Luftmassenprinzip wurde erstmals bei der LH-Jetronic angewendet (→ **Benzineinspritzung im Wandel der Zeit** → LH-Jetronic).

Steuerung auf Basis der Auslenkung einer Stauscheibe

Für die Erfassung der angesaugten Luftmasse mittels einer Stauscheibe, welche durch den vom Motor angesaugten Luftstrom gegen eine Feder- oder hydraulische Gegenkraft ausgelenkt wird, hat sich umgangssprachlich der Begriff Luftmengenmessung eingebürgert.

Da beim Stauscheibenprinzip die Strömungsgeschwindigkeit kleiner als die Schallgeschwindigkeit bleibt, kann für die strömende Luft von einem weitgehend inkompressiblen Medium ausgegangen werden. Dann gilt nach Bernoulli

$$p + \frac{\rho}{2} v^2 = p_0 \tag{11.1}$$

mit der Luftdichte ρ, dem Druck p in der Luftströmung und dem Druck p_0 in der Umgebung (atmosphärischer Druck) sowie der Strömungsgeschwindigkeit v (von Volumen oder Masse, identisch unter der Annahme der Inkompressibilität).

Das Wirkprinzip der Luftmengenmesser bei den L- und K-Jetronic Systemen ist nun so angelegt, dass an der mit einer Feder-

oder Hydraulikkraft belasteten Klappe (Stauscheibe) immer derselbe konstante Druckabfall von ungefähr 2 kPa (bzw. 20 mbar) bewirkt wird. Somit folgt aus der Bernoulli-Gleichung

$$\frac{\rho}{2} v^2 = p_0 - p = c \qquad (11.2)$$

mit dem atmosphärischen Luftdruck p_0 vor der Klappe, dem Druck p hinter der Klappe und dem konstanten Druckabfall c.

Wenn die durch die Auslenkung der Klappe freigegebene Fläche mit A bezeichnet wird, dann gilt für den Volumenstrom

$$\dot{V} = A v. \qquad (11.3)$$

Durch Auflösen nach v und Einsetzen in die Bernoulli-Gleichung folgt

$$\frac{\rho}{2}\left(\frac{\dot{V}}{A}\right)^2 = c \qquad (11.4)$$

und durch Auflösung nach dem Volumenstrom

$$\dot{V} = A\sqrt{\frac{2c}{\rho}} = A\frac{k}{\sqrt{\rho}} \qquad (11.5)$$

mit $k = \sqrt{2c}$. Für den Massenstrom $\dot{m} = \dot{V}\rho$ als gewünschte Messgröße ergibt sich schließlich $\dot{m} = kA\sqrt{\rho}$.

Das heißt, der Massenstrom ist zwar einerseits proportional zur Fläche A, andererseits hängt er aber auch von der Luftdichte ρ ab. Wegen

$$\frac{\partial \dot{m}}{\partial \rho} = \frac{1}{2} k A \frac{1}{\sqrt{\rho}} = \frac{1}{2}\frac{\dot{m}}{\rho} \qquad (11.6)$$

ist der Messfehler aufgrund von geringfügigen Dichteschwankungen nur halb so groß, wie er bei einer direkten Proportionalität von ρ wäre.

Mit Einführung der Gemisch-Regelung (λ-Regelung), die für eine Abgasnachbehandlung in Dreiwegekatalysatoren zwingend ist, war es möglich, verschiedene Sensoren für Korrekturgrößen entfallen zu lassen. Nur langsam sich ändernde physikalische Größen wie Luftdruck und Lufttemperatur werden im Regelkreis laufend berücksichtigt.

21 Anlagenschema D-Jetronic

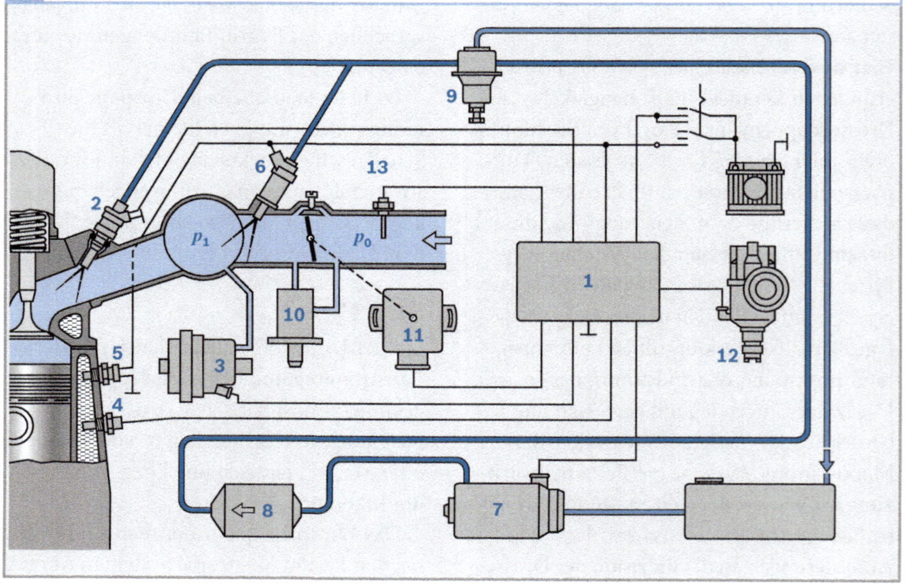

Bild 21
1 Elektronisches Steuergerät
2 Einspritzventil
3 Drucksensor
4 Kühlwassertemperatursensor
5 Thermozeitschalter
6 Elektrostartventil
7 Elektrokraftstoffpumpe
8 Kraftstofffilter
9 Kraftstoffdruckregler
10 Zusatzluftschieber
11 Drosselklappenschalter
12 Zündverteiler
13 Einspritzauslöser
14 Lufttemperatursensor
p_0 atmosphärischer Druck
p_1 Druck im Sammelsaugrohr

D-Jetronic

Systemübersicht

Bei der von Bosch entwickelten D-Jetronic handelt es sich um eine vorwiegend durch Saugrohrdruck und Drehzahl gesteuerte Benzineinspritzung. Daher die Bezeichnung D-Jetronic (drucksensorgesteuert).

Das elektronische Steuergerät (Bild 21, Pos. 1) empfängt Signale über Saugrohrdruck, Ansauglufttemperatur, Kühlwasser- oder Zylinderkopftemperatur, Stellung und Bewegung der Drosselklappe, Beginn des Startvorganges sowie Motordrehzahl und Einspritzbeginn. Es verarbeitet diese Signale in analoger Schaltungstechnik und sendet elektrische Impulse an die Einspritzventile (2). Das Steuergerät ist mit den elektrischen Komponenten über einen Vielfachstecker am Kabelbaum verbunden.

Die Einspritzventile spritzen den Kraftstoff in die Saugrohre der Zylinder. Der Drucksensor (3) gibt Daten über die Motorbelastung an das Steuergerät. Die Temperatursensoren melden die Temperaturen von Luft (14) und Kühlwasser (4) an das Steuergerät. Der Thermozeitschalter (5) schaltet das Elektrostartventil (6), das während des Startens bei niedrigen Temperaturen zusätzlich Kraftstoff in das Saugrohr einspritzt. Die Elektrokraftstoffpumpe (7) fördert stetig Kraftstoff zu den Einspritzventilen. Der Kraftstofffilter (8) ist zur Kraftstoffreinigung in die Kraftstoffleitung eingebaut. Der Kraftstoffdruckregler (9) hält den Druck in den Kraftstoffleitungen konstant. Der Zusatzluftschieber (10) sorgt temperaturabhängig für zusätzliche Luft während des Warmlaufs. Der Drosselklappenschalter (11) signalisiert dem Steuergerät Leerlauf und Volllast.

Arbeitsweise

Im Saugrohr herrscht vor der Drosselklappe der atmosphärische Druck der Umgebung, hinter der Drosselklappe ein niedrigerer Druck, der sich in Abhängigkeit der Drosselklappenstellung verändert. Für die Ermittlung der wichtigsten Information, der Motorbelastung, dient dieser niedrigere Druck im Sammelsaugrohr als Messgröße. Er ist in Verbindung mit der Lufttemperatur ein Maß für die Masse der angesaugten Luft und damit der Motorlast. Die Information über den Druck im Sammelsaugrohr ermittelt der Drucksensor.

Der Drucksensor (Bild 22) enthält zwei Membrandosen, die den Anker einer Spule verschieben. Das Messsystem ist über eine Leitung pneumatisch mit dem Sammelsaugrohr verbunden. Mit zunehmender Last, d. h. mit zunehmendem Druck im Sammelsaugrohr, werden die Membrandosen zusammengedrückt und der Anker weiter in die Spule gezogen, wodurch sich deren Induktivität verändert. Es handelt sich somit um einen Messwandler, der ein pneumatisches Signal in ein elektrisches umwandelt. Der Induktivgeber des Drucksensors ist an einen elektronischen Zeitgeber im Steuergerät angeschlossen. Dieser bestimmt die Dauer der elektrischen Impulse zur Ansteuerung der Einspritzventile. Damit wird die Einspritzdauer an den aktuellen Saugrohrdruck angepasst.

22 Drucksensor

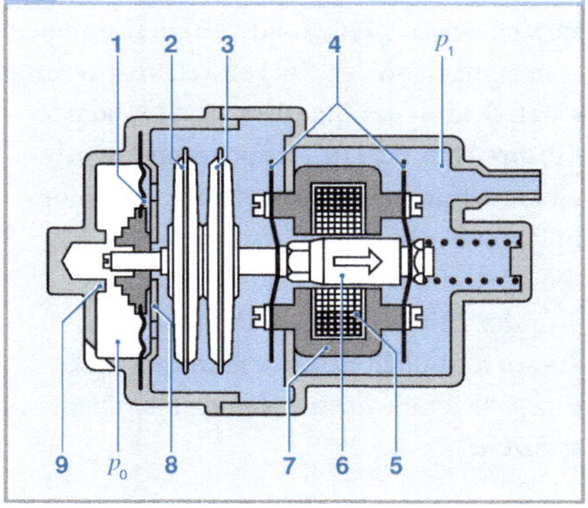

Bild 22
Grundfunktion Membrandosen 2 und 3 gedehnt
1 Membran
2, 3 Membrandose
4 Blattfeder
5 Spule
6 Anker
7 Joch
8 Teillastanschlag
9 Volllastanschlag
p_0 atmosphärischer Druck
p_1 Druck im Sammelsaugrohr

Einspritzung
Besondere Kontakte im Zündverteiler (Einspritzauslöser, Bild 21, Pos. 13) bestimmen – entsprechend der Nockenwellensteuerung – den Beginn des Impulses zum Öffnen der Einspritzventile. Die Einspritzdauer wird hauptsächlich vom Lastzustand des Motors und von der Drehzahl bestimmt. Drucksensor und Einspritzauslöser liefern die erforderlichen Signale an das Steuergerät. Dieses lässt über elektrische Impulse die Einspritzventile dosiert den Kraftstoff einspritzen.

Anpassung an Betriebsbedingungen
Für ein gutes Fahrverhalten sind Anpassungen bei verschiedenen Betriebsbedingungen erforderlich:
- Volllast: Die Kraftstoffmenge wird für maximale Leistung festgelegt.
- Beschleunigungsanreicherung: Beim Beschleunigen erfolgen zusätzliche Einspritzimpulse.
- Höhenkorrektur: Durch Berücksichtigung der Druckdifferenz zwischen Sammelsaugrohr und freier Atmosphäre kann eine gute Anpassung der Einspritzung an unterschiedliche Höhenlagen erreicht werden.
- Ansauglufttemperatur: Durch Erfassung der Ansauglufttemperatur können die temperaturabhängigen Dichteunterschiede der Luft berücksichtigt werden.

K-Jetronic
Systemübersicht
Die K-Jetronic ist ein mechanisch-hydraulisch gesteuertes Einspritzsystem, das den Kraftstoff in Abhängigkeit von der angesaugten Luftmenge zumisst und kontinuierlich vor die Einlassventile des Motors spritzt. Daher die Systembezeichnung K-Jetronic (kontinuierlich). Bestimmte Betriebszustände des Motors erfordern korrigierende Eingriffe in die Gemischbildung, die die K-Jetronic zur Optimierung von Start- und Fahrverhalten, Leistung und Abgaszusammensetzung vornimmt.

Das Einspritzsystem K-Jetronic umfasst folgende Funktionsbereiche:
- Kraftstoffversorgung,
- Luftmengenmessung,
- Kraftstoffzumessung.

Arbeitsprinzip
Eine elektrisch angetriebene Rollenzellenpumpe (Bild 23, Pos. 2) fördert den Kraftstoff vom Kraftstoffbehälter (1) mit einem Druck von über 5 bar über einen Kraftstoffspeicher (3) und durch ein Filter (4) in den Kraftstoffmengenteiler (9). Der im Gehäuse des Kraftstoffmengenteilers eingebaute Druckregler regelt den Förderdruck im Kraftstoffsystem (Systemdruck) konstant auf ca. 5 bar.

Vom Kraftstoffmengenteiler fließt der Kraftstoff zu den Einspritzventilen (6). Diese spritzen den Kraftstoff kontinuierlich in die Ansaugkanäle des Motors. Beim Öffnen des Einlassventils reißt die angesaugte Luftmenge die Kraftstoffwolke mit und bewirkt durch Verwirbelung während des Ansaugtaktes die Bildung eines zündfähigen Gemischs. Als Kriterium für die Kraftstoffzumessung dient die vom Motor entsprechend der Stellung der Drosselklappe (16) angesaugte Luftmenge. Sie wird vom Luftmengenmesser (10) gemessen, der den Mengenteiler steuert. Das Einspritzen des Kraftstoffs erfolgt kontinuierlich, d. h. ohne Rücksicht auf die Stellung des Einlassventils. Bei geschlossenem Einlassventil wird das Gemisch vorgelagert.

Zur Anpassung an verschiedene Betriebszustände wie Start, Warmlauf, Leerlauf und Volllast erfolgt eine Steuerung der Gemischanreicherung. Zusätzlich sind Ergänzungsfunktionen wie Schubabschaltung, Drehzahlbegrenzung und λ-Regelung möglich.

23 Anlagenschema K-Jetronic

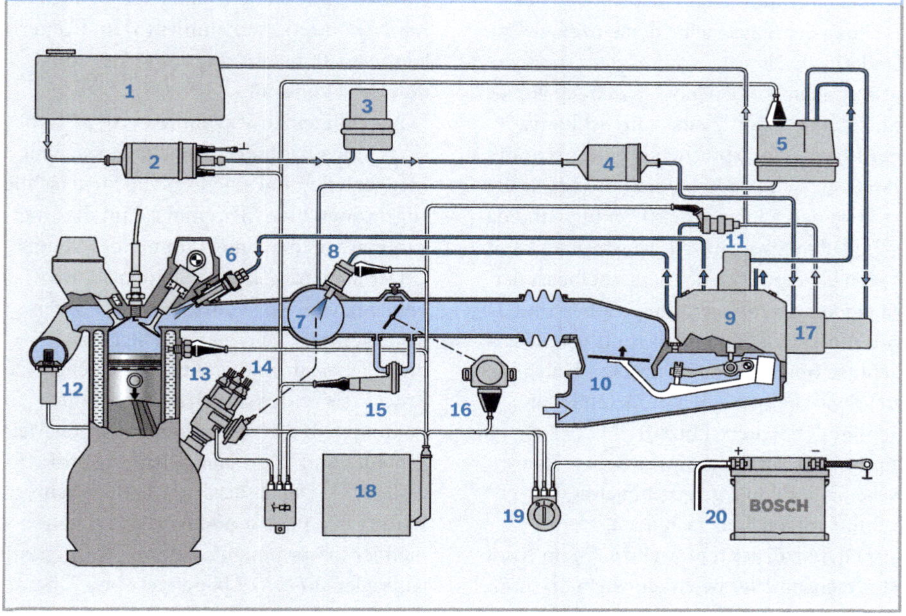

Bild 23
1 Kraftstoffbehälter
2 Elektrokraftstoffpumpe
3 Kraftstoffspeicher
4 Kraftstofffilter
5 Warmlaufregler
6 Einspritzventil
7 Sammelsaugrohr
8 Kaltstartventil
9 Kraftstoffmengenteiler
10 Luftmengenmesser
11 Taktventil
12 λ-Sonde
13 Thermozeitschalter
14 Zündverteiler
15 Zusatzluftschieber
16 Drosselklappe mit Drosselklappenschalter
17 Systemdruckregler
18 Steuergerät
19 Zünd-Start-Schalter
20 Batterie

Gemischregler

Aufgabe der Gemischaufbereitung ist die Zumessung einer Kraftstoffmenge, die der angesaugten Luftmenge entspricht. Die Kraftstoffzumessung erfolgt in der Grundfunktion durch den Gemischregler. Er besteht aus Luftmengenmesser und Kraftstoffmengenteiler.

Die vom Motor angesaugte Luftmenge ist ein Maß für dessen Leistung. Der vor der Drosselklappe eingebaute Luftmengenmesser (Bild 24) besteht aus einem Lufttrichter (1), in dem sich eine bewegliche Stauscheibe (2) befindet. Die durch den Lufttrichter strömende Luft bewegt die Stauscheibe um ein bestimmtes Maß aus ihrer Ruhelage. Ein Hebelsystem (12) überträgt die Bewegungen der Stauscheibe auf einen Steuerkolben (8), der die bei Grundfunktionen erforderliche Kraftstoffgrundmenge bestimmt. Ein Gegengewicht gleicht das Gewicht von Stauscheibe und Hebelsystem aus (beim Fallstrom-Luftmengenmesser eine Zugfeder). Eine Blattfeder (13) sorgt für die korrekte Nulllage in der Abstellphase.

24 Steigstrom-Luftmengenmesser

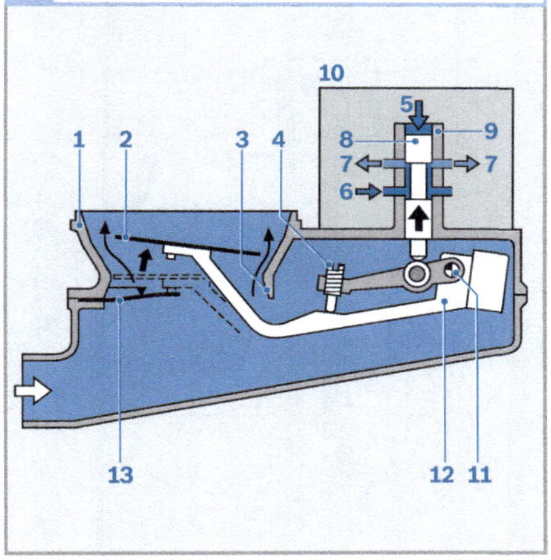

Bild 24
1 Lufttrichter
2 Stauscheibe
3 Entlastungsquerschnitt
4 Gemischeinstellschraube
5 Steuerdruck
6 Kraftstoffzulauf
7 zugemessene Kraftstoffmenge
8 Steuerkolben
9 Schlitzträger
10 Kraftstoffmengenteiler
11 Drehpunkt
12 Hebel
13 Blattfeder

Der Kraftstoffmengenteiler (10) teilt die Kraftstoffgrundmenge entsprechend der Stellung der Stauscheibe den einzelnen Zylindern zu.

Der Steuerkolben gibt – abhängig von der Stellung der Stauscheibe – im Schlitzträger (9) einen entsprechenden Querschnitt der Steuerschlitze frei, durch die der Kraftstoff zu den Differenzdruckventilen und damit zu den Einspritzventilen strömen kann.

Bei kleinem Hub der Stauscheibe ist der Steuerkolben nur wenig angehoben und damit nur ein kleiner Querschnitt der Steuerschlitze freigegeben. Bei großem Hub gibt der Steuerkolben einen größeren Querschnitt der Steuerschlitze frei. Es besteht ein linearer Zusammenhang zwischen Stauscheibenhub und freigegebenem Querschnitt an den Steuerschlitzen.

Differenzdruckventile (Bild 25) im Kraftstoffmengenteiler bewirken einen bestimmten Druckabfall an den Steuerschlitzen. Soll der Stauscheibenhub eine Veränderung der Kraftstoffgrundmenge im gleichen Verhältnis zur Folge haben, so muss an den Steuerschlitzen ein konstanter Druckabfall – unabhängig von der durchströmenden Kraftstoffmenge – sichergestellt sein. Die Differenzdruckventile halten die Druckdifferenz zwischen Oberkammer (5) und Unterkammer (8) unabhängig vom Kraftstoffdurchsatz konstant.

25 Differenzdruckventil

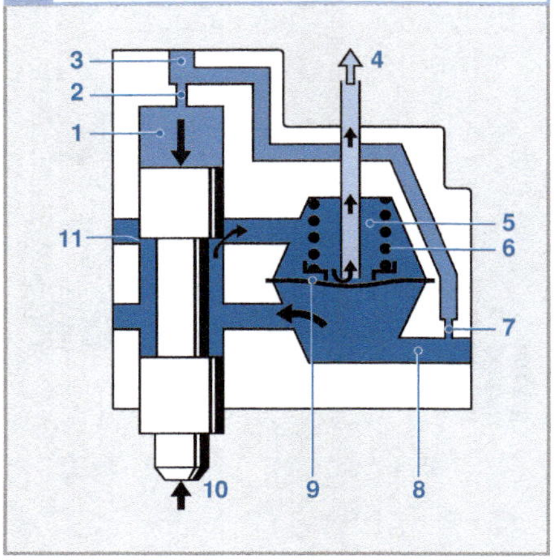

Bild 25
1 Wirkung des Steuerdrucks (hydraulische Kraft)
2 Dämpfungsdrossel
3 Leitung zum Warmlaufregler
4 zum Einlassventil
5 Oberkammer
6 Feder
7 Entkoppeldrossel
8 Unterkammer
9 Membran
10 Wirkung der Luftkraft über den Hebel der Stauscheibe
11 Steuerschlitze

Als Differenzdruckventile werden Flachsitzventile verwendet. Sie befinden sich im Mengenteiler und sind je einem Steuerschlitz zugeordnet. Eine Membran trennt die Oberkammer von der Unterkammer des Ventils.

Der Steuerdruck wird über eine Drosselbohrung vom Systemdruck (in der Unterdruckkammer) abgezweigt. Die Drossel dient dabei zur Entkopplung von Steuerdruckkreis und Systemdruckkreis. Eine Leitung stellt die Verbindung zwischen Mengenteiler und Warmlaufregler (Steuerdruckregler) her. Der Steuerdruck beträgt beim Kaltstart ca. 0,5 bar und wird mit zunehmender Erwärmung des Motors vom Warmlaufregler auf ca. 3,7 bar angehoben. Über eine Dämpfungsdrossel drückt der Steuerdruck auf den Steuerkolben und bildet somit die Gegenkraft zur Luftkraft, die am Luftmengenmesser auftritt. Die Dämpfungsdrossel verhindert dabei ein Schwingen der Stauscheibe infolge der Ansaugpulsation.

Die Höhe des Steuerdrucks beeinflusst die Kraftstoffzuteilung. Bei geringem Steuerdruck kann die angesaugte Luftmenge die Stauscheibe weiter anheben. Dadurch werden über den Steuerkolben die Steuerschlitze (11) weiter geöffnet und dem Motor mehr Kraftstoff zugeteilt. Bei höherem Steuerdruck kann die angesaugte Luftmenge die Stauscheibe nicht so weit anheben, die Kraftstoffzuteilung ist folglich geringer.

Einspritzventile

Die Einspritzventile (Bild 26) öffnen bei einem bestimmten Druck und spritzen den zugemessenen Kraftstoff in die Ansaugrohre vor die Einlassventile der Zylinder. Sie öffnen selbsttätig, sobald der Öffnungsdruck eine Schwelle (z. B. 3,5 bar) überschreitet. Die Ventilnadel (3) schwingt beim Einspritzen mit hoher Frequenz. Nach dem Abstellen des Motors schließen die Einspritzventile dicht ab, wenn der Druck im Kraftstoffversorgungssystem unter ihren Öffnungsdruck sinkt. Dadurch kann nach dem Abstellen des Motors kein Kraftstoff mehr in die Ansaugrohre gelangen.

Anpassung an Betriebszustände

Über die bisher beschriebene Grundfunktion hinaus erfordern bestimmte Betriebszustände korrigierende Eingriffe in die Gemischbildung, um die Leistung zu optimieren sowie die Abgaszusammensetzung und das Start- und Fahrverhalten zu verbessern.

- *Gemisch-Grundanpassung:* Die Grundanpassung des Gemischs an die Betriebsbedingungen Leerlauf, Teillast und Volllast erfolgt durch eine bestimmte Gestaltung des Lufttrichters. Diese Anpassung wird durch verschiedene Kegelwinkel des Lufttrichters im Luftmengenmesser erreicht.
- *Kaltstartanreicherung:* Abhängig von der Motortemperatur spritzt das Kaltstartventil während des Startens zeitlich begrenzt eine zusätzliche Menge Kraftstoff ein, um beim Kaltstart die Kondensationsverluste des Kraftstoffanteils im angesaugten Gemisch auszugleichen. Die Einschaltdauer des Kaltstartventils wird von einem Thermozeitschalter in Abhängigkeit von der Motortemperatur zeitlich begrenzt. Dieser besteht aus einem elektrisch beheizten Bimetallstreifen, der in Abhängigkeit von seiner Temperatur einen Kontakt öffnet oder schließt.
- *Warmlaufanreicherung:* Die Gemischregelung für den Warmlauf wird über den Steuerdruck vom Warmlaufregler (Steuerdruckregler) vorgenommen. Er senkt bei kaltem Motor in Abhängigkeit von der Motortemperatur den Steuerdruck und bewirkt eine größere Öffnung der Steuerdrosseln.
- *Leerlaufstabilisierung:* Während des Warmlaufs erhält der Motor über den Zusatzluftschieber mehr Luft. Da der Luftmengenmesser diese zusätzliche Luft misst und bei der Kraftstoffzuteilung berücksichtigt, erhält der Motor insgesamt mehr Gemisch. Dadurch lässt sich bei kaltem Motor eine Leerlaufstabilisierung erreichen.
- *Volllastanreicherung:* Motoren, die im Teillastbereich mit sehr magerem Gemisch betrieben werden, benötigen bei Volllastbetrieb eine Anreicherung zusätzlich zur Gemischkorrektur durch die Lufttrichterform. Diese zusätzliche Aufgabe übernimmt ein dafür speziell ausgelegter Warmlaufregler, der den Steuerdruck in Abhängigkeit vom Saugrohrdruck verändert.
- *Übergangsverhalten beim Beschleunigen:* Wird bei konstanter Drehzahl die Drosselklappe schnell geöffnet, so durchströmt den Luftmengenmesser sowohl die Luftmenge, die in die Brennräume gelangt, als auch die Luftmenge, die erforderlich ist, um den Druck im Saugrohr auf das neue Niveau anzuheben. Die Stauscheibe

26 Einspritzventil

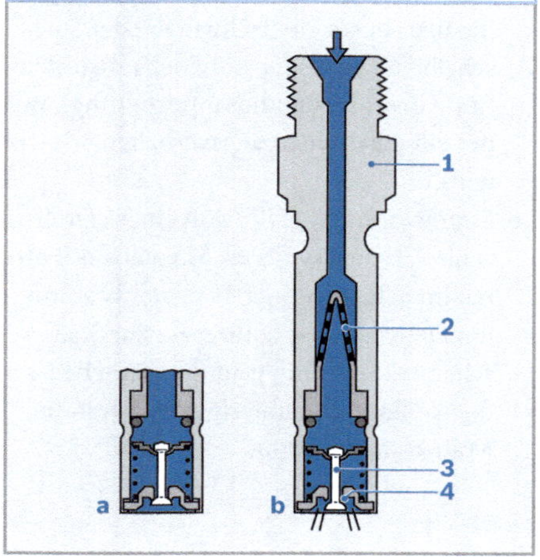

Bild 26
a in Ruhestellung
b in Betriebsstellung
1 Ventilgehäuse
2 Filter
3 Ventilnadel
4 Ventilsitz

schwingt dadurch kurzzeitig über den Hub bei voller Drosselklappenöffnung hinaus. Dieses Überschwingen der Stauscheibe bewirkt eine höhere Kraftstoffzufuhr (Beschleunigungsanreicherung), mit der ein gutes Übergangsverhalten erreicht wird.

- *Schubabschaltung:* Ein von einem Drehzahlrelais angesteuertes Magnetventil öffnet im Schiebebetrieb bei einer bestimmten Drehzahl den Luftbypass zur Stauscheibe. Daraufhin geht die Stauscheibe in die Nulllage und unterbindet damit die Kraftstoffzumessung.

λ-Regelung

Die zum Betrieb eines Dreiwegekatalysators notwendige Regelung (Bild 27) bedingt den Einsatz eines elektronischen Steuergeräts (2), dessen wesentliche Eingangsgröße das Signal der λ-Sonde (1) ist.

Um die eingespritzte Kraftstoffmenge dem gewünschten Luft-Kraftstoff-Verhältnis mit λ = 1 anzupassen, wird der Druck in den Unterkammern (5) des Kraftstoffmengenteilers (4) variiert. Wird z. B. der Druck in den Unterkammern gesenkt, so steigt der Differenzdruck an den Steuerschlitzen (6) an, wodurch die eingespritzte Kraftstoffmenge erhöht wird. Um den Druck in den Unterkammern variieren zu können, sind diese im Vergleich zum normalen K-Jetronic-Mengenteiler über eine Festdrossel (7) vom Systemdruck entkoppelt.

Eine weitere Drossel stellt eine Verbindung zwischen den Unterkammern und dem Kraftstoffrücklauf her. Diese Drossel ist variabel: Ist sie geöffnet, so kann sich der Druck in den Unterkammern abbauen. Ist sie geschlossen, so stellt sich in den Unterkammern der Systemdruck ein. Wird diese Drossel in schnellem Rhythmus geöffnet und geschlossen, so lässt sich entsprechend dem Verhältnis von Schließzeit zu Öffnungszeit der Druck in den Unterkammern variieren. Als variable Drossel wird ein elektromagnetisches Ventil, das Taktventil, eingesetzt. Es wird durch elektrische Impulse vom λ-Regler gesteuert.

27 K-Jetronic mit λ-Regelung

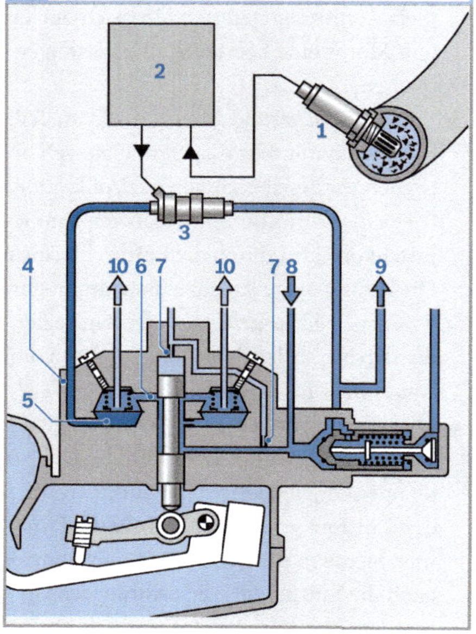

Bild 27
1 λ-Sonde
2 Steuergerät
3 Taktventil (variable Drossel)
4 Kraftstoffmengenteiler
5 Unterdruckkammern der Differenzdruckventile
6 Steuerschlitze
7 Entkoppeldrossel (Steuerdrossel)
8 Kraftstoffzulauf
9 Kraftstoffrücklauf
10 zum Einspritzventil

KE-Jetronic

Der Systemaufbau der KE-Jetronic gleicht im Wesentlichen dem der K-Jetronic. Der kennzeichnende Unterschied ist die elektronische Gemischregelung, die hier über einen elektrohydraulischen Drucksteller (Bild 28) vorgenommen wird. Dieser ist an den Kraftstoffmengenteiler angebaut. Er stellt einen Differenzdruckregler dar, der nach Art eines Düse-Prallplatte-Systems arbeitet und dessen Druckabfall von einem elektrischen Strom gesteuert wird.

L-Jetronic

Systemübersicht

Die L-Jetronic (**Bild 29**) ist ein elektronisch gesteuertes Einspritzsystem mit intermittierender Kraftstoffeinspritzung in das Saugrohr.

Die Elektrokraftstoffpumpe (2) fördert den Kraftstoff zum Motor und erzeugt den zum Einspritzen nötigen Druck. Einspritzventile (5) spritzen den Kraftstoff in die Einzelsaugrohre. Ein elektronisches Steuergerät (4) steuert die Einspritzventile. Es wertet die von den Sensoren gelieferten Signale aus und bildet daraus die entsprechenden Steuerimpulse für die Einspritzventile.

Betriebsdatenerfassung

Sensoren erfassen den Betriebszustand des Motors und leiten diesen in Form elektrischer Signale an das Steuergerät weiter. Hauptmessgrößen sind die Motordrehzahl und die vom Motor angesaugte Luftmenge. Sie bestimmen die Grundeinspritzzeit. Die Motordrehzahl wird entweder vom Unterbrecherkontakt im Zündverteiler erfasst (bei kontaktgesteuerten Zündanlagen) oder von Klemme 1 der Zündspule an das Steuergerät übermittelt (bei kontaktlos gesteuerten Zündanlagen).

Die Stauklappe im Luftmengenmesser misst die gesamte vom Motor angesaugte Luftmenge. Die Messung berücksichtigt auch verschiedene motorbedingte Änderun-

28 Elektrohydraulischer Drucksteller

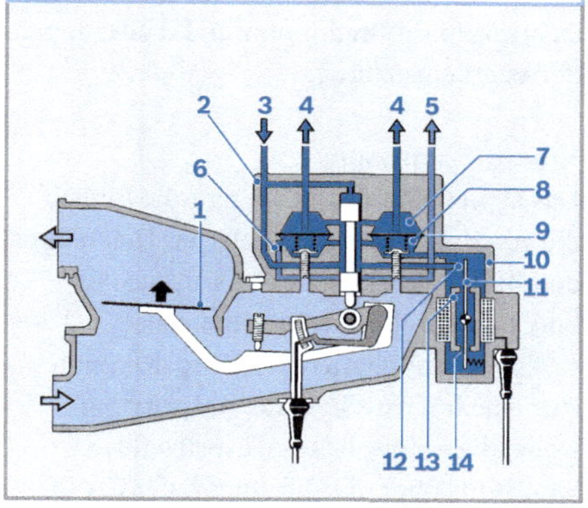

Bild 28
1 Stauklappe
2 Kraftstoffmengenteiler
3 Kraftstoffzufluss (mit Systemdruck)
4 Kraftstoff zu den Einspritzventilen
5 Kraftstoffrücklaufleitung zum Druckregler
6 Festdrossel
7 Oberkammer
8 Unterkammer
9 Membran
10 Drucksteller
11 Prallplatte
12 Düse
13 Magnetpol
14 Luftspalt

29 Schema einer L-Jetronic-Anlage mit λ-Regelung

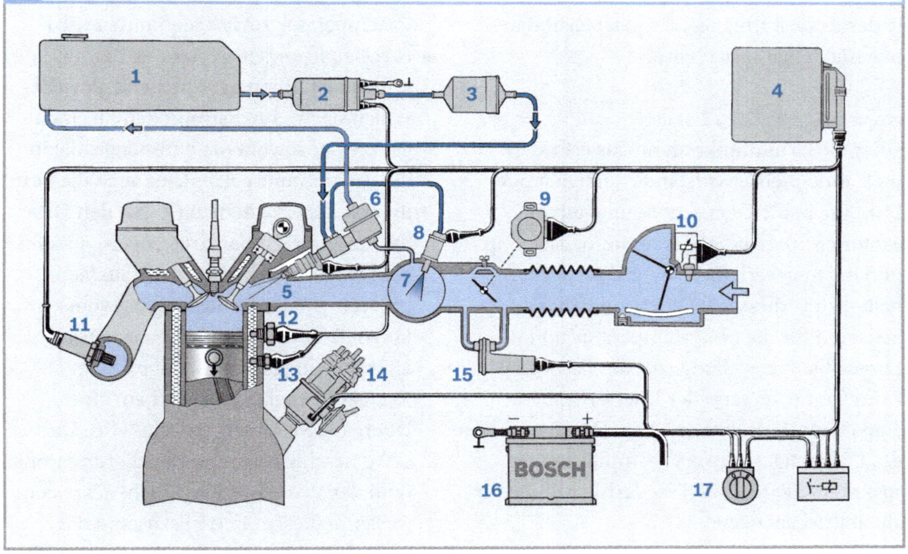

Bild 29
1 Kraftstoffbehälter
2 Elektrokraftstoffpumpe
3 Kraftstofffilter
4 Steuergerät
5 Einspritzventil
6 Verteilerrohr und Druckregler
7 Sammelsaugrohr
8 Kaltstartventil
9 Drosselklappenschalter
10 Luftmengenmesser
11 λ-Sonde
12 Thermozeitschalter
13 Motortemperatursensor
14 Zündverteiler
15 Zusatzluftschieber
16 Batterie
17 Zünd-Start-Schalter

gen, die während der Lebensdauer eines Fahrzeugs auftreten, wie z. B. Verschleiß, Ablagerungen im Brennraum und Änderungen der Ventileinstellung.

Kraftstoffzumessung

Das Steuergerät wertet als zentrale Einheit die von den Sensoren gelieferten Daten über den Betriebszustand des Motors aus. Es bildet daraus Steuerimpulse für die Kraftstoffzumessung durch die Einspritzventile (für eine intermittierende Einspritzung), wobei die Menge des einzuspritzenden Kraftstoffs über die Öffnungsdauer der Einspritzventile bestimmt wird.

Mit der λ-Regelung kann das Luft-Kraftstoff-Verhältnis bei $\lambda = 1$ gehalten werden. Das Steuergerät vergleicht das Signal der λ-Sonde mit einem Sollwert und steuert damit einen Zweipunktregler an.

Die Endstufe der L-Jetronic steuert drei oder vier Einspritzventile parallel an. Steuergeräte für Sechs- und Achtzylindermotoren haben zwei Endstufen für je drei bzw. vier Ventile. Beide Endstufen arbeiten im Gleichtakt. Der Einspritztakt ist so gewählt, dass je Nockenwellenumdrehung zweimal die Hälfte der Kraftstoffmenge, die jeder Zylinder benötigt, eingespritzt wird.

Anpassung an Betriebszustände

Über die Grundfunktion hinaus erfordern bestimmte Betriebszustände korrigierende Eingriffe in die Gemischbildung, um die Motorleistung, die Abgaszusammensetzung und das Startverhalten sowie das Fahrverhalten zu verbessern. Durch zusätzliche Sensoren für die Motortemperatur und die Drosselklappenstellung (für das Lastsignal) kann das Steuergerät der L-Jetronic diese Anpassungsaufgaben erfüllen. Die Kennlinie des Luftmengenmessers bestimmt motorspezifisch die Kraftstoff-Bedarfskennlinie für alle Betriebsbereiche.

Folgende Anpassungen sind bei der L-Jetronic möglich:

- *Kaltstartanreicherung:* Abhängig von der Motortemperatur wird während des Startens zeitlich begrenzt eine zusätzliche Menge Kraftstoff eingespritzt. Die Anreicherung wird durch eine Verlängerung der Einspritzdauer oder durch eine zusätzliche Kraftstoffmenge über das Kaltstartventil erreicht. Die Einschaltdauer des Kaltstartventils wird von einem Thermozeitschalter in Abhängigkeit von der Motortemperatur zeitlich begrenzt.
- *Nachstart- und Warmlaufanreicherung:* An den Kaltstart schließt sich die Warmlaufphase des Motors an. Der Motor benötigt in diesem Bereich eine Warmlaufanreicherung, weil ein Teil des Kraftstoffs an den noch kalten Zylinderwänden kondensiert. Außerdem würde sich ohne zusätzliche Kraftstoffanreicherung nach dem Wegfallen der vom Kaltstartventil eingespritzten zusätzlichen Kraftstoffmenge ein erheblicher Drehzahlabfall bemerkbar machen. Nach Ablauf der Nachstartanhebung benötigt der Motor nur noch eine geringe Anreicherung, die über zunehmende Motortemperatur zurückgenommen wird.
- *Beschleunigungsanreicherung:* Beim schnellen Öffnen der Drosselklappe (Beschleunigen) durchströmt den Luftmengenmesser sowohl die Luftmenge, die in die Brennräume gelangt, als auch die Luftmenge, die erforderlich ist, um den Druck im Saugrohr auf das neue Niveau anzuheben. Dadurch schwingt die Stauklappe kurzzeitig über die Stellung bei voller Drosselklappenöffnung hinaus. Dieses Überschwingen bewirkt eine höhere Kraftstoffzuteilung, mit der ein gutes Übergangsverhalten erreicht wird. Da diese Beschleunigungsanreicherung während der Warmlaufphase nicht ausreicht, wertet in diesem Betriebszustand das

Steuergerät zusätzlich ein elektrisches Signal der Geschwindigkeit aus, mit der sich die Stauklappe im Luftmengenmesser bewegt.

- *Steuerung der Leerlaufdrehzahl:* Der Luftmengenmesser enthält einen einstellbaren Bypass, über den eine geringe Luftmenge die Stauklappe umgehen kann. Die Leerlaufgemisch-Einstellschraube ermöglicht die Grundeinstellung des Gemischverhältnisses durch Veränderung des Bypass-Querschnitts. Ein Zusatzluftschieber, der als Bypass zur Drosselklappe geschaltet ist, leitet abhängig von der Motortemperatur Zusatzluft zum Motor, um bei kaltem Motor einen runden Leerlauf zu erzielen.
- *Lufttemperaturanpassung:* Die für die Verbrennung maßgebende Luftmasse ist von der Temperatur der angesaugten Luft abhängig. Um diesen Einfluss berücksichtigen zu können, ist im Ansaugkanal des Luftmengenmessers ein Temperatursensor angebracht.

L3-Jetronic

Aus der L-Jetronic sind spezielle Systeme hervorgegangen. Eine Variante bildet die L3-Jetronic, bei der das Steuergerät am Luftmengenmesser angebaut ist und damit keinen Platz im Fahrgastraum benötigt. Außerdem ermöglicht der Einsatz der Digitaltechnik im Gegensatz zur zuvor angewandten Analogtechnik die Realisierung von neuen Funktionen mit besseren Anpassungsmöglichkeiten.

Die L3-Jetronic gibt es sowohl mit als auch ohne λ-Regelung. Beide Versionen verfügen über eine Notlauffunktion, die es ermöglicht, bei Ausfall des Mikrocomputers das Fahrzeug noch bis zur nächsten Werkstatt zu fahren. Das Steuergerät passt das Luft-Kraftstoff-Verhältnis – im Unterschied zur L-Jetronic – über ein Last-Drehzahl-Kennfeld an. Das Steuergerät berechnet aus den Eingabesignalen der Sensoren die Einspritzzeit als Maß für die einzuspritzende Kraftstoffmenge. Es ermöglicht auch die Beeinflussung der erforderlichen Funktionen. Korrigierende Eingriffe in die Gemischbildung realisiert die L3-Jetronic mit den Komponenten wie Drosselklappenschalter, Zusatzluftschieber, Motortemperatursensor und der λ-Regelung.

LH-Jetronic

Die LH-Jetronic ist mit der L-Jetronic eng verwandt. Der Unterschied liegt in der Luftmassenmessung. Das Ergebnis ist damit unabhängig von der Luftdichte, die von Temperatur und Druck abhängt.

Luftmassenmesser

Beim Hitzdraht-Luftmassenmesser (HLM) und dem Heißfilm-Luftmassenmesser (HFM) handelt es sich um thermische Sensoren. Sie sind zwischen Luftfilter und Dros-

30 Hitzdraht-Luftmassenmesser

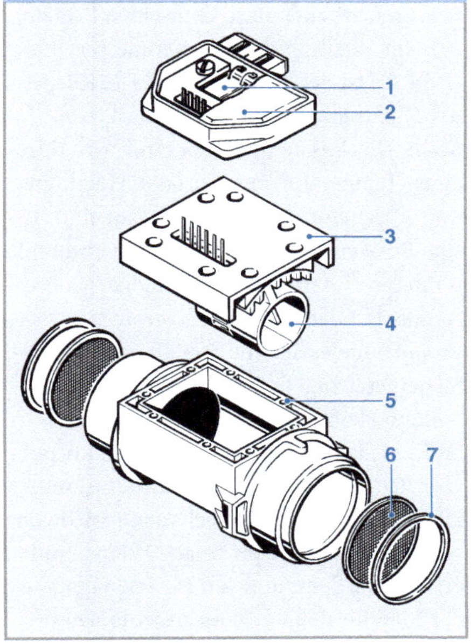

Bild 30
1 Hybridschaltung
2 Deckel
3 Metalleinsatz
4 Innenrohr mit Hitzdraht
5 Gehäuse
6 Schutzgitter
7 Haltering

31 Heißfilm-Luftmassenmesser

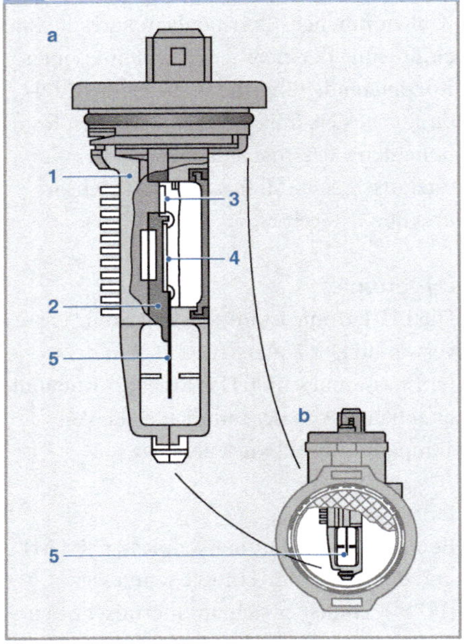

Bild 31
a Heißfilmsensor
b Steckrohr mit eingebautem Heißfilmsensor
1 Kühlkörper
2 Zwischenbaustein
3 Leistungsbaustein
4 Hybridschaltung
5 Sensorelement

selklappe eingebaut und erfassen den vom Motor angesaugten Luftmassenstrom. Beide Sensoren arbeiten nach demselben Prinzip.

Beim Hitzdraht-Luftmassenmesser (**Bild 30**) ist der elektrisch beheizte Körper der Hitzdraht, ein 70 µm dünner Platindraht. Die Ansauglufttemperatur wird durch einen Temperatursensor erfasst. Hitzdraht und Ansaugluft-Temperatursensor sind Bestandteile einer Brückenschaltung und funktionieren als temperaturabhängige Widerstände. Ein dem Luftmassenstrom proportionales Spannungssignal wird dem Steuergerät zugeführt.

Beim Heißfilm-Luftmassenmesser (**Bild 31**) ist der elektrisch beheizte Körper (Heizelement) ein Platin-Filmwiderstand. Die Temperatur des Heizelements wird von einem temperaturabhängigen Widerstand erfasst. Die Spannung am Heizelement ist das Maß für den Luftmassenstrom. Diese wird von der Elektronik des Heißfilm-Luftmassenmessers in eine für das Steuergerät angepasste Spannung umgewandelt.

Mono-Jetronic

Systemübersicht

Die Mono-Jetronic (**Bild 32**) ist ein elektronisch gesteuertes Niederdruck-Zentraleinspritzsystem für Vierzylindermotoren mit einem zentral angeordneten elektromagnetischen Einspritzventil (Einzelpunkteinspritzung) – im Gegensatz zu je einem Einspritzventil pro Zylinder bei den Mehrpunkt-Einspritzsystemen K-, KE-, L-, L3- und LH-Jetronic. Kernstück der Mono-Jetronic ist die Einspritzeinheit mit einem elektromagnetischen Einspritzventil, das den Kraftstoff intermittierend oberhalb der Drosselklappe einspritzt.

Die Verteilung des Kraftstoffs auf die einzelnen Zylinder erfolgt durch das Saugrohr. Verschiedene Sensoren ermitteln alle wesentlichen Betriebsgrößen des Motors, die für eine optimale Gemischanpassung notwendig sind. Eingangsgrößen sind z. B.:

- Drosselklappenwinkel,
- Motordrehzahl,
- Motor- und Ansauglufttemperatur,
- Leerlauf- und Volllaststellung der Drosselklappe,
- Restsauerstoffgehalt im Abgas,
- Wählhebelstellung des Automatikgetriebes (je nach Fahrzeugausstattung),
- Klimabereitschaft (Klimaanlage ist vom Fahrer eingeschaltet, aber der Kompressor läuft noch nicht),
- Schaltstellung des Klimakompressors.

Eingangsschaltungen im Steuergerät bereiten diese Daten für den Mikroprozessor auf. Dieser verarbeitet die Betriebsdaten, erkennt daraus den Betriebszustand des Motors und berechnet abhängig davon Stellsignale. Endstufen verstärken die Signale und steuern Einspritzventil, Drosselklappenansteller und

32 Systemübersicht Mono-Jetronic

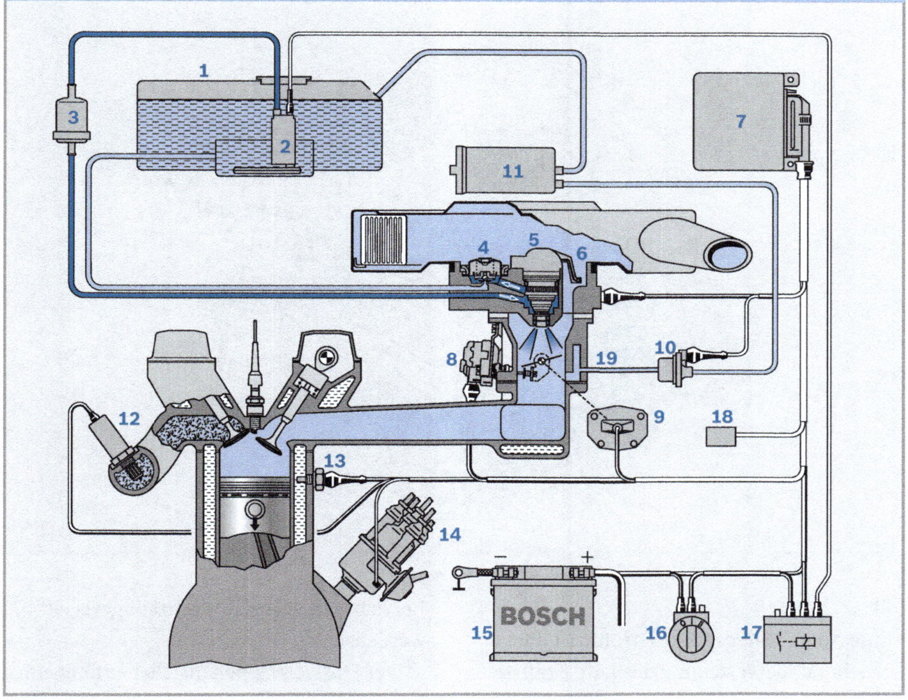

Bild 32
1 Kraftstoffbehälter
2 Elektrokraftstoffpumpe
3 Kraftstofffilter
4 Druckregler
5 elektromagnetisches Einspritzventil
6 Lufttemperatursensor
7 elektronisches Steuergerät
8 Drosselklappenansteller
9 Drosselklappe mit Drosselklappenpotentiometer
10 Regenerierventil
11 Aktivkohlebehälter
12 λ-Sonde
13 Motortemperatursensor
14 Zündverteiler
15 Batterie
16 Zünd-Start-Schalter
17 Relais
18 Diagnoseanschluss
19 Einspritzeinheit

Regenerierventil (für das Kraftstoffverdunstungs-Rückhaltesystem) an.

Die Steuerung der Benzineinspritzung bildet den Kern der Mono-Jetronic. Weitere Steuer- und Regelfunktionen erweitern die Grundfunktion und gestatten eine Überwachung der Komponenten, die Einfluss auf die Abgaszusammensetzung nehmen. Dazu gehören Leerlaufdrehzahlregelung, λ-Regelung und Steuerung des Kraftstoffverdunstungs-Rückhaltesystems.

Einspritzeinheit

Die Einspritzeinheit (**Bild 33**) sitzt direkt auf dem Saugrohr und versorgt den Motor mit fein zerstäubtem Kraftstoff. Sie bildet den Kern der Mono-Jetronic-Anlage. Ihr Aufbau ist dadurch bestimmt, dass im Gegensatz zu Einzeleinspritzsystemen (z. B. L-Jetronic) die Benzineinspritzung zentral erfolgt und die vom Motor angesaugte Luftmenge indirekt durch die Verknüpfung der beiden Größen Drosselklappenwinkel α und Motordrehzahl n bestimmt wird.

Das Unterteil der Einspritzeinheit umfasst die Drosselklappe (3) mit dem Drosselklappenpotentiometer. Im Oberteil ist das Kraftstoffsystem mit dem Einspritzventil (1), dem Druckregler (4) und den Kraftstoffkanälen (5, 6) untergebracht. Ferner ist an der Abdeckkappe des Oberteils auch der Lufttemperatursensor (2) angebracht.

Über den unteren Kanal (6) wird der Kraftstoff zugeführt. Der obere Kanal (5) stellt die Verbindung zur Unterkammer des Druckreglers her, von wo aus der zu viel geförderte Kraftstoff über das Plattenventil des Druckreglers in die Kraftstoffrückleitung gelangt.

33 Einspritzeinheit (Ansicht mit Teilschnitt)

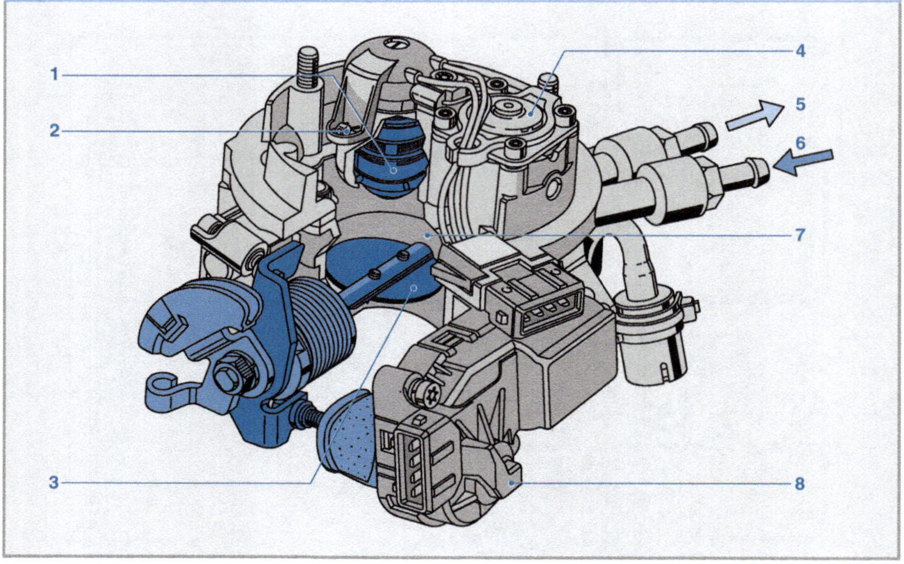

Bild 33
1 Einspritzventil
2 Lufttemperatursensor
3 Drosselklappe
4 Kraftstoffdruckregler
5 Kraftstoffrücklauf
6 Kraftstoffzulauf
7 Drosselklappenpotentiometer (auf verlängerter Drosselklappenwelle, nicht sichtbar)
8 Drosselklappenansteller

Einspritzventil

Eine Aufgabe der Mono-Jetronic ist die gleichmäßige Verteilung des Luft-Kraftstoff-Gemischs auf alle Zylinder. Außer von der Saugrohrgestaltung hängt die Verteilung vor allem von dem Einbauort, der Lage und der Aufbereitungsgüte des Einspritzventils ab.

Das Einspritzventil ist im Gehäuse des Oberteils der Einspritzeinheit eingebaut, das durch einen Haltearm zentrisch im Lufteinlass angeordnet ist. Diese Einbaulage oberhalb der Drosselklappe bewirkt eine intensive Durchmischung des Kraftstoffs mit der vorbeiströmenden Luft. Dazu wird der Kraftstoff fein aufbereitet und mit kegelförmigem Spritzbild zwischen Drosselklappe und Drosselklappengehäuse eingespritzt.

Drosselklappenansteller

Der Drosselklappenansteller wirkt über seine Stellwelle auf den Drosselklappenhebel und kann so die dem Motor zur Verfügung gestellte Luftmenge beeinflussen. Damit kann bei nicht betätigtem Fahrpedal (im Leerlauf) die Leerlaufdrehzahl geregelt werden.

Der Drosselklappenansteller enthält einen Gleichstrommotor, der über eine Schnecke und ein Schneckenrad eine Stellwelle betätigt, die abhängig von der Drehrichtung des Motors entweder ausfährt und dabei die Drosselklappe öffnet oder aber bei entgegen gesetzter Polung des Motors den Öffnungswinkel der Drosselklappe zurücknimmt.

Kraftstoffdruckregler

Der Kraftstoffdruckregler regelt die Differenz zwischen Kraftstoff- und Umgebungsdruck an der Zumessstelle des Einspritzventils auf 100 kPa konstant. Er ist im Hydraulikteil der Einspritzeinheit integriert. Aufgrund des konstanten Kraftstoffdrucks gegenüber dem Umgebungsdruck an der Einspritzstelle ist die Öffnungsdauer des Einspritzventils pro Ansteuerimpuls allein für die eingespritzte Kraftstoffmenge ausschlaggebend.

Betriebsdatenerfassung

Sensoren erfassen alle wesentlichen Betriebsdaten und damit den Betriebszustand des Motors. Die gewonnenen Informationen werden als elektrische Signale zum elektronischen Steuergerät geleitet, dort in digitale Signale umgewandelt und zur Ansteuerung der verschiedenen Stellglieder weiterverarbeitet.

Die Luftfüllung, die für die Einspritzzeitberechnung maßgeblich ist, wird indirekt durch die Verknüpfung der beiden Größen Drosselklappenwinkel α und Motordrehzahl n bestimmt. Das Drosselklappenpotentiometer in der Einspritzeinheit erfasst dabei den Drosselklappenwinkel α.

Die für die Steuerung notwendige Drehzahlinformation wird aus der Periodenzeit des Zündsignals gewonnen. Dabei werden im Steuergerät die von der Zündung bereitgestellten Signale verarbeitet. Gleichzeitig werden diese Signale auch zum Auslösen der Einspritzimpulse verwendet, wobei jeder Zündimpuls einen Einspritzimpuls auslöst.

Die Mono-Jetronic erfasst des Weiteren folgende Informationen:

- die Motortemperatur, um den erhöhten Kraftstoffbedarf bei kaltem Motor berücksichtigen zu können,
- die Ansauglufttemperatur zur Kompensation der temperaturabhängigen Luftdichte,
- die Leerlaufstellung zum Aktivieren der Schubabschaltung; diese Information liefert der Leerlaufkontakt am Drosselklappenansteller,
- die Volllaststellung der Drosselklappe zum Aktivieren der Volllastanreicherung; diese Information wird aus dem Drosselklappensignal abgeleitet,
- die Batteriespannung, um die spannungsabhängige Anzugszeit des elektromagnetischen Einspritzventils sowie die spannungsabhängige Förderleistung der Elektrokraftstoffpumpe kompensieren zu können,
- die Schaltsignale der Klimaanlage und des Automatikgetriebes, um die Leerlaufdrehzahl dem erhöhten Leistungsbedarf anpassen zu können.

Betriebsdatenverarbeitung

Das Steuergerät bildet aus den von Sensoren gelieferten Daten die Ansteuersignale für das Einspritzventil, den Drosselklappenansteller und das Aktivkohlefilter-Regenerierventil.

Um ein gewünschtes Luft-Kraftstoff-Verhältnis sicherzustellen, muss die Einspritzzeit proportional zur erfassten Luftfüllung gewählt werden. Das heißt, die Einspritzzeit wird dem Drosselklappenwinkel α und der Drehzahl n zugeordnet. Diese Zuordnung erfolgt durch ein λ-Kennfeld mit den Eingangsgrößen α und n sowie der Einspritzzeit als Ausgangsgröße.

Ungünstige Verdampfungsbedingungen für den eingespritzten Kraftstoff liegen beim Start des kalten Motors vor, nämlich:

- kalte Ansaugluft,
- kalte Saugrohrwände,
- hoher Saugrohrdruck,
- geringe Strömungsgeschwindigkeit der Luft im Saugrohr,
- kalte Brennräume und Zylinderwände.

Diese Bedingungen erfordern eine Gemischanpassung in der Startphase sowie in der Nachstart- und Warmlaufphase.

Bei warmem Motor werden ebenfalls verschiedene Korrekturen der Gemischzusammensetzung vorgenommen, nämlich:

- die ansaugluftabhängige Gemischkorrektur,
- die Übergangskompensation bei Laständerungen, die durch Drosselklappenbewegungen ausgelöst werden: bei starkem Beschleunigen (Wandfilm im Saugrohr wird aufgebaut) muss die Einspritzmenge erhöht, bei schnellem Gaswegnehmen (Wandfilm wird wieder abgebaut) dagegen reduziert werden,

- die λ-Regelung,
- die Gemischadaption, die Einflüsse aufgrund der Toleranzen oder der im Laufe der Zeit auftretenden Veränderungen an Motor und Einspritzkomponenten berücksichtigt.

Weitere Funktionen der Mono-Jetronic sind:
- Leerlaufdrehzahlregelung, die eine über die Fahrzeuglebensdauer gleichbleibende Motordrehzahl im Leerlauf garantiert: die Drehzahl wird auch bei Belastungen und Störungen eingehalten (z. B. belastetes Bordnetz, eingeschaltete Klimaanlage),
- Höhenkorrektur, die die geringere Dichte der angesaugten Luft in großer Höhe kompensiert,
- Volllastanreicherung, damit bei ganz durchgetretenem Fahrpedal die maximale Motorleistung abgegeben werden kann,
- Drehzahlbegrenzung, um zu vermeiden, dass der Motor durch zu hohe Drehzahlen Schaden nimmt,
- Schubabschalten, damit während der Fahrt bei geschlossener Drosselklappe (wenn das Fahrzeug schiebt) die Abgasemissionen reduziert werden.

Die Mono-Jetronic enthält eine λ-Regelung, um das Luft-Kraftstoff-Verhältnis für den Dreiwegekatalysator bei $\lambda = 1$ zu halten. Darüber hinaus werden zusätzlich adaptive Gemischkorrekturen durchgeführt, d. h., das System passt sich den wechselnden Bedingungen selbstlernend an.

Mit dieser adaptiven Gemischsteuerung und dem zusätzlich überlagerten λ-Regelkreis ermöglicht die indirekte Erfassung der angesaugten Luftmasse durch die α/n-Steuerung eine Gemischkonstanz. Eine Luftmassenmessung muss hier nicht mehr durchgeführt werden.

Anfänge der Zündsysteme

Der Ottomotor ist ein Verbrennungsmotor mit Fremdzündung. Ein Zündfunke entzündet das im Brennraum komprimierte Luft-Kraftstoff-Gemisch und leitet so die Verbrennung ein. Dieser Zündfunke entsteht durch einen Funkenüberschlag zwischen den Elektroden der Zündkerze, die in den Brennraum hineinragen. Die Zündanlage muss die für den Funkenüberschlag an der Zündkerze erforderliche Hochspannung erzeugen sowie für das zeitgerechte Auslösen des Zündfunkens sorgen.

Historie der Zündung in Verbrennungsmotoren

Lange bevor die ersten Motoren Ende des 19. Jahrhunderts in Automobilen eingesetzt wurden, arbeiteten Erfinder daran, die weit verbreiteten Dampfmaschinen durch Verbrennungskraftmaschinen zu ersetzen.
Der erste Versuch, eine Wärmekraftmaschine mit innerer Verbrennung, d. h. ohne Umweg über Feuerung, Kessel und Dampf zu schaffen, ist von Christiaan Huygens aus dem Jahr 1673 bekannt. Der Brennstoff dieser Pulvermaschine (Bild 34) war Schießpulver (1), das mit einer Lunte (2) gezündet wurde. Nach dem Zünden entweichen die Verbrennungsgase über Rückschlagventile (4) aus dem Rohr (3), in welchem nach Abkühlung ein Unterdruck entsteht. Der atmosphärische Druck bewegt den Kolben (5) nach unten, wodurch eine Nutzlast (7) gehoben wird. Nach jeder Zündung musste neu geladen werden. Die Arbeitsweise dieser Maschine ermöglichte somit noch keinen kontinuierlichen Antrieb im Sinne eines Motors.

Über 100 Jahre später, im Jahr 1777, experimentierte Alessandro Volta mit der Zündung eines Gemischs aus Luft und Sumpfgas mithilfe von Funken. Zur Funkenerzeugung benutzte er seinen 1775 geschaffenen Elektrophor. In der *Volta-Pistole* wurde dieser Effekt genutzt. Die Volta-Pistole zeigte zwei grundlegende Elemente der Motortechnik; einerseits ein Luft-Gas-Gemisch, andererseits ein elektrischer Funke. Damit begann die Geschichte der elektrischen Zündung. Im Jahr 1807 entwickelte Isaak de Rivaz eine atmosphärische Kolbenmaschine, in der er das Prinzip der Gaspistole Voltas nutzte und ein brennbares Luft-Gas-Gemisch mit einem elektrischen Funken zündete. Rivaz baute nach seiner Patentzeichnung ein Versuchsfahrzeug (Bild 35), gab aber aufgrund der unbefriedigenden Ergebnisse bald wieder auf. Ähnlich wie in Huygens Pulvermaschine wurde bei der Explosion ein Kolben hochgeschleudert und vom atmosphärischen Druck wieder zurückgedrückt. Das Fahrzeug konnte so einige Meter weit bewegt werden, dann musste jedoch wieder frisches Brenngemisch in den Zylinder eingelassen und gezündet werden.

Für den mobilen Einsatz in einem Kraftfahrzeug benötigte man Motoren mit kontinuierlicher Antriebsleistung. Die Zündung des brennbaren Gemischs im Zylinder war dabei das Hauptproblem. Viele Motorenbauer bemühten sich um Lösungen, es entstanden zeitgleich verschiedene Systeme.

34 Prinzip der Pulvermaschine von Christiaan Huygens vom Jahr 1673

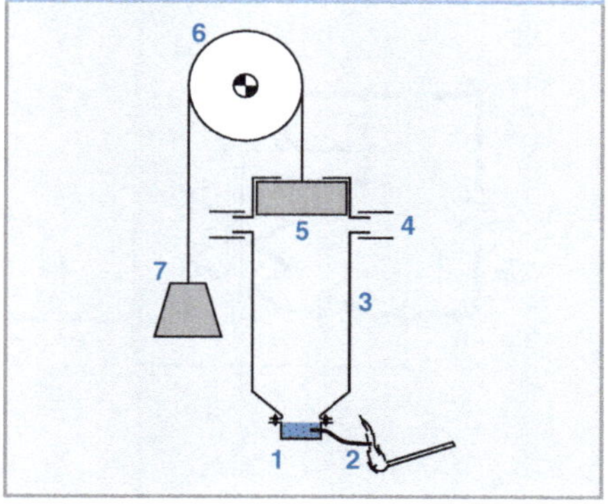

Bild 34
1 Kapsel mit Schießpulver
2 Lunte
3 Rohr
4 Rückschlagventil
5 Kolben
6 Umlenkrolle
7 Nutzlast

35 Darstellung eines Kraftfahrzeugs von Isaak Rivaz mit einem atmosphärischen Flugkolbenmotor, nach der Patentschrift von 1807

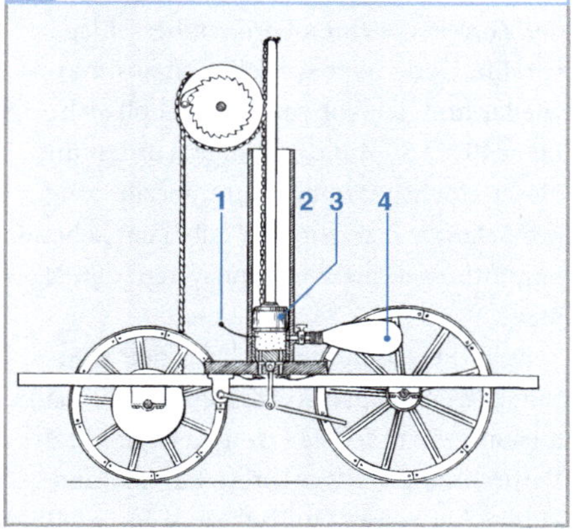

Bild 35
1 Knopf zur Übertragung des Zündfunkens
2 zylindrisches Gefäß
3 Kolben
4 Blase, mit Wasserstoff gefüllt

Hochspannungs-Summerzündung

Eine Batteriezündung war bereits seit 1860 bekannt. Damals baute der Franzose Etienne Lenoir eine „Hochspannungs-Summerzündung" (Bild 36) für seinen für ortsfeste Verwendungen gedachten Gasmotor. Zur Erzeugung des Zündstroms wurde ein Rühmkorffscher Funkeninduktor (2) benutzt, der z. B. von einem galvanischen Element (Voltasche Säule) gespeist wurde. Zwei durch Porzellan isolierte Platindrähte (6) dienten als Elektroden und erzeugten den Funkenüberschlag im Motor. Damit hatte Lenoir auch die Urform der Zündkerze geschaffen. Zur Stromverteilung auf die beiden Zündkerzen des doppelt wirkenden Motors verwendete Lenoir einen Hochspannungsverteiler auf Kontaktschienen (5).

Im Rühmkorffschen Funkeninduktor baut sich in der Spule ein Magnetfeld auf, sobald der Stromkreis geschlossen wird. Der Strom steigt allmählich an. Hat er einen bestimmten Wert erreicht, wird der Anker (4) angezogen und der Summerkontakt (3) öffnet. Infolge des geöffneten Stromkreises bricht das Magnetfeld zusammen. Die schnelle Magnetfeldänderung bewirkt in der zweiten Spule eine hohe Induktionsspannung, die an

36 Hochspannungs-Summerzündung von Lenoir

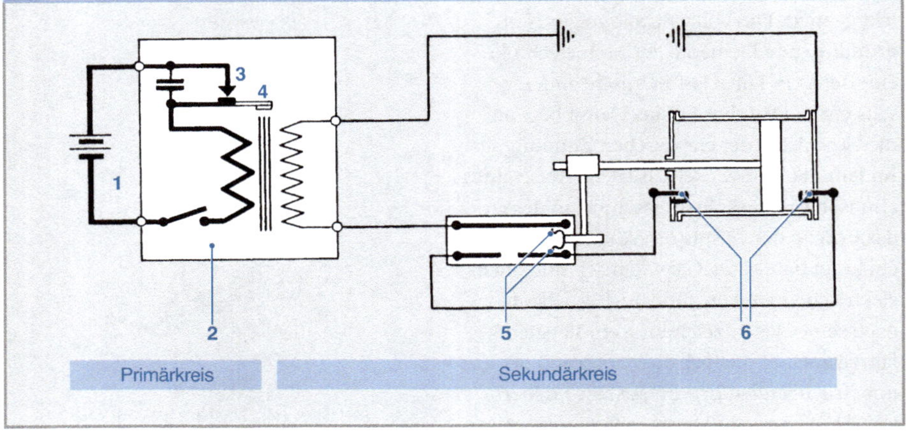

Bild 36
1 Galvanisches Element
2 Rühmkorffscher Funkeninduktor
3 Summerkontakt
4 Anker
5 Bewegliche Verteileranordnung mit Kontaktfeder
6 Elektroden

der Zündkerze einen Funkenüberschlag hervorruft. Der Anker schließt den Stromkreis wieder und der Vorgang wiederholt sich. Etwa 40 bis 50 Zündvorgänge wurden mit dieser Hochspannungs-Summerzündung pro Sekunde erreicht. Der dabei entstehende Summton gab diesem Zündsystem den Namen.

Dass diese Zündung sich für den Fahrzeugbetrieb nicht durchsetzen konnte, hatte folgende Gründe: Sie erzeugte während des Verbrennungstakts mehrere Funken und konnte bei hohen Drehzahlen keine effektive Verbrennung gewährleisten. Außerdem gab es damals noch keine Möglichkeit, den erforderlichen elektrischen Strom während der Fahrt zu erzeugen.

Carl Benz entwickelte im Jahr 1886 die Hochspannungs-Summerzündung weiter und erreichte damit höhere Drehzahlen als bei seinem ersten Fahrzeugmotor (ca. 250 min^{-1}). Das Problem dieser Zündung lag aber noch immer in den Schwächen der Strom liefernden galvanischen Elemente, die bereits nach etwa 10 km Fahrt gewechselt werden mussten. Die Zündung war – wie es Carl Benz einmal formulierte – „das Problem der Probleme".

Glührohrzündung

Um die Baugröße von leistungsfähigen Benzinmotoren für den Einsatz im Kraftfahrzeug in Grenzen zu halten, musste die Drehzahl gesteigert werden. Die Steuerelemente der Flammenzündung, wie sie bei ortsfesten Gasmotoren verbreitet war, waren aber zu träge, um höhere Drehzahlen zu erreichen. Im Jahr 1883 wurde die von Gottlieb Daimler entwickelte ungesteuerte Glührohrzündung patentiert. Dieses Zündsystem (Bild 37) bestand aus einem Kanal, der mit dem Verbrennungsraum im Zylinder verbunden war. Den gasdichten Abschluss des Kanals bildete ein Glührohr (2), das von einem kleinen Brenner permanent zum Glühen gebracht wurde. Bei der Verdichtung wurde das Gemisch in das Glührohr hineingepresst, entzündete sich dort und brachte das übrige Gemisch im Verbrennungsraum zur Entzündung. Das Glührohr musste so erhitzt werden, dass die Zündung erst am Ende des Kompressionshubs eintrat. Mit der Glührohrzündung konnte die Drehzahl wesentlich gesteigert werden. Je nach Bauart waren Werte von 700...900 min^{-1} möglich.

Mehr als ein Jahrzehnt hindurch war die Glührohrzündung die vorherrschende Zündungsart, die von vielen Motorenherstellern verwendet wurde. Sie ermöglichte eine weite Verbreitung des Daimler-Motors und des Kraftfahrzeugs. Ein Nachteil war jedoch, dass immer die richtige Hitze des Glührohrs eingestellt werden musste. Außerdem konnte die Flamme bei Regen oder Sturm erlöschen. Bei ungeschickter Handhabung des Brenners waren Brandschäden möglich, was den Konstrukteur Wilhelm Maybach 1897 in einer Denkschrift zu der These bewog, dass jedes Automobil mit Glührohrzündung irgendwann einmal abbrennen müsse. Auch Daimler wandte sich schließlich dem Prinzip der Magnetzündung zu, nachdem diese sich inzwischen als brauchbar erwiesen hatte.

37 Glührohrzündung an einem Daimler-Motor aus dem Jahr 1885

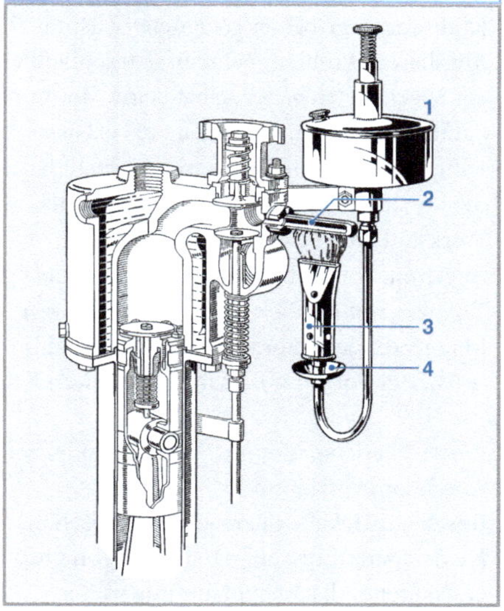

Bild 37
1 Benzinbehälter für den Brenner
2 Glührohr
3 Brenner
4 Schale zum Vorwärmen

38 Aufbau des Bosch-Niederspannungs-Magnetzünders mit Abschnappeinrichtung und Zündflansch aus dem Jahr 1887

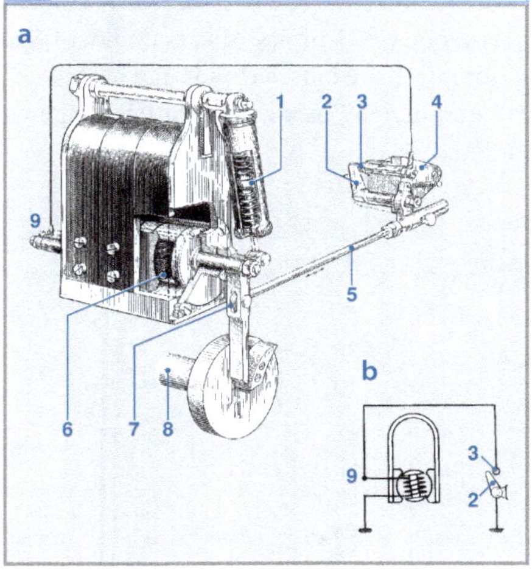

Bild 38
a Aufbau
b Prinzip (Schnitt)
1 Druckfederanordnung
2 Zündhebel
3 Zündstift
4 Zündflansch
5 Stoßstange
6 Doppel-T-Anker
7 Winkelhebel
8 Steuerwelle
9 Klemme

Magnetelektrische Niederspannungs-Abschnappzündung

Nikolaus August Otto entwickelte im Jahr 1884 die magnetelektrische Niederspannungs-Abschnappzündung. Ein Magnetinduktor mit einem pendelnden Doppel-T-Anker und stabförmigen Dauermagneten erzeugte einen Zündstrom niedriger Spannung (Bild 38). Bei Unterbrechung des Stromflusses bildete sich an der Kontaktstelle im Motorzylinder ein Öffnungszündfunke. Die federbelastete Abschnappvorrichtung des Ankerantriebs und die Stoßstange, die den Zündkontakthebel betätigte, waren so aufeinander abgestimmt, dass die Unterbrechung genau dann erfolgte, wenn der Ankerstrom seinen höchsten Wert erreicht hatte. Das ergab einen kräftigen Funken im Zündzeitpunkt.

Der von Otto 1876 entwickelte Viertaktmotor war bis dahin mit Leuchtgas betrieben worden und daher nur für ortsfeste Anwendungen geeignet gewesen. Die magnetelektrische Niederspannungs-Abschnappzündung ermöglichte nun den Betrieb mit Benzin. Dennoch beschränkten die erreichbaren Drehzahlen die Anwendung auch nur auf langsam laufende, ortsfeste Motoren.

Magnetzündung

Das Zündproblem drängte zu einer für Kraftfahrzeuge besser geeigneten Lösung. Mit diesem Problem befasste sich schließlich ein Spezialbetrieb, der selbst keine Motoren baute, sondern Zündapparate für ortsfeste Langsamläufer auf den Markt gebracht hatte: die im Jahr 1886 in Stuttgart gegründete Werkstätte für Feinmechanik und Elektrotechnik von Robert Bosch. Der Doppel-T-Anker war ein Kernstück des damaligen Magnetzünders. Ein solcher Anker wird in stilisierter Form im Bosch-Logo verwendet.

Bosch-Niederspannungs-Magnetzünder mit Abschnappvorrichtung

Bosch entwickelte die magnetelektrischen Niederspannungsapparate für die von Otto geschaffene Abschnappzündung weiter (Bild 39), um diese den Herstellern ortsfester Ottomotoren als Zubehör anbieten zu können. Ihr Vorteil war die von einer Batterie unabhängige Betriebsbereitschaft. Das hohe Gewicht des Ankers und der träge Zündmechanismus verhinderten jedoch weiterhin den Einsatz für Kraftfahrzeugmotoren.

39 Aufbau des Bosch-Niederspannungs-Magnetzünders mit pendelnder Hülse, Bauart 1897

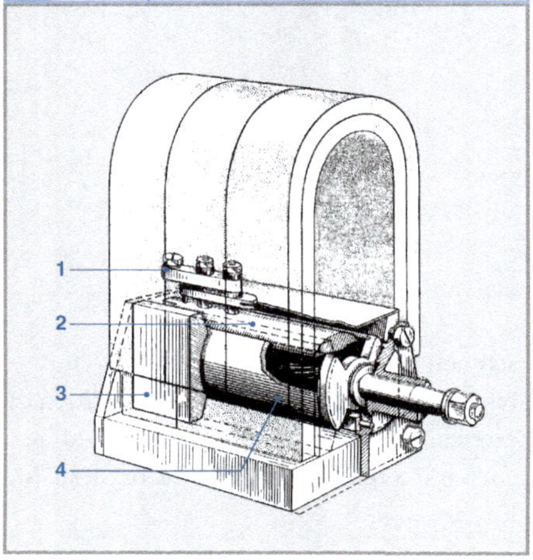

Bild 39
1 Klemme
2 Doppel-T-Anker (feststehend)
3 Polschuhe
4 Hülse (pendelnd)

Niederspannungs-Magnetzündung

Bosch entwickelte aus der trägen Abschnappzündung die leichtere und schnellere Abreiß-Magnetzündung, die auch für schnell laufende Kraftfahrzeugmotoren verwendet werden konnte.

Statt den schweren, umwickelten Anker pendeln zu lassen, befand sich nun zwischen den Polschuhen und dem feststehenden Anker eine pendelnd angeordnete Hülse (Bild 39), die als Feldlinienleitstück wirkte. Die Hülse wurde über ein Kegelradgetriebe, das zur Verstellung des Zündzeitpunkts diente, angetrieben. Ein in der Laufrichtung langsam ansteigender Nocken diente zum Verdrehen des Abreißgestänges. Sobald dieses durch Federkraft vom Nocken herabschnellte, wurde im Zylinder der Zündhebel vom Zündstift getrennt und dadurch der Zündfunke erzeugt.

Die Hülsenbauart des Magnetzünders sowie der Kegelradantrieb bewährten sich sofort, da sich diese Anordnung für den damals geforderten Drehzahlbereich eignete. Gottlieb Daimler ließ 1898 solch eine Zündung in einen Wagen einbauen und unternahm damit eine Probefahrt von Stuttgart nach Tirol, die erfolgreich verlief. Auch der Daimler-Motor des ersten Zeppelin-Luftschiffs arbeitete mit einer Bosch-Abreißzündung, da beim Luftschiff die Verwendung der Glührohrzündung wegen der Brennbarkeit des Füllgases ausgeschlossen war. Bei dieser Zündung handelte es sich aber immer noch um eine Niederspannungs-Magnetzündung, die zur Ausbildung der Öffnungs-Zündfunken über ein Abreißgestänge mechanisch, später elektromagnetisch gesteuerte Abreißkontakte im Brennraum benötigte.

Hochspannungs-Magnetzündung

Die Abreißzündung war bald den Anforderungen, die Motoren mit höheren Drehzahlen, Verdichtungsdrücken und Verbrennungstemperaturen an die Zündung stellten, nicht mehr gewachsen. Eine Möglichkeit zur Verbesserung war eine Magnetzündung, die anstelle von Abreißkontakten eine Zündkerze verwendete. Hierzu war eine hohe Zündspannung erforderlich.

Robert Bosch beauftragte seinen Mitarbeiter Gottlob Honold, eine Magnetzündung ohne Abreißgestänge und mit feststehenden Zündelektroden zu entwickeln. Honold benutzte einen Niederspannungs-Magnetzünder mit pendelnder Hülse, den er entsprechend umbaute (Bild 40). Der Doppel-T-Anker (3) erhielt zwei Wicklungen: eine mit wenigen Windungen aus dickem Draht, die andere mit vielen Windungen aus dünnem Draht. Durch Drehen der Hülse wurde in der Ankerwicklung zunächst eine niedrige Spannung erzeugt. Gleichzeitig wurde der Wicklungsteil mit geringer Windungszahl durch einen Unterbrecher (11) kurzgeschlossen. Dadurch entstand ein hoher Strom, der daraufhin unterbrochen wurde. Infolgedessen trat in der Wicklung mit hoher Windungszahl eine hohe, rasch abklingende Spannung auf, die einen Funkenüberschlag an der Zündkerze (16) erzeugte und die Funkenstrecke leitend machte. Danach wurde in der gleichen Wicklung eine weitere, erheblich niedrigere Spannung induziert, die aber ausreichte, einen Strom durch die nunmehr leitend gewordene Funkenstrecke zu schicken, um den von der Abrisszündung bekannten Lichtbogen zu bilden.

Der Unterbrecher wurde mechanisch von einem Nocken (15) gesteuert, sodass er den Stromkreis der Niederspannungswicklung zu einem genau definierten Zeitpunkt schließen bzw. unterbrechen konnte. Zur Unterdrückung der Funkenbildung am Unterbrecher war ein Kondensator (12) parallel zu den Unterbrecherkontakten geschaltet.

Auch die Zündkerzen mussten neu entwickelt werden, da ihre Elektroden wegen des heißen, lichtbogenartigen Funkens des neuen Zünders zu schnell abbrannten. Die Entwicklung der Bosch-Zündkerzen geht somit ebenfalls auf diese Zeit zurück. Unterbrecher, die von Anfang an das Herzstück des

40 Bosch-Hochspannungs-Magnetzünder aus dem Jahr 1902

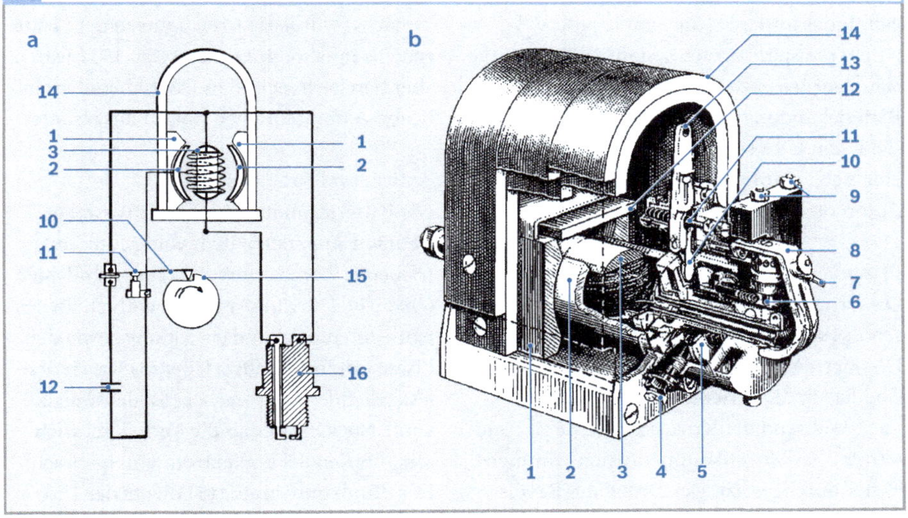

Bild 40
- a Schaltbild des Hochspannungsmagnetzünders
- b Aufbau des ersten serienmäßig hergestellten Hochspannungs-Magnetzünders
- 1 Polschuh
- 2 Hülse (umlaufend)
- 3 Doppel-T-Anker
- 4 Stromabnehmer mit Verbindungsschiene zu den Zündkerzen-Anschlussklemmen
- 5 Verteilerscheibe mit Schleifring
- 6 Stromleitung zur Verteilerscheibe (sekundär)
- 7 zum Zündschalter
- 8 Stromleitung zum Unterbrecher (primär)
- 9 Anschlussklemmen zu den Zündkerzen
- 10 Unterbrecherhebel
- 11 Unterbrecherkontakt
- 12 Kondensator
- 13 Zündzeitpunktverstellung
- 14 Magnet
- 15 Nocken
- 16 Zündkerze

Hochspannungs-Magnetzünders bildeten, wurden weiterentwickelt und damit zuverlässiger und betriebssicherer gemacht.

Eine andere Variante der Magnetzündung entwickelte Ernst Eisemann. Die Hochspannung wurde von einem getrennt aufgebauten Transformator, der von einem Niederspannungs-Magnetzünder gespeist wurde, erzeugt. Anfangs wurde die Wicklung dieses Zünders mehrfach durch einen synchron mit dem Anker umlaufenden Kontaktgeber während jeder Stromwelle kurzgeschlossen. Später erkannte Eisemann, dass ein einziger Kurzschluss genügte. In Deutschland stieß Eisemann auf Ablehnung. In Frankreich aber hatte er Erfolg, wo sich der Ingenieur Graf de la Valette den Alleinvertrieb der Eisemann-Magnetzündung sicherte. Später ging aber auch Eisemann von der getrennt angeordneten Spule auf die Bosch-Konstruktion mit dem Prinzip des zweifach bewickelten Doppel-T-Ankers über.

Batteriezündung

Als die Robert Bosch AG 1925 die Batteriezündung vorstellte, dominierte in der Fahrzeugindustrie noch die Magnetzündung, da sie als die zuverlässigste Form der Zündung galt. Indes forderten die Fahrzeughersteller ein preisgünstigeres System und dank ständiger Verbesserungen setzte sich die Batteriezündung auch in Europa – nachdem sie in den USA schon in der Serienfertigung eingesetzt wurde – binnen weniger Jahre im Automobil- und Motorradbau durch.

Erster Serieneinsatz in den USA

Das Prinzip der Batteriezündung wurde schon 1908 von dem Amerikaner Charles F. Kettering weiterentwickelt und 1910 von Cadillac in die Serienfertigung übernommen. Während der Kriegsjahre hatte sie sich – trotz aller Unvollkommenheiten – immer weiter durchgesetzt. Der Drang der Bevölkerung nach erschwinglichen Fahrzeugen begünstigte den Erfolg des preisgünstigeren Batteriezündungssystems. Die Abhängigkeit von einer Batterie wurde dabei in Kauf genommen, weil für die Batterieaufladung im Fahrbetrieb durch den Einbau einer Lichtmaschine gesorgt war.

Einführung der Batteriezündung in Europa durch Bosch

In Europa fand das Kraftfahrzeug in den ersten Jahren nach dem ersten Weltkrieg zunächst noch keine große Verbreitung. Mit der langsam steigenden Nachfrage nach Autos entstand jedoch ebenso wie zuvor in den USA der Drang zu Preissenkungen. In den 1920er-Jahren waren die Voraussetzungen für das Durchsetzen der Batteriezündung in Europa gegeben. Die nötigen Erfahrungen für die Entwicklung dieses Zündsystems zur Serienreife waren bei Bosch schon lange vorhanden. So hatte das Unternehmen bereits vor 1914 Zündspulen – das Herzstück einer Batteriezündung – in die USA geliefert. Bosch reagierte als einer der ersten Hersteller und bot 1925 eine Batteriezündung für den europäischen Markt an, bestehend aus der Zündspule und dem Zündverteiler. Zunächst wurde sie jedoch nur in dem Fahrzeug Brennabor 4/25 eingesetzt. 1931 waren aber bereits 46 der 55 in Deutschland erhältlichen Automobiltypen mit ihr ausgestattet.

Aufbau und Arbeitsweise

Die Batteriezündung bestand aus zwei getrennten Apparaten: dem vom Motor angetriebenen Zündverteiler und der Zündspule (Bild 41). Die Zündspule (7) enthielt die Primär- und die Sekundärwicklung sowie den Eisenkern. Im Zündverteiler (8) waren der feststehende Unterbrecher (5), der umlaufende Nocken (4) und die Verteilereinrichtung für den Sekundärstrom untergebracht. Der Zündkondensator (3) diente der Unterdrückung des Unterbrecherfunkens und damit der Schonung der Kontakte.

Der Unterbrechernocken und die Achse des Verteilers waren die einzigen beweglichen Teile der Batteriezündung, die – im Gegensatz zur Magnetzündung – kaum eine nennenswerte Kraft zum Antrieb benötigte.

Die Batteriezündung unterschied sich dadurch vom Magnetzünder, dass der Primärstrom dem Stromnetz des Fahrzeugs entnommen wurde. Die Hochspannung wurde in ähnlicher Weise erzeugt wie beim Magnetzünder: der Strom, der in der Primärwicklung ein magnetisches Feld aufbaut, wurde durch einen mechanisch gesteuerten Unterbrecher unterbrochen. Durch das zusammenbrechende Magnetfeld entstand in der Sekundärwicklung die Hochspannung.

Anforderungen an die „Zündung neuerer Zeit"

Die Anforderungen, die der Verbrennungsmotor zur damaligen Zeit an die Zündung stellte, sind sehr stark gestiegen und vielfältiger geworden. Die Motoren wurden mit höherer Verdichtung und magererem Luft-Kraftstoff-Gemisch betrieben. Auch die Höchstdrehzahl wurde gesteigert. Gleichzeitig machten Forderungen wie z. B. geringes Geräusch, gutes Kaltstart- und Leerlaufverhalten, lange Wartungsintervalle, geringes Gewicht, kleine Abmessungen und niedriger Preis eine rasche Weiterentwicklung erforderlich.

Die höhere Verdichtung und die magerere Vergasereinstellung verlangten nach einer höheren Zündspannung und -energie, damit der Funkenüberschlag sicher hervorgerufen werden konnte. Ein einwandfreier Leerlauf konnte nur mit vergrößertem Elektrodenabstand erzielt werden, was den Zündspannungsbedarf erhöhte. Die Zündspannung musste auf mehr als das Zweifache erhöht werden. Das wiederum hatte Auswirkungen auf die Ausführung der Hochspannung führenden Teile, damit es nicht zu schädlichen Hochspannungsüberschlägen kommen konnte.

41 Aufbau der Batteriezündung

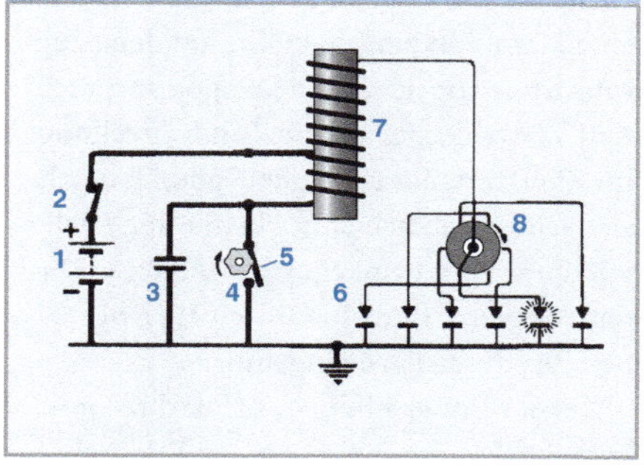

Bild 41
1 Batterie
2 Zündschalter
3 Zündkondensator
4 Unterbrechernocken
5 Unterbrecherkontakt
6 Zündkerzen
7 Zündspule
8 Zündverteiler

Die Motoren verlangten eine weitgehende Anpassung des Zündzeitpunkts an den erweiterten Drehzahlbereich. Es wurden deshalb große Verstellbereiche für den Zündwinkel nötig, um den bei hohen Drehzahlen größeren Verzugswinkel zwischen Zündzeitpunkt und Gemischentflammung auszugleichen. In der weiteren Entwicklung für mehrzylindrige Motoren wurden der Primärstromunterbrecher und die Verteilervorrichtung der von der Zündspule gelieferten Hochspannung mit gemeinsamer Antriebsachse im Zündverteilergehäuse zusammengebaut. Zur Zündzeitpunktverstellung konnten der Unterbrecherhebel und der Nocken gegeneinander verdreht werden, was ursprünglich von Hand vom Fahrersitz aus erfolgte und Erfahrung und technisches Einfühlungsvermögen des Fahrers voraussetzte. Der drehzahlabhängig regelnde Fliehkraft-Selbstversteller, der schon 1910 in der Hochspannungs-Magnetzündung zu finden war, wurde in die Batteriezündung übernommen.

Mit zunehmender Bedeutung des Kraftstoffverbrauchs ergab sich die Notwendigkeit, auch die Lastabhängigkeit des Verbrennungsvorgangs in die Zündzeitpunkteinstellung mit einzubeziehen. Hierzu wurde eine Membran eingebaut, die auf den Saugrohrdruck vor der Drosselklappe ansprach und Verstellkräfte auf die Zündverstellung im Zündverteiler erzeugte. Dadurch ergab sich eine zusätzlich zum Fliehkraftversteller wirkende Zündwinkelkorrektur. Diese Unterdruckverstellung hat Bosch 1936 bei seinen Zündverteilern eingeführt.

Bei der Entwicklung der Unterbrecherkontakte konnte Bosch auf den Erkenntnissen aus der Zeit der Magnetzünder aufbauen. Im Laufe der Zeit wurden alle Komponenten der Batteriezündung weiterentwickelt. Die Weiterentwicklungen in der Technik – insbesondere die neu entstandene Halbleitertechnik – führten schließlich zu neuen Zündungssystemen, die zwar immer noch nach dem Prinzip der ursprünglichen Batteriezündung arbeiteten, jedoch völlig anders aufgebaut waren.

Batterie-Zündsysteme im Wandel der Zeit

In der Zeit zwischen der Einführung der Bosch-Batteriezündung im Jahr 1925 bis in die 1990er-Jahre gefertigten Zündsysteme waren diese Systeme einem stetigen Wandel und einer kontinuierlichen Weiterentwicklung unterworfen.

Am Prinzip der Batteriezündung hat sich in dieser Zeit nichts Wesentliches geändert. Der Wandel betraf hauptsächlich die Steuerungsmechanismen zum Verstellen des Zündzeitpunkts. Das führte zu Veränderungen der Systemkomponenten. Von der ursprünglichen Batteriezündung blieben letztlich nur noch die Zündspule und die Zündkerze übrig. Ende der 1990er-Jahre wurde die Zündungssteuerung endgültig in das Motorsteuergerät integriert, sodass alle hier im Folgenden aufgeführten Zündsysteme mit ihren separat aufgebauten Zündsteuergeräten der Geschichte angehören.

Konventionelle Spulenzündung

Die konventionelle Spulenzündanlage ist kontaktgesteuert. Der Strom, der durch die Zündspule fließt, wird über einen Kontakt im Zündverteiler (den Zündunterbrecher) mechanisch ein- und ausgeschaltet. Der Kontakt ist über einen bestimmten Winkel (den Schließwinkel) geschlossen.

Aufbau und Arbeitsweise

Die konventionelle Spulenzündung (Bild 42) besteht aus den Komponenten Zündspule (c), Zündverteiler (d) mit Unterbrecher (f), Zündkondensator (e), Fliehkraftzündversteller und Unterdruckzündversteller (g), sowie den Zündkerzen (i).

Im Betriebsfall liegt die Batteriespannung am Zünd-Start-Schalter (b) und damit an Klemme 15 der Zündspule an. Bei geschlossenem Unterbrecher fließt der Strom über

42 Zündanlage mit konventioneller Spulenzündung SZ

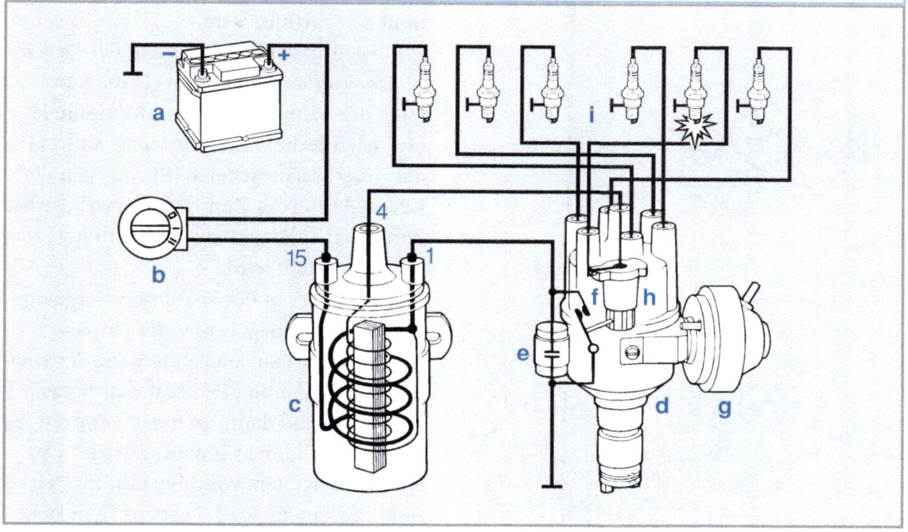

Bild 42
- a Batterie
- b Zünd-Start-Schalter
- c Zündspule
- d Zündverteiler
- e Zündkondensator
- f Unterbrecher
- g Unterdruckzündversteller
- h Verteilerfinger
- i Zündkerze
- 1, 4, 15 Klemmenbezeichnungen
- 1 Zündspule, Niederspannungsausgang
- 4 Zündspule, Hochspannungsausgang
- 15 Ausgang Fahrtschalter, Niederspannungseingang der Zündspule

die Primärwicklung der Zündspule gegen Masse. Dadurch wird in der Zündspule ein Magnetfeld aufgebaut, in dem die Zündenergie gespeichert wird. Der Stromanstieg erfolgt langsam aufgrund der Induktivität der Primärwicklung. Die Aufladezeit wird durch den Schließwinkel des Zündverteilers bestimmt. Der Schließwinkel wiederum wird durch die Ausführung des Zündnockens, der über das Gleitstück den Zündunterbrecher betätigt, und den Kontaktabstand des Unterbrechers vorgegeben (Bild 43b). Am Ende der Schließzeit öffnet der Nocken den Kontakt und unterbricht damit den Spulenstrom. Die Anzahl der Nocken entspricht der Zylinderzahl des Motors.

Wegen Abnutzung des Gleitstücks durch Abrieb sowie Kontaktabbrand an den Unterbrecherkontakten muss der Unterbrecher regelmäßig erneuert werden. Der Strom und die Abschaltzeit sowie die Induktivität der Sekundärseite bestimmen im Wesentlichen die induzierte Zündspannung. Der dem Unterbrecher parallel geschaltete Zündkondensator verhindert, dass sich zwischen den Kontakten ein Lichtbogen bildet und der Strom dadurch nach Öffnen des Kontakts weiter fließt.

Die in der Sekundärwicklung der Zündspule induzierte Hochspannung wird auf den Mitteldom des Zündverteilers geführt. Der umlaufende Verteilerfinger (Bild 42, Pos. h) bildet eine Verbindung zwischen Mitteldom und einem Außenkontakt, sodass die Hochspannung zu der Zündkerze jenes Zylinders geführt wird und dort am Ende des Verdichtungstaktes des Motors einen Zündfunken auslöst. Der Zündverteiler ist mechanisch synchron mit der Kurbel- oder der Nockenwelle gekoppelt und rotiert mit halber Kurbelwellendrehzahl.

Bild 43
- a Fliehkraftzündversteller (Darstellung in Ruhestellung)
- b Unterdruckzündversteller mit Früh- und Spätverstellsystem
- 1 Achsplatte
- 2 Zündnocken
- 3 Wälzbahn
- 4 Fliehgewicht
- 5 Mitnehmer
- 6 Zündverteilerwelle
- 7 Zündverteiler
- 8 Unterbrecherscheibe
- 9 Saugrohranschluss für Spätdose
- 10 Spätdose
- 11 Membran (Frühverstellsystem)
- 12 Frühdose
- 13 Unterdruckdose
- 14 Saugrohranschluss für Frühdose
- 15 ringförmige Membran (Spätverstellsystem)
- 16 Zugstange
- 17 Unterbrecherkontakte
- s_1 Verstellweg in Richtung „früh" bis zum Anschlag
- s_2 Verstellweg in Richtung „spät" bis zum Anschlag

43 Zündverstellsystem eines Zündverteilers

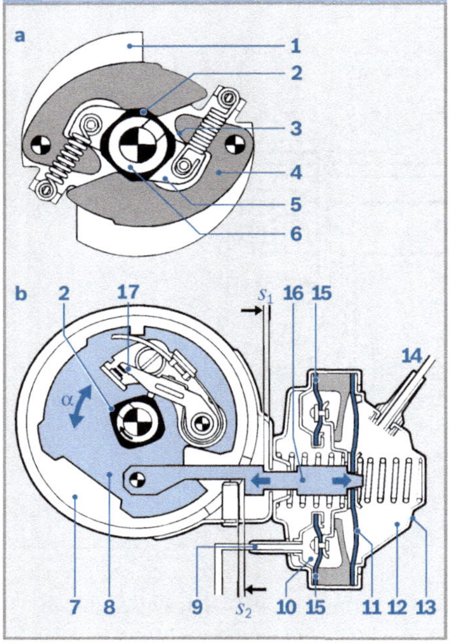

Zündzeitpunktverstellung

Ein Verdrehen des Zündverteilers führt zu einer Verschiebung des Zündzeitpunkts. Die Fliehkraftzündverstellung verstellt den Zündzeitpunkt in Abhängigkeit von der Motordrehzahl. Die mit der Verteilerwelle umlaufende Achsplatte (Bild 43a, Pos. 1) trägt die Fliehgewichte (4). Mit steigender Drehzahl bewegen sich die Fliehgewichte nach außen. Sie verdrehen den Mitnehmer (5) über die Wälzbahn (3) gegen die Zündverteilerwelle (6). Dadurch verdreht sich auch der Zündnocken gegen die Verteilerwelle um den Verstellwinkel α. Damit wird der Zündzeitpunkt – bezogen auf die Kurbelwelle – um das Zweifache des Verstellwinkels α vorverlegt.

Die Unterdruckzündverstellung (Bild 43b) verstellt den Zündzeitpunkt in Abhängigkeit von der Motorlast. Als Maß für die Last dient der Saugrohrunterdruck, der zwei Anschlüssen (9, 14) einer Membrandose zugeführt wird.

Bei gedrosseltem Motor fällt der Druck in der Frühdose und bewirkt eine Bewegung der Membran (11) samt Zugstange (16) nach rechts. Die Zugstange verdreht die Unterbrecherscheibe (8) entgegen der Drehrichtung der Zündverteilerwelle, wodurch der Zündzeitpunkt in Richtung „Früh" verstellt wird.

Unterdruck in der Spätdose – der Saugrohranschluss liegt hinter der Drosselklappe – führt zu einer Bewegung der ringförmige Membran (15) samt Zugstange nach links und damit zu einer Zündzeitpunktverstellung in Richtung „spät". Das Spätverstellsystem wirkt bei bestimmten Motorzuständen (z. B. Leerlauf, Schiebebetrieb), um das Abgasverhalten zu verbessern. Es ist aufgrund der kleineren Membranfläche dem Frühverstellsystem untergeordnet.

Kontaktgesteuerte Transistorzündung

Aufbau und Arbeitsweise

Der Zündverteiler der kontaktgesteuerten Transistorzündung ist identisch mit dem Zündverteiler der Spulenzündung. Der Primärstrom wird bei diesem Zündsystem jedoch nicht vom Zündunterbrecherkontakt, sondern von einem Transistor – mit zusätzlicher Elektronik im Zündschaltgerät – geschaltet. Der Unterbrecherkontakt schaltet den Steuerstrom für die Transistorzündung. Bild 44 zeigt den Vergleich beider Zündsysteme.

Bei geschlossenem Unterbrecherkontakt (7) fließt ein Steuerstrom in die Basis (B), wodurch die Kollektor-Emitter-Strecke (C-E) des Transistors leitend wird. Durch L_1 fließt der Primärstrom. Wird der Kontakt geöffnet, sperrt der Transistor und unterbricht den Primärstrom.

Die Widerstände (3) dienen dazu, bei niederohmigen Zündspulen den Primärstrom zu begrenzen. Während des Startvorgangs des Motors wird einer dieser Widerstände überbrückt, um das Absinken der Batteriespannung auszugleichen.

Vorteile gegenüber der Spulenzündung

Zum einen wird durch die geringen Schaltströme der Kontaktbrand am Zündunterbrecher vermindert, was zu einer wesentlich längeren Standzeit der Kontakte führt. Zum anderen kann der Transistor im Vergleich zu einem mechanischen Kontakt einen höheren Strom schalten. Aus dem höheren Strom ergibt sich eine höhere gespeicherte Energie in der Zündspule, was zu einer Verbesserung von Spannungsangebot und Funkendauer führt.

44 Vergleich einer herkömmlichen Spulenzündung SZ mit einer kontaktgesteuerten Transistorzündung TSZ-k

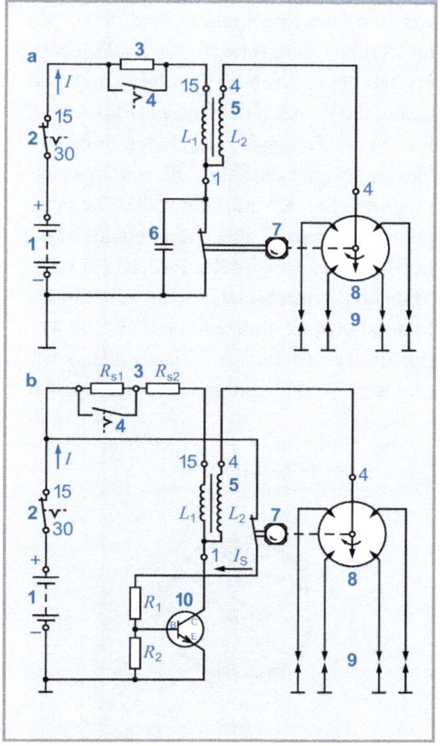

Bild 44
- a Schaltplan der herkömmlichen Spulenzündung SZ
- b Schaltplan der kontaktgesteuerten Transistorzündung TSZ-k
- 1 Batterie
- 2 Zünd-Start-Schalter
- 3 Vorwiderstand
- 4 Schalter zur Startanhebung
- 5 Zündspule mit Primärwicklung L_1 und Sekundärwicklung L_2
- 6 Zündkondensator
- 7 Unterbrecher
- 8 Zündverteiler
- 9 Zündkerzen
- 10 Elektronik mit Widerständen des Spannungsteilers R_1, R_2 und Transistor
- B Basis
- C Kollektor
- E Emitter

Transistorzündung mit Hall-Geber

Aufbau

Bei der Transistorzündung mit Hall-Geber wird der Unterbrecherkontakt durch einen im Zündverteiler integrierten Hall-Geber ersetzt. Bei rotierender Zündverteilerwelle laufen die Blenden des Rotors (Bild 45a, Pos. 1) berührungslos durch den Luftspalt (4) der Magnetschranke. Die beiden weichmagnetischen Leitstücke mit den Dauermagneten (2) erzeugen das Magnetfeld. Ist der Luftspalt frei, so wird der Hall-IC (3) vom Magnetfeld durchsetzt. Sobald eine Blende in den Luftspalt eintaucht, verläuft der Magnetfluss größtenteils im Blendenbereich und wird vom IC ferngehalten. Der Hall-IC erzeugt daraus ein digitales Spannungssignal (Bild 45b).

Die Anzahl der Blenden entspricht der Anzahl der Zylinder. Bei der Kontaktsteuerung wird der Schließwinkel durch den Zündnocken, beim Hall-Geber wird das Tastverhältnis des Spannungssignals durch die Rotorblende vorgegeben. Die Länge der einzelnen Blenden bestimmt je nach Zündschaltgerät den maximalen Schließwinkel dieses Zündsystems. Bei Systemen ohne Schließwinkelregelung bleibt demnach der Schließwinkel über die gesamte Lebensdauer des Hall-Gebers konstant; eine Schließwinkeleinstellung ist nicht möglich.

45 Hall-Geber im Zündverteiler

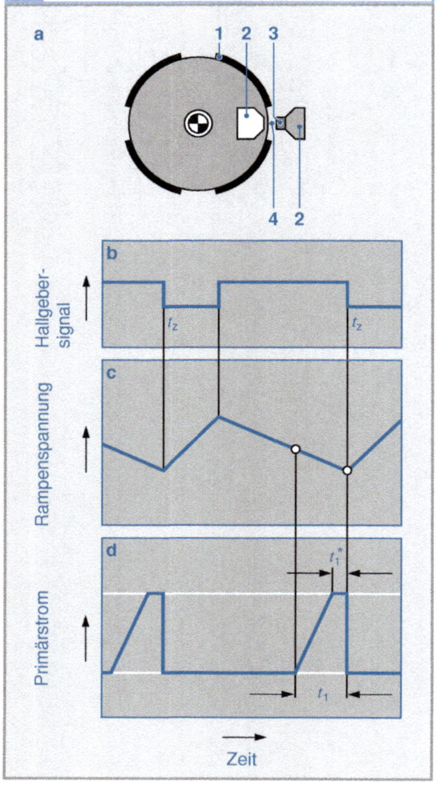

Bild 45
- a Prinzipieller Aufbau des Rotors
- b Ausgangsspannung des Hall-Gebers
- c Rampenspannung für Schließwinkelregelung
- d Primärstrom in der Zündspule
- 1 Blende mit Länge b
- 2 weichmagnetisches Leitstück mit Dauermagnet
- 3 Hall-IC
- 4 Luftspalt
- t_1 Schließzeit
- t_1^* Stromregelzeit
- t_z Zündzeitpunkt

Strom- und Schließwinkelregelung

Der Einsatz von schnell aufladbaren Spulen mit einem niedrigen ohmschen Widerstand machte Maßnahmen zur Begrenzung des Primärstroms und der Verlustleistung nötig. Diese Funktionen sind im Steuergerät des Zündsystems realisiert.

Die Primärstromregelung dient dazu, den Zündspulenstrom und damit den Aufbau der Energie auf ein festgelegtes Maß zu begrenzen. In der Stromregelphase wird der Transistor nicht vollständig durchgeschaltet, folglich fällt an ihm mehr Spannung als im reinen Schaltbetrieb ab. Dadurch entsteht eine höhere Verlustleistung.

Zur Minimierung dieser Verlustleistung ist eine Schließwinkelregelung nötig, die die Schließzeit auf einen geeigneten Wert einstellt. Hierzu wird das Rechtecksignal des Hall-Gebers durch das Laden oder das Entladen eines Kondensators in eine Rampenspannung umgewandelt (Bild 45 c).

Am Ende der Blendenbreite liegt der durch das Verstellen des Zündverteilers vorgegebene Zündzeitpunkt. Die Schließwinkelregelung ist so eingestellt, dass die Stromregelzeit t_1^* genau dem für das Zündsystem nötigen Vorhalt entspricht. Aus dem

Wert von t_1 wird eine Spannung gebildet und mit der abfallenden Rampenspannung verglichen. Bei Erreichen eines Vergleichspegels wird der Primärstrom eingeschaltet. Durch Verändern dieses Vergleichspegels der Rampenspannung kann der Einschaltpunkt und damit die Schließzeit beliebig geändert und jedem Betriebsbereich angepasst werden.

Transistorzündung mit Induktionsgeber

Die Transistorzündung mit dem im Zündverteiler integrierten Induktionsgeber (TSZ-i) unterscheidet sich von der Transistorzündung mit Hall-Geber nur geringfügig (Bild 46 a). Dauermagnet (1), Induktionswicklung und Kern (2) des Induktionsgebers bilden eine feste geschlossene Baugruppe, den „Stator". Gegenüber dieser Anordnung dreht sich das auf der Zündverteilerwelle sitzende Impulsgeberrad, der „Rotor". Kern und Rotor sind aus weichmagnetischem Stahl gefertigt; sie besitzen mehrere Finger entsprechend der Anzahl der Zylinder des Motors.

Bei drehendem Rotor ändert sich ständig zwischen Rotor und Stator der Luftspalt und damit der magnetische Fluss. Die Flussänderung induziert in der Induktionswicklung eine Wechselspannung (Bild 46 b). Mit steigender Drehzahl entstehen dabei Spannungspegel von $U_G = 0{,}5 \ldots 100$ V.

Strom- und Schließwinkelregelung sind bei der Transistorzündung mit Induktionsgeber vergleichbar mit der Transistorzündung mit Hall-Geber. Der analoge Spannungsverlauf der Induktionsspannung kann dabei direkt zur Schließwinkelregelung herangezogen werden.

46 Induktionsgeber im Zündverteiler

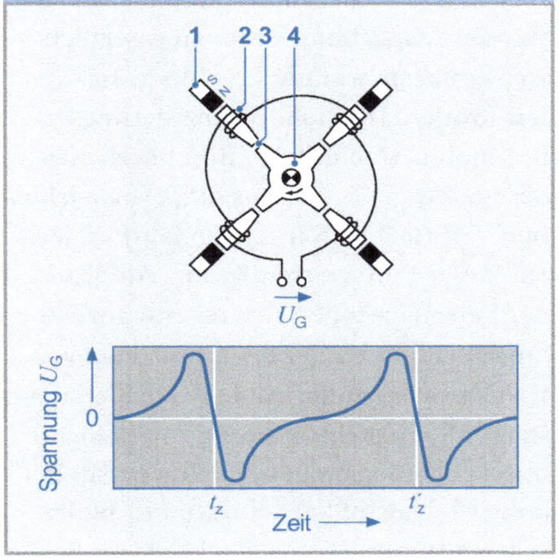

Bild 46
- a Prinzipieller Aufbau
- b Verlauf der Induktionsspannung
- 1 Dauermagnet
- 2 Induktionswicklung mit Kern
- 3 variierender Luftspalt
- 4 Rotor
- t_z, t'_z Zündzeitpunkt

Emissionsgesetzgebung

Vorreiter im Bestreben, die von Kraftfahrzeugen mit Verbrennungsmotor verursachten Schadstoffemissionen gesetzlich zu begrenzen, war der US-Bundesstaat Kalifornien. Der hohe Motorisierungsgrad in Kombination mit den Besonderheiten des Los-Angeles-Beckens führte hier schon in der Mitte des zwanzigsten Jahrhunderts zu starker Luftverschmutzung. Aufgrund der Kessellage bildet sich oft eine Inversionsschicht, unter der die Emissionen von Kohlenwasserstoffen und Stickoxiden unter starker Sonneneinstrahlung zu photochemischem Smog umgewandelt werden. Bei hohen Schadstoffkonzentrationen bildet sich eine braune Dunstglocke, deren Bestandteile (u. a. Ozon) gesundheitsgefährdend sind und zu negativen Auswirkungen auf Umwelt und Natur führen.

Einführung

Seit In-Kraft-Treten der ersten Abgasgesetzgebung für Ottomotoren von Personenkraftwagen (Pkw) und leichten Nutzfahrzeugen (leichte Nfz) Mitte der 1960er-Jahre in Kalifornien wurden dort die zulässigen Grenzwerte für die verschiedenen Schadstoffe immer weiter reduziert. In den 1970er-Jahren wurde die US-EPA gegründet, die auf Basis der kalifornischen Anforderungen die US-Abgasgesetzgebung (z. B. den FTP-Zyklus) entwickelte. Nach den USA haben die EU und Japan eigene Prüfverfahren zur Abgaszertifizierung von Kraftfahrzeugen (Kfz) entwickelt. Diese Prüfzyklen werden im Verlauf dieses Kapitels genauer erläutert.

Mittlerweile haben alle Industriestaaten Vorschriften zur Begrenzung der Schadstoffemissionen (Emissionsgesetzgebung) eingeführt, die die Grenzwerte für Otto- und Dieselmotoren sowie die Prüfmethoden festlegen. Zusätzlich zu den Abgasemissionen werden in vielen Ländern auch die Verdunstungsemissionen aus dem Kraftstoffsystem von Ottomotorfahrzeugen begrenzt.

Eigenständige Gesetzgebungen zur Emissionsbegrenzung von Fahrzeugen sind:

- CARB-Gesetzgebung (California Air Resources Board) in Kalifornien,
- EPA-Gesetzgebung (Environmental Protection Agency) in den USA,
- EU-Gesetzgebung (Europäische Union) und die korrespondierenden UN/ECE-Regelungen (United Nations Economic Commission for Europe),
- Japan-Gesetzgebung.

Weitere Länder übernehmen die jeweilige Gesetzgebung komplett (z. B. Kanada die US-EPA-Vorschriften, die Schweiz die EU-Vorschriften), oder zu einem späteren Zeitpunkt (z. B. Argentinien, Australien, russische Föderation) oder entwickeln eigene Vorschriften basierend auf der US-, EU- oder UN/ECE-Gesetzgebung (z. B. Brasilien, Indien, Südkorea, Abschnitt → **Abgasgesetzgebung** → Weitere Märkte).

Ein weiteres Element der Emissionsgesetzgebung sind Anforderungen zur Begrenzung der CO_2-Emissionen. Vorgaben zur Begrenzung des Kraftstoffverbrauchs (der mit den Auspuff-CO_2-Emissionen korreliert) gibt es in den USA und Japan seit der ersten Ölkrise 1975. Aufgrund der Klimaschutzziele wurden in der EU Zielwerte für die durchschnittlichen CO_2-Emissionen von Pkw und von leichten Nfz eingeführt. Die USA haben die Verbrauchsgesetzgebung „Corporate Average Fuel Economy" (CAFE) durch Vorgaben zu Treibhausgasemissionen (CO_2, Methan, Lachgas) ergänzt. Gemeinsam ist allen Regelungen, dass keine Fahrzeugtyp-bezogenen Grenzwerte vorgeschrieben werden, sondern Zielwerte für den Durchschnittsverbrauch oder die Durchschnittsemission der

Neuwagenflotte eines Herstellers. Weitere Staaten mit Verbrauchs- oder CO_2-Vorschriften sind u. a. Australien, Brasilien, China, Kanada und Südkorea.

Klasseneinteilung

Die Emissionsvorschriften unterteilen die vierrädrigen Fahrzeuge in verschiedene Klassen:

- Pkw: Die Abgasemissionsprüfung erfolgt auf einem Fahrzeug-Rollenprüfstand.
- Leichte Nutzfahrzeuge (leichte Nfz): Je nach nationaler Gesetzgebung liegt die Obergrenze des zulässigen Gesamtgewichts bei 3,5...6,35 t. Die Prüfung erfolgt auf einem Fahrzeug-Rollenprüfstand (wie bei Pkw).
- Schwere Nutzfahrzeuge (schwere Nfz): Das zulässige Gesamtgewicht liegt über 3,5...6,35 t, je nach nationaler Gesetzgebung. Die Prüfung erfolgt auf einem Motorenprüfstand, eine Fahrzeugmessung ist nicht vorgesehen.
- Nicht-Straßen-Fahrzeuge („Off-Highway", z. B. Baufahrzeuge, Fahrzeuge für Land- und Forstwirtschaft): Prüfung auf dem Motorenprüfstand, wie bei schweren Nfz.

Weiterhin gibt es Emissionsvorschriften für zwei- und dreirädrige Fahrzeuge (z. B. Motorräder), für Lokomotiven, für Boote und Schiffe und für mobile Maschinen und Geräte (Non-Road Mobile Machinery). In diesem Buch werden nur die Vorschriften für Pkw und leichte Nutzfahrzeuge mit Ottomotor betrachtet.

Ziele der Schadstoffemissionsgesetzgebung

Mit der Festlegung von Emissionsgrenzwerten will der Gesetzgeber die Emission von Schadstoffen in die Umwelt begrenzen. Dazu werden keine Bauteilvorschriften erlassen, sondern Zielwerte für Prüfbedingen (Testzyklen und -prozeduren) vorgegeben, die möglichst realitätsnah die relevanten Fahrsituationen im Straßenverkehr abbilden sollen. Weiterhin schreibt die Gesetzgebung vor, dass die Systeme zur Emissionsminderung nicht nur unter den Prüfbedingungen, sondern in der Regel unter allen normalen Nutzungsbedingungen (Normal Conditions of Use) auf der Straße funktionieren müssen und nicht abgeschaltet werden dürfen (Verbot eines „Defeat Device"). Ausnahmen können z. B. aus Bauteilschutzgründen beantragt werden. Mit Dauerhaltbarkeitsanforderungen (bezüglich Laufleistung und z. T. Fahrzeugalter) soll erreicht werden, dass die Fahrzeuge so konstruiert und gebaut werden, dass die Emissionsgrenzwerte nicht nur im Neuzustand, sondern mindestens über die vorgegebene Lebensdauer eingehalten werden.

Prüfverfahren

Je nach Fahrzeugklasse und Zweck der Prüfung werden drei vom Gesetzgeber festgelegte Prüfungen angewendet:

- die Typzulassungsprüfung (Zertifizierung) zur Erlangung der allgemeinen Betriebserlaubnis (Type Approval TA),
- die Serienprüfung als routinemäßige Kontrolle der laufenden Fertigung durch den Hersteller, die durch stichprobenartige Kontrollen durch die Typzulassungsbehörde überprüft wird (Conformity of Production CoP),
- die Feldüberwachung (In-Service Conformity Check bei EU/ECE-Regelungen, In-Use Compliance Testing in den USA) zur Überprüfung des Emissionsminderungssystems von Serienfahrzeugen im realen Fahrbetrieb (im „Feld", in Deutschland daher „Feldüberwachung" genannt) durch den Hersteller und ggf. die Typzulassungsbehörde.

Typzulassungsprüfung

Typzulassungsprüfungen sind eine Voraussetzung für die Erteilung der allgemeinen Betriebserlaubnis für einen Fahrzeugtyp. Dazu müssen Prüfzyklen (Testzyklen) unter definierten Randbedingungen (Testprozeduren) gefahren und die vorgeschriebenen Emissionsgrenzwerte eingehalten werden. Die Prüfungen und die einzuhaltenden Emissionsgrenzwerte sind länderspezifisch festgelegt.

Für Pkw und leichte Nfz sind länderspezifisch unterschiedliche dynamische Testzyklen vorgeschrieben, die sich entsprechend ihrer Entstehungsart unterscheiden:

- aus Aufzeichnungen tatsächlicher Straßenfahrten abgeleitete Testzyklen, z. B. der FTP-Zyklus (Federal Test Procedure) in der US-EPA-Gesetzgebung
- aus Abschnitten mit konstanter Beschleunigung und Geschwindigkeit konstruierte (synthetisch erzeugte) Testzyklen, z. B. der MNEFZ (modifizierter neuer europäischer Fahrzyklus) in den EU/ECE-Regelungen.

Zur Bestimmung der Schadstoffemissionen wird der durch den Testzyklus festgelegte Geschwindigkeitsverlauf auf dem Rollenprüfstand nachgefahren. Während der Fahrt wird das Abgas gesammelt und nach Ende des Fahrprogramms hinsichtlich der Schadstoffmassen analysiert (→ **Abgasgesetzgebung** → Abgasmesstechnik).

Serienprüfung

In der Regel verlangen die CoP-Vorschriften (Conformity of Production), dass der Hersteller die Serienprüfung als Teil der Qualitätskontrolle während der Fertigung durchführt und dokumentiert. Dabei werden im Wesentlichen die gleichen Prüfverfahren und Grenzwerte angewandt wie bei der Typprüfung. Die Zulassungsbehörde auditiert die Serienprüfung und kann Nachprüfungen anordnen. Die schärfsten Anforderungen werden in den USA angewandt, wo eine annähernd lückenlose Qualitätsüberwachung verlangt wird (Compliance Assurance Program CAP in der EPA-Gesetzgebung, Production Vehicle Evaluation PVE in der CARB-Gesetzgebung).

Feldüberwachung

Bei der Feldüberwachung geht es um die Erkennung von typspezifischen Mängeln (z. B. Konstruktions- oder Fertigungsfehler, mangelhafte Wartungsvorschriften), die beim Betrieb von Fahrzeugen unter normalen Nutzungsbedingungen zu deutlich erhöhten Schadstoffemissionen führen. Hierzu wird eine Überprüfung der dauerhaften Einhaltung der Emissionsvorschriften an Serienfahrzeugen im Feld durchgeführt. Die Hersteller müssen hierfür Pläne aufstellen und von der Typzulassungsbehörde genehmigen lassen. Für die Prüfung werden stichprobenartig Serienfahrzeuge privater Fahrzeughalter ausgewählt, deren Laufleistung und Alter innerhalb festgelegter Grenzen liegen. Das Verfahren der Emissionsprüfung ist z. T. gegenüber der Typprüfung vereinfacht. Die Typzulassungsbehörde auditiert die Ergebnisse der Herstelleruntersuchungen und kann Nachprüfungen anordnen, sie kann aber auch eigene Untersuchungen durchführen.

Abgasuntersuchung

Eine weitere Prüfung richtet sich nicht an den Fahrzeughersteller, sondern an den einzelnen Fahrzeughalter. Bei der periodischen technischen Kontrolle des Abgasminderungssystems (in Deutschland bei der Abgasuntersuchung AU, in der EU beim Roadworthiness Test, in den USA bei der Inspection/Maintenance I/M) geht es um die Überprüfung, ob ein einzelnes Fahrzeug stark erhöhte Emissionen aufweist. Ist dies der Fall, muss es der Halter reparieren lassen und erneut vorführen, sonst erlischt die Betriebserlaubnis. Mit der Abgasuntersuchung soll auch sichergestellt werden, dass der Halter sein Fahrzeug entsprechend der Wartungsvorschriften pflegt und wartet.

EU und UN/ECE

Die europäische Emissionsgesetzgebung wird von der EU-Kommission (Generaldirektion Unternehmen, dem „EU-Wirtschaftministerium") in Zusammenarbeit mit Industrieverbänden und den EU-Mitgliedsstaaten erarbeitet und vom europäischen Parlament und dem Ministerrat der EU-Mitgliedsstaaten politisch beschlossen. Technische Detailregelungen werden als so genannte technische Anpassungen alleine vom Ministerrat beschlossen.

Grundlage der EU-Abgasgesetzgebung für Pkw und leichte Nfz bis zu einem zulässigen Gesamtgewicht von 3,5 Tonnen ist die Richtlinie 70/220/EWG aus dem Jahr 1970. Darin wurden zum ersten Mal Grenzwerte und Prüfvorschriften für die Abgasemissionen festgelegt und seither immer wieder fortgeschrieben. EU-Gesetze sind entweder Richtlinien („Directives", müssen noch in nationales Recht umgesetzt werden) oder Vorschriften (Regulations, direkt in allen EU-Mitgliedsstaaten gültig).

Ein weiteres Gremium zur Festlegung von Emissionsvorschriften, das für die EU relevant ist, ist die UN/ECE (United Nations Economic Commission for Europe), eine Organisation der vereinten Nationen. Hier werden seit 1958 Vorschriften für den Straßenverkehr erarbeitet, die ursprünglich die Wirtschaft und den Warenaustausch in Europa erleichtern sollten. An der Entwicklung von Emissionsvorschriften nehmen inzwischen neben den EU-Staaten und den europäischen Nicht-EU-Staaten viele weitere Staaten teil, insbesondere die USA und Kanada, die russische Föderation, Südafrika, Australien, Japan, Korea, Indien und China. Dabei dient die EU-Gesetzgebung zur Schadstoffemissionsminderung als Vorlage für die UN/ECE-Vorschrift R83.

Die Vorschrift R83 enthält alle Inhalte der EU-Gesetzgebung; d. h., sie bildet die unten beschriebenen EU-Stufen ab, ergänzt um Anforderungen für neuartige Antriebe (z. B. für Elektro- und Hybridfahrzeuge) oder neue Minderungssysteme (z. B. Partikelfilter) oder neue Prüfverfahren (z. B. zur Partikelmessung), für die eine weltweite Harmonisierung und Akzeptanz angestrebt wird. Wie in Abschnitt → **Weitere Länder** näher beschrieben wird, orientieren sich bei der Emissions-Gesetzgebung immer mehr Länder an den UN/ECE-Regelungen R83 für Emissionen und OBD und R101 für die Kraftstoffverbrauchsmessung.

EU/ECE-Gesetzgebung

Die EU-Gesetzgebung kennt im Unterschied zu den USA keine Emissionsminderungsprogramme, sondern verschärft die Emissionsanforderungen stufenweise. Die Stufen für Pkw und leichte Nfz werden mit Euro oder EU bezeichnet, die Stufen I–IV mit römischen Ziffern, ab Stufe 5 mit arabischen Ziffern. Die Stufen kennzeichnen immer eine weitere Verschärfung bei den Abgasgrenzwerten im Typ-1-Test, der im Folgenden noch genauer erklärt wird:

- EU I (ab 1. Juli 1992),
- EU II (ab 1. Januar 1996),
- EU III (ab 1. Januar 2000),
- EU IV (ab 1. Januar 2005),
- EU 5a (ab 1. September 2009),
- EU 5b (ab 1. September 2011),
- EU 6b (ab 1. September 2014),
- EU 6c (ab 1. September 2017).

Nur für Diesel-Pkw und leichte Nfz gibt es eine Interim-Stufe EU 6a, die eine vorzeitige Zertifizierung nach den niedrigen NO_x-Emissionsgrenzwerten der Stufe EU 6b erlaubt.
Im Unterschied zu den USA, wo eine Zertifizierung jeweils nur für ein Modelljahr erteilt wird, gilt eine Typzulassung für eine EU-Stufe bis zu dem Zeitpunkt, an dem die nächste Stufe verbindlich vorgeschrieben ist. Eine neue Abgasstufe wird demnach in zwei Schritten eingeführt. Im ersten Schritt müssen neue Fahrzeugtypen (die bisher noch nicht zertifiziert waren) die neuen Anforderungen einhalten. Im zweiten Schritt – i. d. R. ein Jahr später – müssen alle neu zugelassenen Fahrzeuge die neuen Grenzwerte einhalten.
Die EU-Vorschriften erlauben Steueranreize (Tax Incentives), wenn Emissionsstufen erfüllt werden, bevor sie zur Pflicht werden. Dies wurde z. B. in Deutschland bei der Gestaltung der Kfz-Steuersätze berücksichtigt. Für die Hersteller bedeutet dies, dass ein gewisser Druck besteht, Fahrzeuge, die zukünftige Stufen erfüllen, vor dem verbindlichen Einführungsdatum auf den Markt zu bringen.

Abgasemissionen

Die primäre Anforderung in der EU-Gesetzgebung sind die Schadstoffemissionen im neuen europäischen Fahrzyklus NEFZ (ab EU III MNEFZ), gemessen auf dem Fahrzeug-Rollenprüfstand bei einer Temperatur zwischen 20 und 30 °C (normale Umgebungstemperatur), dem so genannten Typ-1-Test. Die Grenzwerte sind auf die Fahrstrecke bezogen und in Gramm pro Kilometer (g/km) angegeben.
Die EU-Emissionsgesetzgebung legt Grenzwerte für folgende Schadstoffe fest:

- Kohlenmonoxid (CO),
- Kohlenwasserstoffe (HC), ab EU 5 auch für Kohlenwasserstoffe außer Methan (NMHC),
- Stickoxide (NO_x),
- Partikelmasse (PM), ab EU 5 für Benzindirekteinspritzung,
- Partikelanzahl (PN), ab EU 6b für Benzindirekteinspritzung.

Die Partikelanforderungen gelten nur für Benzindirekteinspritzung (und für Diesel), da aufgrund des dieselähnlicheren Brennverfahrens von einer höheren emittierten Partikelmasse und -anzahl ausgegangen wird. Die Emissionsgrenzwerte für Pkw und leichte Nfz Klasse 1 sind in Bild 1 dargestellt. Die Grenzwerte sind für Fahrzeuge mit Diesel- und Ottomotoren unterschiedlich, auch für alternative Kraftstoffe wie Erdgas (CNG) oder Ethanolkraftstoffe (z. B. E85, Benzin mit bis zu 85 % Volumenanteil Ethanol) gelten besondere Bestimmungen. Grundsätzlich strebt die EU jedoch gleiche Anforderungen für alle Kraftstoffe und Verbrennungsverfahren an.

Für Pkw (Klasse M1, Personentransport, max. 9 Sitzplätze) gelten ab EU III unabhängig von der zulässigen Gesamtmasse die gleichen Grenzwerte. Die leichten Nfz (Klasse N1, Gütertransport) werden in Abhängigkeit vom Fahrzeug-Bezugsgewicht in drei Unterklassen I, II und III eingeteilt. Die Grenzwerte der Klasse I entsprechen denen der Pkw, für die Klassen II und III gelten jeweils höhere Werte. Ab EU 5 wurde der Anwendungsbereich der Vorschrift auf schwerere Fahrzeuge der Klassen M2 und N2 ausgedehnt, die aber i. d. R. mit Dieselmotoren ausgestattet werden.

Für die Zulassung eines Fahrzeugtyps (Zertifizierung) muss der Hersteller nachweisen, dass die Emissionen der limitierten Schadstoffe die jeweiligen Grenzwerte über die gesetzlich vorgegebene Lebensdauer (als Fahrstrecke in Kilometern) nicht überschreiten. Diese betrug bis einschließlich EU III 80 000 km, wurde mit EU IV auf 100 000 km erhöht und hat ab EU 5 einen Wert von 160 000 km.

Die Typzulassungsprüfung im Typ-I-Test erfolgt mit einem Prüffahrzeug, das mindestens 3 000 km eingefahren wurde. Da die Emissionsgrenzwerte für das Fahrzeug am Ende seiner Lebensdauer gelten, werden die gemessenen Werte mit Verschlechterungsfaktoren multipliziert und dann mit den Grenzwerten verglichen. Hierfür können entweder gesetzlich vorgegebene Verschlechterungsfaktoren (Default Values) verwendet werden oder der Hersteller ermittelt diese speziell für diesen Fahrzeugtyp in einem in der Vorschrift definierten Dauerlaufprogramm, dem Typ-V-Test.

Neben den primären Anforderungen im Typ-I-Test gibt es zwei weitere Abgasanforderungen:

- Den Typ-II-Test, in dem die CO-Emissionen im Leerlauf ermittelt werden. Diese Werte spielen eine Rolle für die periodische Abgasuntersuchung von Ottomotorfahrzeugen.
- Den Typ-VI-Test, in dem die Kohlenwasserstoff- und Kohlenmonoxid-Emissionen nach dem Kaltstart bei –7 °C gemessen werden. Für diesen Test wird der erste Teil (der innerstädtische Teil) des MNEFZ gefahren. Dieser Test ist seit 2002 verbindlich und seither unverändert für EU III, EU IV, EU 5 und EU 6b gültig. Für EU 6c werden die Grenzwerte für HC und CO voraussichtlich auf ca. 1/3 gesenkt und ein neuer Grenzwert für NO_x eingeführt.

Ein neues Element der EU-Emissionsgesetzgebung wird voraussichtlich ab 2017 der RDE-Test (Real Driving Emissions) sein. Dieser hat das Ziel, sicherzustellen, dass die Emissionsgrenzwerte nicht nur im genormten Zyklus, sondern auch unter realen Straßenbedingungen eingehalten werden. Der RDE-Test wird in einer Expertengruppe der EU-Kommission unter Beteiligung von Automobilherstellern und Zulieferern in den Jahren 2012 bis 2014 erarbeitet.

1 Emissionsgrenzwerte EU III bis EU 6 für Pkw mit Ottomotoren

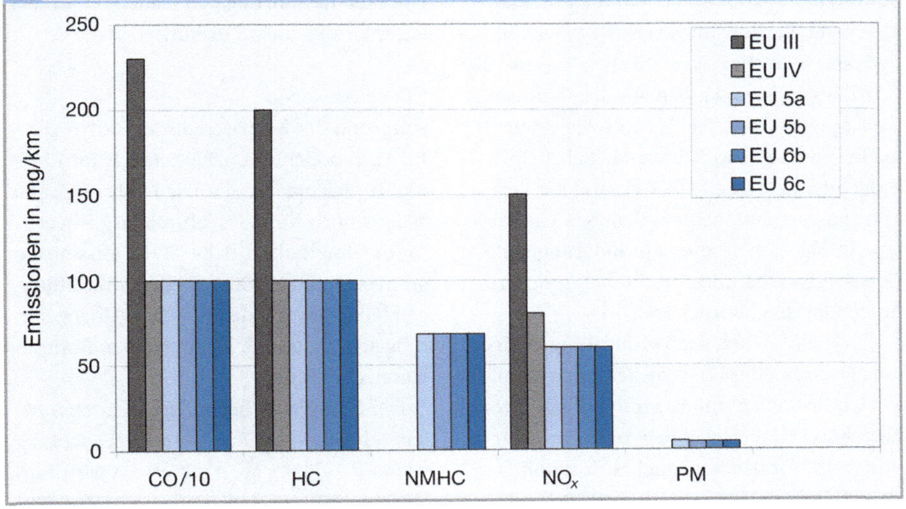

Bild 1
CO/10 bedeutet, dass der durch 10 geteilte Grenzwert für CO aufgetragen ist. Bei HC, NMHC, NO_x und PM sind direkt die Grenzwerte für Kohlenwasserstoffe, Kohlenwasserstoffe außer Methan, Stickoxide bzw. Partikelmasse aufgetragen. Die Grenzwerte für die Partikelanzahl liegen bei $6 \cdot 10^{12}$ Partikel pro km für EU 6b und bei $6 \cdot 10^{11}$ Partikel pro km für EU 6c (wie auch für Diesel-Fahrzeuge ab EU 5b). Die Grenzwerte für Partikelmasse und für Partikelanzahl gelten nur für Benzindirekteinspritzung.

Verdunstungsemissionen

Eine weitere signifikante Quelle für Kohlenwasserstoffemissionen kann bei Ottomotorfahrzeugen die Emission von Kraftstoff durch Verdunstung aus dem Kraftstofftank und dem Kraftstoffkreislauf sein. Die Verdunstungsemissionen sind abhängig von der konstruktiven Auslegung des Fahrzeugs und der Kraftstofftemperatur. Als Begrenzungsmaßnahme wird i. A. ein Behälter mit Aktivkohle (Aktivkohlefalle, AKF) verwendet, in dem die Kraftstoffdämpfe gespeichert werden. Da die Aktivkohlefalle nur ein begrenztes Aufnahmevermögen hat, muss diese regeneriert werden. Dies geschieht durch die Spülung mit Frischluft während der Fahrt. Das Kraftstoff-Luft-Gemisch wird dabei dem Ansaugtrakt zugeführt und im Motor verbrannt.

In der EU-Gesetzgebung wird mit dem Typ-IV-Test die Verdunstungsemission geprüft und begrenzt. Die Bestimmung der Verdunstungsemissionen wird ab EU II in einer gasdichten Klimakammer, dem SHED (Sealed Housing for Evaporative Emissions Determination) durchgeführt. Die HC-Emission wird dabei zu Beginn und am Ende einer Prüfung erfasst und aus der Differenz die Verdunstungsverluste berechnet.

Man unterscheidet zwei Fälle: Das sind die Verdunstungsemissionen aus dem Kraftstoffsystem nach Abstellen des Fahrzeugs mit heißem Motor, nämlich die Heißabstellprüfung oder den Hot Soak Test, und die Verdunstungsemissionen aus dem Kraftstoffsystem infolge von Temperaturänderungen im Tagesverlauf, nämlich die Tankatmungsprüfung oder den Diurnal Test.

Für die Messung der Verdunstungsemissionen schreibt der Gesetzgeber einen detaillierten Prüfablauf mit mehreren Phasen vor, der ab EU III gleichgeblieben ist. Das Fahrzeug wird für den eigentlichen Test konditioniert, indem die Aktivkohlefalle definiert mit Kraftstoffdämpfen oder alternativ mit Butan beladen und anschließend der Tank zu 40 % mit Prüfkraftstoff gefüllt wird. Daraufhin folgt eine Konditionierungsfahrt auf dem Rollenprüfstand, gefolgt von einer Abstellphase zur Stabilisierung des Systems. Mit einer weiteren Konditionierungsfahrt wird der Motor heiß gefahren und gleichzeitig die Möglichkeit zum Spülen der Aktivkohlefalle gegeben. Sofort anschließend wird das Fahrzeug in den SHED verbracht und im Laufe einer Stunde die Heißabstellemissionen während der Abkühlung bestimmt. Nach Abkühlung auf 20 °C erfolgt die Tankatmungsprüfung. Hierzu wird die Temperatur im SHED über 24 Stunden von 20 °C auf 35 °C erhöht und wieder gesenkt. Damit soll ein typischer Sommertag simuliert werden. Der Grenzwert für die Summe der in beiden Prüfungen ermittelten HC-Emissionen ist 2 g pro Test.

Mit EU 6c wird es Änderungen im Ablauf der Konditionierung geben (weniger Gelegenheit zum Spülen) und der Tankatmungstest wird um 24 h verlängert (es zählt der höhere HC-Wert der beiden 24-h-Zyklen). Der Grenzwert bleibt voraussichtlich gleich. Über die Einführung von Dauerhaltbarkeitsanforderungen wird diskutiert.

CO_2-Emissionen

Aufgrund der Klimaschutzziele führte die EU verbindliche CO_2-Flottenziele für Pkw und für leichte Nfz ein. Die Flotte eines Herstellers muss für jedes Jahr einen Zielwert für die durchschnittliche CO_2-Emission (in g/km) einhalten, sonst werden Strafzahlungen fällig, die von der Höhe der Überschreitung abhängig sind. Es gibt keinen Bonus bei Unterschreitung.

Der Zielwert ist herstellerspezifisch und hängt linear vom Durchschnittsgewicht der verkauften Flotte ab. Als Zielwert wurde ein Durchschnittswert über alle verkauften Pkw von 130 g CO_2 pro km festgelegt. Das entspricht einem Verbrauch von etwa 5,5 *l* Benzin oder 4,9 *l* Diesel auf 100 km. Dieser Wert muss ab 2012 für 65 % der verkauften Neuwagen erfüllt werden. Der Prozentsatz wird bis 2015 stufenweise auf 100 % erhöht. Für leichte Nfz beträgt der Zielwert 175 g CO_2 pro km und gilt ab 2014 für 70 % der verkauften Fahrzeuge, mit einer stufenweise Erhöhung auf 100 % bis 2017.

Hersteller können sich zusammenschließen, um dann ein gemeinsames Ziel zur erreichen. Nischenhersteller und Hersteller mit kleinen verkauften Stückzahlen (z. B. für Pkw max. 10 000 Stück pro Jahr) können auf Antrag Sonderziele auf Basis ihrer bisherigen Emissionen genehmigt bekommen. Auf Antrag kann ein Hersteller bis zu 7 g CO_2 pro km Gutschrift durch „Öko-Innovationen" erreichen. Das sind fahrzeugseitige Maßnahmen, die sich im Typ-I-Test nicht auswirken, aber im normalen Straßenverkehr zu signifikanten und nachweisbaren CO_2-Minderungen führen, z. B. besonders effiziente Generatoren. Eine weitere Besonderheit sind „Super Credits", z. B. für Pkw, die weniger als 50 g CO_2 pro km emittieren. Damit sollen Hybride und Plug-in-Hybride gefördert werden. Für 2020 hat die EU-Kommission die Fortschreibung dieses Systems vorgeschlagen, mit Zielwerten von 95 g CO_2 pro km für Pkw und 147 g CO_2 pro km für leichte Nfz. Pkw müssen eine prozentual gleiche Minderung für alle Massen im Vergleich zu den Zielwerten für 2015 erreichen, für leichte Nfz müssen leichtere Fahrzeuge (die i. A. von Pkw abgeleitet sind) eine größere Minderung erreichen als schwerere.

Überprüfung der Serienproduktion und Feldüberwachung

Die EU-Gesetzgebung schreibt vor, dass die Hersteller Stichproben neu produzierter Serienfahrzeuge auf die Einhaltung der Emissionsgrenzwerte im Typ-I-Test überprüfen (Compliance of Production). Eine Teilstichprobe müssen die Hersteller unter normalen Nutzungsbedingungen im Straßenverkehr betreiben und in regelmäßigen Abständen bezüglich der Emissionen überprüfen (In-Service Conformity, Feldüberwachung). Hierzu müssen die Hersteller von der Typzulassungsbehörde einen Prüfungsplan genehmigen lassen. Die Behörde auditiert die Ergebnisse und kann Nachprüfungen verlangen.

Die EU-Gesetzgebung sieht weiterhin vor, dass die Typzulassungsbehörden eigenständig die Feldüberwachung durchführen können. Die Mindestanzahl der zu überprüfenden Fahrzeuge eines Fahrzeugtyps beträgt drei, bei geringen Überschreitungen werden in einem statistischen Verfahren bis zu 30 Fahrzeuge vermessen. Die zu überprüfenden Fahrzeuge müssen folgende Kriterien erfüllen:

- Die Laufleistung liegt zwischen 15 000 km und 80 000 km, das Fahrzeugalter zwischen 6 Monaten und 5 Jahren (für EU III). Für EU IV ist eine Laufleistung zwischen 15 000 km und 100 000 km festgelegt.
- Die regelmäßigen Inspektionen nach den Herstellerempfehlungen wurden durchgeführt.
- Das Fahrzeug weist keine Anzeichen von außergewöhnlicher Benutzung (wie z. B. Manipulationen, größere Reparaturen o. Ä.) auf.

Fällt ein Fahrzeug durch stark abweichende Emissionen auf, so ist die Ursache für die überhöhte Emission festzustellen. Weisen mehrere Fahrzeuge aus der Stichprobe aus dem gleichen Grund erhöhte Emissionen auf, gilt für die Stichprobe ein negatives Ergebnis. Bei unterschiedlichen Gründen wird die Probe um ein Fahrzeug erweitert, sofern die maximale Probengröße noch nicht erreicht ist.

Stellt die Typgenehmigungsbehörde fest, dass ein Fahrzeugtyp die Anforderungen nicht erfüllt, d. h., es liegt ein typspezifischer Mangel vor (z. B. durch Konstruktions- oder Fertigungsfehler), so muss der Fahrzeughersteller Maßnahmen zur Beseitigung des Mangels ausarbeiten. Die Maßnahmen müssen sich auf alle Fahrzeuge beziehen, die vermutlich denselben Defekt haben. Gegebenenfalls muss eine Rückrufaktion (Recall) erfolgen.

Periodische Abgasuntersuchung

Die EU-Gesetzgebung sieht auch die Möglichkeit einer periodischen technischen Kontrolle des Abgasminderungssystems von Fahrzeugen vor (Roadworthiness Test). Hierbei geht es um die Sicherstellung, dass der Halter sein Fahrzeug wie vom Hersteller vorgesehen wartet und ggf. repariert. Die konkrete Umsetzung obliegt den einzelnen EU-Mitgliedsstaaten. In Deutschland müssen Pkw und leichte Nfz vier Jahre nach der Erstzulassung und dann alle zwei Jahre zur Abgasuntersuchung (AU), die heute Teil der Hauptuntersuchung (HU) ist.

Die Abgasuntersuchung in der Werkstatt umfasst eine Sichtprüfung der Abgasanlage. Für Ottomotor-Fahrzeuge ohne On-Board-Diagnose (OBD) erfolgt eine Überprüfung des CO- und λ-Werts in einem definierten Drehzahlfenster (bei erhöhter Leerlaufdrehzahl) bei einer Mindestmotortemperatur. Für Fahrzeuge mit On-Board-Diagnose wird in der Regel nur das OBD-System ausgelesen. Anhand des Bereitschafts-Codes (Readiness-Code) wird überprüft, ob alle Diagnosefunktionen durchgeführt wurden, und durch Auslesen des Fehlerspeichers, ob Fehlereinträge vorliegen. Fällt ein Fahrzeug durch die AU-Prüfung, muss es der Halter reparieren lassen und erneut vorführen, sonst erlischt die Betriebserlaubnis.

Weltweit harmonisierte Testprozeduren und Testzyklen

Im Rahmen der UN/ECE wurde seit Anfang dieses Jahrtausends über einen „weltweit harmonisierten Testzyklus und dazugehörige Testprozeduren“ für die Emissionszertifizierung von Pkw und leichte Nfz diskutiert (Worldwide Harmonized Light Vehicles Test Procedure/Cycle WLTP/C). Diese Idee wurde vor allem von Japan vorangetrieben. Bedingt durch die politischen Vorgaben der EU-Emissions-Gesetzgebung (EU 5 und 6) und der EU-CO_2-Gesetzgebung (für Flottenwerte), einen realistischeren Testzyklus und eine dazugehörige Testprozedur einzuführen, fand diese Idee auch Unterstützung durch die EU.

Der Zeitplan und die inhaltlichen Eckpunkte für das UN/ECE-WLTP-Programm wurden 2008 und 2009 festgelegt. Teilnehmer sind die EU, die Schweiz, Japan, Südkorea, Indien und China sowie die betroffenen Industrien (Automobilhersteller und Zulieferindustrie) und Nichtregierungsorganisationen. Die USA haben sich nach anfänglicher Teilnahme wieder aus dem Programm zurückgezogen, da die notwendigen Ressourcen für US-Gesetzgebungsvorhaben gebraucht wurden.

Ursprüngliches Ziel war die Entwicklung eines Testzyklus mit drei Teilen, nämlich innerorts (Urban), ländlichem Raum (Rural) und Schnellstraßen sowie Autobahnen (Motorways), der das Real World Driving abbilden soll. Der neue Testzyklus soll sowohl für die Emissionsbegrenzung als auch für die Bestimmung des Kraftstoffverbrauchs und der CO_2-Emissionen geeignet sein und den europäischen und den japanischen Testzyklus ersetzen (→ **Testzyklen**).

Als Basis für die Zyklusentwicklung wurden Daten zum Fahrverhalten im fließenden Verkehr für die Regionen EU, Japan, Indien, Südkorea und USA erhoben. Diese Daten wurden mit weiteren statistischen Daten zum Straßenverkehr verknüpft und mit Methoden, die in Japan bei der Entwicklung des JC08-Zyklus und in der UN/ECE bei der Entwicklung von Zyklen für Motorräder und für schwere Nfz erarbeitet wurden, weiter analysiert und daraus in mehreren Iterationen ein Hauptzyklus sowie mehrere Spezialzyklen abgeleitet.

Der WLTC besteht aus vier Phasen (Low, Mid, High und Extra High Speed). Für spezielle Fahrzeugsegmente wurden weitere Zyklen entwickelt: für die japanischen „Kei-Cars" eine abgeschwächte Variante des WLTC und für den indischen Markt zwei Zyklen für Fahrzeuge mit sehr niedrigem Motorleistungs-Masse-Verhältnis (Low Powered Vehicle Test Cycles LPTC). Der WLTC ist in Bild 11 in Abschnitt → **Testzyklen** → WLPT dargestellt.

Parallel zur Zyklusentwicklung haben Expertenarbeitsgruppen aus Industrie, Behörden und Nichtregierungsorganisationen die bestehenden UN/ECE-Prüfvorschriften mit dem Ziel überarbeitet, deutlich realistischere Verbrauchs- und Emissionsmessungen zu ermöglichen. Neben der grundlegenden Testprozedur wurden auch spezielle Anforderungen für elektrifizierte Fahrzeuge wie Hybride und Elektrofahrzeuge erarbeitet. Weitere Schwerpunkte waren die Messmethoden für gasförmige Schadstoffe und für Partikelmasse und -anzahl. Zyklen und Testprozeduren sollen 2013 als „UN/ECE Global Technical Regulation" fertig gestellt und 2014 durch die UN/ECE beschlossen werden.

Die EU-Kommission hat Anfang 2013 vorgeschlagen, in der EU den NEDC ab 2017 durch den WLTC sowohl für die Emissionsbegrenzung als auch für die Bestimmung des Kraftstoffverbrauchs und der CO_2-Emissionen zu ersetzen. Die Automobilindustrie plädiert hingegen für eine Einführung nach 2020, um die notwendige Vorlaufzeit für die Entwicklung und die Umstellung der Produktion zu gewährleisten.

Die WLTP und der WLTC betreffen nicht nur die EU, sondern mittelfristig viele weitere Länder wie China, Indien, die russische Föderation, andere südostasiatische Länder, Australien, Südafrika und lateinamerikanische Länder, die die UN/ECE-Regelungen direkt oder in modifizierter Form übernehmen.

Auch Japan und Südkorea wollen längerfristig die eigene Gesetzgebung aufgeben und die UN/ECE-Regelungen übernehmen. Die USA werden wahrscheinlich weiterhin ihre nationalen Zyklen und Testprozeduren beibehalten.

USA

Die ersten Emissionsvorschriften für Kraftfahrzeuge wurden Mitte der 1960er-Jahre in Kalifornien durch die Luftreinhaltebehörde CARB (California Air Resources Board) erlassen. In den 1970er-Jahren wurde der „Clean Air Act" (CAA) als US-Bundesgesetz erlassen, der die gesetzliche Basis für die Luftreinhaltevorschriften der US-Bundesbehörde EPA (Environmental Protection Agency) ist. Auf Basis der damaligen kalifornischen Anforderungen hat die EPA die US-Abgasvorschriften (z. B. den FTP-Zyklus) entwickelt. Kalifornien hat seitdem die EPA-Vorschriften als Basis für die eigenen Vorschriften verwendet. Da Kalifornien historisch gesehen vor dem US-Bund eine Abgasgesetzgebung eingeführt hatte, wurde diesem Bundesstaat als einzigem im CAA das Sonderrecht auf eine eigene Emissionsgesetzgebung eingeräumt, solange die CARB-Anforderungen mindestens so streng wie die jeweils gültigen EPA-Anforderungen sind. Die anderen Bundesstaaten der USA können entweder die EPA-Vorschriften implementieren (im Regelfall) oder aufgrund besonderer Probleme bei der Einhaltung der durch den Bund vorgegebenen Luftqualitätsziele die strengeren CARB-Vorschriften. Ursprünglich haben nur einige nordöstliche Bundesstaaten die CARB-Vorschriften übernommen, zwischenzeitlich ist die Zahl auf elf (Stand April 2013) gestiegen. Mit dem „Single National Criteria Pollutant Program" (SNCP) soll versucht werden, die CARB- und die EPA-Anforderungen, die seit 2004 stark auseinander gelaufen sind, ab 2017 möglichst weitgehend zu harmonisieren.

CARB-Gesetzgebung

Die Emissionsanforderungen der kalifornischen Luftreinhaltebehörde CARB (California Air Resources Board) für Pkw (Passenger Cars PC), leichte Nutzfahrzeuge (Light-Duty Trucks LDT, darunter fallen auch die als Pkw genutzten Pick-up-Trucks und Geländewagen) und mittelschwere Fahrzeuge (Medium Duty Vehicles MDV) bis zu einem zulässigen Gesamtgewicht von 14 000 lbs (US-Pfund; 1 lb = 0,454 kg) sind in den Low-Emission-Vehicle-Emissionsminderungsprogrammen (LEV) festgelegt:

- LEV I (ab Modelljahr 1994),
- LEV II (ab Modelljahr 2004),
- LEV III (ab Modelljahr 2015).

Jedes Programm sieht eine Reihe von Zertifizierungskategorien mit gestaffelten Abgasgrenzwerten vor, sowie Flottendurchschnittswerte, die die betroffenen Flotten (PC und LDT1 oder LDT2) an verkauften Fahrzeugen eines Herstellers einhalten müssen. Für MDV gelten gestaffelte prozentuale Mindestanteile für die einzelnen Zertifizierungskategorien. Mit jedem Programm gelten schärfere Anforderungen an die Abgas- und Verdunstungsemissionen, d. h., die Neufahrzeuge müssen immer sauberer werden.

Parallel findet auch eine Anpassung der Marktkraftstoffe an die Minderungsziele statt, d. h., auch deren Spezifikationen werden geändert. 2003 wurde das „California Reformulated Gasoline III" eingeführt, das bis zu 10 % Volumenanteil Ethanol zulässt (E10). Gleichzeitig wurde MTBE als Oktanzahlverbesserer verboten. Eine entsprechende Anpassung des Zertifizierungsbenzins findet aber erst mit dem LEV-III-Programm statt.

Die primäre Anforderung sind die Schadstoffemissionen im FTP-Zyklus (Federal Test Procedure, Abschnitt → **Testzyklen**), gemessen bei einer Temperatur zwischen 20 und 30 °C auf dem Rollenprüfstand. Die Grenzwerte sind auf die Fahrstrecke bezogen und in Gramm pro Meile festgelegt.

Die CARB-Gesetzgebung legt Grenzwerte fest für:

- Kohlenmonoxid (CO),
- Stickoxide (NO_x),
- organische Gase außer Methan (NMOG),
- Formaldehyd (ab LEV II),
- Partikelmasse (PM, für Diesel ab LEV I, für Ottomotoren ab LEV II).

Mit LEV III werden die Einzelgrenzwerte für NMOG und NO_x durch einen Summengrenzwert ersetzt.

Grundsätzlich gelten die Grenzwerte unabhängig vom Antriebssystem, d. h., es gelten die gleichen Werte für Otto- und Dieselmotoren unabhängig vom Kraftstoff (Benzin, Diesel, Erdgas, Ethanolkraftstoffe). Es gibt aber auch spezielle Anforderungen für einzelne Antriebe und Kraftstoffe, die deren besondere Eigenschaften berücksichtigen.

Neben den primären Anforderungen im FTP-Test gibt es weitere Abgasanforderungen gemäß CARB, z. B.

- CO im FTP-Test bei niedriger Umgebungstemperatur (–7 °C),
- CO im FTP-Test bei mittlerer Umgebungstemperatur (10 °C),

- NO_x im Highway-Test,
- CO sowie die Summe von NMHC (Kohlenwasserstoffe ohne Methan) und NO_x in den Supplemental Federal Test Procedures (SFTP).

Diese Anforderungen werden z. T. mit LEV III im Vergleich zu LEV II deutlich verschärft. Dies gilt insbesondere für die SFTP-Anforderungen, deren Einhaltung zusätzlich zum FTP die Entwicklung von neuen Technologien erfordern.

Phase-in

Die LEV-Programme werden nicht von einem Jahr auf das andere eingeführt, sondern über ein Phase-in, d. h. die schrittweise Einführung der Anforderungen über mehrere Jahre für immer größere Anteile der Neuwagenflotte, z. B. für LEV II zu je 25 %, 50 %, 75 %, 100 % der neu zugelassenen Fahrzeuge in den Modelljahren 2004, 2005, 2006 bzw. 2007. Parallel findet damit ein Phase-out der bisherigen Vorschriften statt. Mit dem Phase-in haben die Hersteller die Möglichkeit, neue Technologien zuerst bei einer kleineren Zahl von Fahrzeugtypen und davon verkauften Fahrzeugen einzuführen und Erfahrungen im Feld zu sammeln. Kleine Hersteller müssen neue Vorschriften erst zum Ende des Phase-in-Zeitraums erfüllen.

Zertifizierungskategorien

Der Automobilhersteller kann innerhalb der vorgeschriebenen Grenzwerte und unter Einhaltung des Flottendurchschnitts (siehe unten) unterschiedliche Fahrzeugkonzepte einsetzen, die nach ihren Emissionswerten für CO-, NMOG- und NO_x-Emissionen im FTP-Test in folgende Zertifizierungskategorien eingeteilt sind. Mit LEV III wird von Einzelgrenzwerten auf Summengrenzwerte für NMOG und NO_x umgestellt, wodurch die Hersteller etwas mehr Flexibilität bei der Applikation der Fahrzeuge erhalten.

LEV II:
- LEV (Low-Emission Vehicle),
- ULEV (Ultra-Low-Emission Vehicle),
- SULEV (Super Ultra-Low-Emission Vehicle).

LEV III:
- LEV 160 (die Zahl steht für Summengrenzwert für NMOG und NO_x in mg pro Meile).
- ULEV 125,
- ULEV 70,
- ULEV 50,
- SULEV 30,
- SULEV 20.

Die Grenzwerte für die Zertifizierungskategorien gemäß LEV II und LEV III sind in Bild 2 und Tabelle 1 dargestellt. Die Anzahl der Zertifizierungskategorien wurde von drei auf sechs erhöht. Die neue Kategorie SULEV 20 stellt eine weitere Verschärfung gegenüber dem bisher strengsten Grenzwert SULEV (jetzt SULEV 30) dar. Im Bild ist auch der Grenzwert von 10 mg/Meile für die Partikelmasse (PM) für LEV-II-Zertifizierungen enthalten. Mit LEV III gibt es einen verschärften PM-Grenzwert von 3 mg/Meile, der über ein separates Phase-in 2017 bis 2021 zu je 10 %, 20 %, 40 %, 70 % bzw. 100 % der neu zugelassenen Fahrzeuge eingeführt wird.

Zusätzlich zu den Zertifizierungskategorien von LEV II und LEV III sind im ZEV-Programm (Zero Emission Vehicle) Kategorien von emissionsfreien und fast emissionsfreien Fahrzeugen definiert.

Dauerhaltbarkeit

Für die Zulassung eines Fahrzeugtyps (Typprüfung) im LEV-II-Programm muss der Hersteller nachweisen, dass die Emissionen der limitierten Schadstoffe die

2 Zertifizierungskategorien für Pkw und leichte Nfz gemäß CARB-Gesetzgebung

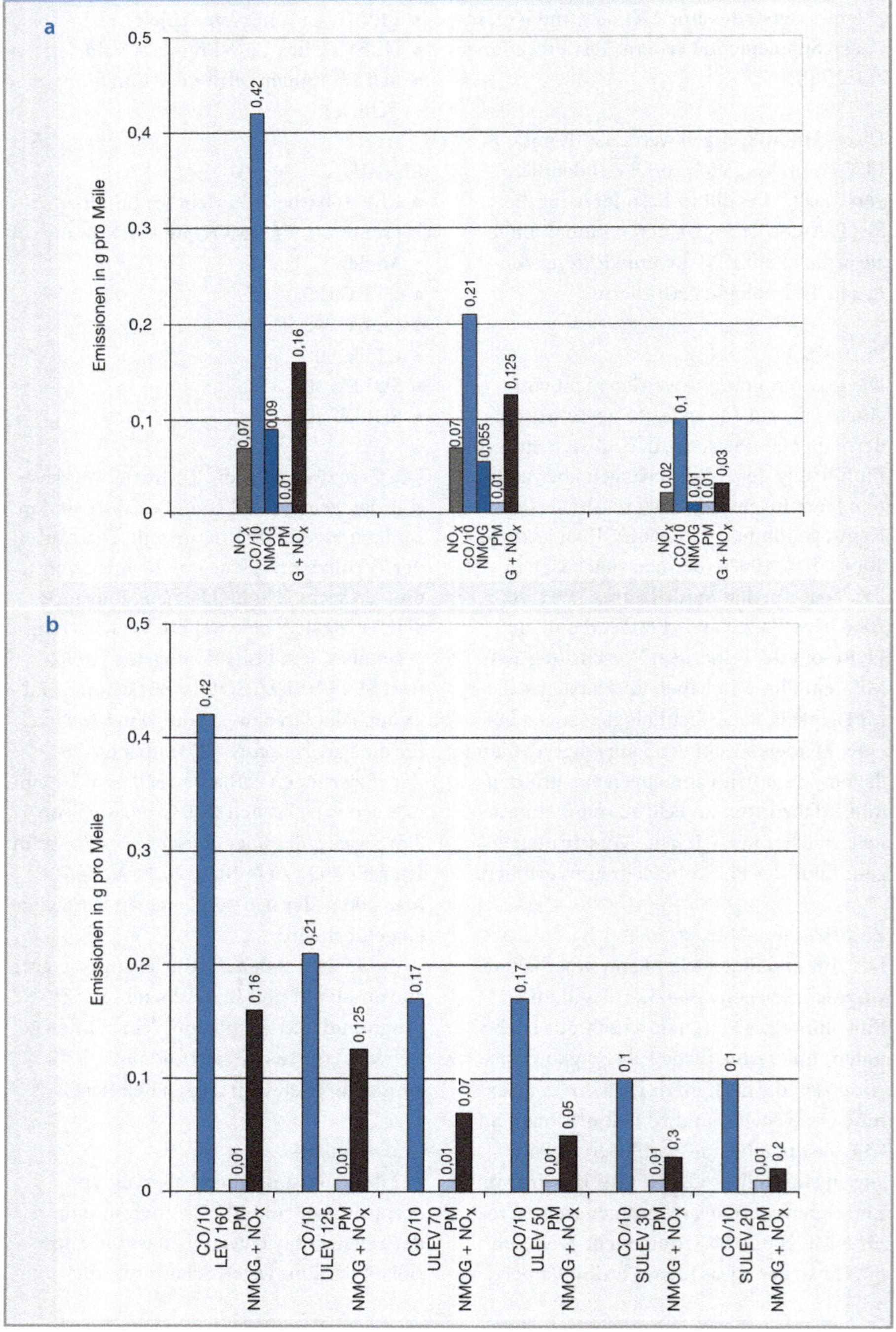

Bild 2
a) LEV II
b) LEV III
CO/10 bedeutet, dass der durch 10 geteilte Grenzwert für CO aufgetragen ist. Bei allen anderen Abgaskomponenten sind die Grenzwerte direkt aufgetragen. NMOG + NO_x bezeichnet den Summengrenzwert für NMOG und NO_x.

jeweiligen Grenzwerte über 50 000 Meilen oder 5 Jahre (Intermediate Useful Life) und über 120 000 Meilen oder 10 Jahre (Full Useful Life) nicht überschreiten (1 Meile = 1,609 km). Optional kann der Fahrzeughersteller die LEV-II-Fahrzeuge auch für eine Laufleistung (Full Useful Life) von 150 000 Meilen oder 15 Jahren mit gleichen Grenzwerten wie für 120 000 Meilen zertifizieren. Dann erhält er einen Bonus bei der Bestimmung des NMOG-Flottendurchschnitts. Für die Zulassung nach dem ZEV-Programm gelten 150 000 Meilen oder 15 Jahre (Full Useful Life). Diese Anforderung wird mit dem LEV-III-Programm auf alle PC, LDT und MDPV ausgedehnt.

Flottendurchschnitt

Jeder Fahrzeughersteller muss dafür sorgen, dass die von ihm in Kalifornien verkauften Fahrzeuge im Durchschnitt einen bestimmten Grenzwert für die Abgasemissionen nicht überschreiten, nämlich den Flottendurchschnitt. Für das LEV-II-Programm gilt als Kriterium die NMOG-Emission. Der Flottendurchschnitt ergibt sich aus dem Mittelwert der NMOG-Grenzwerte im Intermediate Useful Life aller von einem Fahrzeughersteller in einem Jahr verkauften Fahrzeuge (für SULEV-Fahrzeuge der NMOG-Grenzwerte im Full Useful Life). Es gibt separate Grenzwerte für den Flottendurchschnitt der Personenkraftwagen mit den leichteren Nutzfahrzeuge (PC/LDT1) und für schwerere Nutzfahrzeuge (LDT2).

Die Grenzwerte für den NMOG-Flottendurchschnitt werden jedes Jahr herabgesetzt. Das bedeutet, dass der Fahrzeughersteller immer mehr Fahrzeuge der saubereren Abgaskategorien verkaufen muss, um den niedrigeren Flottengrenzwert einhalten zu können. In Bild 3a ist der NMOG-Flottendurchschnitt dargestellt (für PC/LDT1), in Bild 3b sind die jeweils möglichen NMOG-Grenzwerte der Zertifizierungskategorien gezeigt. Die NMOG-Flottendurchschnittsanforderung für 2010 gilt auch für die Jahre 2011 bis 2014.

Mit dem LEV-III-Programm wird auf den Summenwert von NMOG und NO_x als Kriterium gewechselt, analog zur Umstellung auf den Summengrenzwert bei den Zertifizierungskategorien. Für LEV III sinken die Flottendurchschnittswerte von 2015 bis 2025 auf den Zielwert von 30 mg pro Meile, d. h. dem Wert der Zertifizierungskategorie SULEV 30 im Full Useful Life. Dies ist in Bild 4 für die PC/LDT1- und LDT2/MDV-Flotten dargestellt. Bis einschließlich 2019 sind noch Typzulassungen nach LEV II möglich, danach müssen alle Pkw und leichten Nfz nach LEV III zertifiziert werden.

Die CARB-Vorschriften erlauben für den Flottendurchschnitt den Ausgleich über mehrere Modelljahre, d. h., die Nichterfüllung für ein Modelljahr kann durch die Übererfüllung in anderen Jahren ausgeglichen werden.

Kategorie	LEV II NOMG	LEV II NO_x	LEV III, kombinierter Grenzwert für NMOG und NO_x	LEV III CO
LEV 160	0,090	0,070	0,160	4,2
ULEV 125	0,055	0,070	0,125	2,1
ULEV 70	–	–	0,070	1,7
ULEV 50	–	–	0,050	1,7
SULEV 30	0,010	0,020	0,030	1,0
SULEV 20	–	–	0,020	1,0

Tabelle 1
Zertifizierungskategorien für Pkw und leichte Nfz gemäß CARB-Gesetzgebung

3 NMOG-Grenzwerte

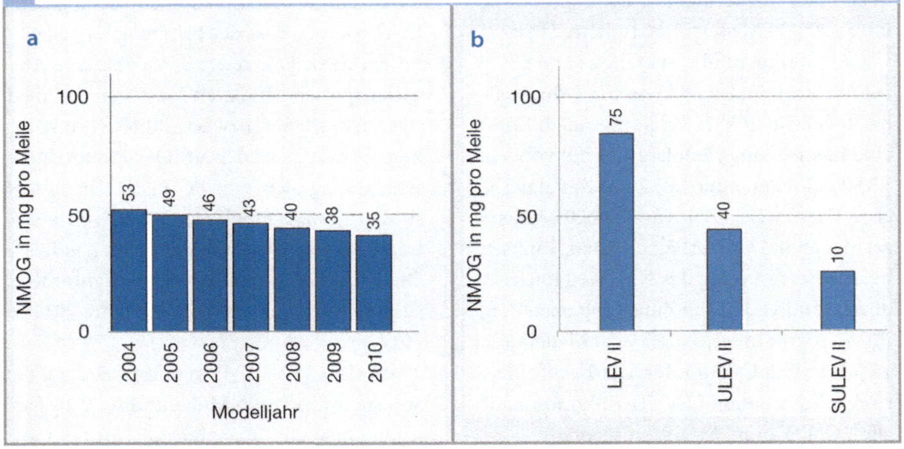

Bild 3
a) Flottendurchschnitt.
b) Grenzwert nach LEV II

Verdunstungsemissionen

Grundlegende Informationen zu Verdunstungsemissionen und deren Begrenzung sind in Abschnitt → **EU/ECE** beschrieben. In der CARB-Gesetzgebung werden drei Arten von Verdunstungsemissionen begrenzt:

- Verdunstungsemissionen aus dem Kraftstoffsystem nach Abstellen des Fahrzeugs mit heißem Motor: Heißabstellprüfung oder „Hot Soak Test",
- Verdunstungsemissionen aus dem Kraftstoffsystem infolge von Temperaturänderungen im Tagesverlauf: Tankatmungsprüfung oder „Diurnal Test",
- Verdunstungsemissionen während der Fahrt z. B. durch Permeation: „Running Loss Test".

Die Bestimmung der Verdunstungsemissionen wird in einer gasdichten Klimakammer, dem SHED (Sealed Housing for Evaporative Emissions Determination) durchgeführt. Die HC-Emission wird dabei zu Beginn und am Ende einer Prüfung erfasst und aus der Differenz die Verdunstungsverluste berechnet. Für die Messung der Verdunstungsemissionen schreibt die CARB einen detaillierten Prüfablauf mit mehreren Phasen vor. Es gibt einen Ablauf für die Typzulassung (unten beschrieben) und einen etwas weniger aufwendigen Ablauf für die Serienprüfung (CoP).

Nach einer Vorbereitungsfahrt auf dem Rollenprüfstand wird das Fahrzeug wird für den eigentlichen Test konditioniert, indem der Tank zu 40 % mit Prüfkraftstoff gefüllt und anschließend die Aktivkohlefalle definiert mit Butan beladen wird. Dann wird ein FTP-Test gefahren und dabei die Abgasemissionen gemessen. Dabei wird der Motor heiß gefahren und gleichzeitig die Möglichkeit zum Spülen der Aktivkohlefalle gegeben.

Daraufhin folgt der „Running Loss Test" auf dem im SHED integrierten Rollenprüfstand bei 40,6 °C. Dabei werden folgende Zyklen durchfahren: einmal FTP 72. zweimal New York City Cycle, einmal FTP 72. Der Grenzwert beträgt 0,05 g HC pro Meile. Sofort anschließend wird im Laufe einer Stunde die Heißabstellemission während der Abkühlung bestimmt. Nach Abkühlung auf 18,3 °C erfolgt die Tankatmungsprüfung. Hierzu wird die Temperatur im SHED über 24 Stunden von 18,3 °C auf 40,6 °C erhöht und wieder abgekühlt. Damit soll ein typi-

4 Summengrenzwerte für NMOG und NO_x

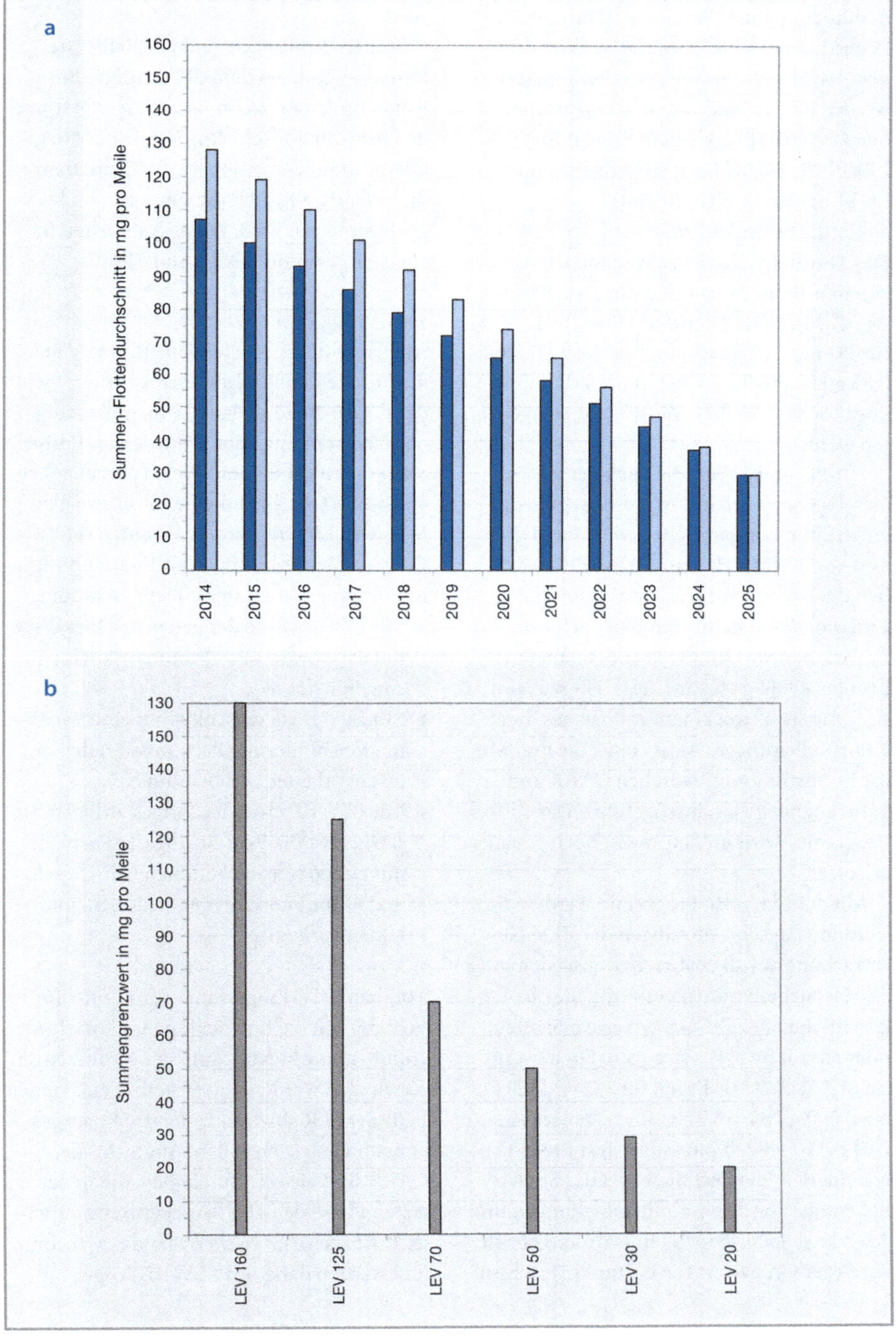

Bild 4
a) Flottendurchschnitt.. Der Wert für PC/ LDT1 isr dunkelblau, der für LDT2/MDPV hellblau gezeichnet.
b) Grenzwert nach LEV III

scher Sommertag simuliert werden. Dieser 24-Stunden-Test wird dreimal hintereinander durchgeführt (Three Day Diurnal). Der höchste gemessene 24-Stunden-Wert und der Heißabstellwert im Typzulassungstest werden addiert und mit dem entsprechenden Grenzwert verglichen: Er liegt für LEV II für PC bei 0,5 g HC pro Test, für LDT1 bei 0,65 g HC pro Test.

Für die Serienkontrolle wird der Test „Two Day Diurnal + Hot Soak" verwendet, mit vereinfachtem Ablauf und nur zwei 24-Stunden-Zyklen. Der Grenzwert liegt für LEV II für PC bei 0,65 g HC pro Test, für LDT1 bei 0,85 g HC pro Test. Die Grenzwerte müssen über 150 000 Meilen oder 15 Jahre eingehalten werden.

Für PC und LDT1, die nach der ZEV-Gesetzgebung zertifiziert werden, gilt zum einen ein niedrigerer Grenzwert im SHED-Test von 0,350 g HC pro Test sowie zusätzlich die Anforderung „Zero Evaporative Emissions". Gemeint sind praktisch keine Emissionen von Kraftstoff (der Grenzwert liegt bei 0,054 g HC pro Test). Hierzu wird der „Rig-Test" mit einem Aufbau aus Tank, Kraftstoffleitungen, Aktivkohlefalle und Motor in Abstimmung zwischen CARB und Fahrzeughersteller durchgeführt. Das ZEV-Programm wird im Folgenden noch genauer erläutert.

Mit dem LEV-III-Programm werden die Verdunstungsanforderungen der ZEV-Gesetzgebung auf alle Fahrzeuge ausgedehnt. Die Hersteller können entweder die oben beschriebenen ZEV-Grenzwerte einhalten oder alternativ etwas strengere Grenzwerte im SHED-Test (sie liegen für PC und LDT1 bei 0,300 g HC pro Test) sowie den neuen BETP-Test (Bleed Emissions Test Procedure), mit dem die Dichtheit und das Spülverhalten nur von Tank, Kraftstoffleitungen und Aktivkohlefalle, jedoch ohne Motor geprüft wird (der Grenzwert für PC und LDT1 liegt bei 0,020 g HC pro Test). Die Grenzwerte für die Typzulassungstests sind in Bild 5 dargestellt.

Weitere Prüfungen sind der Refueling Emission Test, bei dem die verdrängten Kraftstoffdämpfe beim Betanken erfasst werden (On-Board Refueling Vapor Recovery ORVR), und der „Spitback Test", mit dem die verspritze Kraftstoffmenge pro Tankvorgang gemessen wird. Diese Tests gelten in gleicher Form für CARB und EPA.

ZEV-Programm

Aufgrund der speziellen Situation in den kalifornischen Ballungsräumen ist es aus Sicht der CARB-Behörde langfristig notwendig, den Verbrennungsmotor mit seinen Emissionen durch „Null-Emissions-Fahrzeuge" zu ersetzen. Dazu fährt die Behörde zweigleisig: Mit den LEV-Programmen werden die Emissionsanforderungen an Verbrennungsmotorfahrzeuge immer höher geschraubt:

- Mit LEV I wurde der geregelte Drei-Wege-Katalysator für alle Ottomotorfahrzeuge eingeführt.
- Mit LEV II lag der Fokus auf einer weiteren Verminderung der Emission der Ozonvorläufer NMOG und NO_x.
- Mit LEV III wird dies fortgeschrieben, zusätzlich ist die Begrenzung der Partikelemissionen hinzugekommen (für Diesel- und Ottomotorfahrzeuge mit Benzindirekteinspritzung).

Mit dem ZEV-Programm (Zero Emission Vehicle) soll die Entwicklung und Markteinführung von Null-Emissions-Fahrzeugen erzwungen werden, die weiterhin auch einen Beitrag zur Reduzierung der Treibhausgasemissionen leisten sollen. Aus Sicht der CARB sind viele Technologien, die in der ersten Phase der ZEV-Gesetzgebung entwickelt wurden, inzwischen Stand der Technik und werden daher im LEV-III-Programm

5 Grenzwerte für Verdunstungsemissionen nach LEV II, ZEV und LEV III (gemäß CARB-Gesetzgebung)

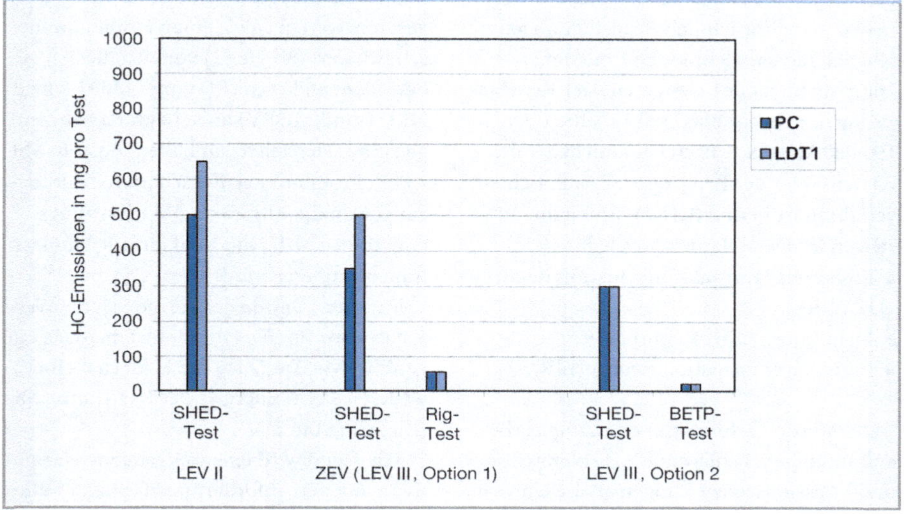

„flächendeckend“ für alle Fahrzeuge über entsprechende Anforderungen (Grenzwerte, Dauerhaltbarkeit) gefordert.

Das ZEV-Programm definiert drei Kategorien von emissionsfreien und fast emissionsfreien Fahrzeugen:

- PZEV (Partial ZEV, d. h. Verbrennungsmotorfahrzeuge (mit Otto- oder Dieselmotor) zertifiziert als SULEV mit erhöhter Dauerhaltbarkeit und Garantie für das Emissionsminderungssystem (150 000 Meilen) sowie praktisch keinen Verdunstungsemissionen im Test (siehe oben).
- AT-PZEV (Advanced Technology PZEV): PZEV mit alternativen Antrieben (z. B. Hybridfahrzeuge) oder PZEV, die alternative Kraftstoffe nutzen (z. B. Gasfahrzeuge). Beides ist aus Sicht der CARB eine Brückentechnologie zu den „echten“ ZEV.
- ZEV (Zero-Emission Vehicle): Fahrzeuge ohne Abgas- und Verdunstungsemissionen, z. B. Elektrofahrzeuge oder Wasserstoff-Brennstoffzellenfahrzeuge.

Das ZEV-Programm sieht für die großen Automobilhersteller Mindeststückzahlen für ZEV, AT-PZEV und PZEV Fahrzeuge vor, die ab 2005 bis 2017 stufenweise ansteigen und immer größere Anteile an AT-PZEV und ZEV vorsehen. Die Berechnung der Stückzahlen erfolgt nicht direkt, sondern über sogenannte „ZEV Credits“, die u. a. von der verwendeten Technologie und deren Leistungsfähigkeit sowie dem Modelljahr abhängig sind. Ab 2018 entfällt die Kategorie PZEV und die notwendigen Stückzahlen für AT-PZEV und ZEV steigen bis 2025 stark an. Außer Nischenherstellern müssen dann alle Automobilhersteller die Anforderungen erfüllen.

Feldüberwachung

Für im Verkehr befindliche Fahrzeuge (In-Use-Fahrzeuge) wird stichprobenartig eine Abgasemissionsprüfung im FTP-Test sowie eine Verdunstungsemissionsprüfung durchgeführt. Es werden, abhängig von der jeweiligen Abgaskategorie, Fahrzeuge mit Laufstrecken unter 75 000, 90 000 und 105 000 Meilen überprüft.

Für Fahrzeuge ab dem Modelljahr 1990 unterliegen die Fahrzeughersteller einem Berichtszwang hinsichtlich Beanstandungen und Schäden an definierten Emissionskomponenten oder -systemen. Der Berichtszwang besteht für maximal 15 Jahre oder 150 000 Meilen, je nach Garantiedauer des Bauteils oder der Baugruppe. Das Berichtsverfahren ist in drei Berichtsstufen mit ansteigender Detaillierung angelegt:

- Emissions Warranty Information Report (EWIR),
- Field Information Report (FIR),
- Emission Information Report (EIR).

Dabei werden Informationen bezüglich Beanstandungen, Fehlerquoten, Fehleranalyse und Emissionsauswirkungen an die Umweltbehörde weitergegeben. Der Field Information Report dient der Behörde als Entscheidungsgrundlage für Rückrufe gegenüber dem Fahrzeughersteller.

EPA-Gesetzgebung

Die Emissionsanforderungen der US-Bundesbehörde EPA (Environmental Protection Agency) für Pkw (LDV, Light Duty Vehicles) und leichte Nutzfahrzeuge (LDT, Light-Duty Trucks, unterteilt in Light Light-Duty Trucks (LLDT) and Heavy Light-Duty Trucks (HLDT)) sind in den Stufen-Emissionsminderungsprogrammen (Tier) festgelegt:

- Tier 1 (ab Modelljahr 1994),
- Tier 2 (ab Modelljahr 2004),
- Tier 3 (ab Modelljahr 2017).

Ab Tier 2 bilden mittelschwere Fahrzeuge, die primär für den Personentransport gedacht sind (z. B. schwere Geländewagen) eine eigene Fahrzeugkategorie als MDPV (Medium Duty Passenger Vehicle). Diese Fahrzeuge waren in Tier 1 den schweren Nutzfahrzeugen (Heavy Duty Vehicles) zugeordnet.

Jedes Programm sieht eine Reihe von Zertifizierungskategorien mit gestaffelten Abgasgrenzwerten sowie einen Flottendurchschnittswert (ab Tier 2) vor, den die betroffenen Flotten (LDV und LLDT sowie HLDT und MDPV) an verkauften Fahrzeugen eines Herstellers einhalten müssen. Mit jedem Programm gelten schärfere Anforderungen an die Abgas- und Verdunstungsemissionen, d. h., die Neufahrzeuge müssen immer sauberer werden.

Mit Tier 1 wurde der geregelte Drei-Wege-Katalysator für alle Ottomotorfahrzeuge eingeführt. Mit Tier 2 lag der Fokus auf einer weiteren Verminderung der NO_x-Emission (Zielwert „Bin 5").

Mit Tier 3 wird eine weitgehende Harmonisierung der Anforderungen (Single National Criteria Pollutant Program, SNCP) mit dem kalifornischen LEV-III-Programm angestrebt. Dabei verfolgt die EPA zusätzlich eigene Ziele, z. B. bezüglich Verdunstungsemissionen, die dann auch in die LEV-III-Gesetzgebung übernommen werden sollen.

Parallel findet auch eine Anpassung der Marktkraftstoffe an die Minderungsziele statt, d. h., deren Spezifikationen werden geändert, um die notwendigen Abgasminderungstechnologien zu ermöglichen. Ein wesentlicher Parameter ist dabei der Schwefelgehalt im Ottokraftstoff, der ab 2006 für das „Reformulated Gasoline" auf durchschnittlich 30 ppm Schwefel begrenzt wird, für Tier 3 ab 2017 auf durchschnittlich 10 ppm.

Aufgrund des Programms „Renewable Fuel Standard" (RFS) müssen die Firmen, die Kraftstoffe verkaufen, von 2008 bis 2022 jährlich steigende Anteile an Biokraftstoffen in den Marktkraftstoffen Benzin und Diesel unterbringen. Für Benzin bedeutet dies steigende Ethanolanteile. Die Obergrenze war mit 10% Volumenanteil Ethanol festgelegt. Da absehbar ist, dass die geforderten Mengen an Biokraftstoffen nicht ohne Änderungen bei den Kraftstoffspezifikationen unterzubringen sind, hat 2010 die EPA für LDV und LDT ab Modelljahr 2001 die Erlaubnis erteilt, Benzin mit max. 15 % Volumenanteil Ethanol an speziell gekennzeichneten Tankstellen zu verkaufen. Dementsprechend wird für Tier 3 Zertifizierungsbenzin mit 15 % Volumenanteil Ethanol (E15) eingeführt. Alternativ kann das Ethanol auch als Sonderbenzin mit max. 85 % Volumenanteil Ethanol (E85) verkauft werden, das nur von „Flexible Fuel Vehicles" (FFV) genutzt werden kann (→ **Brasilien**).

Die primären EPA-Emissionsanforderungen betreffen die Schadstoffemissionen im FTP-Zyklus (Federal Test Procedure), gemessen bei einer Temperatur zwischen 20 und 30 °C auf dem Rollenprüfstand. Die Grenzwerte sind auf die Fahrstrecke bezogen in Gramm pro Meile festgelegt. Die EPA-Gesetzgebung legt Grenzwerte fest für:

- Kohlenmonoxid (CO),
- Stickoxide (NO_x),
- organische Gase außer Methan (NMOG),
- Formaldehyd (ab Tier 2),
- Partikelmasse (PM).

Grundsätzlich gelten ab Tier 2 die Grenzwerte unabhängig vom Antriebssystem, d. h. es gelten die gleichen Werte für Otto- und Dieselmotoren mit verschiedenen Kraftstoffen (Benzin, Diesel, Erdgas, Ethanolkraftstoffe). Es gibt aber auch spezielle Anforderungen für einzelne Antriebe und Kraftstoffe, die deren besondere Eigenschaften berücksichtigen. Neben den primären Anforderungen im FTP-Test gibt es weitere Abgasanforderungen der EPA, z. B.:

- CO und NMHC (Kohlenwasserstoffe außer Methan) im FTP-Test bei niedriger Umgebungstemperatur (–7 °C),
- NO_x im Highway-Test,
- CO sowie die Summe von NMHC und NO_x (ab Tier 3 NMOG und NO_x) in den Supplemental Federal Test Procedures (SFTP).

Diese Anforderungen werden z. T. mit Tier 3 im Vergleich zu Tier 2 verschärft. Dies gilt insbesondere für die SFTP-Anforderungen, die damit zusätzlich zum FTP-Test den Einsatz neuer Technologien erfordern.

Phase-in

Die Tier-Programme werden nicht von einem Jahr auf das andere eingeführt, sondern über ein Phase-in, d. h. die schrittweise Einführung der Anforderungen über mehrere Jahre für immer größere Anteile der Neuwagenflotte, z. B. gemäß Tier 2 für 25 %, 50 %, 75 %, 100 % der neu zugelassenen LDV- und LLDT-Fahrzeuge in den Modelljahren 2004, 2005, 2006 bzw. 2007. Für HLDT und MDPV ist das Phase-in im Jahr 2009 beendet. Parallel findet damit ein Phase-out der bisherigen Vorschriften statt. Mit dem Phase-in haben die Hersteller die Möglichkeit, neue Technologien zuerst bei einer kleineren Zahl von Typen und Fahrzeugen einzuführen und Erfahrungen im Feld zu sammeln. Kleine Hersteller müssen neue Vorschriften meist erst zum Ende der Phase-in-Zeitraums erfüllen. Für Tier 3 beginnt das Phase-in 2017, mit sinkenden Flottendurchschnittswerten für NMOG und NO_x bis 2025.

Zertifizierungskategorien

Der Automobilhersteller kann innerhalb der vorgeschriebenen Grenzwerte und unter Einhaltung des Flottendurchschnitts unterschiedliche Fahrzeugkonzepte einsetzen, die nach ihren Emissionswerten für CO-, NMOG- und NO_x-Emissionen im FTP-Test in „Bin" („Behälter") genannte Zertifizierungskategorien eingeteilt sind. In **Bild 6** sind die Tier 2 Bins für LDV/LLDT auf der linken Seite dargestellt, zum Vergleich die CARB-LEV-II-Zertifizierungskategorien auf der rechten Seite. Durch die größere Zahl von „Bins" erlaubt Tier 2 den Herstellern mehr Flexibilität bei der Abstimmung ihrer Fahrzeuge. Gleiche Anforderungen gelten für „Bin 5" und LEV und für „Bin 2" und SULEV. Das hier nicht gezeigte „Bin 1" gilt für Fahrzeuge ohne Abgasemissionen und entspricht damit der Kategorie ZEV.

Ab Tier 3 wird die EPA die gleichen Zertifizierungskategorien wie LEV III übernehmen, wenn auch mit einer eigenen Bezeichnung. Dabei wird es für jede Kategorie zwei Werte geben, nämlich für 150 000 Meilen Dauerhaltbarkeit die gleichen Werte wie für LEV III als optionaler Grenzwert und für 120 000 Meilen Dauerhaltbarkeit strengere Werte als für LEV III.

Eine große Hürde bei der Harmonisierung ist der zu verwendende Zertifizierungskraftstoff. Im April 2013 war noch nicht endgültig geklärt, ob und wie die EPA Zertifizierungen mit dem CARB-E10-Zertifizierungsbenzin akzeptieren wird (und umgekehrt die CARB Zertifizierungen mit EPA-E15).

Dauerhaltbarkeit

Für die Zulassung eines Fahrzeugtyps (Typprüfung) für das Tier-2-Programm muss der Hersteller nachweisen, dass die Emissionen der limitierten Schadstoffe die jeweiligen Grenzwerte im FTP-Test über 50 000 Meilen oder 5 Jahre (im Intermediate Useful Life) und über 120 000 Meilen oder 10 Jahre (im Full Useful Life, für HLDT 11 Jahre, für MDPV 12 Jahre) nicht überschreiten (1 Meile = 1,609 km).

Optional kann der Fahrzeughersteller die Tier-2-Fahrzeuge auch für eine Laufleistung von 150 000 Meilen oder 15 Jahren mit gleichen Grenzwerten wie für 120 000 Meilen zertifizieren. Dann erhält er einen Bonus bei der Bestimmung des NO_x-Flottendurchschnitts.

Für Tier 3 bleibt es bei diesen Dauerhaltbarkeitsanforderungen, da die EPA keine Ermächtigung hat, 150 000 Meilen verbindlich vorzuschreiben. Optional kann jedoch für 150 000 Meilen zertifiziert werden (wie für CARB LEV III).

Flottendurchschnitt

Jeder Fahrzeughersteller muss dafür sorgen, dass die von ihm in den Staaten mit EPA-Gesetzgebung verkauften Fahrzeuge im Durchschnitt einen bestimmten Grenzwert für die Abgasemissionen nicht überschreiten, nämlich den Flottendurchschnitt. Für Tier 2 gilt als Kriterium die NO_x-Emission und der Flottendurchschnitt ergibt sich aus dem Mittelwert der zertifizierten NO_x-Grenzwerte im FTP-Test aller von einem Fahrzeughersteller in einem Jahr verkauften Fahrzeuge.

Der Flottendurchschnittswert für NO_x von 0,07 g pro Meile gilt ab 2007 für LDV und LLDT, ab 2009 für HLDT und MDPV. Der Flottendurchschnittswert entspricht damit der Zertifizierungskategorie „Bin 5" (siehe **Bild 6**). Mit dem Flottendurchschnittskonzept (Averaging) wird dem Hersteller Flexibilität eingeräumt: Er kann z. B. alle Fahrzeuge seiner Flotte als „Bin 5" zertifizieren, er kann aber auch einen Teil seiner Fahrzeuge in einem höheren Bin, z. B. „Bin 7", zertifizieren und dies durch andere Fahrzeuge ausgleichen, die in einem niedrigeren Bin, z. B. in „Bin 3", zertifiziert sind.

Um den Herstellern mehr Flexibilität bei der Einhaltung der Modelljahr-bezogenen Flottenanforderungen zu geben, können diese für die Übererfüllung des geforderten Flottendurchschnittswertes „Credits" erwerben. Diese können zum Ausgleich von „Debits" verwendet werden, die anfallen, wenn der geforderte Durchschnitt in einem Jahr nicht erreicht wird. Mit den Credits können also Debits über mehrere Jahre hinweg (durch Banking) ausgeglichen werden. Grundsätzlich können Credits auch an andere Hersteller verkauft werden.

6 Emissionsgrenzwerte gemäß EPA und CARB für Pkw und leichte Nfz über 120 000 Meilen

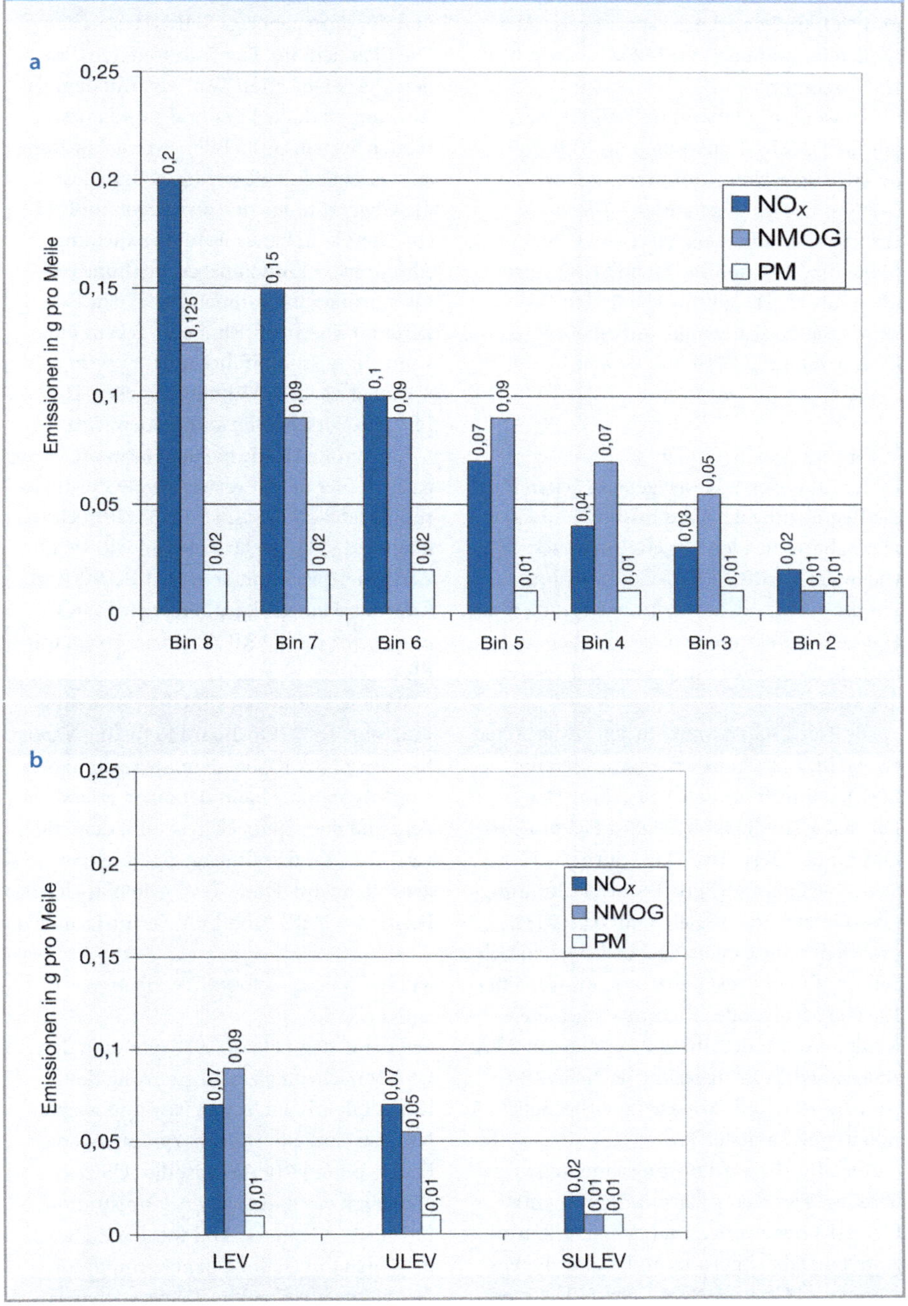

Bild 6
a) Tier-2-Bins
b) LEV-II-Kategorien

Mit Tier 3 übernimmt die EPA den gleichen FTP-Flottendurchschnitt für NMOG und NO_x und das gleiche schrittweise Absenken im Zeitraum 2017–2025 wie im LEV-III-Programm.

Ein weiterer Flottendurchschnittswert gilt für NMHC-Emissionen im FTP-Test bei niedriger Umgebungstemperatur (–7 °C). Dieser so genannte 50-Staaten-Grenzwert) mit einem Wert von 0,30 g pro Meile für LDV und LLDT und 0,50 g pro Meile für HLDT gilt für alle in den USA zugelassenen Fahrzeuge, mit einem Phase-in in den Jahren 2010 bis 2013 zu 25, 50, 75 und 100 %.

Verdunstungsemissionen

In der EPA-Tier-2-Gesetzgebung gelten für die Begrenzung der Verdunstungsemissionen nahezu die identischen Prüfvorschriften wie in der CARB-LEV-II-Gesetzgebung. Für die verschiedenen Prüfungen sind etwas andere Temperaturen vorgeschrieben und es muss EPA-Zertifizierungskraftstoff verwendet werden.

Die Tier-2-Grenzwerte liegen etwas höher als die LEV-II-Grenzwerte (Angaben für LDV), nämlich für den Test „Three Day Diurnal + Hot Soak" bei 0,95 g HC pro Test und für den Test „Two Day Diurnal + Hot Soak" bei 0,65 g HC pro Test. Der „Running-Loss-Grenzwert" ist gleich mit 0,05 g HC pro Meile. Die Zahlenangaben beziehen sich dabei auf LDV. Die Grenzwerte müssen über 150 000 Meilen oder 15 Jahre eingehalten werden. Ab Modelljahr 2009 erlaubt die EPA alternativ die Zertifizierung nach CARB-Grenzwerten und -Vorschriften (bezüglich Ablauf und Kraftstoff).

Auch für die Verdunstungsemissionen wird mit Tier 3 eine Harmonisierung mit LEV-III-Grenzwerten und -Vorschriften angestrebt. Dabei übernimmt die EPA die Verfahren und Grenzwerte aus der ZEV-Gesetzgebung nur während des Phase-in 2017 bis 2019, danach sollen nur noch der BETP-Test und der dazu gehörige SHED-Test gelten. Die EPA sieht für Tier 3 als weiteren Test den „Leak Detection Test" vor, mit dem das Alterungsverhalten des kraftstoffdampfführenden Systems mittels einer Druckprüfung auf Lecks überprüft werden soll. Ziel ist die Überprüfung von Fahrzeugen im Feld (In-Use-Compliance, Feldüberwachung, Abschnitt → **Emissionsgesetzgebung** → Einführung), im Rahmen der Typzulassung wird nur überprüft, ob dieser Test mit dem Fahrzeugtyp durchführbar ist. Es wird erwartet, dass die CARB diesen Test in die LEV-III-Vorschriften aufnehmen wird.

Eine große Hürde bei der Harmonisierung ist auch hier der zu verwendende Zertifizierungskraftstoff. Im April 2013 war noch nicht endgültig geklärt, ob und wie die EPA Zertifizierungen mit dem CARB-E10-Zertifizierungsbenzin akzeptieren wird (und umgekehrt die CARB Zertifizierungen mit EPA-E15).

Weitere Prüfungen sind der „Refueling Emission Test" (On-Board Refueling Vapor Recovery ORVR), bei dem die verdrängten Kraftstoffdämpfe beim Betanken erfasst werden, und der „Spitback Test", mit dem die verspritze Kraftstoffmenge pro Tankvorgang gemessen wird. Diese Tests gelten in gleicher Form für CARB- und EPA-Zertifizierungen.

Kraftstoffverbrauch und Treibhausgas-emissionen

Seit der ersten Ölkrise 1975 gibt es in den USA Vorschriften zur Begrenzung des Kraftstoffverbrauchs von Pkw und leichten Nfz. Zuständig für die „Corporate Average Fuel Economy" (CAFE) ist die „US National Highway and Safety Administration" (NHTSA). Gemäß CAFE werden Zielwerte in Meilen pro Gallone Benzin (mpg) für die Flotte an verkauften Neuwagen eines

Herstellers in einem Jahr festgelegt, es werden jedoch keine Fahrzeugtyp-bezogenen Grenzwerte vorgeschrieben. Es gibt separate Zielwerte für Pkw (Passenger Cars) und für leichte Nfz (Light Trucks, neben klassischen Lieferwagen auch die in den USA stark verbreiteten Pick-up Trucks). Bei Nichteinhaltung werden Strafzahlungen in Abhängigkeit von der Höhe der Überschreitung fällig. Wie bei den oben beschriebenen Flottenwerten für NO_x oder für NMOG und NO_x haben auch bei CAFE-Zielwerten die Hersteller die Möglichkeit, bei Übererfüllung der Ziele Credits zu erwerben und mit diesen Debits aus anderen Modelljahren auszugleichen. Der Kraftstoffverbrauch als Fuel Economy *FE* in mpg wird im FTP-Test und im Highway-Test bestimmt und als ein gewichteter Wert angegeben:

$$FE = \frac{1}{\frac{0{,}55}{FE_{\mathrm{FTP}}} + \frac{0{,}45}{FE_{\mathrm{HT}}}},$$

wobei FE_{FTP} den im FTP-Test und FE_{HT} den im Highway-Test ermittelten Wert bezeichnet. Für Fahrzeuge, die besonders viel Kraftstoff verbrauchen (Gas Guzzler, Spritsäufer), bezahlt der Käufer eine verbrauchsabhängige Strafsteuer. Bis 2010 waren die Flottenzielwerte für alle Hersteller gleich, dann wurde das System auf eine neue Berechnungsgrundlage umgestellt. Die Zielwerte sind jetzt herstellerspezifisch und hängen vom „Footprint", der Grundfläche des Fahrzeugs zwischen den Rädern, ab. In drei Gesetzgebungsstufen wurden jährlich steigende Zielwerte (als Kurven für die Fuel Economy als Funktion des Footprints) für die Jahre 2011, 2012 bis 2016 und 2017 bis 2025 festgelegt.

Für die Jahre 2012 bis 2016 und 2017 bis 2025 gilt parallel eine abgestimmte Vorschrift der EPA für die Begrenzung der Treibhausgasemissionen (THG). Darin wird nicht nur die CO_2-Emission im FTP- und Highway-Test berücksichtigt, sondern auch die Emissionen von Methan und Lachgas (N_2O) sowie die Emissionen von Klimaanlagen. Mit den Vorgaben für Klimaanlagen sollen die Hersteller motiviert werden, effizientere Klimaanlagen zu bauen (geringere CO_2-Emission im Betrieb), die auch geringere direkte Emissionen von Kühlmittel durch Leckage aufweisen. Die Treibhausgas-Ziel-

7 US Corporate Average Fuel Economy (CAFE) 2010 bis 2025, separat für Passenger Cars und für Light Trucks

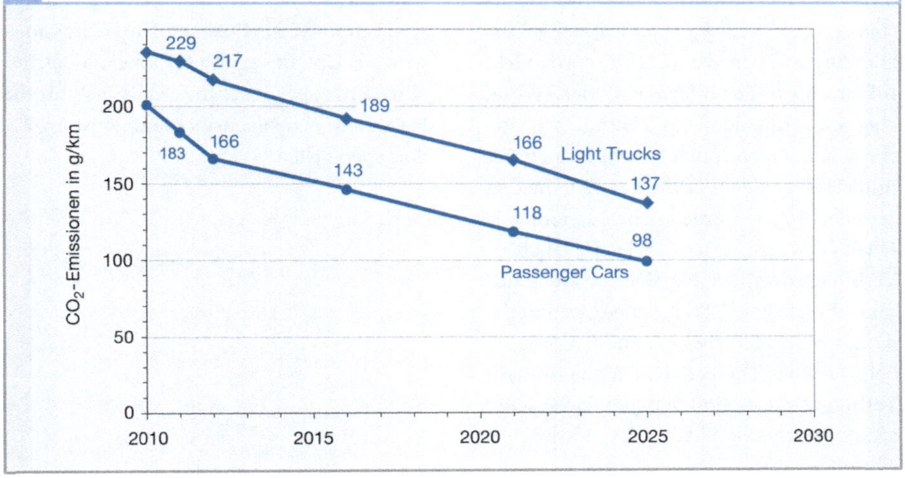

Bild 7
Zwischen den festgelegten Punkten werden die Zielwerte linear interpoliert.

werte unterscheiden sich daher quantitativ von den CAFE-Zielen (umgerechnet in CO_2-Äquivalente), da letztere nur die CO_2-Emissionen im Test ohne Klimaanlage auf dem Rollenprüfstand berücksichtigen.

Die Behörden erwarten bei Erfüllung dieser Vorschriften einen durchschnittlichen CAFE-Verbrauch der kombinierten Neuwagenflotte von Pkw und leichten Nfz im Jahr 2016 von 34,5 mpg (dies entspricht etwa 258 g CO_2 pro Meile und etwa 160 g CO_2 pro km), die EPA-Zielwerte für die Treibhausgasemission sind 250 g CO_2 pro Meile (dies entspricht etwa 35,5 mpg). Für 2025 sind dies 49,7 mpg (dies entspricht etwa 179 g CO_2 pro Meile und etwa 111 g CO_2 pro km) für den CAFE-Verbrauch und 163 g CO_2 pro Meile (dies entspricht etwa 54,5 mpg) für die Treibhausgasemissionen. Bild 7 zeigt die Zielwerte separat für die Passenger-Car- und die Light-Truck-Flotten. Aufgrund der unterschiedlichen Prüfmethoden und Flottenzusammensetzungen ist ein direkter Vergleich zwischen US- und EU-Zielwerten nicht möglich.

Ähnlich wie in der EU gibt es diverse Sonderregelungen, u. a. für kleinere Hersteller, für „Öko-Innovationen" (als „Off-Cycle Credits"), für die Förderung alternativer Kraftstoffe (z. B. E85 für Flexfuel-Fahrzeuge) und von Plug-in-Hybriden (PHEV) sowie Elektrofahrzeugen. Zur Information der Verbraucher müssen in den USA Verbrauchskennwerte über einen Aufkleber am Neufahrzeug mitgeteilt werden. Für die Berechnung dieser Label-Werte werden neben den im CAFE-Test ermittelten Werte zusätzlich Verbrauchswerte in den SFTP-Zyklen und im FTP-Test bei –7 °C herangezogen und daraus ein Stadtverbrauch und ein Autobahnverbrauch berechnet. Die so ermittelten Verbrauchswerte sind deutlich realistischer als die nur mit der CAFE-Methode bestimmten Werte.

Japan

In Japan werden (ähnlich wie in der EU) die zulässigen Emissionen stufenweise herabgesetzt. Im Rahmen der „New Long Term Standards" wurden neue Grenzwerte festgelegt, die ab 2005 gelten. Dabei wurden schrittweise die alten Testzyklen durch den neuen JC08-Zyklus ersetzt, die Grenzwerte blieben dabei nominell gleich. Die Dauerhaltbarkeit beträgt für alle Stufen 80 000 km. Die Schadstoffemissionen wurden bis 2007 in einer Kombination von 11-Mode- und 10–15-Mode-Testzyklen ermittelt (→ **Emissionsgesetzgebung** → Testzyklen → Japan Zyklen). Der 11-Mode wurde kalt gestartet, d. h., die Kaltstartemissionen wurden berücksichtigt. Ab 2008 wurde der 11-Mode durch den JC08-Zyklus ersetzt (als Kaltstart), ab 2011 auch der 10–15-Mode (durch den JC08 als Heißstart).

Die Fahrzeuge mit einem zulässigen Gesamtgewicht bis 3,5 t sind in drei Klassen unterteilt: Personenkraftwagen (Pkw, bis 10 Sitzplätze) sowie leichte und mittelschwere Nutzfahrzeuge (Light-Duty Vehicles bis 1,7 t und Medium-Duty Vehicles bis 3,5 t). Für leichte und mittelschwere Nutzfahrzeuge gelten gegenüber Personenkraftwagen höhere Grenzwerte für CO- und NO_x -Emissionen. Als Unterkategorie für Pkw und leichte Nutzfahrzeuge gibt es die „Kei-Cars", für die besondere Bauvorschriften und Leistungsvorgaben gelten.

Abgasgrenzwerte

Die japanische Gesetzgebung legt Grenzwerte für folgende Schadstoffe fest:

- Kohlenmonoxid (CO) auf 1,15 g/km,
- Stickoxide (NO_x) auf 0,05 g/km,
- Kohlenwasserstoffe außer Methan (NMHC) auf 0,05 g/km,
- Partikelmasse auf 0,005 g/km für Diesel und ab Oktober 2009 für Ottomotorfahrzeuge mit Direkteinspritzung und NO_x-Speicherkatalysator, auf 0,007 g/km für Fahrzeuge mit einem zulässigen Gesamtgewicht über 1 700 kg.

Hersteller können Fahrzeuge auch nach niedrigeren Abgasstandards zertifizieren, nämlich als japanisches ULEV mit 50 % niedrigeren Grenzwerten oder als japanisches SULEV mit 75 % niedrigeren Grenzwerten. Käufer solcher Fahrzeuge erhalten steuerliche Nachlässe beim Kauf und bei der jährlichen Kfz-Steuer.

Verdunstungsemissionen

In Japan werden die Verdunstungsemissionen von Ottomotorfahrzeugen begrenzt. Sie werden mit der SHED-Methode und einem ähnlichen Prüfablauf wie in der EU-Gesetzgebung bestimmt. Der Grenzwert beträgt 2,0 g pro Test für die Summe der Emissionen im Heißabstelltest und im Tankatmungstest. Dabei wurde zur Konditionierung bis 2010 der 11-Mode und der 10–15-Mode verwendet, ab 2011 der JC08-Zyklus, bevor das Fahrzeug in die SHED-Kammer kommt.

Kraftstoffverbrauch

In Japan wurden Maßnahmen zur Reduzierung des Kraftstoffverbrauchs in den 1970er-Jahren eingeführt. Für die Festlegung zukünftiger Anforderungen wird seit 1998 der Top-Runner-Ansatz verfolgt: Die Zielwerte für den nächsten Zeitraum werden auf Basis der besten im Markt verfügbaren Fahrzeuge bestimmt. Es wurden bisher Zielwerte für Pkw und LDV für 2010 (auf Basis des 10–15-Mode) und für 2015 (auf Basis des JC08) festgelegt. Die Vorschriften legen Zielwerte für die Kraftstoffverbrauchseffizienz in km/*l* gestaffelt nach Gewichtsklassen (Gesamtfahrzeuggewicht) fest. Hält ein Hersteller seine Zielvorgabe nicht ein, werden Strafzahlungen fällig.

Für Pkw gibt es 2020 eine weitere Stufe, für die (ähnlich wie in der EU) ein herstellerspezifischer Flottenmittelwert (Corporate Average Fuel Efficiency) gilt, basierend auf Gewichtsklassenzielen. Für die japanische neue Pkw-Flotte soll 2015 ein Wert von 16,8 km pro *l* Benzin (dies entspricht 138 g CO_2 pro km) erreicht werden, 2020 ein Wert von 20,3 km pro *l* Benzin (dies entspricht 114 g CO_2 pro km).

Käufer von Fahrzeugen mit deutlich (15 % oder 25 %) höherer Effizienz als die gesetzlichen Mindeststandards erhalten steuerliche Nachlässe. Fahrzeuge müssen mit einem Aufkleber mit Daten zum Kraftstoffverbrauch gekennzeichnet werden.

Japan als einer der Initiatoren und Treiber des UN/ECE-WLTP-Programms (→ **Emissionsgesetzgebung** → Übersicht → WLTP) wird längerfristig (voraussichtlich nach 2020) die eigenen Testvorschriften aufgeben und die UN/ECE-Regelung für den WLTP übernehmen, sowohl für die Kraftstoffverbrauchsbestimmung als auch für die Schadstoffemissionen.

Weitere Länder

Brasilien

Brasilien ist das einzige Land, in dem flächendeckend nur Ottokraftstoffe mit hohen Ethanolgehalten verkauft werden. Ethanol wird in Brasilien aus Zuckerrohr hergestellt und dem Benzin entweder wasserfrei zu etwa 22 Volumenprozent (E22) zugesetzt oder als Ethanolkraftstoff (E100) mit 7 Volumenprozent Wasser verkauft. Neben Ottomotorfahrzeugen für E22 oder E100 kommen immer mehr Flexible Fuel Vehicles (FFV) auf den Markt, die mit beiden Kraftstoffen (Ethanol und Benzin) und beliebigen Mischungen dazwischen fahren können.

Die brasilianische Abgasgesetzgebung beruht auf den US-Vorschriften (z. B. bezüglich Testzyklus und Messvorschriften), wurde aber an die speziellen Randbedingungen angepasst. Die aktuellen Stufen der Abgasgesetzgebung (Program for the Control of Air Pollution by Motor Vehicles) sind PROCONVE L5 2009 und PROCONVE L6 2014/2015. Die Dauerhaltbarkeit beträgt für alle Stufen 80 000 km oder 5 Jahre.

Für PROCONVE L6 gelten folgende Abgasgrenzwerte für Pkw: NMHC 0,06 g/km, CO 1,3 g/km, NO_x 0,08 g/km und Aldehyde 0,02 g/km für Ottokraftstoffe mit Ethanolanteil. Die Schadstoffemissionen werden im FTP75 ermittelt und beinhalten die Kaltstartemissionen. Die Dauerhaltbarkeitsanforderung beträgt 80 000 km oder 5 Jahre. Für den Betrieb werden auch die Verdunstungsemissionen begrenzt, die mit der SHED-Methode bestimmt werden (60 Minuten Heißabstelltest und 60 Minuten Tankatmungstest). Der Grenzwert beträgt 2,0 g pro Test, ab 2012 1,5 g pro Test.

Brasilien hat in zwei Stufen OBD-Anforderungen eingeführt. Die erste Stufe 2009 erforderte nur elektrische Diagnosen, die zweite Stufe ab 2011 orientiert sich an der EOBD, ist aber an die Kraftstoffe mit Ethanolanteil angepasst.

Brasilien hat keine verbindlichen Anforderungen zur Kraftstoffverbrauchsbegrenzung, sondern verknüpft Steuervorteile für die Hersteller im Programm INOVAR AUTO (Programa de Incentivo à Inovação Tecnológica e Adensamento Da Cadeia Produtiva de Veículos Automotores) mit der Erreichung von Flottenzielen für die Energieeffizienz von Pkw bis 2017. Weiterhin müssen für Pkw ab Stufe L6 Verbrauchswerte ermittelt und für die Kennzeichnung zur Verbraucherinformation verwendet werden.

Russische Föderation

Die russische Föderation übernimmt für Pkw und leichte Nutzfahrzeuge komplett die EU-Emissions- und OBD-Gesetzgebung, in dem die ECE-R83-Vorschriften in russisches Recht übertragen werden. Die Stufe EU III wurde 2008 eingeführt, EU IV 2010 für neue Typen (2012 für alle Typen). Die Einführung der Stufe EU 5 (d. h. alle Anforderungen EU 5a/b und EOBD 5/5+) ist 2014 für neue Typen, 2015 für alle Typen vorgesehen. Die russische Föderation hat keine Anforderungen zur Kraftstoffverbrauchsbegrenzung.

Indien

In Indien basiert die Emissionsgesetzgebung für Pkw und leichte Nutzfahrzeuge auf der EU-Gesetzgebung, angepasst an die Randbedingungen des indischen Marktes. Hauptunterschiede sind die Verwendung eines modifizierten NEFZ, dessen Maximalgeschwindigkeit auf 90 km/h begrenzt ist, sowie der Wegfall der Abgasemissionsanforderung bei –7 °C. Weiterhin hat Indien die Klassifizierung der EU-II-Gesetzgebung beibehalten, mit der schwerere Pkw (über 2,5 t Gesamtgewicht oder mehr als 6 Sitze) als leichtes Nfz zertifiziert werden können.

Die EU-Stufen werden als „Bharat-Stufen" umgesetzt, zuerst in den großen Metropolen, später im Rest des Landes. Bharat IV wurde 2010 für 13 Metropolen eingeführt (Bharat III für den Rest Indiens). Mit Bharat IV wurde auch die OBD in zwei Stufen eingeführt: eine indische OBD I (mit elektrischen Diagnosen) ab 2010, die EOBD ab 2013. Konkrete Pläne für die Einführung von EU 5 gibt es noch nicht.

Indien beteiligt sich aktiv am WLTP-Prozess und drängt auf Regelungen, die die speziellen Fahrzeuge mit einem sehr niedrigem Motorleistungs-Masse-Verhältnis in Indien berücksichtigen (→ **Emissionsgesetzgebung** → Übersicht → WLTP). Anforderungen zur Kraftstoffverbrauchsbegrenzung wurden 2012 vorgeschlagen und seitdem diskutiert.

China

Die Volksrepublik China übernimmt für Pkw und leichte Nutzfahrzeuge nahezu komplett die EU-Emissions- und OBD-Gesetzgebung. Der Hauptunterschied ist die Klassifizierung von schweren Pkw (über 2,5 t Gesamtgewicht oder mehr als 6 Sitze) als leichte Nfz (wie in der EU-II-Gesetzgebung). Die Gesetzgebung wird national verabschiedet, einzelne Regionen können diese aber vorzeitig teilweise oder ganz umsetzen. Die Stufe EU IV (inkl. EOBD) wurde 2008 in Beijing und 2009 Shanghai eingeführt, national 2010. EU 5 wird in Beijing 2013 eingeführt, national 2016. Zusätzlich hinzu gekommen sind Anforderungen zur Überprüfung der Serienproduktion, ob tatsächlich die zertifizierten Katalysatoren und Aktivkohlefallen verbaut werden. Da China keine signifikanten Ethanolanteile im Benzin erlaubt, enthält auch das Benzin für die Zertifizierung kein Ethanol.

Anforderungen zum Kraftstoffverbrauch wurden in zwei Stufen 2005 und 2008 eingeführt, gestaffelt nach Fahrzeuggewicht, mit dem Ziel, die ineffizientesten Fahrzeuge vom Markt zu verdrängen. Eine weitere zusätzliche Stufe (Corporate Average Fuel Consumption CAFC) für Pkw, die sich stark an der Systematik der CO_2-Flottenvorschrift der EU orientiert, wird 2012 bis 2015 mit jährlich steigenden Anforderungen eingeführt. Zielwert für die neue Pkw-Flotte für 2015 ist 6,9 Liter Benzin auf 100 km (dies entspricht etwa 164 g CO_2 pro km). Ein weitere Stufe für 2020 mit einem Zielwert von 5,0 Liter Benzin auf 100 km (dies entspricht etwa 119 g CO_2 pro km) ist in der Diskussion. Fahrzeuge müssen durch einen Aufkleber mit Daten zum Kraftstoffverbrauch gekennzeichnet werden.

Südkorea

Südkorea hat in der Vergangenheit für Pkw und leichte Nutzfahrzeuge mit Ottomotor-Anforderungen auf Basis der Vorschriften US EPA Tier I und der CARB LEV I (inkl. OBD) eingeführt. Dabei sind u. a. die Fahrzeugkategorien an die Randbedingungen in Korea angepasst worden, z. B. gibt es so genannte „Minicars" mit Hubräumen unter 0,8 *l*. Abgasemissionsgrenzwerte werden in g/km angegeben und basieren auf FTP-Messungen mit vereinfachten Prüfvorschriften.

Für den Test bei Umgebungstemperatur gibt es Grenzwerte für CO, NO_x und NMOG, für den Test bei –7 °C nur für CO. 2009 bis 2012 gab es ein Phase-in für stark an den CARB-LEV-II-Vorschriften orientierten Anforderungen, mit den nahezu identischen Emissionskategorien LEV, ULEV und SULEV und einem von 2009 bis 2015 abnehmenden NMOG-Flottendurchschnittswert (NMOG Fleet Average System FAS). Die Dauerhaltbarkeit wurde von 160 000 km auf 192 000 km erhöht.

Für Verdunstungsemissionen gilt ab 2009 ebenfalls ein von der CARB-LEV-II-Testvorschrift abgeleiteter Ablauf mit Heißabstell-

und Tankatmungstest. Es gibt jedoch nur einen 24-h-Test und keinen Running-Loss-Grenzwert. Der Grenzwert beträgt 2,0 g HC pro Test.

Anforderungen zur Kraftstoffverbrauchsbegrenzung als Corporate Average Fuel Economy (CAFE) basieren auf dem CAFE-System der USA. Die erste Stufe galt für die Jahre 2006 bis 2011, die zweite Stufe für 2012 bis 2015. Zielwert für die Pkw-Neuwagenflotte 2015 ist 17 km pro Liter Benzin, das entspricht etwa 140 g CO_2 pro km, bestimmt im FTP75- und Highway-Test. Der herstellerspezifische Zielwert basiert auf dem durchschnittlichen Leergewicht seiner Pkw-Flotte. Eine weitere Stufe ist für 2016 bis 2025 geplant. Fahrzeuge müssen mit einem Aufkleber mit Daten zum Kraftstoffverbrauch gekennzeichnet werden.

Ausblick auf weitere Länder

Immer weniger Länder orientieren sich bei der Emissions-Gesetzgebung an den USA, da die CARB- und EPA-Anforderungen von Umfang, Strenge und administrativem Aufwand sehr groß sind. Die meisten Länder übernehmen die EU-Vorschriften in Form der UN/ECE-Regelungen R83 für Emissionen sowie OBD und R101 für die Kraftstoffverbrauchsmessung. Dazu gehören u. a. Argentinien, Australien, Südafrika, Thailand und Vietnam.

Testzyklen

EU-Zyklus

Der modifizierte neue europäische Fahrzyklus (MNEFZ) wird seit Einführung von EU III angewandt. Im Gegensatz zum vorherigen neuen europäischen Fahrzyklus, der erst 40 Sekunden nach Start des Fahrzeugs einsetzte, bezieht der MNEFZ auch die Kaltstartphase einschließlich Motorstart ein. Heute wird vielfach statt MNEFZ die Abkürzung NEFZ verwendet.

Der Zyklus besteht aus zwei Teilen, nämlich dem innerstädtischen Teil (UDC, Urban Driving Cycle) mit maximal 50 km/h, bestehend aus vier gleichen ECE-Teilen und dem außerstädtischen Teil (EUDC, Extra Urban Driving Cycle) mit einer maximalen Geschwindigkeit von 120 km/h (Bild 8).

Das Abgas wird für den Typ-I-Test für die zwei Teile separat in Beuteln gesammelt. Die durch die Analyse des Beutelinhalts ermittelten Schadstoffmassen werden auf die auf dem Rollenprüfstand gemessene Wegstrecke bezogen und in g/km angegeben. Für den Typ-I-Test wird das Fahrzeug bei 20–30 °C für 6 bis 12 Stunden konditioniert und anschließend der NEFZ als Kaltstarttest gefah-

8 Modifizierter neuer europäischer Fahrzyklus

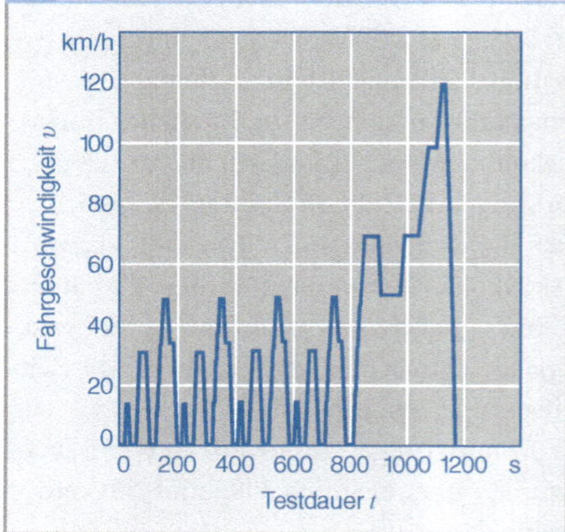

Bild 8
Zykluslänge: 11 km,
Zyklusdauer: 1 180 s
mittlere Geschwindigkeit: 33,6 km/h,
maximale Geschwindigkeit: 120 km/h.

9 US-Testzyklen für Pkw und leichte Nfz

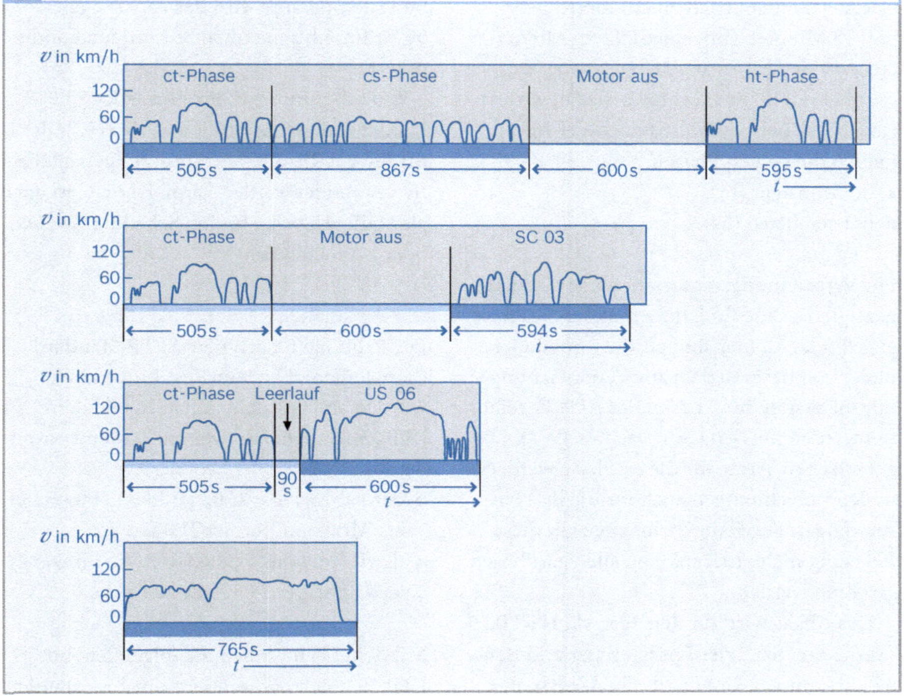

Bild 9
Siehe hierzu auch **Tabelle** 2.
ct Kaltstart- und Übungsphase,
cs stabilisierte Phase,
ht Heißstart- und Übergangsphase,
v Fahrgeschwindigkeit,
t Zeit.

Testzyklus	FTP 75 (Bild 9a)	SC 03 (Bild 9b)	US 06 (Bild 9c)	Highway (Bild 9d)
Zykluslänge	17,87 km	5,76 km	12,87 km	16,44 km
Zyklusdauer	1877 s Betrieb und 600 s Pause	594 s	600 s	765 s
Mittlere Zyklusgeschwindigkeit	34,1 km/h	34,9 km/h	77,3 km/h	77,4 km/h
Maximale Zyklusgeschwindigkeit	91,2 km/h	88,2 km/h	129,2 km/h	94,4 km/h

Tabelle 2
Kennwerte der US-Textzyklen für Pkw und leichte Nfz

ren. Der NEFZ soll durch den WLTC ersetzt werden (→ **Emissionsgesetzgebung** → Testzyklen → WLTP).

US-Zyklen

Die Zyklen FTP 72 und FTP 75

Die Fahrkurve des Testzyklus FTP 72 (Federal Test Procedure) setzt sich aus Geschwindigkeitsverläufen zusammen, die in Los Angeles 1972 während des Berufsverkehrs gemessen wurden. Der Zyklus besteht aus zwei Teilen (Phasen), die direkt hintereinander gefahren werden, nämlich

- cold transient (ct): Kaltstart- und Übergangsphase,
- cold stabilized (cs): stabilisierte Phase.

1975 wurde der FTP 72 auf den FTP 75 erweitert, indem nach einer Stopp-Phase von 10 Minuten (mit abgestelltem Motor) ein zweiter FTP 72 angehängt wurde. Da diesmal mit heißem Motor gestartet wird (im Deutschen als Warmstart bezeichnet), heißen die beiden Phasen:

- hot transient (ht),
- hot stabilized (hs).

Für Verbrennungsmotorfahrzeuge hat sich gezeigt, dass die Emissionen in der hs-Phase gleich oder kleiner sind als die Emissionen in der cs-Phase, so dass zur Vereinfachung nur die ersten drei Phasen des FTP 75 gefahren werden müssen (**Bild 9a**, **Tabelle 2**). Die gemessenen Werte für die cs-Phase werden in den Berechnungen auch für die hs-Phase verwendet. Für Hybridfahrzeuge gilt diese Regelung nicht, hier müssen alle vier Phasen gefahren werden.

Das Abgas wird für den Testzyklus FTP 75 für die drei bzw. vier Phasen separat in Beuteln gesammelt. Die durch die Analyse des Beutelinhalts ermittelten Schadstoffmassen werden auf die auf dem Rollenprüfstand gemessene Wegstrecke bezogen und in Gramm pro Meile angegeben.

Für das Gesamtergebnis werden die Emissionen der drei bzw. vier Phasen mit unterschiedlicher Gewichtung berücksichtigt. Die Schadstoffmassen der Phasen ct und cs werden aufsummiert und auf die gesamte Fahrstrecke dieser beiden Phasen bezogen. Das Ergebnis wird mit dem Faktor 0,43 gewichtet.

Desgleichen werden die aufsummierten Schadstoffmassen der Phasen ht und cs (für Hybride ht und hs) auf die gesamte Fahrstrecke dieser beiden Phasen bezogen und mit dem Faktor 0,57 gewichtet. Das Testergebnis für die einzelnen Schadstoffe (NMHC, NMOG, CO, NO_x etc.) ergibt sich aus der Summe dieser beiden Teilergebnisse.

Für den FTP-Test bei normaler Umgebungstemperatur wird das Fahrzeug bei 20–30 °C für 6 bis maximal 36 Stunden konditioniert.

Ein sehr ähnliches Profil wie der FTP75 hat der California Unified Cycle (UC), der für die CARB-OBD-Anforderungen alternativ verwendet werden kann. Der UC ist auch als Unified Cycle Driving Schedule (UCDS) oder LA 92 bekannt.

SFTP-Zyklen

Die Prüfungen nach dem SFTP-Standard (Supplemental Federal Test Procedure) wurden ab 2001 eingeführt. Neben dem FTP 75 werden zwei weitere Zyklen verwendet:

- der Fahrzyklus SC 03 (**Bild 9b**, **Tabelle 2**) als Air Conditioning Test Cycle,
- der Fahrzyklus US 06 (**Bild 9c**, **Tabelle 2**) als High Speed High Load Cycle.

Mit dem US 06 sollen die folgenden, im FTP 75 unterrepräsentierten Fahrzustände berücksichtigt werden: aggressives Fahren mit hohen Geschwindigkeiten und Beschleunigungen, schnelle Geschwindigkeitsänderungen sowie hohe Beschleunigung und Geschwindigkeit nach dem Motorstart. Der SC 03 wird (nur für Fahrzeuge mit Klimaanlage) bei 35 °C und 40 % relativer Luftfeuchte gefahren, mit ihm soll die zusätzliche Last durch den Betrieb der Klimaanlage berücksichtigt werden. Beide Zyklen werden als Warmstarttest gefahren, d. h., nach der Vorkonditionierung wird die ct-Phase des FTP (ohne Messung der Abgasemissionen) gefahren und dann nach 1–2 min Leerlauf der US 06 bzw. nach 10 min Stopp-Phase der SC 03. Es sind aber auch andere Konditionierungen möglich.

Für den SFTP-Standard werden neben den Ergebnissen in den Testzyklen SC 03 und US 06 auch die Emissionen im FTP 75

10 Japan-Testzyklus JC08

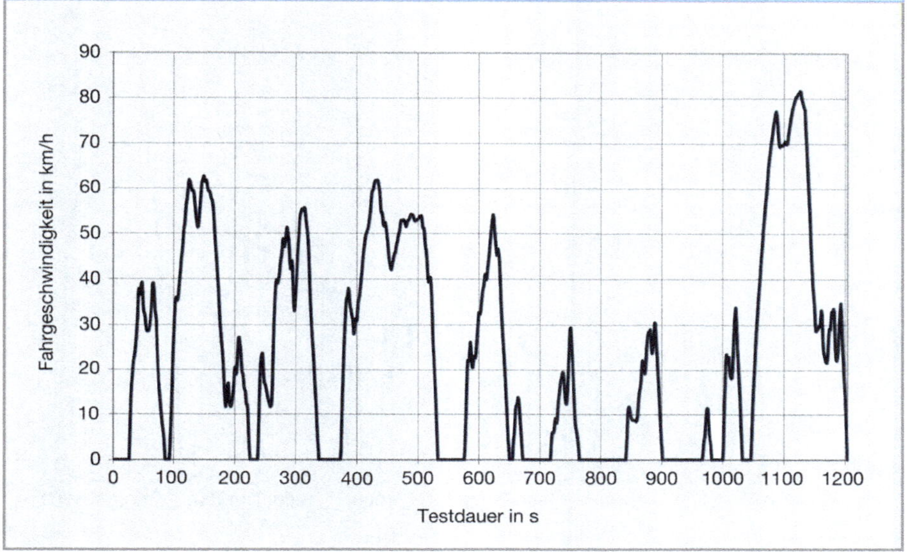

Bild 10
Zykluslänge: 8,171 km
Zyklusdauer: 1 204 s
mittlere Geschwindigkeit: 24,4 km/h
maximale Geschwindigkeit: 81,6 km/h

berücksichtigt (für hybridisierte Fahrzeuge der vier Phasen im FTP). Die einzelnen Fahrzyklen werden dabei bezüglich der Emissionen folgendermaßen gewichtet: für Fahrzeuge mit Klimaanlage der FTP 35 mit 35 %, der SC 03 mit 37 % und der US 06 mit 28 %; für Fahrzeuge ohne Klimaanlage der FTP 35 mit 72 % und der US 06 mit 28 %.

Highway-Zyklus

Der Highway-Testzyklus (Bild 9d, Tabelle 2) von 1975 soll das Fahren unter typischen US-Autobahn-Bedingungen darstellen. Nach der Vorkonditionierung im FTP 75 wird der Zyklus einmal als Kaltstart ohne Messung der Abgasemissionen gefahren, dann nach 15 Sekunden Leerlauf als Warmstart zur Messung der Abgasemissionen.

Für den „Running-Loss-Test" (→ **Emissionsgesetzgebung** → USA → EPA) gibt es als weiteren Zyklus den New York City Cycle (ohne Abbildung).

Japan-Zyklen

Japan hat wie die EU die Emissionsgesetzgebung mit synthetischen Testzyklen begonnen, die als 11-Mode-Zyklus und als 10–15-Mode bezeichnet wurden. Ab 2008 wurde mit dem JC08 ein neuer Testzyklus eingeführt, der ähnlich wie der FTP 72 auf der Basis von realen Straßenfahrten erstellt wurde. Der JC08 ersetzte zunächst als Kaltstarttest den 11-Mode-Zyklus, ab 2011 auch den 10–15-Mode-Zyklus als Heißstarttest (siehe Bild 10).

11 UN/ECE-Testzyklus WLTC

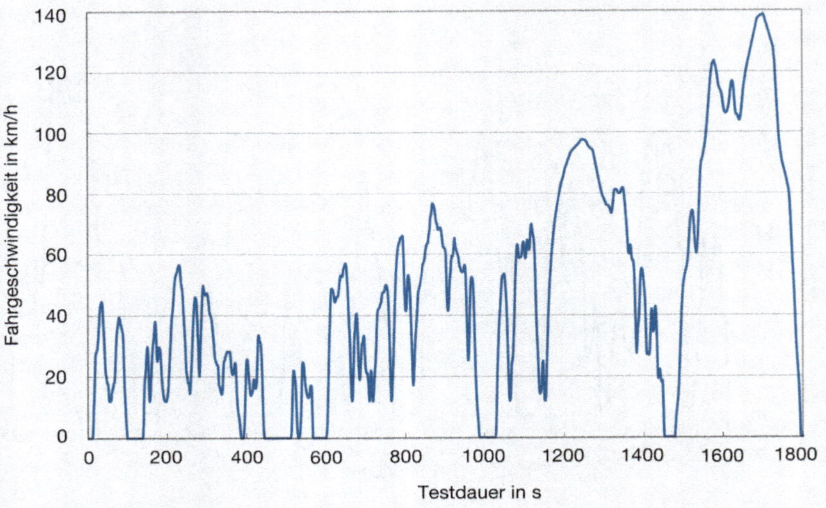

Bild 11
Zykluslänge: 23,27 km
Zyklusdauer: 1 800 s
mittlere Geschwindigkeit: 46,5 km/h
maximale Geschwindigkeit: 131,3 km/h

Weltweit harmonisierte Testzyklen

Im Rahmen der UN/ECE wurden in den vergangenen Jahren weltweit harmonisierte Testzyklen und -prozeduren für die Emissionszertifizierung von Pkw und leichte Nfz erarbeitet. Der Worldwide Harmonized Light Vehicles Test Cycle (WLTC, siehe Bild 11) besteht aus vier Phasen (Low, Mid, High und Extra High Speed) und wird durch die Worldwide Harmonized Light Vehicles Test Procedures (WLTP) komplettiert. Bei der Umsetzung in die nationale Gesetzgebung bleibt es den Staaten und Regionen vorbehalten, ob alle vier Phasen oder nur die ersten drei zur Anwendung kommen.

Neben dem Hauptzyklus für Fahrzeuge mit einer Höchstgeschwindigkeit von mehr als 120 km/h wurden für spezielle Fahrzeugsegmente weitere Zyklen entwickelt, nämlich für die japanischen „Kei-Cars“ eine abgeschwächte Variante des WLTC und für den indischen Markt zwei Zyklen für Fahrzeuge mit einem sehr niedrigen Motorleistungs-Masse-Verhältnis (Low Powered Vehicle Test Cycles LPTC).

Der WLTC wird als Kaltstart bei einer Temperatur von 23 °C ± 3 °C gefahren. Das Abgas wird für die drei bzw. vier Teile separat in Beuteln gesammelt. Die durch die Analyse des Beutelinhalts ermittelten Schadstoffmassen werden auf die auf dem Rollenprüfstand gemessene Wegstrecke bezogen und in g/km angegeben.

Abgasmesstechnik

Abgasprüfung auf Rollenprüfständen

Die Abgasprüfung auf Rollenprüfständen dient zum einen der Typprüfung zur Erlangung der allgemeinen Betriebserlaubnis, zum anderen der Entwicklung z. B. von Motorkomponenten. Sie unterscheidet sich damit von Prüfungen, die im Rahmen der Hauptuntersuchung und Teiluntersuchung Abgas z. B. mit Werkstatt-Messgeräten durchgeführt werden. Weiterhin werden Abgasprüfungen auf Motorprüfständen durchgeführt, z. B. für die Typprüfung von schweren Nfz.

Die Abgasprüfung auf Rollenprüfständen wird an Fahrzeugen durchgeführt. Die angewandten Verfahren sind derart definiert, dass der praktische Fahrbetrieb auf der Straße in großem Maße nachgebildet wird. Die Messung auf einem Rollenprüfstand bietet dabei folgende Vorteile:

- hohe Reproduzierbarkeit von Ergebnissen, da die Umgebungsbedingungen konstant gehalten werden können,
- gute Vergleichbarkeit von Tests, da ein definiertes Geschwindigkeits-Zeit-Profil unabhängig vom Verkehrsfluss abgefahren werden kann,
- stationärer Aufbau der erforderlichen Messtechnik.

Prüfaufbau

Das zu testende Fahrzeug wird mit den Antriebsrädern auf drehbare Rollen gestellt (Bild 12). Damit bei der auf dem Prüfstand simulierten Fahrt mit der Straßenfahrt vergleichbare Emissionen entstehen, müssen die auf das Fahrzeug wirkenden Kräfte – die Trägheitskräfte des Fahrzeugs sowie der

12 Abgasprüfung auf dem Rollenprüfstand

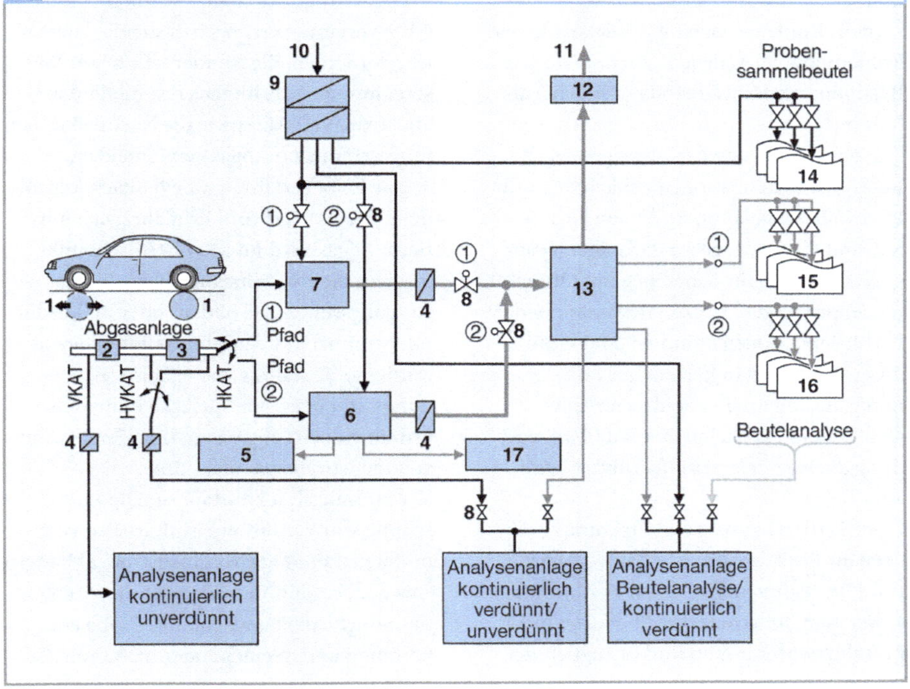

Bild 12
1 Rolle mit Dynamometer
2 Vorkatalysator
3 Hauptkatalysator
4 Filter
5 Partikelfilter
6 Verdünnungstunnel
7 Mischpunkt (Mix-T, siehe Text)
8 Ventil
9 Verdünnungsluftkonditionierung
10 Verdünnungsluft
11 Abgas-Luft-Gemisch
12 Gebläse
13 CVS-Anlage (Constant Volume Sampling)
14 Verdünnungsluftprobenbeutel
15 Abgasprobenbeutel (für Messung über den Mischpunkt)
16 Abgasprobenbeutel (für die Messung über den Tunnel)
17 Partikelzähler
① Pfad für die Abgasmessung über den Mischpunkt (ohne Bestimmung der Partikelemission)
② Pfad für die Abgasmessung über den Verdünnungstunnel (mit Bestimmung der Partikelemission)

Roll- und der Luftwiderstand – nachgebildet werden. Hierzu erzeugen Asynchronmaschinen, Gleichstrommaschinen oder auf älteren Prüfständen auch Wirbelstrombremsen eine geeignete geschwindigkeitsabhängige Last, die auf die Rollen wirkt und vom Fahrzeug überwunden werden muss. Zur Trägheitssimulation kommt bei neueren Anlagen eine elektrische Schwungmassensimulation zum Einsatz. Ältere Prüfstände verwenden reale Schwungmassen unterschiedlicher Größe, die sich über Schnellkupplungen mit den Rollen verbinden lassen und so die Fahrzeugmasse nachbilden. Ein vor dem Fahrzeug aufgestelltes Gebläse sorgt für die nötige Kühlung des Motors.

Das Auspuffrohr des zu testenden Fahrzeugs ist gasdicht an das Abgassammelsystem – das im Weiteren beschriebene Verdünnungssystem – angeschlossen. Dort wird eine Teilmenge des Abgases gesammelt und nach Abschluss des Fahrtests bezüglich der limitierten gasförmigen Schadstoffkomponenten (Kohlenwasserstoffe, Stickoxide und Kohlenmonoxid) sowie Kohlendioxid (zur Bestimmung des Kraftstoffverbrauchs) analysiert.

Nach Einführung der Abgasgesetzgebung waren Partikelemissionen zunächst nur für Dieselfahrzeuge limitiert. In den letzten Jahren sind die Gesetzgeber dazu übergegangen, diese auch für Fahrzeuge mit Ottomotoren zu begrenzen. Für die Bestimmung der Partikelemissionen kommen ein Verdünnungstunnel mit hoher innerer Strömungsturbulenz (Reynolds-Zahl über 40 000) und Partikelfilter, aus deren Beladung die Partikelemission ermittelt wird, zum Einsatz.

Zusätzlich kann zu Entwicklungszwecken an Probennahmestellen im Abgastrakt des Fahrzeugs oder im Verdünnungssystem ein Teilstrom des Abgases kontinuierlich entnommen und bezüglich der auftretenden Schadstoffkonzentrationen untersucht werden.

Der Testzyklus wird im Fahrzeug von einem Fahrer nachgefahren; hierfür werden die geforderte und die aktuelle Fahrgeschwindigkeit kontinuierlich auf einem Fahrerleitgerät dargestellt. In einigen Fällen ersetzt ein Fahrautomat den Fahrer, z. B. um die Reproduzierbarkeit von Testergebnissen zu erhöhen.

Verdünnungssystem

Die am weitesten verbreitete Methode, die von einem Motor emittierten Abgase zu sammeln, ist das CVS-Verdünnungsverfahren (Constant Volume Sampling). Es wurde erstmals 1972 in den USA für Pkw und leichte Nfz eingeführt und in mehreren Stufen verbessert. Das CVS-Verfahren wird u. a. in Japan eingesetzt, seit 1982 auch in Europa. Es ist damit ein weltweit anerkanntes Verfahren der Abgassammlung.

Die Analyse des Abgases erfolgt beim CVS-Verfahren erst nach Testende. Hierfür ist erforderlich, die Kondensation von Wasserdampf und die hieraus resultierenden Stickoxid-Verluste sowie die Nachreaktionen im gesammelten Abgas zu vermeiden.

Das CVS-Verfahren arbeitet nach folgendem Prinzip: Das vom Prüffahrzeug emittierte Abgas wird im Mix-T (Mischpunkt, bei dem die zwei Eingangsrohre und das Ausgangsrohr ein T bilden) oder im Verdünnungstunnel mit Umgebungsluft in einem mittleren Verhältnis von 1:5 bis 1:10 verdünnt und über eine spezielle Pumpenanordnung derart abgesaugt, dass der Gesamtvolumenstrom aus Abgas und Verdünnungsluft konstant ist. Die Zumischung von Verdünnungsluft ist also vom momentanen Abgasvolumenstrom abhängig. Aus dem verdünnten Abgasstrom wird kontinuierlich eine repräsentative Probe entnommen und in einem oder mehreren Abgasbeuteln gesammelt. Der Volumenstrom der Probenahme ist dabei innerhalb einer Beutelfüllphase konstant. Daher ist die Schadstoffkonzentration in einem Beutel nach Abschluss der Befüllung genauso groß wie der Mittelwert der Konzentration im verdünnten Abgas über den Zeitraum der Beutelbefüllung.

Zur Berücksichtigung der in der Verdünnungsluft enthaltenen Schadstoffkonzentrationen wird parallel zur Befüllung der Abgasbeutel eine Probe der Verdünnungsluft entnommen und in einem oder mehreren Luftbeuteln gesammelt.

Die Befüllung der Beutel korrespondiert im Allgemeinen mit den Phasen, in die die Testzyklen aufgeteilt sind (z. B. mit der ht-Phase im Testzyklus FTP 75).

Aus dem Gesamtvolumen des verdünnten Abgases und den Schadstoffkonzentrationen in den Abgas- und Luftbeuteln wird die während des Tests emittierte Schadstoffmasse berechnet.

Es existieren zwei alternative Verfahren zur Realisierung des konstanten Volumenstroms im verdünnten Abgas, nämlich das PDP-Verfahren (Positive Displacement Pump), bei dem ein Drehkolbengebläse (Roots-Gebläse) verwendet wird und das CFV-Verfahren (Critical Flow Venturi), bei dem eine Venturi-Düse im kritischen Zustand in Verbindung mit einem Standardgebläse zum Einsatz kommt.

Die Verdünnung des Abgases führt zu einer Reduzierung der Schadstoffkonzentrationen im Verhältnis der Verdünnung. Da die Schadstoffemissionen in den letzten Jahren aufgrund der Verschärfung der Emissionsgrenzwerte deutlich reduziert wurden, sind die Konzentrationen einiger Schadstoffe (insbesondere der Kohlenwasserstoffverbindungen) in bestimmten Testphasen im verdünnten Abgas vergleichbar mit den Konzentrationen in der Verdünnungsluft (oder niedriger). Damit sind die Grenzen der Messgenauigkeit erreicht, da für die Schadstoffemission die Differenz der beiden Werte ausschlaggebend ist. Außerdem muss die Messgenauigkeit der zur Schadstoffanalyse eingesetzten Messgeräte sehr hoch sein.

Um die hohen Anforderungen bei der Messung zu erfüllen, werden im Allgemeinen folgende Maßnahmen getroffen: Die Verdünnung wird abgesenkt; das erfordert Vorkehrungen gegen Kondensation von Wasser, z. B. Beheizung von Teilen der Verdünnungsanlagen, Trocknung oder Aufheizung der Verdünnungsluft. Außerdem werden die Schadstoffkonzentrationen in der Verdünnungsluft verringert und stabilisiert, z. B. durch Aktivkohlefilter. Ferner werden die eingesetzten Messgeräte (einschließlich Verdünnungsanlagen) optimiert, z. B. durch geeignete Auswahl oder Vorbehandlung der verwendeten Materialien und Anlagenaufbauten oder durch Verwendung angepasster elektronischer Bauteile. Schließlich werden die Prozesse, z. B. durch spezielle Spülprozeduren, optimiert.

In den USA wurde als Alternative zu den beschriebenen Verbesserungen der CVS-Technik ein neuer Typ einer Verdünnungsanlage entwickelt: der Bag Mini Diluter (BMD). Hier wird ein Teilstrom des Abgases in einem konstanten Verhältnis mit einem getrockneten, aufgeheizten schadstofffreien Nullgas (z. B. gereinigter Luft) verdünnt. Von diesem verdünnten Abgasstrom wird während des Fahrtests wiederum ein zum Abgasvolumenstrom proportionaler Teilstrom in Abgasbeutel gefüllt und nach Beendigung des Fahrtests analysiert.

Durch die Vorgehensweise, dass die Verdünnung nicht mehr mit schadstoffhaltiger Luft, sondern mit einem schadstofffreien Nullgas erfolgt, soll die Luftbeutelanalyse und die anschließende Differenzbildung von Abgas- und Luftbeutelkonzentrationen ver-

Komponente	Verfahren
CO, CO_2	Nicht-dispersiver Infrarot-Analysator (NDIR)
Stickoxide (NO_x)	Chemilumineszenz-Detektor (CLD)
Gesamt-Kohlenwasserstoff (THC)	Flammenionisations-Detektor (FID)
CH_4	Kombination von gaschromatographischem Verfahren und Flammenionisations-Detektor (GC-FID)
CH_3OH, CH_2O	Kombination aus Impinger- oder Kartuschenverfahren und chromatographischen Analysetechniken; in den USA bei Verwendung bestimmter Kraftstoffe notwendig
Partikel	1. Gravimetrisches Verfahren: Wägung von Partikelfiltern vor und nach der Testfahrt 2. Partikelzählung

Tabelle 3
Messverfahren für Schadstoffe

mieden werden. Es ist allerdings ein größerer apparativer Aufwand als beim CVS-Verfahren erforderlich, z. B. durch die notwendige Bestimmung des (unverdünnten) Abgasvolumenstroms und die proportionale Beutelbefüllung.

Abgas-Messgeräte

Die Emission der limitierten gasförmigen Schadstoffe wird aus den Konzentrationen in Abgas- und Luftbeuteln ermittelt. Die Abgasgesetzgebungen definieren hierfür weltweit einheitliche Messverfahren (Tabelle 3).

Zu Entwicklungszwecken erfolgt auf vielen Prüfständen zusätzlich die kontinuierliche Bestimmung von Schadstoffkonzentrationen in der Abgasanlage des Fahrzeugs oder im Verdünnungssystem, und zwar sowohl für die limitierten als auch für weitere nicht limitierte Komponenten. Hierfür kommen außer den in Tabelle 3 genannten Messverfahren weitere zum Einsatz, wie:

- Paramagnetisches Verfahren (Bestimmung der O_2-Konzentration),
- Cutter-FID: Kombination eines Flammenionisations-Detektors mit einem Absorber für Kohlenwasserstoffe außer Methan (Bestimmung der CH_4-Konzentration),
- Massenspektroskopie (Multi-Komponenten-Analysator),
- FTIR-Spektroskopie (Fourier-Transform-Infrarot, Multi-Komponenten-Analysator),
- IR-Laserspektrometer (Multi-Komponenten-Analysator).

Im Folgenden wird auf die Funktionsweise der wichtigsten Messgeräte eingegangen.

NDIR-Analysator

Der NDIR-Analysator (nicht-dispersiver Infrarot-Analysator) nutzt die Eigenschaft bestimmter Gase aus, Infrarot-Strahlung in einem schmalen Wellenlängenbereich zu absorbieren. Die absorbierte Strahlung wird in Vibrations- oder Rotationsenergie der absorbierenden Moleküle umgewandelt, die sich wiederum als Wärme messen lässt. Das beschriebene Phänomen tritt bei Molekülen auf, die aus Atomen mindestens zweier unterschiedlicher Elemente gebildet sind, z. B. CO, CO_2, C_6H_{14} oder SO_2.

Es gibt verschiedene Varianten von NDIR-Analysatoren; die wesentlichen Bestandteile sind eine Infrarot-Lichtquelle (Bild 13), eine Absorptionszelle (Küvette), durch die das Messgas geleitet wird, eine im Allgemeinen parallel angeordnete Referenzzelle (mit Inertgas, z. B. N_2 gefüllt), eine Chopperscheibe und ein Detektor. Der Detektor besteht aus zwei durch ein Diaphragma verbundenen Kammern, die Proben der zu untersuchenden Gaskomponente enthalten. In einer Kammer wird die Strahlung aus der Referenzzelle absorbiert, in der anderen die Strahlung aus der Küvette, die gegebenenfalls bereits durch Absorption im Messgas verringert worden ist. Die unterschiedliche Strahlungsenergie führt zu einer Strömungsbewegung, die von einem Strömungs- oder Drucksensor gemessen wird. Die rotierende Chopperscheibe unterbricht zyklisch die Infrarot-Strahlung; dies führt zu einer wechselnden Ausrichtung der Strömungsbewegung und damit zu einer Modulation des Sensorsignals.

Zu beachten ist, dass NDIR-Analysatoren eine starke Querempfindlichkeit gegen Wasserdampf im Messgas besitzen, da H_2O-Moleküle über einen größeren Wellenlängenbereich Infrarot-Strahlung absorbieren. Aus diesem Grund werden NDIR-Analysatoren bei Messungen am unverdünnten Abgas hinter einer Messgasaufbereitung (z. B. einem Gaskühler) angeordnet, die für eine Trocknung des Abgases sorgt.

Chemilumineszenz-Detektor (CLD)

Das Messgas wird in einer Reaktionskammer mit Ozon, das in einer Hochspannungsentladung aus Sauerstoff erzeugt wird, gemischt (Bild 14). Das im Messgas enthaltene Stickstoffmonoxid oxidiert in dieser Umgebung zu Stickstoffdioxid; die entstehenden Moleküle befinden sich teilweise in einem angeregten Zustand. Die bei der Rückkehr dieser Moleküle in den Grundzustand frei werdende Energie wird in Form von Licht freigesetzt (Chemilumineszenz). Ein Detektor (z. B. ein Photomultiplier) misst die emittierte Lichtmenge; sie ist unter definierten Bedingungen proportional zur Stickstoffmonoxid-Konzentration (NO) im Messgas.

Die Gesetzgebung reglementiert daher die

13 Messkammer nach dem NDIR-Verfahren

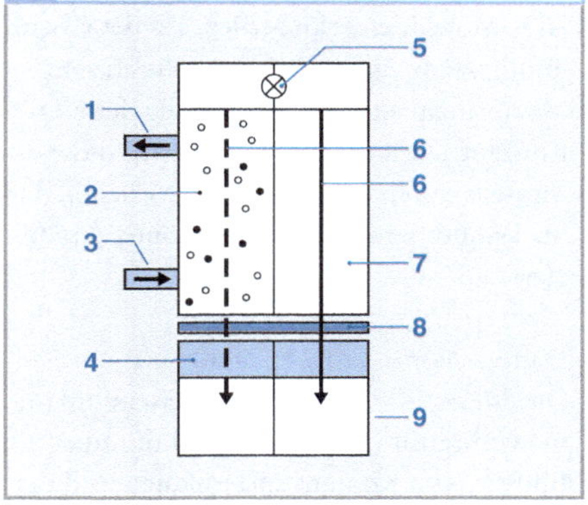

Bild 13
1 Gasausgang
2 Absorptionszelle
3 Eingang Messgas
4 optischer Filter
5 Infrarot-Lichtquelle
6 Infrarot-Strahlung
7 Referenzzelle
8 Chopperzelle
9 Detektor

14 Chemilumineszenzdetektor

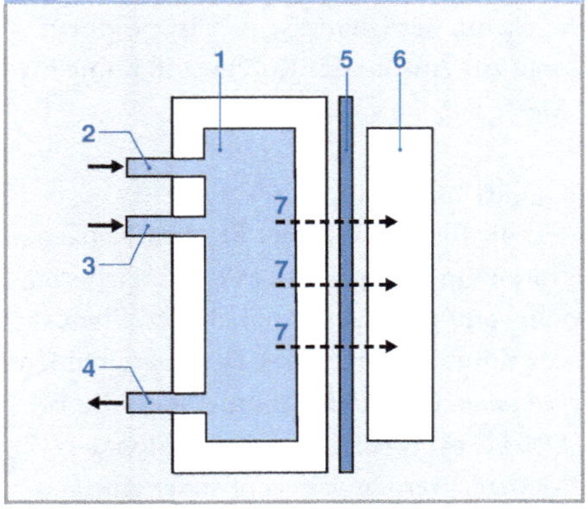

Bild 14
1 Reaktionskammer
2 Eingang Ozon
3 Eingang Messgas
4 Gasausgang
5 Filter
6 Detektor
7 Licht

15 Flammenionisations-Detektor

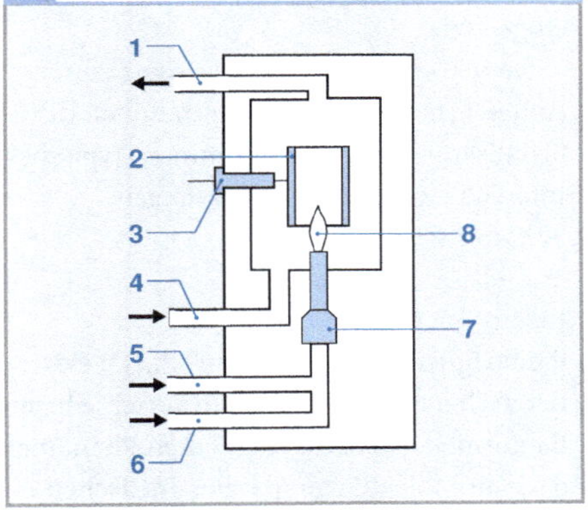

Bild 15
1 Gasausgang
2 Sammelelektrode
3 Verstärker
4 Brennluft
5 Messgas
6 Brenngas (H_2, He)
7 Brenner
8 Flamme

Emission der Summe der Stickoxide reglementiert, ist die Erfassung von NO- und NO_2-Molekülen erforderlich. Da der Chemilumineszenz-Detektor jedoch durch sein Messprinzip auf die Bestimmung der NO-Konzentration beschränkt ist, wird das Messgas durch einen Konverter geleitet, der Stickstoffdioxid zu Stickstoffmonoxid reduziert.

Flammenionisations-Detektor (FID)

Das Messgas wird in einer Wasserstoffflamme verbrannt (**Bild 15**). Dort kommt es zur Bildung von Kohlenstoffradikalen und der temporären Ionisierung eines Teils dieser Radikale. Die Radikale werden an einer Sammelelektrode entladen. Der entstehende Strom wird gemessen; er ist proportional zur Anzahl der Kohlenstoffatome im Messgas.

GC-FID und Cutter-FID

Für die Bestimmung der Methan-Konzentration im Messgas gibt es zwei gleichermaßen verbreitete Verfahren, die jeweils aus der Kombination eines CH_4-separierenden Elements und eines Flammenionisations-Detektors bestehen. Zur Separation des Methans werden dabei entweder eine Gaschromatographensäule (GC-FID) oder ein beheizter Katalysator, der die Nicht-CH_4-Kohlenwasserstoffe oxidiert (Cutter-FID), eingesetzt.

Der GC-FID kann im Gegensatz zum Cutter-FID die CH_4-Konzentrationen lediglich diskontinuierlich bestimmen (typisches Intervall zwischen zwei Messungen: 30...45 s).

Paramagnetischer Detektor

Paramagnetische Detektoren (PMD) existieren (herstellerabhängig) in verschiedenen Bauformen. Sie beruhen auf dem Phänomen, dass auf Moleküle mit paramagnetischen Eigenschaften (z. B. Sauerstoff) in inhomogenen Magnetfeldern Kräfte wirken, die zu einer Molekülbewegung führen. Diese Bewegung wird von einem geeigneten Detektor aufgenommen und ist proportional zur Konzentration der Moleküle im Messgas.

Messung der Partikelemission

Zusätzlich zu den gasförmigen Schadstoffen sind die Festkörperpartikel von Interesse, da sie ebenfalls zu den limitierten Schadstoffen gehören. Für die Bestimmung der Partikelemissionen sind das gravimetrische Verfahren und von einigen Gesetzgebern die Partikelzählung vorgeschrieben.

Beim gravimetrischen Verfahren wird aus dem Verdünnungstunnel während des Fahrtests ein Teilstrom des verdünnten Abgases entnommen und durch Partikelfilter geleitet. Aus dem Gewicht der Partikelfilter vor und nach dem Fahrtest wird die Beladung mit Partikeln ermittelt. Aus der Beladung sowie dem Gesamtvolumen des verdünnten Abgases und dem über die Partikelfilter geleiteten Teilvolumen wird die Partikelemission über den Fahrtest berechnet.

Das gravimetrische Verfahren besitzt folgende Nachteile:

- relativ hohe Nachweisgrenze, kann durch hohen apparativen Aufwand (z. B. Optimierung der Tunnelgeometrie) nur eingeschränkt verringert werden,
- keine kontinuierliche Bestimmung der Partikelemissionen,
- hoher Aufwand, da die Konditionierung der Partikelfilter notwendig ist, um Umwelteinflüsse zu minimieren,
- keine Selektion bezüglich der chemischen Zusammensetzung der Partikel oder der Partikelgröße.

Aufgrund der genannten Nachteile und der fortschreitenden Reduzierung der Grenzwerte wird zunehmend neben der

Partikelemission (Partikelmasse pro Wegstrecke) auch die Anzahl der emittierten Partikel pro Kilometer limitiert. Für die gesetzeskonforme Bestimmung der Partikelanzahl (Partikelzählung) wurde der „Condensation Particulate Counter" (CPC) als Messgerät festgelegt. In diesem wird ein kleiner Teilstrom des verdünnten Abgases mit gesättigtem Butanoldampf vermischt. Durch die Kondensation des Butanols an den Festkörperpartikeln wächst deren Größe deutlich an, so dass die Bestimmung der Partikelanzahl mit Hilfe einer Streulichtmessung möglich ist. Die Partikelanzahl im verdünnten Abgas wird kontinuierlich ermittelt; aus der Integration der Messwerte ergibt sich die Partikelanzahl über den Fahrtest.

Bestimmung der Partikel-Größenverteilung
Es ist von zunehmendem Interesse, Kenntnisse über die Größenverteilung der Partikel im Abgas eines Fahrzeugs zu erlangen. Beispiele für Geräte, die diese Informationen liefern, sind:

- Scanning Mobility Particle Sizer (SMPS),
- Electrical Low Pressure Impactor (ELPI),
- Differential Mobility Spectrometer (DMS).

Diese Verfahren werden aktuell nur für Forschungszwecke eingesetzt.

Diagnose

Die Zunahme der Elektronik im Kraftfahrzeug, die Nutzung von Software zur Steuerung des Fahrzeugs und die erhöhte Komplexität moderner Einspritzsysteme stellen hohe Anforderungen an das Diagnosekonzept, die Überwachung im Fahrbetrieb (On-Board-Diagnose) und die Werkstattdiagnose. Basis der Werkstattdiagnose ist die geführte Fehlersuche, die verschiedene Möglichkeiten von Onboard- und Offboard-Prüfmethoden und Prüfgeräten verknüpft. Im Zuge der Verschärfung der Abgasgesetzgebung und der Forderung nach laufender Überwachung hat auch der Gesetzgeber die On-Board-Diagnose als Hilfsmittel zur Abgasüberwachung erkannt und eine herstellerunabhängige Standardisierung geschaffen. Dieses zusätzlich installierte System wird OBD-System (On Board Diagnostic System) genannt.

Überwachung im Fahrbetrieb – On-Board-Diagnose

Übersicht

Die im Steuergerät integrierte Diagnose gehört zum Grundumfang elektronischer Motorsteuerungssysteme. Neben der Selbstprüfung des Steuergeräts werden Ein- und Ausgangssignale sowie die Kommunikation der Steuergeräte untereinander überwacht. Überwachungsalgorithmen überprüfen während des Betriebs die Eingangs- und Ausgangssignale sowie das Gesamtsystem mit allen relevanten Funktionen auf Fehlverhalten und Störung. Die dabei erkannten Fehler werden im Fehlerspeicher des Steuergeräts abgespeichert. Bei der Fahrzeuginspektion in der Kundendienstwerkstatt werden die gespeicherten Informationen über eine Schnittstelle ausgelesen und ermöglichen so eine schnelle und sichere Fehlersuche und Reparatur.

Überwachung der Eingangssignale

Die Sensoren, Steckverbinder und Verbindungsleitungen (im Signalpfad) zum Steuergerät (Bild 1) werden anhand der ausgewerteten Eingangssignale überwacht. Mit diesen Überprüfungen können neben Sensorfehlern auch Kurzschlüsse zur Batteriespannung U_B und zur Masse sowie Leitungsunterbrechungen festgestellt werden. Hierzu werden folgende Verfahren angewandt:

- Überwachung der Versorgungsspannung des Sensors (falls vorhanden),
- Überprüfung des erfassten Wertes auf den zulässigen Wertebereich (z. B. 0,5...4,5 V),
- Plausibilitätsprüfung der gemessenen Werte mit Modellwerten (Nutzung analytischer Redundanz),
- Plausibilitätsprüfung der gemessenen Werte eines Sensors durch direkten Vergleich mit Werten eines zweiten Sensors (Nutzung physikalischer Redundanz, z. B. bei wichtigen Sensoren wie dem Fahrpedalsensor).

Überwachung der Ausgangssignale

Die vom Steuergerät über Endstufen angesteuerten Aktoren (Bild 1) werden überwacht. Mit den Überwachungsfunktionen werden neben Aktorfehlern auch Leitungsunterbrechungen und Kurzschlüsse erkannt. Hierzu werden folgende Verfahren angewandt: Einerseits erfolgt die Überwachung des Stromkreises eines Ausgangssignals durch die Endstufe. Der Stromkreis wird auf Kurzschlüsse zur Batteriespannung U_B, zur Masse und auf Unterbrechung überwacht. Andererseits werden die Systemauswirkungen des Aktors direkt oder indirekt durch eine Funktions- oder Plausibilitätsüberwachung erfasst. Die Aktoren des Systems, z. B. das Abgasrückführventil, die Drosselklappe oder die Drallklappe, werden indirekt über die Regelkreise (z. B. auf permanente Regelabweichung) und teilweise zusätzlich über

1 Motorsteuerung für einen Ottomotor mit Direkteinspritzung

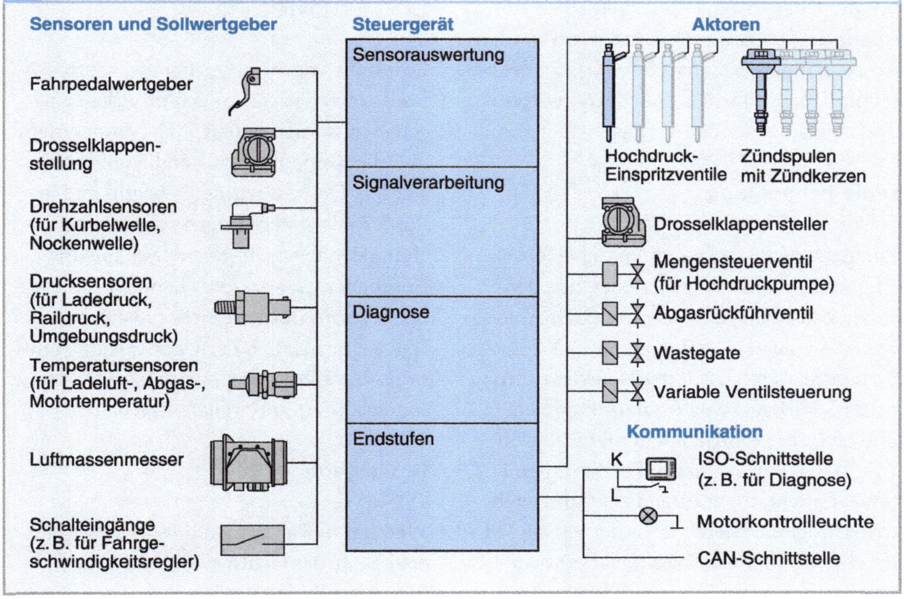

Lagesensoren (z. B. die Stellung der Drallklappe) überwacht.

Überwachung der internen Steuergerätefunktionen

Damit die korrekte Funktionsweise des Steuergeräts jederzeit sichergestellt ist, sind im Steuergerät Überwachungsfunktionen in Hardware (z. B. in „intelligenten“ Endstufenbausteinen) und in Software realisiert. Die Überwachungsfunktionen überprüfen die einzelnen Bauteile des Steuergeräts (z. B. Mikrocontroller, Flash-EPROM, RAM). Viele Tests werden sofort nach dem Einschalten durchgeführt. Weitere Überwachungsfunktionen werden während des normalen Betriebs durchgeführt und in regelmäßigen Abständen wiederholt, damit der Ausfall eines Bauteils auch während des Betriebs erkannt wird. Testabläufe, die sehr viel Rechnerkapazität erfordern oder aus anderen Gründen nicht im Fahrbetrieb erfolgen können, werden im Nachlauf nach „Motor aus“ durchgeführt. Auf diese Weise werden die anderen Funktionen nicht beeinträchtigt. Beim Common-Rail-System für Dieselmotoren werden im Hochlauf oder im Nachlauf z. B. die Abschaltpfade der Injektoren getestet. Beim Ottomotor wird im Nachlauf z. B. das Flash-EPROM geprüft.

Überwachung der Steuergerätekommunikation

Die Kommunikation mit den anderen Steuergeräten findet in der Regel über den CAN-Bus statt. Im CAN-Protokoll sind Kontrollmechanismen zur Störungserkennung integriert, sodass Übertragungsfehler schon im CAN-Baustein erkannt werden können. Darüber hinaus werden im Steuergerät weitere Überprüfungen durchgeführt. Da die meisten CAN-Botschaften in regelmäßigen Abständen von den jeweiligen Steuergeräten versendet werden, kann z. B. der Ausfall eines CAN-Controllers in einem Steuergerät mit der Überprüfung dieser zeitlichen Abstände detektiert werden. Zusätzlich werden die empfangenen Signale bei Vorliegen von redundanten Informationen im Steuergerät durch entsprechenden Vergleich überprüft.

Fehlerbehandlung

Fehlererkennung

Ein Signalpfad wird als endgültig defekt eingestuft, wenn ein Fehler über eine definierte Zeit vorliegt. Bis zur Defekteinstufung wird der zuletzt als gültig erkannte Wert im System verwendet. Mit der Defekteinstufung wird in der Regel eine Ersatzfunktion eingeleitet (z. B. Motortemperatur-Ersatzwert $T = 90$ °C). Für die meisten Fehler ist eine Intakt-Erkennung während des Fahrzeugbetriebs möglich. Hierzu muss der Signalpfad für eine definierte Zeit als intakt erkannt werden.

Fehlerspeicherung

Jeder Fehler wird im nichtflüchtigen Bereich des Datenspeichers in Form eines Fehlercodes abgespeichert. Der Fehlercode beschreibt auch die Fehlerart (z. B. Kurzschluss, Leitungsunterbrechung, Plausibilität, Wertebereichsüberschreitung). Zu jedem Fehlereintrag werden zusätzliche Informationen gespeichert, z. B. die Betriebs- und Umweltbedingungen (Freeze Frame), die bei Auftreten des Fehlers herrschten (z. B. Motordrehzahl, Motortemperatur).

Notlauffunktionen

Bei Erkennen eines Fehlers können neben Ersatzwerten auch Notlaufmaßnahmen (z. B. Begrenzung der Motorleistung oder -drehzahl) eingeleitet werden. Diese Maßnahmen dienen der Erhaltung der Fahrsicherheit, der Vermeidung von Folgeschäden oder der Begrenzung von Abgasemissionen.

OBD-System für Pkw und leichte Nfz

Damit die vom Gesetzgeber geforderten Emissionsgrenzwerte auch im Alltag eingehalten werden, müssen das Motorsystem und die Komponenten ständig überwacht werden. Deshalb wurden – beginnend in Kalifornien – Regelungen zur Überwachung der abgasrelevanten Systeme und Komponenten erlassen. Damit wird die herstellerspezifische On-Board-Diagnose (OBD) hinsichtlich der Überwachung emissionsrelevanter Komponenten und Systeme standardisiert und weiter ausgebaut.

Gesetzgebung

OBD I (CARB)

1988 trat in Kalifornien mit der OBD I die erste Stufe der CARB-Gesetzgebung (California Air Resources Board) in Kraft. Diese erste OBD-Stufe verlangt die Überwachung abgasrelevanter elektrischer Komponenten (Kurzschlüsse, Leitungsunterbrechungen) und die Abspeicherung der Fehler im Fehlerspeicher des Steuergeräts sowie eine Motorkontrollleuchte (Malfunction Indicator Lamp, MIL), die dem Fahrer erkannte Fehler anzeigt. Außerdem muss mit Onboard-Mitteln (z. B. Blinkcode über eine Kontrollleuchte) ausgelesen werden können, welche Komponente ausgefallen ist.

OBD II (CARB)

1994 wurde mit OBD II die zweite Stufe der Diagnosegesetzgebung in Kalifornien eingeführt. Für Fahrzeuge mit Dieselmotoren wurde OBD II ab 1996 Pflicht. Zusätzlich zu dem Umfang OBD I wird nun auch die Funktionalität des Systems überwacht (z. B. durch Prüfung von Sensorsignalen auf Plausibilität). Die OBD II verlangt, dass alle abgasrelevanten Systeme und Komponenten, die bei Fehlfunktion zu einer Erhöhung der schädlichen Abgasemissionen (und damit zur Überschreitung der OBD-Grenzwerte) führen können, überwacht werden. Zusätzlich sind auch alle Komponenten, die zur Überwachung emissionsrelevanter Komponenten eingesetzt werden oder die das Diagnoseergebnis beeinflussen können, zu überwachen.

Für alle zu überprüfenden Komponenten und Systeme müssen die Diagnosefunktionen in der Regel mindestens einmal im Abgas-Testzyklus (z. B. FTP 75, Federal Test Procedure) durchlaufen werden. Die OBD-II-Gesetzgebung schreibt ferner eine Normung der Fehlerspeicherinformation und des Zugriffs darauf (Stecker, Kommunikation) nach ISO-15031 und den entsprechenden SAE-Normen (Society of Automotive Engineers) vor. Dies ermöglicht das Auslesen des Fehlerspeichers über genormte, frei käufliche Tester (Scan-Tools).

Erweiterungen der OBD II

Ab Modelljahr 2004
Seit Einführung der OBD II wurde das Gesetz in mehreren Stufen (Updates) überarbeitet. Seit Modelljahr 2004 ist die Aktualisierung der CARB OBD II zu erfüllen, welche neben verschärften und zusätzlichen funktionalen Anforderungen auch die Überprüfung der Diagnosehäufigkeit ab Modelljahr 2005 im Alltag (In Use Monitor Performance Ratio, IUMPR) erfordert.

Ab Modelljahr 2007
Die letzte Überarbeitung gilt ab Modelljahr 2007. Neue Anforderungen für Ottomotoren sind im Wesentlichen die Diagnose zylinderindividueller Gemischvertrimmung (Air-Fuel-Imbalance), erweiterte Anforderungen an die Diagnose der Kaltstartstrategie sowie die permanente Fehlerspeicherung, die auch für Dieselsysteme gilt.

Ab Modelljahr 2014
Für diese erfolgt eine erneute Überarbeitung des Gesetzes (Biennial Review) durch den Gesetzgeber. Es gibt generell auch konkrete Überlegungen, die OBD-Anforderungen hinsichtlich der Erkennung von CO_2-erhöhenden Fehlern zu erweitern. Zudem ist mit einer Präzisierung der Anforderungen für Hybrid-Fahrzeuge zu rechnen. Voraussichtlich tritt diese Erweiterung ab Modelljahr 2014 oder 2015 sukzessive in Kraft.

EPA-OBD

In den übrigen US-Bundesstaaten, welche die kalifornische OBD-Gesetzgebung nicht anwenden, gelten seit 1994 die Gesetze der Bundesbehörde EPA (Environmental Protection Agency). Der Umfang dieser Diagnose entspricht im Wesentlichen der CARB-Gesetzgebung (OBD II). Ein CARB-Zertifikat wird von der EPA anerkannt.

EOBD

Die auf europäische Verhältnisse angepasste OBD wird als EOBD (europäische OBD) bezeichnet und lehnt sich an die EPA-OBD an. Die EOBD gilt seit Januar 2000 für Pkw und leichte Nfz (bis zu 3,5 t und bis zu 9 Sitzplätzen) mit Ottomotoren. Neue Anforderungen an die EOBD für Otto- und Diesel-Pkw wurden im Rahmen der Emissions- und OBD-Gesetzgebung Euro 5/6 verabschiedet (OBD-Stufen: Euro 5 ab September 2009; Euro 5+ ab September 2011, Euro 6-1 ab September 2014 und Euro 6-2 ab September 2017).

Eine generelle neue Anforderung für Otto- und Diesel-Pkw ist die Überprüfung der Diagnosehäufigkeit im Alltag (In-Use-Performance-Ratio) in Anlehnung an die CARB-OBD-Gesetzgebung (IUMPR) ab Euro 5+ (September 2011). Für Ottomotoren erfolgte mit der Einführung von Euro 5 ab September 2009 primär die Absenkung der OBD-Grenzwerte. Zudem wurde neben einem Partikelmassen-OBD-Grenzwert (nur für direkteinspritzende Motoren) auch ein NMHC-OBD-Grenzwert (Kohlenwasserstoffe außer Methan, anstelle des bisherigen HC) eingeführt. Direkte funktionale OBD-Anforderungen resultieren in der Überwachung des Dreiwegekatalysators auf NMHC. Ab September 2011 gilt die Stufe Euro 5+ mit unveränderten OBD-Grenzwerten gegenüber Euro 5. Wesentliche funktionale Anforderungen an die EOBD sind die zusätzliche Überwachung des Dreiwegekatalysators auf NO_x. Mit Euro 6-1 ab September 2014 und Euro 6-2 ab September 2017 ist eine weitere zweistufige Reduzierung einiger OBD-Grenzwerte beschlossen worden (siehe Tabelle 1), wobei für Euro 6-2 noch eine Revision der Werte bis September 2014 möglich ist.

Andere Länder

Einige andere Länder haben die EU- oder die US-OBD-Gesetzgebung bereits übernommen oder planen deren Einführung (z. B. China, Russland, Südkorea, Indien, Brasilien, Australien).

Anforderungen an das OBD-System

Alle Systeme und Komponenten im Kraftfahrzeug, deren Ausfall zu einer Verschlechterung der im Gesetz festgelegten Abgasprüfwerte führt, müssen vom Motorsteuergerät durch geeignete Maßnahmen überwacht werden. Führt ein vorliegender Fehler zum Überschreiten der OBD-Grenzwerte, so muss dem Fahrer das Fehlverhalten über die Motorkontrollleuchte angezeigt werden.

Grenzwerte

Die US-OBD II (CARB und EPA) sieht OBD-Schwellen vor, die relativ zu den Emissionsgrenzwerten definiert sind. Damit ergeben sich für die verschiedenen Abgaskategorien, nach denen die Fahrzeuge zertifiziert sind (z. B. LEV, ULEV, SULEV, etc.), unterschiedliche zulässige OBD-Grenzwerte. Bei der für die europäische Gesetzgebung geltenden EOBD sind absolute Grenzwerte verbindlich (Tabelle 1).

Anforderungen an die Funktionalität

Bei der On-Board-Diagnose müssen alle Eingangs- und Ausgangssignale des Steuergeräts sowie die Komponenten selbst überwacht werden. Die Gesetzgebung fordert die elektrische Überwachung (Kurzschluss, Leitungsunterbrechung) sowie eine Plausibilitätsprüfung für Sensoren und eine Funktionsüberwachung für Aktoren. Die Schadstoffkonzentration, die durch den Ausfall einer Komponente zu erwarten ist (kann im Abgaszyklus

Tabelle 1
OBD-Grenzwerte für Otto-Pkw
NMHC Kohlenwasserstoffe außer Methan,
PM Partikelmasse,
CO Kohlenmonoxid,
NO_x Stickoxide.

Die Grenzwerte für EU 5 gelten ab September 2009, für EU 6-1 ab September 2014 und für EU 6-2 ab September 2017. Bei EU 6-2 handelt es sich um einen EU-Kommissionsvorschlag. Die endgültige Festlegung erfolgte September 2014. Der Grenzwert bezüglich Partikelmasse ab EU 5 gilt nur für Direkteinspritzung.

OBD-Gesetz	OBD-Grenzwerte		
CARB	– Relative Grenzwerte – Meist 1,5-facher Grenzwert der jeweiligen Abgaskategorie		
EPA (US-Federal)	– Relative Grenzwerte – Meist 1,5-facher Grenzwert der jeweiligen Abgaskategorie		
EOBD	– Absolute Grenzwerte		
	EU 5	EU 6-1	EU 6-2
	CO: 1 900 mg/km	CO: 1 900 mg/km	CO: 1 900 mg/km
	NMHC: 250 mg/km	NMHC: 170 mg/km	NMHC: 170 mg/km
	NO_x: 300 mg/km	NO_x: 150 mg/km	NO_x: 90 mg/km
	PM: 50 mg/km	PM: 25 mg/km	PM: 12 mg/km

gemessen werden), sowie die teilweise im Gesetz geforderte Art der Überwachung bestimmt auch die Art der Diagnose. Ein einfacher Funktionstest (Schwarz-Weiß-Prüfung) prüft nur die Funktionsfähigkeit des Systems oder der Komponenten, z. B. ob die Drallklappe öffnet und schließt. Die umfangreiche Funktionsprüfung macht eine genauere Aussage über die Funktionsfähigkeit des Systems und bestimmt gegebenenfalls auch den quantitativen Einfluss der defekten Komponente auf die Emissionen. So muss bei der Überwachung der adaptiven Einspritzfunktionen (z. B. Nullmengenkalibrierung beim Dieselmotor oder λ-Adaption beim Ottomotor) die Grenze der Adaption überwacht werden. Die Komplexität der Diagnosen hat mit der Entwicklung der Abgasgesetzgebung ständig zugenommen.

Motorkontrollleuchte

Die Motorkontrollleuchte weist den Fahrer auf das fehlerhafte Verhalten einer Komponente hin. Bei einem erkannten Fehler wird sie im Geltungsbereich von CARB und EPA im zweiten Fahrzyklus mit diesem Fehler eingeschaltet. Im Geltungsbereich der EOBD muss sie spätestens im dritten Fahrzyklus mit erkanntem Fehler eingeschaltet werden. Verschwindet ein Fehler wieder (z. B. ein Wackelkontakt), so bleibt der Fehler im Fehlerspeicher noch 40 Fahrten (Warm up Cycles) eingetragen. Die Motorkontrollleuchte wird nach drei fehlerfreien Fahrzyklen wieder ausgeschaltet. Bei Fehlern, die beim Ottomotor zu einer Schädigung des Katalysators führen können (z. B. Verbrennungsaussetzer), blinkt die Motorkontrollleuchte.

Kommunikation mit dem Scan-Tool

Die OBD-Gesetzgebung schreibt eine Standardisierung der Fehlerspeicherinformation und des Zugriffs darauf (Stecker,

2 OBD-System

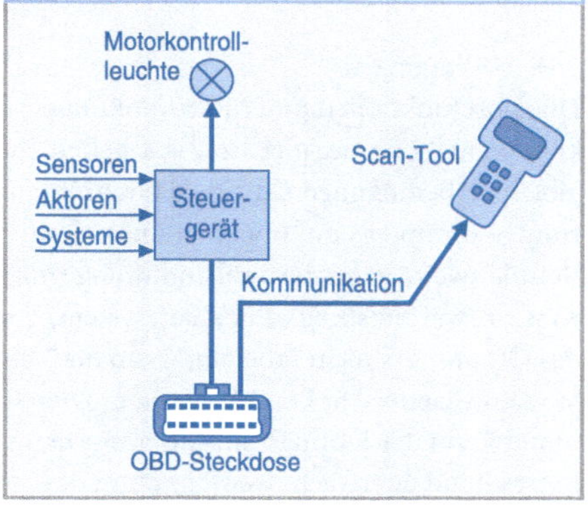

Kommunikationsschnittstelle) nach der ISO-15031-Norm und den entsprechenden SAE-Normen vor. Dies ermöglicht das Auslesen des Fehlerspeichers über genormte, frei käufliche Tester (Scan-Tools, Bild 2). Ab 2008 ist nach der CARB-Gesetzgebung und ab 2014 nach der EU-Gesetzgebung nur noch die Diagnose über CAN (nach der ISO-15765) erlaubt.

Fahrzeugreparatur

Mit Hilfe des Scan-Tools können die emissionsrelevanten Fehlerinformationen von jeder Werkstatt aus dem Steuergerät ausgelesen werden. So werden auch herstellerunabhängige Werkstätten in die Lage versetzt, eine Reparatur durchzuführen. Zur Sicherstellung einer fachgerechten Reparatur werden die Hersteller verpflichtet, notwendige Werkzeuge und Informationen gegen eine angemessene Bezahlung zur Verfügung zu stellen (z. B. Reparaturanleitungen im Internet).

Einschaltbedingungen

Die Diagnosefunktionen werden nur dann abgearbeitet, wenn die physikalischen Einschaltbedingungen erfüllt sind. Hierzu gehören z. B. Drehmomentschwellen, Motortemperaturschwellen und Drehzahlschwellen oder -grenzen.

Sperrbedingungen
Diagnosefunktionen und Motorfunktionen können nicht immer gleichzeitig arbeiten. Es gibt Sperrbedingungen, die die Durchführung bestimmter Funktionen unterbinden. Beispielsweise kann die Tankentlüftung (mit Kraftstoffverdunstungs-Rückhaltesystem) des Ottomotors nicht arbeiten, wenn die Katalysatordiagnose in Betrieb ist. Beim Dieselmotor kann der Luftmassenmesser nur dann hinreichend überwacht werden, wenn das Abgasrückführventil geschlossen ist.

Temporäres Abschalten von Diagnosefunktionen
Um Fehldiagnosen zu vermeiden, dürfen die Diagnosefunktionen unter bestimmten Voraussetzungen abgeschaltet werden. Beispiele hierfür sind große Höhe, niedrige Umgebungstemperatur bei Motorstart oder niedrige Batteriespannung.

Readiness-Code
Für die Überprüfung des Fehlerspeichers ist es von Bedeutung, zu wissen, dass die Diagnosefunktionen wenigstens ein Mal abgearbeitet wurden. Das kann durch Auslesen der Readiness-Codes (Bereitschaftscodes) über die Diagnoseschnittstelle überprüft werden. Diese Readiness-Codes werden für die wichtigsten überwachten Komponenten gesetzt, wenn die entsprechenden gesetzesrelevanten Diagnosen abgeschlossen sind.

Diagnose-System-Manager
Die Diagnosefunktionen für alle zu überprüfenden Komponenten und Systeme müssen im Fahrbetrieb, jedoch mindestens einmal im Abgas-Testzyklus (z. B. FTP 75, NEFZ) durchlaufen werden. Der Diagnose-System-Manager (DSM) kann die Reihenfolge für die Abarbeitung der Diagnosefunktionen je nach Fahrzustand dynamisch verändern. Ziel dabei ist, dass alle Diagnosefunktionen auch im täglichen Fahrbetrieb häufig ablaufen.

Der Diagnose-System Manager besteht aus den Komponenten Diagnose-Fehlerpfad-Management zur Speicherung von Fehlerzuständen und zugehörigen Umweltbedingungen (Freeze Frames), Diagnose-Funktions-Scheduler zur Koordination der Motor- und Diagnosefunktionen und dem Diagnose-Validator zur zentralen Entscheidung bei erkannten Fehlern über ursächlichen Fehler oder Folgefehler. Alternativ zum Diagnose-Validator gibt es auch Systeme mit dezentraler Validierung, d. h., die Validierung erfolgt in der Diagnosefunktion.

Rückruf
Erfüllen Fahrzeuge die gesetzlichen OBD-Forderungen nicht, kann der Gesetzgeber auf Kosten der Fahrzeughersteller Rückrufaktionen anordnen.

OBD-Funktionen

Übersicht
Während die EOBD nur bei einzelnen Komponenten die Überwachung im Detail vorschreibt, sind die spezifischen Anforderungen bei der CARB-OBD II wesentlich detaillierter. Die folgende Liste stellt den derzeitigen Stand der CARB-Anforderungen (ab Modelljahr 2010) für Pkw-Ottofahrzeuge dar. Mit (E) sind die Anforderungen markiert, die auch in der EOBD-Gesetzgebung detaillierter beschrieben sind:

- Katalysator (E), beheizter Katalysator,
- Verbrennungsaussetzer (E),
- Kraftstoffverdunstungs-Minderungssystem (Tankleckdiagnose, bei (E) zumindest die elektrische Prüfung des Tankentlüftungsventils),

- Sekundärlufteinblasung,
- Kraftstoffsystem,
- Abgassensoren (λ-Sonden (E), NO_x-Sensoren (E), Partikelsensor),
- Abgasrückführsystem (E),
- Kurbelgehäuseentlüftung,
- Motorkühlsystem,
- Kaltstartemissionsminderungssystem,
- Klimaanlage (bei Einfluss auf Emissionen oder OBD),
- variabler Ventiltrieb (derzeit nur bei Ottomotoren im Einsatz),
- direktes Ozonminderungssystem,
- sonstige emissionsrelevante Komponenten und Systeme (E), Comprehensive Components
- IUMPR (In-Use-Monitor-Performance-Ratio) zur Prüfung der Durchlaufhäufigkeit von Diagnosefunktionen im Alltag (E).

Sonstige emissionsrelevante Komponenten und Systeme sind die in dieser Aufzählung nicht genannten Komponenten und Systeme, deren Ausfall zur Erhöhung der Abgasemissionen (CARB OBD II), zur Überschreitung der OBD-Grenzwerte (CARB OBD II und EOBD) oder zur negativen Beeinflussung des Diagnosesystems (z. B. durch Sperrung anderer Diagnosefunktionen) führen kann. Bei der Durchlaufhäufigkeit von Diagnosefunktionen müssen Mindestwerte eingehalten werden.

Katalysatordiagnose

Der Dreiwegekatalysator hat die Aufgabe, die bei der Verbrennung des Luft-Kraftstoff-Gemischs entstehenden Schadstoffe CO, NO_x und HC zu konvertieren. Durch Alterung oder Schädigung (thermisch oder durch Vergiftung) nimmt die Konvertierungsleistung ab. Deshalb muss die Katalysatorwirkung überwacht werden.

Ein Maß für die Konvertierungsleistung des Katalysators ist seine Sauerstoff-Speicherfähigkeit (Oxygen Storage Capacity). Bislang konnte bei allen Beschichtungen von Dreiwegekatalysatoren (Trägerschicht „Wash-Coat" mit Ceroxiden als sauerstoffspeichernde Komponenten und Edelmetallen als eigentlichem Katalysatormaterial) eine Korrelation dieser Speicherfähigkeit zur Konvertierungsleistung nachgewiesen werden.

Die primäre Gemischregelung erfolgt mithilfe einer λ-Sonde vor dem Katalysator nach dem Motor. Bei heutigen Motorkonzepten ist eine weitere λ-Sonde hinter dem Katalysator angebracht, die zum einen der Nachregelung der primären λ-Sonde dient, zum anderen für die OBD genutzt wird. Das Grundprinzip der Katalysatordiagnose ist dabei der Vergleich der Sondensignale vor und hinter dem betrachteten Katalysator.

Diagnose von Katalysatoren mit geringer Sauerstoff-Speicherfähigkeit
Die Diagnose von Katalysatoren mit geringer Sauerstoff-Speicherfähigkeit erfolgt vorwiegend mit dem „passiven Amplituden-Modellierungs-Verfahren" (siehe Bild 3). Das Diagnoseverfahren beruht auf der Bewertung der Sauerstoffspeicherfähigkeit des Katalysators. Der Sollwert der λ-Regelung wird mit definierter Frequenz und Amplitude moduliert. Es wird die Sauerstoffmenge berechnet, die durch mageres ($\lambda > 1$) oder fettes Gemisch ($\lambda < 1$) in den Sauerstoffspeicher eines Katalysators aufgenommen oder diesem entnommen wird. Die Amplitude der λ-Sonde hinter dem Katalysator ist stark abhängig von der Sauerstoff-Wechselbelastung (abwechselnd Mangel und Überschuss) des Katalysators. Angewandt wird diese Berechnung auf den Sauerstoffspeicher (OSC, Oxygen Storage Component) des Grenzkatalysators. Die Änderung der Sauerstoffkonzentration im Abgas hinter dem Katalysator wird modelliert. Dem liegt die Annahme zugrunde, dass der den Kataly-

3 Katalysatordiagnose mit dem passiven Verfahren

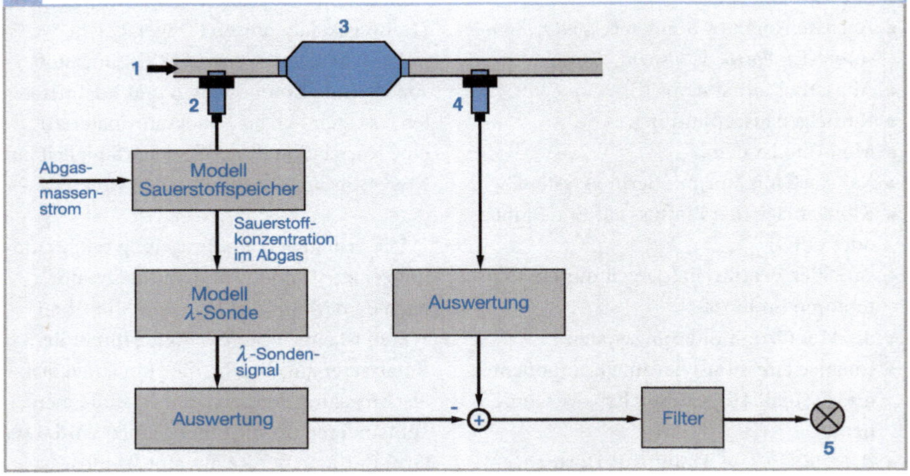

Bild 3
1 Abgasmassenstrom vom Motor
2 λ-Sonde
3 Katalysator
4 λ-Sonde
5 Motorkontrollleuchte

sator verlassenden Sauerstoff proportional zum Füllstand des Sauerstoffspeichers ist.

Durch diese Berechnung ist es möglich, das aufgrund der Änderung der Sauerstoffkonzentration resultierende Sondensignal nachzubilden. Die Schwankungshöhe dieses nachgebildeten Sondensignals wird nun mit der Schwankungshöhe des tatsächlichen Sondensignals verglichen. Solange das gemessene Sondensignal eine geringere Schwankungshöhe aufweist als das nachgebildete, besitzt der Katalysator eine höhere Sauerstoffspeicherfähigkeit als der nachgebildete Grenzkatalysator. Übersteigt die Schwankungshöhe des gemessenen Sondensignals diejenige des nachgebildeten Grenzkatalysators, so ist der Katalysator als defekt anzuzeigen.

Diagnose von Katalysatoren mit hoher Sauerstoff-Speicherfähigkeit

Zur Diagnose von Katalysatoren mit hoher Sauerstoffspeicherfähigkeit wird vorwiegend das „aktive Verfahren" bevorzugt (siehe Bild 4). Infolge der hohen Sauerstoffspeicherfähigkeit wird die Modulation des Regelsollwerts auch bei geschädigtem Katalysator noch sehr stark gedämpft. Deshalb ist die Änderung der Sauerstoffkonzentration hinter dem Katalysator für eine passive Auswertung, wie bei dem zuvor beschriebenen passiven Verfahren, zu gering, sodass ein Diagnoseverfahren mit einem aktiven Eingriff in die λ-Regelung erforderlich ist.

Die Katalysator-Diagnose beruht auf der direkten Messung der Sauerstoff-Speicherung beim Übergang von fettem zu magerem Gemisch. Vor dem Katalysator ist eine stetige Breitband-λ-Sonde eingebaut, die den Sauerstoffgehalt im Abgas misst. Hinter dem Katalysator befindet sich eine Zweipunkt-λ-Sonde, die den Zustand des Sauerstoffspeichers detektiert. Die Messung wird in einem stationären Betriebspunkt im unteren Teillastbereich durchgeführt.

In einem ersten Schritt wird der Sauerstoffspeicher durch fettes Abgas ($\lambda < 1$) vollständig entleert. Das Sondensignal der hinteren Sonde zeigt dies durch eine entsprechend hohe Spannung (ca. 650 mV) an. Im nächsten Schritt wird auf mageres Abgas ($\lambda > 1$) umgeschaltet und die eingetragene

4 Katalysatordiagnose mit dem aktiven Verfahren

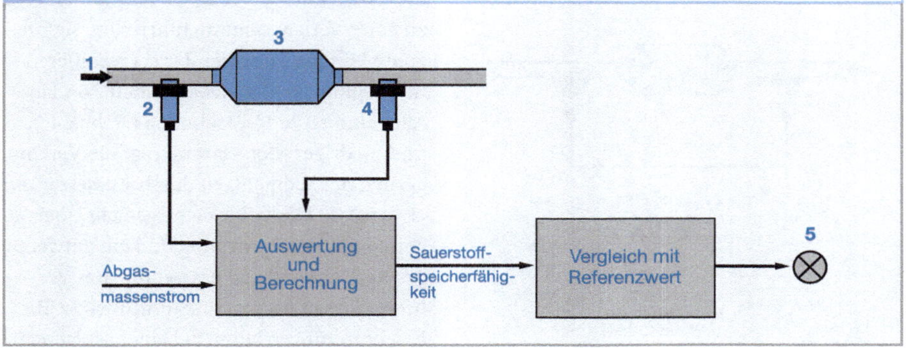

Bild 4
1 Abgasmassenstrom vom Motor
2 Breitband-λ-Sonde
3 Katalysator
4 Zweipunkt-λ-Sonde
5 Motorkontroll-leuchte

Sauerstoffmasse bis zum Überlauf des Sauerstoffspeichers mithilfe des Luftmassenstroms und des Signals der Breitband-λ-Sonde vor dem Katalysator berechnet. Der Überlauf ist durch das Absinken der Sondenspannung hinter dem Katalysator auf Werte unter 200 mV gekennzeichnet. Der berechnete Integralwert der Sauerstoffmasse gibt die Sauerstoffspeicherfähigkeit an. Dieser Wert muss einen Referenzwert überschreiten, sonst wird der Katalysator als defekt eingestuft.

Prinzipiell wäre die Auswertung auch mit der Messung der Regeneration des Sauerstoff-Speichers bei einem Übergang vom mageren zum fetten Betrieb möglich. Mit der Messung der Sauerstoff-Einspeicherung beim Fett-Mager-Übergang ergibt sich aber eine geringere Temperaturabhängigkeit und eine geringere Abhängigkeit von der Verschwefelung, sodass mit dieser Methode eine genauere Bestimmung der Sauerstoff-Speicherfähigkeit möglich ist.

Diagnose von NO_x-Speicherkatalysatoren
Neben der Funktion als Dreiwegekatalysator hat der für die Benzin-Direkteinspritzung erforderliche NO_x-Speicherkatalysator die Aufgabe, die im Magerbetrieb (bei $\lambda > 1$) nicht konvertierbaren Stickoxide zwischenzuspeichern, um sie später bei einem homogen verteilten Luft-Kraftstoff-Gemisch mit $\lambda < 1$ zu konvertieren. Die NO_x-Speicherfähigkeit dieses Katalysators – gekennzeichnet durch den Katalysator-Gütefaktor – nimmt durch Alterung und Vergiftung (z. B. Schwefeleinlagerung) ab. Deshalb ist eine Überwachung der Funktionsfähigkeit erforderlich. Hierfür können je eine λ -Sonde vor und hinter dem Katalysator verwendet werden. Zur Bestimmung des Katalysator-Gütefaktors wird der tatsächliche NO_x-Speicherinhalt mit dem Erwartungswert des NO_x-Speicherinhalts für einen neuen NO_x-Katalysator (aus einem Neukatalysator-Modell) verglichen. Der tatsächliche NO_x-Speicherinhalt entspricht dem gemessenen Reduktionsmittelverbrauch (HC und CO) während der Regenerierung des Katalysators. Die Menge an Reduktionsmitteln wird durch Integration des Reduktionsmittel-Massenstroms während der Regenerierphase bei $\lambda < 1$ ermittelt. Das Ende der Regenerierungsphase wird durch einen Spannungssprung der λ-Sonde hinter dem Katalysator erkannt. Alternativ kann über einen NO_x-Sensor der tatsächliche NO_x-Speicherinhalt bestimmt werden.

5 Prinzip der Bestimmung des Katalysator-Gütefaktors

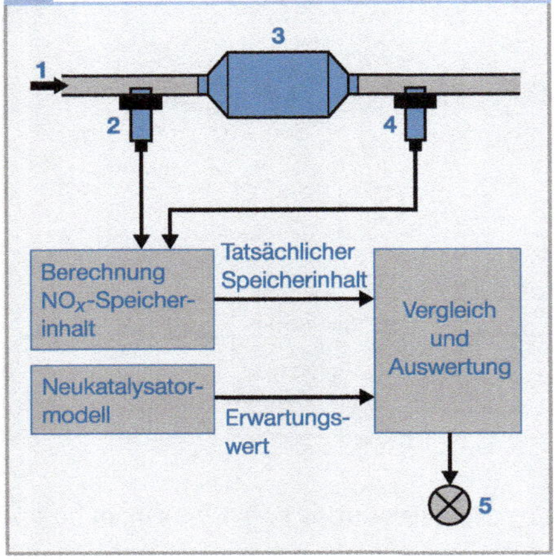

Bild 5
1 Abgasmassenstrom vom Motor
2 Breitband-λ-Sonde
3 NO_x-Speicherkatalysators
4 Zweipunkt-λ-Sonde oder NO_x-Sensor
5 Motorkontrollleuchte

Verbrennungsaussetzererkennung

Der Gesetzgeber fordert die Erkennung von Verbrennungsaussetzern, die z. B. durch abgenutzte Zündkerzen auftreten können. Ein Zündaussetzer verhindert das Entflammen des Luft-Kraftstoff-Gemischs im Motor, es kommt zu einem Verbrennungsaussetzer, und unverbranntes Gemisch wird in den Abgastrakt ausgestoßen. Die Aussetzer verursachen daher eine Nachverbrennung des unverbrannten Gemischs im Katalysator und führen dadurch zu einem Temperaturanstieg. Dies kann eine schnellere Alterung oder sogar eine völlige Zerstörung des Katalysators zur Folge haben. Weiterhin führen Zündaussetzer zu einer Erhöhung der Abgasemissionen, insbesondere von HC und CO, sodass eine Überwachung auf Zündaussetzer notwendig ist.

Die Aussetzererkennung wertet für jeden Zylinder die von einer Verbrennung bis zur nächsten verstrichene Zeit – die Segmentzeit – aus. Diese Zeit wird aus dem Signal des Drehzahlsensors abgeleitet. Gemessen wird die Zeit, die verstreicht, wenn sich das Kurbelwellen-Geberrad eine bestimmte Anzahl von Zähnen weiterdreht. Bei einem Verbrennungsaussetzer fehlt dem Motor das durch die Verbrennung erzeugte Drehmoment, was zu einer Verlangsamung führt. Eine signifikante Verlängerung der daraus resultierenden Segmentzeit deutet auf einen Zündaussetzer hin (Bild 6). Bei hohen Drehzahlen und niedriger Motorlast beträgt die Verlängerung der Segmentzeit durch Aussetzer nur etwa 0,2 %. Deshalb ist eine genaue Überwachung der Drehbewegung und ein aufwendiges Rechenverfahren notwendig, um Verbrennungsaussetzer von Störgrößen (z. B. Erschütterungen aufgrund einer schlechten Fahrbahn) unterscheiden zu können. Die Geberradadaption kompensiert Abweichungen, die auf Fertigungstoleranzen am Geberrad zurückzuführen sind. Diese Funktion ist im Teillast-Bereich und Schubbetrieb aktiv, da in diesem Betriebszustand nur ein geringes oder kein beschleunigendes Drehmoment aufgebaut wird. Die Geberradadaption liefert Korrekturwerte für die Segmentzeiten. Bei unzulässig hohen Aussetzerraten kann an dem betroffenen Zylinder die Einspritzung ausgeblendet werden, um den Katalysator zu schützen.

Tankleckdiagnose

Nicht nur die Abgasemissionen beeinträchtigen die Umwelt, sondern auch die aus dem Kraftstoff führenden System – insbesondere aus der Tankanlage – entweichenden Kraftstoffdämpfe (Verdunstungsemissionen), sodass auch hierfür Emissionsgrenzwerte gelten. Zur Begrenzung der Verdunstungsemissionen werden die Kraftstoffdämpfe im Aktivkohlebehälter des Kraftstoffverdunstungs-Rückhaltesystems (Bild 7) bei geschlossenem Absperrventil (4) gespeichert und später wieder über das Tankentlüftungsventil und das Saugrohr der Verbrennung im Motor zugeführt. Das Regenerieren des Aktivkohlebehälters erfolgt durch Luftzufuhr bei geöffnetem Absperrventil (4) und

6 Funktionsweise der Aussetzerkennung

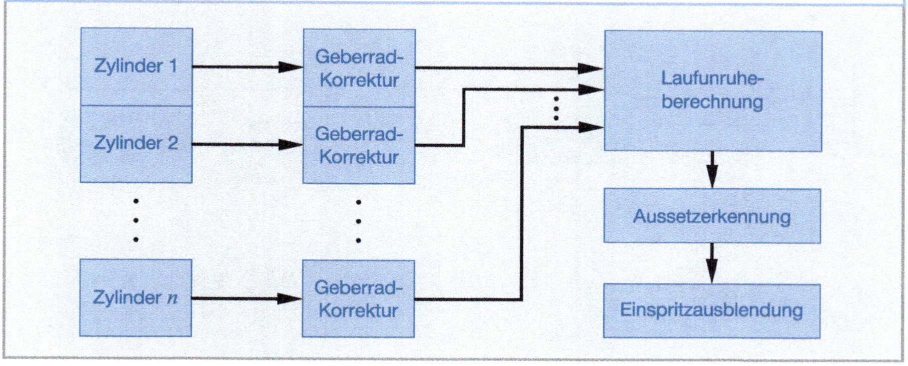

bei geöffnetem Tankentlüftungsventil (2). Im normalen Motorbetrieb (d. h. keine Regenerierung oder Diagnose) bleibt das Absperrventil geschlossen, um ein Ausgasen der Kraftstoffdämpfe aus dem Tank in die Umwelt zu verhindern. Die Überwachung des Tanksystems gehört zum Diagnoseumfang.

Für den europäischen Markt beschränkt sich der Gesetzgeber zunächst auf eine einfache Überprüfung des elektrischen Schaltkreises des Tankdrucksensors und des Tankentlüftungsventils. In den USA wird hingegen das Erkennen von Lecks im Kraftstoffsystem gefordert. Hierfür gibt es die folgenden zwei unterschiedlichen Diagnoseverfahren, mit welchen ein Grobleck bis zu 1,0 mm Durchmesser und ein Feinleck bis zu 0,5 mm Durchmesser erkannt werden kann. Die folgenden Ausführungen beschreiben die prinzipielle Funktionsweise der Leckerkennung ohne die Einzelheiten bei der Realisierung.

Diagnoseverfahren mit Unterdruckabbau
Bei stehendem Fahrzeug wird im Leerlauf das Tankentlüftungsventil (Bild 7, Pos. 2) geschlossen. Daraufhin wird im Tanksystem, infolge der durch das offene Absperrventil (4) hereinströmenden Luft, der Unterdruck verringert, d. h., der Druck im Tanksystem steigt. Wenn der Druck, der mit dem Drucksensor (6) gemessen wird, in einer bestimmten Zeit nicht den Umgebungsdruck erreicht, wird auf ein fehlerhaftes Absperrventil geschlossen, da sich dieses nicht genügend oder gar nicht geöffnet hat.

Liegt kein Defekt am Absperrventil vor, wird dieses geschlossen. Durch Ausgasung (Kraftstoffverdunstung) kann nun ein Druckanstieg erfolgen. Der sich einstellende Druck darf einen bestimmten Bereich weder übernoch unterschreiten. Liegt der gemessene Druck unterhalb des vorgeschriebenen Bereichs, so liegt eine Fehlfunktion im Tankentlüftungsventil vor. Das heißt, die Ursa-

7 Tankleckdiagnose mit Unterdruckverfahren

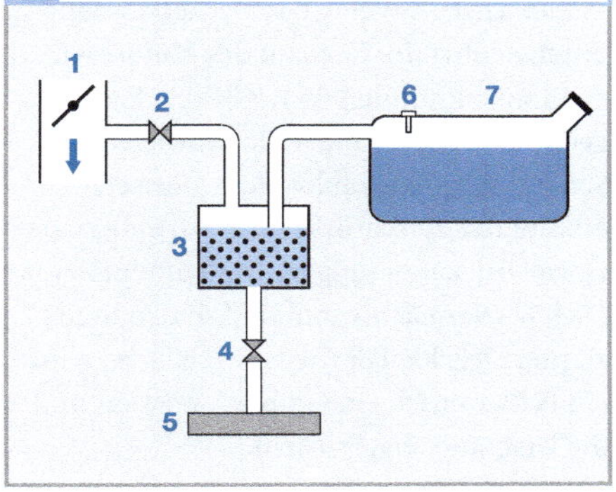

Bild 7
1 Saugrohr mit Drosselklappe
2 Tankentlüftungsventil (Regenerierventil)
3 Aktivkohlebehälter
4 Absperrventil
5 Luftfilter
6 Tankdrucksensor
7 Kraftstoffbehälter

8 Tankleckdiagnose mit Überdruckverfahren

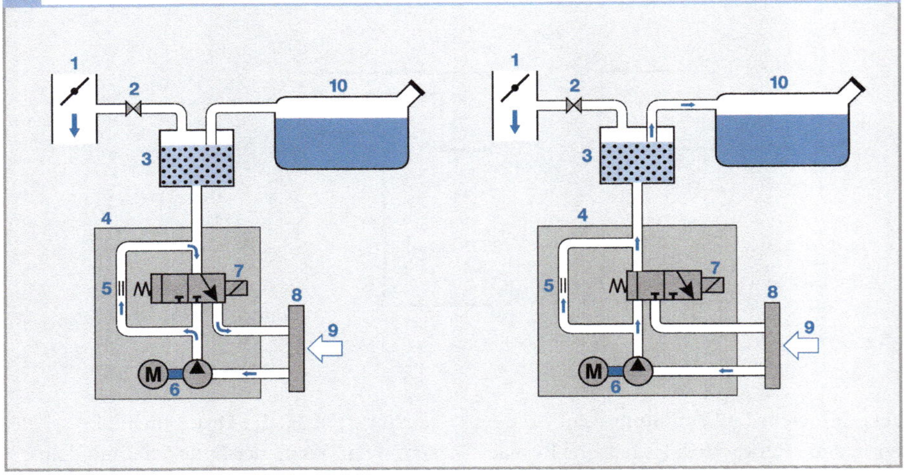

Bild 8
a Referenzleck-Strommessung
b Fein- und Grobleckprüfung

1 Saugrohr mit Drosselklappe
2 Tankentlüftungsventil (Regenerierventil)
3 Aktivkohlebehälter
4 Diagnosemodul
5 Referenzleck 0,5 mm
6 Flügelzellenpumpe
7 Umschaltventil
8 Luftfilter
9 Frischluft
10 Kraftstoffbehälter

che für den zu niedrigen Druck ist ein undichtes Tankentlüftungsventil, sodass durch den Unterdruck im Saugrohr Dampf aus dem Tanksystem gesaugt wird. Liegt der gemessene Druck oberhalb des vorgeschriebenen Bereichs, so verdampft zu viel Kraftstoff (z. B. wegen zu hoher Umgebungstemperatur), um eine Diagnose durchführen zu können. Ist der durch die Ausgasung entstehende Druck im erlaubten Bereich, so wird dieser Druckanstieg als Kompensationsgradient für die Feinleckdiagnose gespeichert. Erst nach der Prüfung von Absperr- und Tankentlüftungsventil kann die Tankleckdiagnose fortgesetzt werden.

Zunächst wird eine Grobleckerkennung durchgeführt. Im Leerlauf des Motors wird das Tankentlüftungsventil (Bild 7, Pos. 2) geöffnet, wobei sich der Unterdruck des Saugrohrs (1) im Tanksystem „fortsetzt". Nimmt der Tankdrucksensor (6) eine zu geringe Druckänderung auf, da Luft durch ein Leck wieder nachströmt und so den induzierten Druckabfall wieder ausgleicht, wird ein Fehler durch ein Grobleck erkannt und die Diagnose abgebrochen.

Die Feinleckdiagnose kann beginnen, sobald kein Grobleck erkannt wurde. Hierzu wird das Tankentlüftungsventil (2) wieder geschlossen. Der Druck sollte anschließend nur um die zuvor gespeicherte Ausgasung (Kompensationsgradient) ansteigen, da das Absperrventil (4) immer noch geschlossen ist. Steigt der Druck jedoch stärker an, so muss ein Feinleck vorhanden sein, durch welches Luft einströmen kann.

Überdruckverfahren

Bei erfüllten Diagnose-Einschaltbedingungen und nach abgeschalteter Zündung wird im Steuergerätenachlauf das Überdruckverfahren gestartet. Bei der Referenzleck-Strommessung pumpt die im Diagnosemodul (Bild 8a, Pos. 4) integrierte elektrisch angetriebene Flügelzellenpumpe (6) Luft durch ein „Referenzleck" (5) von 0,5 mm Durchmesser. Durch den an dieser Verengung entstehenden Staudruck steigt die Belastung der Pumpe, was zu einer Drehzahlverminderung und einer Stromerhöhung führt. Der sich bei dieser Referenzmessung einstellende Strom (Bild 9) wird gemessen und gespeichert.

Anschließend (Bild 8b) pumpt die Pumpe nach Umschalten des Magnetventils (7) Luft in den Kraftstoffbehälter. Ist der Tank dicht, so baut sich ein Druck und somit ein Pumpenstrom auf (Bild 9), der über dem Referenzstrom liegt (3). Im Fall eines Feinlecks erreicht der Pumpstrom den Referenzstrom, dieser wird allerdings nicht überschritten (2). Wird der Referenzstrom auch nach längerem Pumpen nicht erreicht, so liegt ein Grobleck vor (1).

Diagnose des Sekundärluftsystems

Der Betrieb des Motors mit einem fetten Gemisch (bei $\lambda < 1$) – wie es z. B. bei niedrigen Temperaturen notwendig sein kann – führt zu hohen Kohlenwasserstoff- und Kohlenmonoxidkonzentrationen im Abgas. Diese Schadstoffe müssen im Abgastrakt nachoxidiert, d. h. nachverbrannt werden. Direkt nach den Auslassventilen befindet sich deshalb bei vielen Fahrzeugen eine Sekundärlufteinblasung, die den für die katalytische Nachverbrennung notwendigen Sauerstoff in das Abgas einbläst (Bild 10).

Bei Ausfall dieses Systems steigen die Abgasemissionen beim Kaltstart oder bei einem kalten Katalysator an. Deshalb ist eine Diagnose notwendig. Die Diagnose der Sekundärlufteinblasung ist eine funktionale Prüfung, bei der getestet wird, ob die Pumpe einwandfrei läuft oder ob Störungen in der Zuleitung zum Abgastrakt vorliegen. Neben der funktionalen Prüfung ist für den CARB-Markt die Erkennung einer reduzierten Einleitung von Sekundärluft (Flow-Check), die zu einem Überschreiten des OBD-Grenzwerts führt, erforderlich.

Die Sekundärluft wird direkt nach dem Motorstart und während der Katalysatoraufheizung eingeblasen. Die eingeblasene Sekundärluftmasse wird aus den Messwerten der λ-Sonde berechnet und mit einem Referenzwert verglichen. Weicht die berechnete Sekundärluftmasse vom Referenzwert ab, wird damit ein Fehler erkannt.

Für den CARB-Markt ist es aus gesetzlichen Gründen notwendig, die Diagnose während der regulären Sekundärluftzuschaltung durchzuführen. Da die Betriebsbereitschaft der λ-Sonde fahrzeugspezifisch zu unterschiedlichen Zeiten nach dem Motorstart erreicht wird, kann es sein, dass die Diagno-

9 Signalverlauf beim Überdruckverfahren

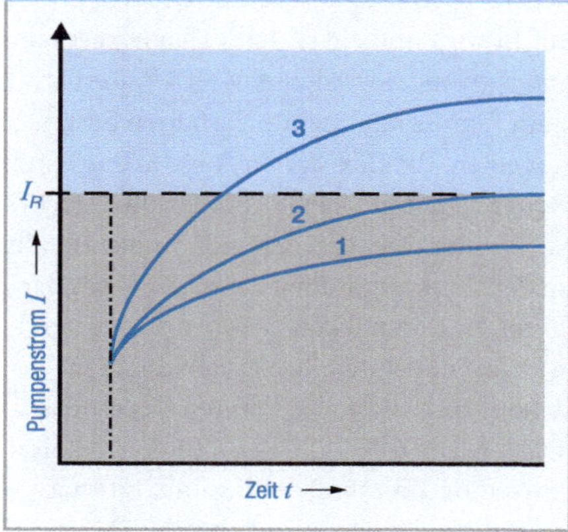

Bild 9
- I_R Referenzstrom
- 1 Stromverlauf bei einem Leck über 0,5 mm Durchmesser
- 2 Stromverlauf bei einem Leck mit 0,5 mm Durchmesser
- 3 Stromverlauf bei dichtem Tank

10 Prinzip der Sekundärlufteinblasung

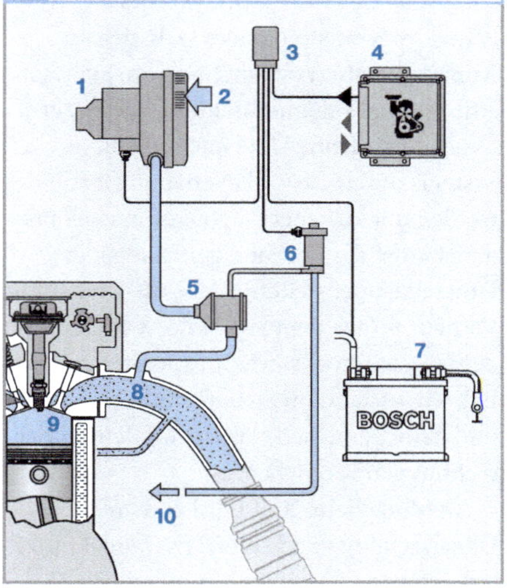

Bild 10
- 1 Sekundärluftpumpe
- 2 angesaugte Luft
- 3 Relais
- 4 Motorsteuergerät
- 5 Sekundärluftventil
- 6 Steuerventil
- 7 Batterie
- 8 Einleitstelle ins Abgasrohr
- 9 Auslassventil
- 10 zum Saugrohranschluss

seablaufhäufigkeit (IUMPR) mit dem beschriebenen Diagnoseverfahren nicht erreicht wird und ein anderes Diagnoseverfahren verwendet werden muss. Das alternativ zum Einsatz kommende Verfahren beruht auf einem druckbasierten Ansatz. Das Verfahren benötigt einen Sekundärluft-Drucksensor, der direkt im Sekundärluftventil oder in der Rohrverbindung zwischen Sekundärluftpumpe und Sekundärluftventil verbaut ist. Gegenüber dem bisherigen direkten λ-Sonden-basierten Verfahren basiert das Diagnoseprinzip auf einer indirekten quantitativen Bestimmung des Sekundärluftmassenstroms aus dem Druck vor dem Sekundärluftventil.

Diagnose des Kraftstoffsystems

Fehler im Kraftstoffsystem (z. B. defektes Kraftstoffventil, Loch im Saugrohr) können eine optimale Gemischbildung verhindern. Deshalb wird eine Überwachung dieses Systems durch die OBD verlangt. Dazu werden u. a. die angesaugte Luftmasse (aus dem Signal des Luftmassenmessers), die Drosselklappenstellung, das Luft-Kraftstoff-Verhältnis (aus dem Signal der λ-Sonde vor dem Katalysator) sowie Informationen zum Betriebszustand im Steuergerät verarbeitet, und dann gemessene Werte mit den Modellrechnungen verglichen.

Ab Modelljahr 2011 wird zudem die Überwachung von Fehlern (z. B. Injektorfehler) gefordert, die zylinderindividuelle Gemischunterschiede hervorrufen. Das Diagnoseprinzip basiert auf einer Auswertung des Drehzahlsignals (Laufunruhesignals) und nutzt die Abhängigkeit der Laufunruhe vom Luftverhältnis aus. Zum Zweck der Diagnose wird sukzessive jeweils ein Zylinder abgemagert, während die verbleibenden Zylinder angefettet werden, so dass ein stöchiometrisches Luft-Kraftstoff-Verhältnis erhalten bleibt. Die Diagnose verarbeitet dabei die erforderlichen Änderung der Kraftstoffmenge, um eine applizierte Laufunruhedifferenz zu erreichen. Diese Änderung ist ein Maß für die Vertrimmung eines Zylinders hinsichtlich des Luft-Kraftstoff-Verhältnisses.

Diagnose der λ-Sonden

Das λ-Sonden-System besteht in der Regel aus zwei Sonden (eine vor und eine hinter dem Katalysator) und dem λ-Regelkreis. Vor dem Katalysator befindet sich meist eine Breitband-λ-Sonde, die kontinuierlich den λ-Wert, d. h. das Luftverhältnis über den gesamten Bereich von fett nach mager, misst und als Spannungsverlauf ausgibt (**Bild 11a**). In Abhängigkeit von den Marktanforderungen kann auch eine Zweipunkt-λ-Sonde (Sprungsonde) vor dem Katalysator verwendet werden. Diese zeigt durch einen Spannungssprung (**Bild 11b**) an, ob ein mageres ($\lambda > 1$) oder ein fettes Gemisch ($\lambda < 1$) vorliegt.

11 Spannungsverlauf von λ-Sonden

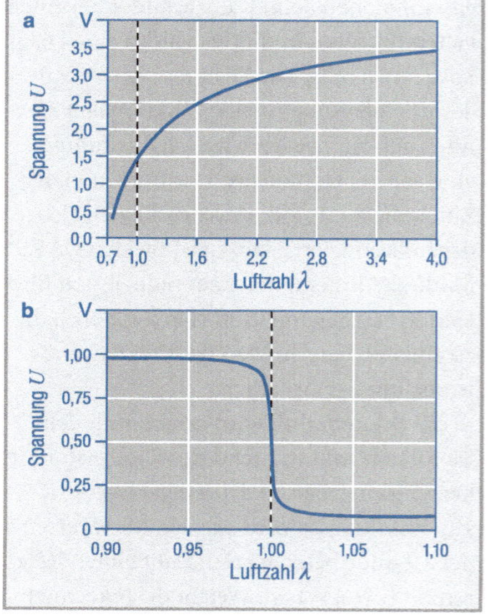

Bild 11
a Breitband-λ-Sonde
b Zweipunkt-λ-Sonde (Sprungsonde)

Bei heutigen Konzepten ist eine sekundäre λ-Sonde – meist eine Zweipunkt-Sonde – hinter dem Vor- oder dem Hauptkatalysator angebracht, die zum einen der Nachregelung der primären λ-Sonde dient, zum anderen für die OBD genutzt wird. Die λ-Sonden kontrollieren nicht nur das Luft-Kraftstoff-Gemisch im Abgas für die Motorsteuerung, sondern prüfen auch die Funktionsfähigkeit des Katalysators.

Mögliche Fehler der Sonden sind Unterbrechungen oder Kurzschlüsse im Stromkreis, Alterung der Sonde (thermisch, durch Vergiftung) – führt zu einer verringerten Dynamik des Sondensignals – oder verfälschte Werte durch eine kalte Sonde, wenn Betriebstemperatur nicht erreicht ist.

Primäre λ-Sonde

Die Sonde vor dem Katalysator wird als primäre λ-Sonde oder Upstream-Sonde bezeichnet. Sie wird bezüglich Plausibilität (von Innenwiderstand, Ausgangsspannung – das eigentliche Signal – und anderen Parametern) sowie Dynamik geprüft. Bezüglich der Dynamik wird die symmetrische und die asymmetrische Signalanstiegsgeschwindigkeit (Transition Time) und die Totzeit (Delay) jeweils beim Wechsel von „fett" zu „mager" und von „mager" zu „fett" (sechs Fehlerfälle, Six Patterns – gemäß CARB-OBD-II-Gesetzgebung) sowie die Periodendauer geprüft. Besitzt die Sonde eine Heizung, so muss auch diese in ihrer Funktion überprüft werden. Die Prüfungen erfolgen während der Fahrt bei relativ konstanten Betriebsbedingungen. Die Breitband-λ-Sonde benötigt andere Diagnoseverfahren als die Zweipunkt-λ-Sonde, da für sie auch von $\lambda = 1$ abweichende Vorgaben möglich sind.

Sekundäre λ-Sonde

Eine sekundäre λ-Sonde oder Downstream-Sonde ist u. a. für die Kontrolle des Katalysators zuständig. Sie überprüft die Konvertierung des Katalysators und gibt damit die für die Diagnose des Katalysators wichtigsten Werte ab. Man kann durch ihre Signale auch die Werte der primären λ-Sonde überprüfen. Darüber hinaus kann durch die sekundäre λ-Sonde die Langzeitstabilität der Emissionen sichergestellt werden. Mit Ausnahme der Periodendauer werden alle für die primären λ-Sonden genannten Eigenschaften und Parameter auch bei den sekundären λ-Sonden geprüft. Für die Erkennung von Dynamikfehlern ist die Diagnose der Signalanstiegsgeschwindigkeit und der Totzeit erforderlich.

Diagnose des Abgasrückführungssystems

Die Abgasrückführung (AGR) ist ein wirksames Mittel zur Absenkung der Stickoxidemission im Magerbetrieb. Durch Zumischen von Abgas zum Luft-Kraftstoff-Gemisch wird die Verbrennungs-Spitzentemperatur gesenkt und damit die Bildung von Stickoxiden reduziert. Die Funktionsfähigkeit des Abgasrückführungssystems muss deshalb überwacht werden. Hierzu kommen zwei alternative Verfahren zum Einsatz.

Zur Diagnose des AGR-Systems wird ein Vergleich zweier Bestimmungsmethoden für den AGR-Massenstrom herangezogen. Bei Methode 1 wird aus der Differenz zwischen zufließendem Frischluftmassenstrom über die Drosselklappe (gemessen über den Heißfilm-Luftmassenmesser) und dem abfließenden Massenstrom in die Zylinder (berechnet mit dem Saugrohrmodell und dem Signale des Saugrohrdrucksensors) der AGR-Massenstrom bestimmt. Bei Methode 2 wird über das Druckverhältnis und die Lagerückmeldung des AGR-Ventils der AGR-Massenstrom berechnet. Die Ergebnisse aus Methode 1 und Methode 2 werden kontinuierlich verglichen und ein Adaptionsfaktor gebildet. Der Adaptionsfaktor wird auf eine Über- oder Unterschreitung eines Bereichs überwacht und schließlich wird das Diagnoseergebnis gebildet.

Eine weitere Diagnose des AGR-Systems ist die Schubdiagnose, wobei im Schubbetrieb das AGR-Ventil gezielt geöffnet und der sich einstellende Saugrohrdruck beobachtet wird. Mit einem modellierten AGR-Massenstrom wird ein modellierter Saugrohrdruck ermittelt und dieser mit dem gemessenen Saugrohrdruck verglichen. Über diesen Vergleich kann das AGR-System bewertet werden.

Diagnose der Kurbelgehäuseentlüftung

Das so genannte „Blow-by-Gas", welches durch Leckageströme zwischen Kolben, Kolbenringen und Zylinder in das Kurbelgehäuse einströmt, muss aus dem Kurbelgehäuse abgeführt werden. Dies ist die Aufgabe der Kurbelgehäuseentlüftung (PCV, Positive Crankcase Ventilation). Die mit Abgasen angereicherte Luft wird in einem Zyklonabscheider von Ruß gereinigt und über ein PCV-Ventil in das Saugrohr geleitet, sodass die Kohlenwasserstoffe wieder der Verbrennung zugeführt werden. Die Diagnose muss Fehler infolge von Schlauchabfall zwischen dem Kurbelgehäuse und dem PCV-Ventil oder zwischen dem PCV-Ventil und dem Saugrohr erkennen.

Ein mögliches Diagnoseprinzip beruht auf der Messung der Leerlaufdrehzahl, die bei Öffnung des PCV-Ventils ein bestimmtes Verhalten zeigen sollte, das mit einem Modell gerechnet wird. Bei einer zu großen Abweichung der beobachteten Leerlaufdrehzahländerung vom modellierten Verhalten wird auf ein Leck geschlossen. Auf Antrag bei der Behörde kann auf eine Diagnose verzichtet werden, wenn der Nachweis erbracht wird, dass ein Schlauchabfall durch geeignete konstruktive Maßnahmen ausgeschlossen werden kann.

Diagnose des Motorkühlungssystems

Das Motorkühlsystem besteht aus einem kleinen und einem großen Kreislauf, die durch ein Thermostatventil verbunden sind. Der kleine Kreislauf wird in der Startphase zur schnellen Aufheizung des Motors verwendet und durch Schließen des Thermostatventils geschaltet. Bei einem defekten oder offen festsitzenden Thermostaten wird der Kühlmitteltemperaturanstieg verzögert – besonders bei niedrigen Umgebungstemperaturen – und führt zu erhöhten Emissionen. Die Thermostatüberwachung soll daher eine Verzögerung in der Aufwärmung der Motorkühlflüssigkeit detektieren. Dazu wird zuerst der Temperatursensor des Systems und darauf basierend das Thermostatventil getestet.

Diagnose zur Überwachung der Aufheizmaßnahmen

Um eine hohe Konvertierungsrate zu erreichen, benötigt der Katalysator eine Betriebstemperatur von 400...800 °C. Noch höhere Temperaturen können allerdings seine Beschichtung zerstören. Ein Katalysator mit optimaler Betriebstemperatur reduziert die Motorabgasemissionen um mehr als 99 %. Bei niedrigeren Temperaturen sinkt der Wirkungsgrad, sodass ein kalter Katalysator fast keine Konvertierung zeigt. Zur Einhaltung der Abgasemissionsvorschriften ist darum eine schnelle Aufwärmung des Katalysators mittels einer speziellen Katalysatorheizstrategie notwendig. Bei einer Katalysatortemperatur von 200...250 °C (Light-Off-Temperatur, ungefähr 50 % Konvertierungsgrad) wird diese Aufwärmphase beendet. Der Katalysator wird jetzt durch die exothermen Konvertierungsreaktionen von selbst aufgeheizt.

Beim Start des Motors kann der Katalysator durch zwei Vorgänge schneller aufgeheizt werden: Durch eine spätere Zündung des Kraftstoffgemischs wird ein heißeres Abgas erzeugt. Außerdem heizt sich durch die katalytischen Reaktionen des unvollständig verbrannten Kraftstoffs im Abgaskrümmer oder im Katalysator dieser selbst auf. Weitere unterstützende Maßnahmen sind z. B. die Erhöhung der Leerlauf-Drehzahl oder ein veränderter Nockenwellenwinkel. Diese Aufheizung hat zur Folge, dass der Katalysator schneller seine Betriebstemperatur erreicht und die Abgasemissionen früher absinken.

Das Gesetz (CARB OBD II) verlangt für einen einwandfreien Ablauf der Konvertierung eine Überwachung der Aufheizphase. Die Aufheizung kann durch eine Überwachung und Auswertung von Aufwärmparametern wie z. B. Zündwinkel, Drehzahl oder Frischluftmasse kontrolliert werden. Weiterhin werden die für die Aufheizmaßnahmen wichtigen Komponenten gezielt in dieser Zeit überwacht (z. B. die Nockenwellen-Position).

Diagnose des variablen Ventiltriebs

Zur Senkung des Kraftstoffverbrauchs und der Abgasemissionen wird teilweise der variable Ventiltrieb eingesetzt. Der Ventiltrieb ist bezüglich Systemfehler zu überwachen. Hierzu wird die Position der Nockenwelle anhand des Phasengebers gemessen und ein Soll-Ist-Vergleich durchgeführt. Für den CARB-Markt ist die Erkennung eines verzögerten Einregelns des Stellglieds auf den Sollwert („Slow Response") sowie die Überwachung auf eine bleiben Abweichung vom Sollwert („Target Error") vorgeschrieben. Zusätzlich sind alle elektrischen Komponenten (z. B. der Phasengeber) gemäß der Anforderungen an Comprehensive Components zu diagnostizieren.

Comprehensive Components: Diagnose von Sensoren

Neben den zuvor aufgeführten spezifischen Diagnosen, die in der kalifornischen Gesetzgebung explizit gefordert und in eigenen Abschnitten separat beschrieben werden, müssen auch sämtliche Sensoren und Aktoren (wie z. B. die Drosselklappe oder die Hochdruckpumpe) überwacht werden, wenn ein Fehler dieser Bauteile entweder Einfluss auf die Emissionen hat oder aber andere Diagnosen negativ beeinflusst. Sensoren müssen überwacht werden auf:

- elektrische Fehler, d. h. Kurzschlüsse und Leitungsunterbrechungen (Signal Range Check),
- Bereichsfehler (Out of Range Check), d. h. Über- oder Unterschreitung der vom physikalischem Messbereich des Sensors festgelegten Spannungsgrenzen,
- Plausibilitätsfehler (Rationality Check); dies sind Fehler, die in der Komponente selbst liegen (z. B. Drift) oder z. B. durch Nebenschlüsse hervorgerufen werden können. Zur Überwachung werden die Sensorsignale entweder mit einem Modell oder direkt mit anderen Sensoren plausibilisiert.

Elektrische Fehler

Der Gesetzgeber versteht unter elektrischen Fehlern Kurzschluss nach Masse, Kurzschluss gegen Versorgungsspannung oder Leitungsunterbrechung.

Überprüfung auf Bereichsfehler

Üblicherweise haben Sensoren eine festgelegte Ausgangskennlinie, oft mit einer unteren und oberen Begrenzung; d. h. der physikalische Messbereich des Sensors wird auf eine Ausgangsspannung, z. B. im Bereich von 0,5...4,5 V, abgebildet. Ist die vom Sensor abgegebene Ausgangsspannung außerhalb dieses Bereichs, so liegt ein Bereichsfehler vor. Das heißt, die Grenzen für diese Prüfung („Range Check“) sind für jeden Sensor spezifische, feste Grenzen, die nicht vom aktuellen Betriebszustand des Motors abhängen. Sind bei einem Sensor elektrische Fehler von Bereichsfehlern nicht unterscheidbar, so wird dies vom Gesetzgeber akzeptiert.

Plausibilitätsfehler

Als Erweiterung im Sinne einer erhöhten Sensibilität der Sensor-Diagnose fordert der Gesetzgeber über den Bereichsfehler hinaus die Durchführung von Plausibilitätsprüfungen (sogenannte „Rationality Checks“). Kennzeichen einer solchen Plausibilitätsprüfung ist, dass die momentane Ausgangsspannung des Sensors nicht – wie bei der Bereichsprüfung – mit festen Grenzen verglichen wird, sondern mit Grenzen, die aufgrund des momentanen Betriebszustands des Motors eingeengt sind. Dies bedeutet, dass für diese Prüfung aktuelle Informationen aus der Motorsteuerung herangezogen werden müssen. Solche Prüfungen können z. B. durch Vergleich der Sensorausgangsspannung mit einem Modell oder aber durch Quervergleich mit einem anderen Sensor realisiert sein. Das Modell gibt dabei für jeden Betriebszustand des Motors einen bestimmten Erwartungsbereich für die modellierte Größe an.

Um bei Vorliegen eines Fehlers die Reparatur so zielführend und einfach wie möglich zu gestalten, soll zunächst die schadhafte Komponente so eindeutig wie möglich identifiziert werden. Darüber hinaus sollen die genannten Fehlerarten untereinander und – bei Bereichs- und Plausibilitätsprüfung – auch nach Überschreitungen der unteren bzw. oberen Grenze getrennt unterschieden werden. Bei elektrischen Fehlern oder Bereichsfehlern kann meist auf ein Verkabelungsproblem geschlossen werden, während das Vorliegen eines Plausibilitätsfehlers eher auf einen Fehler der Komponente selbst deutet.

Während die Prüfung auf elektrische Fehler und Bereichsfehler kontinuierlich erfolgen muss, müssen die Plausibilitätsfehler mit einer bestimmten Mindesthäufigkeit im Alltag ablaufen. Zu den solchermaßen zu überwachenden Sensoren gehören:

- der Luftmassenmesser,
- diverse Drucksensoren (Saugrohrdruck, Umgebungsdruck, Tankdruck),
- der Drehzahlsensor für die Kurbelwelle,
- der Phasensensor,
- der Ansauglufttemperatursensor,
- der Abgastemperatursensor.

Diagnose des Heißfilm-Luftmassenmessers

Nachfolgend wird am Beispiel des Heißfilm-Luftmassenmessers (HFM) die Diagnose beschrieben. Der Heißfilm-Luftmassenmesser, der zur Erfassung der vom Motor angesaugten Luft und damit zur Berechnung der einzuspritzenden Kraftstoffmenge dient, misst die angesaugte Luftmasse und gibt diese als Ausgangsspannung an die Motorsteuerung weiter. Die Luftmassen verändern sich durch unterschiedliche Drosseleinstellung oder Motordrehzahl. Die Diagnose überwacht nun, ob die Ausgangsspannung des Sensors bestimmte (applizierbare, feste) untere oder obere Grenzen überschreitet und gibt in diesem Fall einen Bereichsfehler aus. Durch Vergleich des aktuellen Werts der vom Heißfilm-Luftmassenmesser angegebenen Luftmasse mit der Stellung der Drosselklappe kann – abhängig vom aktuellen Betriebszustand des Motors – auf einen Plausibilitätsfehler geschlossen werden, wenn der Unterschied der beiden Signale größer als eine bestimmte Toleranz ist. Ist beispielweise die Drosselklappe ganz geöffnet, aber der Heißfilm-Luftmassenmesser zeigt die bei Leerlauf angesaugte Luftmasse an, so ist dies ein Plausibilitätsfehler.

Comprehensive Components: Diagnose von Aktoren

Aktoren müssen auf elektrische Fehler und – falls technisch machbar – funktional überwacht werden. Funktionale Überwachung bedeutet hier, dass die Umsetzung eines gegebenen Stellbefehls (Sollwert) überwacht wird, indem die Systemreaktion (der Istwert) in geeigneter Weise durch Informationen aus dem System überprüft wird, z. B. durch einen Lagesensor. Das heißt, es werden – vergleichbar mit der Plausibilitätsdiagnose bei Sensoren – weitere Informationen aus dem System zur Beurteilung herangezogen.
Zu den Aktoren gehören u. a.:

- sämtliche Endstufen,
- die elektrisch angesteuerte Drosselklappe,
- das Tankentlüftungsventil,
- das Aktivkohleabsperrventil.

Diagnose der elektrisch angesteuerten Drosselklappe

Für die Diagnose der Drosselklappe wird geprüft, ob eine Abweichung zwischen dem zu setzenden und dem tatsächlichen Winkel besteht. Ist diese Abweichung zu groß, wird ein Drosselklappenantriebsfehler festgestellt.

Diagnose in der Werkstatt

Aufgabe der Diagnose in der Werkstatt ist die schnelle und sichere Lokalisierung der kleinsten austauschbaren Einheit. Bei den heutigen modernen Motoren ist dabei der Einsatz eines im allgemeinen PC-basierten Diagnosetesters in der Werkstatt unumgänglich. Generell nutzt die Werkstatt-Diagnose hierbei die Ergebnisse der Diagnose im Fahrbetrieb (Fehlerspeichereinträge der On-Board-Diagnose). Da jedoch nicht jedes spürbare Symptom am Fahrzeug zu einem Fehlerspeichereintrag führt und nicht alle Fehlerspeichereintrage eindeutig auf eine ursächliche Komponente zeigen, werden weitere spezielle Werkstattdiagnosemodule und zusätzliche Prüf- und Messgeräte in der Werkstatt eingesetzt. Werkstattdiagnosefunktionen werden durch den Werkstatttester gestartet und unterscheiden sich hinsichtlich ihrer Komplexität, Diagnosetiefe und Eindeutigkeit. In aufsteigender Reihenfolge sind dies:

- Ist-Werte-Auslesen und Interpretation durch den Werkstattmitarbeiter,
- Aktoren-Stellen und subjektive Bewertung der jeweiligen Auswirkung durch den Werkstattmitarbeiter,
- automatisierte Komponententests mit Auswertung durch das Steuergerät oder den Diagnosetester,
- komplexe Subsystemtests mit Auswertung durch das Steuergerät oder den Diagnosetester.

Beispiele für diese Komponenten- und Subsystemtests werden im Folgenden beschrieben. Alle für ein Fahrzeugprojekt vorhandenen Diagnosemodule werden im Diagnosetester in eine geführte Fehlersuche integriert.

Geführte Fehlersuche

Wesentliches Element der Werkstattdiagnose ist die geführte Fehlersuche. Der Werkstattmitarbeiter wird ausgehend vom Symptom (fehlerhaftes Fahrzeugverhalten, welches vom Fahrer wahrgenommen wird) oder vom Fehlerspeichereintrag mit Hilfe eines ergebnisgesteuerten Ablaufs durch die Fehlerdiagnose geführt. Die geführte Fehlersuche verknüpft hierbei alle vorhandenen Diagnosemöglichkeiten zu einem zielgerichteten Fehlersuchablauf. Hierzu gehören Symptombeschreibungen des Fahrzeughalters, Fehlerspeichereinträge der On-Board-Diagnose, Werkstattdiagnosemodule im Steuergerät und im Diagnosetester sowie externe Prüfgeräte und Zusatzsensorik. Alle Werkstattdiagnosemodule können nur bei verbundenem Diagnosetester und im Allgemeinen nur bei stehendem Fahrzeug genutzt werden. Die Überwachung der Betriebsbedingungen erfolgt im Steuergerät.

Auslesen und Löschen der Fehlerspeichereinträge

Alle während des Fahrbetriebs auftretenden Fehler werden gemeinsam mit vorab definierten und zum Zeitpunkt des Auftretens herrschenden Umgebungsbedingungen im Steuergerät gespeichert. Diese Fehlerspeicherinformationen können über eine Diagnosesteckdose (gut zugänglich vom Fahrersitz aus erreichbar) von frei verkäuflichen Scan-Tools oder Diagnosetestern ausgelesen und gelöscht werden. Die Diagnosesteckdose und die auslesbaren Parameter sind standardisiert. Es existieren aber unterschiedliche Übertragungsprotokolle (SAE J1850 VPM und PWM, ISO 1941-2, ISO 14230-4) die jedoch durch unterschiedliche Pinbelegung im Diagnosestecker (siehe Bild 12) codiert sind. Seit 2008 ist nach der CARB-Gesetzgebung und ab 2014 nach der EU-Gesetzgebung nur noch die Diagnose über CAN (ISO-15765) erlaubt.

Neben dem Auslesen und Löschen des Fehlerspeichers existieren weitere Betriebsarten in der Kommunikation zwischen Diagnosetester und Steuergerät, die in Tabelle 2 aufgezählt werden.

12 Pinbelegung eines vorgeschriebenen 16-poligen Diagnosesteckers

Bild 12
2, 10 Datenübertragung nach SAE J 1850,
7, 15 Datenübertragung nach DIN ISO 9141-2 oder 14 230-4,
4 Fahrzeugmasse,
5 Signalmasse,
6 CAN-High-Leitung,
14 CAN-Low-Leitung,
14 Batterie-Plus,
1, 3, 8, 9, 11, 12, 13 nicht von OBD belegt

Werkstattdiagnosemodule

Im Steuergerät integrierte Diagnosemodule laufen nach dem Start durch den Diagnosetester autark im Steuergerät ab und melden nach Beendigung das Ergebnis an den Diagnosetester zurück. Gemeinsam für alle Module ist, dass sie das zu diagnostizierende Fahrzeug in der Werkstatt in vorbestimmte lastlose Betriebspunkte versetzen, verschiedenen Aktorenanregungen aufprägen und Ergebnisse von Sensoren eigenständig mit einer vorgegebenen Auswertelogik auswerten können. Ein Beispiel für einen Subsystemtest ist der BDE-Systemtest (Benzin-Direkt-Einspritzung). Als Komponententests werden im Folgenden der Kompressionstest, die Separierung zwischen Gemisch und λ-Sonden-Fehlern sowie von Zündungs- und Mengenfehlern vorgestellt.

BDE-Systemtest

Der BDE-Systemtest dient der Überprüfung des gesamten Kraftstoffsystems bei Motoren mit Benzin-Direkt-Einspritzung und wird bei den Symptomen „Motorkontrollleuchte an", „verminderte Leistung" und „unrunder Motorlauf" angewendet. Erkennbare Fehler

Service-Nummer	Funktion
$01	Auslesen der aktuellen Istwerte des Systems (z. B. Messwerte der Drehzahl und der Temperatur)
$02	Auslesen der Umweltbedingungen (Freeze Frame), die während des Auftretens des Fehlers vorgeherrscht haben
$03	Fehlerspeicher auslesen. Es werden die abgasrelevanten und bestätigten Fehlercodes ausgelesen
$04	Löschen des Fehlercodes im Fehlerspeicher und Zurücksetzen der begleitenden Information
$05	Anzeigen von Messwerten und Schwellen der λ-Sonden
$06	Anzeigen von Messwerten von nicht kontinuierlich überwachten Systemen (z. B. Katalysator)
$07	Fehlerspeicher auslesen. Hier werden die noch nicht bestätigten Fehlercodes ausgelesen
$08	Testfunktionen anstoßen (fahrzeughersteller-spezifisch)
$09	Auslesen von Fahrzeuginformationen
$0A	Auslesen von permanent gespeicherten Fehlerspeichereinträgen

Tabelle 2
Betriebsarten des Diagnosetesters (CARB-Umfang).
Service $05 gemäß SAE J1979 ist bei Fahrzeugen mit CAN-Protokoll nicht verfügbar: der Ausgabeumfang von Service $05 ist bei Fahrzeugen mit CAN-Protokoll z. T. im Service $06 enthalten.

im Niederdrucksystem sind Leckagen und defekte Kraftstoffpumpen. Im Hochdrucksystem werden Defekte an der Hochdruckpumpe, am Injektor und am Hochdrucksensor erkannt. Zur Bestimmung der defekten Komponente werden während des Tests bestimmte Merkmale extrahiert und die Über- oder Unterschreitung von Sollwerten in eine Matrix eingetragen. Der Mustervergleich mit bekannten Fehlern führt dann zur eindeutigen Identifizierung. Verschiedene auszuwertende Merkmale sind in Bild 13 gezeigt. Der Test bietet die Vorteile, dass ohne Öffnen des Kraftstoffsystems und ohne zusätzliche Messtechnik in sehr kurzer Zeit Ergebnisse vorliegen. Da der Vergleich der Merkmale in der Matrix im Tester durchgeführt wird, können Anpassungen im Fahrzeug-Projekt auch nach Serieneinführungen erfolgen.

Kompressionstest

Der Kompressionstest wird zur Beurteilung der Kompression einzelner Zylinder bei den Symptomen „Leistungsmangel“ und „unrunder Motorlauf im Leerlauf“ angewendet. Der Test erkennt eine reduzierte Kompression durch mechanische Defekte am Zylinder, wie z. B. undichte Kompressionsringe. Das physikalische Wirkprinzip ist ein relativer Vergleich der Zahnzeiten (Intervall von 6° des Kurbelwellengeberrades) der einzelnen Zylinder vor und nach dem oberen Totpunkt (OT). Während des Tests wird der Motor ausschließlich durch den elektrischen Starter gedreht, um Auswirkungen durch einen eventuell unterschiedlichen Momentenbeitrag der einzelnen Zylinder durch die Verbrennung auszuschließen.

Die Vorteile dieses Tests liegen in einer sehr kurzen Messzeit ohne Adaption von externen Messmitteln. Er funktioniert jedoch nur bei Motoren mit mehr als zwei Zylindern, da sonst die Möglichkeit eines relativen Vergleichs der Zylinderdrehzahlen nicht mehr gegeben ist. Bei dem Symptom „unrunder Motorlauf, Motor schüttelt“ wird der Kompressionstest oft vor spezifischen Tests des Einspritzsystems durchgeführt, um ne-

13 Ablauf eines BDE-Systemtests

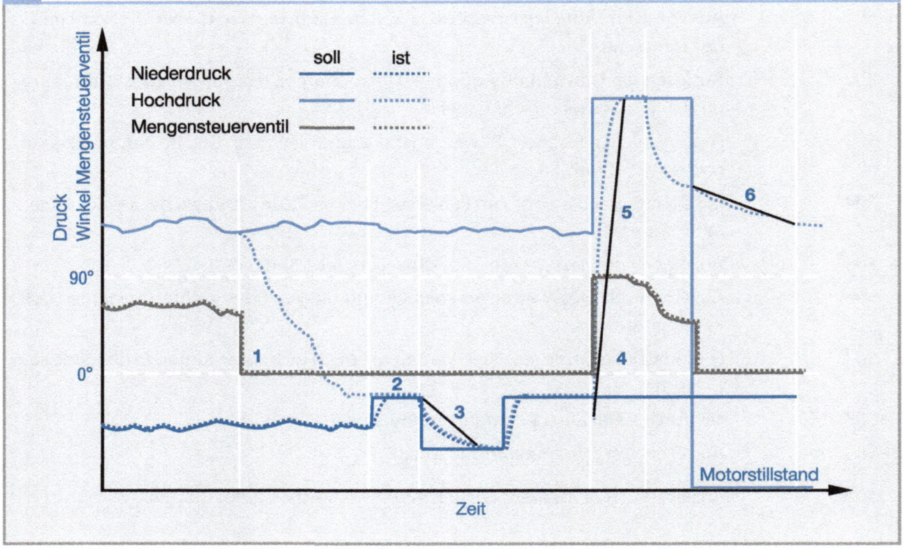

Bild 13
1 Mengensteuerventil geöffnet
2 Maximaler Niederdruck
3 Niederdruckabbaugradient
4 Mengensteuerventil im Regelmodus
5 Hochdruck-Druckaufbaugradient
6 Hochdruck-Druckabbaugradient

gative Auswirkungen durch die Motormechanik ausschließen zu können.

Separierung von Zündungs- und Mengenfehlern

Der Test „Separierung von Zündungs- und Mengenfehlern“ wird zur Unterscheidung von Fehlern im Zündsystem oder bei den Einspritzventilen (Ventil klemmt, Mehr- oder Mindermenge) bei dem Symptom „Motoraussetzer“ und „unrunder Motorlauf“ angewendet. In einem ersten Testschritt wird bewusst die Einspritzung auf einem Zylinder unterdrückt und die Auswirkung auf das λ-Sonden-Signal bewertet. In einem zweiten Schritt wird die Einspritzmenge auf einem Zylinder in Abhängigkeit vom λ-Wert rampenförmig erhöht oder vermindert. Während des zweiten Schritts werden die Laufunruhewerte beurteilt. Durch die Kombination der Ergebnisse des λ-Sonden-Signals und der Laufunruhe kann eine eindeutige Unterscheidung zwischen Fehlern im Zündsystem und Fehlern bei den Einspritzventilen getätigt werden. In Bild 14 ist beispielhaft der zeitliche Verlauf bei einem Mehrmengenfehler an einem Einspritzventil dargestellt. Die Vorteile dieses Tests liegen in einer sehr kurzen Messzeit ohne aufwendigen Teiletausch bei Aussetzerfehlern auf einzelnen Zylindern.

Separierung von Gemisch- und λ-Sonden-Fehlern

Der Test „Separierung von Gemisch- und λ-Sonden-Fehlern“ wird zur Unterscheidung von Gemischfehlern und Offset-Fehlern der λ-Sonde bei den Symptomen „Motorkontrollleuchte an“ genutzt. Während des Tests wird das Luft-Kraftstoff-Gemisch zuerst in der Nähe des Luftverhältnisses $\lambda = 1$ eingestellt, danach wird das Gemisch abhängig vom Kraftstoffkorrekturfaktor leicht angefettet oder abgemagert. Durch parallele Messung der beiden λ-Sonden-Signale und gegenseitige Plausibilisierung kann zwischen Gemischfehlern und Fehlern der λ-Sonden vor dem Katalysator unterschieden werden. Die Vorteile dieses Tests liegen in einer sehr kurzen Messzeit ohne die Notwendigkeit zum Sondenausbau.

Stellglied-Diagnose

Um in den Kundendienstwerkstätten einzelne Stellglieder (Aktoren) aktivieren und deren Funktionalität prüfen zu können, ist im Steuergerät eine Stellglied-Diagnose enthalten. Über den Diagnosetester kann hiermit die Position von vordefinierten Aktoren verändert werden. Der Werkstattmitarbeiter kann dann die entsprechenden Auswirkungen akustisch (z. B. Klicken des Ventils), optisch (z. B. Bewegung einer Klappe) oder durch andere Methoden, wie die Messung von elektrischen Signalen, überprüfen.

Externe Prüfgeräte und Sensorik

Die Diagnosemöglichkeiten in der Werkstatt werden durch Nutzung von Zusatzsensorik (z. B. Strommesszange, Klemmdruckgeber) oder Prüfgeräte (z. B. Bosch-Fahrzeugsystemanalyse) erweitert. Die Geräte werden im Fehlerfall in der Werkstatt an das Fahrzeug adaptiert. Die Bewertung der Messergebnisse erfolgt im Allgemeinen über den Diagnosetester. Mit evtl. vorhandenen Multimeterfunktionen des Diagnosetesters können elektrische Ströme, Spannungen und Widerstände gemessen werden. Ein integriertes Oszilloskop erlaubt darüber hinaus, die Signalverläufe der Ansteuersignale für die Aktoren zu überprüfen. Dies ist insbesondere für Aktoren relevant, die in der Stellglied-Diagnose nicht überprüft werden.

14 Zeitlicher Ablauf des Tests „Separierung von Mengen- und Zündungsfehlern".

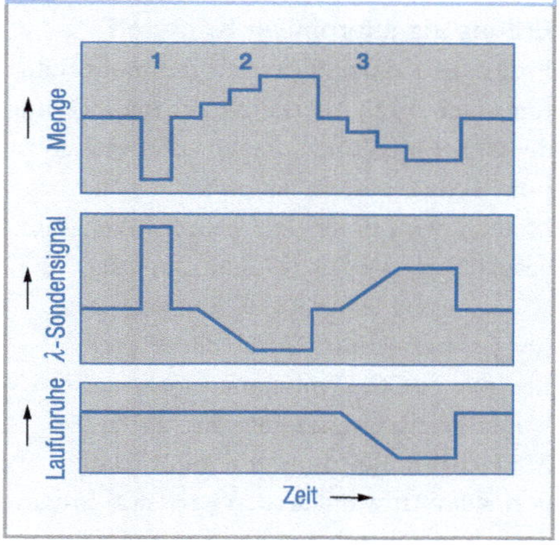

Bild 14
1 Einspritzung deaktiviert
2 positive Mengenrampe
3 negative Mengenrampe

Die Laufunruhe betrifft den systematischen Verlauf bei einer Mehrmenge.

Alternative Kraftstoffe

Erdgas

Erdgas als alternativer Kraftstoff

Erdgas als Kraftstoff für Verbrennungsmotoren ist eine gute Alternative zur Reduzierung der CO_2-Emissionen und zur Luftreinhaltung. Erdgas besteht hauptsächlich aus Methan, wird unter Druck im Fahrzeugtank gespeichert und wird deshalb auch als CNG (Compressed Natural Gas, komprimiertes Erdgas) bezeichnet. Durch den Vorteil niedrigerer CO_2-Emissionen sowie nahezu keiner Partikelemissionen und durch die Möglichkeit, Benzinmotoren mit relativ geringem Aufwand an den Kraftstoff Erdgas anzupassen, hat der Erdgasbetrieb im Ottomotor gute Voraussetzungen, auch kurzfristig eine stärkere Verbreitung zu erfahren.

Markt für Erdgasfahrzeuge

Die größte Anzahl von Erdgasfahrzeugen gibt es in Teilen Asiens und Südamerikas (Tabelle 1). Wegen der lokalen Verfügbarkeit in Südamerika und dem Ziel der Nutzung eigener Ressourcen gibt es dort lokale Anstrengungen, alternative Kraftstoffe einzusetzen. Erdgas nimmt dabei eine Vorreiterrolle ein. So gibt es allein in Pakistan über 2,5 Millionen Erdgasfahrzeuge. Wegen des dortigen Kostendrucks werden jedoch sehr einfache Systeme, meistens als Nachrüstlösung, eingesetzt.

Das stärkste Wachstumspotential für vom Hersteller eingebaute Systeme gibt es in Indien, China und Iran, da hier die volkswirtschaftlichen Rahmenbedingungen den Einsatz hochwertiger CNG-Systeme zulassen. Erdgas fördernde Länder, wie z. B. der Iran, haben ein starkes Interesse, das Gas auch in eigenen mobilen Anwendungen zu verwenden. In Indien und China steht mehr die Luftreinhaltung im Vordergrund.

Für Europa sehen Pläne der EU-Kommission vor, bis zum Jahr 2020 einen Anteil von 23 % des Benzin- und Dieselverbrauchs durch alternative Kraftstoffe zu ersetzen. Der Hauptbeitrag von 10 % soll durch Erdgas gedeckt werden. Hauptmärkte der Erdgasfahrzeuge in Europa sind derzeit (Stand Juni 2012) Italien und Deutschland. In Deutschland wird der Einsatz von Erdgas in Kraftfahrzeugen bis Ende 2018 wegen seiner günstigeren Umwelteigenschaften in Form eines reduzierten Mineralölsteuersatzes gefördert. Dadurch kann das Energieäquivalent Erdgas an den Tankstellen rund 50 % günstiger angeboten werden als Benzin.

Im NAFTA-Gebiet (Nordamerika) ist noch keine nennenswerte Entwicklung zu erkennen, da marktstrukturelle Anreize fehlen. Durch neue Fördertechniken können nun auch Shale-Erdgasvorkommen erschlossen werden, wodurch eine positive Marktentwicklung zu erwarten ist.

Erdgas ist weltweit verfügbar. Je nach Her-

Tabelle 1
Verbreitung von Erdgas-Fahrzeugen und -Tankstellen [3]

Land	Erdgas-Fahrzeuge	Erdgas-Tankstellen
Iran	2 859 386	1 800
Pakistan	2 850 500	3 330
Argentinien	2 077 581	1 913
Brasilien	1 702 790	1 792
Indien	1 100 376	724
Italien	779 090	860
China	611 900	2 300
Kolumbien	365 168	651
Usbekistan	310 000	175
Thailand	305 290	470
Armenien	244 000	345
Ukraine	200 019	294
Bangladesh	200 000	600
Ägypten	165 392	146
Bolivien	140 400	156
Peru	129 981	179
U.S.A.	112 000	1 100
Deutschland	96 215	903

kunft variiert jedoch die Zusammensetzung. Dadurch ergeben sich Auswirkungen auf Dichte, Heizwert und Klopffestigkeit. Für den Einsatz im Kraftfahrzeug ist die Kraftstoffzusammensetzung in der DIN 51624 geregelt. Ein zusätzlicher Vorteil ist, dass der Hauptbestandteil Methan auch regenerativ aus Biomasse hergestellt werden kann. Zusätzlich sind Verfahren in Entwicklung, Methan aus überschüssiger elektrischer Energie von Windkraftanlagen, Kohlendioxid und Wasser zu erzeugen. Hierdurch wäre der CO_2-Kreislauf geschlossen und die langfristige Verfügbarkeit gesichert.

Da Erdgas bisher noch nicht flächendeckend an Tankstellen erhältlich ist, sollten CNG-Fahrzeuge als Bifuel-System auch weiterhin konventionell mit Ottokraftstoff betreibbar sein.

Eigenschaften von Erdgas

Der Hauptbestandteil von Erdgas ist Methan (CH_4, siehe Tabelle 2). Damit besitzt Erdgas den höchsten Wasserstoffanteil aller fossilen Kraftstoffe. Bei der Verbrennung entstehen bei gleichem Energieumsatz ca. 25 % weniger CO_2-Emissionen gegenüber Benzin.

Die Rohemissionen der Kohlenwasserstoffe (HC) des Erdgasmotors liegen wegen der einfacheren Molekülstruktur von Methan und durch die gasförmige Einblasung deutlich unter denen des Benzinmotors. Der Ausstoß von nichtlimitierten Schadstoffen (Aldehyde, aromatische Kohlenwasserstoffe usw.) sowie der Ausstoß von Schwefeldioxid und Partikeln wird durch den Kraftstoff Erdgas nahezu vollständig vermieden.

Erdgas besitzt eine sehr hohe Klopffestigkeit von bis zu 132 ROZ (im Vergleich dazu liegt Benzin bei 91...100 ROZ). Dadurch kann die Verdichtung gegenüber dem Benzinmotor erhöht und damit der Wirkungsgrad um bis zu 5 % gesteigert werden. Gleichzeitig eignet sich der Erdgasmotor

			CNG G20	CNG G25	CNG-H Nordsee	Benzin ROZ 95	LPG Autogas
Zusammensetzung	N_2 (Stickstoff)	[%]	–	14	1	–	–
	CH_4 (Methan)	[%]	100	86	85	–	–
	C_2H_6 (Ethan)	[%]	–	–	9	–	30
	C_3H_8 (Propan)	[%]	–	–	3	–	70
	C_4- ... C_{10}-Verbindungen	[%]	–	–	2	100	–
Eigenschaften	Oktanzahl		130	136	–	95	105
	Zündtemperatur	[°C]	595	595	–	≈ 400	450
	Stöchiometrie		17,2	13,4	16,1	14,7	15,5
	Heizwert	[MJ/kg%]	50,0	38,9	46,8	43,5	45,8
	Gemischheizwert	[MJ/m³]	3,39	3,34	3,44	3,76	3,70
	Tankdruck (bei 20 °C)	[bar]	200	200	200	1	4,7
	Dichte (bei 20 °C und 20 MPa)	[kg/l]	0,16	0,17	–	0,75	0,56
	Energie-Speicherdichte	[MJ/l]	8,0	6,6	–	32,6	25,6

Tabelle 2
Vergleich verschiedener Typen von Erdgas, Benzin und Autogas

ideal zur Aufladung. In Kombination mit einem Downsizing-Konzept, bei dem der Hubraum verkleinert und gleichzeitig der Motor bis zur ursprünglichen Leistung aufgeladen wird, ist eine zusätzliche Wirkungsgradverbesserung und somit eine weitere CO_2-Reduktion möglich.

Kraftstofftank und Reichweite

Methan ist bei Temperaturen oberhalb von –82,5 °C immer gasförmig, auch bei hohem Druck. Deshalb wird Erdgas im Fahrzeug in der Regel gasförmig bei einem Überdruck von 20 MPa in Stahl- oder Kohlefaserbehältern gespeichert. Trotzdem ist, im Vergleich zum konventionellen Kraftstoff Benzin, für gleichen Energieinhalt der volumetrische Speicherbedarf viermal so groß. Durch optimierten Einbau mehrerer Druckspeicher (z. B. Unterbringung der Tanks unterhalb des Fahrzeugbodens, siehe **Bild 1**) lassen sich dennoch Reichweiten von derzeit ca. 400 km erreichen, ohne zusätzlich das Kofferraumvolumen verkleinern zu müssen.

Alternativ lässt sich Erdgas (Methan) unter Normaldruck auch bei Temperaturen von –162 °C verflüssigen (LNG, Liquefied Natural Gas). Die Verflüssigung ist jedoch energieaufwendig und die LNG-Kraftstoffsysteme im Fahrzeug sind komplexer. Zur Bereitstellung des Gases am Einspritzventil kommt in der Regel eine Kraftstoffpumpe und ein Verdampfer zur Anwendung. Da ohne ständige Kühlung stetig geringe Methanmengen verdampfen, eignen sich LNG-Tanks nur für den Dauerbetrieb, z. B. in Nkw-Flotten. Für normale Pkw-Anwendungen sind ausschließlich CNG-Drucktanks sinnvoll.

Motorleistung

Bedingt durch den ausschließlich gasförmigen Zustand des Erdgases im Saugrohr, wird bei der Gaseinblasung 10 % der Frischluft durch das Erdgas verdrängt. Bei Saugmotoren führt dies in der Volllast zu einer Leistungsreduktion gegenüber dem Benzinbetrieb. Jedoch wird, je nach Verdichtungsauslegung des Motors, im Benzinbetrieb eine Zündwinkelspätverstellung zur Klopfver-

1 Komponenten für den Erdgasbetrieb im Fahrzeug

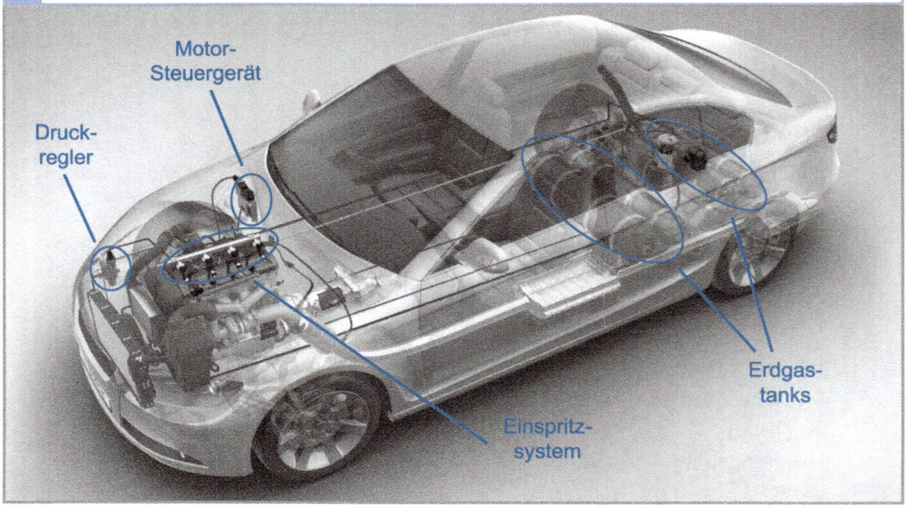

2 Kennzeichnung einer typgenehmigten Komponente

meidung gefahren. Durch die hohe Klopffestigkeit des Erdgases kann der Zündwinkel im Gasbetrieb auch in der Volllast optimal gefahren werden, was die Leistungsreduzierung durch die Luftverdrängung teilweise kompensieren kann. Insbesondere bei Motoren mit hoher Verdichtung und Turboaufladung kann durch die hohe Klopffestigkeit des Erdgases sogar eine Leistungssteigerung gegenüber dem Benzinbetrieb erzielt werden.

Gesetzliche Anforderungen

Unter Druck gespeichertes Erdgas hat eine hohe pneumatische Energie. Um eine Gefährdung durch die Beanspruchung des Fahrbetriebs und dessen äußere Einflüsse zu vermeiden, werden die Anforderungen an das Erdgassystem und seiner Komponenten in der EU-Regelung ECE R 110 vorgeschrieben. Dabei werden die zwingend zum Erdgassystem gehörenden Komponenten beschrieben und die Prüfvorschriften definiert. Im Fokus der Prüfungen liegt die Druckfestigkeit, die interne und die externe Leckage, die Erdgas-Verträglichkeit und die Korrosionsbeständigkeit. Ein wichtiger Kennwert ist die limitierte externe Leckage von maximal 15 cm^3/h Erdgas unter Normbedingungen, was einer Erdgasmasse von max. 10,8 mg/h entspricht.

Grundsätzlich benötigt jede zum Erdgassystem gehörende Komponente eine Typgenehmigung, die in allen europäischen Staaten verbindlich geregelt ist. Eine Komponente mit erteilter Typgenehmigung nach ECE R 110 kann damit in allen Systemen, die dieser EU-Regelung unterliegen, verwendet werden.

Zum Beispiel wird in Deutschland die Typgenehmigung über die Technischen Dienste (z. B. TÜV, Dekra) beim Kraftfahrtbundesamt (KBA) beantragt. Der Technische Dienst ist ebenfalls für die geforderten Prüfungen und die Erstellung der Dokumentation zum Antrag auf Typgenehmigung zuständig. Ebenfalls müssen im Produktionszeitraum alle Änderungen der Komponenten vom technischen Dienst bewertet und dem Kraftfahrtbundesamt gemeldet werden. Bild 2 zeigt die Kennzeichnung einer typgenehmigten Komponente.

Erdgasfahrzeuge unterliegen derselben Abgasgesetzgebung wie Benzinmotoren. Die Anforderungen sind in der EU-Regelung ECE-R83 beschrieben und beinhalten die Limitierung der Abgasemission und der notwendigen Abgasdiagnosen. Grundsätzlich müssen die Anforderungen für jedes Kraftstoffsystem separat erfüllt und nachgewiesen werden. Bifuel-Fahrzeuge, d. h. Fahrzeuge, die sowohl mit Erdgas als auch mit Benzin betrieben werden können, erfordern deshalb eine Zertifizierung für Benzin und Erdgas separat. Eine Ausnahme bilden die sogenannten „Monovalent-Plus-Fahrzeuge", bei denen das Benzintankvolumen, als „Nottank", kleiner als 15 *l* ausgelegt sein muss. Für „Monovalent-Plus-Fahrzeuge" müssen Abgas- und Diagnoseanforderungen nur für den CNG-Betrieb nachgewiesen werden.

Systembeschreibung

Zum Aufbau eines Bifuel-Systems wird ein konventionelles Benzinsystem um ein Erdgas-Kraftstoff-System, bestehend aus Tanksystem mit Füllstutzen, Leitungen, Druckregler und Einspritzsystem, erweitert (Bild 3).

Die Befüllung der Erdgastanks erfolgt über den Füllstutzen, im allgemeinen ein

3 Ottomotor mit wahlweise Erdgas- oder Benzinbetrieb

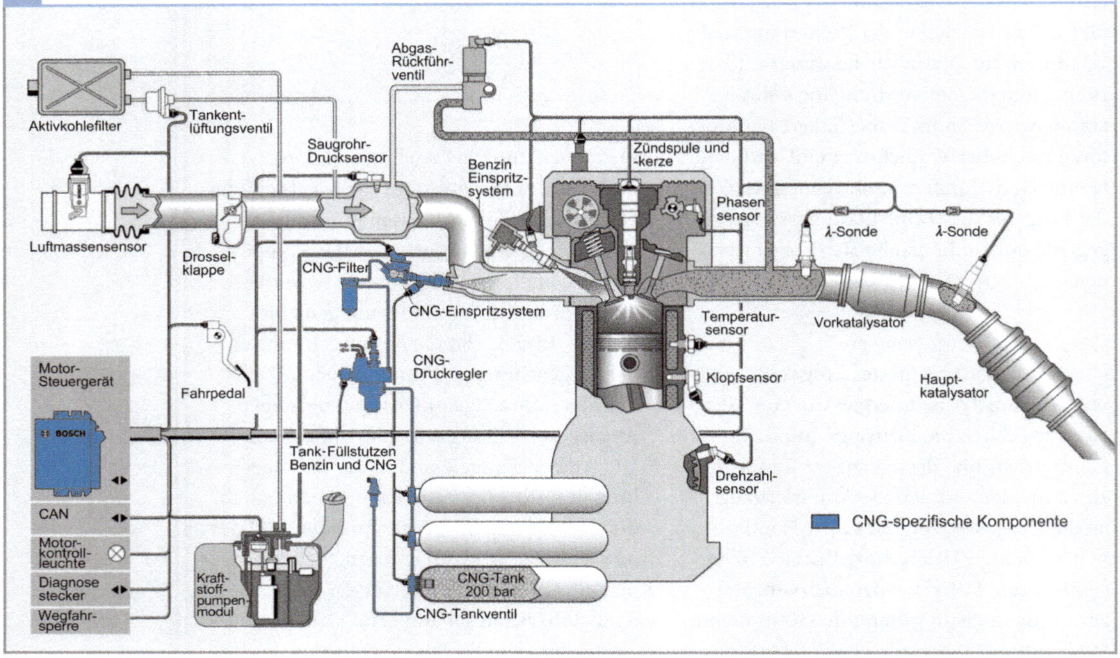

Bild 3
CNG Compressed Natural Gas, komprimiertes Erdgas

Der CNG-Filter ist optional.

mechanisches Rückschlagventil mit Grobfilter. Die elektrischen Absperrventile werden durch den höheren Druck der Tankstelle von ca. 22 MPa mechanisch aufgedrückt und bei Druckausgleich am Betankungsende durch Federkraft wieder geschlossen.

Beim Starten des Motors werden die Absperrventile elektromagnetisch geöffnet. Das in den Tanks unter bis zu ca. 22 MPa Hochdruck gespeicherte Erdgas strömt über je ein Tankabsperrventil zum Druckregelmodul. Bei stehendem Motor sind die automatischen Tankabsperrventile stromlos und geschlossen. Eingangsseitig des Druckreglers ermöglicht ein Hochdrucksensor die Bestimmung des Tankfüllstands (für die Tankanzeige). Der Druckregler entspannt das Gas vom Tank-Hochdruck auf einen konstanten Systemdruck von ca. 0,7 MPa, mit dem das Rail versorgt wird. Das Rail als Kraftstoffverteiler hat pro Zylinder je ein Einblasventil, welches den Kraftstoff Erdgas in das Saugrohr einbläst. Ein kombinierter Niederdruck- und Temperatursensor am Rail dient zur genauen Gaszumessung.

Im Gegensatz zum Benzinsystem fällt der Druck am Einspritzventil nicht mit Abkühlung des Motors und der verbundenen Dichtereduzierung des Kraftstoffes ab, sondern es steht der Gasdruck des Kraftstoffs während der gesamten Abstellzeit am Eingang des Einspritzventils an. Deshalb müssen die Einspritzventile der Gassysteme ausreichend dicht sein. Alternativ wird bei einigen Systemen ein zusätzliches Absperrventil am Rail verwendet, um den Gasaustritt in das Saugrohr zu begrenzen.

Komponenten für den Erdgasbetrieb

Tankabsperrventil

Das Tankabsperrventil (TAV) ist direkt in den Erdgastank eingeschraubt und dient als Schnittstelle zum Kraftstoffsystem im Fahrzeug. Nach Anforderungen der EU-Regelung ECE R 110 müssen folgende Funktionen im Tankabsperrventil integriert sein:

- automatisches (elektromagnetisches) Absperrventil, welches bei stehendem Motor stromlos geschlossen sein muss,
- mechanisches Absperrventils zum Absperren des Tankinhalts für Notfälle und Reparaturen,
- Überströmventil, welches bei ca. 0,6 MPa Druckdifferenz den Tank absperrt (eine Druckdifferenz von über 0,6 MPa kann nur durch einen hohen Massenstrom bei Leitungsbruch auftreten),
- Schmelzsicherung mit einer Auslösetemperatur von 110 °C, damit im Brandfall der Tankdruck nicht über den Berstdruck ansteigen kann (bei großer Hitzeentwicklung wird der Tankinhalt als Notmaßnahme gegen das Bersten in die Atmosphäre entlassen),
- optional Überdruckventil (Berstscheibe).

Druckregelmodul

Das Druckregelmodul (PR) hat die Aufgabe, den Druck des Erdgases vom Tankdruck auf den nominalen Arbeitsdruck der Einblasventile zu reduzieren. Gleichzeitig muss der Arbeitsdruck über alle Betriebszustände innerhalb einer gewissen Toleranz konstant gehalten werden. Grundsätzlich muss der Druck am gegebenen Betriebspunkt des Motors so groß sein, dass der notwendige Gasmassenstrom durch das Einblasventil in der verfügbaren Einspritzzeit eingebracht werden kann. Wiederum sollte der Druck auch so klein sein, dass das Einblasventil mit der verfügbaren Spannung (z. B. beim Start) zuverlässig öffnet und die Einblasmasse im Bereich der zulässigen Toleranz liegt. Bei Auslegung des Systemdrucks von Motoren mit großem Massenstrombedarf und niedriger Spannung beim Start ist dies besonders zu beachten. Ideal für diese Anwendung sind elektrische Druckregler, die insbesondere bei Motoren mit einem großen Leistungsbereich im Leerlauf einen niedrigen Druck und bei voller Leistung den Maximaldruck einstellen können. Derzeit sind jedoch überwiegend mechanische Membran- oder Kolbendruckregler im Einsatz, bei denen die Druckreglerkennlinie nicht frei wählbar ist.

Druckregler haben im allgemeinen hochdruckseitig einen Sinterfilter, ein Absperrventil und einen Hochdrucksensor, der den Tankdruck zur Bestimmung der verfügbaren Kraftstoffmasse misst. Bei elektrischen Druckreglern wird die Absperrfunktion durch das elektrische Regelventil realisiert.

Niederdruckseitig schützt ein Überdruckventil am Druckregler das nachfolgende

4 Mechanischer Druckregler

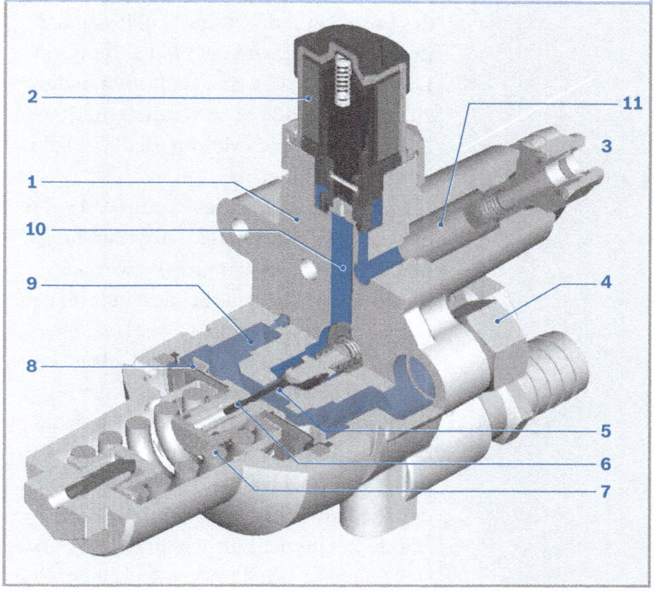

Bild 4
1 Gehäuse
2 elektromagnetisches Absperrventil
3 Hochdruckanschluss
4 Niederdruckanschluss
5 Drosselöffnung zur Druckregelung
6 Steuerstange
7 Feder
8 Membran
9 Niederdruckkammer (hellblau gezeichnet)
10 Hochdruckkammer (dunkelblau gezeichnet)
11 Filter

Niederdrucksystem für den Fall eines Defekts am Druckregler. Bei der Entspannung des Gases am Drosselventil kühlt sich das Erdgas entsprechend dem Joule-Thomson-Effekt stark ab. Um eine Fehlfunktion durch zu starke Abkühlung zu verhindern, ist der Druckregler an den Heizkreislauf des Fahrzeugs angeschlossen.

Von der Hochdruckseite kommend strömt das Gas über eine variable Drosselöffnung (5) in die Niederdruckkammer (9), wo eine Membran (8) über eine Steuerstange (6) den Öffnungsquerschnitt der Drossel (5) steuert. Bei geringem Druck in der Niederdruckkammer wird die Membran von der Feder (7) in Richtung Drossel gedrückt, die sich dadurch öffnet und den Druck auf der Niederdruckseite ansteigen lässt. Bei zu hohem Druck in der Niederdruckkammer wird die Feder stärker zusammengedrückt und die Drosselstelle schließt sich. In Abhängigkeit der Reibungskräfte, Ventilmasse, -kräfte und -dichtheit resultiert ein qualitativ konstant eingeregelter Systemdruck.

Bild 5 zeigt eine charakteristische Durchflusskurve und Druckauslegung für einen mechanischen Druckregler. Für den Auslegungspunkt „Systemdruck bei maximalem Massenstrom" muss der Druckabfall in der Leitung zwischen Druckregler und Einblasventilen berücksichtigt werden. Dieser ist abhängig von Massenstrom, Leitungsquerschnitten und -längen im Niederdrucksystem. Basierend auf dem maximal notwendigen Massenstrom, dem maximalen Druckabfall im Leitungssystem und der Toleranz des Druckreglers ergibt sich dessen Einstellpunkt.

Bei niedrigerem Massenstrom erhöht sich der Regeldruck und führt zu einem Druckabfall über der Last (Flow Drop), da je nach erforderlichem Öffnungsquerschnitt der Drossel eine Stellkraft nötig ist, die zu Lasten der Referenzkraft der Druckregelung geht.

5 Kennlinie eines mechanischen Druckreglers

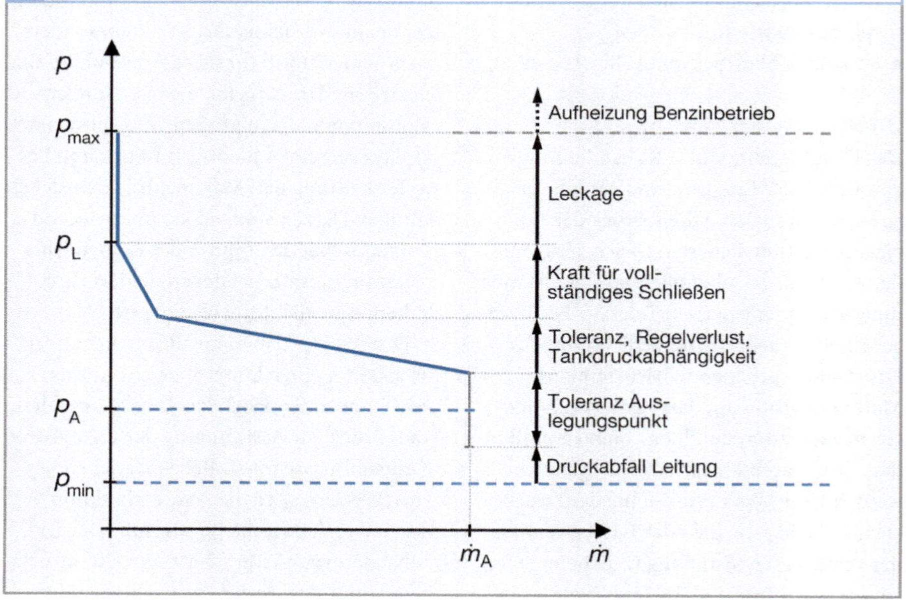

Bild 5

- p Niederdruck im Druckregler
- $\dot{m}$ Gasmassenstrom durch den Druckregler
- p_A Druck am Auslegungspunkt für maximalen Massenstrom
- $\dot{m}_A$ Massenstrom am Auslegungspunkt
- p_L Lock-off-Druck
- p_{max} maximaler Öffnungsdruck des Injektors, beim Kaltstart
- p_{min} minimaler Druck für maximalen Gasmassenstrom bei Volllast

6 Erdgas-Einblasventil (Bosch)

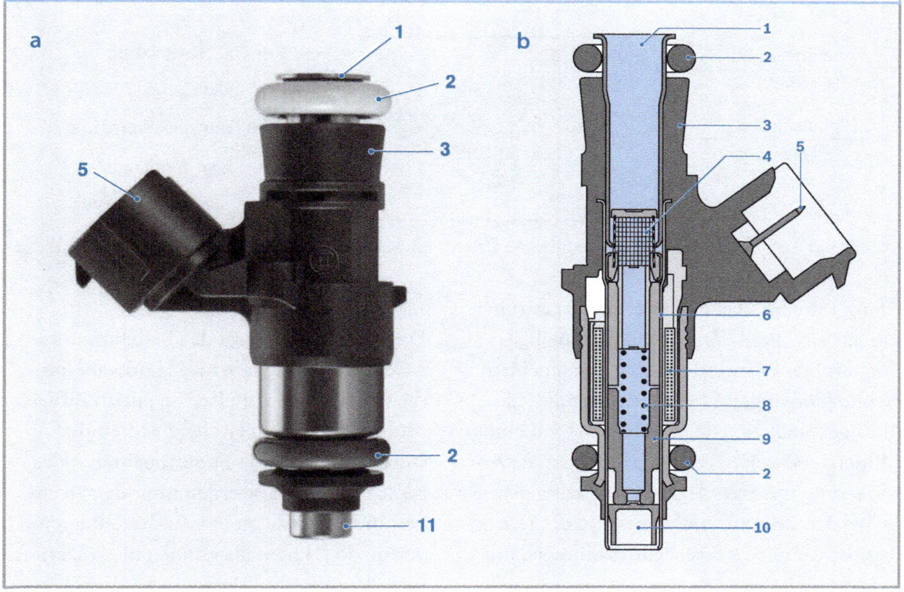

Bild 6
a Außenansicht,
b Schnittbild

1 pneumatischer Anschluss
2 Dichtungsring
3 Ventilgehäuse
4 Filtersieb
5 elektrischer Anschluss
6 Hülse
7 Magnetspule
8 Ventilfeder
9 Magnetanker mit Elastomerdichtung
10 Ventilsitz
11 Gasaustritt

Außerdem tritt zwischen ansteigendem und abfallendem Durchfluss eine Hysterese aufgrund von Reibungs- und Strömungsverlusten auf (in Bild 5 nicht eingezeichnet).

Bei abgeschalteter Einspritzung steigt der Druck in der Niederdruckkammer weiter an, bis sich die Drosselstelle vollständig schließt. Dieser Druck wird als Lock-off-Druck bezeichnet. Weiterhin kann eine Leckage des Druckreglers im Abstellzeitraum den Systemdruck weiter erhöhen. Da der Injektor aus Emissionsgründen eine sehr hohe Dichtheit aufweist, muss die Dichtheit des Druckreglers so ausgelegt sein, dass es in der zu erwartenden Abstellzeit nicht zu einer Überschreitung des maximalen Startdruckes des Injektors kommt.

Zur Anpassung der Druckreglerkennlinie wird bei einigen Systemen der Saugrohrdruck an das Referenzvolumen des Druckreglers angeschlossen. Insbesondere bei Turbomotoren ergibt sich dadurch bei Volllast ein höherer Druck als im Leerlauf. Im Benzinbetrieb von Bifuel-Systemen führt dieses Verhalten jedoch zu einem hohen Niederdruck, der nur im Gasbetrieb wieder abgebaut werden kann.

Gas-Injektor

Ein aktueller Gas-Injektor (Bild 6) hat mit einem aktuellen Benzin-Einspritzventil für Saugrohreinspritzung nur das Funktionsprinzip, die äußere Form und die elektrische Ansteuerung gemeinsam. Alle funktionalen Bauteile sind eigens für den Einsatz in Erdgasfahrzeugen konzipiert und neu entwickelt.

Bild 6 zeigt einen Injektor, der von oben (Top-Feed) in Längsrichtung vom Kraftstoff durchströmt wird. Bei stromloser Magnetspule hält eine Rückstellfeder den Ventilsitz geschlossen. Der Ventilsitz am unteren Ende ist als Elastomer-Stahl-Flachdichtsitz ausgeführt, um die Leckage klein zu halten. Die

7 Bifuel-Motorsteuergerät

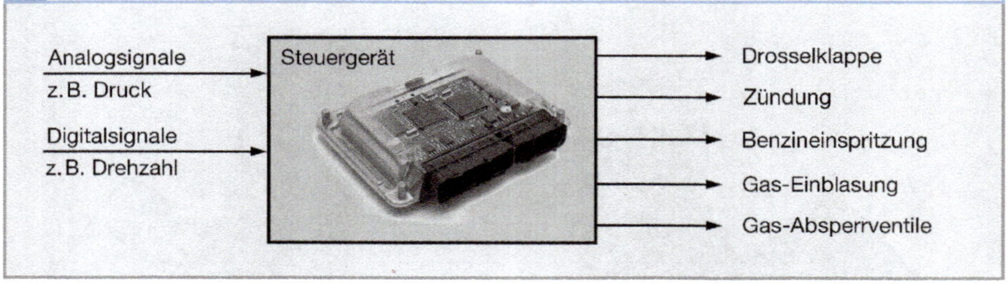

Dämpfung im Elastomer verhindert darüber hinaus ein „Prellen", d. h. ein nochmaliges ungewolltes Öffnen des Magnetankers beim Schließvorgang, und erhöht damit die Zumessgenauigkeit. Die Magnetspule mit einem Widerstand von 8,5 Ohm ermöglicht die Ansteuerung mit einer Standard-Schaltendstufe.

Bei der Strömungsführung wird der Druckverlust vor der Drosselstelle minimiert, um einen möglichst großen Massenstrom zu ermöglichen. Weiterhin wird der engste Querschnitt und damit die Drosselstelle abströmseitig hinter den Ventilsitz gelegt, um durch überkritischen Betrieb den Einfluss des Saugrohrdrucks auf den Massenstrom weitestgehend zu minimieren. An der Drosselstelle herrscht Schallgeschwindigkeit, sodass das Ventil näherungsweise der physikalischen Beschreibung einer idealen Düse gehorcht.

Bei aufgeladenen Motoren kann der Saugrohrdruck auf bis zu 0,25 MPa ansteigen. Um den Einfluss des Saugrohrdrucks auf den Massenstrom zu unterdrücken, muss an einem als überkritische Düse angenommenen engsten Querschnitt der Vordruck mindestens doppelt so hoch sein wie der maximale Saugrohrdruck. Unter Einbeziehung möglicher Druckverluste vor der Drosselstelle erfolgt eine Einstellung auf einen Systemdruck von ca. 0,7 MPa.

Bifuel-Motorsteuerung

Das Motorsteuergerät des Benzinmotors wird mittels Software und Hardware um die Gas-Funktionalitäten zu einem Bifuel-Motorsteuergerät erweitert. Durch die Integration der Gas-Funktionalität in das Motorsteuergerät werden unnötige Steckverbindungen zu einem Zusatzsteuergerät vermieden. Ebenfalls können die Adaptions- und Diagnosefunktionen der Motorsteuerungsfunktionen direkt für den Gasbetrieb angepasst werden.

Motorsteuergerät-Hardware

Zur Vermeidung der relativ hohen Kosten bei einer Änderung der Steuergeräte-Hardware werden Steuergeräte mit einer ausreichenden Zahl freier Endstufen für die Erdgaskomponenten ausgewählt. Mindestens benötigt werden: Gas-Injektor-Endstufen mit Treiber für die geforderte Anzahl der Zylinder, ein- bzw. mehrere Schaltendstufen für Absperrventile sowie A/D-Eingänge für zwei Drucksensoren und einen Temperatursensor. Gas-Injektor-Endstufen stehen standardmäßig nur als Schaltendstufen mit einer maximalen Strombelastung von 2,2 A zur Verfügung. Dafür müssen die Einspritzventile je nach Anforderung an die maximale Betriebsspannung und an die minimale Umgebungstemperatur einen Widerstand von größer als 8 Ohm haben.

8 Funktionsstruktur mit Zusatzfunktionen für den Erdgasbetrieb

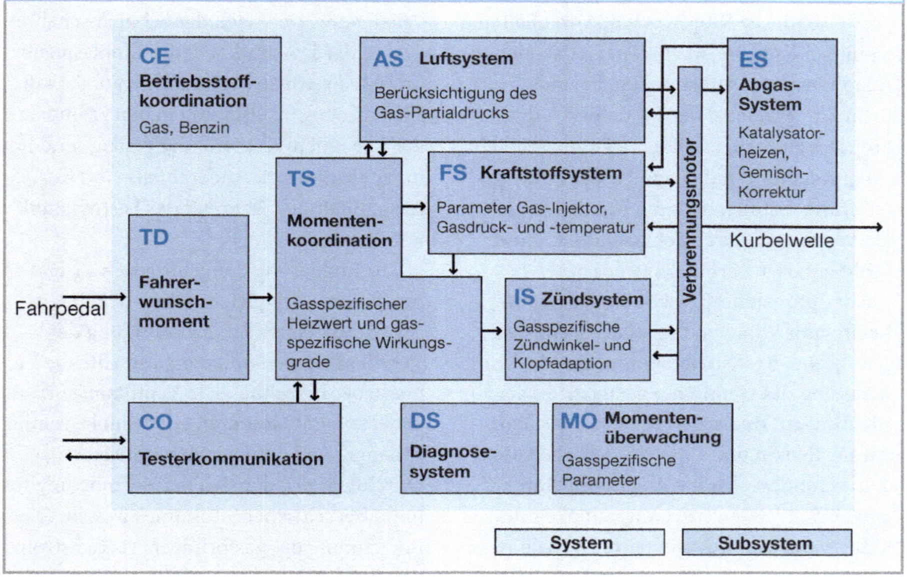

Einspritzventile mit einem Widerstand von ca. 3 Ohm erfordern stromgeregelte Endstufen mit einem Anzugsstrom von ca. 3 A und einem Haltestrom von ca. 1 A. Die dafür notwendigen stromgeregelten Endstufen und die damit verbundenen Entwicklungskosten des Steuergerätes führen zu nicht unerheblichen Zusatzkosten.

Motorsteuergerät-Software

Durch die Integration der Erdgas-Funktionalität in das Bifuel-Motorsteuergerät können die betreffenden Steuerungs-, Adaptions- und Diagnosefunktionen leicht angepasst werden. Die Entwicklung eines Schnittstellenprotokolls, wie es bei einem Zwei-Steuergeräte-Konzept notwendig wäre, ist dadurch nicht notwendig.

Bei einfachen Nachrüstsystemen wird ein Zusatzsteuergerät zwischen die Ansteuerleitungen der Benzineinspritzventile geschaltet, welches je nach Kraftstoffwahl die Benzineinspritz- oder die Gaseinblasventile ansteuert. Dabei wird meistens nur die Einspritzzeit für die Gaseinblasung korrigiert. Fehlende Modifikationen der Adaptions- und Diagnosefunktionen des Benzin-Motorsteuergerätes können dabei zu Fehlfunktionen führen.

Bild 8 zeigt beispielhaft die Softwarestruktur eines Motorsteuergerätes und die Verteilung der notwendigen Modifikationen der Gasfunktionalitäten. Da die Kraftstoffwahl keinen Einfluss auf das Fahrverhalten haben soll, bleibt die Ermittlung des Motorsollmomentes unverändert. Zur Einstellung des gewünschten Motorsollmoments sind die kraftstoffspezifischen Wirkungsgrade zu berücksichtigen. Insbesondere sind die zwischen Benzin und Erdgas unterschiedlichen Faktoren für den Gemischheizwert und die Brenngeschwindigkeit auf Basis des Inertgasanteils und der Luftzahl zu berücksichtigen. Zur optimalen energetischen Ausnutzung des Kraftstoffs sind bezüglich der differierenden Brenngeschwindigkeit kraftstoffspezifische Zündwinkel zu fahren. Im Zündsystem sind zusätzlich separate Adaptionswerte für die Klopfregelung vorzuhalten, damit bei Kraftstoffwechsel die passenden Adaptionswerte sofort verfügbar sind.

Im Luftsystem ist der Partialdruck des Erdgases zu berücksichtigen. Füllungssteuerung, Adaption und Diagnose der Füllungserfassung rechnen dadurch mit den korrekten Werten, wodurch Fehlfunktionen und Fehldiagnosen vermieden werden.

Zur optimalen Abgaskonvertierung im Katalysator erfolgt auf Basis der Gemischregelung eine Kraftstoffadaption. Um die Vorsteuerung des Gemisches ausreichend genau einzustellen, sind separate Adaptionsfaktoren für Benzin und Gas erforderlich. Außerdem verändert sich die Abgastemperatur und auch die Konvertierungsfähigkeit des Katalysators im Erdgasbetrieb. Deshalb ist eine Anpassung der Parameter der Katalysatorregelung und -diagnose zur Einhaltung der Abgasgesetzgebung notwendig. Insbesondere muss die Beheizung der λ-Sonde im Start wegen des höheren Wassergehalts des Abgases im Gasbetrieb angepasst werden, um eine Beschädigung der Sonde zu vermeiden.

Gemischsteuerung

Eine Besonderheit des Erdgasmotors ist die gasförmige Injektion des Kraftstoffs in das Saugrohr. Analog zur Benzineinspritzung kommt eine sequentielle Multipoint-Einblasung zum Einsatz, bei der der Kraftstoff über ein separates Einblasventil pro Zylinder nacheinander in den jeweiligen Ansaugkanal eingeblasen wird. Dieses Verfahren ermöglicht eine gute Gemischaufbereitung durch eine zeitgenaue Steuerung der Einblasung. Durch das gasförmige Medium bildet sich kein Wandfilm an den Saugrohrwänden, so dass die Gemischbildung von der Einblasposition und -richtung nahezu unabhängig wird. Ebenso entfällt der bei Benzineinspritzung auftretende Aufbau des Wandfilms bei Wiedereinsetzen nach der Schubabschaltung und in der Dynamik. Bei der Einblasposition ist lediglich zu berücksichtigen, dass die Einblasmenge vollständig in den Zylinder der folgenden Verbrennung gesaugt und homogenisiert wird. Anderenfalls sind Korrekturmaßnahmen während der Lastdynamik notwendig.

Zur Einblasung der geforderten Erdgasmasse wird – vergleichbar zur Benzineinspritzung – unter Berücksichtigung der Ventilkonstanten und der Gasdichte die Einblasdauer berechnet. Die Ventilkonstante ist dabei von der Gestaltung der Einblasventile abhängig und definiert den statischen Durchfluss $\dot{m}_0$, der sich bei Normbedingung und überkritischer Strömung einstellt. Die Berechnung des gasförmigen Massenstroms durch das Ventil unterscheidet sich prinzipiell von der Berechnung des Massenstroms eines flüssigen Kraftstoffs.

Die Dichte ρ von Gasen ist stärker von Temperatur T und Druck p abhängig als die von Flüssigkeiten. Die Dichte ρ_E des Erdgases beim Druck p und der Temperatur T berechnet sich aus der Normdichte ρ_0, Temperatur- und Druckkorrektur (Normbedingungen p_0 = 1 013 hPa und T_0 = 273 K)

$$\rho_E = \rho_0 \frac{p}{p_0} \frac{T_0}{T}. \quad (1)$$

Die Auslegung des Einblasventils erfolgt auf eine überkritische Strömung mit Schallgeschwindigkeit. Die Schallgeschwindigkeit c_E im Erdgas ist temperaturabhängig und beträgt

$$c_E = c_0 \sqrt{\frac{T}{T_0}}, \quad (2)$$

wobei c_0 die Schallgeschwindigkeit im Erdgas bei der Bezugstemperatur T_0 bezeichnet. Gemäß der Kontinuitätsgleichung (siehe z. B.

[1, 2]) beträgt der Gasmassenstrom

$$\dot{m} = \rho_E c_E A, \tag{3}$$

wobei A die durchströmte Fläche bezeichnet. Damit kann der Gasmassenstrom in der Form

$$\dot{m}_E = \dot{m}_0 \frac{c_E}{c_0} \frac{\rho_E}{\rho_0} \tag{4}$$

angegeben werden, wobei $\dot{m}_0$ den Gasmassenstrom bei den Normbedingungen p_0 und T_0 bezeichnet. Setzt man die Gleichungen (1) und (2) ein, so ergibt sich

$$\dot{m}_E = \dot{m}_0 \sqrt{\frac{T_0}{T}} \frac{p}{p_0}. \tag{5}$$

Demnach ist der Gasmassenstrom direkt proportional zum Druck und umgekehrt proportional zur Wurzel der Temperatur. Durch Verwendung eines Druck- und Temperatursensors am Erdgas-Rail können die den Massenstrom beeinflussenden Größen korrigiert und die Einblasmasse damit auch bei wechselnden Umgebungsbedingungen korrekt dosiert werden.

Für eine optimale Verbrennung sollte neben der korrekten Dosierung auch der richtige Einblaszeitpunkt bestimmt werden. Dieser bestimmt die mögliche Homogenisierung des Gemisches und beeinflusst die Rohemissionen und Laufruhe des Verbrennungsmotors. Der Vorlagerungswinkel der Einblasung wird entsprechend des aktuellen Betriebspunktes appliziert.

Erdgas-Rail

Das Rail (Kraftstoffverteilerrohr, Bild 9) hat die Aufgabe, die Gaseinblasventile gleichmäßig und pulsationsarm mit Erdgas zu versorgen. Die Gaszuführung zum Rail erfolgt in der Regel über eine flexible Niederdruckleitung. Die Gasventile werden mit Halteklammern in den Ventiltassen des Rails gehalten. Das Rail verfügt optional über eine Anbaustelle, an der ein Gasdruck- und Temperatursensor an das Rail angeschlossen werden kann.

9 Erdgas-Rail

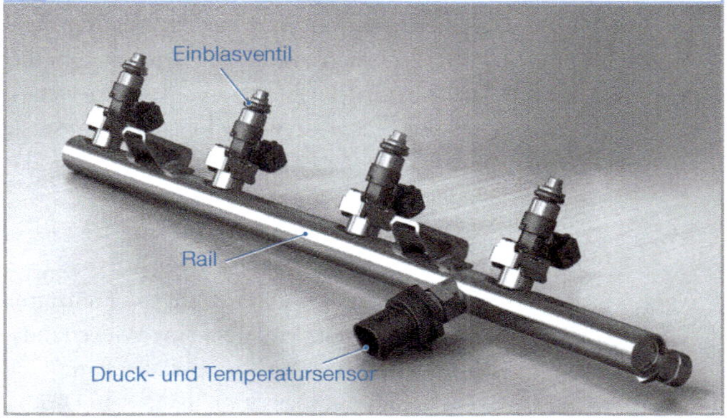

Druck- und Temperatursensor

Monolithisch hergestellte Silizium-Drucksensoren sind hochpräzise Messelemente zur Absolutdruckbestimmung. Diese sind besonders für den Einsatz unter rauen Umgebungsbedingungen geeignet, wie z. B. zur Messung des absoluten Erdgasdrucks der Kraftstoffversorgung. Ein kombinierter Niederdruck- und Temperatursensor ermöglicht

10 Druck- und Temperatursensor

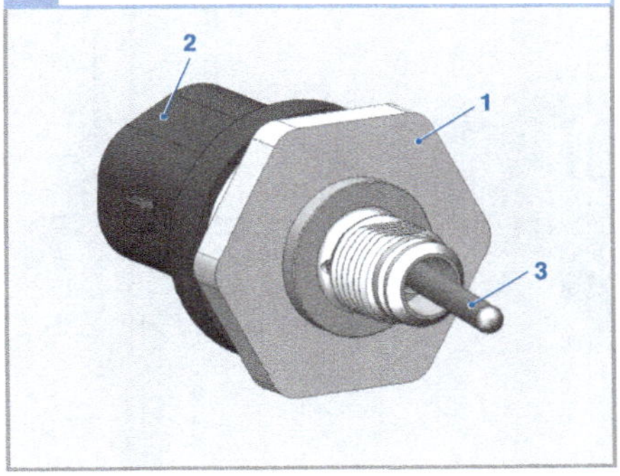

Bild 10
1 Edelstahlgehäuse
2 elektrischer Anschluss
3 Temperatursensor

einen kompakten Aufbau des Erdgas-Rails. Der Sensor (Bild 10) besteht aus einem Edelstahlgehäuse mit elektrischem Anschluss, in das eine Sensorzelle mit Druckmembran, Referenzdruckvolumen und Auswerteelektronik (→ **Sensoren** → Klopfsensoren) sowie ein NTC-Temperatursensor eingebaut sind.

Dem Gasdruck an der Sensorzelle entspricht eine Dehnung der Silizium-Druckmembran gegenüber einem integrierten Referenzvakuum. Die Dehnung der Silizium-Druckmembran wird über eine Widerstandsbrücke und eine Auswerteelektronik mit Temperaturkompensation in ein dem Druck proportionales Spannungssignal gewandelt. Das Sensorelement ist mit einem Glassockel und dem Edelstahlgehäuse gasdicht verklebt. Der kombinierte Niederdruck- und Temperatursensor liefert ein zum Druck proportionales Spannungssignal im Bereich von 0,5 bis 4,5 V. Außerhalb dieses plausiblen Spannungssignalbereichs können Leitungsfehler diagnostiziert werden.

Zur Erfassung der Gastemperatur ist im Sensor ein NTC-Sensorelement integriert. In das Edelstahlgehäuse des Drucksensors ist eine dünnwandige Edelstahlhülse eingeschweißt. Durch die Materialwahl Edelstahl und den geringen Wandquerschnitt ist die Wärmeleitung vom Gehäuse zum Sensorelement vernachlässigbar. Bei den im CNG-Rail üblichen Gasströmungsgeschwindigkeiten ist eine sehr genaue Messung der Gastemperatur möglich.

Das NTC-Sensorelement ist mit entsprechendem Vorwiderstand als Spannungsteiler zu betreiben. Das Spannungssignal ist nichtlinear von der Temperatur abhängig und muss über eine Kennlinie ausgewertet werden.

Hochdrucksensor

Der Hochdrucksensor wird zur Messung des Erdgastankdrucks (Tankfüllstand) in das Druckregelmodul integriert. Der Sensor wird in das Druckregelmodul geschraubt und ist mittels Stahl-Metall-Dichtsitz gedichtet. Den Kern des Sensors bildet eine Stahlmembran, die mediendicht auf einen Gewindestutzen aufgeschweißt ist (Bild 11). Auf der Oberseite der Stahlmembran sind Dehnmessstreifen integriert. Die Dehnmessstreifen sind in einer Brückenschaltung verschaltet. Bei anliegendem Druck dehnt sich die Stahlmembran und die Brückenschaltung wird verstimmt. Die resultierende Brückenspannung ist proportional zum anliegenden Druck. Über Bonddrähte wird sie zur Auswerteschaltung mit Tempera-

Bild 11
a Außenansicht,
b Schnitt,
c Sensorelement

1 Stecker
2 Sensorelement mit Stahlmembran
3 Auswerteelektronik
4 Gehäuse
5 Einschraubgewinde
6 Dehnmessstreifen

11 Tank-Hochdrucksensor

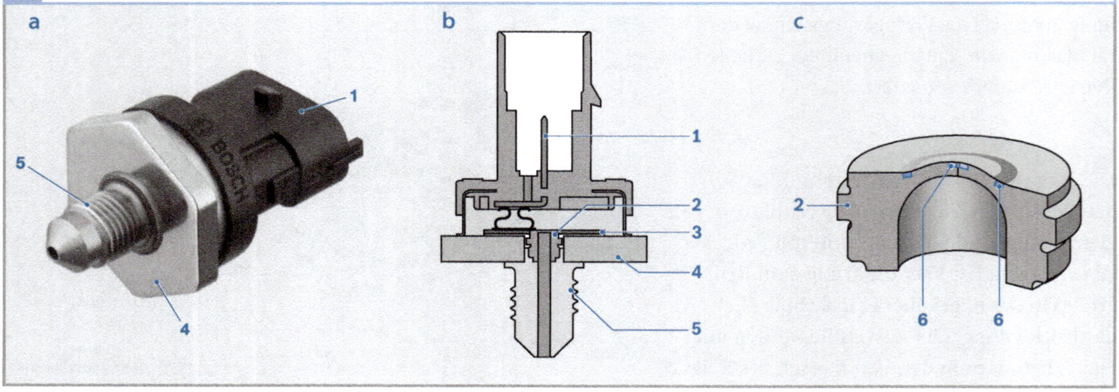

turkompensation geleitet, verstärkt und in eine Ausgangsspannung von 0,5 ... 4,5 V gewandelt. Außerhalb dieses plausiblen Spannungssignalbereichs können Leitungsfehler diagnostiziert werden.

Tankabsperrventil

Je nach Bauweise unterscheidet man zwischen internen und externen Tankabsperrventilen. Beim externen Tankabsperrventil sind die einzelnen Anbauteile außerhalb der Gasflasche angebracht, wie bei einer konventionellen Gasarmatur. Bei internen Tankabsperrventilen sind alle Einrichtungen in den Ventilblock integriert und ragen in den Gastank hinein. Von außen ist nur noch eine Platte mit den Anschlüssen zu sehen. Auf diese Weise wird gegenüber dem externen Tankabsperrventil eine erhöhte Crashsicherheit erreicht, gleichzeitig ist es durch die reduzierte Höhe möglich, längere Tanks zu verwenden und damit das Tankvolumen zu vergrößern.

Die Kombination von hoher möglicher Druckdifferenz zwischen Tank und Leitungssystem von bis zu 25 MPa und dem notwendigen Öffnungsquerschnitt zum Betrieb bei nahezu leerem Tank führt zu relativ hohen Öffnungskräften, die von Magnetspulen mit einer Leistung von ca. 12 W nicht geschaltet werden können. Es gibt die folgenden Realisierungsmöglichkeiten:

Die erste Möglichkeit besteht in einem zweistufigen Öffnungsprinzip. Das heißt, es wird in einer ersten Öffnungsstufe (kleiner Querschnitt) ein Druckausgleich zwischen Tank und Leitungssystem hergestellt und erst dann der gesamte Durchströmquerschnitt über die 2. Öffnungsstufe freigegeben. Bei zweistufigen Absperrventilen ist darauf zu achten, dass der Einspritzbetrieb erst erfolgt, wenn nach Druckausgleich die 2. Stufe geöffnet ist. Anderenfalls kann es dazu kommen, dass die 2. Stufe nicht geöffnet werden kann und bei hoher Motorlast

12 Tankventil mit Servoprinzip

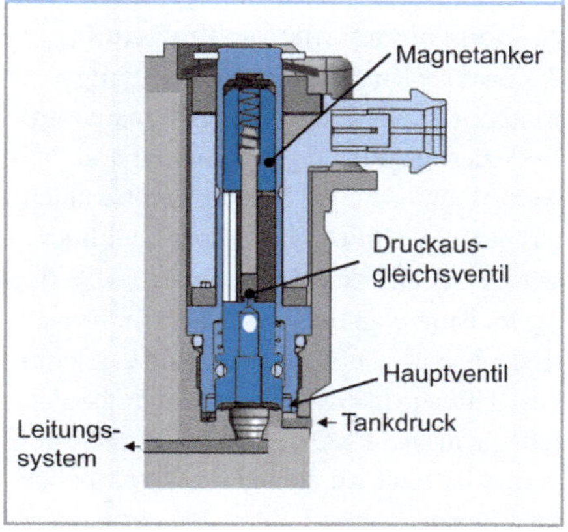

der Druck im Leitungssystem zusammenbricht.

Die zweite Möglichkeit besteht in einem einstufigen Öffnungsprinzip mit Servounterstützung. Solche Ventile sind komplexer aufgebaut, haben eine robustere Öffnungsfunktion und evtl. zusätzlich noch den Vorteil einer geringen Leistungsaufnahme von ca. 6 W. Zu beachten ist der notwendige Öffnungsdruck der Servounterstützung von ca. 0,3 MPa. Im geschlossenen Zustand besteht ein Druckausgleich zwischen einem Referenzvolumen und dem Tankdruck über eine ständig vorhandene Ausgleichsverbindung mit minimalem Querschnitt. Der hohe Druck im Referenzvolumen schließt das Tankventil. Zum Öffnen öffnet der Magnetanker ein Druckausgleichsventil, welches einen Druckausgleich zwischen Referenzvolumen und Leitungssystem hergestellt. Der Querschnitt über das Hilfsventil ist größer als die Ausgleichsverbindung von Referenzvolumen zum Tank. Durch den niedrigen Druck im Referenzvolumen kann der höhere Tankdruck den Kolben des Tankventils anheben und die Verbindung zum Leitungssystem freigeben.

Autogas

Autogas als alternativer Kraftstoff

Autogas als Kraftstoff für Verbrennungsmotoren ist wie Erdgas eine Alternative zur Reduzierung der CO_2-Emissionen und Luftreinhaltung. Autogas besteht hauptsächlich aus einem Gemisch von Propan und Butan, wird unter Druck von kleiner als 2 MPa flüssig im Fahrzeugtank gespeichert und wird deshalb auch als LPG (Liquefied Petroleum Gas, Flüssiggas) bezeichnet. Durch die Vorteile niedrigerer CO_2-Emissionen, nahezu keiner Partikelemissionen und der Möglichkeit, Benzinmotoren mit relativ geringem Aufwand an den Kraftstoff Autogas anzupassen, hat Autogas gute Voraussetzungen auch kurzfristig eine stärkere Verbreitung zu erfahren.

Markt für Autogasfahrzeuge

Propan und Butan als Hauptbestandteile von Autogas treten als Nebenprodukt der Ölförderung, des Raffinerieprozesses und der LNG-Produktion (Erdgasverflüssigung) auf. Damit ist Autogas auch längerfristig weltweit verfügbar. Autogas kann jedoch nicht regenerativ gewonnen werden. Durch die Möglichkeit der Tankstellenbelieferung mit Transportfahrzeugen ist ein flächendeckendes, wenn auch kleines, Tankstellennetz verfügbar. In Deutschland gibt es im Bezug zu konventionellen Tankstellen 40 % LPG- und 6 % CNG-Tankstellen. Daraus ergibt sich für Autogas-Fahrzeuge ein vergleichbares Marktpotential wie für Erdgasfahrzeuge, das sich allerdings auf mehrere Einspritzsystemkonzepte aufteilt. Außerdem wird der Markt bisher fast ausschließlich durch Nachrüstlösungen bestimmt. Die Hauptwachstumsmärkte sind Korea, Indien, Italien und Osteuropa.

Regional gibt es staatliche Unterstützung, z. B. in Italien einen Zuschuss beim Kauf von Autogasfahrzeugen. In Deutschland wird der Einsatz von Autogas (wie der von Erdgas) in Kraftfahrzeugen bis Ende 2018 wegen seiner günstigeren Umwelteigenschaften in Form eines reduzierten Mineralölsteuersatzes gefördert. Dadurch kann das Energieäquivalent Autogas an den Tankstellen derzeit ca. 27 % günstiger angeboten werden als Benzin.

Da Autogas im Vergleich zu Benzinkraftstoff über ein kleineres Tankstellennetz vertrieben wird, sollten sich Autogasfahrzeuge zusätzlich mit Ottokraftstoff betreiben lassen (Bifuel-Systeme). Systembedingt ist der

Tabelle 3
Eigenschaften von Autogas (LPG) und Erdgas (CNG)

	Autogas, Liquefied Petrol Gas (LPG) (Propan, Buthan)	Erdgas, Biogas (Methan)
Klopffestigkeit	ROZ 110	ROZ 130
Kraftstoffkosten im Vergleich zu Benzin	73 %	50 %
Partikelemission	keine	keine
Leistungsreduktion	–9 ... –13 %	–3,5 ... 2,5 %
Tankstellennetz in Deutschland im Vergleich zu Benzin	40 %	6 %
Reduzierung der CO_2-Emission	10 %	25 %
Tankvolumen	40 *l*	120 *l*
Tankdruck	1,7 MPa	20 MPa

Start im Benzinbetrieb auch als Maßnahme bei unpassendem Aggregatzustand (des Flüssiggases) am Einspritzventil sinnvoll.

Eigenschaften von Autogas

Für den Einsatz im Kraftfahrzeug ist die Kraftstoffzusammensetzung in der Norm DIN EN 589 geregelt. Je nach Herkunft und Zielmarkt (und davon abhängig die Temperatur) variiert die Zusammensetzung. Die Auswirkungen auf Dichte, Heizwert und Klopffestigkeit sind dabei eher gering (Tabelle 3). Durch den höheren Wasserstoffanteil entstehen bei gleichem Energieumsatz gegenüber der Verbrennung von Benzin ca. 10 % weniger CO_2-Emissionen. Die Rohemissionen der Kohlenwasserstoffe (HC) des Autogasmotors liegen (je nach System) wegen der gasförmigen Einblasung und des hohen Dampfdruckes unter denen des Benzinmotors. Wie bei Erdgasmotoren gibt es mit Autogas als Kraftstoff nahezu keine Partikelemissionen.

Autogas besitzt eine hohe Klopffestigkeit von 110 ROZ (im Vergleich dazu liegt Benzin bei 91...100 ROZ). Dadurch kann die Verdichtung gegenüber dem Benzinmotor erhöht und damit der Wirkungsgrad um ca. 2,5 % gesteigert werden. Gleichzeitig eignet sich der Autogasmotor ideal zur Aufladung. In Kombination mit einem Downsizing-Konzept ist eine zusätzliche Wirkungsgradverbesserung und somit eine weitere CO_2-Reduzierung möglich.

Die Hauptbestandteile von Autogas sind Propan (C_3H_8) und Butan (C_4H_{10}). Der Druck im Tank ergibt sich aus dem temperaturabhängigen Dampfdruck der Gase. Bei einem Druck oberhalb des Dampfdruckes ist der Kraftstoff flüssig, bei einem Druck unterhalb des Dampfdruckes ist der Kraftstoff gasförmig. Das Mischungsverhältnis

13 Dampfdruck von Autogas und dessen Komponenten

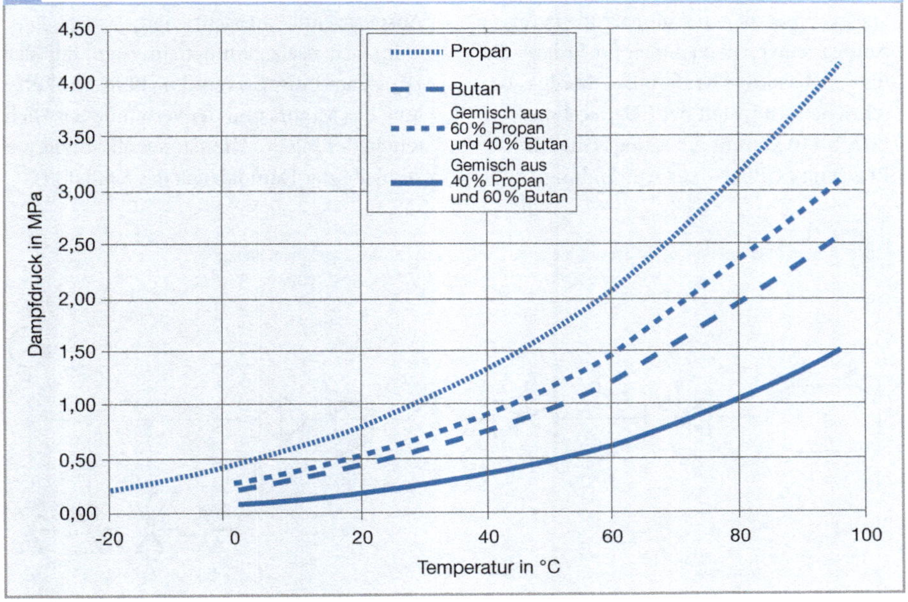

wird hauptsächlich nach dem Temperaturbereich des Anwendungslandes gewählt. In Deutschland wird im Sommer ein Verhältnis von Propan zu Butan von 4/6 und im Winter von 6/4 angeboten, um den Dampfdruck annähernd konstant zu halten.

Im Vergleich zum konventionellen Benzintank ist das LPG-Tankvolumen für den gleichen Energieinhalt um ca. 30 % größer. Der Tank wird wegen der geforderten Druckfestigkeit zylinder- oder torusförmig ausgelegt und ist nicht frei formbar.

Motorleistung

Bedingt durch den ausschließlich gasförmigen Zustand des Autogases im Saugrohr wird ca. 3,5 % der Frischluft verdrängt. Wie bei Erdgas kann dieser Leistungsverlust durch die hohe Klopffestigkeit kompensiert und sogar eine Leistungssteigerung gegenüber dem Benzinbetrieb erzielt werden.

Gesetzliche Anforderungen

Die grundsätzlichen Anforderungen für Autogas entsprechen denen für Erdgas, die in → **Alternative Kraftstoffe** → Erdgas beschrieben sind. Statt der EU-Regelung ECE R 110 kommt für Autogas die EU-Regelung ECE R 67 zur Anwendung.

Systembeschreibung

Durch Speicherung des Kraftstoffs unter Dampfdruck ist es möglich, den Kraftstoff in flüssiger Form einzuspritzen oder in gasförmiger Form einzublasen. Für die Injektion ins Saugrohr (PFI LPG, Post Fuel Injection) sind beide Varianten in Serie, die Direkteinspritzung (DI LPG, Direct Injection) ist als Konzept verfügbar.

Bei allen Systemen erfolgt die Befüllung der LPG-Tanks über den Füllstutzen, der im Allgemeinen als ein mechanisches Rückschlagventil mit Grobfilter ausgeführt ist. Die elektrischen Absperrventile werden durch den höheren Druck der Tankstelle von ca. 1 MPa über den Dampfdruck mechanisch aufgedrückt und durch Druckausgleich bei Beendigung der Betankung automatisch geschlossen. Bei stehendem Motor sind die automatischen Tankabsperrventile stromlos und geschlossen. Nach dem Starten des Motors im LPG-Betrieb werden die Absperrventile elektromagnetisch geöffnet. Wie für Erdgassysteme ist je Tank ein separates Absperrventil vorgeschrieben.

Im Gegensatz zum Benzinsystem fällt der Druck am Einspritzventil nicht mit Abkühlung des Motors und der verbundenen Dichtereduzierung des Kraftstoffes ab, sondern es verbleibt der Dampfdruck des Kraftstoffs

14 Autogas-System zur Kraftstoffversorgung und zur Einblasung von gasförmigem Kraftstoff

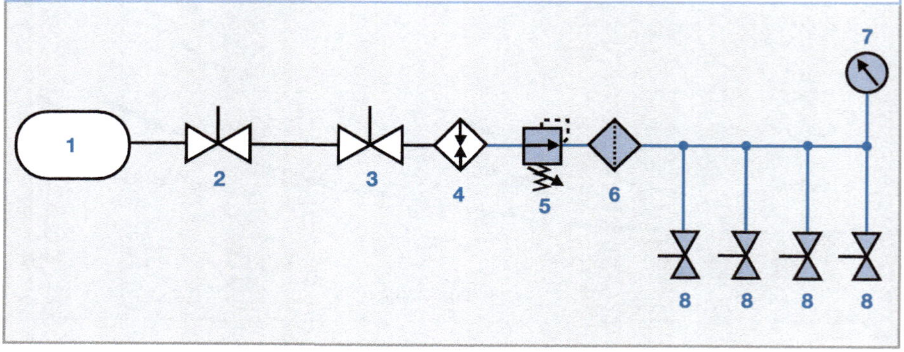

Bild 14
Die blau gezeichneten Leitungen und Elemente werden von gasförmigem Kraftstoff durchströmt.
1 LPG-Tank
2 Absperrventil
3 Absperrventil im Motorraum, optional
4 Verdampfer
5 Druckregler
6 Filter
7 Druck- und Temperatursensor
8 Einspritzventil

während der gesamten Abstellzeit am Einspritzventil. Deshalb müssen die Einspritzventile der Gassysteme ausreichend dicht sein.

Einblasung von gasförmigem Kraftstoff

Im LPG-Betrieb strömt das im Tank unter maximal 1,7 MPa gespeicherte Autogas im allgemeinen flüssig zum Verdampfer mit angeschlossenem Druckregler (**Bild 14**). Handelsüblich wird diese Einheit nur als Verdampfer bezeichnet. Zum Betrieb des Druckreglers muss der Kraftstoff am Eingang des Druckreglers gasförmig sein. Flüssige Anteile können zu unstetigem Regelverhalten und auch undefinierter Gemischzumessung über die Einblasventile führen. Die sichere Verdampfung erfolgt durch die Beheizung über den Heizkreislauf des Motors. Deshalb muss der Motor im kalten Zustand mit Benzin gestartet werden und kann erst nach Aufheizung in den LPG-Betrieb umgeschaltet werden.

Der Druckregler entspannt das Gas vom Tankdruck auf einen konstanten Systemdruck von ca. 0,3 MPa, mit dem das Rail versorgt wird. Verdampfungsrückstände werden von einem nachgeschalteten Filter aufgefangen, damit die Einspritzventile nicht verschmutzen oder beschädigt werden. Das Rail als Kraftstoffverteiler hat pro Zylinder je ein Einblasventil (8), welches den Kraftstoff gasförmig in das Saugrohr einbläst. Ein kombinierter Niederdruck- und Temperatursensor (7) am Rail dient zur genauen Gaszumessung. Die Einspritzventile sind für die Einblasung von gasförmigem Propan dimensioniert. Deshalb darf im Autogasbetrieb keine flüssige Phase am Einblasventil vorliegen. Bei sehr tiefer Tanktemperatur kann es sein, dass der Dampfdruck nicht ausreichend ist, um die geforderte Kraftstoffmasse einzublasen. Zur Erweiterung des Betriebsbereiches kann eine Kraftstoffpumpe im Tank verwendet und eingeschaltet werden.

Einspritzung von flüssigem Kraftstoff in das Saugrohr

Im LPG-Betrieb wird das im Tank unter maximal 1,7 MPa gespeicherte Autogas durch eine Kraftstoffpumpe im Tank mit 0,6 MPa Differenzdruck direkt zu den Einspritzventilen gepumpt. Das Rail als Kraftstoffverteiler hat pro Zylinder je ein Einspritzventil, welches den Kraftstoff flüssig in das Saugrohr einspritzt, wo er verdampft. Wegen der Temperaturabhängigkeit des Tankdruckes kann am Einspritzventil ein Druck zwischen 0,6 und 3 MPa anliegen. Zur genauen Kraft-

15 Autogas-System zur Kraftstoffversorgung und zur Einspritzung von flüssigem Kraftstoff in das Saugrohr

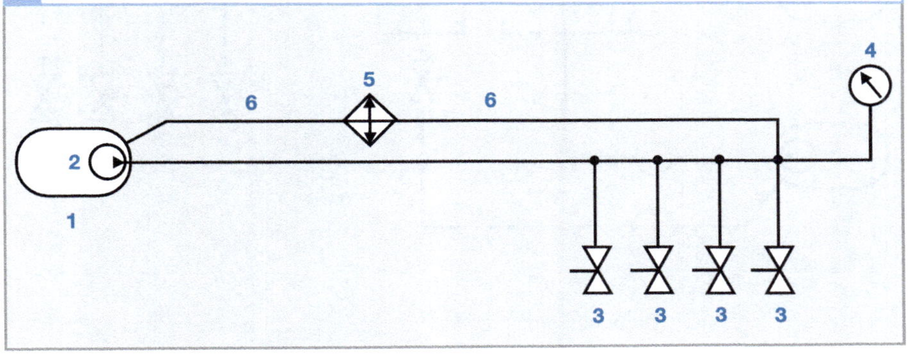

Bild 15
1 Tank
2 Kraftstoffpumpe im Tank
3 Einspritzventil
4 Drucksensor
5 Kraftstoffkühler
6 Spülleitung

stoffzumessung ist deshalb ein Niederdrucksensor am Rail erforderlich. Die Applikation der Kraftstoffzumessung sollte insbesondere die minimale Einspritzmasse bei 3 MPa und die maximale Einspritzmasse bei 0,6 MPa berücksichtigen.

Die Einspritzventile sind zur Dosierung von flüssigem Autogas dimensioniert. Deshalb darf zur Kraftstoffzumessung im LPG-Betrieb keine gasförmige Phase am Einspritzventil vorliegen. Die von der Kraftstoffpumpe gelieferten 0,6 MPa Differenz zum Dampfdruck im Tank sind ausreichend, um den Kraftstoff bis zu einer Temperaturerhöhung um ca. 15 K gegenüber dem Tank flüssig zu halten. Durch die Wärmeleitung und -einstrahlung im Motorraum ist zur Kühlung des Kraftstoffverteilers und zur Abführung von Dampfblasen eine Spülleitung zum Tank notwendig. Zusätzlich empfiehlt sich eine Kraftstoffkühlung in der Rückführleitung, um eine Aufheizung des Tanks zu vermeiden. Anderenfalls könnte der erhöhte Dampfdruck eine Betankung verhindern.

In jeder Heißabstellphase entsteht eine Dampfblase im Kraftstoffverteiler, die vor dem nächsten LPG-Betrieb ausgespült werden muss. Deshalb muss der Motor bei fehlender Spülzeit vor Motorstart mit Benzin gestartet werden und kann erst nach ausreichender Kühlung in den LPG-Betrieb umgeschaltet werden.

Direkteinspritzung von flüssigem Kraftstoff in den Brennraum

Im LPG-Betrieb wird das im Tank unter maximal 1,7 MPa gespeicherte Autogas mit einer Kraftstoffpumpe zur mechanischen Hochdruckpumpe des Benzinsystems gepumpt. Alternativ wäre auch die Einspeisung direkt vor dem Rail des Benzinsystems möglich. Die Kraftstoffzumessung erfolgt für Benzin und für Autogas über die gemeinsamen Hochdruckeinspritzventile unter Berücksichtigung des anstehenden Kraftstoffs, dessen Druck und Dichte.

Der von der LPG-Kraftstoffpumpe zur Hochdruckpumpe gelieferte LPG-Vordruck von z. B. 3 MPa ist ausreichend, um den

16 Autogas-System zur Kraftstoffversorgung und zur Direkteinspritzung von flüssigem Kraftstoff in den Brennraum

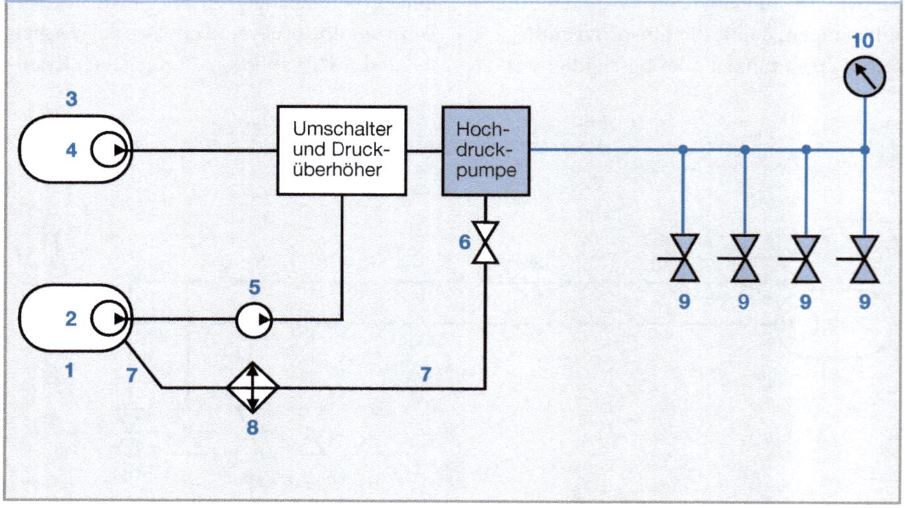

Bild 16
Die Hochdruckkomponenten und Leitungen sind blau markiert.
1 LPG-Tank
2 LPG-Pumpe im Tank
3 Benzintank
4 Benzinpumpe im Tank
5 Pumpe
6 Ventil
7 Spülleitung
8 Kraftstofffühler
9 Einspritzventile
10 Drucksensor

Kraftstoff bis zu einer Auslegungstemperatur von ca. 70 °C am Eingang der Hochdruckpumpe flüssig zu halten. Aufgrund der Wärmeleitung vom Motor ist zur Kühlung des Kraftstoffs und zur Abführung von Dampfblasen eine Spülung zum LPG-Tank notwendig. Diese ist so zu dimensionieren, dass die LPG-Temperatur beim Ansaugen des Kraftstoffs kleiner als die zuvor definierte Auslegungstemperatur von 70 °C ist. Bei geringerem LPG-Vordruck ist eine stärkere Kühlung auf eine entsprechend niedrigere Auslegungstemperatur notwendig. Zusätzlich empfiehlt sich eine Kraftstoffkühlung in der Rückführleitung, um eine Aufheizung des Tanks zu vermeiden. Anderenfalls könnte der erhöhte Dampfdruck eine Betankung verhindern.

In jeder Heißabstellphase entsteht eine Dampfblase am Eingang der Hochdruckpumpe und ggf. im Kraftstoffverteiler, die vor dem nächsten LPG-Betrieb ausgespült oder wieder verdichtet werden muss. Wegen des fehlenden separaten Benzinsystems kann die Spülzeit vor dem Motorstart zu einer Startverzögerung führen. Bei Umschaltung in den Benzinbetrieb muss die Umschalteinheit den Benzindruck solange auf den LPG-Vordruck erhöhen, bis das Volumen vor der Hochdruckpumpe vollständig mit Benzin gespült ist. Anderenfalls sind Dampfblasen und Funktionsstörungen der Hochdruckpumpe zu erwarten. Herkömmliche Hochdruckpumpen für die Benzin-Direkteinspritzung dürfen nicht mit dem beim Autogas-Betrieb zu erwartenden Eingangsdruck betrieben werden, da das Gehäuse, die inneren O-Ringe und gegebenenfalls vorhandene Druckpulsationsdämpfer nicht für diese Belastung ausgelegt sind.

In diesem System muss eine Vielzahl von Komponenten abgestimmt werden. Insbesondere muss das Überströmen von Kraftstoff in den jeweils anderen Tank verhindert werden, auch das von Benzin in den LPG-Tank. Dazu ist es sinnvoll, die Absperrventile zur Trennung der Kraftstofftanks doppelt auszulegen und zu diagnostizieren. Jede Komponente, auch die Hochdruckpumpe, die Leitungen, das Rail und das Direkteinspritzventil müssen für den Betrieb mit Autogas ausgelegt und typgenehmigt werden.

Flexfuel-Systeme

Ethanol als alternativer Kraftstoff

Flexfuel-Systeme sind Motorsteuerungs- und Komponentensysteme, die mit beliebigen Mischungsverhältnissen von Benzin und Ethanol zwischen zwei Grenzwerten betrieben werden können. Dabei spielt einerseits die Fähigkeit eine Rolle, wie ein System unterschiedliche Ethanolgehalte im Kraftstoff erkennen und sein Verhalten (z. B. Einspritzung und Zündung) entsprechend anpassen kann. Andererseits ist die Frage der Komponententauglichkeit sehr wichtig, um den sicheren und robusten Betrieb über die geforderte und vom Fahrzeugnutzer erwartete Lebensdauer zu ermöglichen.

Motivation

Die knapper werdenden Ressourcen fossiler Energieträger und die geforderte Reduzierung der Kohlendioxidemissionen erfordern ein Überdenken bewährter Antriebskonzepte. Dabei macht der steigende Rohölpreis die alternativen Energien zunehmend wirtschaftlich und es dringt in das Bewusstsein, dass eine nachhaltige Mobilität auch eine nachhaltige Energiebasis benötigt.

Neben Brasilien, wo bereits seit 30 Jahren Ethanol als Kraftstoff eingeführt ist, und dort als E24 und E100 (Tabelle 4) zirka 50 % des Bedarfs an Kraftstoff abdeckt, verstärken auch die USA und Europa ihre Aktivitäten,

Kraftstoff	E0...5	E10	E24	E85	E100
Maximaler Ethanolgehalt	5 %	10 %	24 %	85 %	93 %
Maximaler Wassergehalt	< 1 %	< 1 %	1 %	1 %	7 %
Minimaler Benzinanteil	95 %	90 %	76 %	15 %	0 %
Relativer Energieinhalt bezogen auf Benzin	100 %	97 %	91 %	70 %	61 %
Regionale Verbreitung	Europa	USA, EU in Einführung	Brasilien	USA, Schweden, teilweise EU	Brasilien

Tabelle 4
Zusammensetzung von Ethanolkraftstoffen

um E85 als alternative Kraftstoffsorte zu fördern. So steht neben den Potentialen zur CO_2-Reduzierung auch der Aspekt der Versorgungssicherheit und der Unabhängigkeit der Kraftstoffversorgung von fossilen Quellen und Importen im Fokus.

Das Potential zur Reduzierung des CO_2-Ausstoßes entsteht teilweise durch das günstigere Verhältnis von Kohlenstoff- zu Wasserstoffanteil der Alkohole, aber vor allem durch die positive CO_2-Bilanz bei Gewinnung aus nachwachsenden Rohstoffen. Jedoch ist es hier wichtig, die Quelle des gewonnenen Alkoholkraftstoffes zu betrachten. So hat z. B. die Gewinnung von Methanol aus Kohle (mit dem CTL-Verfahren, Coal to Liquid) eine extrem schlechte CO_2-Bilanz, während die Gewinnung von Ethanol aus Pflanzenteilen eine positive Bilanz aufweist. Die Beimischung von Methanol in nennenswerten Anteilen spielt aufgrund lokaler Besonderheiten heute nur in China eine Rolle. Zudem ist Methanol wegen seiner toxischen und stark gesundheitsgefährdenden Wirkung sehr kritisch zu sehen. Im Folgenden wird unter Flexfuel-Betrieb der Betrieb mit Ethanolkraftstoffen verstanden.

Markt für Flexfuel-Fahrzeuge

Unter Flexfuel versteht man Mischungen von Ottokraftstoff und Ethanol in beliebigem variablen Verhältnis. Hauptsächlich wird heute zwischen zwei Mischungsbereichen von Ethanolmischungen im Flexfuel-Umfeld unterschieden: Mischungen zwischen reinem Benzin und E85 (vor allem Europa, besonders in Schweden und in Nordamerika) und zwischen E24 und E100 in Brasilien. Aktuell wird in Brasilien die untere Grenze Richtung E18 erweitert. Eine weitere Besonderheit besteht in der Tatsache, dass der E100-Kraftstoff laut Norm bis zu 7 % Wasser und real im Feld 10…15 % Wasser enthält. Mit dem erhöhten Wasseranteil ist auch eine erhöhte Leitfähigkeit und die stärkere Präsenz von Salzen verbunden. Dies ist der Grund dafür, dass es in der Regel für die Anwendungsfälle E85 und E100 zwei separate Varianten einer Komponente gibt und auch spezifische Anpassungen in der elektronischen Motorsteuerung vorgenommen werden.

Merkmal	Einheit	Benzin	Ethanol	Auswirkungen
Energiedichte, Energie pro Volumen	kJ/*l*	32 500	21 200	– größere Einspritzmenge nötig
Energiedichte, Energie pro Masse	kJ/kg	43 900	26 800	– kritisch für Kaltstart
Luft-Kraftstoff-Verhältnis	–	14,8	9,0	– mehr Wandfilm
Siedepunkt	°C	25...215	78	+ mehr Leistung, besserer Wirkungsgrad (stärkere Luftkühlung)
Verdampfungsenthalpie	kJ/kg	380...500	904	
Oktanzahl	ROZ	> 91	108	+ Klopfgrenze
H/C-Verhältnis	–	2,3	3	+ mehr Leistung, besserer Wirkungsgrad

Tabelle 5 Eigenschaften von Ethanol

Eigenschaften von Ethanol und daraus folgende Anforderungen

Die spezifischen und vom normalen Ottokraftstoff abweichenden Eigenschaften von Ethanol sind in Tabelle 5 dargestellt. Diese haben Auswirkungen auf das Systemverhalten und auf die Komponenten im System, die direkt oder indirekt mit Kraftstoff in Kontakt kommen.

Eine wesentliche Rolle spielt die geringere Energiedichte und auch die durch die chemische Komposition bedingte abweichende Stöchiometrie des Ethanol, was zu stark erhöhten Förder- und Einspritzmengen des Kraftstoffsystems führt. Kritisch für das Startverhalten bei sehr niedrigen Temperaturen ist die hohe Siedetemperatur und die hohe Verdampfungswärme. Für den Betrieb bei hohen Motortemperaturen und an der Klopfgrenze sind aber auch vorteilhafte Effekte durch die hohe Verdampfungsenthalpie und die bessere Klopffestigkeit zu erwarten.

Diese genannten Eigenschaften des Ethanols und deren Auswirkungen machen es erforderlich, den Verbrennungsmotor selbst, aber auch das Motorsteuerungssystem und seine Komponenten entsprechend anzupassen. Wichtig ist zudem, dass die Ethanolkraftstoffe nicht als reine Kraftstoffe mit festem (und somit bekanntem) Ethanolgehalt im Kraftstofftank vorliegen, sondern durch Vermischung unterschiedlicher Ethanol-Kraftstoffe im Tank sowie durch regional und saisonal abweichende Ethanolbeimischungen der Tankstellen in den USA durch sogenannte „Blender Pumps" in beliebiger Mischung dem System zugeführt werden. Dadurch wird auch eine robuste und genaue „On-Board-Erkennung" des aktuellen Ethanolgehaltes erforderlich.

Für die in einem System verbauten Komponenten ist die höhere Korrosivität des Ethanols zu berücksichtigen. Für die Erreichung von Verdunstungsgrenzwerten spielt die höhere Permeationsneigung der Ethanolmoleküle eine wichtige Rolle.

Systembeschreibung

Systemanpassungen

Die Fahrzeughersteller verfolgen regional unterschiedlich verschiedene Motorkonzepte und Marketingstrategien. So werden auf dem US-Markt vorrangig nur die Anpassungen vorgenommen, die notwendig sind, um die Fahrzeuge als Flexfuel-Fahrzeuge anbieten zu können. Dabei geht es um die grundsätzliche Verträglichkeit für Flexfuel, ohne die vorteilhaften Ethanoleigenschaften gezielt auszunutzen. Im realen Fahrzeugbetrieb kommt es auch nur gelegentlich zum

Bild 17
1 Aktivkohlebehälter
2 Tankentlüftungsventil
3 Saugrohrdrucksensor
4 Hochdruckpumpe
5 Ethanolsensor (optional)
6 Kraftstoffverteilerrohr
7 Nockenwellenversteller
8 Hochdruckeinspritzventil
9 Zündspule und Zündkerze
10 Nockenwellen-Phasensensor
11 λ-Sonde
12 Vorkatalysator
13 Hauptkatalysator
14 Temperatursensor
15 Drehzahlsensor
16 Klopfsensor
17 Hochdrucksensor
18 Ladungsbewegungsklappe
19 Abgasrückführventil
20 Drosselvorrichtung (EGAS)
21 Luftmassenmesser
22 Steuergerät
23 CAN-Schnittstelle
24 Motorkontrollleuchte
25 Diagnoseschnittstelle
26 Schnittstelle zur Wegfahrsperre
27 Fahrpedalmodul
28 Kraftstofffördermodul mit Niederdruck-Pumpe

17 Ottomotor für Flexfuel-Betrieb

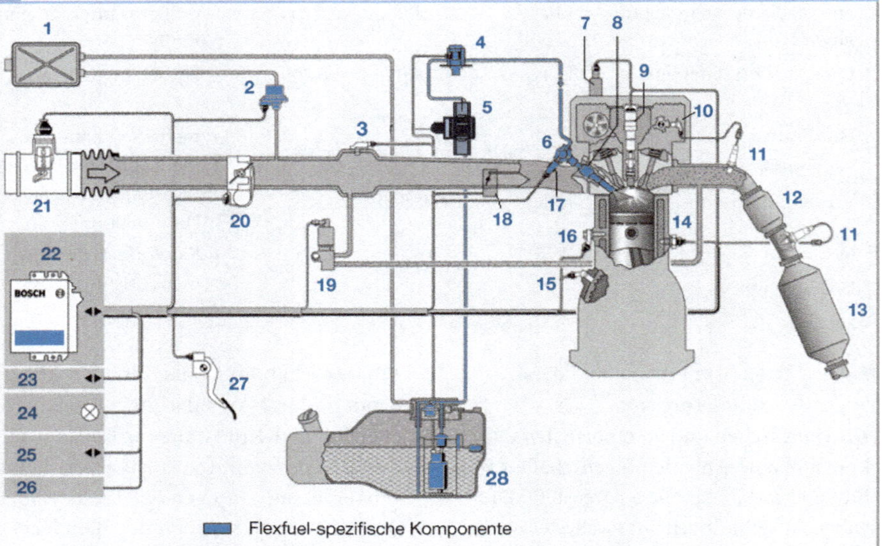

Einsatz mit höheren und variablen Ethanolgehalten.

Ein anderes Konzept wird dagegen in Europa verfolgt, bei dem sowohl die Wirkungsgradsteigerung des Motors als auch die gesteigerte Leistung im E85-Betrieb als Vorteil ausgenutzt und bei der Vermarktung des Fahrzeugs herausgestellt wird. Nur in Brasilien ist bisher der letzte konsequente Schritt zu beobachten, dass die Motorenhersteller auch die Verdichtungsverhältnisse der Motoren anheben, da auf diesem Markt bereits das Benzin generell mindestens 24 % Ethanol enthält und damit eine höhere Oktanzahl (und damit eine höhere Klopffestigkeit) erreicht. Bezüglich des Anpassungsgrades der Systeme gibt es unterschiedliche Ausprägungen, die sich nach der angestrebten Strategie richtet.

Bezüglich der Komponententauglichkeit müssen sowohl die Kraftstoff führenden Komponenten betrachtet werden als auch die, die potentiell mit Kraftstoffdämpfen in Kontakt kommen. Eine Übersicht über die in einen Flexfuel-System anzupassenden Systembestandteile gibt Bild 17.

Im Steuerungssystem des Motorsteuergerätes und dessen Funktionen sind umfangreiche Anpassungen erforderlich. Im Einzelnen sind folgende Funktionen der Motorsteuerung betroffen (Bild 18):

- Luftsystem; z. B. Füllungserfassung und Füllungssteuerung,
- Kraftstoffsystem; z. B. Mengenvorsteuerung und Einspritztiming, Gemisch-Adaption,
- Abgassystem; z. B. Freigabe der Gemischregelung,
- Zündsystem; z. B. Zündzeitpunkte, Zündenergie,
- Momentenstruktur; z. B. abweichende Wirkungsgrade bezüglich λ und Zündung,
- Diagnosesystem und Überwachung; z. B. Kraftstoffqualitätserkennung, Diagnoseschwellen.

18 Softwarestruktur einer Motorsteuerung für Flexfuel-Betrieb

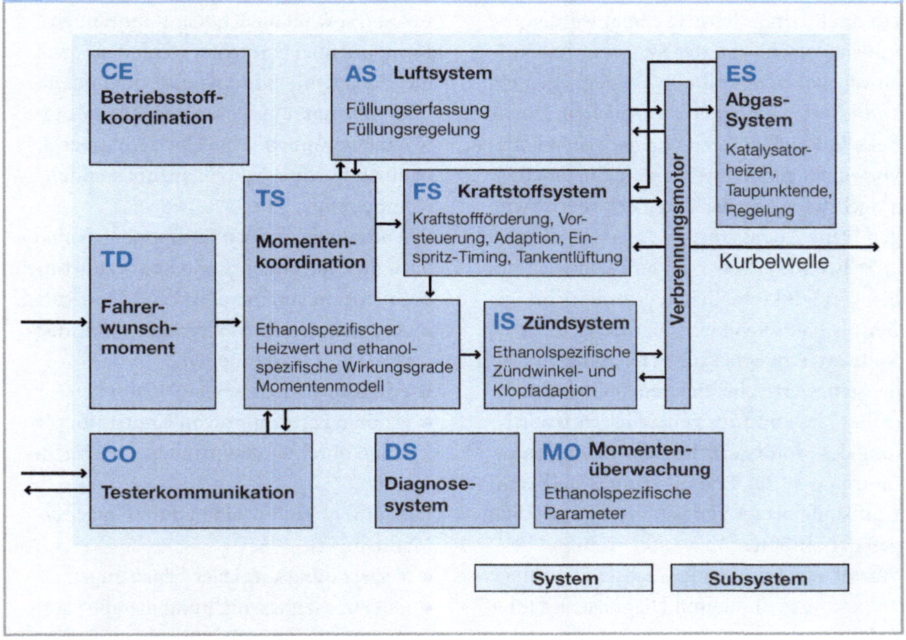

Eigenschaft von Ethanol	Vorteilhafte Nutzung
Höhere Klopffestigkeit	Optimales Zünden, besserer Wirkungsgrad, mehr Leistung
Höhere Verdampfungsenthalpie	Bessere Füllung
Schnellere Verbrennung	Optimaler Verbrennungsschwerpunkt
Niedrigere Verbrennungstemperaturen	Reduzierter Bauteilschutz mit geringerem Verbrauch

Tabelle 6
Vorteilhafte Nutzung von Ethanol-Eigenschaften (in Bezug zu Benzin)

Eigenschaften von Ethanol	Nachteilige Folgen
Höhere Verdampfungsenthalpie	Erhöhte Anforderungen an den Kaltstart unterhalb 10 °C, größerer Wandfilm im Kaltbetrieb
Höherer stöchiometrischer Verbrauch	Größere erforderliche Einspritzmengen, längere Einspritzzeiten, Rückwirkungen auf das Brennverfahren, Höherer Kraftstoffeintrag in das Motoröl im Kaltstart
Verändertes C/H-Verhältnis	Mehr Wassereintrag, späteres Taupunktende der λ-Sonde

Tabelle 7
Nachteilige Folgen von Ethanol-Eigenschaften (in Bezug zu Benzin)

Bei der Systemanpassung müssen die in Bezug zu Benzin abweichenden Eigenschaften des Ethanols berücksichtigt werden, um ein verschlechtertes Systemverhalten zu vermeiden oder um in Teilbereichen ein verbessertes Verhalten zu erreichen. Die in Tabelle 6 aufgelisteten Eigenschaften können vorteilhaft genutzt werden, die in Tabelle 7 aufgelisteten Eigenschaften erfordern zwingend eine Anpassung.

Teilweise sind aber auch Neuentwicklungen von Funktionalitäten erforderlich. Beispielhaft seien hier genannt: spezielle Kaltstart-Strategien zur Erreichung von Abgasgrenzwerten bei tieferen Temperaturen (z. B. –7 °C) und zur generellen Sicherstellung des Motorstarts bei sehr tiefen Temperaturen (–30°C), Erkennen eines stärkeren Kraftstoffeintrags in das Motoröl und Abfangen der erhöhten Ausgasung während des Warmlaufs, Erkennung wechselnder Ethanolgehalte im Tank und Diagnose der Ethanolerkennung (sensorbasiert oder sensorlos).

Flexfuel-Komponenten

Bezüglich der Komponententauglichkeit müssen sowohl die Kraftstoff führenden Komponenten betrachtet werden als auch die, die potentiell mit Kraftstoffdämpfen oder Verbrennungsgasen des Ethanols in Kontakt kommen. Eine Übersicht über die in einen Flexfuel-System anzupassenden Komponenten gibt Tabelle 8.

Änderungen in den Komponenten sind bezüglich folgender Einflüsse vorzunehmen:

- Korrosion von metallischen Werkstoffen,
- Aufquellen oder Verspröden von Kunststoff- und Gummiteilen,
- Funktionsfähigkeit von Dichtungen,
- erhöhte Permeation von Kraftstoffmolekülen durch kraftstoffführende Bauteile.

Dies erfolgt im Einzelnen durch folgende Maßnahmen:

- Verwendung spezieller Legierungen,
- Oberflächenbeschichtung metallischer Werkstoffe, speziell in mechanisch beanspruchten Kontaktpaarungen,

Komponente	Bild	Anpassung
Kraftstoff-Fördermodul	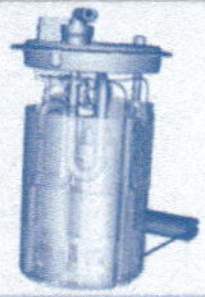	Kraftstoff-Pumpe für E85 oder E100, isolierte elektrische Verbindungen, Tankstandsgeber ethanolfest
Druckregler		Ethanolfeste Ausführung
Kraftstoff-Rail		Ethanolfeste Ausführung
Saugrohr-Einspritzventil		Erweiterter Zumessbereich
Hochdruck-Einspritzventil		Edelstahl-Ausführung, angepasster Zumessbereich
Hochdruck-Pumpe		Edelstahl-Ausführung, angepasster Zumessbereich

Tabelle 8
Übersicht ethanolspezifischer Komponenten

- Verwendung angepasster Kunststoff- und Gummi-Mischungen,
- Auswahl spezifischer Dichtungs- und Filtermaterialien,
- konstruktive Anpassungen,
- elektrische Isolation von elektrischen Kontakten.

Komponentenspezifisch sind auch erhöhte Anforderungen bezüglich größerer Durchflussmengen zu berücksichtigen. Dies ist besonders wichtig bei den Einspritzventilen, da die maximale Durchflussmenge für den erhöhten Bedarf im Ethanolbetrieb notwendig ist, aber nach wie vor die minimale Zumessmenge im Benzinbetrieb auftritt.

Literatur

[1] A. Böge, Handbuch Maschinenbau, 20. Aufl., Vieweg + Teubner 2011.

[2] K.-H. Grote und J. Feldhusen (Hrsg.), Dubbel-Taschenbuch für den Maschinenbau, 23. Aufl., Springer 2011.

[3] GVR Gas Vehicle Report June 2012

Hybridantriebe

Merkmale

Ein elektrisches Hybridfahrzeug (Hybrid Electric Vehicle, HEV) verwendet zum Antrieb sowohl einen Verbrennungsmotor als auch mindestens eine elektrische Maschine. Dabei gibt es eine Vielzahl von Antriebsstrukturen, die zum Teil verschiedene Optimierungsziele verfolgen und die in unterschiedlichem Maße elektrische Energie zum Antrieb des Fahrzeugs nutzen. Mit dem Einsatz von elektrischen Hybridantrieben werden im Wesentlichen drei Ziele verfolgt: Reduzierung des Kraftstoffverbrauchs, Reduzierung der Schadstoffemissionen und Erhöhung von Drehmoment und Leistung (zur Verbesserung der Fahrdynamik).

Hybridfahrzeuge benötigen einen elektrischen Energiespeicher, der den elektrischen Antrieb versorgt. Bei derzeitigen Lösungen handelt es sich um eine Traktionsbatterie in Nickel-Metall-Hydrid- oder Lithium-Ionen-Technik auf einem vergleichsweise hohen Spannungsniveau im Bereich von 200 V – 400 V.

Der elektrische Antrieb besteht aus einer elektrischen Maschine und einem Pulswechselrichter. Die verwendeten elektrischen Maschinen sind in der Regel permanenterregte Synchronmaschinen mit einer hohen Leistungsdichte. Der elektrische Antrieb bietet konstant hohe Drehmomente bei niedrigen Drehzahlen. Dadurch ergänzt er in idealer Weise den Verbrennungsmotor, dessen Drehmoment erst bei mittleren Drehzahlen ansteigt. Elektrischer Antrieb und Verbrennungsmotor zusammen können so aus jeder Fahrsituation heraus eine hohe Dynamik zur Verfügung stellen (Bild 1).

Die Kombination des elektrischen und des verbrennungsmotorischen Antriebs hat folgende Vorteile gegenüber einem konventionellen Antriebsstrang:

Die Unterstützung durch den elektrischen Antrieb ermöglicht es, den Verbrennungsmotor vorwiegend im Bereich seines besten Wirkungsgrades zu betreiben oder in Bereichen, in denen nur geringe Schadstoffemissionen entstehen (es erfolgt eine Betriebspunktoptimierung).

Die Kombination mit einem elektrischen Antrieb ermöglicht den Einsatz eines kleineren Verbrennungsmotors bei gleichbleibender Gesamtleistung (leistungsneutrales Downsizing).

Weiterhin kann ein länger übersetztes Getriebe bei gleichbleibenden Fahrleistungen zum Einsatz kommen. Dadurch erfolgt eine Verschiebung der Betriebspunkte des Verbrennungsmotors in Bereiche mit besserem Wirkungsgrad (Downspeeding).

Durch den generatorischen Betrieb der elektrischen Maschine kann beim Bremsen ein Teil der Bewegungsenergie des Fahrzeugs in elektrische Energie umgewandelt werden. Die elektrische Energie wird im Energiespeicher gespeichert und kann später für den Antrieb genutzt werden.

In bestimmten Antriebsstrukturen kann der elektrische Antrieb zum rein elektrischen Fahren genutzt werden. Dabei ist der Verbrennungsmotor abgeschaltet und das Fahrzeug wird emissionsfrei betrieben.

1 Drehmomentverlauf verschiedener Fahrzeugantriebe

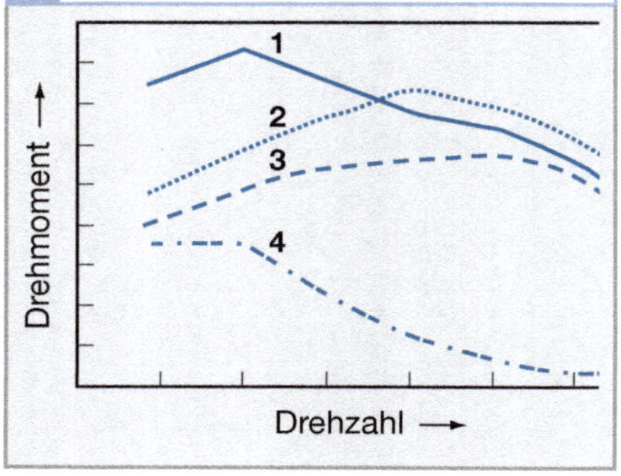

Bild 1
1 Hybridantrieb, bestehend aus 3 und 4
2 Standard-Verbrennungsmotor mit 1,6 *l* Hubraum
3 aufgeladener Verbrennungsmotor mit 1,2 *l* Hubraum
4 elektrische Maschine, 15 kW

Funktionalitäten

Der Verbrennungsmotor und der elektrische Antrieb tragen je nach Betriebszustand und geforderter Antriebsleistung in unterschiedlichem Maße zur Fahrzeugbewegung bei. Die Hybridsteuerung legt die Leistungsaufteilung zwischen den beiden Antrieben fest. Die Art des Zusammenwirkens von Verbrennungsmotor, elektrischem Antrieb und Energiespeicher bestimmt die unterschiedlichen Funktionalitäten.

Start-Stopp-Funktionalität

Bei der Start-Stopp-Funktionalität wird der Verbrennungsmotor zeitweise abgeschaltet, ohne dass der Fahrer den Zündschlüssel betätigt. Das Abschalten erfolgt typischerweise beim Fahrzeugstillstand, der Wiederstart erfolgt automatisch, sobald der Fahrer weiterfahren will.

Regeneratives Bremsen

Beim regenerativen Bremsen wird das Fahrzeug nicht – oder nicht nur – durch das Reibmoment der Betriebsbremse abgebremst, sondern durch ein generatorisches Bremsmoment der elektrischen Maschine. Sie wandelt dabei kinetische Energie des Fahrzeugs in elektrische Energie um, die im Energiespeicher gespeichert wird (Bild 2). Regeneratives Bremsen wird auch als rekuperatives Bremsen oder Rekuperation bezeichnet.

Hybridisches Fahren

Hybridisches Fahren bezeichnet die Zustände, in denen der Verbrennungsmotor und der elektrische Antrieb das Antriebsmoment gemeinsam ausüben. Das hybridische Fahren kann man weiter unterteilen in generatorischen und motorischen Betrieb der elektrischen Maschine.

Im generatorischen Betrieb (Bild 3) wird der elektrische Energiespeicher aufgeladen. Zu diesem Zweck wird der Verbrennungsmotor so betrieben, dass er eine größere Leistung abgibt, als für den gewünschten Vortrieb des Fahrzeugs erforderlich ist. Der überschüssige Leistungsanteil wird der elektrischen Maschine zugeführt und in elektrische Energie umgewandelt, die im Energiespeicher gespeichert wird.

Im motorischen Betrieb (Bild 4) wird der elektrische Energiespeicher entladen. Der elektrische Antrieb unterstützt den Verbrennungsmotor bei der Bereitstellung der gewünschten Vortriebsleistung.

2 Regeneratives Bremsen

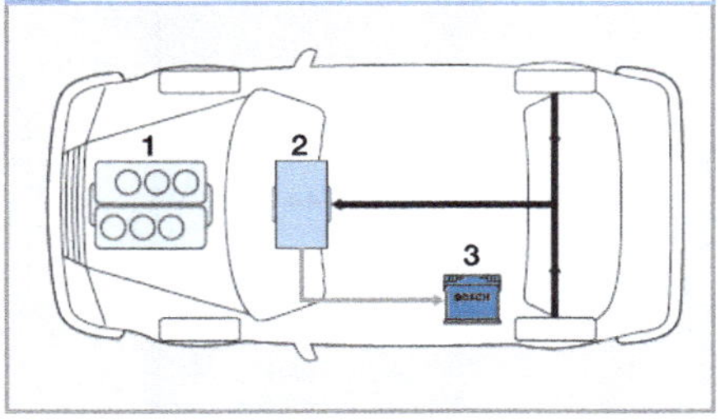

Bild 2
Die Pfeile geben den Energiefluss an.
1 Verbrennungsmotor
2 elektrische Maschine
3 Batterie

3 Hybridisches Fahren, generatorischer Betrieb

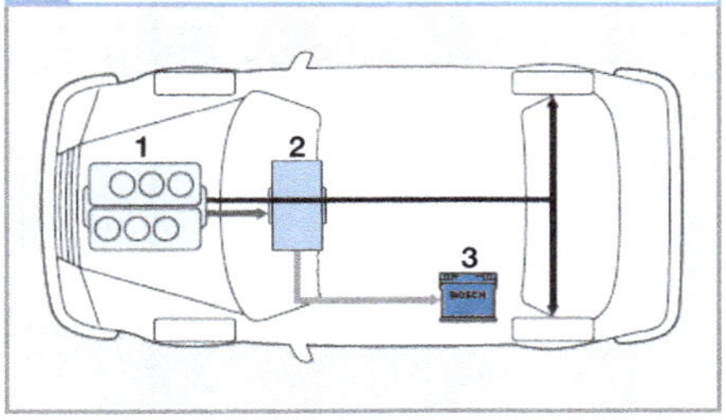

Bild 3
Die Pfeile geben den Energiefluss an.
1 Verbrennungsmotor
2 elektrische Maschine
3 Batterie

4 Hybridisches Fahren, motorischer Betrieb

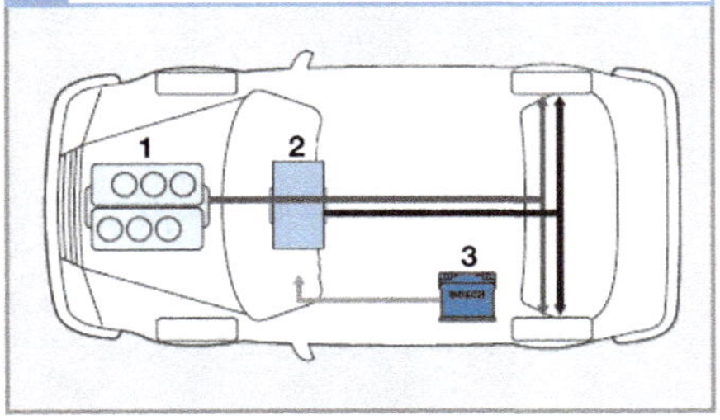

Bild 4
Die Pfeile geben den Energiefluss an.
1 Verbrennungsmotor
2 elektrische Maschine
3 Batterie

5 Rein elektrisches Fahren

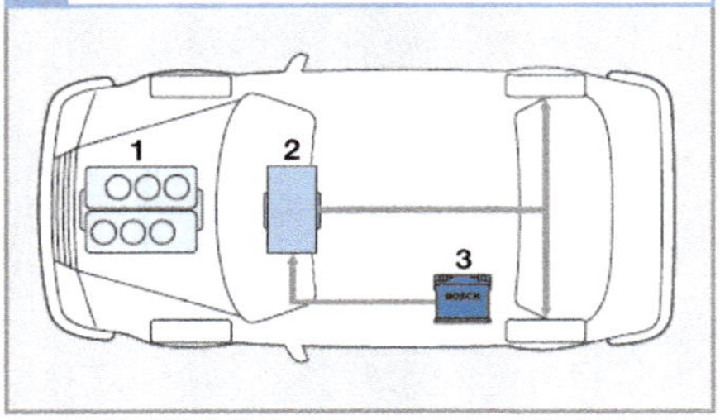

Bild 5
Die Pfeile geben den Energiefluss an.
1 Verbrennungsmotor
2 elektrische Maschine
3 Batterie

Rein elektrisches Fahren

Beim rein elektrischen Fahren wird das Fahrzeug alleine durch den elektrischen Antrieb angetrieben. Der Verbrennungsmotor wird dafür vom Fahrzeugantrieb abgekoppelt und ausgeschaltet (Bild 5). In diesem Betriebsmodus kann das Fahrzeug nahezu lautlos und lokal emissionsfrei fahren.

Nachladen an der Steckdose

Beim Nachladen an der Steckdose kann das Fahrzeug über ein Ladegerät mit dem Stromnetz verbunden und damit der elektrische Energiespeicher nachgeladen werden.

Funktionale Klassifikation

Hybridfahrzeuge können anhand realisierter Funktionalitäten in verschiedene Klassen eingeteilt werden (Tabelle 1).

Start-Stopp-System

Ein Start-Stopp-System realisiert die Funktionalitäten „Start-Stopp“ und regeneratives Bremsen. Dazu wird die Generatorsteuerung im konventionellen Fahrzeug angepasst. Im normalen Fahrbetrieb arbeitet der Generator mit einer geringen Leistung. In Schubphasen wird die Leistung des Generators erhöht, um einen größeren Anteil der Fahrzeugverzögerung „zur Energieerzeugung“ zu verwenden. Mit einem Start-Stopp-System können im neuen europäischen Fahrzyklus (NEFZ) zwischen 4 % und 5 % Kraftstoff eingespart werden.

Mild-Hybrid

Der Mild-Hybrid bietet zusätzlich zur Start-Stopp-Funktionalität und zum regenerativen Bremsen die Möglichkeit des hybridischen Fahrens inklusive generatorischem und motorischem Betrieb. Rein elektrisches Fahren ist nicht möglich. Der elektrische Antrieb kann zwar den Fahrzeugvortrieb alleine bewerkstelligen, allerdings wird dabei der Verbrennungsmotor immer mitgeschleppt. Mit einem Mild-Hybrid können im neuen europäischen Fahrzyklus zwischen 10 % und 15 % Kraftstoff eingespart werden.

Vollhybrid

Der Vollhybrid kann zusätzlich zu den Funktionalitäten des Mild-Hybrids über kürzere Strecken allein mit dem elektrischen Antrieb fahren. Der Verbrennungsmotor wird während des elektrischen Fahrens abgestellt. Mit einem Vollhybrid können im neuen europäischen Fahrzyklus zwischen 20 % und 30 % Kraftstoff eingespart werden.

Funktionalität	Hybridsystem			
	Start-Stopp-System	Mild-Hybrid	Vollhybrid	Plug-in-Hybrid
Start-Stopp-Funktionalität	•	•	•	•
Regeneratives Bremsen	•	•	•	•
Elektrische Unterstützung		•	•	•
Elektrisches Fahren			•	•
Laden an der Steckdose				•

Tab. 1 Funktionalitäten und Hybridsysteme

Plug-in-Hybrid

Vollhybride können alternativ auch als Plug-in-Hybride ausgeführt werden. Diese bieten die Möglichkeit, die Traktionsbatterie aus der Steckdose über ein entsprechendes Ladegerät zu laden. Dabei ist der Einsatz einer Batterie mit höherem Energieinhalt sinnvoll, um längere Strecken rein elektrisch zurücklegen zu können. In der Regel wird die Leistung des elektrischen Antriebs so erhöht, dass ein normaler Fahrbetrieb mit dem elektrischen Antrieb allein möglich ist. Mit einem Plug-in-Hybrid können im neuen europäischen Fahrzyklus zwischen 50 % und 70 % Kraftstoff eingespart werden. Die Werte sind in dieser Größenordnung, weil ein Teil der Energie zur Fahrzeugbewegung aus dem Elektrizitätsnetz kommt und nicht direkt dem Kraftstoffverbrauch zugerechnet wird.

Antriebsstrukturen

Bei Hybridfahrzeugen gibt es unterschiedliche Möglichkeiten, Verbrennungsmotor, Getriebe und elektrische Maschinen anzuordnen. Die verschiedenen Antriebsstrukturen können anhand von möglichen Energieflüssen in die drei Kategorien parallele, serielle und leistungsverzweigte Hybridantriebe eingeteilt werden.

Paralleler Hybridantrieb

Bei parallelen Hybridantrieben tragen der Verbrennungsmotor und ein elektrischer Antrieb unabhängig voneinander zum Fahrzeugantrieb bei. Die beiden Energieflüsse aus Verbrennungsmotor und Batterie laufen somit parallel zueinander, die beiden Leistungen addieren sich zu einer Gesamt-Antriebsleistung. Parallele Hybridantriebe gibt es als Mild-Hybrid-Variante (mit Start-Stopp-Funktionalität, regenerativem Bremsen und hybridischem Fahren) oder als Vollhybrid-Variante (zusätzlich noch mit elektrischem Fahren).

Ein grundlegender Vorteil des Parallelhybrids ist die Möglichkeit, den konventionellen Antriebsstrang in weiten Bereichen beizubehalten. Der Entwicklungs- und Einbauaufwand für parallele Antriebsstrukturen ist im Vergleich zu seriellen und leistungsverzweigten Antriebsstrukturen niedriger, da meistens nur eine elektrische Maschine mit geringerer elektrischer Leistung benötigt

6 Parallelhybrid mit einer Kupplung

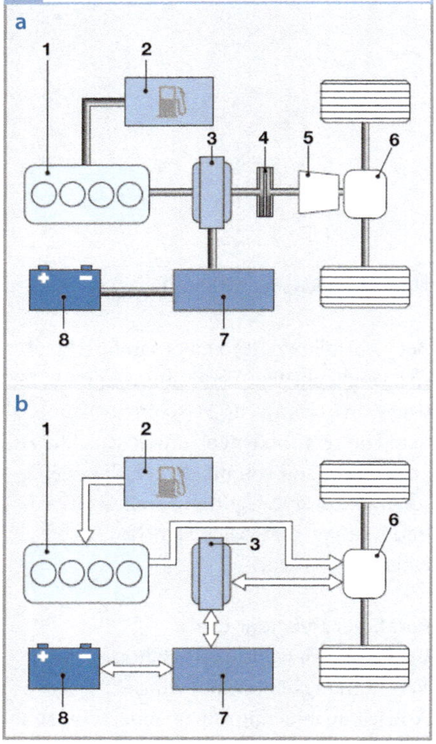

Bild 6
a) Antriebsstruktur
b) Energiefluss

1 Verbrennungsmotor
2 Tank
3 elektrische Maschine
4 Kupplung
5 Getriebe
6 Achsantrieb
7 Pulswechselrichter
8 Batterie

Der Pulswechselrichter wandelt die Gleichspannung an der Batterie in eine Wechselspannung zur Versorgung der elektrischen Maschine um und umgekehrt.

wird und die notwendigen Anpassungen bei der Umstellung eines konventionellen Antriebsstrangs kleiner ausfallen.

Bei der in Bild 6 gezeigten Variante ist die elektrische Maschine direkt mit dem Verbrennungsmotor verbunden. Im Gegensatz zu seriellen und leistungsverzweigten Antriebsstrukturen kann die Drehzahl des Verbrennungsmotors nicht unabhängig von der Drehzahl des elektrischen Antriebs eingestellt werden. In Verzögerungsphasen des Fahrzeugs kann der Verbrennungsmotor nicht von der elektrischen Maschine abgekoppelt werden und wird damit immer mitgeschleppt. Das Schleppmoment des Verbrennungsmotors verringert dabei das Potential für das regenerative Bremsen. Rein elektrisches Fahren ist mit dieser Antriebsstruktur nicht möglich. Der elektrische Antrieb kann zwar als alleinige Antriebsquelle eingesetzt werden, der Verbrennungsmotor wird aber auch beim Fahren immer mitgeschleppt. Der elektrische Antrieb kann zur Unterstützung des Verbrennungsmotors eingesetzt werden und dadurch das dynamische Fahrverhalten deutlich verbessern.

Ein paralleler Vollhybrid kann auf mehrere Arten aufgebaut werden. Naheliegend ist die folgende Erweiterung (Bild 7): Zwischen Verbrennungsmotor und elektrischer Maschine wird eine weitere Kupplung eingebaut, die das beliebige Zu- und Abschalten des Verbrennungsmotors erlaubt. Dadurch wird rein elektrisches Fahren ermöglicht. Zudem kann der Verbrennungsmotor in Verzögerungsphasen abgekoppelt werden. Das erhöht zum einen das Potential für regeneratives Bremsen. Zum anderen erlaubt es den so genannten Segelbetrieb, bei dem das Fahrzeug frei rollt und nur durch Luftwiderstand und Rollreibung verzögert wird.

Für die Akzeptanz dieser Antriebsstruktur ist es sehr wichtig, den Start des Verbrennungsmotors aus dem elektrischen Fahren heraus ohne Komforteinbußen zu ermöglichen. Es gibt zwei unterschiedliche Möglichkeiten, dies zu erreichen.

Bei der ersten Möglichkeit wird der Verbrennungsmotor bei geöffneter Kupplung durch einen separaten Starter gestartet und es gibt keine unerwünschte Rückwirkung auf die Fahrzeugbewegung. Dazu ist allerdings ein separater Starter erforderlich, den man im Hybridfahrzeug eigentlich einsparen kann.

Eine andere Möglichkeit besteht darin, den Verbrennungsmotor, den elektrischen Antrieb und die Kupplung so anzusteuern, dass während des Motorstarts die Rückwirkung auf die Fahrzeugbewegung kompensiert wird. Dazu benötigt eine intelligente

7 Parallelhybrid mit zwei Kupplungen

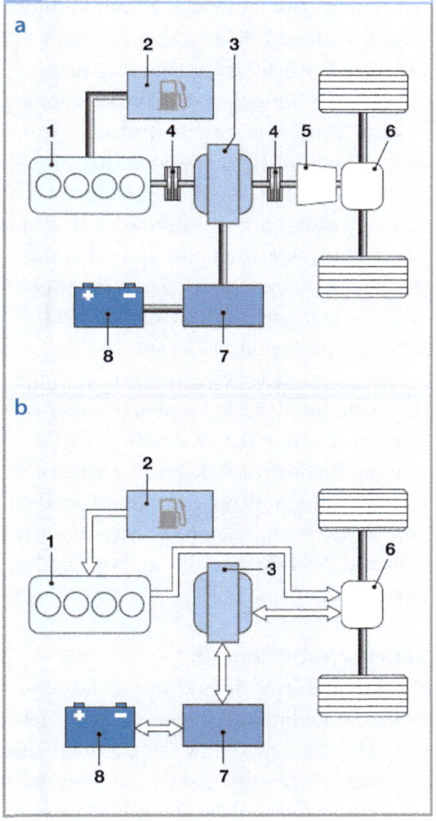

Bild 7
a) Antriebsstruktur
b) Energiefluss

1 Verbrennungsmotor
2 Tank
3 elektrische Maschine
4 Kupplung
5 Getriebe
6 Achsantrieb
7 Pulswechselrichter
8 Batterie

8 Parallelhybrid mit Doppelkupplungsgetriebe

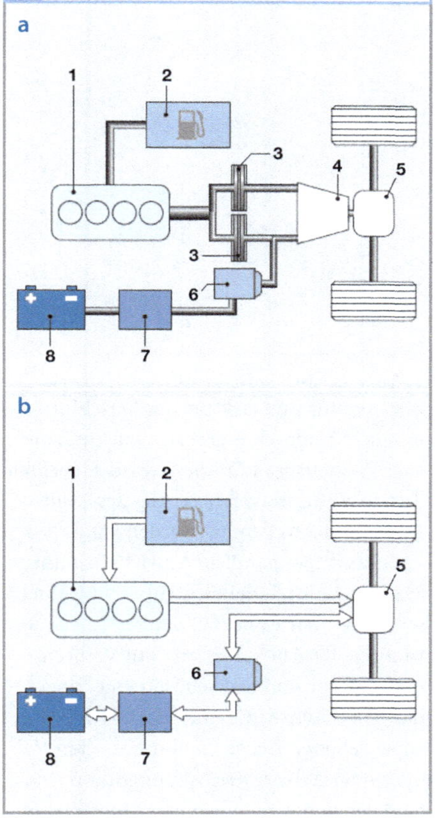

Bild 8
a) Antriebsstruktur
b) Energiefluss

1 Verbrennungsmotor
2 Tank
3 Kupplung
4 Doppelkupplungs-getriebe
5 Achsantrieb
6 elektrische Maschine
7 Pulswechselrichter
8 Batterie

Steuerung Zugriffe auf Messwerte aus dem Verbrennungsmotor, dem elektrischen Antrieb und der Kupplung dazwischen. Die Kupplung muss in der Lage sein, sich an die wechselnden Verhältnisse im laufenden Betrieb automatisch anzupassen und den Vorgaben der Steuerung zu folgen.

Der Einbau der zusätzlichen Kupplung zwischen Verbrennungsmotor und elektrischer Maschine führt zu einer Verlängerung des Antriebsstrangs. Bei manchen Fahrzeugen ist daher der benötigte Einbauraum für diese Antriebskonfiguration nicht vorhanden.

Hier kann die Integration der elektrischen Maschine in ein Doppelkupplungsgetriebe (Bild 8) Abhilfe schaffen. Die elektrische Maschine ist nicht mehr mit der Kurbelwelle des Verbrennungsmotors, sondern mit einem Teilgetriebe des Doppelkupplungsgetriebes verbunden. Bei dieser Anordnung entfällt die zusätzliche Kupplung zwischen Verbrennungsmotor und elektrischer Maschine. Rein elektrisches Fahren mit stehendem Verbrennungsmotor ist durch Öffnen der Doppelkupplung des Getriebes möglich. Daher handelt es sich bei dieser Anordnung ebenfalls um einen parallelen Vollhybrid. Je nach eingelegtem Gang im Teilgetriebe mit der elektrischen Maschine ist eine unterschiedliche Übersetzung zwischen Verbren-

Bild 9
1 Verbrennungsmotor
2 Tank
3 elektrische Maschine
4 Pulswechselrichter
5 Batterie

9 Elektrifizierung einer separaten Achse (Axle-Split-Parallelhybrid)

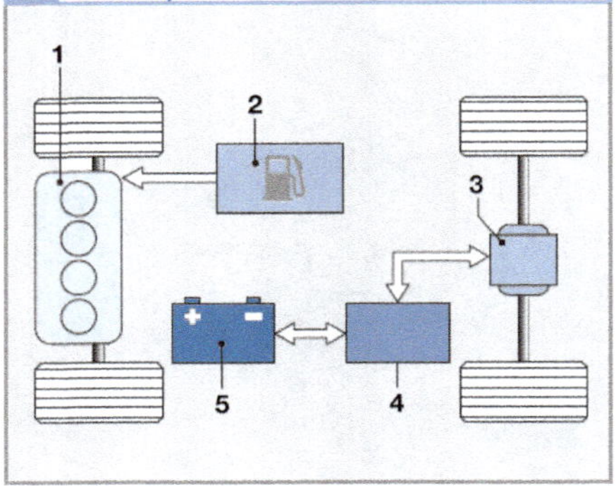

nungsmotor und elektrischer Maschine möglich. Dadurch ergibt sich ein zusätzlicher Freiheitsgrad für die Hybridsteuerung, der zur weiteren Verringerung des Kraftstoffverbrauchs genutzt werden kann.

Eine weitere parallele Antriebsstruktur ergibt sich durch die Elektrifizierung einer separaten Achse (Bild 9). Hier wird ein konventioneller Antriebsstrang mit Verbrennungsmotor und Getriebe auf einer angetriebenen Achse mit einer elektrisch angetriebenen Achse kombiniert. Zum Vollhybrid wird die Antriebskonfiguration, sobald der Verbrennungsmotor abgeschaltet und abgekuppelt werden kann, während der elektrische Antrieb das Fahrzeug antreibt. Dazu werden ein automatisiertes Getriebe und ein Start-Stopp-System für den Verbrennungsmotor benötigt. Diese Antriebsstruktur gehört zu den parallelen Hybridantrieben, weil sich die Leistungen von Verbrennungsmotor und elektrischem Antrieb addieren. Im Gegensatz zu den bisher vorgestellten Antriebsstrukturen liegt der Additionspunkt nicht innerhalb des Antriebsstrangs, sondern auf der Ebene der angetriebenen Räder.

Das Nachladen der Traktionsbatterie erfolgt in diesem Fall durch regeneratives Bremsen. Im Fahrzeugstillstand ist das Nachladen der Traktionsbatterie nicht möglich. Durch Zusammenwirken von Verbrennungsmotor und elektrischem Antrieb kann ein Allradantrieb für das Fahrzeug realisiert werden. Die Verteilung der Antriebsmomente kann durch eine gezielte Ansteuerung des elektrischen Antriebs in weiten Grenzen verstellt werden. Ein dauerhafter Allradantrieb kann allerdings nur realisiert werden, wenn der elektrische Antrieb nicht nur über die Batterie versorgt wird, sondern eine zweite elektrische Maschine die benötigte elektrische Energie bereitstellen kann.

Mit einer zweiten elektrischen Maschine, die direkt mit dem Verbrennungsmotor verbunden ist (entweder an der Kurbelwelle oder im Riementrieb), kann zum einen ein dauerhafter Allradantrieb realisiert werden, zum anderen kann damit die Batterie auch während des Fahrzeugstillstands nachgeladen werden.

Serieller Hybridantrieb

Bei seriellen Hybridfahrzeugen (Bild 10) treibt der Verbrennungsmotor eine elektrische Maschine an, die als Generator arbeitet. Die dadurch erzeugte elektrische Leistung steht zusammen mit der Batterieleistung einer zweiten elektrischen Maschine zur Verfügung, die den Fahrzeugantrieb übernimmt. Aus Sicht der Energieflüsse liegt in diesem Fall eine Reihenschaltung vor. Ein serieller Hybrid ist immer ein Vollhybrid, da alle dazu benötigten Funktionalitäten (Start-Stopp-Funktionalität, regeneratives Bremsen, hybridisches Fahren, elektrisches Fahren) möglich sind.

Da es im seriellen Hybrid keine mechanische Verbindung zwischen Verbrennungsmotor und angetriebenen Rädern gibt, bietet diese Antriebsstruktur einige Vorteile. So wird im Antriebsstrang kein herkömmliches Stufengetriebe benötigt. Dadurch ergeben sich neue Freiräume für das Packaging des gesamten Antriebs. Zudem verursacht der Start des Verbrennungsmotors aus dem elektrischen Fahren heraus keine unerwünschte Rückwirkung auf die Fahrzeugbewegung. Im Fahrbetrieb ist der Hauptvorteil die freie Wahl des Betriebspunkts des Verbrennungsmotors. Dadurch wird eine kraftstoffsparende und emissionsarme Betriebsführung des Fahrzeugs unterstützt. Zudem kann der Verbrennungsmotor auf einen eingeschränkten Betriebsbereich optimiert werden.

Nachteilig beim seriellen Hybrid ist die doppelte elektrische Energiewandlung. Die Verluste durch die zweimalige Energiewandlung sind höher als im Fall einer rein mechanischen Übertragung durch ein Getriebe. Zudem werden für die Übertragung der Leistung des Verbrennungsmotors zwei elektrische Maschinen in derselben Leistungsklasse wie der Verbrennungsmotor benötigt.

Bei kleinen Geschwindigkeiten bietet ein serieller Hybrid trotz der höheren Verluste einen Verbrauchsvorteil, da hier die Vorteile durch die freie Betriebspunktwahl des Verbrennungsmotors überwiegen. Bei mittleren und höheren Geschwindigkeiten überwiegen die höheren Verluste.

Einsatzgebiete für den seriellen Hybrid sind zurzeit vor allem Diesel-elektrische Lokomotiven und Stadtbusse. Im Pkw-Bereich findet man serielle Antriebsstrukturen immer häufiger bei Elektrofahrzeugen, deren Reichweite im Bedarfsfall durch einen Verbrennungsmotor als „Range-Extender" erweitert wird.

Ein serieller Hybrid wird zum seriell-parallelen Hybrid (**Bild 11**) erweitert, indem eine mechanische Verbindung zwischen den beiden elektrischen Maschinen hergestellt wird, die durch eine Kupplung wahlweise verbunden oder getrennt wird. Der seriell-parallele Hybrid kann bei kleinen Geschwindigkeiten die Vorteile des seriellen Hybrids nutzen und die Nachteile bei größeren Geschwindigkeiten durch Schließen der Kupplung umgehen. Im Fall der geschlossenen Kupplung verhält sich der seriell-parallele Hybrid wie ein Parallelhybrid. Da die doppelte Energiewandlung auf den Bereich kleinerer Geschwindigkeiten und Leistungen begrenzt wird, reichen für den seriell-parallelen Hybrid kleinere elektrische Maschinen als beim seriellen Hybrid aus. Im Vergleich zum seriellen Hybrid geht wegen der mechanischen Verbindung zwischen dem Verbrennungsmotor und den angetriebenen Rädern der Vorteil im Packaging verloren. Im Vergleich zum parallelen Hybrid werden für die gleiche Aufgabe zwei elektrische Maschinen benötigt.

10 Serieller Hybridantrieb

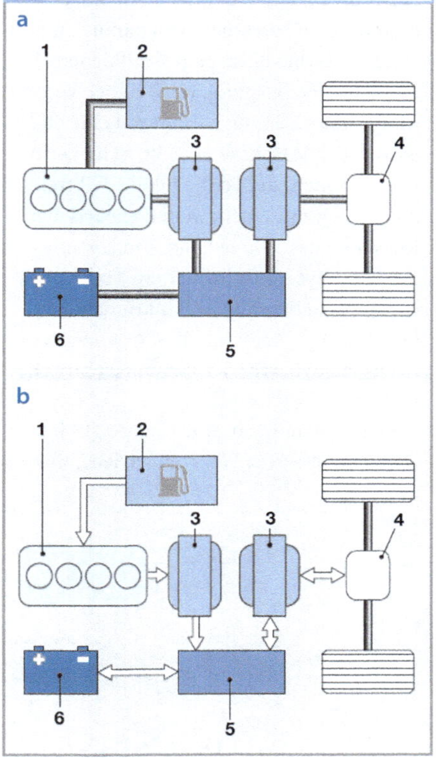

Bild 10
a) Antriebsstruktur
b) Energiefluss

1 Verbrennungsmotor
2 Tank
3 elektrische Maschine
4 Achsantrieb
5 Pulswechselrichter
6 Batterie

Leistungsverzweigter Hybridantrieb

Leistungsverzweigte Hybridfahrzeuge kombinieren Merkmale von parallelen und seriellen Hybridfahrzeugen mit denen einer Leistungsverzweigung. Ein Teil der Verbrennungsmotorleistung wird durch eine erste elektrische Maschine in elektrische Leistung umgewandelt, der verbleibende Teil treibt zusammen mit einer zweiten elektrischen Maschine das Fahrzeug an. Ein leistungsverzweigter Hybrid ist immer ein Vollhybrid, da alle dazu benötigten Funktionalitäten (Start-Stopp-Funktionalität, regeneratives Bremsen, hybridisches Fahren, elektrisches Fahren) möglich sind.

Der Aufbau ist in Bild 12 gezeigt. Zentrales Element ist ein Planetengetriebe, mit dessen drei Wellen der Verbrennungsmotor und zwei elektrische Maschinen verbunden sind. Wegen der kinematischen Randbedingungen am Planetengetriebe kann die Drehzahl des Verbrennungsmotors innerhalb gewisser Grenzen unabhängig von der Fahrzeuggeschwindigkeit eingestellt werden. In Anlehnung an ein stufenloses Getriebe (Continuously Variable Transmission, CVT) spricht man von einem elektrischen stufenlosen Getriebe (ECVT).

Durch das Planetengetriebe wird ein Teil der Leistung des Verbrennungsmotors über einen mechanischen Pfad an die angetriebenen Räder weitergegeben. Der andere Teil der Leistung kommt über einen elektrischen Pfad mit zweimaliger Energiewandlung zu

11 Seriell-paralleler Hybridantrieb

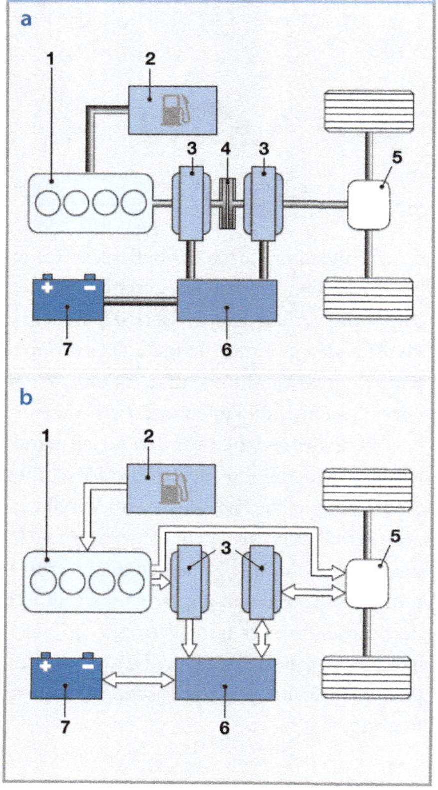

Bild 11
a) Antriebsstruktur
b) Energiefluss

1 Verbrennungsmotor
2 Tank
3 elektrische Maschine
4 Kupplung
5 Achsantrieb
6 Pulswechselrichter
7 Batterie

12 Leistungsverzweigter Hybridantrieb

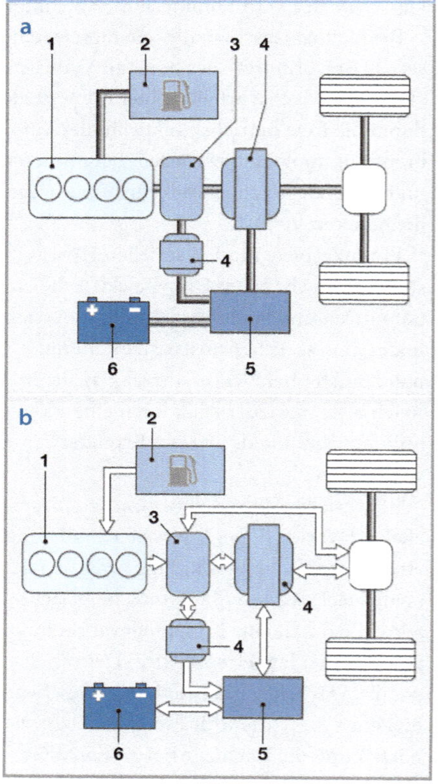

Bild 12
a) Antriebsstruktur
b) Energiefluss
1 Verbrennungsmotor
2 Tank
3 Planetengetriebe
4 elektrische Maschine
5 Pulswechselrichter
6 Batterie

den angetriebenen Rädern. Ähnlich wie beim seriellen Hybrid kann bei kleinen angeforderten Leistungen der elektrische Übertragungspfad genutzt werden. Für größere Leistungen steht zusätzlich der mechanische Übertragungspfad zur Verfügung. Es kann allerdings nicht beliebig zwischen dem mechanischen und dem elektrischen Übertragungspfad gewechselt werden. Je nach Auslegung des Planetengetriebes, der elektrischen Maschinen und des Verbrennungsmotors sind ohne zusätzliche Getriebe immer nur bestimmte Kombinationen zwischen mechanischem und elektrischem Übertragungspfad möglich. Dadurch ermöglicht der leistungsverzweigte Hybrid eine große Kraftstoffeinsparung bei kleinen und mittleren Geschwindigkeiten. Bei hohen Geschwindigkeiten kann keine zusätzliche Kraftstoffeinsparung erreicht werden.

Im leistungsverzweigten Hybrid werden, ähnlich wie beim seriellen Hybrid, elektrische Maschinen mit relativ großen Leistungen im Bereich der installierten Verbrennungsmotorleistung benötigt.

Durch den Einsatz eines zweiten Planetengetriebes kann der leistungsverzweigte Hybrid um mechanische, feste Gangstufen erweitert werden. Der mechanische Aufwand steigt dabei, der elektrische Aufwand wird reduziert. Es genügen dann kleinere elektrische Maschinen für ein vergleichbares Konzept. Zudem kann der Kraftstoffverbrauch bei mittleren und höheren Geschwindigkeiten verbessert werden.

Steuerung von Hybridfahrzeugen

Die Effizienz, die mit dem jeweiligen Hybridantrieb erzielt werden kann, hängt entscheidend von der übergeordneten Hybridsteuerung ab. Bild 13 zeigt am Beispiel eines Fahrzeugs mit parallelem Hybridantrieb die Funktions- und Softwarestruktur sowie die Vernetzung der einzelnen Komponenten und Steuergeräte im Antriebsstrang. Die übergreifende Hybridsteuerung koordiniert das gesamte System, wobei die Teilsysteme über eigene Steuerungsfunktionalitäten verfügen. Es handelt sich dabei um Batterie-Management, Motor-Management, Management der elektrischen Maschine, Getriebe-Management und Management des Bremssystems. Neben der reinen Steuerung der Teilsysteme beinhaltet die Hybridsteuerung auch eine Betriebsstrategie, die die Betriebsweise des Antriebsstrangs optimiert. Die Betriebsstrategie nimmt Einfluss auf die verbrauchs- und emissionsreduzierenden Funktionen des Hybridfahrzeugs, d. h. auf Start-Stopp-Betrieb des Verbrennungsmotors, regeneratives Bremsen, hybridisches und elektrisches Fahren.

Betriebsstrategien für Hybridfahrzeuge

Die Betriebsstrategie bestimmt die Aufteilung der Antriebsleistung auf Verbrennungsmotor und elektrischen Antrieb. Damit entscheidet sie, inwieweit die Potentiale zur Kraftstoffeinsparung und Emissionsminderung eines Fahrzeuges ausgenutzt werden. Die Betriebsstrategie muss zudem die unterschiedlichen Hybridfunktionalitäten wie regeneratives Bremsen, hybridisches und elektrisches Fahren umsetzen.

Die Auswahl und Umschaltung zwischen den einzelnen Zuständen erfolgt unter Berücksichtigung zahlreicher Bedingungen, die beispielsweise die Fahrpedalstellung, den La-

13 Vernetzung der Steuersysteme im Antriebsstrang

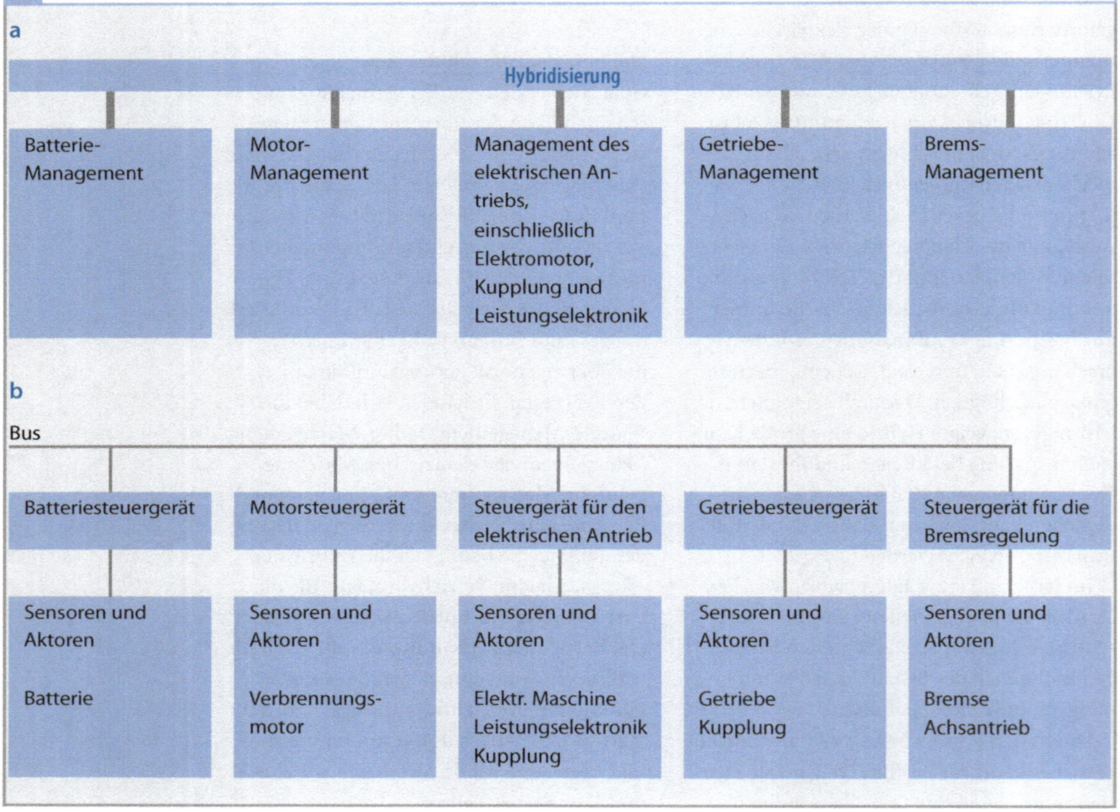

Bild 13
a) Funktions- und Softwarestruktur
b) Komponenten des Antriebsstrangs und zugehörige Steuergeräte

dezustand der Batterie und die Geschwindigkeit des Fahrzeuges betreffen. Je nach Optimierungsziel (z. B. Kraftstoffeinsparung oder Emissionsminderung) ergibt sich ein unterschiedliches Verhalten der Komponenten im Hybridfahrzeug.

Betriebsstrategie zur NO_x-Reduzierung

Fahrzeuge mit mager betriebenen Verbrennungsmotoren erreichen schon im Teillastbetrieb relativ niedrige Verbrauchswerte. Im Teillastbetrieb ist aber der Einfluss der Reibleistung recht groß, so dass auch der spezifische Kraftstoffverbrauch hoch ist. Zudem führen niedrige Verbrennungstemperaturen und lokaler Sauerstoffmangel im niedrigen Teillastbereich zu hohen Kohlenmonoxid- und Kohlenwasserstoff-Emissionen. Schon ein elektrischer Antrieb mit relativ kleiner Leistung kann den Verbrennungsmotor als Antrieb im niedrigen Lastbereich ersetzen. Wenn sich die notwendige elektrische Energie durch regeneratives Bremsen gewinnen lässt, kann diese einfache Strategie einen großen Vorteil für Kraftstoffverbrauch und Emissionen erbringen.

Bild 14 zeigt, in welchen Bereichen der Verbrennungsmotor im neuen europäischen Fahrzyklus (NEFZ) vornehmlich betrieben wird. Der Pkw-Dieselmotor wird sowohl bei niedriger Teillast (d. h. bei schlechten Wirkungsgraden und hohen HC- und CO-Emissionen) als auch bei mittlerer und höherer Last (d. h. im Bereich hoher NO_x-Emissionen) betrieben.

Bild 14 zeigt weiterhin den Bereich der Betriebspunkte für einen Parallelhybrid, der niedrige Verbrennungsmotorlasten durch rein elektrisches Fahren oder durch Lastpunktanhebung umgeht. Dadurch wird einerseits der Kraftstoffverbrauch reduziert, andererseits werden die – in diesem Bereich hohen – CO-, HC- und NO_x-Emissionen verringert. Für eine weitere Senkung der NO_x-Emissionen können durch den gleichzeitigen Betrieb von elektrischem Antrieb und Verbrennungsmotor die Lastpunkte im mittleren Lastbereich abgesenkt werden.

Betriebsstrategie zur CO_2-Reduzierung

Bei Fahrzeugen mit stöchiometrisch betriebenen Ottomotoren können aufgrund des eingesetzten Dreiwegekatalysators niedrigste Emissionswerte realisiert werden. Bei diesen Fahrzeugen liegt der Fokus auf der Reduzierung des Kraftstoffverbrauchs und damit auch der CO_2-Emissionen. Bild 15 zeigt für verschiedene Antriebsstrukturen eine mögliche Optimierung des Betriebsbereichs des Verbrennungsmotors hinsichtlich minimaler CO_2-Emissionen.

Im neuen europäischen Fahrzyklus werden Verbrennungsmotoren in konventionellen Fahrzeugen bei niedriger Teillast und damit bei schlechtem Wirkungsgrad betrieben. Beim Fahrzeug mit parallelem Hybridantrieb können niedrige Verbrennungsmotorlasten durch rein elektrisches Fahren vermieden werden (Bild 15a). Da die benötigte elektrische Energie in der Regel nicht ausschließlich durch Rekuperation gewonnen werden kann, wird die elektrische Maschine anschließend generatorisch betrieben. Hieraus resultiert im Vergleich zum konventio-

14 Zur Betriebsstrategie zur Reduzierung der NO_x-Emissionen

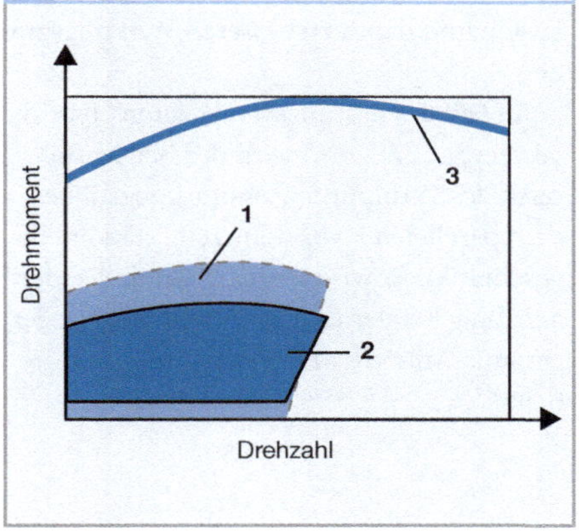

Bild 14
Bereiche der Betriebspunkte im neuen europäischen Fahrzyklus:
1 Rein verbrennungsmotorischer Antrieb
2 Parallelhybrid-Antrieb mit Betriebsstrategie zur Reduzierung der NO_x-Emissionen
3 maximales Drehmoment des Verbrennungsmotors

15 Zur Betriebsstrategie zur Reduzierung der CO_2-Emissionen

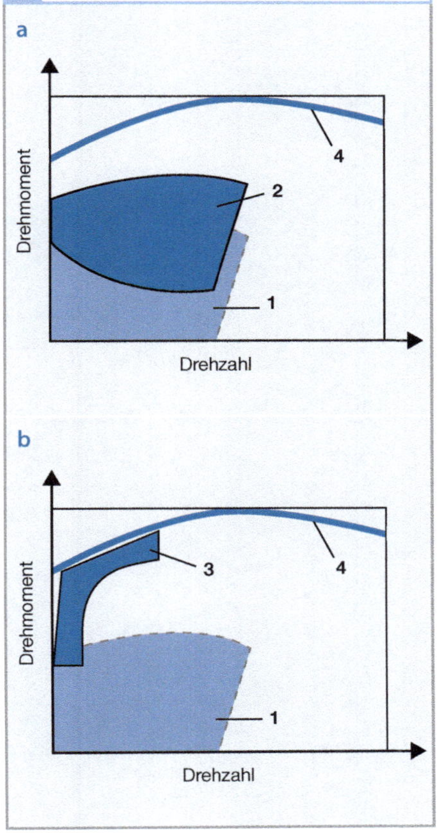

Bild 15
Bereiche der Betriebspunkte im neuen europäischen Fahrzyklus:
a) Vergleich eines rein verbrennungsmotorischen Antriebs mit einem Parallelhybrid-Antrieb
b) Vergleich eines rein verbrennungsmotorischen Antriebs mit einem leistungsverzweigten Hybridantrieb

1 Rein verbrennungsmotorischer Antrieb
2 Parallelhybrid-Antrieb
3 leistungsverzweigter Hybridantrieb
4 maximales Drehmoment des Verbrennungsmotors

nellen Fahrzeug eine Verschiebung des Betriebs des Verbrennungsmotors zu höheren Lasten und damit zu besseren Wirkungsgraden.

Im Fall des leistungsverzweigten Hybridfahrzeugs (Bild 15b) wird der Betriebsbereich des Verbrennungsmotors gegenüber dem parallelen Hybridfahrzeug stärker eingeschränkt. Er wird in der Regel drehzahlabhängig bei der Last betrieben, bei der der gesamte Antriebsstrang energieoptimal arbeitet.

Regeneratives Bremssystem

Beim regenerativen Bremsen (auch als Rekuperation bezeichnet) wird bei Verzögerungsvorgängen die kinetische Energie des Fahrzeugs durch die elektrische Maschine, die dafür generatorisch betrieben wird, in elektrische Energie umgewandelt. So kann ein Teil der Energie, die beim Bremsen normalerweise als Reibungswärme verloren geht, in Form von elektrischer Energie in die Batterie eingespeist und anschließend genutzt werden.

Schleppmomentennachbildung

Eine einfache Möglichkeit, regeneratives Bremsen zu realisieren, ist die Schleppmomentennachbildung. Dabei wird die elektrische Maschine generatorisch betrieben, sobald der Fahrer vom Gas geht. Die Betätigung des Bremspedals ist dafür nicht erforderlich. Bei einem Vollhybrid wird der Verbrennungsmotor in diesem Fall abgekoppelt und die elektrische Maschine übt ein generatorisches Moment in der Größenordnung des Schleppmoments des Verbrennungsmotors aus. Lässt sich der Verbrennungsmotor nicht abkoppeln (wie z. B. bei einem Mild-Hybrid), kann alternativ ein geringeres generatorisches Moment zusätzlich zum Schleppmoment des Verbrennungsmotors auf den Antriebsstrang ausgeübt werden (Schleppmomentenerhöhung). Dadurch verändert sich das Fahrzeugverhalten gegenüber einem nicht hybridisierten Fahrzeug nur unwesentlich.

Regeneratives Bremssystem

Bei Bremsvorgängen kann die elektrische Maschine zusätzlich zur Schleppmomentennachbildung oder -erhöhung ein zusätzliches generatorisches Moment ausüben. Dadurch verzögert das Fahrzeug bei gleicher Bremspedalstellung schneller als ein vergleichbares konventionelles Fahrzeug. Das verfügbare generatorische Moment hängt von der Fahrzeuggeschwindigkeit, von dem eingelegten Gang und von dem Ladezustand der Batterie ab. Deshalb kann es selbst bei gleicher Bremspedalstellung zu unterschiedlich starkem Bremsverhalten des Fahrzeugs kommen. Dieser Unterschied im Bremsverhalten wird vom Fahrer als umso störender empfunden, je größer der Anteil des generatorischen Moments an der Fahrzeugverzögerung ist. Aus diesem Grund lassen sich mit diesem einfachen regenerativen Bremssystem nur geringe Leistungen rekuperieren.

Kooperativ regeneratives Bremssystem

Zur weiteren Ausnutzung der kinetischen Energie muss bei höheren Verzögerungen das Betriebsbremssystem modifiziert werden. Dazu muss das gesamte Reibmoment der Betriebsbremse oder ein Teil davon gegen ein regeneratorisches Bremsmoment ausgetauscht werden, ohne dass sich die Fahrzeugverzögerung bei konstant gehaltener Bremspedalstellung und -kraft ändert. Dies wird beim kooperativ regenerativen Bremssystem realisiert, bei dem Fahrzeugsteuerung und Bremssystem derart interagieren, dass stets genau so viel Reibbremsmoment zurückgenommen wird, wie generatorisches Bremsmoment von der elektrischen Maschine dargestellt werden kann.

Abkürzungsverzeichnis

A

ABB	Air System Brake Booster, Bremskraftverstärkersteuerung
ABC	Air System Boost Control, Ladedrucksteuerung
ABS	Antiblockiersystem
AC	Accessory Control, Nebenaggregatesteuerung
ACA	Accessory Control Air Condition, Klimasteuerung
ACC	Adaptive Cruise Control, Adaptive Fahrgeschwindigkeitsregelung
ACE	Accessory Control Electrical Machines, Steuerung elektrische Aggregate
ACF	Accessory Control Fan Control, Lüftersteuerung
ACS	Accessory Control Steering, Ansteuerung Lenkhilfepumpe
ACT	Accessory Control Thermal Management, Thermomanagement
ADC	Air System Determination of Charge, Luftfüllungsberechnung
ADC	Analog Digital Converter, Analog-Digital-Wandler
AEC	Air System Exhaust Gas Recirculation, Abgasrückführungssteuerung
AGR	Abgasrückführung
AIC	Air System Intake Manifold Control, Saugrohrsteuerung
AKB	Aktivkohlebehälter
AKF	Aktivkohlefalle (activated carbon canister)
AKF	Aktivkohlefilter
A_K	Lichte Kolbenfläche
α	Drosselklappenwinkel
Al_2O_3	Aluminiumoxid
AMR	Anisotrop Magneto Resistive
AÖ	Auslassventil Öffnen
APE	Äußere-Pumpen-Elektrode
AS	Air System, Luftsystem
AS	Auslassventil Schließen
ASAM	Association of Standardization of Automation and Measuring, Verein zur Förderung der internationalen Standardisierung von Automatisierungs- und Messsystemen
ASIC	Application Specific Integrated Circuit, anwendungsspezifische integrierte Schaltung
ASR	Antriebsschlupfregelung
ASV	Application Supervisor, Anwendungssupervisor
ASW	Application Software, Anwendungssoftware
ATC	Air System Throttle Control, Drosselklappensteuerung
ATL	Abgasturbolader
AUTOSAR	Automotive Open System Architecture, Entwicklungspartnerschaft zur Standardisierung der Software Architektur im Fahrzeug
AVC	Air System Valve Control, Ventilsteuerung

B

BDE	Benzin Direkteinspritzung
b_e	spezifischer Kraftstoffverbrauch
BMD	Bag Mini Diluter
BSW	Basic Software, Basissoftware

C

C/H	Verhältnis Kohlenstoff zu Wasserstoff im Molekül
C_2	Sekundärkapazität
C_6H_{14}	Hexan
CAFE	Corporate Average Fuel Economy
CAN	Controller Area Network
CARB	California Air Resources Board
CCP	CAN Calibration Protocol, CAN-Kalibrierprotokoll

CDrv	Complex Driver, Treibersoftware mit exklusivem Hardware Zugriff
CE	Coordination Engine, Koordination Motorbetriebszustände und -arten
CEM	Coordination Engine Operation, Koordination Motorbetriebsarten
CES	Coordination Engine States, Koordination Motorbetriebszustände
CFD	Computational Fluid Dynamics
CFV	Critical Flow Venturi
CH_4	Methan
CIFI	Zylinderindividuelle Einspritzung, Cylinder Individual Fuel Injection
CLD	Chemilumineszenz-Detektor
CNG	Compressed Natural Gas, Erdgas
CO	Communication, Kommunikation
CO	Kohlenmonoxid
CO_2	Kohlendioxid
COP	Coil On Plug
COS	Communication Security Access, Kommunikation Wegfahrsperre
COU	Communication User Interface, Kommunikationsschnittstelle
COV	Communication Vehicle Interface, Datenbuskommunikation
cov	Variationskoeffizient
CPC	Condensation Particulate Counter
CPU	Central Processing Unit, Zentraleinheit
CTL	Coal to Liquid
CVS	Constant Volume Sampling
CVT	Continuously Variable Transmission

D

DB	Diffusionsbarriere
DC	direct current, Gleichstrom
DE	Device Encapsulation, Treibersoftware für Sensoren und Aktoren
DFV	Dampf-Flüssigkeits-Verhältnis
DI	Direct Injection, Direkteinspritzung
DMS	Differential Mobility Spectrometer
DoE	Design of Experiments, statistische Versuchsplanung
DR	Druckregler
3D	dreidimensional
DS	Diagnostic System, Diagnosesystem
DSM	Diagnostic System Manager, Diagnosesystemmanager
DV, E	Drosselvorrichtung, elektrisch

E

E0	Benzin ohne Ethanol-Beimischung
E10	Benzin mit bis zu 10 % Ethanol-Beimischung
E100	reines Ethanol mit ca. 93 % Ethanol und 7 % Wasser
E24	Benzin mit ca. 24 % Ethanol-Beimischung
E5	Benzin mit bis zu 5 % Ethanol-Beimischung
E85	Benzin mit bis zu 85 % Ethanol-Beimischung
EA	Elektrodenabstand
EAF	Exhaust System Air Fuel Control, λ-Regelung
ECE	Economic Commission for Europe
ECT	Exhaust System Control of Temperature, Abgastemperaturregelung
ECU	Electronic Control Unit, elektronisches Steuergerät

ECU	Electronic Control Unit, Motorsteuergerät
eCVT	electrical Continuously Variable Transmission
EDM	Exhaust System Description and Modeling, Beschreibung und Modellierung Abgassystem
EEPROM	Electrically Erasable Programmable Read Only Memory, löschbarer programmierbarer Nur-Lese-Speicher
E_F	Funkenenergie
EFU	Einschaltfunkenunterdrückung
EGAS	Elektronisches Gaspedal
1D	eindimensional
EKP	Elektrische Kraftstoffpumpe
ELPI	Electrical Low Pressure Impactor
EMV	Elektromagnetische Verträglichkeit
ENM	Exhaust System NO_x Main Catalyst, Regelung NO_x-Speicherkatalysator
EÖ	Einlassventil Öffnen
EOBD	European On Board Diagnosis – Europäische On-Board-Diagnose
EOL	End of Line, Bandende
EPA	US Environmental Protection Agency
EPC	Electronic Pump Controller, Pumpensteuergerät
EPROM	Erasable Programmable Read Only Memory, löschbarer und programmierbarer Festwertspeicher
ε	Verdichtungsverhältnis
ES	Exhaust System, Abgassystem
ES	Einlass Schließen
ESP	Elektronisches Stabilitäts-Programm
η_{th}	Thermischer Wirkungsgrad
ETBE	Ethyltertiärbutylether
ETF	Exhaust System Three Way Front Catalyst, Regelung Drei-Wege-Vorkatalysator
ETK	Emulator Tastkopf
ETM	Exhaust System Main Catalyst, Regelung Drei-Wege-Hauptkatalysator
EU	Europäische Union
(E)UDC	(extra) Urban Driving Cycle
EV	Einspritzventil
E*xy*	Ethanolhaltiger Ottokraftstoff mit xy % Ethanol
EZ	Elektronische Zündung

F

FEL	Fuel System Evaporative Leak Detection, Tankleckerkennung
FEM	Finite Elemente Methode
FF	Flexfuel
FFC	Fuel System Feed Forward Control, Kraftstoff-Vorsteuerung
FFV	Flexible Fuel Vehicles
FGR	Fahrgeschwindigkeitsregelung
FID	Flammenionisations-Detektor
FIT	Fuel System Injection Timing, Einspritzausgabe
FLO	Fast-Light-Off
FMA	Fuel System Mixture Adaptation, Gemischadaption
FPC	Fuel Purge Control, Tankentlüftung
FS	Fuel System, Kraftstoffsystem
FSS	Fuel Supply System, Kraftstoffversorgungssystem
FT	Resultierende Kraft
FTIR	Fourier-Transform-Infrarot
FTP	Federal Test Procedure
FTP	US Federal Test Procedure
F_z	Kolbenkraft des Zylinders

G

GC Gaschromatographie
g/kWh Gramm pro Kilowattstunde
°KW Grad Kurbelwelle

H

H_2O Wasser, Wasserdampf
HC Hydrocarbons, Kohlenwasserstoffe
HCCI Homogeneous Charge Compression Ignition
HD Hochdruck
HDEV Hochdruck Einspritzventil
HDP Hochdruckpumpe
HEV Hybrid Electric Vehicle
HFM Heißfilm-Luftmassenmesser
HIL Hardware in the Loop, Hardware-Simulator
HLM Hitzdraht-Luftmassenmesser
H_o spezifischer Brennwert
H_u spezifischer Heizwert
HV high voltage
HVO Hydro-treated-vegetable oil
HWE Hardware Encapsulation, Hardware Kapselung

I

i_1 Primärstrom
IC Integrated Circuit, integrierter Schaltkreis
i_F Funken(anfangs)strom
IGC Ignition Control, Zündungssteuerung
IKC Ignition Knock Control, Klopfregelung
i_N Nennstrom
IPE Innere Pumpen Elektrode
IR Infrarot
IS Ignition System, Zündsystem
ISO International Organisation for Standardization, Internationale Organisation für Normung
IUMPR In Use Monitor Performance Ratio, Diagnosequote im Fahrzeugbetrieb
IUPR In Use Performance Ratio
IZP Innenzahnradpumpe

J

JC08 Japan Cycle 2008

K

κ Polytropenexponent
Kfz Kraftfahrzeug
kW Kilowatt

L

λ Luftzahl oder Luftverhältnis
L_1 Primärinduktivität
L_2 Sekundärinduktivität
LDT Light Duty Truck, leichtes Nfz
LDV Light Duty Vehicle, Pkw
LEV Low Emission Vehicle
LIN Local Interconnect Network
l_l Schubstangenverhältnis (Verhältnis von Kurbelradius r zu Pleuellänge l)
LPG Liquified Petroleum Gas, Flüssiggas
LPV Low Price Vehicle
LSF λ-Sonde flach
LSH λ-Sonde mit Heizung
LSU Breitband-λ-Sonde
LV Low Voltage

M

(M)NEFZ (modifizierter) Neuer Europäischer Fahrzyklus
M100 Reines Methanol
M15 Benzin mit Methanolgehalt von max. 15 %
MCAL Microcontroller Abstraction Layer
M_d Das effektive Drehmoment an der Kurbelwelle

ME	Motronic mit integriertem EGAS
Mi	Innerer Drehmoment
Mk	Kupplungsmoment
m_K	Kraftstoffmasse
m_L	Luftmasse
MMT	Methylcyclopentadienyl-Mangan-Tricarbonyl
MO	Monitoring, Überwachung
MOC	Microcontroller Monitoring, Rechnerüberwachung
MOF	Function Monitoring, Funktionsüberwachung
MOM	Monitoring Module, Überwachungsmodul
MOSFET	Metal Oxide Semiconductor Field Effect Transistor, Metall-Oxid-Halbleiter, Feldeffekttransistor
MOX	Extended Monitoring, Erweiterte Funktionsüberwachung
MOZ	Motor-Oktanzahl
MPI	Multiple Point Injection
MRAM	Magnetic Random Access Memory, magnetischer Schreib-Lese-Speicher mit wahlfreiem Zugriff
MSV	Mengensteuerventil
MTBE	Methyltertiärbutylether

N

n	Motordrehzahl
N_2	Stickstoff
N_2O	Lachgas
ND	Niederdruck
NDIR	Nicht-dispersives Infrarot
NE	Nernst-Elektrode
NEFZ	Neuer europäischer Fahrzyklus
Nfz	Nutzfahrzeug
NGI	Natural Gas Injector
NHTSA	US National Transport and Highway Safety Administration
NMHC	Kohlenwasserstoffe außer Methan
NMOG	Nonmethane Organic Gas, Kohlenwasserstoffe außer Methan
NO	Stickstoffmonoxid
NO_2	Stickstoffdioxid
NOCE	NO_x-Gegenelektrode
NOE	NO_x-Pumpelektrode
NO_x	Sammelbegriff für Stickoxide
NSC	NO_x Storage Catalyst
NTC	Temperatursensor mit negativem Temperaturkoeffizient
NYCC	New York City Cycle
NZ	Nernstzelle

O

OBD	On-Board-Diagnose
OBV	Operating Data Battery Voltage, Batteriespannungserfassung
OD	Operating Data, Betriebsdaten
OEP	Operating Data Engine Position Management, Erfassung Drehzahl und Winkel
OMI	Misfire Detection, Aussetzererkennung
ORVR	On Board Refueling Vapor Recovery
OS	Operating System, Betriebssystem
OSC	Oxygen Storage Capacity
OT	oberer Totpunkt des Kolbens
OTM	Operating Data Temperature Measurement, Temperaturerfassung
OVS	Operating Data Vehicle Speed Control, Fahrgeschwindigkeitserfassung

P

p	Die effektiv vom Motor abgegebene Leistung
p-V-Diagram	Druck-Volumen-Diagramm, auch Arbeitsdiagramm
PC	Passenger Car, Pkw
PC	Personal Computer

PCM	Phase Change Memory, Phasenwechselspeicher
PDP	Positive Displacement Pump
PFI	Port Fuel Injection
Pkw	Personenkraftwagen
PM	Partikelmasse
PMD	Paramagnetischer Detektor
p_{me}	Effektiver Mitteldruck
p_{mi}	mittlerer indizierter Druck
PN	Partikelanzahl (Particle Number)
PP	Peripheralpumpe
ppm	parts per million, Teile pro Million
PRV	Pressure Relief Valve
PSI	Peripheral Sensor Interface, Schnittstelle zu peripheren Sensoren
Pt	Platin
PWM	Puls-Weiten-Modulation
PZ	Pumpzelle
P_Z	Leistung am Zylinder

R

r	Hebelarm (Kurbelradius)
R_1	Primärwiderstand
R_2	Sekundärwiderstand
RAM	Random Access Memory, Schreib-Lese-Speicher mit wahlfreiem Zugriff
RDE	Real Driving Emission
RE	Referenz Electrode
RLFS	Returnless Fuel System
ROM	Read Only Memory, Nur-Lese-Speicher
ROZ	Research-Oktanzahl
RTE	Runtime Environment, Laufzeitumgebung
RZP	Rollenzellenpumpe

S

s	Hubfunktion
σ	Standardabweichung
SC	System Control, Systemsteuerung
SCR	selektive katalytische Reduktion
SCU	Sensor Control Unit
SD	System Documentation, Systembeschreibung
SDE	System Documentation Engine Vehicle ECU, Systemdokumentation Motor, Fahrzeug, Motorsteuerung
SDL	System Documentation Libraries, Systemdokumentation Funktionsbibliotheken
SEFI	Sequential Fuel Injection, Sequentielle Kraftstoffeinspritzung
SENT	Single Edge Nibble Transmission, digitale Schnittstelle für die Kommunikation von Sensoren und Steuergeräten
SFTP	US Supplemental Federal Test Procedures
SHED	Sealed Housing for Evaporative Emissions Determination
SMD	Surface Mounted Device, oberflächenmontiertes Bauelement
SMPS	Scanning Mobility Particle Sizer
SO_2	Schwefeldioxid
SO_3	Schwefeltrioxid
SRE	Saugrohreinspritzung
SULEV	Super Ultra Low Emission Vehicle
SWC	Software Component, Software Komponente
SYC	System Control ECU, Systemsteuerung Motorsteuerung
SZ	Spulenzündung

T

TCD	Torque Coordination, Momentenkoordination
TCV	Torque Conversion, Momentenumsetzung
TD	Torque Demand, Momentenanforderung
TDA	Torque Demand Auxiliary Functions, Momentenanforderung Zusatzfunktionen
TDC	Torque Demand Cruise Control, Fahrgeschwindigkeitsregler
TDD	Torque Demand Driver, Fahrerwunschmoment
TDI	Torque Demand Idle Speed Control, Leerlaufdrehzahlregelung
TDS	Torque Demand Signal Conditioning, Momentenanforderung Signalaufbereitung
TE	Tankentlüftung
TEV	Tankentlüftungsventil
t_F	Funkendauer
THG	Treibhausgase, u. a. CO_2, CH_4, N_2O
t_i	Einspritzzeit
TIM	Twist Intensive Mounting
TMO	Torque Modeling, Motordrehmoment-Modell
TPO	True Power On
TS	Torque Structure, Drehmomentstruktur
t_s	Schließzeit
TSP	Thermal Shock Protection
TSZ	Transistorzündung
TSZ, h	Transistorzündung mit Hallgeber
TSZ, i	Transistorzündung mit Induktionsgeber
TSZ, k	kontaktgesteuerte Transistorzündung

U

U/min	Umdrehungen pro Minute
U_F	Brennspannung
ULEV	Ultra Low Emission Vehicle
UN ECE	Vereinte Nationen Economic Commission for Europe
U_P	Pumpspannung
UT	Unterer Totpunkt
UV	Ultraviolett
U_Z	Zündspannung

V

V_c	Kompressionsvolumen
VFB	Virtual Function Bus, Virtuelles Funktionsbussystem
$\mathrm{V_h}$	Hubvolumen
VLI	Vapour Lock Index
VST	Variable Schieberturbine
VT	Ventiltrieb
VTG	Variable Turbinengeometrie
VZ	Vollelektronische Zündung

W

W_F	Funkenenergie
WLTC	Worldwide Harmonized Light Vehicles Test Cycle
WLTP	Worldwide Harmonized Light Vehicles Test Procedure

X

XCP	Universal Measurement and Calibration Protocol – universelles Mess- und Kalibrierprotokoll

Z

ZEV	Zero Emission Vehicle
ZOT	Oberer Totpunkt, an dem die Zündung erfolgt
ZrO_2	Zirconiumoxid
ZZP	Zündzeitpunkt

Sachwortverzeichnis

F

G

H

L

Q

W